中国工程院战略研究与咨询项目成果
湖北省农业生态产品价值实现工程研究（2023-DFZD-57）

农业生态产品价值实现理论与实践论丛
总主编　印遇龙

农业生态产品生产技术

唐茂芝　樊　丹　徐　辉　李秋洪　主编

中国农业科学技术出版社

图书在版编目(CIP)数据

农业生态产品生产技术／唐茂芝等主编. -- 北京：中国农业科学技术出版社，2024.11. -- (农业生态产品价值实现理论与实践论丛／印遇龙主编). -- ISBN 978-7-5116-7165-3

Ⅰ. S3

中国国家版本馆 CIP 数据核字第 2024D17G66 号

责任编辑　穆玉红
责任校对　马广洋
责任印制　姜义伟　王思文

出 版 者	中国农业科学技术出版社
	北京市中关村南大街 12 号　　邮编：100081
电　　话	（010）82106626（编辑室）　　（010）82106624（发行部）
	（010）82109709（读者服务部）
网　　址	https://castp.caas.cn
经 销 者	各地新华书店
印 刷 者	北京建宏印刷有限公司
开　　本	155 mm×230 mm　1/16
印　　张	34.5
字　　数	430 千字
版　　次	2024 年 11 月第 1 版　2024 年 11 月第 1 次印刷
定　　价	65.00 元

◆◆◆ 版权所有·翻印必究 ◆◆◆

《农业生态产品价值实现理论与实践论丛》

总 主 编：印遇龙
总 顾 问：严立冬
专家顾问：郭春敏

《农业生态产品生产技术》编委会

主　　编：唐茂芝　樊　丹　徐　辉　李秋洪
编　　委（按姓氏笔画为序）：

万　丹	王　敏	王一凡	王玉东	王星星	王莉娜
邓远建	邓　凯	印遇龙	冯海平	邢丹英	朱　进
朱小平	刘　星	刘　洋	刘卫娟	刘　岚	阮国良
严立冬	严　昶	苏应兵	杜晋平	李秋洪	李铁军
李良洁	李　俊	李　峰	李昀励	邹冬生	杨　烨
邱浩然	何　力	汪招雄	沈光宏	张迎新	张佳兰
张德健	陈火云	吴莎莎	武竹英	国立东	易提林
罗春霞	金连登	金　诺	周江霞	周传社	周明芹
周静毅	赵继文	胡　杏	胡贤春	袁　泳	袁汉文
徐　辉	徐劲松	徐俊英	郭春敏	唐茂芝	唐宇龙
黄　攀	雷昌云	谭　勇	樊　丹	魏红波	

总 序

生态优先　生态农业　生态产品
——农业生态产品价值实现工程研究

2023年6月28日,全国人民代表大会常务委员会决定将8月15日设立为全国生态日,体现了党和国家对生态优先绿色发展战略的高度重视。生态兴则文明兴,生态衰则文明衰;保护生态环境就是保护生产力,改善环境就是发展生产力。2018年,中央一号文件明确提出,要增加农业生态产品供给。研究和推广农业生态产品生产技术,开展农业生态产品价值实现的品牌、市场与政策研究,有利于生态保护和生态文明建设,有利于促进农产品质量安全,是贯彻习近平生态文明思想的实际行动,是落实生态优先、绿色发展和生态文明建设国家战略的重大措施。

农业生态产品是指遵循生态学的原理和生态农业的原则,采用生态友善的农业生态产品生产技术,生产过程和产品符合农业生态产品生产技术与质量安全标准,经专业机构审核评定许可使用农业生态产品标志的安全、营养、优质、健康的农产品及相关产品。现在社会市场和媒体上经常可以看到生态品牌的广告,生态产品随处可见,生态已成为美好、优质、安全和正能量的代名词。农业生态产品生产过程中采用了从播种到收获和加工，全过程的生态化技术措施，生态保护技术措施更系统，生态标准更严格。发展农业生态产品，是对同类产品的补充、完善、发展和进步。

《农业生态产品生产技术》和《农业生态产品价值实现：品牌、市场与政策研究》均为中国工程院战略研究与咨询项目给予资助出版。项目编号：2023-DFZD-57，项目名称"湖北省农业生态产品价值实现工程研究"，主要承担单位为中国科学院亚热带农业生态研究所、湖北省农业生态环境保护站、长江大学、中南财经政法大学等。本项目是落实中共中央办公厅、国务院办公厅《关于建立健全生态产品价值实现机制的意见》要求2025年建立初步的生态产品价值实现机制的框架要求，建立系统的生态产品价值实现机制。通过研究和提供农业生态产品生产技术、标准、品牌、市场和政策体系，构建生态产品价值实现机制的框架，研究建设和完成农业生态产品价值实现工程。

《农业生态产品生产技术》一书共有五个方面的内容：一是农业生态产品导论，论述了农业生态产品定义与范畴，生态农业与农业生态产品，我国绿色食品、有机食品与农业生态产品。二是植物类农业生态产品生产技术，包括了生态水稻、生态小麦等农作物的生态产品生产技术。三是畜禽类农业生态产品生产技术，有生态生猪生产技术等畜禽类生态产品生产技术。四是水产类农业生态产品生产技术，包括了四大家鱼生态生产技术等水产品生态产品生产技术。五是加工类农业生态产品生产技术，包括农业生态产品加工基础设施与管理，以及生态蔬菜制品加工技术，生态米面制品加工技术等加工类生态农产品生产技术。这些内容把生态环境、生态友善、生态种养、生态防控和生态消费的原则、理念和技术融入其中，使生态产品生产技术落到实处，实现生产全程技术的生态化。农业生态产品生产技术的推广应用，有利于碳减排，促进碳达峰和碳中和，有利于促进资源节约、环境友好、产品安全、消费健康、生态文明和可持续发展。农业生态产品生产技术，体现了农业的高科技、高效能、高质量和绿色化，构建了现代农业的新质生产力。

《农业生态产品价值实现：品牌、市场与政策研究》一书则围绕五大主题展开：一是理论阐释，对生态产品和农业生态产品的概念内涵、属性特点及其分类进行了辨析，并探讨了农业生态产品价值实现的理论逻辑与实践遵循。二是价值核算，介绍了农业生态产品的分类和价值构成，提出了实物量和价值量的核算方法，并通过丽水市的案例分析，展示了农业生态产品价值核算的实践应用。三是农业生态产品的品牌价值与资产，包括品牌价值的形态、构建过程及其重要性，重点分析了品牌资产的核心要素，并提供了品牌管理和提升的指导，探讨了新媒体时代的品牌传播策略。四是市场机制建设和市场运行模式，包括生态市场的概念、特征及其作用，市场信任与合作机制的建设，以及不同类型农业生态产品的市场运行模式。五是政策设计，从安全政策、补偿政策、经济政策和制度保障等方面，全面构建了支持农业生态产品价值实现的政策体系。

《农业生态产品生产技术》和《农业生态产品价值实现：品牌、市场与政策研究》这两本书相辅相成。前者侧重农业生态产品生产技术，是构建生态产品价值实现机制框架的基础和前提，通过研究，集成创新了系统的操作性强的农业生态产品生产技术，通过推广这些技术，推进产业生态化和生态产业化，有利于促进我国生态文明建设，有利于促进农产品质量安全，保障人民消费健康。后者则从理论到实践，全面分析了农业生态产品价值实现的路径，从品牌培育、市场机制建设、政策设计等多个维度，为提升农业生态产品的市场竞争力和品牌影响力提供了理论支持和实践指导，有利于打造优质安全的高端农产品品牌，实现农业生态产品的价值，促进农业增效、农民增收，促进乡村振兴和农业可持续发展。

在生态优先、绿色发展的生态文明时代，伴随生态农业理念深入人心，生态产品已经成为市场的新宠，生态优先绿色发展战略正在成为社会发展的主流。《农业生态产品生产技术》和《农业生态产品价值实现：品牌、市场与政策研究》这两本书的出版发行，必将进一步加强社会各界对生态农业重要性的认识，促进生态农业技术的创新与应用，推动农业生态产品的价值实现，给我国提供可行的农业生态产品价值实现路径和方案。为建设美丽中国、实现人与自然和谐共生贡献力量。

中国工程院院士 印遇龙

目 录

第一章　农业生态产品导论 // 001

　　第一节　农业生态产品定义与范畴 // 003

　　第二节　生态农业与农业生态产品 // 005

　　第三节　我国绿色食品、有机食品与农业生态产品 // 010

　　第四节　农业生态产品价值实现体系 // 014

第二章　植物类农业生态产品生产技术 // 025

　　第一节　生态水稻生产技术 // 025

　　第二节　生态小麦生产技术 // 042

　　第三节　生态玉米生产技术 // 061

　　第四节　生态马铃薯生产技术 // 082

　　第五节　生态蔬菜生产技术 // 104

　　第六节　生态油菜生产技术 // 135

　　第七节　生态水果生产技术 // 156

　　第八节　生态茶叶生产技术 // 184

第三章　畜禽类农业生态产品生产技术 // 213

　　第一节　生态生猪生产技术 // 213

　　第二节　生态牛生产技术 // 249

　　　　第三节　生态羊生产技术　// 267

　　　　第四节　生态家禽生产技术　// 290

第四章　水产类农业生态产品生产技术　// 313

　　　　第一节　生态四大家鱼生产技术　// 313

　　　　第二节　生态小龙虾养殖技术　// 333

　　　　第三节　生态黄鳝和生态泥鳅生产技术　// 353

　　　　第四节　生态河蟹生产技术　// 368

第五章　加工类农业生态产品生产技术　// 391

　　　　第一节　农业生态产品加工基础设施与管理　// 391

　　　　第二节　生态蔬菜制品加工技术　// 408

　　　　第三节　生态米面制品加工技术　// 422

　　　　第四节　生态食用油制品加工技术　// 439

　　　　第五节　生态豆制品类加工技术　// 453

　　　　第六节　生态调味品加工技术　// 465

　　　　第七节　生态饮料加工技术　// 484

　　　　第八节　生态乳制品类加工技术　// 492

　　　　第九节　生态酒加工技术　// 503

　　　　第十节　生态预包装食品加工技术　// 514

参考文献　// 535

后　记　// 538

第一章
农业生态产品导论

党的十八大以来,以习近平同志为核心的党中央在推进新时代中国特色社会主义伟大事业的历史进程中,以前所未有的力度抓生态文明建设,谋划开展了一系列根本性、开创性、长远性工作,全党全国推动绿色发展的自觉性和主动性显著提升,美丽中国建设迈出重大步伐,我国生态文明建设发生历史性、转折性、全局性变化,创造了举世瞩目的生态奇迹,走出了一条生产发展、生活富裕、生态良好的文明发展道路,为实现第二个百年奋斗目标、实现中华民族伟大复兴的中国梦奠定了坚实的绿色根基。党的十八大把生态文明建设纳入中国特色社会主义事业,将"中国共产党领导人民建设社会主义生态文明"写入党章,明确提出大力推进生态文明建设,努力建设美丽中国,实现中华民族永续发展。党的十九大又在党章中增加了"增强绿水青山就是金山银山的意识"内容,2018年3月通过的宪法修正案将生态文明写入宪法,实现了党的主张、国家意志、人民意愿的高度统一,充分彰显了生态文明建设在党和国家事业中重要地位,表明了我们党加强生态文明建设的坚定意志和坚强决心。

2018年5月,党中央召开全国生态环境保护大会,正式提出习近平生态文明思想,高高举起了生态文明建设的思想旗帜,是新时代我国生态文明建设的根本遵循和行动指南。2021年,中共中央办公厅、国务院办公厅印发了《关于建立健全生态产品价值实现机制的意见》,按照党中央、国务院决策部署,统筹推进"五位一体"总体布局,立足新发展阶段、贯彻新发展理念、构建新发展格局,坚持绿水青山就是金山银山理念,坚持保护生态环境就是保护生产力、改善生态环境就是改善生产力,以体制机制改革创新为核心,推进生态产业化和产业生态化,加快完善政府主导、企业和社会各界参与、市场化运作、可持续的生态产品价值实现路径。

为了充分考虑不同生态产品价值实现路径,注重发挥政府在制度设计、经济补偿、绩效考核和营造社会氛围等方面的主导作用,充分发挥市场在资源配置中的决定性作用,推动生态产品价值有效转化,本书的写作宗旨从生态产品的重要组成部分——农业生态产品着手,在探讨农业生态产品概念的基础上,通过集成创新方式,建立起植物类、畜禽类、水产类、加工类等主要农业生态产品的技术体系,为农业生态产品价值实现提供技术范式指导,为习近平生态文明思想和生态优先绿色发展的国家战略在新时期农业转型升级中落地应用提供技术支撑,进而促进农产品高质量安全生产和推动大农业高效可持续发展。农业生态产品生产技术的核心是生态环境技术、生态友善技术、生态种养技术、生态防控技术、生态加工技术和生态消费技术。农业生态产品生产技术的推广应用,有利于碳减排,促进碳达峰和碳中和。有利于资源节约、环境友好、产品安全、消费健康、生态文明和可持续发展。农业生态产品生产技术,体现了农业的高科技、高效能、高质量和绿色化,构建了现代农业的新质生产力。

第一节 农业生态产品定义与范畴

一、生态

生态通常是指生物在自然环境下的生存与发展状态,以及它们之间和它们与环境之间的相互关系,研究这种相互关系的学科则为生态学。生态更多地强调生物与生物之间、生物与自然环境之间的关系,倡导环境友好、万物和谐共存的美好状态。

二、生态产品

狭义的生态产品,即是指维系生态安全、保障生态调节功能、提供良好人居环境的自然要素,包括清新的空气、清洁的水源和宜人的气候等;广义的生态产品是指遵循社会经济与生态相协调的可持续发展思想和原理为基础,协调生态、资源、产品、健康和发展的相互关系,采用生态友善的生产技术体系所生产的自然、安全、营养、健康的产品。

生态产品包括自然生态产品、工业生态产品和农业生态产品。

(一) 自然生态产品

自然生态产品的范畴目前还不够清晰,一般认为,绿水青山属于自然生态产品的范畴,干净的水、清新的空气、美丽的自然景观,也是自然生态产品。山水林田湖草沙,是广义的自然生态产品。

(二) 工业生态产品

产品生产过程中遵循生态友善的理念,采用防治环境污染和生态环境建设的技术，生产过程和产品符合工业生态产品生产技术与质量标准，经专业机构审核评定后，许可使用工业生态产品标志的优质、安全、健康的产品。例如：耗能少、辐射低、噪声小、有利于生态保护和人体健康的生态家电、生态汽车和生态纺织品，等等。

(三) 农业生态产品

1. 农业生态产品的概念

农业生态产品是指遵循生态学的原理和生态农业的原则，采用生态友善的农业生态产品生产技术，生产过程和产品符合农业生态产品生产技术与质量安全标准，经专业机构审核评定后，许可使用农业生态产品标志的安全、营养、优质、健康的产品及相关产品。

2. 农业生态产品的分类

农业生态产品包括食用类农业生态产品、投入品类农业生态产品和服务类农业生态产品。

(1) 食用类农业生态产品。农产品分类包括如下产品。粮油类产品、蔬菜类产品、果品类产品、茶叶类产品、畜禽类产品、水产类产品、蜂产品、中草药类产品、调料类产品等。

(2) 投入品类农业生态产品。包括如下：①安全无公害的饲料类。②安全无公害的农药、兽药、渔药类等。③安全无公害的肥料、有机肥、生物肥料等。④农业废弃物无害化、资源化利用的产品，如秸秆制造有机颗粒肥料等化害为利、变废为宝，实现其生态产品价值的产品。

(3) 服务类农业生态产品。包括如下：①棉、麻、蚕丝、羽绒毛类等。②花卉类、园林类等。③碳资产。减碳：减农药化肥实现减碳；固碳：生态环境建设绿化增加绿色植物吸收固碳。

（4）农旅生态产品。以农作物、植物景观形成农业旅游产品。

（5）生态农庄、生态农场、生态园等农业生态产品。

第二节　生态农业与农业生态产品

20世纪初叶，西方发达国家工业化进程，带来了工业"三废"的污染，以石油为基础的集约化、机械化、化学化、商品化的常规农业体系，也带来了一系列的问题。首先是农药、化肥大量使用，在水体和土壤中残留，造成了农畜水产品的污染，影响农产品质量安全，最终损害了人体健康。其次是过度依赖化肥增产，忽视或减少了有机肥的应用，使耕地土壤理化性质恶化，导致农产品产量和质量下降。最后是由于人口不断增长，粮食短缺，引发滥垦滥伐，造成水土流失，生态环境恶化。为了解决这些问题，人们不断地探索选择人与自然、经济与生态协调发展的农业生产新方式。世界各地的生态学家、农学家先后提出了生态农业、有机农业、生物农业、自然农业等农业生产体系的理论，并积极开展试验、示范和推广，以求替代常规农业（石油农业），达到保护生态环境，保障食品质量安全，保护人类身体健康，促进农业可持续发展的目的。后来人们把这些农业生产体系称为替代农业。

一、生态农业

美国土壤学家William Albreche于1971年提出了"生态农业"，他用生态农业（Ecological Agriculture）来区别于石油农业，这是国际上替代农业的一种模式。这种模式主张在尽量减少人工管理的条件下进行农业生产，保护土壤肥力和生物种群的多样化，控制土壤侵蚀，完全不用或基本不用化学肥料、化学农药，减轻环境压力，实现持久发展。这种生态农业的理论与模式接近于有机农业，早期的生态农业主要在美国、英国等西方国家中进行试验、示范和推广应用。到了20世纪80年代，中国等一批发展中国家开始进行了生态农业的试点、示范和推广工作。但中国的生态农业与国外的生态农业从内涵和外延上有很大的差异，其理论与实践也有很大的不同。中国生态农业的定义是运用生态学、生态经济学原理和系统工程的方法，采用现代科学技术和传统农业的有效经验，进行经营和管理的良性循环，可持续发展的现代农业发展模式。国外生态农业的定义是建立和管理一个生态上自我维持、低输入、经济上可行的小型农业系统，使其在长时期不对其环境造成明显改变的情况下具有最大的生产力。

从定义中可以看出，国外生态农业和我国的生态农业有相同之处，但也有很大的区别。相同之处都是为了保护生态环境，保障农产品质量安全，争取最大的生产力。不同之处在于：一是在控制方法上不同，国外强调低投入，例如，尽量控制不用或少用化学肥料、化学农药。中国强调在保护环境的前提下，进行适当的无公害的农药和化肥的投入。二是在规模上国外强调小型化，而中国强调以县为单位或更大规模的生态农业，以便对生态农业建设实施整体调控，提高综合效益。三是国外强调生态环境的稳定不变，中国则重视推行在更高层次的新的生态平衡，通过保护和改善生态环境，促进生态系统的良性循环。

二、我国生态农业的发展成就与农业生态产品

我国的生态农业不等于有机农业和其他替代农业的形式，更不等于自然农业。它既不是对"石油农业"的全盘否定，也不是传统农业

的完全复归,而是把传统农业的精华与现代农业科学技术有机地结合起来。它是按照生态经济学的原理,实现经济与生态的两个良性循环,从而形成"合理投入、优化环境、增加产量、保障品质安全、提高效益、持续发展"的现代农业新格局,达到经济、生态和社会效益大幅度同步提高。

1984年,当时的中国城乡建设环境保护部与农牧渔业部联合在无锡召开了全国生态环境保护大会,开启了中国生态农业试点示范县建设工作。生态农业试点示范县中,河北省的迁安县、湖北省的京山县成效显著,所以后来有"南有京山,北有迁安"之说。生态农业试点示范县的建设工作,为我国农业发展探索出了保护生态环境、促进生态良性循、保护自然资源、促进农业可持续发展的农业生产新模式。

20世纪90年代,湖北省对全省开展15年的生态农业试验示范基点总结了48种生态农业模式。其中时空结构型生态农业模式24种:包括泡桐间作小麦、套种春玉米和套种棉花的农桐生态农业模式;梨树间作小麦套种玉米的粮果生态农业模式;小麦套种棉花间作西瓜生态农业高效模式;马铃薯套种玉米间作红苕的山区高产高效的立体生态农业模式等。食物链型生态农业模式12种:包括猪—沼—鱼生态农业模式;草—果—鱼生态农业模式;草—鱼生态农业模式和绿肥—杂交稻—鱼的鱼稻共生生态农业模式等。还有时空—食物链型生态农业模式12种:包括粮—猪—沼生态农业模式;粮—果—猪—沼生态农业模式;果—草—猪—沼—种养结合型生态农业模式;杉—鱼—鸭生态农业模式等。

2020年7月,农业农村部发布行业标准《生态农场评价技术规范》。从2021年开始,农业农村部农业生态与资源保护总站和中国农业生态环境保护协会启动了生态农场评价试点工作，首批132家生态农业经营主体获得国家级生态农场称号。2022年，国务院印发《"十四五"推进农业农村现代化规划》，明确提出要建设一批生态农场。为贯彻落实该规划，2022年农业农村部办公厅印发了《推进生态农场建设的指导意见》的通知，提出要加快推进生态农场建设，促进农业绿色低碳转型，要求到2025年，在全国建设1 000家国家级生态农场，带动各省建设10 000家地方生态农场，总结推广一批生态农业建设模式。2022年，全国有300家生态农业主体被评为国家级生态农场，2023年有345个申请主体获国家级生态农场称号。近3年，农业农村部农业生态与资源保护总站联合中国农业生态环境保护协会，通过评审，共授予全国777家申报主体为国家级生态农场的称号，生态农场建设是生态农业的完善和进步。

农业生态产品是生态农业的成果载体。通过生态农业优化模式的应用和生态环境建设，实现了物质与能量的循环利用，维护了生态平衡，推动了资源节约和生态友善型农业的发展。生态农业的优化模式与技术的应用，为农业生态产品质量安全提供了技术保障，为农业生态产品发展奠定了基础，是生态产品价值实现的重要措施。

三、发挥"生态"标准体系和知识产权的引领作用，积极发展农业生态产品

随着生态保护意识的深入人心，现在社会上各类农业生态产品随处可见，例如生态水果、生态鸡蛋、生态蔬菜、生态大闸蟹和生态大米等，农业生态产品逐渐被市场和消费者认可，成为美好、优质、安全的代名词。为了真正发挥农业生态产品的正能量的作用，满足众多消费者对卫生、健康和环境质量要求的日益提高以及市场空间的不断

扩大,科学、准确地宣传生态和农业生态产品的概念,不仅对消费者的消费选择十分重要,对政府的政策选择也很有意义。

同时,为发挥"生态"的知识产权的作用,引领农业生态产品健康发展,本书首次向全社会推出"生态标志"。生态标志由绿色和白色两种颜色组成,白色代表产地环境洁净,绿色代表食品安全;标志图形由英文字母 E 和 F 组成,E 代表"生态"(Ecological),F 代表"食品"(Food)。标志整体图形代表绿色的旗帜,引领生态产业的健康发展。

农业生态产品标志

在国家有关部门的支持下,"生态"已获得了两份知识产权:生态商标已获国家商标局注册(商标注册证号第 988868);生态著作权已获国家版权局登记注册(国作登字-2018-F-00539787)。生态商标和生态著作两份生态知识产权,可用作农业生态产品标志许可使用,受《中华人民共和国商标法》和《中华人民共和国著作权法》的保护。

第三节 我国绿色食品、有机食品与农业生态产品

20世纪70年代以来，随着传统农业向现代农业转型，化学农药、肥料的大量使用和人们不适当的经济活动，我国同样面临着资源耗竭、生态破坏、环境污染和食品安全等严重问题。几十年来，政府和各方面的有识之士一直都在积极探索解决这些问题的方法，除了生态农业的试点和建设以外，推动绿色食品和有机食品在中国的发展也是主要的手段和方法。从20世纪90年代以来，中国的绿色食品和有机食品以不同的发展模式、不同的水平定位和技术制度为带动中国农产品质量安全的提高、促进农业提质增效和农民增收发挥了巨大的作用，在推动农业可持续发展中发挥了引领示范作用。

一、中国绿色食品的发展和成就

绿色食品是指产自优良生态环境、按照绿色食品标准生产、实行全程质量控制并获得绿色食品标志使用权的安全、优质食用农产品及相关产品（《绿色食品标志管理办法》）。绿色食品标志依法注册为证明商标，是我国第一例质量证明商标，受法律保护。经过多年的发展，绿色食品创建了以技术标准为基础、质量认证为形式、商标管理为手段的一套特色鲜明的管理制度，打造了一个安全优质农产品的精品品牌，为推动农业标准化生产，提升农产品质量安全水平，促进农业增效、农民增收和农业绿色发展发挥了积极作用。绿色食品作为安全优质绿色生态的主导产品，是实现人民群众美好生活的重要方式之一，是践行"绿水青山就是金山银山"理念、提升农业发展质量效益的有

效途径,是推进乡村振兴战略实施的有力抓手。截至2023年,有效使用绿色食品标志的企业总数为30 047家,产品总数为63 653个;2023年国内绿色食品销售总额达到5 856亿元人民币,出口额31.6亿美元;绿色食品产地环境监测面积达到1.52亿亩。约占我国可耕地面积的7.6%。

中国绿色食品标志图形

二、中国有机农业和有机食品的发展与成就

有机农业是传统农业、创新思维和科学技术的结合,它对于保护我们赖以生存的环境、促进包括人类在内的世间万物的公平与和谐共生发挥着重要作用。20世纪以来,在欧洲等发达国家发展和盛行的现代有机农业,总结和传承了包括中国在内的发展中国家的农业知识与技术精华,在全球范围内得以推广。"健康、生态、公平、关爱"是国际有机农业运动联盟(IFOAM)提出的有机农业发展的基本原则,这些原则是有机农业发展壮大的根本所在。

根据国家市场监督管理总局、中国国家标准化管理委员会发布实施的国家标准《有机产品生产、加工、标识与管理体系要求》(GB/T

19630—2019），有机生产是指，遵照特定的生产原则，在生产中不采用基因工程获得的生物及其产物，不使用化学合成的农药、化肥、生长调节剂、饲料添加剂等物质，遵循自然规律和生态学原理，协调种植业和养殖业的平衡，保持生产体系持续稳定的一种农业生产方式。有机食品是有机生产、有机加工的供人类消费、动物食用的产品。

中国有机产品（食品）认证标志是证明产品在生产、加工和销售过程中符合 GB/T 19630《有机产品生产、加工、标识与管理体系要求》的规定，并且通过认证机构认证的专用图形式，由国家认证认可监督管理委员会统一设计发布。

中国有机产品（食品）认证标志

自 20 世纪 90 年代开始，我国有机产业经过 30 多年的发展，经历了从无到有、从自觉发展到全社会倡导、从民间行为到政府鼓励和引导发展的阶段。在逐步发展过程中，有机产业相关法律法规和标准颁布实施，以及对有机农业生产、认证、贸易全过程的严格监督，标志着中国有机产业开始进入规范化、法治化的发展轨道。截至 2023 年 12 月 31 日，我国有 96 家认监委批准的有机产品认证机构依据《有机产品生产、加工、标识与管理体系要求》（GB/T 19630）开展认证业务，有 17 575 家企业获得有机认证，共计发放有机产品认证证书 28 418 张，依据有机标准进行的植物种植面积 345.6 万 hm^2。据全球最大有机食品博览会之一的德国 BioFach 发布的《2024 年世界有机农业概况与趋势预测》显示，全球有机市场销售额将达到 1 348 亿欧元，美国、德国、中国分别以 586 亿欧元、153 亿欧元、124 亿欧元领跑全球有机消费市场。

三、大力推动生态文明，共同发展绿色食品、有机食品和农业生态产品

以生态农业为基础的绿色食品和有机食品具有广阔的发展前景，是发展现代农业、推动生态文明建设、实现人与自然和谐共生和可持续发展的重要途径。但是当前绿色优质农产品供给远不能满足人民群众日益增长的需求，农业主要依靠资源消耗的粗放经营方式没有根本改变，农业面源污染和生态退化的趋势尚未得到有效遏制，农业投入品的使用管理不规范，提升农业产业的整体素质还是一项长远性、开创性的工作。推广和倡导发展农业生态产品，是对我国发展绿色食品和有机食品等产品的完善和进步，它们之间形成相互补充、相互促进、相互借鉴、共同发展的良好局面，可以满足不同消费层次和类型的市场选择，是农产品质量安全水平发展的客观结果，对新形势下高质量发展农业生态文明建设，具有十分重要的意义。

首先，绿色食品、有机食品和农业生态产品的共同发展促进了生态环境的保护。生产过程中，积极推广应用无污染的生产技术和投入品，完全不用或减少使用化肥、农药等人工合成的化学物质。因此，绿色食品、有机食品和农业生态产品的生产有利于防治污染，有利于保护和改善生态环境，促进了生态与经济的可持续发展。

其次,绿色食品、有机食品和农业生态产品共同发展促进了食品安全和人民健康。在生产、收获、加工、贮藏及运输的过程中,都采用了无污染的生产技术,实行从土地到餐桌的全程质量控制,从而保障了其产品无污染的安全特性,提升了农产品质量,保护了人们的身体健康。

最后,绿色食品、有机食品和农业生态产品共同发展促进了企业增效和农民增收。我国农业结构的战略性调整,其核心是全面调优农产品质量,提高农产品市场竞争力,走质量效益型的道路。农产品在市场上的竞争,说到底是质量与品牌的竞争。而绿色食品、有机食品和农业生态产品都具有无污染、健康、安全、优质及营养的特点。绿色食品标志、有机食品标志和农业生态产品标志就是优质安全的象征,是优质安全的有机统一。因此,发展绿色食品、有机食品和农业生态产品,有利于农业生产从低质低效向优质、安全、高效方向发展,有利于打造农产品品牌、增强产品市场竞争力、促进了企业增效和农民增收。

第四节 农业生态产品价值实现体系

本节将简要介绍"农业生态产品价值实现"工程项目的目标和总体任务。一是农业生态产品标准工程体系的特点建设框架及标准工程体系-,强调标准体系落实全过程质量控制理念和产品分级制度的设计。二是农业生态产品(植物类、畜禽类、水产类和加工类)生产技术研究,核心内容是主要作物或品种的生态种植、养殖、加工技术要点及生态防控技术要点。其三是农业生态产品品牌、市场与政策体系研究成果,主要内容包括:①农业生态产品价值实现的理论阐释与现状。②农业生态产品价值实现的核算工程。③农业生态产品品牌培育工程。④农业生态产品市场营销工程。⑤农业生态产品价值实现的政策设计。三项任务的完成对生态文明、食品安全和农业经济可持续发展具有重要的意义。

一、农业生态产品标准体系

农业生态产品标准体系是农业生态产品发展理念的技术载体，是农业生态产品生产和管理的技术指南，是农业生态产品持续健康发展的技术保障。

(一) 农业生态产品标准体系的建设

1. 2021年7月，农业农村部所属中国优质农产品开发服务协会以中优协会【2021】1号文件在国内首次颁布三个生态产品生产技术标准。

T/CGAPA004-2021《生态产品生产技术准则　植物类》

T/CGAPA005-2021《生态产品生产技术准则　畜禽类》

T/CGAPA006-2021《生态产品生产技术准则　水产类》

这三个标准是初级生态产品标准，于二〇二一年八月实施。

2. 2023年12月8日，湖北省市场监督管理局以鄂市监标函〔2023〕208号文下达二〇二三年湖北省地方标准制修订项目计划（第二批）的通知，批准编号为T-Z-01-2023266号的农业生态产品生产技术规范5个标准项目立项。二〇二四年七月九日通过了专家评审，二〇二四年九月二十二日，湖北省市场监督管理局发布实施。

DB42/T 2300.1 农业生态产品生产技术规范 第1部分：通则

DB42/T 2300.2 农业生态产品生产技术规范 第2部分：植物类

DB42/T 2300.3 农业生态产品生产技术规范 第 3 部分：畜禽类

DB42/T 2300.4 农业生态产品生产技术规范 第 4 部分：水产类

DB42/T 2300.5 农业生态产品生产技术规范 第 5 部分：加工类

这五个系列标准包括初级农产品和加工农产品，含 29 类、30 类、31 类、32 类和 33 类共五类商品。

(二) 农业生态产品标准体系的特点

1. 农业生态产品标准体系落实全程质量控制的理念

农业生态产品标准体系立足精品定位，按照安全与优质并重、先进性与实用性相结合的原则，落实"从土地到餐桌"全程质量的控制的理念，初步建立了一套特色鲜明、结构合理的标准体系，包括产地生态环境质量标准、生态友善标准、生产种养技术标准、生态防控技术标准、产品质量安全标准、质量管理标准、标志、标签要求和生态消费要求等部分，对农业生态产品的产前、产中、产后全过程各环节进行规范。标准更加重视生态建设和生态保护，更有利于农业生态文明和农业可持续发展。

2. 农业生态产品实施产品分级制度

农业生态产品分两级，即 A 级、AA 级。

（1）A 级农业生态产品

产品来自优良的生态环境产地，实施生态友善、生态种养、生态防控、生态加工和生态消费等技术措施，生产和加工过程使用国家允许使用的投入物质，提倡优先使用植物源、动物源、微生物源和矿物源的土壤改良剂、饲料与植保产品，限量使用化学肥料、产品质量安全符合或严于食品质量安全国家标准，经专门机构审核评定，许可使用 A 级农业生态产品标志的产品。

（2）AA 级农业生态产品

产品来自优良的生态环境产地，实施生态友善、生态种养、生态防控、生态加工和生态消费技术措施，生产和加工过程中不使用化学合成的化肥、农药、兽药（除国家强制免疫外）、添加剂和转基因原料，产品质量安全严于食品质量安全。

二、农业生态产品生产技术体系

（一）植物类农业生态产品生产技术

1. 生态种植技术要点

选择适合当地土壤与气候条件和高产优质、抗病虫害和抗逆性强的作物种类及品种。采用适宜的播种期，避开诱发病虫害的天气；避开极端高温或低温对农作物的负面影响。实行轮作倒茬，间作套种等方式增加生物多样性，改善土壤理化性状，调节土壤肥力和增强作物抗病虫能力。

根据作物的需水要求，采用合理的灌溉方式，如滴灌、喷灌和水肥一体化等灌溉技术，节约水肥资源。

推广测土配方施肥，科学平衡施肥，以利于作物对养分有效利用，减少肥料流失对周围环境的污染。通过适度翻耕晒垡，中耕除草，清洁田园等一系列措施改善土壤物理性状，提高肥力，减少病虫草害。提倡以有机肥为主，使用充分腐熟或经无害化处理的农家肥料，微生物肥料和无机（矿质）肥料等。提倡作物（水稻、小麦、油菜、玉米）秸秆还田，改善农田土壤结构。在冬闲田种植紫云英类、油菜等绿肥植物，利用绿肥等生态肥料，增加农田土壤肥力。应减少化肥使用，鼓励不使用化学肥料

2. 生态防控技术要点

农业生态产品生产的病虫害防治技术，实行以预防为主，综合防治的方针，以生态生物防治、农业防治和物理防治为重点的策略。通过开展病虫害预测预报，做到对病虫害治早、治准，用药量少，防治效果好。大力推广生物防治技术，一是要保护和利用害虫天敌，二是推广应用生物农药防治害虫。

应用农艺措施防治农作物的病虫害。实行农作物的换茬轮作制度、间作套种制度等，控制和减少病虫害的发生。调整作物的播种期，避开病虫危害的高峰期。优化农作物布局，增加生物多样性，减少病虫害发生。

利用物理措施消灭害虫。一是可以利用害虫的趋光性进行灯光诱杀。二是潜所诱杀。三是食饵诱杀。四是黄板诱杀。五是高温灭菌。

在十分必要时，可以有限度地使用以下物质防治病虫害。例如可以使用波尔多液、硫酸铜、石硫合剂、生石灰等进行治病，用杀虫皂、沼液、植物油等杀虫，从而达到无公害的防治病虫害的目的。

在上述技术措施不能满足有害生物防治时，可合理适量使用部分高效低毒低残留低风险的化学农药。AAA 级农业生态产品不得使用化学农药。

(二) 畜禽类农业生态产品生产技术

1. 生态养殖技术要点

畜禽养殖场饲养的畜禽品种，应符合国家有关规定。引进种畜禽应来自具有生产经营许可证的种畜禽场。新引进的畜禽，应在隔离舍进行一定时期隔离饲养，确认健康方可进场饲养。

根据养殖畜禽不同生理阶段和营养需求配制饲料，原料组成宜多样化，营养全面，各营养素间相互平衡。饲料原料卫生指标应符合 GB 13078 的规定，要保证草食动物每天能获得其基础营养需要的粗饲料，不应使用动物源性饲料原料，饲料添加剂使用应符合国家相关规定。饲料添加剂不应使用添加化学促生长药物，但可以使用中草药类。

2. 生态防控技术要点

优先选择营养性制剂，微量元素、生物或微生物制剂及中草药制剂防治畜禽疾病。科学合理使用兽药，鼓励不用化学合成的兽药。要遵守兽药停药期规定，不应滥用抗生素。

畜禽养殖场的动物防疫应符合 GB/T 39915 的要求。畜禽养殖场应主动开展动物疫病监测。建立并实施饲养员或执业兽医每日巡查制度，执行国家动物疫情报告规定。发生普通动物疫病时，按照执业兽医处方，使用中药或生物制品等进行预防或治疗。对病死、扑杀的动物及病害畜禽产品进行无害化处理。

(三) 水产类农业生态产品生产技术

1. 生态养殖技术要点

同一水体中水产养殖与植物种植相结合，以植物生长来调节水质，为养殖动物提供栖息场地。自然水域放养，根据水库、湖泊等水体的天然种类和生物生产力，确定放养水产动物种类和数量，不得超出生态环境容量。

用于水产养殖的苗种要符合相应的国家或行业种质标准和苗种质量标准。自然水域养殖不得投喂人工配合饲料，可以补充活体饵料，不得施肥或引入生活污水；池塘养殖和综合种养肥水以有机肥为主，经发酵熟化，用于培养饵料生物和改善水质环境。应从具有资质的生产商或供应商购买有产品批号的饲料。养殖企业自行生产配合饲料时，所用原料、饲料添加剂和药物饲料添加剂应满足相应要求。

2. 生态防控技术要点

水产养殖的生态防控，重点是改善渔业生态环境：池塘应在冬季干塘，将池底充分曝晒和冰冻，以降解有害物质和杀灭有害生物。

积极控制和消灭病原体。亲本和苗种销售运输中应严格执行检疫制度，预防疫病传播。池塘放养苗种前，需用生石灰、菜粕、漂白粉等进行清塘，杀灭有害生物，严禁使用五氯酚钠、敌敌畏等有毒高残留药物。水产动物放养前，需进行药浴消毒，常用药物为食盐和高锰酸钾。对使用工具和食场定期用生石灰和漂白粉进行消毒。每个池塘应有独立的进排水口，防止病害交叉感染。稻渔综合种养中积极推广生物农药，通过灯光诱杀等物理措施，防治病虫害，鼓励少用和不用化学渔药。

（四）加工类农业生态产品生产技术

1. 生态加工技术要求

加工食品原料应符合食品安全国家标准。原料的产地环境、生产、管理、产品质量等应选用符合植物类、畜禽类、水产类生态产品生产技术规范标准要求。食品添加剂应符合 GB 2760 的规定，倡导"生态加工，减量添加"。

生产设备与工器具应符合 GB 14881 的规定，并优先选用生态、环保、节能的生产设备。产品接触材料及制品应符合 GB 4806.1 的相关规定，优先选用生态环保材料。加工用水应符合 GB 5749 的要求，加工过程中应节约水资源，循环用水。优先选用低碳、环保类供应商产品。要将生态环境保护和资源节约的理念贯穿全原材料采购、运输、储存、销售、使用和报废处理的全过程。加工宜采用先进技术和设备，以最大程度保留原料的营养成分和风味。

2. 生态加工防控要求

建立安全卫生控制体系,实行投入品采购与追溯管理,优先选用绿色、环保投入品,减少化学投入品的使用,确保投入品符合食品安全要求,通过对温度、光照、空气等生态环境因素的控制,防止有害生物的繁殖。使用机械类、信息素类、气味类、黏着性的捕害工具、物理障碍、硅藻土、声光电器具作为防治有害生物的设施或材料。建立符合法律、法规和标准规定的产品安全管理制度和产品风险防控、检验检测和产品溯源体系。

三、农业生态产品品牌、市场与政策体系

农业生态产品价值实现的品牌、市场与政策研究从农业生态产品价值实现的理论与现状出发,重点围绕农业生态产品价值实现的核算、农业生态产品品牌化培育、农业生态产品市场营销、农业生态产品价值实现的政策设计等方面展开。

(一)农业生态产品价值实现的理论分析

农业生态产品价值实现的理论分析是进行价值核算、品牌培育、市场营销、政策设计的基础和前提。为此,需要深入辨析生态产品和农业生态产品的概念、内涵、属性特点及其分类,明晰农业生态产品价值实现的理论逻辑与实践规律,阐释农业生态产品价值实现及其品牌、市场与政策研究的理论基础。

(二)农业生态产品价值实现的核算工程

价值核算是农业生态产品进入市场并实现其自身价值的环节,通

过农业生态产品价值核算，可以评估和量化农业生态产品所具有的经济、社会和生态价值，以便更好地指导农业经营决策。为此，需要明确农业生态产品的分类、价值构成及其核算的总体框架，寻求农业生态产品实物量和价值量核算的合适方法，并针对特定区域农业生态产品价值核算案例进行分析。

(三) 农业生态产品品牌化培育工程

农业生态产品品牌化培育需要明确品牌价值的核心要素、形态和构建过程，为品牌资产的管理和提升提供基础条件。需要处理好品牌资产与品牌价值的关系，寻找合适的品牌资产价值的评估方法和创造途径。农业生态产品的品牌建设需要制定农业生态产品的品牌化培育思路与建设策略，着眼于新媒体时代农业生态产品品牌化传播的特点、类型而设计相应的模式与路径，针对农业生态产品区域公用品牌而言要从打造要素、建设主体、管理模式、推广策略等多方面发力，形成品牌赋能农业生态产品价值实现的作用机制和经验。

(四) 农业生态产品市场营销工程

生态市场的兴起和发展为农业生态产品价值实现提供了广阔空间，农业生态产品市场机制是确保产品质量、保护环境、维护消费者权益的重要机制之一。为此，需要总结市场机制建设的成功经验和启示，加强市场信任机制和合作机制建设，选择合适的农业生态产品价值实现模式。

(五) 农业生态产品价值实现的政策体系

农业生态产品价值实现的支持政策体系旨在通过构建一套全面的

政策框架，促进农业绿色高质量发展与生态环境保护的双赢。该体系主要包括安全政策、补偿政策、经济政策以及保障政策四个关键方面。

1. 农业生态产品价值实现的安全政策

安全政策是农业生态产品价值实现的基础。该政策体系强调利用安全管理手段，通过建立安全预警政策以及安全维护措施，推行严格的农业生态环境保护制度。安全管理手段需要明确其种类、应用、流程与方法，以及安全管理手段在品牌和市场中的体现与保障作用。安全预警政策需要明确其重要性和原则等内容，特别是安全预警体系的建设与运行、安全预警对市场和品牌的影响。

2. 农业生态产品价值实现的补偿政策

生态补偿政策是激励农业生态保护与生态产品价值实现的重要手段。该政策体系通过健全农业生态补偿机制，对受偿对象实施有效的生态补偿，扩大补偿范围，提高补偿水平，以支持其严格保护农业生态环境。这就需要健全生态补偿政策框架，包括基本思路、原则、核心要素、监督管理和政策建议；明确生态补偿主体的概念和分类，以及生态补偿的范围、确定方法和测算方法；完善生态补偿方式，包括财政转移支付、区域政策、生态项目补贴、生态税费、生态补偿基金、生态标记和价格补偿等。

3. 农业生态产品价值实现的经济政策

经济政策是推动农业生态产品价值实现的关键驱动力。该政策体系通过农业绿色高质量发展支持机制，打通多元化农业生态产品价值实现路径。经济政策措施包括通过价格支持和市场准入将生态环境优势转化为绿色农业等生态经济优势，通过税收激励与减免、金融支持与投资、贸易支持与国际合作，鼓励各类主体投资农业产业，试点农业生态产品交易机制，以市场化手段推动农业生态产品的价值实现。

4. 农业生态产品价值实现的保障制度

保障政策是确保农业生态产品价值实现顺利进行的必要条件。该政策体系包括完善法律法规体系、加强监管体系建设、强化执法监督与管理等方面。政策措施包括制定配套的绿色农业经营管理办法，推进农业清洁生产；完善农业生态产品的认证制度，增强认证机构的可靠性和权威性；形成多重监督体系，加强对绿色农业产品种植、管理的监管；将绿色农业管理机制纳入政府人员绩效考核中，确保各项政策措施得到有效执行。

综上所述，农业生态产品价值实现的政策体系是一个多维度、多层次的综合性体系，通过安全政策、补偿政策、经济政策以及保障政策的协同作用，推动建立农业绿色发展与生态环境保护的双赢局面。

第二章

植物类农业生态产品生产技术

第一节　生态水稻生产技术

生态水稻生产技术是指在种植水稻的过程中，采用了生态友善的种植方式。是符合可持续发展理念的一种农业生产方式，旨在实现高产、高效、优质、生态与低排放的水稻生产模式，从而达到保护生态环境、提高农产品品质、增加农民收入的目的。生态水稻生产技术主要从环境选择、生态友善技术、生态种植技术、生态防控技术等方面开展。

一、水稻产地生态环境选择技术

生态环境条件是种植的基础。生态水稻的种植地块一般选择在肥力较好、排灌便利、自然隔离的地块。附近有污染源地块禁止种植生态水稻。优越的生态环境条件包括土壤情况、灌溉用水、环境空气质量等。

(一) 土壤环境

土壤是水稻生产过程中生态环境的重要组成部分，必须符合国家标准。根据农用地土壤污染风险管控标准（GB 15618—2018）规定：水田每千克土壤中含镉不超过 0.3mg；汞不超过 0.5mg；砷不超过 30mg；铅不超过 80mg；铬不超过 250mg。积极推广秸秆还田技术，田间增施有机肥、生物质菌肥和深耕翻作等措施，活化土壤耕层，为生态水稻创造有利的生长环境。

(二) 灌溉用水

生态水稻灌溉用水必须是无工业废水污染的清洁水质，要符合农田灌溉水质标准（GB 5084—2021）。pH 值应为 5.5~8.5；同时每升水中汞的含量不超过 0.001mg；镉不超过 0.01mg；砷不超过 0.05mg；铅不超过 0.2mg；六价铬不超过 0.1mg。

(三) 环境空气质量

空气质量是保证稻米品质的重要因素。生态水稻种植地区要远离排放氟化物、硫化物、氮化物的工业企业。按国家环境空气质量标准（GB 3095—2012）要求，每立方米空气中，总悬浮颗粒物日平均含量不超过 0.3mg，二氧化硫日平均含量不超过 0.15mg，一小时平均含量不超过 0.5mg；氮氧化物日平均含量不超过 0.1mg，一小时平均含量不超过 0.15mg，氟化物日平均含量不超过 7μg，一小时平均含量不超过 20μg。

以上三项自然生态环境指标，必须经过有资质部门的测定，达到生态产品的农业环境质量标准。

二、水稻产地生态友善技术

生态水稻种植地的生态环境与生态水稻间相互平衡，共同发展。需要遵循以下原则：①生态水稻种植需要保护耕地周边植被，维护土壤、水系和森林的生态平衡。可以在种植基地周围进行绿化建设，扩大绿色植被，促进生物多样性，推动碳达峰和碳中和。②改善和优化害虫天敌栖息地生态环境，发展天敌种群规模。③在使用建筑覆盖物、塑料薄膜、防虫网时，宜选择聚乙烯、聚丙烯或聚碳酸酯类可降解产品，并且使用后应及时回收清除。④充分利用作物秸秆和杂草等生物降解的地面覆盖材料，提高土壤肥力，对作物秸秆和杂草等不宜焚烧处理。

三、生态种植技术

（一）品种布局与轮作

生态稻田轮作可以改善土壤理化性质，增加土壤微生物多样性，提高土壤有机碳，降低病虫害的发生，减少农药化肥的使用，提高农田利用率，实现稻田可持续发展。我国生态水稻轮作模式主要有稻油、稻麦和水稻—绿肥等轮作模式。

稻田种养是以稻田作为基础，在水田放养虾、鱼、鸭等动物，充分利用稻田光、热、水及生物资源，通过水稻与动物互惠互利而形成的复合循环种养生态模式。引入小龙虾等动物后，稻田生态系统得到充实，环境得到改善，结构得到优化，湿地生态功能得到进一步强化。如增肥、改土、改水、控草、控病、控虫等功能大大加强。

（二）品种选用技术

生态水稻品种选用需要遵循的原则：第一，生态水稻品种选择通过审定、适应当地的生态条件、符合当地的种植制度的优质、高产、稳产、抗性强的品种，保证水稻的产量和品质。选用综合抗性强的品种，尤其是对水稻生产上易发生的主要病虫害抗性强，从而减少生态水稻生产过程中农药的使用量，保证稻米的食用安全。第二，保证种子的质量。种子质量的好坏是关系生态水稻正常生产的关键。用于生态水稻生产的种子，尽量减少化学包衣种子的使用，应该严格按照国家标准《粮食作物种子—第1部分：禾谷类》（GB 4404.1—2008）要求，杂交种大田用种纯度不低于96%，净度不低于98%、发芽率不低于80%，籼稻水分不超过13%、粳稻水分不超过14.5%；常规大田用种纯度不低于99%，净度不低于98%、发芽率不低于85%，籼稻水分不超过13%、粳稻水分不超过14.5%。

（三）培育壮秧技术

1. 种子处理

播种前的种子处理是培育壮秧的关键。第一，晒种。选择浸种催芽前2~3d，利用晴天日晒，晒种过程中薄摊勤翻，防止谷壳破裂。第二，种子清选。利用风选、机选或溶液筛选，去除瘪粒、虫蛀粒、杂草等杂质种子，提高种子的净度。第三，浸种消毒。浸种可以使水稻种子吸水进行生理生化作用，促使种子的萌发。种子消毒可以防治水稻的病虫害。

育秧稻播种，当种子的芽长到半粒谷长、根长到一粒谷长时，抢晴播种。

2. 育秧技术要求

(1) 露地湿润育秧。

苗床选择与整地施肥：苗床是用来培育机插秧、抛秧的盘式育秧床或露地育秧。选择土质疏松、肥力较高、排灌方便、背风向阳的冬闲田作苗床，开沟作畦。一般畦宽130~170cm。沟宽20~25cm，沟深20cm左右，便于排水。秧畦做到上平下松，表面有一层浮泥，便于谷种粘黏。上平下松、沟深面平、肥足草净、软硬适中。施足基肥，要求尽可能施用有机肥，以腐熟的土杂肥、厩肥为主。秧田一般施用腐熟优有机肥10~15t/hm^2，或施用硫酸铵或碳铵225kg/hm^{2}作基肥，还应施用过磷酸钙450kg/hm^2，氯化钾150kg/hm^2，结合耕地在整畦前施下。

为了保证秧苗的整体素质，育苗床需要添加育秧基质，主要有以草炭、稻壳、秸秆、菌渣等为代表的有机基质，以岩棉、珍珠岩、蛭石、沙等为代表的无机基质，以及有机基质和无机基质按一定比例混合的混合基质。

播种：当畦面软硬适度时就可以播种了。播种最好选择在上午进行，以争取利用中午高温扎根。要做到分畦定量、分次播种、播种均匀、播后塌谷，再用过筛的细肥土盖种，要将谷种都盖住，盖种的土壤厚度不超过0.5cm。这样有保湿、防晒、防雨、防鸟害等作用。湖北省早稻一般在3月下旬至4月初播种，中稻从4月上旬到5月上旬都可以播种，晚稻一般在5月下旬至6月上旬播种。双晚稻的播种约在6月中下旬。露地湿润育秧的播种量与品种的特性、秧龄的长短有关。一般早中稻以秧田本田比1：(6~8)确定播种量，晚稻以秧田本田比1：(5~7)确定播种量。

秧田管理：秧田管理主要分为水分管理、肥料调控和病虫草防治等环节。①水分管理,播种至第二叶抽出,此期要保持沟中有水、秧板湿润且不建立水层,直至第二叶抽出,供应充足的氧气,促进扎根立苗。3叶期后灌浅水上厢,以后浅水勤灌,满足秧苗生理和生态需水,促进分蘖。②肥料调控,早施断奶肥,氮素断奶肥在1叶1心期施用,施用量不能过大,以免造成氮中毒。一般施尿素4~6kg/亩。4~5叶期施一次接力肥,移栽前5~7d施送嫁肥,每亩施尿素3~4kg。③病虫害防治,及时做好病虫防治、灭稗除草和防鼠雀等工作。苗期的主要病害为恶苗病和立枯病,防治恶苗病用三氯异氰脲酸(强氯精)500倍液浸种24h,防治立枯病用敌磺钠(敌克松)800~1 000倍液在秧苗2叶1心时喷施。

生态水稻秧苗在0:00—7:00时生长发育最快,必须保证苗床温度(15~28℃)促进秧苗生长。注意昼夜温差,白天不宜过高,夜间要适当降低,利于秧苗缓慢健壮生长。培育出符合标准的秧苗。

(2)抛栽秧育秧技术。水稻抛秧栽培技术替代传统的手工插秧育秧,是水稻栽培技术的一项重大改革。

播前准备内容如下。

确定播种量: 杂交稻种子每孔播1~2粒,每亩大田1~1.5kg;常规稻一般每孔播2~3粒,每亩大田3~5kg。

选秧田: 选择土壤肥沃、避风向阳、排灌方便、黏壤土或壤土的稻田、旱地或菜园。秧田与大田比为1:40。秧田要耙细、整平,做畦。

配制营养土: 选用黏度适中的肥沃土壤,整细过筛后与腐熟有机肥混合,再施氮、磷、钾肥配合的速效肥,与营养土充分混合。营养土不能过砂过黏,过黏影响出苗,过砂养分缺乏,保肥保水差,苗质不好。

播种：一是种、土混播，秧盘紧贴床面，然后将混拌好的种、土撒入盘中，装 2/3 深，上面用营养土覆盖。二是将盘摆在秧床上，将营养土撒在盘孔中，深度为 2/3，然后播种，再用营养土覆盖。三是将秧沟中的泥捣烂，除去杂质，人工灌到盘孔中，以灌满为宜，用软扫帚来回多次将谷种扫入孔穴中，将多余的谷种和床土全部扫除，以防窜根。

秧田管理内容如下。

温度：采用覆盖育秧的，在播种后出苗前膜内温度应控制在 35℃ 以内，温度过高应通气降温。1 叶期温度应控制在 25℃ 以下，2 叶期开始要看天气通风炼苗，将膜内温度控制在 20℃ 左右。

水分：整个秧苗期，盘上以湿润为主。秧盘的最后一次浇水应在抛秧前 2~3d，切忌抛秧时浇水。施肥：采用配制营养土的，前期可不施肥，后期如出现脱肥现象，应用 2% 硫酸铵溶液喷施，施肥后用清水洗苗。采用秧苗沟泥为盘土的，在 1 叶 1 心期可视苗情施断奶肥，在抛秧前 3~4d 施送嫁肥。

（3）塑料薄膜育秧。在露地育秧的基础上加盖塑料薄膜保湿防寒，称为塑料薄膜育秧。塑料薄膜具有保温、保湿、透光的特点，用于早稻育秧可以防止烂秧，育成壮秧，加快秧苗生长，缩短生育期，以达到增产的效果，在丘陵山区也有广泛的应用。塑料薄膜秧比同期播种的露地秧可提早 10~15d 移植，成熟期也比露地秧提早 5~7d。

整地、搭架：选择避风向阳、土质肥沃、排灌方便的田块作秧地。秧田要少犁细耙，上松下实，做成合适秧畦。秧畦长约 12m，秧畦过短，塑料薄膜的利用率低；秧畦过长，通风炼苗困难，中间的秧苗易徒长。畦宽 1.5m，便于搭架盖膜。支架要牢固，高矮要适中，一般架中高 50cm 左右，并每隔 70cm 左右插一条横梁，畦头畦尾交叉插两条横梁。搭好架后即可盖膜，膜四周要压入泥以密封牢固，考虑到塑料薄膜育秧的效果及生产成本，秧畦的行向应与育秧期间当地的主要风向一致。

秧苗管理内容如下。

密封期：盖膜后的管理播后至齐苗（或1叶期）称密封期，在管理上要严密封闭薄膜，创造一个高温、高湿的环境，使幼苗早扎根、快齐苗。出苗后控制膜内温度不超过30℃，如晴天中午膜内温度超过30℃，则揭膜两端以通风降温，防止高温伤苗，下午再把膜密封。水分管理是保持半沟水使畦土湿润，以利扎根立苗。塑料薄膜秧生长快，需要养分多，加上盖膜后难于追肥，因此要施足基肥。塑料薄膜秧的基肥一般要比露地秧多施10%~20%。可用三素复合肥或者磷肥堆沤过的腐熟有机肥作基肥。

炼苗期：齐苗以后，随着膜内温度的升高，秧苗进入通风降温时段，在这一时期，管理上应以通风换气为主。从1叶1心到2叶1心，膜内适宜温度为25~30℃，温度过高要通风炼苗，以防秧苗徒长。通风前要注意灌水，一般日揭夜封，使秧苗得到逐步锻炼，提高适应能力。日夜温差较高时，中午膜内温度还可能会超过40℃，夜间在12℃以上。这时，日夜均要把畦两头的膜揭开，如果夜间温度低于12℃，要日揭夜封。遇低温时要日夜密封，若遇到寒潮时间长，要注意在日间较暖时段通风换气。一般晴天上午在膜内温度接近适温，气温在15℃以上，便可采取逐日扩大通风面积，逐日延长通风时间的炼苗措施，使秧苗逐渐适应外界自然条件。通风时要先灌水上秧板，避免水分失去平衡而死苗，下午天气转凉时重新盖膜保温。

揭膜期：秧苗有2片半至3片叶，当日平均气温稳定在15℃左右，日最低气温在10℃以上时，便可揭膜。在日揭夜封1~2d的基础上，可选择晴暖天气再行日夜全撤膜。揭膜前先灌深水，揭膜时要先揭两头后分段揭，揭膜后即按一般湿润秧田管理。撤膜后 3~4d，遇晴暖天气要追施稀薄氨肥，促进幼苗生长，移植前 4~5d 重施一次送嫁肥，以利于插后早回青分蘖。

(四) 生态栽培技术

1. 大田栽培技术

大田栽培分为适时移栽稻栽培和直播稻栽培。

(1) 适时移栽稻栽培。分为人工移栽、抛秧移栽和机械移栽。

人工移栽：人工移栽多为宽行窄株或宽窄行的栽插方式，这种栽插方式能改善田间小气候，利于稻株的健壮生长，减少病虫害的发生。插秧要求行、穴距、每穴苗数及深浅一致，插秧深度一般 3cm 左右。杂交早稻亩栽插 2 万~2.5 万穴，采用宽行窄株（10cm×26cm 或 13cm×23cm 规格）或宽窄行按照（26+13）cm×13cm 规格，小苗每穴 2 粒谷苗、大苗每穴 2~3 粒谷苗。杂交中稻亩栽插 1.8 万~2 万穴，等行距栽插行距为 23~26cm，穴距 13cm。宽窄行栽插时，宽行距 26~33cm，窄行距 16.5cm，穴距 13cm。杂交晚稻亩栽插 1.8 万~2 万穴，采用宽行窄株（13cm×30cm）或宽窄行按照（33+16.5）cm×13cm 规格。常规稻一般亩插 2 万~3 万穴，行距 20~24cm，穴距 10~13.3cm。

抛秧移栽：生态水稻抛秧的秧龄控制在 25d 内，叶龄不超过 4.5 叶为宜。早稻每亩抛足 2.5 万穴，抛足 12 万以上基本苗；中稻 1.8 万穴左右，抛足 8 万~10 万基本苗；晚稻每亩约 2 万穴，抛足 10 万基本苗。

机械移栽：机插秧苗起苗移栽的关键是轻运、轻放、随运、随栽。要保证秧片完整，减轻秧苗植伤，达到四角垂直方正，不缺边缺角。

一般插秧机行距固定为 30cm，通过改变株距来调节栽插密度。株距在 12~20cm 可以调节。机插秧大田有 5% 的缺棵率属于正常，超过 5% 需要补缺棵。与手插秧水稻相比，机插水稻秧苗分蘖少，茎基部较细，根系不发达，秧苗整体素质较弱，所以返青缓苗期较长，活棵返青期比手插秧迟 2d 左右。所以在大田生产中，根据机插水稻的生长发育规律，采取相应的肥水管理技术措施，促进早发稳长。

（2）直播种植。直播的技术要点有：①播种量要精准，播种要及时。要在当地气温稳定通过 15℃ 时播种，一般可比正常播种推迟 8~10d。长江中下游地区，单季稻适宜播期为 5 月上旬至 6 月初，最迟不超过 6 月 20 日。早稻和双季晚稻受气温以及茬口影响，在该地区不适宜直播栽培。粳糯稻播种量要适当加大，籼型杂交稻分蘖率强，播种量可适当减少。单季杂交稻播种量为 $18.75 \sim 22.50 kg/hm^2$。如果播种时遇不利气候条件或种子发芽率较低，应适当增加播种量。播种深度在 1~3cm，播种后压实。②播种方式。水稻种子须催芽至露白后方可播种，要求种子芽长半粒谷，根长一粒谷为宜。直播方式可采用人工或机械撒播、条播、点播。播种可采用定畦定量的办法，先稀后补，即先播 70% 的种子，再用 30% 的种子补缺补稀；也可以采用机械定量一次播完。播种后轻塌谷入泥，要求不露谷粒，保持畦面湿润，保证一播全苗。一般秧苗 3~5 叶期时，须及时开展疏密补稀，确保大田水稻植株分布均匀，从而有效提高大田有效穗和穗粒数。③苗期管理，重点要达到全苗、齐苗和匀苗。从播种到 1 叶 1 心期，以秧板湿润为主，保证种子获得必需水分，促进发芽长根。保持晴天平沟水，阴天半沟水，雨天及时排水，不能淹灌。种子发芽后，若发现田面发白，出现小裂缝，应在傍晚灌"跑马水"。切忌晴天中午灌水，以防高温烧芽。当秧苗长到 2 叶 1 心时，及时施好苗肥，促进稻苗早分蘖。二杀（苗期除草）。秧苗3叶期后，如田间杂草仍然较多，可根据杂草种类及发生情况选择用药。

2. 施肥管理

生态水稻栽培与一般水稻高产栽培的肥料施用主要区别，是生态水稻少用化肥，结合缓释有机肥料满足水稻的生长发育需求，提高产量和品质。有机肥有机质含量高、养分齐全、肥效稳而长、有后劲，根据有机肥料的肥效特点，生态水稻生产上应以底肥为主（75%～80%），分蘖肥和穗肥各占总量的10.0%～12.5%。施肥原则是按照"两重两轻一补的方法进行，即重施底肥和穗肥，轻施断奶肥和促蘖肥，后期看苗补施粒肥。

（1）底肥。底肥施用要早，最好实行全层施，施后耙地，做到"田等秧"。底肥用量占肥料总量的75%～80%，以掩青绿肥、腐熟农家肥和高效有机肥为主。

（2）分蘖肥和穗肥。分蘖肥是在水稻移栽后为促进分蘖早生快发而施用的肥料。一般在移栽后10d内分2次施完前期追肥。第1次追肥又称返青肥，于移栽后2～3d施；第2次追肥又称分蘖肥，于移栽后7～8d施。穗肥促穗增粒，提高成穗率，穗肥一般在移栽后15d左右施入田间。

（3）粒肥。粒肥是水稻在抽穗扬花期及以后施用的追肥。粒肥应该看苗、看天酌情施用。苗不黄不施，天多雨不施。一般采用根外追肥的方法，粒肥施用应避开开花时间，以傍晚或晴天早上为好。可用高效有机肥叶面喷施。

3. 水分管理

科学灌溉是保证水稻高产的重要手段之一，因此灌溉工作十分重要，在水稻的不同时期，应当采取不同的灌溉方法。

(1) 返青期。浅水返青。插秧时，田间保持薄水层。天气情况和苗龄与水的深度具有十分密切的关系，通常情况下，晴天应当将水层控制在 4~6cm，阴雨天应当将水层控制在 2~4cm，并且应当保证水不会超过叶耳部分。遇到35℃以上的高温时应采取深灌，可降低田间温度，避免水温高灼伤茎部，影响返青。抛秧稻在抛秧后 2~3d 不进水，以利扎根立苗。

(2) 分蘖期。湿润分蘖，分蘖期的灌溉原则为少量多次，即第一次浇水可持续 3~4d，维持 1cm 以下的薄水层，直至稻田无明水现象可以第二次浇水。这种灌溉方式可以保证稻田具有良好的通透性，从而充分保证水稻的生长。

(3) 分蘖末期至穗分化期。这一时期展开灌水工作的主要目的是强根壮秆。当所有水稻的总茎蘖数可以达到 85%~90%，则可以开展脱水搁田工作。晒田天数也要根据当地气候条件确定，晒田期间气温高、空气湿度低，晒田天数应短些；而气温低、湿度大，则晒田天数应长些。

(4) 拔节孕穗期。这一时期是水稻的需水临界期，也是需肥旺盛期，应保证水分供应，为大穗打下基础。此时田间保持 1~2cm 水层。

(5) 抽穗开花期。抽穗开花期水稻光合作用强、新陈代谢旺盛，也是水稻对水分反映敏感的时期，此时水层控制在 0.5~1.5cm。

(6) 灌浆成熟期。灌浆期水分管理应以养根保叶为目的，田间水分保持湿润状态，3~5d 灌 1cm 以下水层。黄熟期采用干湿交替法灌水，该期水稻耗水量已经急剧下降，遇雨要及时排水，收获前 5~7d 断水。

四、生态防控技术

长江流域及以南地区水稻种植常发生的病虫害种类有水稻纹枯病、白叶枯病、稻瘟病、稻曲病、螟虫和褐飞虱等。抓住三个时期（播种期、移栽前和破口抽穗初期），把住三个关口（检疫关、预防关和防治关），大力推广应用稻田耕沤灭螟等农业防治技术、频振式灭蛾灯诱杀害虫技术、性诱剂诱杀稻螟技术、生物防病防虫技术、安全科学合理用药技术以及保护天敌、发挥天敌的自然控害作用和农药增效剂作用技术。

（一）防治原则

以保护生态环境和保障食品安全为出发点，积极贯彻"预防为主、综合防治"的方针，根据水稻田病虫草害的发生危害规律，合理利用植物检疫、农业防治、生态防治、物理防治、生物防治及化学防治等措施，创造有利于生态水稻生长和天敌繁衍，不利于病虫草发生危害的生态环境，保持农田生物多样性和生态平衡，把病虫草的危害控制在经济损失允许水平以下，实现水稻生产无害化、生态化、安全化和规范化的防治原则。

（二）农业防治

农业防治主要从产地、品种选择和轮作等方面进行。首先，产地应选择在生态条件良好，远离污染源，具有可持续生产能力的农业生产区域。环境空气质量、灌溉水质量及土壤环境质量应符合 NY/T 5010—2016 的要求。土地平坦、排灌方便土壤结构适宜、理化性状良好、土壤肥力较高。其次，在品种选择上，根据当地生态条件和种植制度，选用优质丰产，抗病虫性强的适应性品种。品种需要定期轮换，保持品种抗性，减轻有害生物的发生。品种播种前需要对种子进行晒种、清选、消毒等浸种处理。最后是水旱轮作，可以改变杂草的适生环境，减轻稻田草害。

（三）生态防治

目前常用的生态防治包括延迟播种栽培技术、深水灌溉控草、利用植物型农药代替化学农药、人工除草、利用害虫天敌等方式，完成对稻田常见病虫草害的控制，减少或避免化学农药的利用。结合生物多样性调控和自然天敌保护利用等技术，改造病虫害发生源头及生态环境，增强自然控害能力和作物抗病虫能力。在田间种植大豆、芝麻、茭白、绿肥等，建造天敌诱集和保育带；春耕及夏收夏种时，田埂上杂草不要全部割光，保留一小部分杂草，为蜘蛛等害虫天敌提供过渡场所；在田埂种植香根草诱集防治水稻螟虫，创造天敌宜居生态环境。在保证科学分苗、以水压草的技术条件下，保证稻田杂草的控制条件。而在病害的防治过程中，需要将品种选择作为基础，并定期开展打捞菌核的技术操作，减少病害源的影响条件。必要时，可采用井冈霉素、蜡质芽孢杆菌等生物制剂农药，完成特定稻田病害的防治。

（四）生物防治

生物防治是指利用有益生物及其产物防治有害生物。它的最大优点是对病虫草害防治效果好，而且对人畜安全，不污染环境，无残留。目前比较成熟的生物防治技术有释放稻螟赤眼蜂、稻鸭共育控虫等技术，此外还可施用植物源农药、农用抗生素、植物诱抗剂等生物制剂防治水稻病虫害。"稻鸭共育"的生态性栽培饲育技术，改变水稻的自然生长环境，利用水稻和鸭子之间的共生共长关系，构建了一个种养结合生态农业系统。可以选择活动力较强，且体型较小的麻鸭，在水稻完成插秧的 7~15d，将 10~15 日龄的麻鸭，放置在稻田中进行散养。在引入麻鸭进行养殖管理的同时，也需要对养殖密度进行控制，按照每亩（667m^2，余同）15~20 只的数量，投放在稻田中。在长江中下游稻区及以南稻区，水稻抽穗扬花以后第一批鸭子出栏之后，再放入第二批雏鸭，直到水稻收获前的 9 月中旬，将第二批鸭子出栏。在水稻收获后的 10—11 月和翌年的 3—4 月，再将成鸭重新放回稻田，让鸭子去捡拾田里的落粒和草籽等，减少翌年稻田的落粒和杂草。鸭子天生就具有捕虫的能力，这对于生态水稻的病虫害防控有着很好的辅助作用，同时鸭子在稻田中活动也可以有效改善水稻基本的通风透光条件，使稻田中的飞虱数量显著减少，在很大程度上降低生态水稻病虫害的发生概率并优化整体水稻田的生长环境，为水稻病虫草害提供生态化的防治策略。还可以利用害虫天敌达到防治害虫的目的，在田间放养害虫的天敌包括赤眼蜂、蜘蛛等，这些天敌可以防控二化螟、三化螟、稻纵卷叶螟等害虫。蜘蛛主要分布在农田、果园等地方，可以捕食水稻害虫。在生态水稻生产的田间放养天敌可以有效控制病虫害，这对于生态水稻的高产高质具有重要意义。

（五）物理防治

物理防治措施以光电吸引方式和性诱剂技术为主。光电吸引可以结合害虫趋光性、趋色性等特点，实现理想杀灭目标。在设置过程中，需要田间安装振频杀虫灯、黄板诱杀田间成虫。每盏杀虫灯的辐射面积为每年 4 月中旬至 9 月中旬，每晚 18:00 开灯，凌晨 3:00—4:00 关灯，对消灭成虫有很大的帮助。同时在 6 月下旬至 7 月中旬，每亩悬挂 20 张黄板（规格 25cm×20cm），防治稻飞虱、叶蝉等害虫。通过此类方式能够及时杀灭害虫，避免其危害水稻作物。

性诱剂是在二化螟和稻纵卷叶螟羽化初期开始放置诱捕器，末期收回。每亩放置诱捕器 1 个，内置诱芯 1 个，每月换 1 次诱芯，诱捕器高出稻株 10cm 左右，随着水稻长高，不断升高诱捕器。性诱捕器对雄蛾有很好的诱杀作用，让田间雌雄蛾比例失调，从而降低田间虫口密度。

（六）化学防治

生态水稻种植避免使用化学农药，但在生产过程中，发现病虫害严重的情况下，可以适当使用化学农药，坚持合理用药、科学用药，推广高效低毒低残留的环境友好型农药。

目前，根据水稻不同种类害虫，筛选出一批高效、广谱、持效期长的对口防治药剂和施药技术。①二化螟。当每公顷有卵块 450 个以上时，一三代在 1~2 龄幼虫高峰期用药，二四代在卵孵盛期用药。20%氯虫苯甲酰胺 SC，每公顷用药 150mL，防效达 97%以上。②稻纵卷叶螟。一年五代，狠治二三四代，当百丛水稻有新虫苞 30 个时，选择 1~2 龄幼虫期用药。5%甲维盐 WG，每公顷用药 300g；3%甲维盐 EC，每公顷用药 450mL；每公顷用 40%丙溴磷 EC 1 200mL+1.8%阿维菌素 EC750mL 混用，防效达 95%左右。③稻飞虱。当百丛飞虱虫量达到 1 500 只时，每公顷用 25%吡蚜酮 WP 480g，兑水 675kg，于低龄若虫高峰期施药。此外，推荐防治稻飞虱药剂有毒死蜱、噻嗪酮、噻虫嗪、烯啶虫胺等，可根据不同时期选用不同药剂交替轮换使用，避免产生抗药性。

生态水稻种植可以采用超低容量喷雾法施药，实践过程中，无人机应当部署在离水稻顶部 1.2~1.5m 的地方，利用旋翼产生的气流将药液喷洒在作物叶片的正反面和茎基上。这种雾流具有很强的穿透力，能够减少飘移，使雾滴处于细而均匀的状态，实现防治病虫害的目标。同时，其雾滴较小且不容易发生弹跳溅落，可以最大限度提高资源应用效率，实现降低病虫害防治成本的效果。

五、收获贮运技术

生态水稻生产要注意适时收获，科学贮运。水稻在完熟期末期机械收获。收获贮运包括①及时晾晒。确保水分控制在14%以内。②谷粒清选。清除谷粒中混入的石块、土块和杂草等杂质。③稻谷贮藏。水稻种子水分、净度达标后，可以进行贮藏。④谷粒运输。首先需要检查水分和温度，运输工具需要消毒处理，并做好防范，避免在运输途中出现谷粒发热霉变现象。

六、质量管理

产品品质主要包括商品品质和卫生品质。商品品质有整精米率、垩白度、直链淀粉含量、胶稠度和食味品质。NT/T 593—2013 标准规定，一级籼米整精米率58%，垩白度小于1.0%，直链淀粉含量13%～18%，胶稠度60mm以上，食味品质大于9分。一级粳米整精米率69%，垩白度小于1.0%，直链淀粉含量13%～18%，胶稠度70mm以上，食味品质大于9分。米质测定中的四项主要指标按最低级别分档，其他指标两项以上不符标准的降一级。食味品质主要通过专家小组品尝鉴定打分。综合指标，不达到三级指标的不能算优质米。直观讲就是要整精米率高，外观透明，蒸煮清香，食用可口。

稻米的卫生品质包括黄曲霉素含量和农药限量及其他有害物质含量。必须通过仪器设备检测，按中华人民共和国粮食卫生标准有关规定严格执行,采用粮食卫生标准的检测方法检测,特别是黄曲霉和农药残毒指标不可超标。黄曲霉毒素 B_1 的允许量标准按国家 GB 2761—2005 规定执行,稻米允许含量小于 10mg/kg。农药残留量应达到出口稻米规定的限量指标。

七、生态消费

生态消费应遵循诚信、公正、严谨的原则,以建立生产者、销售者、消费者之间相互信任、合作的友善关系,产品不应过度包装,包装材料应该选择可回收、可生物降解的环保材料,产品包装应符合相应食品安全国家标准和包装材料卫生标准的规定。同时,做好宣传普及,使更多的人了解生态水稻产品的生产过程,建立健康、节约的生活方式和消费理念。

第二节 生态小麦生产技术

一、小麦产地生态环境选择技术

(一)土壤环境

土壤是小麦生产过程中生态环境的重要组成部分,应严格遵循基地环境的要求,远离有废水、废气、废渣排放的工厂 4km 以外,选择不受农业、城镇生活、医疗废弃物污染、远离主要交通干线的农业生产区域。种植生态小麦土壤中镉、汞、砷、铅、铬等各种重金属的含量,必须符合国家标准。根据农用地土壤污染风险管控标准(GB 15618)规定,旱田每千克土壤中含镉不超过 0.3mg;汞不超过

1.3mg；砷不超过40mg；铅不超过70mg；铬不超过150mg。土壤中有机质、全氮、有效磷、速效钾含量要达标。如果所种地块前茬作物是玉米，需要用秸秆还田机将玉米秸秆进行粉碎后抛撒到土壤表面并进行翻耕。在耕地过程中，要施足底肥（首选腐熟的农家肥），按照稳定磷肥、增加钾肥、控制氮肥等施肥原则，对中等小麦产地进行种植调整。提倡在基地周围进行绿化建设，扩大绿植植被，促进生物多样性，禁止焚烧作物秸秆和杂草等。

(二) 灌溉用水

生态小麦灌溉用水必须是无工业废水污染的清洁水质，要符合农田灌溉水质标准（GB 5084）。旱地作物灌溉水质 pH 值应为 5.5~8.5；同时每升水中汞含量不超过 0.001mg；镉不超过 0.01mg；砷不超过 0.1mg；铅不超过 0.2mg；六价铬不超过 0.1mg。

(三) 环境空气质量

空气质量是保证小麦品质的重要因素，生态小麦种植地区要远离排放氟化物、硫化物、氮化物的工业企业。按国家环境空气质量标准（GB 3095）要求，每立方米空气中，总悬浮颗粒物日平均含量不超过 0.3mg；每立方米空气中，二氧化硫日平均含量不超过 0.15mg，一小时平均含量不超过 0.5mg；氮氧化物日平均含量不超过 0.1mg，一小时平均含量不超过 0.25mg；氟化物月平均含量不超过 3μg，植物生长季平均含量不超过 2μg。

以上三项自然生态环境指标，必须经过国家有关部门的测定，达到生态产品的农业环境质量标准，才能实施生态小麦的生产。

二、小麦生态友善技术

在生态小麦的生产过程中,应遵循以下原则:①坚持生态优先,在基地管理中,应优先考虑生态系统的稳定性和持续性,保护土壤、水源和生物多样性,做好水土保持,防止水土流失。②坚持科学规划,根据当地的自然条件和市场需求,制订科学合理的种植计划,确保小麦的品质和产量。③坚持标准化生产,运用当前先进的农业技术和设备,实现小麦生产的标准化、规范化,从而提高生产的效率和质量。④坚持绿色防控,采用生物、物理等绿色防控措施,避免或减少农药、化肥的使用量,降低对环境和人体健康的危害。⑤坚持资源循环利用,加强废弃物的回收和处理,实现资源的高效利用,减少环境污染。

三、生态种植技术

(一)深松精细整地、测土配方施肥

1. 精细整地

土壤物理结构直接影响小麦根系的生长。据观察,黄土丘陵区正常生长的旱地小麦根系生长良好,入土较深,平原灌溉麦田耕作层养分充足、结构较好,因而根系在耕层生长繁茂,但超出耕作层则生长缓慢,根量明显减少。稻茬麦田由于前茬水稻浸水时间长,造成后茬小麦土壤质地黏重、上层水分过多、土壤通气性差,根系生长弱,上层根量少、越冬期根深仅20cm左右,随着根系向深处延伸与土壤含水量的减少,根系又逐渐增多,孕穗期以后可达80cm以上,其最大根深90cm左右。

基本要求:适墒深耕,干湿适度,土粒细碎,无坷垃,上虚下实,

沟直厢平。前茬秸秆全量还田，对玉米小麦轮作区前茬秸秆，选用配备秸秆切碎抛撒装置的收获机作业。秸秆割茬高度≤11cm，切碎后的秸秆长度≤10cm，切碎合格率≥80%，秸秆粉碎机应符合 NY/T 500 的规定。此外，发生严重病虫害的秸秆不宜还田，应及时移除。对稻茬麦区前茬秸秆，墒情适宜时选用带镇压器的旋耕机旋耕一次，将秸秆均匀翻埋于耕层，旋耕深度≥10cm，或用带有镇压功能的多功能联合播种机一次性完成旋耕还田和小麦播种，旋耕机应符合 NY/T 499 的规定。也可选择使用秸秆腐熟剂（农用微生物菌剂），水稻/玉米秸秆粉碎抛撒后，每亩人工或机械均匀撒施秸秆腐熟剂 2~4kg 于地表，及时翻耕或旋耕入土。多年采取少免耕或旋耕播种的麦田，每隔 3 年机械深松耕一次，深度≥25cm。做好"三沟配套"：厢宽 2~4m，厢沟深 25~30cm、沟宽 25cm 左右，腰沟沟深 30cm、宽 30cm 左右，围沟深 30~35cm、宽 35~45cm，做到厢沟、腰沟、围沟"三沟"相通，逐级加深，确保灌排通畅。

2. 测土配方施肥

实施测土配方施肥，由于气候、土壤、栽培措施、品种特性的不同，小麦植株一生中所吸收的氮、磷、钾数量及其在植株不同部位的分配也有变化。针对不同品种科学平衡施肥，按 NY/T 496 的规定进行配方施用。湖北不同小麦种植区测土配方施肥推荐用量如表 1 所示。

表 1　湖北不同小麦种植区测土配方施肥推荐肥量养分配比

主要种植区域	肥力水平	目标产量（kg/亩）	推荐施肥量（kg/亩）		
			N	P_2O_5	K_2O
江汉平原	高肥力田块	450	12.0	5.0	4.0
		400	11.0	4.5	3.5
	中低肥力田块	350	11.0	4.5	3.5
		300	10.0	4.0	3.0

（续表）

主要种植区域	肥力水平	目标产量（kg/亩）	推荐施肥量（kg/亩)		
			N	P_2O_5	K_2O
鄂中丘陵麦田	高肥力田块	500	12.0	5.0	4.0
		450	11.0	4.5	3.5
	中低肥力田块	400	11.0	4.5	3.5
		350	10.0	4.0	3.0
鄂北岗地麦田	高肥力田块	550	12.0	5.0	5.0
		500	11.0	4.5	4.5
	中低肥力田块	450	11.0	4.5	4.5
		400	10.0	4.0	4.0

生态小麦在施肥上，应遵循以有机肥为主、底肥为主的原则。有机肥的施用量占施用氮量的30%以上，维持和提升耕地质量，但不应盲目超量使用有机肥。应倡导使用农家肥料、有机肥料、微生物肥料和无机（矿质）肥料等。其中，农家肥料的重金属限量指标应符合NY/T 525 的要求，粪大肠菌群数和蛔虫卵应符合 NY 884 的要求；有机肥料应符合 NY/T 525 的要求，主要以基肥施入；微生物肥料应符合GB 20287 或 NY 884 或 NY 798 的要求；无机（矿质）肥料可使用钾矿粉、磷矿粉、氯化钙、草木灰等。在上述肥料不能完全满足作物需求时，按照化肥减控原则，可适度使用化肥，其化肥施用量要比当地同种作物习惯施用量减少 20%以上；鼓励不使用化学肥料。不应使用未经发酵腐熟的人畜粪尿和城镇污水、污泥及其制成的肥料。

（二）科学选用良种、搞好种子处理

在品种选择上应遵循以下原则：一是要遵循合法性原则，选择经国家或省品种审定委员会审定通过的，适宜在本地区种植的品种。二要遵循适应性原则，选择与当地的生态条件、技术模式相适应的小麦品种，亩穗数、穗粒数和千粒重产量三要素指标相对均衡，因地制宜

地选择品种。肥水条件比较好的田块或地区，应选植株较矮、喜肥喜水的品种；干旱、土壤肥力比较低的田块或地区，应选抗旱耐瘠薄的品种。三是抗逆性原则，在选择品种时，把品种的抗逆性作为一个重要指标来衡量。针对近年来小麦生育期间，倒春寒等气象灾害频发、条锈病常态化重发、赤霉病流行风险增大的形势，品种选择必须注重抗病性、抗寒性、稳产性、适应性好的品种，对具有明显缺点的品种要审慎选用。在抗逆性中，将抗病性放在首位。在抗病能力中要选优良抗（耐）条锈病和赤霉病的小麦品种。种子质量应符合 GB 4404.1 的规定。

播种前搞好种子处理，是提高小麦播种质量的重要一步。

1. 播前晒种

在进行种子播种之前，晒种是一项必要的步骤。种子晒种是一种简单有效的方法，其作用主要有以下三个方面。第一个方面是打破休眠，晒种可促进种子生理后熟，从而打破休眠，播种后可促进萌芽；第二个方面是提高种皮透性，晒种可干燥麦粒，提高种皮的透性，进而促进种子呼吸作用，有利于种子内可溶性营养物质的形成和二氧化碳的排出；第三个方面是降低病原基数，晒种可杀死或杀伤寄生在种子上的病原菌、虫卵或幼虫，从而降低病原基数，在生长期免受病虫害侵袭的同时，便于管理。总之，晒种能够提高种子的活力和发芽率，有利于壮苗的形成，从而提高增加产量的可能性。研究结果表明，晒种可比不晒种发芽率提高 15% 左右。

具体做法是在播前 30d 和 10d 各进行 1 次。晒种时，将麦种均匀摊在苇席或防水布等上面，为防止烫伤种子，切忌裸露在地面直接晾晒。厚度以 5~7cm 为宜，白天要经常翻动，夜间堆起并盖好，一般连着晒 2~3d 即可。

2. 播前精选种子

在播前精选种子是保证苗齐、苗全、苗壮的重要环节。有条件的可用精选机精选，没有条件的可用筛选、风扬等方法。主要是剔除烂粒、破粒、秕粒、病粒和杂草种子等。优先选用籽粒饱满、光泽度好的大粒种子。根据实践表明，大粒种子要比小粒种子出苗早 2d 左右的时间，分蘖也能提前 5d 左右，而且单株分蘖也会多出 2.8 个左右。

3. 播前药剂拌种

拌种的主要目的是为了减轻对土传或种传病害、地下害虫或部分地上害虫对小麦生长期的危害。结合当地的病虫害发生规律对种子进行包衣处理，不能一味追求多而全，要根据所在区域主要发生的病虫害进行选择药剂，复配越多，对种子的伤害也就越大。如吡虫啉·咯菌腈·苯醚甲环唑悬浮种衣剂，用量为：100kg 小麦种子，药剂用量为 130~180g 有效成分，可有效防治苗期根腐病、纹枯病及蚜虫等病虫害；对条锈病常（易）发地区，用 15%粉锈宁可湿性粉剂 60~100g，或用 12.5%速保利可湿性粉剂 60g 拌种 50kg 种子；全蚀病发生较重的田块或地区，可选择硅噻菌胺、苯醚甲环唑+咯菌腈等成分的药剂，随拌随播。提倡采用含活菌数 50 亿 CFU/g 的复合微生物菌剂专用小麦拌种剂拌种，15kg 小麦种子用 150g（约为 3 两）菌液，拌匀后，放置阴凉处阴干待播。小麦播前拌种对小麦增产作用能达到 20%~40%，甚至更高。

（三）适时播种，合理密植

1. 确定适宜的播种期

小麦播种期选择需要结合当地的气候条件，在北方冬麦区为日平均气温 15~18℃，长江中下游地区 15~20℃。而日平均气温低于 10℃

或高于20℃播种均难以形成壮苗。研究表明，在土壤墒情适宜时，从播种到萌发需要50℃的积温，以后胚芽鞘相继而出，胚芽鞘每伸长1cm，约需10℃，胚芽鞘露出地面2cm时为出苗的标准，如果播深4cm，种子从播种到出苗一共需要积温约为110℃（50℃+4×10℃+2×10℃），如果播深3cm则出苗需要积温为100℃。在正常情况下，冬前主茎每长一片叶平均需70~80℃的积温，按冬前长6~7叶为壮苗的叶龄指标，需要420~560℃积温。加上出苗所需要的积温，形成壮苗所需要的冬前积温为530~670℃，平均在600℃左右，按照常年的积温计算，冬前能达到这一积温的日期就是播种适期。以湖北为例，湖北省推广的小麦品种属于春性或半冬性，多年的实践结果表明，半冬性品种在气温降至15~16℃，春性品种在13~14℃为适宜播种期。也可根据小麦冬前形成壮苗所需积温数值来计算适宜播种期。鄂北麦区小麦适宜播种期为10月20日至11月5日；鄂中南麦区为10月25日至11月10日。机播条播行距18~20cm，播种深度3~5cm。

2. 确定适宜的种植密度和播种量

合理的种植密度范围对小麦的生长发育至关重要。一般密穗型小麦播量为105~120kg/hm^2，基本苗180万~225万株/hm^2；大穗型品种播量以90~105kg/hm^2，基本苗150万~180万株/hm^2。如果密度小于以上指标，由于总茎数不够，而降低产量；如果群体大于以上指标，形成植株相互拥挤，节间拉长，孕育着倒伏的危机。以湖北为例，稻茬小麦适宜播量12.5~15kg/亩；旱茬小麦适宜播量10~12.5kg/亩。

3. 提高播种质量

农谚说得好："小麦要高产，七分在种，三分在管"。可见播种管理对小麦获得丰产的重要性。七分种则苗齐、苗匀、苗壮，而要实现这些目标，提高播种质量是关键。①适期适墒播种。小麦播种适宜墒情为土壤相对含水量75%左右。②播行平直，下种均匀，深浅一致。③播量适宜。要严格按照品种说明要求的密度进行播种。④覆土严密，镇压坚实。播种后应及时覆土，且覆土应保持一致，切忌覆土过厚影响出苗。⑤接行准确，到头到边。农机具播种到地头换行时，要注意控制好与邻行的距离，以保证以后田间作业顺利。条播有宽幅条播，播幅13~20cm，幅距16~24cm，窄行条播，行距15~20cm；宽窄行条播，宽行30~35cm，窄行20cm。播种深度以3~5cm为宜。稻茬麦区大力提倡推广机械条播。

(四) 科学排灌，旱涝保收

1. 麦田科学灌溉

目前，麦田灌溉主要有四种方式，即沟渠漫灌、管道大水漫灌、喷灌、滴灌。沟渠漫灌、管道大水漫灌要求土地平整，喷灌一种较先进的灌溉节水技术，适合于平原、山区、丘陵土地。滴灌主要优点是节水、节能、不破坏土壤结构、不板结土壤，土壤进气良好，养分充足，适合于各种地形与土壤条件。对于一些水源较为缺乏的地区，还可以在畦面覆盖适量稻草或谷壳等，延缓水分蒸发，防止干旱气候持续对幼苗造成伤害，导致小麦减产。小麦不同发育阶段的需水量不同，应根据小麦的生长发育需水规律和自然降水规律，切实浇好越冬水、返青水、灌浆水。生态小麦的应采用滴灌、管灌、暗灌、渗灌和微喷等技术，节约水资源。用水量不应超出区域农业用水总量定额衡量指标。农田灌溉水质应符合GB 5084的规定。

2. 麦田科学排水

采取科学的排水措施在南方极为重要。第一，建立排水系统，"小麦收不收，重在一套沟"，开挖完善田间套沟，田内采用明沟与暗沟

(或暗管、暗洞)相结合的办法,排明水降暗渍,千方百计减少耕作层滞水是防止小麦湿害的主要方法。第二,田内开好"三沟",在田间排水系统健全的基础上,整地播种阶段要做好田内"三沟"(厢沟、腰沟、围沟)的开挖工作,厢沟(深25~30cm、沟宽25cm左右)、腰沟(沟深30cm、宽30cm左右)、围沟(沟深30~35cm、宽35~45cm),做到深沟高厢,逐级加深,"三沟"相联配套,沟渠相通,平时要注意疏通沟渠,使雨天田间不渍水,雨后畦沟干。同时,在春植中后期和秋植前期注意防涝排渍,确保旱涝丰收。

(五) 加强田管,培育壮苗

1. 出苗分蘖阶段的生育特点和田间管理

(1) 生育特点。出苗分蘖阶段,自播种出苗开始,到拔节为止,包括生根、出叶、分蘖、分化幼穗等生育时期,以营养生长为主。正常情况下,小麦出苗后20d幼苗3叶1心时开始分蘖,冬至前后达到分蘖高峰,越冬期间各器官进入缓慢生长阶段。立春后随气温上升,分蘖再次进入旺盛生长期,拔节时分蘖逐渐停止发生。春性小麦出苗—拔节4叶进入幼穗伸长期;半冬性小麦出苗—拔节5叶进入幼穗伸长期;冬性小麦出苗—拔节7~8叶进入幼穗伸长期。

(2) 主攻目标。在保证苗全、苗齐的基础上,争取早分蘖、早发根,达到壮苗安全越冬。壮苗标准是麦苗叶、蘖和次生根的同伸关系正常,冬至时单株茎蘖数3~4个,绿叶5~6片,次生根4~5条,群体茎蘖数750×10^4个$/hm^2$以上,叶面积系数0.7左右;弱苗的分蘖和次生根少,分蘖细弱,叶片狭小,叶色黄绿,群体茎数不足600×10^4个$/hm^2$,叶面积系数0.4以下;旺苗的分蘖数多,叶片嫩绿肥大,群体茎蘖总数$1\,000 \times 10^4$个$/hm^2$左右,叶面积系数1.5以上。

(3) 管理措施。小麦播种出苗时要认真检查苗情，对出苗不齐的及时催芽补种，少量缺苗要采取移密补稀措施，浇足定根水；中耕松土除草；因苗适时适量追肥，底肥施用不足的田块，可在分蘖期追施尿素 $60kg/km^2$；冬至前后再追一次腊肥，每公顷施有机肥 $1.5×10^4$ ~ $1.8×10^4kg$；严重受旱麦田，应及时抗旱浇水；越冬期间对壮苗旺苗用小石磙、木磙、水泥筒等工具进行人工或畜力牵引镇压，要选择晴天、露水已干、表土干爽时镇压。镇压要坚持"压干不压湿""压软不压硬""压轻不压重"的原则，即：对土壤墒情适宜的地块做好镇压，过湿的地块不宜镇压；土壤封冻的地块不宜镇压，防止压断麦苗；晚播麦要轻压不要重压，避免出现机械损伤，以抑制地上部分生长，促进根系发育。对小麦弱苗，可适度使用化肥，其化肥施用量要比正常管理的非生态小麦减少 20% 以上，鼓励不使用化学肥料。

2. 拔节—孕穗阶段的生育特点和田间管理

(1) 生育特点。拔节孕穗阶段包括拔节、孕穗、抽穗等生育时期，属于营养生长与生殖生长并进时期。早春气温上升到 10℃ 以上时，小麦开始拔节，拔节后分蘖一般为无效分蘖。孕穗以后是小花发生分化和部分退化的时期。拔节期以茎、叶生长为主，孕穗期以茎、穗生长为主。

(2) 主攻目标。促使营养生长和生殖生长达到"两旺"，个体与群体协调发展，植株健壮、秆粗、穗多、穗大。

拔节期壮苗的标准：叶片斜伸，大小适中，叶色褪淡，叶面积系数 3.5~4.0，最高茎蘖数 $1200×10^4$ 个$/hm^2$，分蘖的两极分化较快。孕穗期叶色加深，呈青绿色，茎秆基部粗壮，坚韧有弹性；旺苗叶色浓绿，叶片下垂，群体过大，茎蘖数超过 $1500×10^4$ 个$/hm^2$，茎秆软弱；弱苗表现叶色黄绿，植株长势差，叶片窄小，茎秆瘦弱，群体发展不足等。

(3) 管理措施。看苗追施拔节肥。施肥时间在主茎基部第一节间基本固定，第二节间伸长，叶龄 8.5~9 片时进行。施 75~90kg/hm² 尿素，或复合肥 90~120kg/hm²。壮苗少施，弱苗多施，旺苗不施。孕穗期有脱肥现象的麦田，可在小麦植株旗叶露尖时追施尿素，增加穗部养分供应，促进生殖器官的发育。

清沟排渍：开春以后，降水量增多，要注意搞好清沟排渍，排除沟中明水，滤出耕作层暗水，降低地下水和田间湿度，抑制和减轻病害。

适时防治病害：重点是小麦条锈病、白粉病和纹枯病。防治白粉病和条锈病，掌握在麦田出现中心病团时，每公顷用 15% 三唑酮 90~120g，兑水 750~1 125kg 喷雾；防治纹枯病每公顷用井冈霉素 75g，兑水 600kg 喷施到植株下部。

3. 抽穗—成熟阶段的生育特点及田管措施

(1) 生育特点。小麦抽穗以后，进入开花受精、籽粒灌浆阶段，是以生殖生长为中心的时期。长江中下游小麦在 4 月中旬抽穗，抽穗时间 40d 左右。本阶段生长中心转向籽粒发育，是决定每穗粒数和穗粒重的关键时期。

(2) 主攻目标。延长叶片功能期，改善叶片的光合性能，防止植株早衰和贪青晚熟，促进光合产物向籽粒中运转。小麦开花至乳熟期，植株正常的长相为单茎绿叶 4~5 片，叶绿色，长势旺盛。叶色浓绿的为贪青晚熟；叶色黄绿单茎叶数少的为早衰型。蜡熟期良好的长相是植株正常落黄，茎秆逐步显出油黄色，单茎有 1~2 片绿叶，麦穗粗壮，芒张开角度较大，未发生倒伏。贪青型植株颜色暗褐，成熟延迟，或发生倒伏；早衰型植株矮小、色淡黄，无光泽，成熟期提早。

(3) 管理措施。根外喷肥。每公顷用磷酸二氢钾 3kg，兑水 750kg 喷施 1~2 次；对叶色淡黄、敏氮素田块，每公顷用磷酸二氢钾 3kg 加尿素 15kg，兑水 750kg 喷施，即可以增加植株营养，延长叶片功能期，增加干物质积累，并向穗部运转，提高穗粒重，又能预防"干热风"危害。

(4) 合理排灌。小麦抽穗后，生理需水量大，同时由于气温升高，使抽穗到灌浆期成为小麦一生中需水的高峰期。保持适宜的土壤水分是维持小麦根系活力、进行正常代谢活动的必要条件。一般土壤含水量相当田间最大持水量的 70% 左右为宜。若田间土壤水分不足，应抗旱浇水，采取沟灌、随灌随排。遇到连阴雨，要及时清沟排渍。

四、生态防控技术

（一）小麦白粉病

在小麦白粉病发病初期，患病部位会出现白色的霉层，扩散之后颜色逐渐变为灰色或灰褐色，上面散生黑色小颗粒样闭囊壳。一旦病情扩散蔓延，整个植株都会覆盖灰白色的霉层，阻碍叶片光合作用，降低小麦产量。

针对小麦白粉病的防控措施主要有以下几点：一是合理选种；二是适期精量播种、合理肥水管理，提高小麦植株的抗病能力；三是科学用药，可选用戊唑醇、氯啶菌酯、啶氧·丙环唑等药剂。

（二）小麦赤霉病

小麦赤霉病是由多种镰刀菌侵染引起的，从苗期到穗期均可发生，湖北等地春季雨水较多，潮湿的环境有利于赤霉病病菌的扩散，是小麦赤霉病的高发地区。感染赤霉病的小麦还会导致苗腐、茎基腐、秆腐和穗腐，其中穗腐为害最严重。湿度大时，患病部位均可见粉红色霉层，后期霉层上有密集小黑点产生，逐渐扩散到穗轴，小穗形成枯白穗。病穗粒有毒，人和牲畜食用后可引起急性中毒。

小麦赤霉病防控措施有以下几点。一是注重防控策略。坚持"预防为主、主动出击"的防控策略。为防止赤霉病的发生，应优先选择抗病性强的品种；加强田间管理，多雨季节注意田间排水，遇旱补充水分，切忌大水漫灌；播种前深翻土壤，晒土杀菌消毒；施腐熟的农家肥，避免病菌滋生；及时将病株剔除，减少侵染源。采用化学方法进行防治，要用足药量、兑足水量。每公顷可用50%的多菌灵可湿性粉剂150g兑水780kg，在始花期前喷雾，可兼治白粉病。二是明确防控时期。小麦抽穗扬花初期（10%~15%麦子扬花时）立即进行防治。坚持查苗情定防治时期、看天气趋势定防治次数，做好全方位防控，在用药过程中，保证每块田块均匀用药。在小麦病害发生的高发时期做好重点防治工作。如果在扬花期遇到连续阴雨天气，应在第1次用药之后的5d进行第2次防治。如果在扬花期遇到阴雨天气，要及时在降水前用药防治，在喷洒后的6h内，如果遇到降水，要重新喷洒药剂。坚持科学用药原则，针对赤霉病的药剂较多，应优先选用氰烯菌酯、丙硫菌唑、氟唑菌酰羟胺、叶菌唑等高效防病害降毒素药剂及其复配制剂，并注意轮换使用不同作用机理的药剂品种。

（三）小麦锈病

小麦锈病有条锈病、秆锈病和叶锈病3种，叶片是病原菌主要的侵染对象，叶梢、茎秆和穗部也会染病。苗期受害部位产生黄色的夏孢子堆，多数呈现为多层轮状分布排列形式。小麦成株患病，初期小麦叶脉上会产生较多椭圆形夏孢子堆以及鲜黄色长条子堆，叶片表皮破裂，出现锈色粉状物，干枯死亡。当小麦在接近成熟期染病，初期小麦叶鞘上会出现较多圆形夏孢子堆以及黑褐色卵圆形孢子堆。后期出现短线状黑色冬孢子堆，寄生在表皮下，呈条状排列。条锈病大面积发生时可导致小麦大幅度减产甚至绝收。不同地区发生情况不同，尤其是小麦条锈病具有突发性强、跨区域流行快、监测难度大、为害损失重的特点，一旦发生对小麦产量影响较大。

针对条锈病的防控措施主要有以下几点，一是在生产中应用和推广抗病害能力强的小麦品种，适期播种，适当晚播。在湖北晚于10月25号进行种植。选用唑醇·福美双等悬浮种衣剂进行药剂拌种，晾干后精量播种，并且控制好小麦种植密度，提高田内的通风和透光性。二是加强田间调查，坚持"发现一点防治一片"的原则，出现病害后，及时用药喷洒防治，防止该病的传播和扩散。在具体防治过程中，可选择戊唑醇、已唑醇、三唑酮等三唑类药剂防治该病。

（四）小麦主要虫害防控

小麦生育后期的主要虫害有黏虫、红蜘蛛、蚜虫、吸浆虫。小麦蚜虫又叫腻虫，成虫和若虫以吸食小麦的茎叶和嫩穗的汁液为生，大量群集在叶片、茎秆、穗部。小麦苗期发生蚜虫虫害，植株发黄，长势衰弱，大面积发生时幼苗枯死。小麦拔节期到孕穗期受害，小麦抽不出穗或抽出弱小的穗。小麦进入生长后期受害，受害部位有黄色的小斑点产生，叶片退绿变黄，小苗籽粒发育不饱满，严重时麦穗枯白，不能结粒，甚至死亡，导致小麦减产。蚜虫还会分泌蜜露，覆盖到植株上，影响小麦叶片的光合作用，抑制小麦营养吸收，导致植株生长衰弱。蚜虫还会引起小麦黄矮病、纹枯病，传播多种病毒。

针对这些虫害的防御措施。一是播种前深翻土壤25~30cm，将病残体掩埋在土壤下，腐熟发酵。将麦田周围的杂草清除干净，破坏蚜虫的越冬场所，以减少虫源。雨后应及时排水，以免田间积水。合理灌溉施肥，提升小麦抗性。二是在生态小麦生产区鼓励利用灯光和色彩诱杀、释放害虫天敌和机械捕捉等措施防治作物害虫。同时，改善和优化害虫天敌栖息地生态环境，发展天敌种群规模。三是当以上措施不能有效控制病虫草害时，宜优先选用GB/T 19630中的保护产品，但应按规定的条件使用。甚至在情况比较严重时，可合理适量使用部分高效、低毒、低残留的化学农药进行防治，避免盲目用药，在保障小麦产量和品质的同时，尽可能降低对环境的影响。使用时应符合农药产品标签或GB/T 8321（所有部分）和GB 12475的规定，控制施药量（或浓度）、施药次数和安全间隔期。每亩可用10%吡虫啉可湿性粉剂30~40g，或用25%吡蚜酮可湿性粉剂16~20g，或用10%烯啶虫胺水剂10~20mL兑水喷施，连用1~2次，每次间隔7~10d，可轮换用药。小麦扬花期至灌浆期发生蚜虫害，每亩可用25%吡虫啉·噻嗪酮可湿性粉剂16~20g，或用45%马拉硫磷乳油55~110mL兑水喷施，连用1~2次，每次间隔7~10d，可轮换用药。

五、生态食品小麦的收获、贮藏与加工

收获和贮藏是生态食品小麦生产的最后一步。小麦收获时正逢高温多湿气候，应做好一系列的防范工作，充分干燥，防止小麦霉变、穗发芽和虫害的发生。入库后如果管理不当，仍易吸湿回潮、生虫和霉变，影响小麦的品质和发芽率。因此必须掌握小麦收获、贮藏与加工的要点，保障绿色食品小麦的商品质量，为加工企业供应优质原料。

(一) 生态小麦的收获

1. 适时抢收

适时收获是实现小麦丰产丰收，颗粒归仓的保证，收获过早，籽粒成熟度差，含水量高，影响机械收获，易生热发霉。收获过晚，千粒重降低，易掉穗落粒。小麦的成熟期分为乳熟期、蜡熟期和完熟期三个阶段。其中，蜡熟期以后籽粒中的干物质不再增加，而呼吸作用却很旺盛，会消耗很多有机物质。因此，小麦蜡熟末期收获为最佳时期，不仅产量高，而且籽粒品质好。小麦籽粒的形状、颜色均与原品种的特征相同，用指甲掐捏籽粒时，难以掐出痕迹，千粒重达到目标值，籽粒内的含水量降低至20%~30%。小麦植株全部呈黄色，茎秆仍旧保持一定的弹性。

同时，根据多年的经验，小麦生育后期容易遭遇阴雨天气，导致籽粒内含物被淋溶，从而引起千粒重下降，同时还会引起籽粒发芽或霉烂，严重降低小麦的产量及品质。

2. 机械收脱

小麦的收获方式有手工收割和机械化收割两种，应根据不同的田块或地势采用不同的收获方式，对于地势平坦的连片麦田，实行联合收割机收获，割麦脱粒一次完成；丘陵地区，地块小的可采用小型割麦机收割，或人工收割，避开中午高温时段打捆，以免折断麦穗。其中联合收割机收割前应彻底清仓，以防止非生态小麦籽粒的混入。而人工收割的小麦，要使用彻底清仓后的脱粒机，禁止在公路上碾轧脱粒和晾晒。

(二) 生态小麦的贮藏

小麦种子入库前应对仓库清理和消毒，防止小麦混杂和霉菌的滋生,清仓包括仓内清洁和仓外清洁两个方面,仓内清洁要将异种粮粒、杂质等全部清除,修理墙面,剔刮虫窝,清理器具;仓外清洁要铲除杂草,排干污水,保持仓外环境整洁。种子入库后应检查温、湿度,以及虫鼠危害。小麦吸湿能力较强,因而小麦贮藏应注意降水、防潮。应充分利用小麦收获后的夏季高温条件进行暴晒,使小麦水分控制在12.5%以下,再行入库。小麦入库后则应做好防潮措施,并注意后熟期间可能引起的水分分层和上层"结顶"现象。绿色小麦常用的贮存方法有2种。

1. 热入仓密闭贮藏

小麦趁热入仓密闭贮藏,具有良好的杀虫、防霉效果。通过日晒,可降低小麦含水量,同时在暴晒和入仓密闭过程中可以收到高温杀虫制菌的效果。对于新收获的小麦能促进后熟作用的完成。由于害虫的灭绝,小麦含水量和带菌量的降低,呼吸强度大大减弱,可使小麦长期安全贮藏。

小麦趁热入仓的具体操作方法:在三伏盛夏,选择晴朗、气温高的天气,将麦温晒到50℃左右,保持2h高温,水分降到12.5%以下,于15:00前后聚堆,趁热入仓,整仓密闭,使粮温在46℃左右持续10d左右,可杀死全部害虫。此后,粮温逐渐下降与仓温平衡,转入正常密闭贮藏。另外,热入仓密闭贮藏所使用的仓房、器材、用具等均需事先杀虫。

2. 低温密闭贮藏

小麦虽能耐高温,但在高温下待持续贮藏长时间也会降低小麦品质。因此,可将小麦在秋凉以后进行自然通风或机械通风充分散热,并在春暖前进行压盖密闭以保持低温状态。低温贮藏是小麦长期安全贮藏的基本方法。小麦保持一定的低温,对于延长种子寿命,保持品质有一定的好处。

小麦还可以处于冷冻的条件下，保持良好的品质，如干燥的小麦在-5℃的低温条件下贮藏，有利于生命力的增强。因此，利用冬季严寒低温，进行翻仓、除杂、冷冻，将麦温降到0℃左右，而后趁冷密闭，对于消灭麦堆中的越冬害虫，有较好的效果。低温密闭可以长期贮藏，但要严防与湿热气流接触，以免造成麦堆表层结露。

六、生态小麦的质量管理

生态小麦所衍生的产品质量应符合 GB 2761、GB 2762、GB 2763、GB 29921 的规定和相关产品标准的要求。应建立较完善的质量管理体系，保持可追溯生产全过程的详细记录，并且记录至少保存 5 年，质量管理内容包括但不限于以下内容。

——应保存所有与生态小麦生产相关的购买和使用记录（来源、数量、去向、库存等）；

——种植生产日常记录（种植密度、气候等）；

——病虫害发生及处理记录（种类名称、地点、状况、诊断结果）；

——农药使用情况记录（农药名称、使用量、使用方式、使用时间等）；

——产品收获记录（品种、地点、数量、时间等）；

——产品质量检测报告和销售记录（时间、数量、去向等）；

——产品销售合格证上应附带追溯二维码，能显示产地、生产者名称、生态种植方式、投入品使用信息等。

生态小麦产品包装标签应符合 GB 7718 的规定。包装应符合相应食品安全国家标准和包装材料卫生标准的规定，拒绝过度包装，提倡使用可回收、易降解的环保材料。

第三节 生态玉米生产技术

一、生态玉米产地生态环境选择技术

(一) 土壤环境

科学选地可以为生态玉米高产提供良好的保证。生态玉米产地应选择生态环境优良、便于灌溉与管理的区域；首选疏松、透气、肥沃富含有机质、并具有较强的保水保肥能力的土壤，土壤的 pH 值为 6.5~7.0。生态玉米生产基地的选择还要充分考虑相邻田块和周边环境对基地的潜在影响，生态玉米生产基地应远离工业区、污染区，选择环境污染较少的地方，确保其周边 2~3km 范围内无污染源，避免影响生态玉米的品质；另外，选择毒源、病虫源少、交通便利、受交通工具污染较少的区域，便于运输和销售。土壤环境应符合《土壤环境质量 农用地土壤污染风险管控标准（试行）》（GB 15618）的规定。

(二) 灌溉用水

生态玉米农田灌溉用水应符合《农田灌溉水质标准》（GB 5084—2021）的规定。

(三) 环境空气质量

环境空气质量应符合《环境空气质量标准》（GB 3095）的规定。当周围存在潜在的大气污染源时，需按照《保护农作物的大气污染物最高允许浓度》(GB 9137—88)对大气质量进行监测。

二、玉米产地生态友善技术

生态玉米的生产须以保护和建设生态环境为原则，采用对生态环境友善的生产技术。

(1) 生态玉米种植地需避开陡坡地（25°以上），坡地实行等高种植，以防止水土流失。

(2) 玉米种植的同时要注意保护耕地周边植被，维护土壤、水系和森林的生态平衡。

(3) 在生产基地周围进行绿化建设，扩大绿色植被，促进生物多样性，推动碳达峰和碳中和。比如在生态玉米种植区每间隔约30m种植1条1m宽的蛇床子功能植物条带或在田边空闲地带种植蛇床子、菊科显花植物等，涵养自然天敌，持续调控害虫。

(4) 减少化学农药的使用，改善和优化害虫天敌栖息地生态环境，发展天敌种群规模。

(5) 使用建筑覆盖物、塑料薄膜、防虫网时，宜选择聚乙烯、聚丙烯或聚碳酸酯类可降解产品，比如黑色氧化生物双降解地膜、PBAT全生物降解地膜，并且使用后及时回收清除，不应就地直接焚烧。

(6) 应充分利用作物秸秆和杂草等可生物降解的地面覆盖材料，恢复和提高土壤地力，对作物秸秆和杂草等不应直接简单焚烧处理。

(7) 采用深翻熟化技术，改善和优化微生物生存环境，维护和保持土壤生态。

(8) 实施保护性耕作技术，减少土壤养分流失，改善和保持土壤地力。

三、生态玉米种植技术

(一) 播前准备

1. 品种选用

根据《农业农村部办公厅关于推介发布2023年农业主导品种主推技术的通知》,我国目前主推玉米品种有18个:京科968、登海605、和育187、沃玉3号、瑞普909、秋乐368、MY73、中玉303、川单99、德美亚1号、德美亚3号、良玉99、翔玉998、MC121、泽玉8911、优迪919、农科糯336和申科甜811。为了有效提高玉米种植效率,生态玉米选种需要注意以下事项。

(1) 选用已经审定的品种。选用品种时首先要确定该品种是否通过审定,有无审定证书、审定编号或正式文件介绍,因为审定的品种都经过种子部门组织的多年多点区域试验和生产试验,品种的适应性、抗逆性、生育期、产量、品质及适应区域等已进行过长期试验,且根据气候特点进行系统分析最后通过审定,其综合性状和适应性及稳定性较好。

(2) 选用在本地区能够正常成熟的品种。根据生育期长短,玉米可分为早熟品种、中熟品种和晚熟品种,首先了解种植区域的基本环境条件,以近5年内的有效积温平均值作参考,有效积温最好留有100~150℃的余地。选用适合本地区生态条件且能够正常成熟的品种,不选择跨熟期、跨区域的品种,平均安全成熟保证率达到95%以上。

(3) 选用生产潜力大、适应性广的品种。选用多地区、多点、多环境下均具有较高产量水平的品种,以应对气候的多变性。

(4) 选用抗病或耐病虫品种。不同玉米生产地区主要病虫害种类和发病程度不同，参考品种的特性介绍、当地种子部门或农技推广部门的品比试验及农户的种植经验选用抗病虫害性强的品种。

（5）多熟期、多品种搭配种植。为减少病虫害和抵抗干旱、低温等不利环境条件可以选择多熟期、多品种搭配种植方式。多熟期、多品种可条带间隔搭配种植，如早熟、中熟和晚熟品种按1∶2∶1比例搭配，这样能够减少中早熟品种由干旱引起的花期不遇、授粉不良等现象，使生育期长的品种充分利用光热资源，减少秋早霜的危害程度，还可以增加玉米的遗传多样性，减少因品种抗性丧失带来的损失。

（6）特殊需求选用专用品种。有特殊需求的，如饲养或加工，应选用专用玉米品种。专用品种分为甜玉米，如先甜5号、浙甜20、超甜38号等；高油玉米，如高油115号、吉油1号、春油3号等；高赖氨酸玉米，如鲁玉13号、新玉7号、中单9404等；青贮玉米，如豫青贮23、雅玉青贮26、渝青386等；高淀粉玉米，如长单26、长城淀12等。

2. 种子处理

（1）晒种。玉米品种选好后要进行晒种，利用紫外线杀菌，改善种皮通气性，提高酶活性，增强种子活力，打破休眠，提高种子发芽势。晒种时要选择晴好风小的天气，气温不超过30℃，选择地势平坦，方便晾晒的场地连续晒1~2d。期间要时常翻动，晚上收回以防受潮。

（2）浸种。

清水浸种：主要是供给水分，增强新陈代谢，促进发芽。一般冷水浸泡10~24h。

人尿浸种：主要育肥种子，促进出苗。将腐熟尿液和水按1∶1配好，浸泡种子约6h后直接播种，须当天播完。

沼液浸种：沼液中存在一定量的 N、P、K 营养元素，还含有种子萌发和发育时所需的多种养分、微量元素，所含的赤霉素可有效提早种子发芽。沼液浸种不仅能杀灭种子表面的病菌，还能提高种子发芽率、苗成活率及植株抗逆性。

沼液浸种的基本流程：将晒好的种子放入透水性较好的编织袋中入水浸泡 2h 左右取出晾干。将沼液与清水按 1∶1 配好，沼液温度 20℃左右，浸泡种子 12~16h。浸泡完全的玉米种子取出，清水冲洗后放置于阴凉处风干，随后进行催芽。沼液应选用腐熟较好、正常产气 2 个月以上的沼气池内的发酵液，沼液需提前取出暴露数日，多次搅动使其中的硫化氢气体散出。

抗生菌肥料浸种：抗生菌肥料由能分泌抗菌物质和刺激素的微生物制成，能够防病保苗，常用的菌种为细黄链霉菌。抗生菌肥与水按照 1∶（1~4）配比，玉米种子在其浸出液中浸泡 12h。

（3）拌种。若种子没有进行包衣处理，可进行拌种。

草木灰拌种：可为幼苗提供钾元素并防病，10kg 种子打湿后可拌 0.5kg 草木灰。

药剂拌种：对需预防玉米丝黑穗病的地区可用 15%三唑酮可湿性粉剂 400~600g 拌 100kg 种子，对需预防玉米黑粉病的地区可用 0.5%的硫酸铜水溶液拌种，另外 40%的乐果与水配比 1∶6 拌种可预防地下害虫、病菌和雀害。拌种药剂应符合《农药合理使用准则》（GB/T 8321）的规定。

种子包衣：为种子萌发、生长提供一个良好的环境，降低感染病虫害的概率。种子包衣也可使用种衣剂：如农药型、微肥型、生物型种衣剂，种子包衣药剂应符合《农药合理使用准则》（GB/T 8321）的规定。

3. 土壤处理

生态玉米种植地块整地时要保证地面平整和土壤松软，清理干净大土块和杂草，确保土壤耕作层上虚下实，土地翻耕深度一般为 25~30cm。

(二) 大田栽培技术

1. 品种搭配与栽培模式

玉米常年连作导致土壤养分供应不均衡，土传病害增加，根系分泌与释放有毒化学物质对玉米发芽率和苗期生长造成自毒作用。因此，需要通过品种搭配、间作套种、轮作等栽培模式缓解连作障碍，保持和提高土地的生产力。

（1）品种搭配。玉米可采用早熟品种、中熟品种及晚熟品种进行合理搭配种植，根据生态玉米产地的气候、耕作制度等因素的差异，建议选用当地农业部门推介的玉米良种。例如，在山东德州地区，早熟品种可选用先玉 047 和迪卡 517 等，中熟品种选用类先玉 335 和先玉 335 等，晚熟品种选用登海 605 郑单 958 及德单 5 号等。

（2）栽培模式。

大田直播：包含露地直播、覆膜直播。

育苗移栽：常用于春播，尤其鲜食玉米种植。

间作套种模式：该模式具有养分互补、病虫害防控、农田生物多样性等优势，增加了作物间的竞争关系。

北方春播玉米区有大豆间作、春小麦套种玉米等模式，如玉米—大豆带状复合种植技术，玉米宜选择紧凑或半紧凑、耐密、高产、中矮秆的品种，如：青青 700、宜单 629、隆平 638、安农 591 等。玉米植株较高，易对大豆植株产生荫蔽影响，可选择耐荫、耐密、抗倒伏、高产的大豆品种,如桂春 15 号、桂春豆 111、皖黄 506、齐黄 34 等。套作的带宽一般为 2m,每带种植 2 行玉米、2 行大豆,玉米 4 月初播种,株距 20cm,每亩约种植玉米 4 500 株,大豆 6 月中旬播种。

黄淮海夏播玉米区有玉麦间套复种模式,西南山地有小麦或马铃薯套种玉米,小麦—玉米—水稻间套种模式。另有花生套种玉米,此时玉米选用紧凑、矮秆的早熟品种,如郑单 958、豫和等,以便增强抗倒伏和抗病能力,实现高产稳产;花生宜选用植株直立、开花结果集中的高产品种,如开农系列、周花二号、商研 9938 及宇花 14 号、花育 16 号、山花 7 号等,均具有抗旱、抗倒伏、抗病能力强的特点。

轮作模式:在黄淮、西北、东北区域,玉米种植主要为连作或轮作种植模式。

2. 合理密植

合理密植是最大限度的利用土地和光热资源、实现玉米高产的保证。一般根据不同品种和不同的生产条件进行适度密植,早熟品种密度高于晚熟品种、春种高于夏种。高产田选择密度上限,反之,选择密度下限。春播玉米可以适当密植,夏播玉米可适当稀植,否则会影响田间的通风透光性。普通平展型杂交玉米品种,早熟品种 4 000~4 500 株/亩,中熟品种 3 500~4 000 株/亩,晚熟高秆品种 3 000~3 500 株/亩;紧凑型中早熟杂交品种 5 000~6 000 株/亩,中晚熟杂交种 4 000~5 000 株/亩。

播种完后,需要进行除草。喷洒除草剂可以有效防治草害。除草剂使用应符合《农药合理使用准则》(GB/T 8321)和《农药贮运、销售和使用的防毒规程》(GB 12475)的规定。

3. 苗期管理,培育壮秧

(1) 查田补苗。玉米补苗移栽一般在 2~3 叶期,选择同一地块中壮实、根系完全的多余苗或早播地块中多余的大龄苗（多1~2叶），最好在阴天或者下午带土移栽，栽后浇水。

(2) 间苗定苗。玉米间苗一般在3~4叶期进行，剔除弱苗、小苗、病苗和圆茎徒长苗。定苗宜在4~5叶期，不宜过晚（如超过6片叶），否则会造成苗荒，影响产量。在地头及边行可适当选留双株，以发挥边际增产效应。

(3) 蹲苗壮秧。培育玉米壮苗必须培育发达的根系，控上促下。在苗期底墒较好的情况下，采取控制肥水、多次中耕等措施，促进根系向纵深发展，发根壮秧。蹲苗一般在定苗至拔节期进行，遵循蹲湿不蹲干（墒情），蹲黑（浓绿）不蹲黄（黄弱），蹲肥不蹲瘦（地力）的原则，即叶片深绿，地肥，墒情足的壮苗可以蹲，反之不蹲。蹲苗时长一般夏播和套种玉米20d左右，结束后立即追肥、灌水。此外，苗期较短的早熟品种、套种、移栽苗及长势弱苗，不宜蹲苗。

(4) 中耕除草。中耕的主要措施是铲地和趟地，可以改善土壤通气性，促进微生物活动，提高地温，消灭杂草，排涝防旱，促进玉米根系生长，利于培育壮苗。中耕是玉米苗期管理的中心工作，如农谚所说："锄上拥有三宝，发苗、抗旱、防涝。"传统的中耕一般要进行2~3次。第一次在定苗前进行，宜浅，一般3~5cm；第二次在拔节前后进行，苗旁宜浅，行间宜深。有时只进行一次中耕，一般在拔节到大喇叭口期进行。若应用除草剂则可以免中耕。

(三) 大田施肥技术

科学施用有机肥和化肥，以有机肥料为主，搭配使用微生物肥料和无机（矿质）肥料等。生态玉米种植过程中要遵循化肥减控原则，适度使用化肥，化肥施用量要比当地同种作物习惯施用量减少20%以上，肥料使用应符合《肥料合理使用准则》（NY/T 496）的要求，农家肥料的重金属限量指标应符合《有机肥料》（NY/T 525）的要求，粪大肠菌群数和蛔虫卵应符合《生物有机肥》（NY/T 884）的要求；微生物肥料应符合《农用微生物菌剂》（GB 20287）或《生物有机肥》（NY/T 884）或《复合微生物肥料》（NY/T 798）的要求；无机（矿质）肥料可使用钾矿粉、磷矿粉、氯化钙、草木灰等。在生态玉米生产中，施肥要注意以下几点。

1. 施足基肥

（1）基肥以有机肥（农家肥料、堆沤肥和沼气肥、商品有机肥等）为主，配以三素复合肥。基肥用量要根据土壤基础肥力决定，一般每亩施用腐熟的有机肥1 500kg+三素（$N:P_2O_5:K_2O=15:15:15$）复合肥50kg。基肥施用要求施用均匀，防止局部肥料过多造成肥害，施后翻耕土壤，防止肥料损失。

（2）微生物肥料（如固氮菌肥料）可与有机肥搭配作基肥，沟施或穴施，不同形态的固氮菌肥施用量一般分别为：固体250~500g/亩、液体100mL/亩、冻干剂500亿~1 000亿个活菌/亩。

（3）复合微生物肥料可作玉米基肥，一般施用量为1 000~2 000g/亩，与有机肥或细土拌匀后撒施、穴施或沟施。

2. 做好追肥

（1）玉米长至2~4片叶可以施提苗肥，提苗肥以速效肥为主，主要为尿素等，一般每亩施用5kg左右，施后覆土。提苗肥要施距玉米苗5~10cm处，不能接触到玉米苗，以免产生肥害。

（2）播种后20~25d即拔节期，肥料要施足，尽量占到总施肥量的50%以上，一般每亩追施尿素15kg，可根据土壤肥力进行调整。大喇叭口孕穗期，一般每亩追施尿素15~20kg。施肥部位距离植株12~

15cm，隔行开沟或玉米行间撒施。

（3）有机肥如沼气肥可作玉米追肥用，一般施用量为2 000kg/亩，深施覆土；沼液和沼渣混合也可作玉米追肥，施用量为1 000~1 500kg/亩。

3. 适当施加攻粒肥

攻粒肥是玉米生长期间的最后一次施肥，一般在抽雄前后几天内施加氮肥，可提高产量。进入花粒期，玉米距离完全成熟还有1个月左右的时间，这段时间施加攻粒肥可以让玉米根茎叶更好地发挥作用。此时施肥要适量，以叶面喷施为主，叶面肥肥料可以选择沼液，将沼液和水按1：（1~2）稀释，7~10d喷施1次；也可使用尿素、硫酸钾、过磷酸钙或磷酸二氢钾，叶面喷肥量应控制45kg/亩，每隔1周喷肥1次，共喷肥3次即可。最好在降雨后、空气相对潮湿时喷施叶面肥，有助于提高肥效。除此之外，还可采用微肥作为叶面肥，如利用0.02%的硫酸锌溶液，利用喷肥方式为玉米补充锌元素，喷肥量为50kg/亩，也有助于提高玉米产量。

（四）大田灌溉技术

1. 灌溉方式

（1）畦灌。传统灌溉方法，一般畦长50~100m，宽2~3m，4~5行玉米为一畦，但比较费水。

（2）沟灌。行间开沟，注意沟底平直。

（3）喷灌。比较省水，无须作畦挖沟，可以结合灌溉施肥和喷洒药剂。

（4）渗灌。通过地下管道通往玉米根部，比地面灌溉节水40%~50%。

(5) 滴灌。利用低压管道系统，能直接将水送到玉米根系，避免水分蒸发浪费。

2. 节水措施

(1) 整修渠道。渠道里铺一层塑料布可减少渗漏，节约用水。

(2) 因地制宜。水资源丰富的种植区可两头同时浇水，水资源缺乏的种植区可采用点播穴浇。

(3) 推广沟灌和喷灌。沟灌和喷灌是目前玉米种植中应用较为广泛的技术。

3. 旱地节水栽培

(1) 秸秆覆盖技术。在土壤表面覆盖一层作物秸秆，减少土壤水分流失，增强土壤肥力，提高资源利用效率。

(2) 膜侧播种法。玉米种子放在距离地膜边缘5cm处，地膜能保持水分和温度。

(3) 耕种节水技术。适当深耕，防止土壤水分蒸发；或播种后将土壤整平压实，减少水分蒸发。

(4) 灌溉节水技术。利用喷灌机灌溉（喷灌式灌溉），可实现水肥一体化；在膜上打孔进行水分渗透（膜上灌溉），滴灌式灌溉、调节灌溉或分根交替灌溉。

4. 防涝抗涝措施

(1) 正确选地。尽量选择地势高、土壤疏松的地块。

(2) 排水防涝。修建排水渠，排水沟，起垄种植。

(3) 选用抗涝品种。

(4) 增施氮肥。排水中耕后要增施氮肥，改善植株营养，培育壮苗增强植株抗涝性。

四、特用玉米生态种植技术

特用玉米是指除了常规普通玉米以外的各种类型玉米，如甜玉米、高油玉米、高赖氨酸玉米、青贮玉米、笋玉米、糯玉米、爆裂玉米等。特用玉米可作粮食、饲料和工业原料，经济效益较高。与普通玉米相比，特用玉米在栽培技术上有特殊要求。

（一）甜玉米

甜玉米又称水果玉米，是菜果兼用型的玉米，分为普甜、超甜和加甜3种。

1. 选用适宜品种

目前市面上的甜玉米种子多为小袋装未包衣种子，要尽量选择正规种子公司的种子，做好播前选种、晒种、拌种等工作。以幼嫩果穗作水果玉米上市的应尽量选用超甜玉米品种，如鲁甜玉1号。为保证连续上市，应注意早、中、晚熟品种搭配。

2. 隔离种植

鲜食玉米杂交后会失去原有的口感，因此要与普通玉米隔离种植。空间隔离一般为200~300m以上，也可利用山丘、树林、村庄等隔离；时间隔离主要为错期播种，与普通玉米播种时间相差30d及以上。

3. 精细整地，施足底肥

甜玉米种子千粒重小，顶土能力弱，要保持它的优良品质需要充足的养分。因此选择土壤肥沃、灌溉条件好的地块，种植前精细整地，施足底肥，一般每亩至少施用有机肥2 000kg，复合肥20kg。

4. 适时播种

甜玉米生育期短，为提早上市可采用育苗移栽的播种方式，华北平原一般3月下旬育苗，3叶期移栽；另外可采用地膜覆盖的播种方式，在3月底4月初播种。播种深度不宜超过4cm。

5. 合理密植，加强田间管理

甜玉米苗势较弱，种植密度需要提高，一般3 000~4 000株/亩。要及时查苗补苗间苗定苗，一般3~4叶期间苗，5~7叶期定苗；科学追肥浇水，以生态手段防治病虫害。

6. 适时采收

由于甜玉米籽粒的含糖量随时间变化，因此要严格采收期，一般吐丝授粉后22~28d采收。采收过早，籽粒含水量大、甜味淡、产量低，不易保存；采收过晚，籽粒糖分转化为淀粉，种皮加厚，口感变差，风味降低。甜玉米采收后只能保存1~2d，要及时加工或上市。

(二) 高油玉米

高油玉米的含油量比普通玉米高50%以上，一般为8%左右，胚的含油量高达47%以上。玉米油营养价值高，易于被人体吸收，是理想的食用油和保健油。

1. 品种选择

选用含油量高、抗病高产的优良杂交种，如高油8号、高油115等。

2. 适时播种

高油玉米生长期较长，籽粒灌浆慢，适时早播可以延长生育期，保证高油玉米完熟。春季可在5~10cm地温稳定在10~12℃时播种，夏播可在麦收后直播。播种深度一般在5~6cm。

3. 合理密植

高油玉米抗倒伏能力弱，点播一般每亩播种2~3kg种子，机播一一般每亩播种 3~4kg；株距 25cm，行距 60cm，每亩密度不宜超过 4 000 株。

4. 田间管理

为提高含油量和粒重，需增施氮、磷、钾肥；高油玉米植株偏高，抗倒伏能力差，可在大喇叭口期适当施用玉米健壮素，每亩施用量为 30mL，或施用新型植调剂为他领，每亩施用量为 1 支。采用生态手段防治病虫害。

5. 收获

高油玉米可在玉米完熟期收获，高油玉米易生虫变质，不耐贮藏，收获后水分要降低至 13% 以下，28℃ 以下贮藏。

（三）高赖氨酸玉米

玉米籽粒中赖氨酸、色氨酸含量比普通玉米高 80% 以上，所含蛋白质品质高，营养价值高，口感好。

1. 品种选择

目前生产上推广的高赖氨酸玉米品种有鲁玉 13 号、新玉 7 号、成单 201、中单 9409 等。

2. 种子处理

播种前选种、晒种和拌种或进行种子包衣可防治和减轻病害。

3. 隔离播种

高赖氨酸玉米种植地须与普通玉米隔离至少 300m。

4. 精细播种

高赖氨酸玉米种子顶土能力较差，容易霉烂，因此播种地需精细整地，做到土质疏松无板结，播种深度 3~5cm。

5. 收获

高赖氨酸玉米成熟时籽粒含水量比普通玉米高，须及时收获并晒种，待籽粒水分降至13%以下时入库贮藏。高赖氨酸玉米口感好，易招害虫，因此贮存过程中要注意防虫防鼠。

五、生态防控技术

（一）农业防治

1. 优选抗病虫品种，做好种子处理

选用抗病虫害能力强的品种，最大限度减少病虫害的影响，提高玉米产量和品质。如对玉米大、小斑病抗性较强的品种有中单2号、丹玉13号、烟单14号、豫玉11号等；对锈病、丝黑穗病等抗性较强的品种有郑单958；抗玉米螟虫较强的品种有新单007、辽单127和锦玉28等。此外，种子处理中可以利用种子包衣或拌种处理来增强植株免疫力，提高其成活率和发芽率，防治土传病害。

2. 做好田间清理

玉米种植前要做好秸秆处理工作，清洁田间杂草、根茬，要重点处理禾本科杂草，减少虫源。

3. 适时播种

适时播种，培育壮苗，可有效预防和控制病虫害。

4. 加强田间管理

（1）在玉米出苗之后，间苗定苗，去除弱苗，保留大苗和健壮苗；加强水肥管理，结合当地气候、环境条件进行科学灌溉与施肥：在田间干旱时，及时滴灌和喷灌，补充水分；合理搭配施用氮肥和磷肥，增施有机肥，促进玉米生长，培育健壮的植株，增强植株的抗逆性。

（2）及时清除田间杂草和中耕，提高田间通风透光性，保证玉米生长环境良好；加强田间的巡视和管理，了解玉米植株的生长状态，发现被害叶片及时摘除，并且统一带离田间销毁处理，防止病害虫传播和扩散，保证玉米健康生长。

（3）玉米收获后清除残枝落叶。可将玉米秸秆收割粉碎之后堆沤成肥料，减少病菌和虫卵的数量，提高资源利用率，同时减少因为焚烧玉米秸秆所造成的生态环境污染。

（二）生态防治

1. 释放天敌

对于玉米虫害，通过在田间投放天敌生物，可以实现基础防治。

（1）防治玉米螟。利用赤眼蜂卵寄生在玉米螟卵内吸收其营养，致使玉米螟卵破坏死亡而孵化出赤眼蜂，以消灭玉米螟虫卵来达到防治玉米螟的目的。在玉米螟化蛹率达20%后推10d为第一次放蜂期，6月末至7月初、隔5d为第二次放蜂期，两次每亩分别放1.5万头、2万头效果更好。赤眼蜂种类选择玉米螟赤眼蜂或螟黄赤眼蜂。人工释放赤眼蜂时一般进入田间5m以内为第1个放卡点，点与点之间相隔10m展开，成排放置。每排蜂卡相隔30m。采用无人机抛撒赤眼蜂球，每亩释放4个放蜂球，100亩以上连片使用。一般情况每代放置1~2次，发生量大时，每代放3次，每隔7~10d 1次。

（2）防治蚜虫。在玉米蚜发生初期，于傍晚或清晨按益害比1∶10释放异色瓢虫，将其卵卡悬挂在蚜虫主要发生部位附近。

2. 食诱剂诱杀

在田间安放糖醋液杀虫盆、食诱剂诱捕器或者喷施食诱剂条带，诱杀黏虫、地老虎、棉铃虫、甜菜夜蛾、金龟子等害虫成虫，利用毒饵、发酵变酸的食物等诱杀地老虎、斜纹夜蛾等害虫成虫。

(1) 常用糖醋液的配方。

配方一：红糖、醋、水的比例为 5 : 20 : 80；

配方二：红糖、醋、酒、水的比例为 1 : 4 : 1 : 162。

将配好的糖醋液放置容器内（盆），以占容器体积 1/2 为宜，可在糖醋液中加入少量的敌百虫诱杀，每天傍晚将盖子打开，第二天早晨取回，每隔 2~3d 补充诱液，每隔 5d 更换 1 次，连续施用 16~20d。使用时应注意及时清除盆内虫体，补充液体。

(2) 食诱剂（带）、毒饵等可按产品说明使用，均能对害虫起到较好的诱杀效果。

3. 昆虫性信息素

在玉米螟、棉铃虫、甜菜夜蛾、草地贪夜蛾等害虫成虫羽化初期，据田间优势种群不同，放置相应种类昆虫的性信息素诱捕器，诱杀成虫。按照不同生产厂家针对不同害虫诱捕器及诱芯的使用说明书要求，每亩放置 1~2 个诱捕器，每 1~2 个月更换 1 次诱芯，放置高度为诱捕器下沿离地面 0.5~1.0m。诱捕器摆放间隔 30~50m，呈外密内疏放置，100 亩以上连片使用效果较好。诱杀害虫期间要及时清理诱捕到的成虫。

4. 生物药剂

利用以菌治虫的方法进行防治，采用杀螟杆菌、白僵菌、苏云金杆菌等生物制剂防治玉米螟、棉铃虫、草地贪夜蛾等。在喷洒过程中尽量选择大容量的喷雾器，加大药物喷洒量，尽量在天气晴朗时进行喷洒，避免喷洒后下雨需重新喷洒。

(1) 防治玉米螟。①灌注心叶。用每 1g 含孢子 100 亿个以上的杀螟杆菌、白僵菌菌粉 1kg 兑水 1 000~2 000kg，灌注心叶防治；②配制成菌土或颗粒剂。菌土一般由杀螟杆菌 1kg 加细土或炉灰 100~

3 000g 混拌而成，颗粒剂一般由白僵菌粉 1kg 加炉渣颗粒 20kg 混拌而成，每株施 2g 左右。

（2）防治黏虫。利用苏云金杆菌防治玉米黏虫，可用 8 000 IU/mL 苏云金杆菌 1 500mL/hm^2，兑水 450L/hm^2 后均匀喷施。

5. 植物农药

（1）防治蚜虫。在蚜虫发生初期，选择 5%天然除虫菊乳油 1 000 倍液、0.36%苦参碱水剂 500 倍液、1%鱼藤酮粉剂 800 倍液、1%苦皮藤乳油 800 倍液喷雾防治，5~7d 后视虫情进行第二次用药。

（2）防治棉铃虫。玉米棉铃虫可使用植物农药防治，每亩可用 0.8 万~1.6 万单位 Bt 杀虫剂 1~2kg，加上颗粒湿砂 5kg 混匀后撒于喇叭口内，能有效杀死幼虫。

（三）物理防治

1. 灯光诱杀

（1）智能太阳能频振杀虫灯诱杀玉米棉铃虫。玉米棉铃虫具有趋光生物属性，在成虫暴发期，每 30~45 亩地架设一盏 20 W 频振式杀虫灯，悬挂高度 1.5~2m，灯距 180~200m，每日夜间开灯，次日天亮关灯，注意雷雨天不能开灯。

（2）高气压汞灯诱杀玉米螟虫。汞灯灯距在 100~150m，汞灯下面挖掘半径 0.6m、深 12cm 的抓捕池，将抓捕池放满水，放入 50g 洗衣粉，汞灯与水面的距离控制在 20cm 左右，夜间开灯，白天关灯，定期更换抓捕池的水，每隔 3d 更换 1 次。

（3）黑光灯诱杀蝼蛄、蛴螬和地老虎。每 30~45 亩地架设一盏黑光灯，悬挂高度 1.5~2m，灯距 180~200m，每日夜间开灯，次日天亮关灯，注意雷雨天不能开灯。

2. 色板诱杀

在蚜虫、红蜘蛛、蓟马、灰飞虱发生重的田块，悬挂黄色、蓝色、黄绿色粘板诱杀成虫。蚜虫发生初期，在行间悬挂黄板诱集带或诱集板诱集成蚜，一般每亩挂 15~22 块黄板，玉米生长前期悬挂高出作物 20cm 左右，中后期悬挂于植株中上部，每隔 7~10d 重新涂刷粘虫板的涂油。也可利用蚜虫的趋色性，在田间悬挂宽 10~15cm 的银灰膜条驱避蚜虫，每亩用膜 1.5kg。

3. 诱蛾灭卵

对于草地贪夜蛾等鳞翅目害虫还可采用诱蛾灭卵防除法：将稻草、麦秸等扎成直径 10~15cm 的草把，插入田间，高出幼苗 15~30cm，每亩放置 10 把，每隔 5~10d 更换一次，将旧草把烧掉即可。

随着科学技术的飞速发展，越来越多的新型物理防治方法开始出现，例如激光、辐射能、超声波和微波防虫等，都可以有效杀灭病虫。

（四）化学防治

选用高效低毒低残留低风险的化学农药进行化学防治，鼓励减少使用和不使用化学农药。

1. 病害防治

（1）大斑病。发病初期或大喇叭口期，用 250g/L 吡唑醚菌酯乳油或者 75% 肟菌戊唑醇水分散粒剂喷雾，间隔 7~10d，连续喷药 2 次。

（2）小斑病。发病初期或大喇叭口期，用 45% 代森铵水剂或 19% 丙环嘧菌酯悬乳剂喷雾，间隔 10~12d，连续喷药 2 次。

（3）锈病。锈病发病初期，可以喷洒 80% 代森锰锌可湿性粉剂 600~800 倍液。

（4）黑粉病。在玉米抽雄期可以喷洒 50% 甲基硫菌灵可湿性粉剂

500倍液防治黑粉病。

(5) 纹枯病。纹枯病发病初期，可在发病的位置喷洒5%井冈霉素 100~150mL/hm²，或者用25%三唑酮可湿性粉剂 50g/hm² 兑水 50kg/hm² 进行喷雾防治。

2. 虫害防治

主要指防治蚜虫、玉米螟、红蜘蛛、黏虫。

随着科技的发展，新型化学药剂已经大大降低了对环境的污染，因此，在防治玉米病虫害时，还可以施用百菌清、代森锰锌、复方硫菌灵等高效化学农药，有效控制病原体，从而达到良好的防治效果。

六、生态玉米收获贮运技术

(一) 普通玉米

玉米可适当晚收，充分完成后熟作用，提高玉米产量、改善品质。玉米授粉后40d到完熟前每晚收1d，可增产5kg/亩。玉米完熟后可机械收获，秸秆粉碎还田。

(二) 鲜食玉米

鲜食玉米一般在开花授粉后22~30d花丝枯干转为褐色，籽粒顶部变硬但可掐出汁液时采收；或者手握玉米穗感觉饱满，籽粒鲜黄饱满，浆汁丰富，甜度高，即可采收。

七、生态玉米质量管理

生态玉米是健康、绿色、环保食品，玉米质量应符合《食品安全国家标准 食品中真菌毒素限量》(GB 2761)、《食品安全国家标准 食品中污染物限量》（GB 2762）、《食品安全国家标准 食品中农药最大残留限量》（GB 2763）和《食品安全国家标准 预包装食品中致病菌限量》（GB 29921）的规定。生态玉米的生产要建立完善的质量管理体系，保持可追溯生产全过程的详细记录，并且记录至少保存5年。

生态玉米质量管理内容如下。

（1）应保存所有农业投入品的购买和使用记录（来源、数量、去向、库存等）。

（2）生态玉米种植生产日常记录（种植密度、气候等）。

（3）玉米生长过程中病虫害发生情况及处理记录（种类名称、地点、状况、诊断结果等）。

（4）生态玉米种植过程中农药使用情况记录（农药名称、使用量、使用方式、使用时间等）。

（5）生态玉米收获记录（玉米品种、收获地点、收获数量、收获时间等）。

（6）生态玉米产品质量检测报告和销售记录（时间、数量、去向等）。

（7）生态玉米销售合格证上应附带追溯二维码，能显示生态玉米产地、生产者名称、生态种植方式、投入品使用信息等。

鲜食玉米是天然的健康食品，在生产上一般采用真空包装锁住养分，然后供应市场或超市。对生态鲜食玉米的加工需遵循《有机产品生产、加工、标识与管理体系要求》（GB/T 19630）的规定。

八、生态玉米生态消费

（1）生态玉米生产应遵循诚信、公正、严谨的原则，建立生产者、销售者、消费者相互信任、合作和感恩的友善关系。

（2）生态玉米的包装袋应满足《食品安全国家标准 食品接触用塑料材料及制品》（GB 4806.7—2016）的规定，生态玉米包装袋上的标志使用应符合《生态产品标志管理办法》的有关规定，对预包装产品，标签信息应满足《食品安全国家标准 预包装食品标签通则》（GB 7781）的规定。

（3）生态玉米产品包装应符合《限制商品过度包装要求 食品和化妆品》（GB 23350）的规定，不应过度包装，包装宜使用可回收材料、容器及辅助物，宜使用可生物降解的环保材料。

（4）生态玉米的生产者和消费者宜将产品包装袋分类或重复使用，促进资源节约和循环、低碳友好。

（5）鼓励消费者参与生态玉米的生产，了解生态玉米的生产过程，让消费者建立健康、节约的生活方式和消费理念。

第四节　生态马铃薯生产技术

一、马铃薯产地生态环境选择技术

（一）土壤环境

生态马铃薯种植的产地环境应符合生态产品生产技术准则 植物类 T/CGAPA 004—2021 规定，土壤环境质量符合土壤环境质量标准 GB 15618 规定。其中土壤中镉、汞、砷、铅、铬等各种重金属的含量，必须符合国家标准。根据农用地土壤污染风险管控标准（GB 15618）规定：其他偏酸性田块每千克土壤中含镉不超过 0.3mg，汞小于 1.3mg 为宜；砷不超过 30mg；铅不超过 90mg；铬不超过 150mg。碱性土壤每千克中含镉不超过 0.6mg；汞小于 3.4mg；砷不超过 25mg；铅不超过 170mg；铬不超过 250mg。可以通过田间增施有机肥、生物质菌肥、深耕翻作、合理轮作等措施，活化土壤耕层，改善土壤生态环境，为生态马铃薯创造良好的生长环境。

（二）灌溉用水

生态马铃薯灌溉用水要符合农田灌溉水质标准（GB 5084）。pH 值应为 5.5~8.5；水中悬浮物不超过 100mg/L，氯化物不超过 350mg/L，同时每升水中汞的含量不超过 0.001mg；镉不超过 0.01mg；砷不超过 0.05mg；铅不超过 0.2mg；六价铬不超过 0.1mg。如采用城镇污水处理厂再生水进行灌溉，同时应执行 GB 20922 的规定。

（三）环境空气质量

生态马铃薯种植地区要远离排放氟化物、硫化物、氮化物的工业企业。按国家环境空气质量标准（GB 3095）要求，每立方米空气中，总悬浮颗粒物日平均含量不超过 0.3mg，二氧化硫日平均含量不超过 0.15mg，一小时平均含量不超过 0.5mg；氮氧化物日平均含量不超过 0.1mg，一小时平均含量不超过 0.15mg，氟化物日平均含量不超过 7μg，一小时平均含量不超过 20μg。

二、马铃薯产地生态友善技术

（1）生态马铃薯种植需要保护耕地周边植被，适当保持土壤休耕期 1~2 个月，维护土壤、水系和森林的生态平衡。

（2）改善和优化害虫天敌栖息地生态环境，发展天敌种群规模，使害虫和天敌数目达到动态平衡。

(3)在使用塑料薄膜、诱虫板时，宜选择聚乙烯、聚丙烯或聚碳酸酯类可降解产品，并且使用后应及时回收清除。

(4)充分利用作物秸秆和杂草等堆肥或沤肥，提高土壤肥力，对作物秸秆和杂草等不应该焚烧处理。

三、生态种植技术

(一)品种布局与轮作

1. 高纬度一熟区马铃薯品种布局与轮作

高纬度一熟区地处高纬度和中高纬度地带，降水量极为不均衡。东北地区的西部、内蒙古自治区东南部及中部狭长地区、宁夏回族自治区中南部、黄土高原东南部为干旱地带，雨量少而蒸发量大；东北和中部以及黄土高原东南部则为半湿润地带；黑龙江的大、小兴安岭地区的干燥度只有0.5~1.0，此区种植马铃薯为一年一熟，一般4月中下旬至5月上中旬播种，7月中下旬至10月上旬收获。以东北和内蒙古为例，适于本区的品种类型，以中熟、晚熟为主，要求休眠期长，贮藏性好，抗逆性强的品种，并搭配种植早熟品种。

2. 中纬度二熟区马铃薯品种布局与轮作

中纬度二熟区基本上覆盖了黄淮海平原，河南省是马铃薯的重要产区。气候上属于国内暖温带地区，地理位置上处在中纬度带。此区域热量资源较丰，可供多种类型一年两熟种植。陈焕丽等总结了河南马铃薯常见的间作套种模式：马铃薯+玉米—秋菜花（结球甘蓝）（"+"表示套作，"—"表示接茬）、马铃薯+玉米—秋结球甘蓝、春马铃薯+玉米—秋胡萝卜、春马铃薯+西瓜—秋胡萝卜、马铃薯+西瓜+辣椒、春马铃薯+西瓜—秋白菜、马铃薯+玉米—早白菜—青菜（菠菜）1年4茬、豫西南马铃薯—玉米—白菜等各种形式间作套种高效栽培模式，做到一年三熟，取得了很好的种植效益。

3. 中纬度多熟区马铃薯品种布局与轮作

中纬度地区一般指北纬30°以北至40°以南的温度、降水适量的地区。包括陕西省南部和浙江省、安徽省、湖北省、湖南省等地多熟制地区。本区域主要作物包括小麦、水稻、玉米、高粱、谷子、薯类、油菜、豆类、蔬菜、水果、烟叶、药材等。通过对中纬度多熟区马铃薯主产区进行调查分析，结果发现，该区域马铃薯播种集中在冬季和春季，一般在11月至翌年5月，仅有少数地方在夏季播种。例如：湖北地区以春马铃薯为主，有小面积的秋马铃薯，春马铃薯播种一般在12月至翌年3月，其中低山区12月至翌年1月，二高山区1—2月，高山区2—3月，秋马铃薯一般在9月前后播种。陕南地区以冬马铃薯和秋马铃薯为主，冬马铃薯一般在12月中下旬至翌年1月中上旬播种，秋马铃薯一般在8月下旬至9月上旬播种，在茬口上，与马铃薯进行换茬的一般选择蔬菜、棉花、大豆、玉米、小麦、水稻。赵芬等总结出了马铃薯—玉米—大豆一年三熟高效种植模式。安徽省一般以水稻、西瓜、玉米、甘薯、蔬菜，福建省以水稻、大豆为主，湖北省包括水稻、玉米、豇豆、油菜、蔬菜、烟草，湖南省以水稻为主。

4. 低纬度东南丘陵马铃薯品种布局与轮作

东南低山丘陵平原区域是指北至长江，南至南海，东至东海，西至云贵高原，包括江西、广东、福建、台湾、海南省的全部，湖北、湖南、广西等省区的中东部，浙江的中南部，以及安徽省南部。大部分地区以一年两熟、一年三熟为主，热带地区海南省及台湾南部适宜种植一年三熟模式，少部分地区有一年四熟模式。杨鑫等研究发现广西壮族自治区马铃薯种植区域逐步由桂东南向桂北扩展，从冬季种植为主向周年种植推进，从单一种植向甘蔗、幼龄果园间套种转变，由分散种植过渡到集中连片种植，脱毒种薯的应用率和旱地种植面积逐步增加。区域内企业多采用稻+稻+马铃薯、黄豆+稻+马铃薯、稻+玉米+马铃薯等方式进行水旱轮作，提高土地利用率，增加农业产值。浙闽中低山丘陵地区高产高效多熟种植模式有"蚕豆—春玉米—夏玉米—秋马铃薯""春马铃薯—春玉米—秋马铃薯—秋玉米""马铃薯—西瓜—杂交稻—冬菜"等。热带地区高产高效多熟种植模式有"花生—晚稻—马铃薯""春花生—秋玉米—冬马铃薯""冬马铃薯—早稻—晚稻""菜心—甜瓜—芹菜—马铃薯"等。

5. 低纬度西南高原马铃薯布局与轮作

低纬度西南高原区包括云贵高原和川西高原、云南省东部、贵州全省、广西壮族自治区西北部和四川、湖北、湖南等省区边境，本区为中国重要的马铃薯主产区，立体气候决定马铃薯主要依据海拔高度在不同季节种植，周年生产特点突出。

（1）海拔较高（1 600~2 200m）的地域，霜期长（110d 左右），在黔西北高原高中山区，主要指的黔西北威宁、赫章等县及条件相似的县区。一般3—4月播种，8—10月收获，是种薯、加工型专用薯的主要生产基地。在黔西、黔中高原中山丘陵区，主要包括黔西北盘县、水城、纳雍、七星关、大方等县区。采用品种是中晚熟、晚熟，鲜食或淀粉加工型品种。一般3月前后播种，7—8月收获。

（2）中海拔（200~1 500m）的地域，霜期较长（60~80d），初霜期较晚（不早于11月下旬），在黔西南高原中山丘陵区，栽培制度为一年两熟，水田为薯—稻，旱地为春薯—秋薯。采用的马铃薯品种是中、早熟鲜食、菜用型品种，旱地春薯可搭配中晚熟品种。一般春薯2月播种，6月前后收获。秋薯8月中、下旬播种，11月底收获；

在黔北、黔东北中山峡谷区，栽培制度为一年两熟，水田为薯—稻，旱地为春薯—秋薯。采用的马铃薯品种以早、中熟鲜食、菜用型品种为主，春薯 2 月前后播种，5 月收获。秋薯 8 月下旬播种，11 月收获。在黔中、黔东南高原丘陵区。通常水田为薯—稻，旱地为春薯—秋薯。采用品种主要有早、中熟搭配中晚熟鲜食、菜用或兼用型品种，春薯 2 月播种，6 月前后收获，秋薯 8 月中旬播种，11 月底前后收获。

（3）低海拔（800m 以下）的区域，霜期短（初霜期不早于 12 月上旬，终霜期不晚于 2 月上旬），有的地区甚至全年无霜，积温高，12 月至翌年 1 月平均气温 10℃左右，能满足马铃薯播期要求，3—4 月平均气温 20℃左右。冬播区栽培制度均为一年两熟到三熟，水田为冬薯—稻—秋菜，旱地为冬薯—春菜—甘薯。采用马铃薯品种主要是早熟鲜食、菜用休闲食品型品种，通常在 11—12 月播种，翌年 3—5 月收获上市。

（二）品种选用技术

马铃薯品种选择应遵循选用脱毒种薯或一级种薯，种薯质量符合马铃薯种薯 GB 18133—2012 要求，根据当地的气候条件，结合种植地块的具体情况、灌溉条件以及市场需求等，选择适宜的高产、抗病、优质、抗旱品种。

1. 高纬度一熟区

2022 年黑龙江省主栽品种 12 个，其中鲜食品种 9 个，加工用品种 3 个。"尤金"种植面积最大，约占全省马铃薯总种植面积 30%，其他品种为"克新 13 号""克新 23 号""Favorita""中薯 5 号""龙薯 12""大西洋""龙薯 4 号""沃土 5 号""垦薯 2 号""兴佳 2 号""东农 310"。内蒙古自治区是世界公认的马铃薯种薯繁育黄金地带，该区种薯繁育优势突出，全区原原种生产能力超25亿粒，年制种面积70万亩，其中原种生产面积10万亩以上，脱毒种薯交易量占全国35%以上。有专家在河北省坝上地区评价了25份马铃薯品种（系），认为京张薯1号、BF052.127、中薯38号、中晟2号可在一季作区种植；北方002、艾弗拉、北方009、雪育1号、雪早2号，可在二季作区引种。目前，山西马铃薯产业初步形成3个产区，即一季作区、晋中一二季混作区和晋南二季混作区。一季作区以晋薯7号、同薯23号等高产、高淀粉中晚熟品种为主。晋中一二季混作区主栽品种有郑薯5号、郑薯6号、晋薯7号、同薯23号、紫花白等，生产上多采用与玉米、蔬菜等作物间作，以增加单位面积产量和效益。晋南二季混作区主栽品种有晋南2号、郑薯6号和中薯3号等。甘肃省生产上应用的主要有高淀粉品种陇薯8号、天薯10号、陇薯3号、陇薯10号等，菜用型品种陇薯7号、陇薯6号、庄薯3号、天薯11号、青薯9号、青薯168、新大坪等，薯条、薯片、粉丝加工型品种冀张薯8号、大西洋、布尔斑克及适宜外销的菜用红皮等品种。

2. 中纬度二熟区

中纬度二熟区河南马铃薯种植品种主要选择早熟品种，出苗后65d左右成熟。专家统计河南省当地主栽的优势品种费乌瑞它、郑商薯10号、郑薯6号、郑薯7号、郑薯9号、中薯3号、中薯5号、中薯8号、洛薯8号、商马铃薯1号、商马铃薯2号、早大白、大西洋等品种等。河南省代表品种有郑薯系列的郑薯7号，郑商薯10号、中薯5号、费乌瑞它。白肉代表品种有早大白，郑薯8号等。加工类型的品种大西洋，中熟品种克新6号也有少量种植。

3. 中纬度多熟区

湖北省现在主要生产应用的品种有米拉、鄂马铃薯号10号、鄂马铃薯5号、鄂马铃薯13号、青薯9号、费乌瑞它、中薯5号等，其中米拉、鄂马铃薯10号、鄂马铃薯5号中晚熟品种。低海拔区域以费乌瑞它、中薯5号、南中110等早中熟品种为主，中高海拔区域以米拉、青薯9号、鄂马铃薯10号、鄂马铃薯13等中晚熟品种为主。

陕北地区种植的马铃薯品种主要有克新1号、冀张薯8号、青薯9号、冀张薯12号等。陕南地区主要种植一些早熟菜用型马铃薯，主要有费乌瑞它、早大白、秦芋32号、鄂马铃薯5号等品种，这些品种种植面积排名前五。安康盆地的中高山一作区，海拔为800~1 800m，因降水充沛，相对湿度大，是马铃薯晚疫病高发区，应选用高抗、高产、质优的中熟或中晚熟品种，适宜品种有芋30号、秦芋31号、秦芋32号及外引的鄂马铃薯5号、HB0462-16、青薯2号、丽薯11号、黔芋6号等。浅山、丘陵、平川二作区，海拔300~700m，应种植抗晚疫病、高产、质优、商品薯率高、薯型好、芽眼浅的早熟、中早熟品种，适宜品种有费乌瑞它、早大白、文胜4号、安农5号、安薯56号、0302-4。

4. 低纬度东南丘陵地区

低纬度东南丘陵区马铃薯种植以冬播为主，在品种选择上，宜选用早、中熟高产、抗性强的品种。其中早熟品种有费乌瑞它、中薯5号、中薯3号、东农303、早大白、华薯1号、红美等；中熟品种有兴佳2号、闽薯1号、大西洋、紫花白、克新系列、荷兰薯系列等。

5. 低纬度西南高原区

在中海拔（800~1 600m）、高海拔（1 600~2 200m）高原地区春播一熟区，为了充分利用生长季节光热资源和天然降水，除生产种薯以外，要因地制宜地选择耐贮藏的中熟或中晚熟品种，如青薯9号、威芋3号、宣薯5号、宣薯6号、宣薯2号、黔芋7号、黔芋8号、中薯 19 号等。在低海拔（800m 以下）冬作区要求早收获早上市，一般选用中早熟品种如费乌瑞它、中薯 3 号、中薯 5 号、兴佳 2 号等，而秋作马铃薯由于需要规避初霜也要选择中早熟品种，春作区则比较灵活，但是由于生长周期多数在雨季，一般选择中晚熟抗晚疫病品种，如中薯 7 号、云薯 304、中薯 8 号等。此外西南区鲜食菜用型马铃薯有费乌瑞它、兴佳 2 号、宣薯 2 号、宣薯 5 号、威芋 3 号等，淀粉炸片加工型品种有大西洋、云薯 304、合作 88 等。

（三）培育壮苗技术

良种壮苗，苗床宜选择土壤有机质含量高、疏松、排灌方便的向阳土地，12 月下旬或翌年 1 月上旬当 10cm 土温稳定在 6℃时，选择尚未发芽或刚开始萌芽的种薯，播种后覆盖过筛（孔径 1cm）细土覆盖，覆土要均匀，厚度 1~2cm 育芽。然后架低棚覆膜，四周用土盖严，开好排水沟。2 月当薯芽刚破土长为 1.5cm 时将种薯挖起，每个薯保留顶端 3 个壮芽，其他的芽全部抹除。选择顶端及周围的健壮芽作为繁殖芽，靠底部者不用。干旱半干旱地区选择一块肥力中等的耕地，做育芽移栽的苗床，填入湿沙 20cm 厚左右，按 2cm×2cm 距离播芽。选芽后用消毒刀带皮剜下，加入草木灰拌匀以后直接播入沙内，沙面盖过芽尖。播芽 2 500 个/m^2，最上覆盖细河沙 10cm。上面覆盖一层地膜禾秆草，苗床的大小依用土地面积数量而定。一般 24m^2 的净育苗面积可种植 1hm^2 马铃薯。

（四）马铃薯生态栽培技术

1. 大田栽培技术

（1）选地。马铃薯属茄科作物，忌与其他茄科作物连作或集中混作,不宜与茄科作物（茄子、辣椒、番茄、烟草等）进行轮作,也不宜与白菜、甘蓝等作物连作,还不宜与甘薯、胡萝卜、甜菜等块根作物轮种。优先选择1~3年未种过马铃薯和其他茄科作物,且pH值为5.5~6.5的微酸性砂性土壤地块。

马铃薯种植的地块最好选择地势平坦向阳,土质疏松、耕层深厚、通气性好的壤土、梯田地或缓坡地（坡度≤15°）,土壤酸碱度在pH值5~8。忌选用土壤黏重、低洼地、透气性和排水性较差的土壤。前作收获后,要及时进行旋耕灭茬、深松细耙、镇压保墒,达到田间平整、无残茬、土层松软,为马铃薯生长创造良好的土壤环境条件。

在降水量较大的山区,选择坡度20°~40°旱地,坡向选取两边通风地块,利于排水,透风。对于盆地地区,要尽可能选择排水方便,周边有水沟,田间土壤要通气良好的田块。

（2）深耕整地。

整地时间：北方旱作农业区普遍进行秋整地或春整地,秋整地效果明显优于春整地;秋整地时间农历8—9月,春整地2—3月。未进行秋整地或需清理地块,疏松土壤,增加土温,耙、耢、压连续作业等,要进行春翻春整。春整地易失墒,影响播种质量。近年来,北方春季普遍干旱少雨,春播时土壤墒情较差,为保证春播时及时播种、苗齐苗全苗壮,最好实行秋整地。

整地方法和标准：翻耕深度25~40cm为宜,要求灭茬清理,无漏耕立垡,耕层土块疏松细碎,耙磨整平,同时施入农家肥（发酵好的家禽类粪便、堆沤好的猪、牛、羊粪便）、微生物菌肥、生物有机肥或符合NY/T 496规定的肥料,合理使用准则标准的化学肥料。秋整地作业包括旋耕灭茬、翻地、旱作深松、耙地、起垄等环节。旱地旋耕灭茬要求深度15~25cm,土壤细碎平整,耕层土块小于5cm,耕茬破碎长度小于5cm，其合格率应大于80%，均匀一致；翻地时耕层深度和耕幅保持一致；有条件地区旱作深松40cm以上，山区田块耕深至少25cm，不漏耕，深松后地面平整细碎，残茬覆盖率大于80%；耙地一般耙深15cm左右，耙后地表平整，土块内直径小于5cm，耙深耙透，不漏耙，相邻两作业幅宽重叠量为15cm左右。

起垄：北方干旱半干旱地区降雨稀少，马铃薯生产一般采用地膜覆盖栽培。常见覆膜起垄方式为绿肥聚垄地膜覆盖栽培、黑膜半膜垄沟栽培、单垄双行覆膜栽培、地膜覆盖后多采取膜下滴灌栽培。①绿肥收割后随即整地播种，绿肥放在马铃薯播薯后的沟中和种薯的上方，起垄后盖地膜。垄距60cm，株距28~30cm。②黑膜半膜垄沟栽培：垄宽70cm，垄高20cm，用90cm宽的黑地膜覆盖，按"品"字形在垄沟种植马铃薯。③单垄双行覆膜栽培，垄宽80cm，垄高30cm，用120cm宽的黑地膜覆盖，按"品"字形在垄上种植两行马铃薯。④干旱地区地膜覆盖后多采取膜下滴灌栽培：耕翻30~35cm。宽窄行播种，宽行距60~110cm，窄行距40cm，株距25~38cm，播种深度8~10cm，垄高20cm，覆土厚度2~3cm。

2. 大田施肥技术

（1）均衡施肥。通过对土壤养分的分析，系统诊断可能制约作物生长的土壤限制因子尤其是土壤养分平衡状况，是科学推荐施肥、实施土壤养分精准管理的重要前提。我国马铃薯年均N、P_2O_5、K_2O养分投入总量分别为$252kg/hm^2$、$219kg/hm^2$、$224kg/hm^2$。南方冬作区和华北一季作区马铃薯的年均养分投入总量分别为$1\,042kg/hm^2$和$929kg/hm^2$，西北一季作区、西南一二季混作区养分投入量较低，为$580kg/hm^2$和$545kg/hm^2$，东北年均养分投入量居中，为$674kg/hm^2$。我国南北方马铃薯块茎产量与养分吸收之间的关系表现为目标产量达到产量潜力的80%时，南方和北方生产1吨块茎整株马铃薯所需N、P_2O_5、K_2O养分分别为9.79kg和8.67kg、1.38kg和1.32kg、11.39kg和9.38kg，N：P_2O_5：K_2O吸收比例分别为1：0.14：1.16和1：0.15：1.08。

因此，种植时宜采取"少磷、追氮、补钾"模式，但不同地区、不同土壤肥力水平有一定差异，马铃薯施肥量应因地施肥。低肥力等级土壤施用氮肥增产效果最好，P、K肥的增产幅度较低；土壤肥沃、保肥能力较强的地块，可以以施用基础肥料为主，将农家肥腐熟后结合深耕施入田间，还可以结合施用复合肥，为马铃薯整个生长期提高充足的肥力，通常将氮肥和钾肥总量的70%用作基础肥料。

（2）施足基肥。基肥是马铃薯丰产的基础。马铃薯常用基肥分为有机肥、复合肥、生物肥料；有机肥包括商品有机肥和传统有机肥（腐熟的农家粪肥、草木灰、秸秆、菜籽饼肥等），有机肥料相关标准NY/T 525—2021《有机肥料》、NY 1868—2021《肥料合理使用准则有机肥料》；无机肥主要有三元复合肥（硫酸钾型），缓控释肥，尿素、过磷酸钙、钙镁磷肥、硫酸钾等。生物肥料包括有复合微生物肥料、腐殖酸有机肥等。基肥施用优先选择有机肥，施肥量为200kg，可根据土壤肥力适当调整施肥量。

（3）适时追肥。马铃薯播种以后，一般半个月左右开始出苗。对于早熟品种，因植株生育期较短，一般出苗后植株株高20cm左右时就开始结薯，在植株长到20~30cm时，若植株长得比较健壮，基肥肥效期较长且基肥施肥量比较多的情况下，每亩采取根际追施钾肥（硫酸钾）10~15kg，尿素5~10kg，或者根际追施高钾型复合肥20~25kg；若植株长得比较瘦弱，每亩采取根际追施钾肥（硫酸钾）15~20kg，尿素10~15kg，或者根际追施高钾型复合肥25~30kg，同时马铃薯植株茎叶喷施磷酸二氢钾800~1 000倍液，或者喷施尿素800~1 000倍液，或者喷施其他叶面肥，每亩喷施50~80L溶液。

对于中晚熟品种，因生育期较长，结薯比较晚，一般在封行前或开花期开始结薯，中晚熟马铃薯的追肥可分多次进行。在马铃薯植株长到20~30cm时，若植株长得比较健壮，基肥肥效期较长且基肥施肥量比较多的情况下，每亩采取根际追施尿素5~10kg，或者根际追施高钾型复合肥20~25kg；若植株长得比较瘦弱，每亩采取根际追施尿素10~15kg，钾肥（硫酸钾）10~15kg，或者根际追施高钾型复合肥25~30kg，同时马铃薯植株茎叶喷施磷酸二氢钾800~1 000倍液，尿素800~1 000倍液，或喷施其他叶面肥，每亩喷施50~80L溶液。马铃薯植株封行前，若马铃薯植株比较健壮，每亩施钾肥（硫酸钾）10~15kg；若植株长得比较瘦弱，每亩追施尿素5~10kg，钾肥（硫酸钾）10~15kg。马铃薯块茎膨大期，每亩采取根际追施钾肥（硫酸钾）10~15kg。

3. 大田灌溉技术

（1）需水规律和灌溉时期。马铃薯植株生长发育受降雨、土壤含水量和空气湿度的影响较大，一般灌溉选择马铃薯播种后、苗期、块茎形成期和块茎膨大期这几个时期进行。从出苗到分枝期，这一阶段需水少，耗水量占全生育期的10%~15%。花序期是地上部旺盛生长阶段，这一阶段耗水量占全生育期的25%~28%甚至以上，开花期、植株地上部和地下部生长发育加快，对水分需求加大，该阶段耗水量占全生育期的40%~45%甚至以上，是全生育期需水量最多的时期。

（2）灌溉方式。

膜下滴灌：马铃薯膜下滴灌主要适用于马铃薯覆膜栽培的田间水分管理，适用于干旱或半干旱地区，马铃薯播种起垄后，在田间安装地下固定式滴灌系统，与马铃薯垄顶端铺设一条塑料管，塑料管上每隔25~30cm开一个1cm左右的出水口，安装毛管和灌水器（主要是滴头），将毛管和灌水器均匀分布在垄上，然后覆膜，或覆膜后在膜上盖土，盖土厚度5cm左右。露地覆膜栽培的马铃薯，在马铃薯播种后到马铃薯块茎膨大期，每隔2~3周滴灌一次，每次滴灌使土壤湿润即可，不宜过多或过少，每亩累计滴灌用水量控制在100m³左右为宜，马铃薯成熟期和收获期不进行滴灌。

其他节水灌溉方式：在低纬度西南高原马铃薯种植地区，马铃薯生长发育期间的节水灌溉方式除了膜下滴灌外，主要还有喷灌，一般马铃薯播种后，喷灌一次，使土壤湿润，其后每隔2~3周喷灌一次，马铃薯生长发育期间累计喷灌用水量每亩在200~250m³为宜，马铃薯成熟期和收获期不进行喷灌。

水肥一体化：水肥一体化技术，水肥一体化是借助压力系统（或地形自然落差），将可溶性固体或液体肥料，按土壤养分含量和作物种类的需肥规律和特点，配兑成的肥液与灌溉水一起，通过可控管道系统供水、供肥，使水肥相融后，通过管道和滴头形成滴灌，均匀、定时、定量浸润作物根系发育生长区域，使主要根系土壤始终保持疏松和适宜的含水量。

四、生态防控技术

（一）农业防治

1. 马铃薯常见病虫害农业防治

（1）选用抗病品种。培育和种植抗病品种是最经济有效的病害防治措施。各地有条件的部门应当结合种植区域的气候环境、地质特征及主要发生病害类型等因素来选育抗病品种。抗晚疫病马铃薯品种主要有丽薯6号、合作88号、青薯9号、靖薯2号、郑薯5号、中薯3号、加湘1号和2-2对于晚疫病具有良好的抗性。

(2) 选种无病种薯。种薯是大多数病害的最初侵染源，特别是病毒病害，因此在生产中应选择无病种薯或脱毒种薯进行种植。在种植前，最好能够按照要求进行马铃薯种子的筛选和检测。在种薯的选择上应当选择自身无病，并且表皮没有明显冻伤、机械擦伤等伤痕的种薯或采用茎尖脱毒培养的试管苗进行培植。种薯切块时，易通过切刀传病，引起烂种、缺苗或增加田间发病率，加快品种退化。因此，切块时要注意剔除病薯，切块的用具也要严格消毒，以防传病。

(3) 轮作换茬。由于马铃薯是忌连作的作物，因此在马铃薯种植过程中应注意选地整地，种植马铃薯的地块应选择三年内没有种过马铃薯和其他茄科作物的地块。在对马铃薯进行轮作换茬时，要尽量避免选取茄科类草本植物，例如辣椒、茄子等，可选取与油菜、小白菜、甘蓝类等十字花科或禾本科作物，有条件的地区最好与水稻进行水旱轮作。合理安排轮作换茬，通过与其他非寄主作物间作也可以减少虫害对马铃薯的为害。

(4) 深耕灭茬。在马铃薯收获完成后，必须采取深耕灭茬处理措施，耕地深度达到35~40cm最佳。深翻后将土壤裸露，晾晒土壤，可以有效破坏土壤中病原菌的生存及滋生的环境，从而减轻下一年种植过程中病菌的影响，也可以破坏害虫的越冬环境，冻死准备越冬的幼虫、蛹和成虫等。此外，结合不同害虫的生活规律进行干预也有积极效果，如在地老虎产卵至孵化盛期，及时进行中耕，可大大降低卵的孵化率；当小地老虎发生后，根据马铃薯长势，适当加大灌水量，能够在一定程度上淹死或者逼迫幼虫外逃，随后进行人工捕杀减少虫害；

在蛴螬越冬前的秋季，进行深翻土壤并大水灌溉，能够破坏害虫越冬环境，减少虫量，从而减轻下年为害；斑潜蝇虫害发生初期深耕土地，幼虫化蛹时期大量灌水或者延长田间存水时间，可直接淹灭部分幼虫；马铃薯瓢虫发生初期也可通过深耕灌水的方式减少虫源基数。

（5）加强田间管理。在马铃薯生长期，可通过多种田间管理措施防止马铃薯各种病害的发生及蔓延。马铃薯种植过程中推荐高垄栽培，出苗后及时封垄。灌水要采取起垄沟灌、喷灌和滴灌，避免大水漫灌，低洼田要注意排水，降低土壤湿度。雨后或连日阴雨时，要及时清沟，使排水保持畅通。

（6）收获与贮藏。应选择晴天适时收获，收获前5~7d马铃薯田不宜浇水。对田间病株应连同薯块提前收获，避免对健株的感染。对病害发生严重的地块，在收获前应先将地上茎叶全部割除，减少病菌侵染薯块的机会。对留种田应摘除病株，单独采收、单独储存。收获后，要将块茎在阴凉通风的地方平摊铺散3d左右，使块茎表面水分充分散失，使一部分伤口愈合，形成木栓层、防止病菌的侵入。要经常检查，随时剔除烂薯。

2. 马铃薯常见杂草农业防治

（1）轮作倒茬。合理轮作是一项高效的生态控草措施，能够减轻杂草为害，改善杂草群落，也能降低存在于土壤表面和土壤中存活杂草种子库的密度，减轻杂草的潜在发生为害。采用合理轮作的方法，对时空差异合理利用，改变农田生态，改善土壤理化特性，使得生物呈现出多样性，可以有效减轻伴生杂草发生为害，作物得到保护。

（2）田间管理。马铃薯播种和移栽前要做好田地的耕耘和灌溉工作，将杂草清除干净。采用堆肥技术对杂草进行控制，堆肥可以使得土壤的肥力增加，土壤的结构得到改善，提高作物的竞争能力，抑制杂草的生长,还可以保持土壤疏松,同时可以采用绿肥种植和休耕的方法有效地控制杂草,也可以使用秸秆覆盖的方法除草,或者采用机械除草的方法。另外在作物收获后,要及时进行机械深耕或深松灭茬,将散落在地表的杂草种子翻埋到土壤深层,破坏杂草种子的萌发条件,使地表的杂草种子萌发条件受到破坏不能正常萌发,同时切断多年生杂草的地下根茎,翻上地表高温暴晒死亡,从而减轻杂草为害。

(二) 生态防治

马铃薯常见虫害生物防治如下。

(1) 植物次生代谢物。金针虫幼虫对油桐叶、蓖麻叶、牡荆叶、马醉木、苦皮藤、臭椿、乌药、羌皂素和芫花等的茎、根部分粉状物极为敏感,以上都具有较理想的驱杀效果;坡柳皂苷、印楝素、滇杨提取物、烟草提取物及马铃薯块茎蛾幼虫粪便等可抑制马铃薯块茎蛾成虫产卵;鱼藤酮能抑制马铃薯跳甲卵的孵化;马缨丹提取物的石油醚、丙酮等提取物和萃取物,番茄的甲醇提取物对马铃薯跳甲成虫均有较强的拒食作用。

(2) 生物制剂。白僵菌、绿僵菌、苏云金芽孢杆菌、云菊素等生物制剂混合土壤撒施于表面然后施肥盖土,对蛴螬、金针虫、蓟马、马铃薯瓢虫等具有一定的防治效果。利用白僵菌可以防治贮藏期马铃薯块茎蛾成虫,利用苏云金杆菌可湿性粉剂 1 000 倍液防治贮藏期马铃薯块茎蛾幼虫。

(3) 引诱剂。利用含有桉叶油醇、α-蒎烯、β-蒎烯、α-石竹烯、β-石竹烯、柠檬烯等植物,诱集马铃薯块茎蛾成虫产卵,从而减少其在马铃薯上的产卵量;利用烟碱乙酸酯、苯甲醛、茴香醛等混合成引诱剂也可以大量诱杀蓟马成虫;利用壬醛、月桂烯、P-聚伞花素、松油烯和烟碱类引诱剂对马铃薯块茎蛾成虫具有显著引诱作用。通过性信息素诱捕器来防治马铃薯田间的蚜虫。

（4）天敌治虫。是利用害虫在自然界中所存在的自然天敌进行生物防治。如马铃薯田捕食性天敌主要有瓢虫、草蛉、蝽象、蜘蛛等，这些天敌昆虫对二十八星瓢虫、蚜虫等多种马铃薯害虫有显著的控制效果。

（三）物理防治

马铃薯虫害物理防治如下。

（1）灯光诱杀。利用地老虎、金针虫、蝼蛄、斑潜蝇、马铃薯块茎蛾、马铃薯跳甲、叶蝉等害虫的趋光性，在田间架设黑光灯、太阳能频振式杀虫灯等设备，通过灯光对成虫进行诱杀，从而大量消灭成虫，降低虫口密度。此外，在黑光灯下放清水，水中滴入少量煤油，该种措施在温度高，天气闷热，无风的夜晚，诱杀效果最好。需要注意的是，该种措施应用防治叶蝉时，主要用于防治第1、第2代，第3代成虫产卵时气温低，活力小，诱杀效果较差。

（2）黄板诱杀。利用斑潜蝇、蚜虫、马铃薯跳甲等害虫的趋黄性，在田间使用黄色黏虫板对成虫进行诱杀，平均每亩地悬挂20张黄板，最适高度为距离地面30cm，每10d更换一次，能够有效降低成虫的种群密度，达到防治目的。

（3）蓝板诱杀。利用蓟马对蓝色的较强趋向特性，将色板悬挂于马铃薯田，起到诱杀成虫，减少产卵的为害。

（4）堆草诱杀。利用地老虎、蛴螬、金针虫、蝼蛄等害虫对顶部叶片的趋嫩性，选择害虫喜食的灰菜、刺儿菜、苣荬等鲜嫩杂草、杨树枝叶制成草堆，可人工捕杀，或拌入药剂进行集中毒杀幼虫。

(5) 畜粪趋诱。利用蛴螬、金针虫、蝼蛄等害虫对畜粪的趋避性和趋向性。通过在田间操作道左右各挖小坑，在坑内放置畜粪可趋避成虫或诱杀成虫，从而减少虫源。其中，金针虫对羊粪具有较强趋避性，蝼蛄对马粪具有趋向性。

(四) 化学防治

1. 马铃薯主要病虫害化学防治

采用高效低毒低残留低风险的化学农药，鼓励少量和不使用化学农药。

随着马铃薯种植产业化、规模化发展，栽培制度优化更新、新品种的不断引进，复种频次加大等因素，马铃薯病虫害的发生加剧，总体表现：马铃薯主要病害有早疫病、晚疫病、青枯病；马铃薯受虫害影响主要集中于蚜虫、二十八星瓢虫、地下害虫、叶甲、叶蝉、潜叶蝇、蓟马等。

(1) 马铃薯早疫病防治。早疫病的化学药剂主要有百菌清、代森锌、喹啉铜、丙森锌、甲霜灵、啶酰菌胺、吡噻菌胺、肟菌酯、咪唑菌酮、唑菌胺酯、啶氧菌酯、恶唑菌酮、嘧菌酯等。除了有机杀菌剂外，还有Cu、Zn和B等无机物制剂及氢氧化铜、氧氯化铜、硫酸铜等铜制剂。由于在马铃薯整个生长季节发生时间长，用药次数多，因此注意轮换用药或混合用药，既可提高防治效果，又能延缓病原菌抗药性的产生，延长药剂的使用寿命。

(2) 马铃薯晚疫病防治。马铃薯晚疫病常用的化学药剂可以分为保护性和治疗性两种类型。其中保护性杀菌剂包括硫酸铜钙、全络合态代森锰锌、克菌丹、百菌清、丙森锌、双炔酰菌胺等；治疗性杀菌剂包括波尔多液+霜脲氰、波尔多液+甲霜灵、甲霜灵+锰锌、百菌清+

甲霜灵、三乙膦酸铝等几种类型。保护性药剂是在病菌侵染马铃薯之前进行喷施，预先对植株形成保护从而避免受侵染，对发病植株没有治疗效果；治疗性药剂则可以贯穿于晚疫病病害发生前、发病中进行喷施，对晚疫病症状有一定的治疗作用。在预警监测系统的指导下，将保护性药剂和治疗性药剂组合或者交替使用，可以有效预防和治疗田间马铃薯晚疫病的流行。

（3）马铃薯青枯病防治。马铃薯青枯病可选用药剂有硫酸链霉素可溶性粉剂、新植霉素、络氨铜水剂、氢氧化铜可湿性微粒粉剂、松脂酸铜乳油、春雷霉素可湿性粉剂、琥胶肥酸铜悬浮乳液、琥铜·乙膦铝可湿性粉剂、甲霜·铝·铜可湿性粉剂、叶枯唑可湿性粉剂、代森锌可湿性粉剂、甲基硫菌灵可湿性粉剂、代森锰锌可湿性粉剂等。

（4）毒饵诱杀。用90%的晶体敌百虫0.5kg，50%辛硫磷乳油500mL，加水3~4L，与50kg碾碎炒香的棉籽饼、豆饼或者麦麸拌匀制成毒饵，在傍晚撒到幼苗根际附近，或每隔一定距离一小堆，每亩用量5kg；或者用50%辛硫磷乳油每亩200~250mL拌细土25kg；或者用48%地蛆灵乳油每亩200mL拌细土10kg撒在田间；或者用50%杀螟丹可溶性粉剂与麦麸按照1∶50比例拌成毒饵。上述方法均可以引诱地老虎、蛴螬、金针虫、蝼蛄等地下害虫。

（5）地面喷洒或灌根处理。地下害虫大发生时，可将50%辛硫磷乳油1 000倍液，或用90%晶体敌百虫1 000倍液，或用50%二嗪农乳油500倍液，或用20%氰戊菊酯1 500倍液在防治适期地面喷洒；虫口数量较多时，可用5%溴氰菊酯乳油2 000倍液，或用20%速灭杀丁乳油4 000倍液灌根处理，顺着马铃薯植株基部浇根。上述除20%氰戊菊酯安全间隔期为2d外，其他药剂的安全间隔期均为7d，连续2~3次。

（6）拌种。防治蚜虫时可用70%吡虫啉种衣剂23g，兑水4kg，喷洒在100kg的种薯上进行拌种，阴干后播种；或用70%噻虫嗪干种衣剂1.8~2.5g，加1kg滑石粉，洒在100kg种薯上，阴干后播种。

（7）熏蒸。马铃薯贮藏期防治块茎蛾，对进库的马铃薯进行杀虫剂消毒，也可用溴甲烷（35g/m^3）熏蒸3h或采用56%磷化铝片剂熏蒸5~7d，仓库密闭性好效果最佳，使用量为2~3片/m^3。

（8）叶面喷雾。防治斑潜蝇、蓟马、马铃薯块茎蛾、马铃薯瓢虫、蚜虫、叶蝉等害虫，拟除虫菊酯类杀虫剂可选用2.5%溴氰菊酯、2.5%氟氯氰菊酯乳油、20%氰戊菊酯乳油、10%甲氰菊酯乳油、10%氯氰菊酯乳油1 000~2 000倍液，2.5%三氟氯氰菊酯乳油2 500倍液，4.5%高效氯氰菊酯乳油、20%氰戊菊酯乳油4 000~5 000倍液等。注意喷药时叶背叶面均匀见药。

2. 马铃薯常见草害化学防治

（1）马铃薯播后苗前杂草防治。在马铃薯播后苗前，可以用下列除草剂：33%二甲戊灵乳油40~60mL/亩，45%二甲戊灵微胶囊剂30~50g/亩；72%异丙甲草胺乳油50~75mL/亩；96%精异丙甲草胺乳油20~40mL/亩。选择上述任一配方兑水40L均匀喷施，可以有效防治多种一年生禾本科杂草和部分阔叶杂草。该类药剂比较适合于墒情较差时土壤封闭处理，但在冷凉、潮湿天气时施药易于产生药害，应慎用。

（2）马铃薯生长期杂草防治。对于苗前未能采取封闭除草或化学除草失败的马铃薯田，应在田间杂草基本出苗、且杂草处于幼苗时期及时施药防治。

五、收获贮藏技术

(一) 收获

1. 收获时间

马铃薯是蔬菜、粮食、饲料、工业原料兼用作物。在用作蔬菜时,收获的时间应紧跟市场行情,在行情较好,能够实现高效时采收。以南方马铃薯种植区为例,主要在春节前后。若市场行情不好,可待马铃薯叶片变黄完全成熟后进行收获贮藏,等市场价格较好时再进行销售。

2. 收获方法

收获的方法分为人工收获和机械收获。人工收获不受地块限制,但收获效率低、破薯率高、收获成本较高。机械收获适合地块较大,且交通方便的区域,收获效率高、破薯率低、收获成本较低,但对机械的配置和操作技术水平要求较高。

(二) 贮藏

马铃薯的贮藏分为短期贮藏(1个月以内)、中期贮藏(1~2个月)和长期贮藏(2个月以上)。按照贮藏场所的不同分为室内常温贮藏、地窖贮藏和恒温库贮藏。按照处理方式又分为物理抑制发芽贮藏、化学抑制发芽贮藏、植物提取物抑制发芽贮藏。

六、质量管理

生态产品生产应建立较完善的质量管理体系,保持可追溯生产全过程的详细记录,并且记录至少保存5年。此外,还应建立多部门联动、统一监管，跟踪溯源、确保质量。具体表现在以下几个方面。

（1）种植生产日常记录（种植密度、气候等）。

（2）病虫害发生及处理记录（种类名称、地点、状况、诊断结果）。

（3）农药使用情况记录（农药名称、使用量、使用方式、使用时间等）。

（4）产品收获记录（品种、地点、数量、时间等）。

（5）产品质量检测报告和销售记录（时间、数量、去向等）。

（6）产品销售合格证上应附带追溯二维码，能显示产地、生产者名称、生态种植方式、投入品使用信息等。

七、生态消费

生态消费作为生态文明特有的消费方式，正面临市场需求力、企业供给力、用户选择力、监管行动力不足等问题。相关企业应积极借鉴国内现有的绿色有机农业发展和国外的生态农业发展典型案例，保障生态马铃薯种植质量；政府可以开展生态消费理念的教育和知识普及，引导更多消费者真正认识到生态消费对于环境保护的重要性和迫切性。

第五节 生态蔬菜生产技术

一、蔬菜产地生态环境选择技术

蔬菜产地生态环境应远离污染源，并选择生态环境优良的区域作为生产基地；在风险评估的基础上选择适宜的土壤并符合 GB 15618 规定的风险筛选值;农田灌溉水质应符合 GB 5084 的规定;环境空气质量应符合 GB 3095 的规定。

二、蔬菜产地生态友善技术

不在陡坡地（25°以上）耕种，坡地实行等高种植，防止水土流失;保护耕地周边植被，维护土壤、水系和森林的生态平衡;提倡在基地周围进行绿化建设，扩大绿色植被，促进生物多样性，推动碳达峰和碳中和;改善和优化害虫天敌栖息地生态环境，发展天敌种群规模;在使用建筑覆盖物、塑料薄膜、防虫网时，宜选择聚乙烯、聚丙烯或聚碳酸酯类可降解产品，并且使用后应及时回收清除，不应焚烧;应充分利用作物秸秆和杂草等可生物降解的地面覆盖材料，恢复和提高土壤地力，对作物秸秆和杂草等不应焚烧处理。

三、蔬菜生态种植技术

（一）品种布局与轮作

生态蔬菜宜通过轮作倒茬、间作套种等方式增加生物多样性、改善土壤理化性状、调节土壤肥力和增强植物抗病能力。

轮作及其原则。吸收土壤营养不同，根系深浅不同的蔬菜互相轮作。如叶菜类（吸氮肥多）→根茎类（吸钾肥多）→果菜类（吸磷肥多）;根菜类、果菜类（除黄瓜）深根作物与叶菜类及葱蒜类浅根作物轮作;互不传染病虫害。同科作物往往病虫害易互相传染，应避免同科连作;有利于改进土壤结构，提高土壤肥力。在轮作中配合豆科、禾本科，接着禾本科种植需氮肥多的白菜类、茄果类、瓜类，往后是需氮肥较少的根菜类和葱蒜类，最后种植豆类。薯芋类栽培需深耕培土多肥，其杂草少，余肥多，也是改进土壤的作物。瓜类也能遗留较多的有机质，改进土壤；注意不同蔬菜对土壤 pH 值的影响和要求。各种蔬菜对土壤 pH 值的适应性不同，轮作时应注意。如甘蓝、马铃薯能增加酸性，而玉米、南瓜等能降低酸性，所以对土壤酸性敏感的洋葱等作物，作为玉米、南瓜的后作可获高产，作为甘蓝的后作则减产。另外豆类的根瘤也会留给土壤较多的有机酸，连作减产；考虑到前作对杂草的抑制作用。如胡萝卜、芹菜等生长缓慢，易草荒；葱蒜类、根菜类也易受到杂草危害；而南瓜、冬瓜等对杂草抑制作用较强，甘蓝、马铃薯等也易于消除草荒，所以可以相互轮作。

轮作与连作的年限。根据轮作原则，蔬菜种类不同而轮作年限也不同。需 2~3 年轮作的有马铃薯、黄瓜、辣椒等；需 3~4 年轮作的有番茄、大白菜、茄子、甜瓜、豌豆等；需 6~7 年以上轮作的如西瓜等。轮作虽有许多优点，但蔬菜生产不可能都实行轮作，连作制度尚不能完全废弃，这就需要根据蔬菜种类确定连作年限。黄瓜病虫害较多，连作不可超过 2~3 年，3 年后一定要另种其他蔬菜；大白菜由于需求量多，栽培面积大，虽然病害较重，仍需部分连作，但连作限度不应超过 3~4 年；葱蒜类忌连作。一般地，十字花科、伞形科等较耐连作，但以轮作为佳；茄科、葫芦科、豆科、菊科、葱蒜类连作危害大。

(二) 品种选用技术

生态蔬菜应选择适合当地土壤和气候条件、高产优质、抗病虫害的蔬菜种类及品种。

(三) 培育壮苗技术

育苗是蔬菜生产的一个特色，是争取农时，增多茬口，发挥地力，提早成熟、延长供应、增加产量,以及避免病虫和自然灾害的一项重要措施。生态蔬菜育苗提倡利用抗性资源(如砧木)嫁接繁育苗木,从而保持栽培品种的优良性状和增强植株对病虫害的抵抗力。

生态蔬菜集约化育苗技术(以茄果类蔬菜集约化育苗技术为例)。

1. 播种前准备

穴盘选择与消毒:番茄、茄子幼苗叶面积大,株型相对开阔,通常选用50孔、72孔聚苯乙烯(PS)吹塑穴盘,辣椒株型紧凑,开展度相对较小,通常选用72孔、105孔PS吹塑穴盘,孔穴深度≥5cm。漂浮育苗多选用200孔泡沫穴盘。冬春季培育大龄幼苗,宜选用孔穴容积较大穴盘;夏秋季培育小龄幼苗,可选择孔穴容积较小穴盘。新购穴盘用清水冲淋后可直接使用;重复使用的穴盘,特别是从种植基地回收的穴盘,必须清洗干净消毒后再使用。

2. 种子处理

经包衣或丸粒化处理的种子可直接播种。未经消毒处理的种子可采用热水消毒处理,即:将种子放入网袋中,37℃水浴预热10min,番茄和茄子种子50℃高温消毒25min,辣椒种子51℃高温消毒30min,然后立即放入冷水中或用冷水冲淋降温。或者将种子在室温下清水浸种30min,然后用5%次氯酸钠溶液浸泡5~10min,清水冲洗干净后晾干,备播。

3. 精量播种

根据育苗规模,可选用半自动或全自动机械或器具辅助的精量播种技术。播种深度5~10mm。对于活力较差的陈种子,或欠饱满的种子,或小粒种子,浅播有利于提高出苗率和出苗整齐度。播种前,调整基质相对湿度至40%左右,即达到"手握成团,松开即散"的状态。基质装盘时应尽可能保证孔穴内基质填装量和紧实度一致,穴盘网格清晰可见，若基质装填过量超出穴盘表面，易造成喷灌时水分漫流和后期幼苗串根。

4. 培育壮苗

冬春茬、早春茬、春茬育苗，应采用多层覆盖、热水加热系统等保温加温措施维持幼苗正常生长发育所需温度，使番茄育苗设施内环境温度不低于11℃，辣椒和茄子育苗设施内环境温度不低于15℃。夏秋茬、秋冬茬育苗，应采用遮阳网覆盖、湿帘风机系统等降温措施维持幼苗正常生长发育所需温度，使番茄育苗设施内环境温度不高于35℃，辣椒和茄子育苗设施内环境温度不高于37℃。

采用通风、加热或洒水、弥雾等措施降低或提高育苗设施内的空气相对湿度，使设施内空气相对湿度保持在50%~60%，炼苗阶段降低至40%左右。

采用清洁透明覆盖材料、悬挂反光幕、安装补光灯等措施，增加光照强度和光照时间，采用遮阳网覆盖降低光照强度，使设施内光照时间保持在8~12h，随幼苗发育阶段逐步提高光照强度，出苗至子叶平展阶段为了防止强光灼伤幼苗，中午强光时段宜加盖遮阳网，炼苗阶段应接近自然光照强度。

根据幼苗不同的发育阶段，采取水溶肥料和灌溉施肥方法补充水分和矿质养分。常用的含微量元素（TE）水溶肥料有 $N-P_2O_5-K_2O=20-20-20+TE$、$N-P_2O_5-K_2O=20-10-20+TE$、$N-P_2O_5-K_2O-Ca-Mg=12-2-14-6-3+TE$，各种配比肥料交替使用。施肥频次因幼苗发育阶段和育苗环境条件而异，出苗至第1片真叶展开阶段，幼苗生长发育慢，需肥量小，应延长施肥间隔期，选择低磷肥料。育苗环境条件适宜，幼苗生长发育快，应缩短施肥间隔期，若遭遇低温、连阴天气，施肥间隔期应适当延长。

(四) 施肥技术

1. 生态蔬菜肥料施用的原则

(1) 营养平衡原则。作物的生长发育所需要的环境条件，除光照、温度、水分和氧气外，最重要的就是矿质营养。作物生长发育所必需的营养元素有 16 种，大量元素有碳、氢、氧、氮、磷、钾、钙、硫、镁，作物对这些元素的吸收量大，在作物体内占鲜质量的 0.01% 以上；微量元素有铁、锰、铜、锌、硼、氯、钼，作物对这类元素的吸收量小，在作物体内占鲜质量的 0.01% 以下。植物体内正常的代谢要求各种营养元素含量保持相对平衡，不平衡就会导致代谢混乱，出现生理障碍。作物必需的各种营养元素在体内均有其特殊的营养功效，缺乏时会影响到各种生理生化过程，当缺乏某种营养元素达到一定程度，就会在外观上表现出一定的症状。反之，如果过剩也会产生特定的症状，出现不同程度的病态特征，称生理性病害，影响产量和品质。在生态种植基地蔬菜生产时，上述的矿质营养，除了碳、氢、氧主要是靠水和二氧化碳提供外，其他的营养元素则主要靠土壤和施有机肥得以供应。土壤有机质虽然只占土壤总质量的很小一部分，但它是体现土壤肥力水平的重要标志之一，其中重要的原因是土壤有机质中含有作物所需的氮、磷、钾、微量元素等各种养分，随着土壤有机质的逐步分解，这些养分可不断地释放出来，供作物生长所需。此外，有机质还可通过影响土壤物理、化学和生物学性质，改善土壤的透水性、蓄水性、通气性、保肥性和作物根系生长的环境，进而提高土壤肥力，改善土壤耕性。

(2) 养分归还原则。养分归还学说是 19 世纪德国杰出的化学家李比希提出的，也叫养分补偿学说。他把农业看作是人类和自然界之间物质交换的基础,也就是由植物从土壤和大气中所吸收和同化的营养物质,被人类吸收和动物作为食物所摄取,经过动物自身和动物排泄物的腐败、分解,再重新返回到大地和大气中去,完成了物质归还。其主要论点是:由于人类在土地上种植作物并把这些产物拿走,作物从土壤带走养分,土壤中的养分将越来越少,这就必然会使地力逐渐下降。因此,要恢复地力,就必须归还从土壤中带走的全部东西,不然,就难以指望再获得过去那样高的产量。养分归还学说至今仍然作为施肥的理论基础,它改变了过去局限于低水平的生物循环,通过增施肥料,扩大了这种物质循环,从而为提高产量提供了物质基础。在生态农业生产中,一方面可以通过自身系统内的种养结合,通过"养殖—沼气—种植"循环经济模式,归还土壤养分,另一方面,还可以在种植计划中设计增加豆科绿肥种植,发挥豆科作物的固氮作用补充土壤有机质和氮素。

(3) 综合效应原则。要充分认识到生态蔬菜生产过程受各种环境因子综合影响,蔬菜的生长发育必须要有一个适宜的环境条件,如光照、温度、水分、养分、空气等。此外,还要选择适宜的品种,采取相应的耕作、栽培和植物保护等措施。生态蔬菜能否丰产,关键在于上述因子的综合作用的结果,施肥只是起重要作用的一项技术措施。此外还可充分利用因子间的交互作用,提高肥料的增产效果。例如,肥料和灌溉结合的增产效果要大于二者单独效果之和,这是因为两种措施的结合不仅有它们各自的效应,而且还有两种措施相互配合的交互效应,这就是 1+1>2 的道理。此外,还必须根据每一块地的具体情况,对"症"下药,有针对性地采取相应措施,例如,对于常遇内涝的低洼地,必须解决水的问题,对于酸性土壤,必须施用石灰质肥料。

(4) 科学培肥原则。生态蔬菜的培肥是一项极其重要而又比较复杂的任务。生态蔬菜田土壤培肥主要可以采取以下措施：一是增施有机肥料。二是因地种菜，新改造和垦殖的生态菜田，最初要种植对水、肥条件要求比较低的蔬菜。三是合理轮作，有条件的还可实行菜、粮、饲轮作，或者间套种短期绿肥，如苕子、苜蓿等，可改善菜田生态条件，建立合理的物质循环体系。四是深耕改土，新改造和垦殖的生态菜田土质一般较差，耕作层仅15cm左右，种植生态蔬菜茬次多、消耗大，应逐渐加深耕作层，改善其物理性质，深耕时间可安排在夏秋蔬菜出园时，各深翻2次，使生态蔬菜基地耕作层达25～40cm。当然培肥土壤是一个长期任务，不是短期能完成的，但只要各种措施得当，效果会相当明显，各地应因地制宜进行科学培肥。

（5）安全施肥原则。生态蔬菜强调高品质、无污染，在肥料施用时安全施肥，避免施肥造成对生态产品生产体系和产品的污染始终是必须坚持的原则。一是在生态蔬菜生产中应尽量通过适当的耕作和栽培措施维持和提高土壤肥力；二是可施用有机肥以维持和提高土壤肥力、营养平衡和土壤生物活性，同时避免过度施用有机肥，造成环境污染；三是不应在叶菜类、块茎类和块根类蔬菜上施用人粪尿，在其他蔬菜作物上需要使用时，应当进行充分腐熟和无害化处理，并不得与蔬菜的食用部分接触；四是可使用溶解性小的天然矿物肥料，如磷矿石、钾矿石、硼砂、微量元素、镁矿粉、石灰石、石膏、垩、黏土（如珍珠岩、蛭石等）、氯化钠、石灰、窑灰、碳酸钙镁、泻盐类等。

2. 生态蔬菜的肥料施用技术

生态蔬菜生产中优先施用有机肥料，但并不等于说只要是有机肥料就可以随意施用或越多越好。施用时也要综合考虑，科学运筹。

（1）按照蔬菜品种特性施肥。不同的蔬菜品种对不同养分的需求不同，在安排施肥时，含氮比例高、肥效较快的有机肥料如腐熟的沼液等应优先安排给叶菜类，而含钾较丰富的有机肥料如窑灰、草木灰等应优先安排给生长后期仍对钾需求较多的茄果类。作物在不同生长时期的需肥特性也有不同，如苗期为培育壮苗，苗床应施用含磷高的肥料；基肥一般施用养分全面、肥效稳定的肥料，但对生育期短的品种而言，还应加一些速效性肥料；进入旺盛生长阶段，一般施用速效肥料，但也应有所区别，有的施用含氮高的肥料即可，有的还需要补充一定的钾养分。

（2）按照肥料品种特性施肥。有机肥料含有丰富的有机物和各种营养元素，具有数量大、来源广、养分全面等优点，也同时存在脏、臭、不卫生，养分含量低、肥效慢、使用不方便等缺点，因此了解常见有机肥料的特性及无害化处理方法对于生态蔬菜科学施肥至关重要。

常见有机肥料的品质特性如下。

人粪尿：人粪尿对一般作物均有良好效果，但是由于人粪尿中含有大量的盐分，不宜过多施于烟草、马铃薯、甘薯、甜菜、瓜果、生姜等忌氯作物上，以免影响品质，此外应注意不应在叶菜类、块茎类和块根类蔬菜上施用。人粪尿可作基肥和追肥施用，作基肥时用量一般为 7 500~15 000kg/hm^2，人粪尿因磷钾含量低，施用时应注意配合其他有机肥。作追肥时，因人粪尿中含无机盐类较多，施用前必须加水稀释，尤其在幼苗期施用，应增加稀释倍数。此外腐熟的人尿可作速效性氮肥施用，还可用于浸种等，用新鲜人尿浸种可使幼苗健壮、根系发达，有增产效果。

畜禽粪尿：畜禽粪尿的施用方法与人粪尿相似，畜尿宜作追肥，畜禽粪宜作基肥，但必须经过腐熟后才可施用，而且施用时必须依据土壤质地和作物种类而定。对黏重土壤和生育期较短的作物，应选择腐熟度较高的粪肥，而对砂质土壤和生育期较长的作物，则可施用腐熟度较低的厩肥。猪粪和猪厩肥为中性肥料，适用于各种土壤和作物。牛粪和牛厩肥属冷性肥料，有利于改良有机质少的轻质土壤。马粪和马厩肥属热性肥料，可用于改良质地黏重土壤。羊粪和羊厩肥属热性肥料，是优质有机肥，适用于各种土壤和作物。厩肥和家畜粪一般作基肥施用，全面撒施或集中施用均可，1 000~1 500kg/亩。

堆肥：腐熟的堆肥一般含有 15%~25% 的有机质，含水分 60%~65%，含氮素 0.4%~0.5%、磷 0.18%~0.26%、钾 0.45%~0.67%，碳氮比（16~20）：1。堆肥是一种含有机质和各种营养物质的完全肥料，长期施用堆肥可以起到培肥改土的作用。蔬菜作物由于生长期短，需肥快，应施用腐熟堆肥。在不同土壤上施用堆肥的方法也不相同，黏重土壤应施用腐熟的堆肥，砂质土壤则施用中等腐熟的堆肥（或半腐熟的堆肥）。堆肥一般用作基肥施用，可结合翻地时施入，并与土壤充分混合均匀，做到土肥相融。堆肥的施用量每亩为 1 500~2 500kg。

沤肥：腐熟的沤肥，颜色黑绿，质地松软，有臭气，肥效持久。沤肥的养分含量因材料种类和配比不同，变幅较大，用绿肥沤制比草皮沤制的养分含量高。沤肥大都用作基肥，也可同速效性肥料混合，作追肥施用。沤肥多用于水田（水生蔬菜等）作基肥，每亩用量 2 500~4 000kg，最好随挑、随翻耕、随灌水避免养分损失，也可在旱地施用。

饼肥：饼肥是一种养分丰富的有机肥料，含氮较多，含磷、钾较少。可直接作肥料施用。由于大多含有优质的蛋白质和油脂，也是良好的饲料。最好是先以油饼作饲料喂家畜，再以家畜粪尿作肥料，比直接施用更为经济。有些饼肥含有毒物质，不宜作饲料。如茶籽饼含有 13.8% 的皂素，在工业上可作为洗涤剂和农药的湿润剂，应先提取皂素后再作肥料。饼肥肥效高而持久，可作基肥和追肥，适用于各种土壤和作物，一般多施在蔬菜、花卉、果树等附加值高的园艺作物上。饼肥可与堆肥、厩肥混合后作基肥，也可单独作追肥。

沼气肥：沼气发酵池的残渣和发酵液可分别施用，也可混合施用，作基肥和追肥均可，发酵液适宜作追肥。二者混合物作基肥时，每亩用量1 600kg，作追肥时每亩用量1 200kg，发酵液作追肥时每亩用量2 000kg。沼气发酵肥应深施覆土，不宜浅施，更不要施于地表，深施6~10cm时效果最好。沼气发酵肥的肥效优于沤肥，除提供养分外，还有明显的培肥改土效果。在施肥量相同的条件下，深施比浅施可增产10%~12%，比地表施增产20%。实践证明，在栽培条件相同的情况下，施用沼气肥的蔬菜作物比施用普通粪肥增产幅度在10%以上，而且还可减少病虫害的发生，蔬菜无污染。沼气肥是养分齐全、迟效与速效结合的优质复合肥料。

在施用上，要注意以下几点：一是出池后不要立即施用，沼气肥的还原性强，出池后若立即施用，会与作物争夺土壤中的氧气，影响种子发芽和根系发育，导致作物叶片发黄、凋萎，因此，沼气肥出池后，一般先在贮粪池中存放5~7d后施用。二是沼液不能直接追施，沼液不兑水直接施在作物上，尤其是用来追施幼苗，会使作物出现灼伤现象，作追肥时，要先兑水，一般以水量为沼液的一半。三是不要表土撒施，提倡深施，施后覆土，水田应开沟深施使泥肥混合，旱作可用沟施或穴施，以防肥效损失。四是不要过量施用，施用沼肥的量不能太多，一般要少于普通猪粪肥，若盲目大量施用，会导致作物徒长，行间荫蔽，造成减产。五是不能与草木灰、碳酸钙镁、石灰等碱性肥料混施，否则会造成氮肥的损失，降低肥效。

绿肥：凡是利用植物绿色体作为肥料的，都称为绿肥。

绿肥的翻埋深度与施肥量。绿肥分解主要靠微生物活动。因此耕翻深度应考虑微生物在土壤中旺盛活动的范围，一般以耕翻入土 10~20cm 较好，旱地 15cm，水田 10~15cm，盖土要严，翻后耙匀，并在后茬作物播种前 15~30d 进行。还应考虑气候、土壤、绿肥品种及其组织老嫩程度等因素。土壤水分较少、质地较轻、气温较低、植株较嫩时，耕翻宜深，反之则宜浅些。决定绿肥施用量时要综合考虑作物产量，作物种类品种耐肥性，绿肥含肥分量和土壤肥力等因素。一般每亩施 1 000~1 500kg 鲜苗基本能满足作物的需要，施用量过大，可能造成作物后期贪青迟熟。

（3）基肥施用技术。不同蔬菜种类基肥施用量有差异，十字花科蔬菜一般在定植前 10d 旋耕整地，同时施入有机肥。采用生物有机肥替代化肥技术，每亩基施充分腐熟的猪粪、鸡粪、牛粪等优质农家肥 2 500kg（可提供氮 36.94kg），或生物有机肥（枯草芽孢杆菌+胶冻样类芽孢杆菌含量>0.2 亿个/g，有机质含量>40%）1 200kg，可替代化肥 30~35kg。

（五）灌溉技术

蔬菜对水分的要求各不相同。白菜类、绿叶菜类、黄瓜等消耗水分很多，但对水分吸收力弱；西瓜、甜瓜、苦瓜等消耗水分不多，而且有强大的吸收力；葱、蒜、石刁柏等叶面消耗水分少，根系吸收力很弱，而要求高的土壤湿度；茄果类、根菜类、豆类等水分消耗量中等，吸收水分也是中等；水生蔬菜消耗水分很快，但吸收水分的能力很弱，植株的全部或大部都要浸在水中才能生活。生态蔬菜应根据当地蔬菜的需水要求，采用合理的灌溉方式，如滴灌、管灌、暗灌、渗灌和微喷等技术，节约水资源，用水量不应超出区域农业用水总量定额衡量指标。有条件的采用水肥一体化技术。

水肥一体化,又称灌溉施肥、管道施肥、随水施肥等,是指利用管道灌溉系统,将液体肥料或可溶性固体肥料配制成的肥液与灌溉水一起定时、定量输送到作物生长区域的方法。水肥一体化能够根据土壤养分状况和作物的需肥、需水规律与特点,做到精准灌溉、科学施肥,具有水肥均衡、节水节肥,易于控制温湿度,减轻病害,提高水肥利用率,减少人力与物力的浪费,改善产品品质和生态环境的优点。

水肥一体化的类型应根据当地实际情况以及蔬菜的种类进行选择。目前设施蔬菜水肥一体化常用的模式有文丘里施肥器+滴灌、文丘里施肥器+微喷灌和比例式施肥器+滴灌。茄果类、瓜类等蔬菜作物生产一般采用施肥器+滴灌模式,绿叶蔬菜生产一般采用施肥器+微喷模式。随着用户对灌溉设备和灌溉质量要求的提高,施肥设备由文丘里施肥器向比例式注肥泵转变。

水肥一体化肥料选择标准为溶解度高、养分含量高、肥料间相容性好、对灌溉水影响小、腐蚀性弱。固体肥包括大量元素、中量元素、微量元素,常用的普通大量元素固体肥有:尿素、硝酸钾、硝酸铵、硫酸铵、硝酸钙、磷酸、磷酸二氢钾、磷酸二氢铵、氯化钾等;中量元素肥料有硫酸镁。液体肥包括氨基酸水溶肥、含腐殖酸水溶肥、有机水溶肥以及大量元素水溶肥、中量元素水溶肥、微量元素水溶肥。根据作物类型和生长发育阶段等选择符合农业农村部行业登记的肥料。

采用水肥一体化施肥技术以设施黄瓜为例,设施黄瓜生育期间追肥结合水分滴灌同步进行。根据设施黄瓜不同生育期、不同生长季节的需肥特点,按照平衡施肥的原则,在设施黄瓜生育期分阶段进行合理施肥。

(1)定植至开花期间,选用高氮型滴灌专用肥,(如$N-P_2O_5-K_2O=22-12-16+TE+BS$,TE指螯合态微量元素,BS指植物刺激物;

或氮磷钾配方相近的完全水溶性肥料），每亩每次 4~6kg，定植后 7~10d 第 1 次滴灌追肥，之后 15d 左右 1 次（温度较高季节 7d 左右 1 次）。

（2）开花后至拉秧期间，选用高钾高氮型滴灌专用肥（如 $N-P_2O_5-K_2O=20-8-22+TE+BS$，或用氮磷钾配方相近的完全水溶性肥料），每亩每次 7.5~10kg，温度较低季节 15d 左右一次，温度较高季节 7~10d 一次。滴灌专用肥尽量选用含氨基酸、腐植酸、海藻酸等具有促根抗逆作用功能型完全水溶性肥料。根据天气情况、黄瓜长势、棚内湿度等情况，调节滴灌追肥用量和时间。如使用低浓度滴灌专用肥，则肥料用量需要相应增加。一般按照"清水—肥水—清水"的模式运行，即先用清水灌溉 10min，再用肥水灌溉，然后滴 20min 左右清水，用于冲洗系统。

（六）中耕、除草与培土技术

生态蔬菜通过适度翻耕晒护垡、中耕除草、清洁田园等一系列措施改善土壤物理性状、提高肥力和减少病虫草害。

中耕的作用和目的一是消灭杂草，减少竞争。二是创造良好的土壤条件。从栽培上讲，播种出苗后、雨后或灌溉后，表土已干，天气晴朗时就应中耕。在早春地温低时也应勤中耕。中耕次数依作物种类、生长期和土壤而定。生长期长的，中耕次数多，反之则少。一般栽培蔬菜要三遍铲、趟，并都在封垄前完成。中耕深度依作物种类和生育期而定。一般根系深的蔬菜比根系浅的中耕深些，前期中耕比后期深些。对根系浅的作物，生育后期一定要浅中耕，以防伤根。通常是前期深铲浅趟。目前中耕方法为手工和机械两种。

除草方法有人工除草、机械除草、化学除草三种方式，人工除草利用手工工具进行除草，是目前采用最多的方法，质量好、费力多、效率低。机械除草用机械进行除草，比人工除草效率快，但只能除掉行间的杂草，株间的杂草还需靠人工除掉。化学除草利用除草剂消灭杂草，是农业现代化的重要内容之一，其方法简便、效率高，可以杀死株间、行间的杂草。

培土是在蔬菜生长期间将行间的土壤分次培于植株的根部。这一措施往往与中耕除草相结合进行。培土对不同的蔬菜其主要作用不同。大葱、韭菜、芹菜、石刁柏的培土，可以促进软化，提高产量与品质；马铃薯、芋、姜的培土，可以促进地下产品器官的形成；番茄、南瓜等易生不定根的种类，培土可增加根系。

(七) 植株调整技术

植株调整的作用：第一，平衡营养器官和生殖器官的生长。第二，利于通风透光，提高光能利用率。第三，利于合理密植。第四，减少病虫害和机械损伤。第五，增大个体，提高品质，促进早熟。

1. 摘心、打杈

蔬菜生长过程中，摘除植株的顶芽叫摘心，摘除侧芽称打杈。摘心、打杈的目的和意义首先是改变生长状态，人为控制株形。其次是控制生育期，促进后期果实的成熟，再次是控制营养生长，提高早期产量。最后是由于采用了摘心和打杈的方法，可以适当增加密度，合理密植，提高单产。

摘心和打杈多用手摘除，在枝杈较大时，可用剪刀剪除。生产中打杈一般都将侧芽从茎部彻底摘除，摘心则需在最顶端的果实上部留2~3叶摘除顶芽。摘心的时期依蔬菜种类不同而异，也与栽培方式、栽培目的等有关。打杈的时期一般以侧芽长至一定长度时（多为3~

5cm）为宜，但生产上由于为管理方便，常见芽即摘。

2. 摘叶、束叶

摘叶是减少营养耗损，改善小气候条件，减轻病害的一项措施。束叶这一措施适于花椰菜和大白菜等。主要目的是促进叶球和花球的软化，防止污染，同时又可防寒，提高产品质量，也利于株间的通风透光。束叶都是在生育后期进行，花椰菜是在花球显露后，白菜是在早霜到来时。

3. 疏花疏果与保花保果

疏花疏果是指摘除无用的、无效的、畸形的、有病的花或果实。蔬菜生产中，常因温度、光照、水分、营养等环境条件的不适，或受自身生长状态的影响及机械损伤等，导致开花坐果不良，产生落花落果。所以要采取保花保果的措施。保花保果除从栽培上控制好环境条件外，主要是采用生长调节剂（生长素类）处理。

4. 压蔓、支架

压蔓的作用：①可以固蔓防风，避免风卷蔓滚而导致不易坐果。②可以控制顶端生长，调节生长与结果之间的矛盾，利于坐果。③使茎叶聚积更多的养分而变粗，利于壮秧。④使茎叶均匀分布于田间，利于充分利用阳光，减少遮阴与竞争。⑤压入土中的茎节可产生大量不定根，增加吸收能力。压蔓分明压和暗压两种方法，并按一定距离分次进行。明压是用土块将蔓直接压于地面上，暗压是开一个与蔓顺向的沟，将蔓放于沟内，再用土压住。

支架可大大增加叶面积指数，提高光能利用率，通风透光良好，改善田间小气候，增加密度，提高单位面积产量。支架的形式有：人字架、篱架、棚架、四角架、直立架等。支架后要每隔一定的距离用绳进行绑蔓，绑蔓多用"∞"字形绑法。

四、生态防控技术

鼓励不使用化学农药，优先采用生态种植措施。鼓励利用灯光和色彩诱杀、释放害虫天敌和机械捕捉等措施防治作物害虫；鼓励人工除草、生物除草和机械除草；当上述方法不能有效控制病虫草害时，宜优先选用 GB/T 19630 中的植物保护产品，但应按规定的条件使用；可合理适量使用部分高效低毒低残留的低风险化学农药，使用时应符合农药产品标签或 GB/T 8321 和 GB 12475 的规定，控制施药剂量、施药次数和安全间隔期。

(一) 防治原则

1. 生态平衡原则

鼓励不使用化学农药，以基地种植的蔬菜作物为核心，确保洁净的环境条件、严格的技术规程、抗病虫草的作物，维持和促进生态系统和生物的健康，保持基因多样性和农业多样性，保护原生态自然环境，并充分利用病虫草害天敌的自然控制作用，建立害虫、天敌的生态平衡。

2. 综合防治原则

应从蔬菜作物病虫草等生态系统出发，综合应用各种农艺的、物理的、生物的非化学手段控制病虫草害的发生，创造一个不利于病虫草孳生和有利于各种自然天敌繁衍的自然生态环境，减少各类病虫草所造成的损失，这样既可降低外部投入品的使用，维持和改善环境质量，减少各种人为的环境污染及产品污染，又可降低生产成本，提高经济效益。

3. 科学管控原则

生态蔬菜生产中病虫草害的防治应采用科学管控的方法，其中行之有效的措施有选择适宜作物、轮作间作套种、园地清洁卫生、抗病虫砧木嫁接换根、选用抗病抗虫抗逆品种、棚室通风透光降湿、科学灌溉施肥、选择播种期、调整收获期、网膜保护覆盖、物理诱捕等。

(二) 农业防治

1. 生态蔬菜病虫草害的农业综合防治

(1) 生态蔬菜生产基地应封闭管理。在存在风险的情况下，应在生态生产区域和常规生产区域之间设置有效的隔离带或物理屏障，以防止生态生产地块受到污染。为防止外部病菌虫卵等的传入，对生态蔬菜生产基地应利用缓冲带或物理障碍物实行相对封闭管理，非生产人员、车辆等不得随意进入生态蔬菜基地单元中。用于生态蔬菜生产的农机具、架材、生产设施等也应专管专用，避免被非生态生产部分的禁用物质污染。对因需要而必须进入生产区域的人员、车辆等应进行严格消毒处理。

(2) 严格蔬菜植物病虫草害检疫制度。植物病虫草害检疫是为了防止农作物病虫草害随同农作物的产品、种子、种苗扩散而传播的一整套措施，它是限制人为传播病虫草害的根本途径。很多蔬菜作物的病虫害会随着种子、种苗、产品和包装物及有机肥料、架材等而传播。如蔬菜美洲斑潜蝇、西甜瓜细菌性果腐病、番茄溃疡病、黄瓜黑星病等，都属于检疫对象。因此在从外部引进蔬菜种苗和其他投入品时应进行严格检疫，防止检疫性的病原菌和虫卵随着蔬菜的种苗和其他投入品在有机蔬菜基地传播和蔓延。

(3) 加强蔬菜病虫害的预测预报工作。蔬菜病虫草害的发生，都有迹可循的自然规律和相应的环境条件。如：气温过高或过低，昼夜温差较大，棚室内空气相对湿度达饱和，植株叶片上有水滴，则易患灰霉病、疫病、霜霉病、白粉病、菌核病等；气温较高，天气干燥，则多发蚜虫和白粉虱；苗床温度过低、湿度过大、肥料未腐熟等会引起蔬菜苗期的生理病害（如沤根）。因此可根据蔬菜病虫害发生的规律和相应的环境，结合田间定点观测与环境条件监测情况，及时预测蔬菜病虫草害发生的趋势，采取应对措施。

（4）制定三年以上的轮作倒茬计划。长江流域生态蔬菜基地应设计包括豆科作物或绿肥在内的至少3种或3种以上作物轮作计划。设计原则：一是实行蔬菜作物不同科间相互轮作，白菜、甘蓝、芥菜等（十字花科蔬菜）与番茄、茄子、辣椒等（茄科蔬菜）或黄瓜、南瓜、冬瓜等（葫芦科蔬菜）三类蔬菜间可相互轮作，如"越冬甘蓝→早春番茄→夏秋黄瓜"就是生态蔬菜基地常用的轮作模式。二是根据病菌虫卵在土壤中的存活年限设计轮作方案，如黄瓜细菌性角斑病、茄子褐纹病、番茄青枯病、葱紫斑病等土传病害的预防必须设计2~3年轮作方案，而萝卜、大白菜、甘蓝等十字花科蔬菜的根肿病的预防则应设计4~5年的轮作方案，西瓜为防止枯萎病为害需设计6~7年的轮作方案。在长江流域生态蔬菜生产中可推行水旱轮作，这样会改变和打乱病虫草害发生的生态环境，从而减少病虫害的发生和为害。各种蔬菜对轮作年限的要求也不尽相同，一般禾本科常连作；小白菜、芹菜、甘蓝、葱蒜类、慈姑等在没有严重发病地块上可连作；十字花科、百合科、伞形花科也较耐连作，但以轮作为佳；茄科、葫芦科、豆科、菊科不耐连作；马铃薯、山药、生姜、黄瓜、辣椒等需2~3年轮作；番茄、大白菜、茄子、甜瓜、豌豆、茭白、芋等需3~4年轮作。

（5）应经常保持生态菜田的田园清洁。生态蔬菜基地应经常保持清洁的田园环境，确保健康的土壤、健壮的植物。一是在蔬菜发病初期将病叶、病果甚至病株及时摘除和清理，防止病原物在田间扩展蔓延。二是在蔬菜特别是果菜生长的中后期及时进行植株调整如支架、绑蔓、摘心、打老叶等，以改善植株间的通风透光条件，预防病菌虫卵孳生和蔓延。三是在蔬菜收获后，及时清理病株残茬并全部运出基地外集中烧毁或深埋，以减少病虫害基数。

（6）及时清除田间及菜田周边的杂草。田间及菜田周边的杂草，特别是多年生杂草往往是病菌虫卵越冬越夏的寄主或中间寄主，如十字花科杂草是菜粉蝶、小菜蛾等的寄主，蜜源植物是害虫在蔬菜幼苗出土前和收获后的重要食物来源，反枝苋、苦苣菜等越冬杂草是黄瓜花叶病毒的寄主，应及时加以清除。一般采用人工除草技术及时清除菜地周边及田间的杂草，生态蔬菜生产中可采用不利于杂草植株生长发育的措施如水旱轮作、种植绿肥、休耕撂荒等来控制杂草生长，还可地面覆盖黑色地膜抑制杂草生长。长江流域生态蔬菜生产中还有使用稻草、树叶、水浮莲、砻糠等地表覆盖来控制杂草。国外采用农业机械除草和电热除草也有较好的效果。在生态蔬菜生产中也有报道喷施酸度 4%~10% 的食用酿造醋不但可以消除杂草，更有土壤消毒的效果，尤其是在杂草苗期喷施效果更佳。但禁止使用基因工程产品和化学除草剂除草。

（7）应在夏（冬）季及时耕翻晒（冻）垡。菜地深翻可把菜田表面的病残体、病原物、菌核、虫卵等翻入土中，加速病残体的分解和腐烂，促使潜伏在病残体内的病原物死亡，尤其对土传病害病原物杀灭效果更好，如十字花科菌核病的菌核翻入土中 10cm 以下 2 个月即死亡，翌年发病率会大大降低。菜地翻耕也能使一部分病菌虫卵暴露在地表，在干燥的条件下被晒（冻）死，如十字花科蔬菜软腐病菌于干燥地表在常温下 2min 即死亡。此外将表土翻至 25cm 以下，还可减轻根结线虫的为害，利用夏季高温休闲季节，起垄灌水覆地膜，密闭棚室两周或利用冬季低温冻垡等也可抑制线虫发生。

（8）根据栽培蔬菜的需水特性科学灌溉排水。根据所栽种蔬菜作物的需水特点和规律进行科学合理地灌排也会影响土壤中病原物的活动、传播以及蔬菜病虫害的发生。生态蔬菜基地建设时应做到路相通、渠相连，确保涝能排、旱能灌。如：大白菜、红菜薹等软腐病，茄子绵疫病多发生在排水不畅，地面潮湿的情况下；番茄、辣椒青枯病主要发生于久旱骤雨、久雨骤晴、局部积水不退、气温升高时。蔬菜细菌性病害会因为大水漫灌而蔓延，种植生态蔬菜应根据当地情况制定合理的灌溉方式（如滴灌、喷灌、渗灌等），尽量减少大水漫灌。

（9）根据生态蔬菜的需肥特性合理施肥。生态蔬菜生产应通过适当的耕作和栽培措施维持和提高土壤肥力，强调使用有机肥，使足够的有机物质返回土壤，以保持或增加有机生态系统内的土壤肥力以及土壤生物活性。可使用本系统生产的经过 30~180d 堆制腐熟的有机肥料（植物秸秆、绿肥、畜禽粪便及其堆肥、沼肥等），如外购商品有机肥，应经认证机构按照 GB/T 19630.1—2011 附录 C 评估后许可使用，确保有机肥料使用后没有病菌虫卵为害，同时还应避免过度施用有机肥，造成环境污染；可使用溶解性小的天然来源的矿物肥料：如磷矿石、钾矿石、硼砂、微量元素、镁矿粉、硫黄、石灰石、石膏、黏土（如珍珠岩、蛭石等）、氯化钠、窑灰、碳酸钙镁、泻盐类等，但不得将此类肥料作为有机生态系统中营养循环的替代物，且不应采用化学处理提高其溶解性；允许使用木料、树皮、锯木屑、刨花、木灰、木炭及腐殖酸类物质（来自采伐后未经化学处理的木材，地面覆盖或经过堆制）；允许使用草木灰、泥炭、饼粕、蘑菇培养废料和蚯蚓培养基质（配制培养基的初始原料限于 GB/T 19630.1—2011 附录 A 表 A.1 的产品，经过堆制）、食品工业副产品（经过堆制或发酵处理）、海洋副产品（海草或海草产品）、动物来源的副产品（未添加禁用物质，经过堆制或发酵处理）；允许使用可生物降解的微生物加工副产品，如酿酒和蒸馏酒行业的加工副产品（未添加化学合成物质）；允许使用天然存在的微生物提取物（未添加化学合成物质）。严禁使用人工合成的化学肥料、污水、污泥和未经堆制的腐败性废弃物；不应在叶菜类、块茎类和块根类蔬菜植物上施用人粪尿，在其他蔬菜植物上需要使用时，应当进行充分腐熟和无害化处理。

2. 生态蔬菜病虫草害的农业防治

（1）选用抗病抗虫抗逆的种类和品种。应选择生态蔬菜种子或种苗，当从市场上无法获得生态蔬菜种子或种苗时，也可以选用未经禁用物质处理过的常规蔬菜种子或种苗，禁用转基因的蔬菜品种或材料。选用抗病抗虫抗逆且适宜有机蔬菜基地土壤和环境（露地、设施等）种植的蔬菜种类和优良品种是生态蔬菜病虫害防治的关键，也是生态蔬菜病虫害防治最经济有效的措施，能收到事半功倍的良好效果。目前国内在蔬菜上培育出的抗病品种已有不少在生产上推广应用。例如番茄双抗2号品种可抗叶霉病，毛粉802、佳粉17等品种可抗蚜虫、斑潜蝇，黄瓜中较抗白粉病的品种有津研2号、津研4号和津研6号，津春4号可兼抗枯萎病、霜霉病和白粉病，中农11、津春1号可抗黑星病、霜霉病、白粉病、枯萎病、疫病等5种病害，茄子中北京线茄、牛心茄等品种较抗褐纹病，而紫圆茄、北京九茄等品种较抗绵疫病。另外胡萝卜、牛蒡、芋、山药、莴苣、韭菜、大蒜、大葱、洋葱、毛豆、甜菜、茼蒿、菠菜、芹菜、芫荽、水芹、芦笋、茴香、薄荷、紫苏、姜等具有特殊气味和风味的蔬菜，抗病虫性和抗逆性均较强；线虫发生多的田块，改种抗（耐）虫作物如禾本科植物、葱、蒜、韭菜、辣椒、甘蓝、菜花等或种植水生蔬菜，可减轻线虫的发生。

（2）推广应用蔬菜嫁接换根技术。嫁接是防止土传病害最为经济高效的途径，生态蔬菜生产中利用抗病砧木采取嫁接栽培可有效防止或减轻病虫为害，并能实现在同一地块连续种植。如黄瓜与黑籽南瓜、土佐系南瓜嫁接高抗枯萎病、疫病，西瓜与南瓜和葫芦嫁接高抗枯萎病，栽培茄子与野生茄子或托鲁巴姆、赤茄等嫁接能高抗黄萎病。目前嫁接技术已推广应用于茄果类蔬菜（番茄、茄子、辣椒）、瓜类蔬菜（西瓜、甜瓜、黄瓜、冬瓜、丝瓜）上。据报道，通过嫁接抗病砧木，可使黄瓜枯萎病、黄瓜疫病、茄子黄萎病、青椒疫病等防病效果达90%以上，而且产量明显增加（达20%以上）。

（3）根据蔬菜植物间的相互作用合理布局。如有些植物之间，由于种类不同，习性各异，在其生长过程中，为了争夺营养空间，从叶面或根系分泌出对其他植物有杀伤作用的有毒物质，致使其对邻近的他种植物产生不利影响，如番茄与黄瓜、甘蓝与芹菜、洋葱与豆类等不宜安排相邻种植。也有些植物之间，由于种类不同、习性互补，叶片或根系的分泌物可互为利用，从而使它们能"互惠互利、和谐相处"，如万寿菊能散发一种杀除线虫的物质，因此可使番茄、辣椒等免遭线虫为害；洋葱和胡萝卜发出的气味可相互驱逐害虫；大豆与蓖麻种在一起，蓖麻发出的气味使为害大豆的金龟子望而生畏；玉米和豌豆间种，二者生长健壮，互相得益。此外还有些植物长期连作会导致作物产生自毒作用，如黄瓜、豌豆、大豆、番茄、洋葱自毒作用较强，一般连作易引起土传病害加重，制订轮作计划时应禁止相同科、属的作物连作，协调用地与养地的关系。此外由于病原物都有一定的寄主范围，如大白菜与甘蓝或早萝卜相邻，则会通过蚜虫把甘蓝、早萝卜的病毒病传到大白菜上；番茄和马铃薯相邻会相互传染疫病；如果番茄地套种菠菜，番茄病毒病就会更严重，因为番茄病毒病和菠菜花叶病毒病毒源相同。因此有机蔬菜如果种植布局安排不当,就会引发病害大发生。

(4) 根据蔬菜病虫害发生规律调整播期。蔬菜作物的感病敏感期与病原物的致病期可通过调整生态蔬菜的茬口和播期而相互错开,从而达到防病避病的效果,如为害长江流域大白菜的三大病害(霜霉病、病毒病、软腐病)的发病率可通过将秋大白菜适时晚播明显减轻。生态蔬菜生产的播期安排应尽量将产品器官的形成安排在最适宜的季节和时期。如红菜薹、萝卜适当晚播可减轻苦味,秋延后番茄、辣椒适当晚播可显著减轻病毒病。

(5) 断代栽培防治为害专一的害虫。对专一为害的害虫,可通过切断其寄主链,使其没有食物来源无法生存和繁育后代而得到有效控制。如专一为害十字花科蔬菜的小菜蛾,可通过在一定的时间内在生态蔬菜基地单元内不种植任何种类的十字花科蔬菜(包括清除周边的十字花科杂草)而得以有效控制。

(6) 利用地表覆盖技术防治病虫害。主要指利用农作物秸秆、碎草、树叶、水浮莲、稻壳、砻糠等,于定植和搭架后覆盖于行株间地表或利用地膜进行地面覆盖栽培。一是可防止水滴溅起泥土将土壤中的病原物带到蔬菜植株和叶片上,减少病害侵染机会。二是可减少土壤水分蒸发,降低菜田小环境的空气相对湿度,创造不利于病虫孳生蔓延的环境。三是可减少浇灌次数,减少病虫害通过灌溉水的传播。四是可有效控制杂草繁衍,也能减轻蔬菜病虫害的发生和蔓延。

(7) 施用腐熟的有机肥料。葱蝇和金龟子幼虫均是腐食性昆虫,未充分腐熟的粪肥常常招引葱蝇、金龟子成虫产卵,因此在种植大葱、大蒜等作物时,使用粪肥必须腐熟,并避免撒在地表上。因此,有机肥的无害化处理,也是生态蔬菜生产中不可忽视的工作。在有机肥比较充足的田块，若缺少水分，则易遭受种蝇、葱蝇为害，因此根据不同蔬菜对肥料的需求，合理施肥浇水是防治病虫害的有效措施。

（8）农业设施的环境调控技术。在地下水位高，降水量较大的长江流域生态蔬菜基地应采取深沟高畦栽培以利于灌溉和排水。一般病菌孢子萌发和传播蔓延首先取决于其所处环境中的水分条件，在设施生态蔬菜栽培时结合适时的通风换气，控制棚室内的温湿度，营造不利于病虫害孳生和蔓延的温湿度环境，对防止和减轻病虫害的发生具有较好的效果。此外，及时处理田间地表的落蕾、落花、落果，摘除老叶、病叶，清除残茬株及杂草，保持田园清洁，可有效消除病虫害的中间寄主和侵染源等。可通过控制温度和光照或使用天然植物生长调节剂调节蔬菜植物的生长和发育，让其健壮生长，提高植株的抗性。

（三）生态防治

1. 利用害虫天敌防治

蔬菜害虫可利用的天敌主要有赤眼蜂、丽蚜小蜂、食蚜瘿蚊、草蛉、赤眼蜂、瓢虫等。据报道赤眼蜂在蔬菜田防治菜青虫等鳞翅目害虫，害虫卵初盛期开始，每亩放10个点，每次1万~3万头，每3d放蜂一次，连续释放3~6次，寄生率75%以上，基本可控制为害；在温室中释放丽蚜小峰可有效防治白粉虱，按照白粉虱成虫与寄生蜂1：20比例放蜂，释放3~4次，寄生率可达90%以上，将粉虱压低在防治标准之下；以1：20的益害比在蚜虫发生初期（单株蚜量200头左右）开始释放食蚜瘿蚊，隔7d释放一次，共释放2~3次，6d后蚜量显著下降，12~18d蚜量减退89%~94%，蔬菜生产期间蚜量始终低于防治指标。以上天敌昆虫用于防治保护地蔬菜害虫，基本不使用化学杀虫剂可将目标害虫控制在允许范围内。此外在菜田中投放草蛉（蚜狮）可防治蚜虫、粉虱、叶螨等害虫；利用赤眼蜂可大面积防治甘蓝夜蛾和小地老虎；另外，小花蝽、食蚜瘿蚊等也是蚜虫、粉虱、叶螨等害虫的天敌。

2. 利用微生物防治

苏云金杆菌是一种细菌杀虫剂，它是目前世界上用途最广、产量最大、应用最成功的生物农药，具有使用安全、不伤害天敌、不易产生抗药性、防效高、不污染环境、无残毒的特点，是生态蔬菜基地防治菜青虫、小菜蛾、菜螟、甘蓝夜蛾等的理想药剂；白僵菌是一种真菌性微生物杀虫剂，其孢子接触害虫后产生芽管，通过皮肤侵入其体内长成菌丝，并不断繁殖，使害虫新陈代谢紊乱而死亡，死虫体表布满白色菌丝，通常称为白僵虫，目前也大面积用于蔬菜鳞翅目害虫的防治；浏阳霉素是灰色链霉菌浏阳变种提炼成的一种抗生素杀螨剂，是一种高效、低毒杀虫、杀螨剂，对蔬菜作物的叶螨有良好的触杀作用，对螨卵有一定的抑制作用；阿维菌素是一种全新的抗生素类生物杀虫杀螨剂，该药对害虫、害螨的致死速度较慢，但杀虫谱广，持效期长，杀虫效果极好，对抗性害虫有特效，并对作物、人畜安全，可防治菜青虫、小菜蛾、螨类等；棉铃虫核型多角体病毒（简称NPV）是一种病毒杀虫剂，昆虫取食带毒的物质后，病毒在虫体内大量繁殖，使组织和细胞被破坏，虫体萎缩而柔软死亡，病死的害虫体壁易破，触之即可流出白色或褐色脓液，无臭味，和感染了细菌而死亡的害虫有恶臭气味相区别，这种杀虫剂对人、畜无毒，不伤害天敌，不污染环境，长期使用，棉铃虫、烟青虫不会产生抗性。

3. 利用虫体防治

可以从蔬菜田间捕捉菜青虫100g，捣碎后让其腐烂，加水200mL，浸泡24h后，滤出虫液，再兑水50kg，并加洗衣粉50g，将这种稀释液（亩用量）喷洒在发生菜青虫为害的蔬菜上，蔬菜上的菜青虫便会纷纷死去。因为菜青虫身上带有病毒等病原体，将死虫体液喷到活虫身上时，病原体就会随之传播，使活虫染病致死。

4. 利用植物源农药防治

大多数植物源农药为中等毒性以下，无污染残留，生态蔬菜生产中可安全使用。如苦参碱为天然植物源农药，害虫一旦接触本药，即麻痹神经中枢，继而使虫体蛋白质凝固，堵死虫体气孔，使害虫窒息而死，其对人、畜低毒，具有触杀和胃毒作用，可防治菜青虫、菜蚜、韭菜蛆等；蛔蒿素是植物毒素类杀虫剂，对害虫具有胃毒和触杀作用，并可杀卵，持效期 1~5d，对害虫的击倒速率较慢，可防治菜蚜、菜青虫、棉铃虫等；印楝素是从印楝果实中提取的植物性杀虫剂，防治害虫范围广，对鳞翅目、同翅目、双翅目、鞘翅目、缨翅目、膜翅目、直翅目、蜱螨目等 8 个目的 40 余种重要蔬菜害虫均有显著活性，既能防治菜粉蝶、甘蓝夜蛾、黏虫等，又能防治真菌、细菌、线虫、病毒等多种病害。还可用蔬菜等植物植株体防治害虫：有些蔬菜的茎叶及果实可以配制成杀虫剂，有很好的防治效果。如：①黄瓜蔓。将新鲜的黄瓜蔓 1kg，加少许水捣烂，滤去残渣，用滤出的汁液加 3.5 倍的水喷洒，防治菜青虫和菜螟有较好效果。②苦瓜叶。摘取新鲜多汁的苦瓜叶片，加入少许清水捣烂榨取原液，然后每 1kg 原液中加入石灰水 1kg，调和均匀后浇灌蔬菜植株幼苗根部，防治地老虎有特效。③丝瓜果实。将新鲜丝瓜捣烂，加 20 倍水，搅拌均匀，取其滤液进行喷雾，可以用来有效防治菜青虫、红蜘蛛、蚜虫及菜螟等害虫。④辣椒。取辣味重的辣椒（如干辣椒、朝天椒）切成细丝或磨成面，按辣椒与水按 1∶20 的比例在锅内煮沸 15min，冷却后用滤液喷施，高温时喷施效果更佳。⑤番茄。将番茄的茎、叶及未成熟的青果切碎，加 1 倍清水浸泡4h，浸出液用温火煮3h后过滤，使用时滤液兑水稀释1倍喷施，对蚜虫有抑制作用。⑥柑橘皮。取柑橘皮（20~30个橘子）研碎，放在密闭的容器中，加5倍清水浸泡一昼夜，过滤后的浸出液可有效杀死蚜虫，浸出液的浓度越大，杀虫效果越好，一般应连喷2次以上。⑦曼陀罗。将曼陀罗植株的地上部晒干后磨细，每500g细粉与5~10倍的草木灰或石灰混匀，可有效防治蚜虫、菜青虫、食心虫等多种害虫。⑧夹竹桃。夹竹桃枝叶1份加水20倍，煮20min后过滤，用滤液喷洒植株可有效防治蚜虫和粉虱。用木本植株体防治虫害。苦楝树防治害虫：将500g苦楝树根的皮或苦楝树的叶、果捣烂成泥，兑10倍水煮2h后过滤，滤液加5倍水搅匀后喷施，可有效防治蚜虫、烟粉虱、小菜蛾、夜蛾等害虫；泡桐叶诱杀地老虎：地老虎是蔬菜秧苗的大敌，它对泡桐叶有一定趋性，可于傍晚在棉田或瓜、菜地每亩放置70~100张泡桐叶片，翌日清晨，泡桐叶下就会聚集大量地老虎幼虫，此时可进行人工捕杀。"四合一"剂防治蚜虫。烟梗1kg、枯茶0.5kg、石灰0.5kg，将其混合粉碎浸泡在5kg水中，30min后成原液。每0.5kg原液加水50~75kg喷雾。绿叶诱集蜗牛。瓜菜生长期间遇阴雨天气，常遭蜗牛为害，5—6月为害最大。如在瓜菜出苗前，将割来的鲜草、树叶置于蔬菜植物行株间，蜗牛便会聚集于鲜草、绿叶上，次日清晨人工收集压碎即可。用茶枯饼防治地老虎。茶枯饼粉碎后用温水浸泡数小时后，用浸泡液（可不用过滤）浇灌蔬菜根部，可以有效防治地老虎、线虫等。

5. 利用矿物源农药防治

主要指硫制剂和铜制剂，如石硫合剂、波尔多液、铜皂液、铜铵合剂等。其中波尔多液是一种很好的保护性杀菌剂，对真菌所致病害如霜霉病、疫病、炭疽病、猝倒病等均有良好防效，但个别蔬菜对石灰（如瓜类）和硫酸铜（如白菜）敏感，配制时应适当减少用量。食盐和石灰合剂防治蚜虫：1kg 食盐用 1kg 温水溶解，再用 4kg 水溶解 1kg 石灰后过滤，把盐水和石灰溶液混合后充分搅拌，使用时 1kg 混合液加清水 4kg 喷雾，可有效防治蚜虫。高锰酸钾预防病害：用 1%高锰酸钾溶液浸种 30min，苗期用 800~1 000 倍液喷雾 2~3 次，能有效防治茄果类蔬菜幼苗的猝倒病；用 1%高锰酸钾 600~800 倍液对瓜菜类进行喷雾，连续 3 次，能有效防治瓜类的霜霉病、枯萎病、病毒病等多种病害。

（四）物理防治

1. 种子消毒处理

蔬菜种子可携带某些病原物，用温水浸种或热水烫种具有明显的消毒效果。一是温汤浸种法：水温保持在 55~56℃，浸种约 10min，并不断搅拌种子，水量为种子量的 5~6 倍，然后用温水冲洗，此法可使多数病菌死亡。二是热水烫种法：用于难吸水的种子，水温 70~75℃，种子要充分干燥，水量为种子量的 4~5 倍。烫种时要用两个容器，使热水来回倾倒，直到水温降到 55℃时改为不断搅动，后面方法同温汤浸种，此法可使病毒钝化，多种病菌死亡。烫种水温高低和时间长短要根据蔬菜作物种类和病害种类来决定，水温高烫种时间可短些，水温低则时间宜长些。

2. 防虫网纱隔离

利用温室、塑料拱棚现有的骨架或另架设支架，其上覆盖防虫网（40 目）可有效防止多种蔬菜害虫的为害。一是在覆盖前要彻底进行田园清洁和土壤热力消毒，消灭网内土壤中遗留的病菌虫卵。二是网要覆盖紧密，四周密封，不能留有缝隙，防止害虫进入。三是网内菜叶不能触网，防止害虫在网外向菜叶产卵。在夏秋多种蔬菜害虫旺发阶段要全程覆盖，才能有效隔离如小菜蛾、斜纹夜蛾、甜菜夜蛾、菜青虫、蚜虫等多种害虫。

3. 人工捕杀防治

当害虫发生量较小且虫口相对集中时可进行人工捕杀，如地老虎、蛴螬等可在清晨田间捕捉；菜粉蝶可用捕虫网进行捕杀；斜纹夜蛾产卵集中，幼虫3龄后才分散取食，则可人工摘除卵块或在3龄幼虫前人工捕杀，即可达到灭虫目的。

4. 驱避诱杀防治

驱避蚜虫。地面覆盖银灰色地膜或在温室内张挂银灰色膜条可有效驱避蚜虫。在夏秋茄果类蔬菜育苗时用银灰色遮阳网覆盖苗床，既可防雨降温，还可有效驱避蚜虫，减少病毒害发生。

黄板、蓝板诱杀。蚜虫、白粉虱、美洲斑潜蝇等具有很强的趋黄性，蓟马具有趋蓝特性。因此可利用黄板、蓝板进行诱杀。黄板、蓝板大小以20cm×20cm为宜，外面可包一层无色农膜，膜外两面涂机油，设置于露地田间或温室、大棚内，悬挂高度以不超过1m为宜，略高于蔬菜植株即可，约50m^2设1块，农膜可经常更换。不但能有效防治蚜虫、白粉虱、美洲斑潜蝇、蓟马等害虫，还能减轻病毒害。

灯光诱杀。可利用昆虫成虫夜间的趋光性来进行灯光诱杀，如利用频振式杀虫灯、黑光灯等可有效诱杀小菜蛾、菜螟、甜菜夜蛾、白粉虱、斜纹夜蛾等及金龟子、蝼蛄、地老虎等地下害虫。生态菜田可按2~3hm^2设置一盏杀虫灯，在基地呈棋盘状布局，杀虫灯安装高度1.3~1.5m。杀虫灯有效辐射半径约120m，使用时要注意按时清理虫袋，处理的虫体是养鸡、养鱼的较好饲料。

（五）化学防治

坚持预防为主，综合防治，生态友善的原则，鼓励减少化学农药的使用。采用高效低毒低残留低风险的化学农药，鼓励不使用化学农药。

五、收获储运技术

产品质量应符合 GB 2761、GB 2762、GB 2763、GB 29921 的规定和相关产品标准的要求。

六、质量管理

生态产品应建立较完善的质量管理体系，保持可追溯生产过程的详细记录，并且记录至少保存 5 年，质量管理内容包括但不限于以下内容。

(1) 应保存所有农业投入品的购买和使用记录（来源、数量、去向、库存等）。

(2) 种植生产日常记录（种植密度、气候等）。

(3) 病虫害发生及处理记录（种类名称、地点、状况、论断结果）。

(4) 农药使用情况记录（农药名称、使用量、使用方式、使用时间等）。

(5) 产品收获记录（品种、地点、数量、时间等）。

(6) 产品质量检测报告和销售记录（时间、数量、去向等）。

(7) 产品销售合格证上应附带追溯二维码，能显示产地、生产者名称、生态种植方式、投入品使用信息等。

七、生态消费

应遵循诚信、公正、严谨的原则,以建立生产者、销售者、消费者相互信任、合作和感恩的友善关系;产品包装应符合相应食品安全国家标准和包装材料卫生标准的规定;产品不应过度包装,应符合 GB 23350 的规定;产品包装宜使用回收材料、容器及辅助物;产品包装应使用可生物降解的环保材料;消费者和生产者宜将产品包装分类或重复使用,促进资源节约和循环、低碳环境友好;宜鼓励消费者参与生产产品的生产,了解生态产品的生产过程,让消费者建立健康、节约的生活方式和消费理念。

第六节 生态油菜生产技术

油菜是重要的油料作物,其种子含油量为 33%~55%。菜籽油营养价值丰富,既是良好的食用油,又是重要的工业原料。菜籽榨油后的饼粕含蛋白质 40% 以上,是优质饲料蛋白质的重要来源。

一、油菜产地生态环境选择技术

选择适宜的生产环境是获得生态油菜籽产品的重要前提条件,油菜在生长发育及产量形成过程中,与外界环境不断地进行着物质与能量的交换,环境是生态系统的重要组成部分,其状况的好坏直接影响着收获油菜产品的产量和质量。

(一) 适宜的环境条件

生态油菜生产基地的周边(2km 内)没有污染源,大气环境质量符合生态食品基地的大气质量，农田灌溉水质符合生态食品基地灌溉水质标准，农田土壤质量符合生态食品基地土壤环境质量标准。

(二) 适宜的生态条件

生态油菜的种植应选择在油菜的生产区，种植区土壤应具有较高的肥力和良好的土壤结构，并且具备获得高产的生态基础。其生态条件主要包括耕作层深厚、结构良好，有机质丰富，养分充足，通气性和保水性能良好。

二、油菜产地生态友善技术

(1) 不在陡坡地（25°以上）耕种，坡地实行等高种植，防止水土流失。

(2) 保护耕地周边植被，维护土壤、水系和森林的生态平衡。

(3) 提倡在基地周围进行绿化建设，扩大绿色植被，促进生物多样性，推动碳达峰和碳中和。

(4) 改善和优化害虫天敌栖息地生态环境，发展天敌种群规模。

(5) 在使用建筑覆盖物、塑料薄膜、防虫网时，宜选择聚乙烯、聚丙烯或聚碳酸酯类可降解产品，并且使用后应及时回收清除，不应焚烧。

(6) 应充分利用作物秸秆和杂草等可生物降解的地面覆盖材料，恢复和提高土壤肥力。对作物秸秆和杂草等不应焚烧处理。

三、生态种植技术

(一) 品种布局与轮作

(1) 水稻—油菜两熟制。目前主要是中稻—油菜两熟制。它的优点在于前后作物之间不存在季节矛盾，有利于两熟高产。

（2）稻稻油三熟制。这种制度能充分利用季节和土地。但油菜播种与晚稻收获存在季节矛盾，油菜必须采取育苗移栽，并且在晚稻生长后期勾头撒籽时开沟排水，以利油菜整地移栽。为保证全年增产，早稻宜选用耐迟栽的品种，晚稻宜选用早熟品种，油菜宜选用早熟甘蓝型油菜品种。

（3）棉花、油菜两熟制。这种制度中油菜一般采用育苗移栽，油菜—棉花茬；棉花多采用套种或用营养钵移栽棉花。

（4）油菜—夏大豆二熟制。

（5）早稻—秋大豆、油菜水旱轮作三熟制。

（二）土壤耕作与整地

油菜是根系发达的作物，主根入土较深，根系分布广泛，只有创造深厚、肥沃的土层，才能满足根系良好发育的要求，进而促进地上部生长。油菜对土壤类型要求不甚严格，一般沙土、壤土和黏土都可种植。油菜对土壤 pH 值的适应范围也很广，pH 值为 5~8 的土壤都可种植，并能耐盐碱。质地差的土壤，可通过深耕、增施肥料等措施有效地改善和调节土壤理化性质，为油菜根系生长发育创造良好的环境条件。

1. 稻田整地

稻田由于长期淹水，土壤板结，透水透气性差，土温低，微生物活动弱，湿时黏结、干时坚硬，不利于油菜生长，必须精细耕地。在双季稻收获前半个月开沟排水，采取谷林晒田。晚稻收获后立即翻耕碎土，稻田整地应做到深、细、平、匀，然后开沟作厢，厢沟要窄要深，厢宽一般 1.5~2m，以利灌溉和排水。

2. 旱土整地

旱地油菜前茬多为玉米、芝麻、大豆,前作收获后应及时翻耕,雨后应选适宜墒情时整地,破除地表板结,切断土壤毛细管。在棉、油两熟套种地,应在棉花拨秆后,在油菜行间进行一次深中耕,使土壤疏松,以利油菜生长。

3. 品种选用技术

根据当地的生态条件和种植制度,选用优质丰产、有一定抗病虫、抗逆性的适应性品种,品种定期轮换,保持品种抗性,减轻有害生物的发生。

(三) 培育壮苗技术

1. 确定适宜的播种期

油菜对播种期的反应十分敏感。如果播种过早,幼苗因在苗田生长期过长而营养体过大,易造成高脚苗或长叶柄的嫩旺苗,还会导致年前早花。若播种过晚,因幼苗积累养分少,达不到壮苗标准,因此,掌握适宜的播种期就显得十分重要。确定适宜的播种期,必须考虑到各个地区的气候和栽培条件以及品种生长发育特性。

2. 培育壮苗技术

(1) 选好地块,留足苗床。油菜苗床应选择没有种过十字花科蔬菜、土壤肥沃、质地带沙性、地势较高、排灌方便的地块。留足苗床,是培育足量壮苗的一个重要条件。据各地生产经验,苗床与大田的比例一般为1:(4~5)。

(2) 精细整地,施足底肥。油菜种子细小,要求整地必须精细,才能保证苗齐苗壮。对整地的要求是:翻地不必过深,土壤必须细碎,厢面必须平整。如果用中稻茬做苗床,应在中稻收获后及早犁地晒垡,土壤晒白后进行翻耙,除尽田埂杂草,拾净田间稻桩,及时开沟做厢。厢面宽 1.5m 左右,沟深 0.15m,四周围沟应低于厢沟,才利于排水。苗床要施足底肥,以便及早供应幼苗的养料。一般在开厢后,每亩施 400~500kg 干猪粪或 2 000~2 500kg 土杂肥(避免用油菜秸秆堆制的肥料)、过磷酸钙 30kg 左右均匀撒在厢面,并用铁齿耙或锄头将其与土拌匀,覆盖在内。基肥的运用也要视具体情况而定。如苗床土壤原来就比较肥沃,可以少施有机肥,只需施足磷肥。如苗床原来过于瘠薄,速效养分含量少,除施足基肥外,尚需增施适量速效氮素化肥做"种肥"(每亩用尿素 4~5kg),以满足幼苗生长的需要。

(3) 控制播量,匀播浅盖。油菜的播种量应根据种子的大小和土地的实际利用率而定。一般每亩留苗床播 0.5kg 种子就有 $10×10^4$ 株苗,可供 $0.27~0.3hm^2$ 大田移栽之用。如果播种量过大,不但间苗费工,而且容易长成高脚苗和弱小苗。

(4) 加强苗床管理。

早间苗、定苗:间苗时要求做到"五去五留",即去弱苗留壮苗、去小苗留大苗、去杂苗留纯苗、去病苗留健苗、去密苗留匀苗。在间苗的同时还要拔除杂草。间苗次数按播种稀密程度而定,一般苗床间苗 2~3 次。分三次间苗,第一次在齐苗时进行,同除丛苗,不使幼苗密集丛生;第二次在出现第一片真叶时进行,要求叶不搭叶,苗不靠苗,间成 3~5cm 见方苗距;第三次在出现第三片真叶时进行定苗,苗与苗之间的空隙以 6~8cm 见方为宜,使棵棵幼苗生长健壮。

适时灌水:根据长江中游地区情况,油菜播种后常遇干旱,种子不易发芽,出苗率低,出苗不整齐,影响培育壮苗。抗旱的方法有挑水泼浇、沟灌渗透,切忌大水漫灌,有条件的地方采用喷灌效果最佳。出苗前无论是喷灌还是浇灌,一定要连续进行几次,才能确保全苗。苗期干旱，可以浇稀粪水，防止老苗。苗期多雨时要注意排水防渍。

早追肥，早治虫：苗床适时追肥，及时满足对幼苗养分需要，可防止老苗。追肥的次数、用量，应视幼苗生产状况和底肥是否充足而定。如底肥足，幼苗生长正常，初期可以不施。2~3片真叶以后，如果叶色由绿转黄，生长缓慢，应立即追肥。苗床追肥以速效氮肥为主，每亩每次施腐熟人粪尿250~500kg或尿素4~5kg，兑水施用。生长到5片真叶时，其根系比较发达，吸收肥、水能力较强，要适当控制地上部生长，注意"炼苗"，促进长粗、长根，达到壮苗移栽。油菜苗期治虫要治早、治小，力争把害虫消灭在发生的初期，不致造成灾害。油菜苗期害虫有蚜虫、菜青虫、黄条跳甲、菜蛾幼虫等，可用生物农药进行防治。

四、生态栽培技术

（一）大田栽培技术

1. 土壤条件与整地

油菜对土壤酸碱度的要求为pH值5~8，而以弱酸性或中性最为有利。油菜也能忍受盐碱，在含盐量为0.20%~0.26%的土壤上能正常生长。油菜最忌土壤僵板不透气，若土壤板结，播种时种子不能发芽，出土易烂种，幼苗期植株苗易僵化老死；移栽时不易发新根，幼苗生长缓慢甚至死亡。

2. 整地技术

（1）苗床地整地。选用土地平整肥沃，背风向阳，排灌方便的旱地、旱茬地、半砂半黏地作苗床，前作为花生、芝麻或早黄豆比较理想。油菜种子小，耕整要求达到"平、细、实、净、融"，即床面平整，土层细碎并适当紧实、无残茬杂草、土肥融合。地势较低或土质黏重，必须制成高床（厢），床面宽 1.3~1.7m，沟宽 0.27~0.33m，沟深 0.15~0.25m，便于排水。

（2）直播地整地质量是实现全苗、齐苗、壮苗的关键。前茬收割后，趁土壤湿润进行翻耕，以免表土板结。翻耕后充分暴晒，疏松土壤。在土壤干湿适宜时进行耕耙保墒。要求达到土细、土碎，床面平整无大土块，不留大孔隙，土粒均匀疏松，干湿适度。如前茬收获较晚，应抢时抢墒整地。床面宽一般为 1.5~3.0m，沟宽 0.3m，深 0.2m，做到"四沟"配套，沟沟相通。

（3）稻田整地。水稻收获前适时排水晒田，收获后抓住晴天及时耕翻坑土晒垡，切忌湿耕。研究表明，水稻田干耕比湿耕的土温、土壤有效养分及土壤孔隙度都有提高，并能降低土壤容重和湿度，减少大僵块的形成。耕翻后的土壤应仔细整平，开沟作畦。在土壤黏重、地势低、排水困难的田块，宜采用深沟窄畦。畦宽 1.65~2.00m，沟深 35cm。

3. 优质油菜生产基地的隔离保优措施

油菜在种植过程中容易混杂，原因有三种。一是生物学混杂，主要由于插花种植了双高油菜品种或其他十字花科作物，发生开花期间相互串粉。二是机械混杂，主要途径有播种、清沟、脱粒、晒种、清选、贮藏、调运、收购等环节中，控制不严格发生混杂。三是稻生油菜（自生油菜）混杂，即落在地里的油菜籽发芽出苗产生混杂。

保优栽培措施包括以下三个方面。第一，采取隔离措施，优质品种和普通品种种植区域至少相隔 800m 以上，或利用现有高大林带、天然山丘或湖泊，以及不同作物种植区进行隔离；或安排好播种时间，错开油菜与其他十字花科作物的开花季节。第二，严把从播种到种子收获、调运全过程的每一道关口。第三，防止不同品种油菜混杂，可实行水旱复作轮作；或油菜收获后、播种前灌水，促使落地种子发芽，播种前进行一次铲除。

4. 免耕栽培

我国长江流域油菜播种移栽时间往往与水稻茬口发生矛盾，同时常出现的"夹秋旱"、阴雨连绵的天气，以及由于冷浸田、土壤黏重、翻耕地困难而延误油菜播栽期，免耕栽培可有效解决季节矛盾及湿害等问题，同时具有保持土壤结构、提高播栽质量、省工节本等优越性。目前生产上主要推广的有免耕直播或移栽，或在水稻收获前进行行间免耕套播套栽。

免耕直（套）播油菜表现为生育期伸缩性大，成熟期相对稳定；株体小，靠多株多角高产。因此应选用早熟耐迟播、种子发芽势强、春发抗倒、株高适中、株型紧凑、直立、抗病性好的双低油菜新品种。在管理上应注意保证播种移栽质量，合理密植，及时中耕培土与除草，增施腊肥、追施薹肥、后期看苗补施花肥、防止早衰。稻田免耕栽培最关键的问题是避免渍害。

5. 适时播种

（1）气候条件。插种期旬平均气温一般在 20℃ 左右为宜，秋季气温下降早，降温快的地区和高寒山区应适当早播，秋雨多和秋旱严重的地区，应抓住时机及时播种。

（2）种植制度。根据茬口情况安排适宜的播种期，同时考虑移栽油菜的苗龄及移栽期，与前作顺利连接，避免形成老化苗、高脚苗。

（3）品种特性。春性强的品种应适当晚播，冬性和半冬性品种适当早播，营养期增长，有利于发挥品种的潜力争取高产。长江流域一般甘蓝型迟熟品种宜早播（9月上旬），中早熟品种可略迟播（9月中下旬），早熟品种可在10月上中旬播种。

（4）病虫害情况。一般病毒病、菌核病与播种期关系密切，在发病严重地区，应适当迟播。适宜播种时间冬油菜适宜播种期变幅在8月下旬至10月下旬。直播应根据茬口天气掌握适宜播种期。长江中下游杂交油菜一般宜在9月25日以前播种。双季晚稻田油菜可选用耐迟播品种，在10月中旬前播种，一般不宜超过10月底；但采用适宜密植的耐迟播半冬性品种，10月中旬至11月上旬播种仍然可行。

（5）种子处理。种子在播种前要进行晒种、选种、消毒。晒种1~2d，每天晒3~4h。然后利用风力或筛将大小粒、菌核、空粒、秕粒、杂物等分开，也可以用浓度为8%~15%的盐水选种，黄泥浊液相对密度1.05~1.08，达到无秕粒、无霉粒、无菌核、无病粒和无虫蛀粒的标准。用50~54℃的温水浸种15~20min可以起到杀灭病菌及催芽两种作用。

（6）播种技术。为了播种均匀，可将种子分床定量，拌适量细土或草木灰撒播，或用1.5kg细沙或炒熟的商品油菜籽拌匀，来回撒播、高抛远撒、确保落籽出苗均匀。播种深度0.5~2.0cm。播种后每公顷用火土灰、土杂肥7 500kg，以及1 500kg稻草覆盖，以利于保温、保湿。干旱时应进行沟灌抗旱促出苗，但严禁厢面漫灌。坚持"三湿"（床土湿、种子湿、盖土湿）播种法，就是连续晴天，也可保证4~5d出苗。

6. 育苗移栽

（1）壮苗的标准。壮苗是指苗龄足够，器官发达，功能旺盛，生命力强，有利于形成高产群体的油菜苗。一般壮苗比弱苗能增产10%以上。对油菜壮苗形态特征的描述有如下标准：株型矮健紧凑，茎节密集不伸长；根茎粗短，无高脚苗、弯脚苗；叶片数多，叶大而厚，叶色正常，叶柄粗短；根系发达，主根粗壮；无病虫害。对壮苗的要求可简述为：绿叶 6~7 片，苗高 20~23cm，根颈粗 6~7mm。

（2）苗床准备。结合整地应施足底肥，以有机肥为主，也应注意氮、磷、钾配合。可每公顷施入土杂肥 30 000~37 500kg，加过磷酸钙 300~450kg，草木灰 1 500~2 250kg，硼砂 1.5kg，肥力不足的可加施尿素 22.5kg 撒施于苗床表面。

（3）播种量。苗床应留足，苗床与大田比例一般为 1：（4~5）。一般甘蓝型油菜每公顷播种量 7.5~10.5kg，杂交品种为 6.0~9.0kg，白菜型可适当增加播种量，芥菜型则反之。

（4）苗床管理。苗床管理应做到两早两勤。

早间苗定苗齐苗后第一次间苗，做到苗不挤苗：一片真叶时第二次间苗，苗距为 3.0~6.5cm，做到叶不搭叶。三片真叶时定苗，苗距 8~9cm。应去小留大、去病留健、去弱留强、去杂留纯。

早追肥除草：油菜出苗时即处于"离乳期"，5 叶以前需要较多的养分，因而追肥要早，多在定苗期施第一次追肥；5 叶期后不施或少施。移栽前 6~7d 施一次"起身肥"。结合施肥注意除草。

勤浇水排水：长江中下游播种后常有干旱发生，要及时抗旱保苗。雨多土湿则应及时清沟排水。

勤防治病虫：苗期主要害虫有蚜虫、菜青虫、跳甲虫等，以蚜虫为害最重，除直接为害油菜外，还传播病毒病。苗期病害有猝倒病、病毒病、霜霉病、白锈病等，在秋雨多的年份猝倒病为害严重。

（5）移栽。一般以旬平均气温 13~15℃移栽为好，长江中下游在 10 月中下旬为宜。有明显越冬期的地区，移栽至冬前应有 40~50d 的有效生长期,以利于形成壮苗越冬。移栽前 1d 应将苗床用水浇湿,取苗时要多带土,少伤根。最好边取苗、边移栽、边施定根肥。栽后浇足定根水。

7. 直播

早期直播油菜通常处于播期偏迟、耕作粗放的条件之下,由于发苗不足,抗旱排涝环境条件较差,产量不宜保证等原因,曾经被育苗移栽技术所替代。近年来通过改进栽培技术,直播油菜在一定范围内也能充分利用群体生长优势,争取每公顷有足够的有效角果数,从而取得理想的产量。

我国已开始推广机械直播,湖南、湖北等地已推广应用了浅耕、开沟、施肥、条播等多种工序一次完成的油菜直播机。

(1) 做好播前准备。播种前如果土壤干燥,要沟灌一次跑马水,待畦面土壤湿润后,排干水马上播种。农民习惯以"田土不陷脚"为适宜直播的标准。若田间墒情好,可随时施肥耕耙、整好沟厢后撒种,然后轻直耙一遍即可。若田间墒情差,可施肥整地后播种。

(2) 提高播种质量争取一播全苗。油菜直播栽培成败的关键是保证足苗、匀苗和壮苗。一般 9 月播种温度较高,如水分不足不易出苗,或易遭鸟害,播种量宜在 0.3kg 左右。10 月 15 日前播种每亩用种量 0.2kg,10 月 15 日以后播种每亩用种量 0.25kg。播种后浅覆盖并注意灌水。

(3) 确保适宜密度 3 叶 1 心期间苗,5 叶期定苗。定苗数量根据地力确定。

(4) 科学施肥,促进冬壮春发 基肥一般在开沟前施下。

(5) 病虫草害防治。直播油菜草害严重,又很难进行中耕除草,因此直播前要对田间杂草进行封闭铲除。

(二) 大田施肥技术

油菜是需肥较多的作物,但它也是养分还田率很高的作物等研究表明,甘蓝型油菜每亩产 100~150kg,每 50kg 菜籽需氮 4.5~5.5kg,磷（P_2O_5）1.5~2kg,钾（K_2O）4.3~6.4kg。油菜对氮、磷、钾吸收量的比例为 1∶0.5∶1。

在掌握土壤养分情况后,即可结合生态油菜特性、计划目标产量、肥料效应确定科学的施肥时期和施用方法,这一过程需要结合以土定产、以产定肥、因缺补缺、有机无机相结合等原则,以此保证生态油菜营养供需平衡。据研究统计旱作情况下,油菜的产量为 2 250~3 000kg/hm^2,由于生态油菜种植对有机肥使用有着较高要求,因此确定了在允许情况下尽可能多使用有机肥的原则,最终确定了一般大田有机肥 15~22.5t/hm^2,而结合上述统计结果、地力差减法、养分平衡法,建立当地生态油菜施肥指标体系,该体系中的氮、磷、钾施肥量分别为 165~225kg/hm^2、75~105kg/hm^2、120~195kg/hm^2,生态油菜目标产量则为 2 250~3 750kg/hm^2。确定施肥量后,施肥时期的掌握同样直接影响生态油菜种植,本研究确定了油菜各生育期氮、磷、钾元素吸收规律及施肥策略,其中苗期发育天数为 140d,属于营养生长期,由于这一阶段氮、磷、钾养分吸收较多,特别是氮肥吸收率高达 43.9%,因此应采用施足苗肥的施肥策略;蕾薹期发育天数为 30d,属于营养与生殖生长两旺期,这一时期属于生态油菜需肥最多时期,特别是钾素吸收率高达 54.1%,因此应采取追施薹肥的施肥策略;开花—结角期发育天数为 50d,属于生殖生长期,这一时期磷素吸收率高达 58.9%,但氮、钾肥吸收较少,因此这一阶段应少施氮肥,同时结合油菜生长情况开展针对性施肥。此外,考虑到研究地区土壤中硼含量普遍偏低，因此还应适当增施硼肥，施肥方法应选择叶面喷施，施肥时期则应选择生态油菜的苗后期和抽薹期，用量则应控制在 7.5kg/hm^2，同时应避免出现深翻、撒施硼肥的情况。

水田油菜，特别是三熟田，二季晚稻收割迟，整地质量差，土壤僵板，理化性状差。早中耕松土不仅可消灭杂草，而且还能破除土壤板结，增强土壤通气透水性能，提高土温，改善土壤的水肥、气热状况，促进油菜根系发育。一般移栽油菜成活返青后，进行第一次中耕。这次要浅锄，主要是锄松根周围的土壤，使根部通气良好，加速新根生长，深度 3~5cm。第二次中耕可在越冬前，结合追施腊肥进行。这次要深锄，使肥料掺入土中，并进行壅根培土。

早施苗肥，能充分利用冬前气温较高的有利时机，促进根叶生长。在长江中游地区，由于油菜春后抽薹早，所以要求 70%~80% 的肥料集中在年前施，在长江下游的华东地区，春后气温回升较慢，抽薹较迟，追肥重点应放在 1—2 月施腊肥和返青肥上。一般苗肥追施要早，移栽后 7~10d 就要施，每亩用人粪尿 250kg 或尿素 2~3kg，兑水追施。第二次追肥在上次施肥半个月后进行，一般每亩用大粪 375~500kg 或尿素 3~5kg。在施肥过程中，要注意给小苗、弱苗多施些，对照苗情注意肥水控制，适当进行蹲苗。

（三）大田灌溉技术

油菜是需水较多的作物，全生育期耗水量每亩约 240m^3，每千克油菜籽耗水量 1 460kg，一般苗期需水量占全生育期总需水量的 34.5%，蕾薹期耗水量占总耗水量的 15.2%，花期占 22.7%，终花期占 27.6%。土壤湿度的大小，直接影响着油菜水分的状况，因此，掌握油菜对土壤湿度的要求十分必要。

长江流域一般秋冬干旱情况比较普遍，应注意抗旱保苗。但三叶期以前宜采用浇水灌溉，尤其以清粪水为佳。大水漫灌易造成土表结壳和板结，空气减少，导致出苗困难和死苗现象，移栽油菜则易长期处于"假死"状态。因而移栽和定苗后，要及时浇定根水，保持土壤湿润。油菜苗期干旱，可引水沟灌，或结合追肥进行灌溉，促进发根长叶，形成壮苗越冬。冬前灌越冬水，可以缩小土壤的昼夜温差，减轻冻害死苗现象，增产效果很好。灌冬水是华北平原冬季严寒地区油菜栽培的关键措施。长势好的油菜可在土壤封冻前 10~15d 灌水，以利于中耕培土；长势差的则应适当提早进行，以促进冬前发育。我国北方及西南各省，薹期气候干燥，应根据土壤墒情进行适当灌溉，春发不足的油菜要结合施肥早灌；发而不稳的油菜要推迟灌水，以水控肥。花期遇干旱应酌情进行灌溉。

开春后，我国南方时有阴雨连绵，造成土壤含水量过高，通气不良，不利于油菜根系发育，但有利于菌核病的发生，这时油菜田间水分过多，受渍通气不良，根的呼吸受阻碍，易造成烂根死苗。因此，必须搞好清沟排渍，降低地下水位。油菜地要做到沟沟（厢沟、中沟、围沟）相通，雨住田干，可减少花角脱落及无效角果。

（四）防冻保苗

油菜冻害有春冻和冬冻两种。冬冻是越冬期低温引起的幼苗叶、根受冻；春冻是春季寒潮引起的叶、茎和蕾薹、幼果受冻，一般冬冻发生比较严重。

（1）蕾薹受冻。油菜抽薹后抗寒力下降，遇到 0℃ 以下低温则易受冻。蕾受冻呈黄红色而后枯死。薹受冻初呈水烫状，嫩薹弯曲下垂，进而破裂；轻者可恢复生长，重者折断枯死。预防冻害首先应选用抗寒性强的冬性晚熟品种,在此基础上培养壮苗。叶片数多、根茎粗壮的幼苗耐寒性强。在栽培管理上应做到适时灌水防冻;合理配合施用氮肥、磷肥、钾肥,在腊月于行间壅施有机肥,或降温前撒施草木灰、谷壳灰于叶面;在寒潮来临前施用一定量有机肥可增加油菜抗寒力,一旦冻害发生应立即摘除受冻叶片及薹部,同时施少量速效肥,使植株恢复生长,若产生根拔情况应及时培土压蔸,减少冻害损失。

(2)灌水防冻。水的热容量比空气大,冻前灌水能使大气温度得到调节,同时减少地面辐射热,使昼夜温差缩小,尤其对防止干冻效果较好。苏北、黄淮地区一般小雪前后浇一遍封冻水,能起到防冻保苗作用。

五、生态防治技术

(一) 防治原则

以保护生态环境和保障食安全为出发点,积极贯彻"预防为主、综合防治"的方针,根据油菜田病虫草害的发生危害规律,合理利用植物检疫、农业防治、物理防治、生物防治及化学防治等措施,创造有利于天敌繁衍而不利于病虫草发生、为害的生态环境,保持农田生物多样性和生态平衡,把病虫草的为害控制在经济允许水平以下,实现环境无害化,油菜生产安全化和规范化。

1. 保护生物多样性

在植物病虫害防治过程中,对于可能会对植物带来破坏的生物,可统一将其归纳为潜在有害生物。在如何看待这些潜在有害生物的观点上,不能采取武断的全部消灭措施,而是要从影响植物生态系统的整体性出发,通过改善生态系统的自我控制能力,提升植物生产的可持续能力。同理，在对植物进行病虫治理的过程中，也要遵循系统性观点，以保护生物多样性为前提，尽量通过生物系统之间的自我调控和相互制约能力来维护生物系统平衡，进而达到控制有害生物的目的。保护植物生物多样性，利用物理方式对潜在有害生物进行干预和控制，才是维持整个植物系统平衡的关键。

2. 依靠科技防治病虫害

依靠科技防治病虫害在植物病虫害防治过程中，要注重科技，充分发挥科技的作用。具体实施过程中，要利用生物技术和病虫害防治技术。从技术发展的角度看，现有的生物技术和病虫害防治手段能够对潜在的有害病虫进行监测和追踪，并且能够通过安全的生物技术等控制有害病虫的种群密度，进而提高植物病虫的防治效率。也可以在植物病虫害防治源头着眼，通过采用先进的植物培育手段，培育具有一定抗病虫性的植物，从源头上为生态背景下的植物病虫害防治提供支撑。

3. 坚持病虫害自然控制

在植物病虫害防治过程中，要正确认识森林生态系统的多样性，正视各种生物组成的食物网，利用食物网保证系统的稳定性。部分防治工作中出现的"见虫称害""见菌称病"的认知和意识是极为不合适的。在植物病虫害防治过程中，害虫与杂草的作用是辩证的。害虫是益虫的食物，害虫死亡后其尸体可以参与构造土壤中的团粒结构；杂草会与庄稼争养料，但也会增加土壤碳氮等营养。因此，在病虫控制过程中，要注意坚持自然控制原则，不要对所有病虫都采取全部消灭的极端措施。

（二）农业防治

农业防治是生态油菜病虫害防控技术的重要组成，包括选用抗病品种、合理轮作、窄厢深沟栽培、开展种子处理、加强健壮培育等。具体内容如下：①选用抗病品种。生态油菜生产应选用丰产性好、抗病（虫）性高、抗倒伏能力强的品种，低芥酸、低硫苷的优质杂交油菜。②合理轮作。为减少菌源，可以采用油菜与禾本科作物 2 年以上轮作的种植方式。③窄厢深沟栽培。窄厢深沟栽培较为适用于漕沟深冷下湿田，生态油菜生产可有效防止湿害，且有利于油菜深扎。④种子处理。选用 10% 盐水选种，可有效淘汰小菌核、病种子。⑤加强健状栽培。采用适期播种、合理密植、配方施肥、加强田间管理等具体措施，提升油菜抗逆性。

（三）生态防治

生物防治方法同样能够较好保证生态油菜品质，在油菜花期施用盾壳霉生防制剂能够有效降低油菜菌核病和菌核数量。对田间菌核数量的降低效果却十分显著，研究发现，在衰老的叶片和花瓣上核盘菌的子囊孢子容易萌发而导致油菜菌核病害的流行，因此为降低核盘菌的子囊孢子萌发率，可在油菜开花期时喷施盾壳霉孢子液来降低植株发病率。盾壳霉还能够在植物病残体上以及核盘菌菌核上定殖。因此，盾壳霉生物制剂不仅能够在植株地上部和土壤中施用，还可以在作物病残组织上喷施，达到减轻下一年作物菌核病发生的目的。除此之外，盾壳霉还具有生防效果持续时间长、不会侵染植物、能够加强油菜菌核病的衰退的优点。在播种前翻耕土壤时以一定比例的盾壳霉分生孢子和其他复合肥以及其他生防真菌混合施用不仅省工省时还可以预防病害提高产量的目的。在播种时结合拌种以及在苗期时施用盾壳霉分生孢子剂，可以实现一体化防治菌核病。为达到高效防治菌核病的目的，可以每年在土壤中撒施或在花期喷施一定剂量的盾壳霉孢子剂。

(四) 物理防治

为保证生态油菜品质,采用以下两种物理防治方法:①黄板诱杀,在秋播油菜地悬挂高于地面 50cm 的 300~450 张/hm² 黄板,可有效、大量诱杀有翅蚜;②薄膜覆盖,采用黑、白或银灰色的薄膜覆盖油菜行间 40~50d,可起到驱蚜防病的作用。

(五) 化学防治

优良的品种和良好栽培技术是夺取油菜高产的基础,而科学防治病虫害则是实现绿色食品油菜优质、高产、无公害的重要保证。在保证绿色健康的同时,应采取以防为主,防治结合,特别农业防治与化学防治相结合的综合防治措施。尽量少用或不用化学农药,在此主要介绍长江流域油菜常见病害菌核病、霜霉病、病毒病;常见的害虫蚜虫、菜粉蝶、菜螟等,防治对策如下。

1. 菌核病防治方法

(1) 选用抗(耐)病品种。如甘蓝型油菜品种中双 6 号、华双 3 号等品种。

(2) 水旱轮作或与大、小麦轮作。

(3) 无病株留种,有菌核的种子过筛后用 10% 盐水选种淘汰菌核。

(4) 秋季深耕,春季中耕培土;重施基肥苗肥、早施蕾母肥、开花以后不施氮肥;及时摘除黄叶、病叶、老叶。

(5) 盛花期叶病株率达 10%,茎病株率在 1% 以下时用药剂防治。可用 10% 菌核净稀释 1 000~1 500 倍防治 1~2 次。第二次用药应在第一次用药后 10d 左右。药剂防治重点是高产田、低洼潮湿田。

2. 油菜霜霉病防治方法

（1）防治策略。农业防治为主，药剂防治为辅。

（2）农业防治。选用抗病品种；不与十字花科蔬菜连作，与禾本科作物轮作 1~2 年或水旱轮作；用无病株留种；彻底清除病残体。

（3）药剂防治。播种前用 10% 盐水选种，取下沉饱满种子，清水洗净，阴干播种；发病初期用 1∶200 波尔多液喷雾防治。每亩每次喷药液 100L，均匀喷布全株。每 7~10d 喷一次。

3. 油菜病毒病防治方法

防治病毒病关键在于预防苗期感病。最直接的措施：一是远离十字花科菜地及防治（油菜播种前至 5 叶期）十字花科菜田的蚜虫。二是推迟油菜播期，躲过感病期。

4. 油菜蚜虫防治方法

防治蚜虫以药剂防治为主，以适时早治为原则。预防病毒病，则应在毒源植物上有翅蚜大量迁入油菜田之前。油菜苗期蚜株率达 10%，抽薹开花期花序或茎枝有蚜率达 10% 时开始喷药防治，安全、高效的药剂有抗蚜威、吡虫啉等。

六、收获贮运技术

（一）油菜的收获

关于油菜的成熟期和适时收获标准，各地提法不完全一致。油菜收获时期与当地采用品种、耕作制度、气候条件以及群众习惯有一定的关系。一般前后作物季节矛盾突出的地区，有收获偏早的习惯。群众对适时收获的标准有"黄八成，收十成；黄十成，收八成"的经验。油菜的适宜收获期应以取得最高产量和产油量为合理。假若以种子色泽的变化来作为适宜收获期的标准，可摘取主轴中部和上、中部一次分枝中部角果共 10 个，剥开观察籽粒色泽，若褐色粒、半褐半红色粒各半，则为适宜的收获期。由于种植密度不同，分枝数量多少也不相同，各部位摘取角果数的比例也不应当相同。每亩为 1 万株时，取主轴中部和上、中部分枝的角果比例为 3∶3∶4；若密度为 $1.5\times10^4 \sim 2\times10^4$ 株时，其比例为 4∶4∶2。

在油菜收获时间上，群众有"要不丢，早晚收"的经验。早晚气温低，湿度大，不易裂角落粒。在收割技术上尽力做到"割茬低，不带泥；割整齐，不掉粒"，此外还要做到"轻割，轻放，轻捆，轻运"。晴天的中午或雨天都不宜收割，以免落粒和种子霉烂发芽。

（二）油菜的堆放与脱粒

一般堆成长方形或其他形状。堆底架木料数根，上排油菜捆二行，茎秆向外，果序向内，堆到 0.5~1.0m 高以后，茎秆向内，果序向外，堆到 3.0~3.5m 高时，使成屋脊状。上盖稻草或麦秆，防止雨水浸入。如遇大风雨，还要用油布或塑料薄膜覆盖，用绳子绑好，以免被风吹走。油菜堆放 4d 后，每天必须从垛中心抽样检查，若发现抽出的样品 80% 以上的角果开裂落粒，茎秆上有灰白色的菌丝，并附有黏滞胶液，应立即翻垛，一般堆积时间 5~7d。

油菜脱粒时，要选择晴天进行。脱粒前，应首先平整好晒场，如采用土晒场，可用细土或草木灰均匀地撒在场面上，然后用石磙反复碾磙，做到场光无缝，场面平滑，才能进行摊晒和脱粒。

检验品质，分类贮藏。是生态油菜产品在入库前的一项重要工作，无论是作商品用的菜籽还是作种用的菜籽，都要检验品质。主要检验项目是含水量、净度和含油量及芥酸、硫苷的含量。如作商品用的双低油菜籽，其芥酸含量不能超过 2%，硫苷含量不能超过 40μmol/g（饼）。检验合格的油菜籽要按生态产品要求进行包装、贮藏和运输。

七、质量管理

生态油菜产品生产应建立较完善的质量管理体系，保持可追溯生产全过程的详细记录，并且记录至少保存 5 年，质量管理内容包括但不限于以下内容。

（1）应保存所有农业投入品的购买和使用记录（来源、数量、去向、库存等）。

（2）种植生产日常记录（种植密度、气候等）。

（3）病虫害发生及处理记录（种类名称、地点、状况、诊断结果）；农药使用情况记录（农药名称、使用量、使用方式、使用时间等）。

（4）产品收获记录（品种、地点、数量、时间等）。

（5）产品质量检测报告和销售记录（时间、数量、去向等）。

（6）产品销售合格证上应附带追溯二维码，能显示产地、生产者名称、生态种植方式、投入品使用信息等。

八、生态消费

（1）应遵循诚信、公正、严谨的原则，以建立生产者、销售者、消费者相互信任、合作和感恩的友善关系。

（2）产品包装应符合相应食品安全国家标准和包装材料卫生标准的规定。

（3）产品不应过度包装，应符合 GB 23350 的规定。

（4）产品包装宜使用可回收材料、容器及辅助物。

（5）产品包装应使用可生物降解的环保材料。

（6）消费者和生产者宜将产品包装分类或重复使用，促进资源节约和循环、低碳环境友好。

（7）宜鼓励消费者参与生态产品的生产，了解生态产品的生产过程，让消费者建立健康、节约的生活方式和消费理念。

第七节　生态水果生产技术

一、生态水果产地生态环境选择技术

生态水果产地环境选择技术是确保水果种植在适宜的环境中，以最大化地利用其生长潜力并减少对环境的影响。

（一）气候条件的考量

在选择生态水果产地时，首要考虑的是气候条件。这包括温度、降水量、光照等因素。每种水果都有其适宜的生长温度范围和降水量要求。例如，柑橘类水果需要温暖湿润的气候，而苹果则偏好凉爽、湿润的气候。因此，在选择产地时，必须确保所选地区的气候条件与所种植水果的生长需求相匹配。

（二）土壤质量评估

土壤是水果生长的基础，其质量对水果的生长和品质有着重要影响。在选择生态水果产地时，应对土壤进行详细的评估。理想的土壤应具备良好的结构、适度的pH值、丰富的有机质和矿质养分。此外，土壤的水分保持能力和排水性也是重要的考量因素。在评估土壤质量

时，可以采用土壤样品分析、地理信息系统等手段来获取土壤的物理、化学和生物属性信息。

（三）水源和灌溉条件

水是水果生长不可或缺的元素。在选择生态水果产地时，应确保有充足且水质良好的水源。同时，灌溉设施也是必要的，以便在干旱时期为果树提供必要的水分。理想的灌溉系统应具备节水、高效、均匀灌溉等特点，以减少水资源的浪费和提高灌溉效果。

（四）地形和地势

地形和地势对果园的排水、光照和通风等条件有着重要影响。在选择生态水果产地时，应优先选择地形平坦、地势较高的地区，以避免积水问题和提高果园的通风性。此外，坡度也是一个需要考虑的因素，过陡的坡度可能导致水土流失和果园管理困难。

（五）生态环境保护与可持续发展

在选择生态水果产地时，应注重生态环境的保护和可持续发展。优先选择生态环境良好、生物多样性丰富的地区，避免在生态环境脆弱或受污染的地区种植水果。同时，应考虑采用可持续的农业管理措施，如有机肥料的使用、生物防治等，以减少对环境的负面影响。

（六）社会经济因素

除了自然条件外，社会经济因素也是选择生态水果产地时需要考虑的。包括交通便利性、劳动力资源、市场需求等。选择交通便利的地区有助于水果的运输和销售；丰富的劳动力资源可以确保果园的日常管理和维护工作得以顺利进行;市场需求则决定了水果种植的品种和规模。

二、水果产地生态友善技术

水果产地生态友善技术是指在水果种植过程中,采用一系列环境友好、资源节约、生态平衡的农业技术和管理措施,以减少对环境的负面影响,提高水果的品质和产量,同时保护生态环境和生物多样性。以下是一些生态友善技术在水果产地中的应用。

(一)有机肥料的使用

传统的化肥使用会带来土壤污染和水源污染等问题。生态友善技术提倡使用有机肥料,如畜禽粪便、作物残渣等,通过堆肥、发酵等处理转化为优质肥料,为果树提供养分。这不仅可以减少化肥的使用量,还可以改善土壤结构,提高土壤肥力。

(二)生物防治和物理防治

传统的化学农药使用会对环境和人体健康造成危害。生态友善技术倡导采用生物防治和物理防治方法来控制病虫害。例如,利用天敌昆虫、生物农药等手段来防治害虫;采用灯光诱捕、黄板诱虫等物理方法来减少害虫的发生。这些措施不仅可以减少化学农药的使用量,还可以保护生态环境和生物多样性。

(三)节水灌溉和水资源管理

水资源的合理利用和节约是生态友善技术的重要方面。通过改进灌溉技术、推广节水灌溉设备、收集利用雨水等措施,减少水资源的浪费。同时，合理管理果园的水资源，保持土壤湿润，避免过度灌溉导致的土壤盐渍化等问题。

（四）土壤管理和地力提升

生态友善技术注重土壤的管理和保护。通过合理耕作、增施有机肥、保持土壤水分等措施，提高土壤肥力和生物活性。同时，采用土壤改良剂、生物肥料等，改善土壤结构，提高土壤保水保肥能力。这些措施有助于保持土壤的健康和生态平衡。

（五）可持续的农业管理措施

生态友善技术强调采用可持续的农业管理措施，如轮作、间作、覆盖作物等。这些措施可以保持土壤肥力和生物活性，减少土壤侵蚀和水土流失，提高果园的生态系统稳定性。

三、北方水果生态种植技术

（一）梨

1. 环境条件

生产基地远离污染源，土壤、水质、空气应符合生态产品产地环境质量标准。

（1）温度。梨树是喜温果树，需要一定的热量积累才能正常生长和结果。年平均气温在10℃以上的地区可以种植梨树，而年平均气温在13~15℃的地区则最适宜梨树的生长。梨树在冬季需要一定的低温才能正常休眠，通常要求冬季温度在-10℃以上，且持续时间不少于1 500h。光照：梨树是喜光果树，对光照的要求较高。在光照充足的条件下，梨树生长健壮，果实品质好。因此，种植梨树时应选择向阳的地方，避免在阴暗潮湿的环境下种植。

（2）水分。梨树对水分的需求较大，但又怕涝。在生长过程中，梨树需要充足的水分供应，但土壤过湿会导致根系发育不良，影响树体生长和果实品质。因此，在种植梨树时，应注意排水和灌溉设施的建设，确保土壤湿度适宜。

（3）土壤。梨树对土壤的适应能力较强，但以土层深厚、土质疏松肥沃、排水良好的砂质壤土最为适宜。土壤pH值为5.5~7.5为宜，过酸或过碱的土壤都会影响梨树的生长和果实品质。海拔和地形：梨树对海拔和地形的要求不严，但在海拔100~800m的山区或平原地区种植最为适宜。地形以缓坡地为宜，坡度不宜超过20°。

2. 种植技术

梨树对土壤的适应能力很强，但结出果实的品质会受土壤影响。因此，应选择土层深厚、土质疏松肥沃、排水良好的土壤进行栽植，同时要注意避免在低温、霜冻、大风等恶劣环境下种植。

种植前，要挖取长宽各1m的栽植池，并在池中施足底肥，然后覆盖一层细土。

选取生长健壮、无病害、无损伤的树苗进行种植，将其垂直放入种植池，培土并浇透水。种植时要注意密度，不可过密，一般株行距为2m×3m。

在梨树生长过程中，要注意肥水管理。除了施足底肥，还要在后期追施肥力，以满足梨树的生长需求。同时，要根据梨树的生长情况和气候条件，合理安排灌溉和排水。

为了使梨树生长强健、多开花结果，还需要进行修剪和授粉。修剪可以促进分枝，加快树冠形成，而授粉则可以保证果实的产量和质量。

病虫害防治也是梨树种植中的重要环节。要定期检查梨树的生长情况，及时发现并处理病虫害问题。可以采用农业防治、生物防治和化学防治相结合的方法来控制病虫害的发生和传播。

3. 主要病虫害防治

（1）梨黑星病。这是一种真菌性病害，主要为害梨树的叶片和果实。受害部位会出现黄色斑点，后期病斑会扩大并产生黑色霉层。为了防治梨黑星病，可以在冬季清除落叶和病梢，集中烧毁或深埋，以减少病源。在梨树生长期间，可以喷洒波尔多液等药剂进行防治。

（2）梨锈病。这是一种由梨锈菌引起的病害，主要为害梨树的叶片和新梢。受害部位会出现橙黄色病斑，后期病斑会扩大并产生黑褐色锈孢子堆。为了防治梨锈病，可以在冬季剪除病梢并清除落叶，以减少越冬菌源。在梨树生长期间，可以喷洒三唑酮等药剂进行防治。

（3）梨小食心虫。这是一种钻蛀性害虫，主要为害梨树的果实。幼虫会在果实内部蛀食，造成果实内部充满虫粪，导致果实腐烂和落果。为了防治梨小食心虫，可以在冬季清除果园内的落叶和杂草，以减少越冬虫源。在梨树生长期间，可以喷洒敌百虫等药剂进行防治。

（4）梨木虱。这是一种刺吸式口器害虫，主要为害梨树的叶片和嫩梢。受害部位会出现黄色斑点，后期叶片会干枯脱落。为了防治梨木虱，可以在冬季清除果园内的落叶和杂草，以减少越冬虫源。在梨树生长期间，可以喷洒吡虫啉等药剂进行防治。

4. 预防梨树病虫害方法

（1）选择抗病品种。在种植梨树时，应选择适合当地环境条件的抗病品种，以提高梨树的抗病能力。

（2）加强肥水管理。合理的肥水管理可以提高梨树的生长势和抗病能力。在施肥时，应注重有机肥的施用，避免偏施氮肥，以增强树势。同时，要根据梨树的生长情况和气候条件，合理安排灌溉和排水，避免树体过度干旱或涝害。

（3）合理整形修剪。通过合理的整形修剪，可以改善梨树的通风透光条件，提高树体结构，有利于降低病虫害的发生。修剪时要注意去除病枝、枯枝和交叉生长的枝条，保持树冠内部通风透光。

（4）清除越冬病源。冬季是病虫害越冬的时期，清除果园内的落叶、杂草和病枝等，可以减少越冬病源的数量，降低翌年的病虫害发生率。

（5）生物防治。利用天敌昆虫、生物农药等进行生物防治，可以有效控制害虫的数量，减少对化学农药的依赖。

（6）化学防治。在必要时，可以采取化学防治的方法。但使用化学农药时要注意剂量控制和使用时间，避免对人体和环境造成不良影响。同时，要交替使用不同种类的农药，避免害虫产生抗药性。

(二) 苹果

1. 环境条件

生产基地远离污染源，土壤，水质，空气应符合生态产品产地环境质量标准。

（1）土壤。苹果树喜欢土层深厚、土壤疏松肥沃、排水良好、富含有机质的土壤。土壤酸碱度（pH 值）最好在 5.5~6.5，微酸性至中性土壤最适宜。同时，土壤中的有效活土层应在 60~70cm 及以上。

（2）气候。苹果树喜欢低温干燥的环境，并具有一定的抗寒和抗热力。最适宜的年平均温度范围为 8~12℃，着色期的昼夜温差应大于 6℃。冬季最低温度不应低于-20℃，而夏季则应有适量的降雨，以满足苹果生长的需要。年降水量最好在300mm以上,且分布均匀。

(3) 光照。苹果是喜光树种,充足的光照对其正常生长发育至关重要。一般来说,苹果树需要1 500h以上的年光照强度。若光照不足,可能会导致苹果树徒长,枝叶软弱,抗病力减弱,坐果率降低,根系生长不良等问题。

(4) 水分。苹果在生长发育过程中需要适量的水分。虽然自然降水量通常可以满足其需求,但在降水过多或过少的地区,可能需要进行及时的排水或灌溉。

2. 种植技术

(1) 选地与准备。选择向阳、地势高、排水良好、土壤疏松且富含有机质的地方种植苹果树。在种植前,对土地进行深翻和施肥,为苹果树提供良好的生长环境。

(2) 选择品种。根据当地气候条件、土壤状况和市场需求,选择适合当地生长的苹果品种。

(3) 合理密植。根据所选品种的生长特性和土地条件,确定合理的种植密度。一般情况下,每亩可种植33株苹果树,若种植矮生品种,则可适当密植。

(4) 科学施肥。苹果树需要充足的营养来支持其生长和结果。在生长过程中,应根据苹果树的需求和土壤状况,合理施用基肥、追肥和叶面肥等。

(5) 灌溉与排水。确保苹果树在生长过程中获得适量的水分。在干旱季节要及时灌溉,而在多雨季节则要注意排水,防止土壤积水导致根系受损。

(6) 病虫害防治。定期检查苹果树的生长状况,及时发现并处理病虫害问题。可以采取农业防治、生物防治和化学防治相结合的方法来控制病虫害的发生和传播。

（7）整形修剪。通过整形修剪来调整苹果树的树形和生长势，使其能够更好地适应环境并提高产量。修剪时要注意保留主枝和辅枝，去除病弱枝和交叉生长的枝条等。

（8）疏花疏果与套袋。在苹果树开花和结果期间，要进行疏花疏果，确保果实能够均匀分布并获得充足的营养。同时，为了防止病虫害和提高果实品质，还需要对果实进行套袋处理。

3. 主要病虫害防治

（1）轮纹病。这是一种苹果枝条和果实的主要病害。它经常与干腐病、炭疽病等混合在一起。在果实受害早期，果尖中心会出现浅褐色圆形斑点，然后褐色扩展，呈同心圆状病斑，导致果实腐烂。

（2）斑点落叶病。主要损害叶片，也损害新梢和新果，影响树木的活力和产量。感染初期叶片呈褐色圆点，然后逐渐扩展，导致叶片在早秋时期脱落。

（3）炭疽病。主要为害果实，发病初期，果实表面出现针状小圆形斑点，随着病情发展，病斑扩大并呈漏斗状，果实腐烂，最后下陷。

（4）蚜虫。苹果蚜虫分为黄蚜虫和棉蚜虫两个阶段。黄蚜虫主要寄生在叶片上，吸取树液，对苹果树开花和坐果造成影响。棉蚜虫则使叶片卷曲，并从果实中吸取营养，长大后直接从叶片转移到树干中，侵蚀主干，对树体造成严重为害。

4. 预防苹果病虫害方法

（1）预防为主，综合防治。这是防治苹果病虫害的基本原则。通过加强果园管理，提高树体抗病能力，结合生物、农业和化学防治措施，达到控制病虫害的目的。

（2）农业防治。包括合理施肥、科学灌溉、及时排水、合理修剪、清除果园内的落叶、杂草和病枝等,以减少越冬病原和虫源。冬季翻耕土壤,既可以消灭越冬害虫,又能疏松土壤,改善根系生长环境。

(3) 生物防治。利用天敌昆虫、生物农药等控制病虫害的发生。例如,可以引入寄生蜂、瓢虫等天敌昆虫来控制害虫的数量;使用微生物农药、植物源农药等生物农药,减少化学农药的使用,保护环境。

(4) 化学防治。在必要时使用化学农药进行防治。但需要注意选择合适的农药品种、剂量和使用时间,避免对苹果树和环境造成不良影响。同时,要遵守农药使用的安全规定,保护人身安全。

(5) 物理防治。如采用诱虫灯、黄色粘虫板等物理方法来捕捉害虫,降低害虫数量。

(6) 科学修剪。通过修剪保持园内通风透光,减少病虫害的发生。随时摘除病果,收集落果,秋季翻耕土壤,冬季剪去树上各种僵果、枯枝等,均有利于减少菌源。

(三) 桃

1. 环境条件

生产基地远离污染源,土壤、水质、空气应符合生态产品产地环境质量标准。

(1) 土壤。桃树对土壤的要求不严格,但最好选择排水良好、通透性强、土层深厚的砂质壤土进行栽培。土壤 pH 值应为 5.5~6.5,不应超过 8。此外,土壤中的有机质含量要丰富,以保证桃树的正常生长和结果。

(2) 温度。桃树对温度的适应性较广,年平均温度在 12~17℃ 的地区都能正常生长发育。桃树的生长最适温度为 18~23℃,而果实成熟期的适温为25℃左右。需要注意的是，桃树在生长期间如遇到温度过低或过高，可能会对其正常生长和果实品质产生不利影响。

（3）光照。桃树是喜光植物，充足的光照对其生长和结果至关重要。一般来说，桃树全天都应接受到光照，以保证其正常开花和结果。如遇到连续阴雨天气，应及时进行人工辅助光照。

（4）水分。桃树耐旱但怕涝，因此应选择地势高、方便排水的地块进行种植。在生长季节，应根据土壤湿度和降雨情况适时进行灌溉，以保证桃树正常生长所需的水分。同时，遇到连续的雨天要及时将地块中的积水排掉，避免涝害。

2. 种植技术

（1）选地与准备。选择排水良好、土质疏松的砂质壤土进行种植，避免在已栽过桃树的地方再次种植。在种植前，要进行深翻改土，施足基肥，并准备好种植穴。

（2）种植时间与方法。桃树一般在秋季10—12月进行种植，此时气温较高，有利于根系恢复和生长。种植时，要将树苗放入种植穴中，扶正并填土，然后轻轻提苗并踏实土壤，最后浇透水。

（3）水肥管理。桃树对水分的需求较高，但也要避免过度浇水导致涝害。在生长季节，要根据土壤湿度和降雨情况适时进行灌溉，同时结合施肥进行。一般来说，桃树在生长过程中需要追施氮肥、磷肥和钾肥等，以满足其正常生长和结果的需求。

（4）整形修剪。桃树的整形修剪对于提高产量和品质非常重要。在生长过程中，要及时去除病弱枝、交叉生长的枝条等，保持树形良好，提高通风透光性。同时，在开花期和果实膨大期要进行疏花疏果，以控制果实数量和大小，提高品质。

（5）病虫害防治。桃树常见的病虫害有桃褐腐病、桃蛀虫、螟虫等。为了防治这些病虫害，可以采取农业防治、生物防治和化学防治相结合的方法。例如，及时清除果园内的落叶、杂草和病枝等，减少越冬病害和虫源；利用天敌昆虫或生物农药进行防治；在必要时使用化学农药进行防治，但要注意剂量和使用时间。

3. 主要病虫害防治

（1）桃流胶病。这是一种由真菌引起的病害，主要表现为主干和主枝条上流出胶状物质。这些胶状物质会严重削弱树势，并导致叶片黄化、脱落，甚至枝条枯死。

（2）桃腐烂病。这是一种由细菌引起的病害，主要为害果实。受害果实会出现水渍状病斑，随后扩大并凹陷，最后导致果实腐烂。

（3）桃蚜。这是桃树的主要害虫之一，以吸食叶片和嫩梢的汁液为生。受害叶片会出现卷曲、皱缩等症状，严重时甚至会导致叶片脱落。

（4）桃小食心虫。这是一种钻蛀性害虫，主要为害果实。幼虫会在果实内部蛀食，导致果实内部充满虫粪，严重影响果实的品质和产量。

4. 预防桃病虫害方法

（1）农业防治。这是防治病虫害的基础。包括合理施肥、科学灌溉、及时排水、合理修剪、清除果园内的落叶、杂草、病枝等，以减少越冬病害和虫源。同时，还要加强果园的通风透光，提高树体的抗病能力。

（2）生物防治。利用天敌昆虫、生物农药等控制病虫害的发生。例如，可以引入寄生蜂、瓢虫等天敌昆虫来控制害虫的数量；使用微生物农药、植物源农药等生物农药，减少化学农药的使用，保护环境。

（3）化学防治。在必要时使用化学农药进行防治。但需要注意选择合适的农药品种、剂量和使用时间，避免对桃树和环境造成不良影响。同时，要遵守农药使用的安全规定，保护人身安全。

（4）物理防治。采用物理方法来防治病虫害。例如，可以利用害虫的趋光性、趋化性等特性，使用诱虫灯、黄色粘虫板等来捕捉害虫；对于病害，可以采用热水浸泡、紫外线消毒等方法来处理种子和苗木。

（四）樱桃

1. 环境条件

生产基地远离污染源，土壤、水质、空气应符合生态产品产地环境质量标准。

（1）土壤。樱桃适合在营养元素丰富、肥沃、疏松、土层深厚的砂壤土中生长。土壤酸碱度方面，樱桃喜欢 pH 值为 6.5~7.5 的中性土壤。

（2）温度。樱桃喜温不耐寒，要求年平均温在 10~12℃，在春季气温上升缓慢、但不容易发生倒春寒的地区更为适宜。不同品种樱桃对于温度的要求不完全相同，但大部分都不耐寒。

（3）光照。樱桃是阳性树种，喜欢温暖的气候，对光照的需求较高。年日照时数在 2 600~2 800h 更佳。因此，种植在阳面的山坡上能增加受光，有助于樱桃的生长。

（4）水分。樱桃的适生区一般要求年降水量在 600~700mm，过于干旱和水涝都不利于樱桃树的生长。樱桃树不耐旱，喜湿润的土壤，但也要注意避免涝害。

此外，大风、暴雨天气要采取防护措施，以免樱桃树枝干脱落。在种植樱桃时，还需要考虑当地的海拔高度和纬度等因素，选择适宜的种植地点。例如，樱桃适宜在海拔 300~600m，北纬 33°~39°栽培种植。

2. 种植技术

（1）园地选择。樱桃的园地应选择在背风向阳、土质疏松、排灌条件良好的地段，最好是砂壤土。避免在低洼积水的地方种植。同时，园地应具备便利的交通和良好的水源，以方便日后的管理和采摘。

（2）品种选择。根据当地的生态环境和气候条件，选择适合的樱桃品种进行种植。选择时要考虑果实的品质、耐贮运性以及市场需求等因素。对于北方寒冷地区，应选抗寒性强的品种。

（3）栽培密度。栽培密度要根据所选品种的生长特性来确定。一般来说，对于乔化品种的樱桃，可以采用4m×4m或4m×5m的株行距；而对于长势中庸的品种，则可以适当加大栽培密度，采用3m×4m的株行距。此外，对于"Y"形整形的樱桃树，可按1m×3m的株行距进行密植，每亩栽植约220株。

（4）整形修剪。樱桃树形有多种，应根据所选品种和栽培方式来确定。在幼树期，主要是建立牢固的树体骨架，加速树冠的形成。结果树应注重疏除过密枝、竞争枝和交叉枝，保持树冠内部的通风透光。衰老树则要及时回缩更新复壮。修剪时间一般在春季萌芽前进行。

（5）土肥水管理。樱桃的根系分布较浅，因此要注意中耕除草和适时的深耕改土，增加土壤通气性和保水能力。在施肥方面，秋季要施足基肥，以有机肥为主；生长期则要多次追肥，以满足樱桃树不同生长阶段的需求。灌水要根据土壤湿度和降雨情况来决定，避免干旱和水涝对树体的伤害。

（6）果实采收与处理。根据果实成熟度和市场需求来决定采收时间。一般来说，樱桃在八成熟时采收品质最佳。采收后的果实要及时进行分级、包装和销售处理。如果需要长时间贮藏运输的果实，则应提前采取预冷和保鲜措施来延长果实的贮藏期和货架期。

3. 主要病虫害防治

（1）褐腐病。主要为害叶片和果实。病果初期表面出现褐色病斑，逐渐扩及全果，导致果实收缩，并出现灰白色粉状物。防治方法包括冬季清园、减少病源，以及在发芽展叶期喷施腐霉利、异菌脲等药剂进行预防。病害发生后，可以使用甲霜锰锌、苯甲嘧菌酯等药剂对病部进行防治。

（2）褐斑穿孔病。主要为害叶片和新梢，叶片发病后出现圆形或近圆形灰褐色病斑，略带轮纹，后期病斑穿孔、脱落，造成大量落叶。防治此病需注意改善通风透光条件，增强树势，及时清除病叶并集中烧毁。

（3）流胶病。主要为害樱桃的主干和主枝。初期枝干的枝杈处或伤口处肿胀，流出黄白色半透明的黏质物；皮层及木质部变褐腐朽，导致树势衰弱，严重时枝干枯死。为防治此病，应避免在枝干上造成伤口，及时刮除病斑并涂抹杀菌剂。

（4）炭疽病。主要为害果实，也可为害叶片和枝梢。果实发病初生暗褐色或暗绿色圆斑，后变黑褐色至黑色，略凹陷。防治方法包括清除病果、病叶等病源，以及在果实着色前喷施代森锰锌等杀菌剂进行预防。

（5）灰霉病。可能为害樱桃的叶、花、果。花瓣受害时，会使即将脱落的花瓣褐变枯萎；叶片受害时，先表现为褐色油浸状斑点，后扩大呈不规则大斑；果实受害会变为褐色，病部表面密生大量灰色霉层。防治此病需及时清除病花、病果等病源，并在花期和果实着色前喷施腐霉利等杀菌剂进行预防。

（6）根癌病。主要发生在樱桃的根颈、根系上及嫁接口处。病部形成灰白色瘤状物，表面粗糙，内部组织柔软。随着病情的加重，病瘤会增大并变硬，导致树势衰弱和产量降低。为防治此病，应选择无病苗木进行栽植，并在栽植前对苗木进行消毒处理。对于已发病的植株，应及时挖除并烧毁，同时在病穴内撒施石灰等消毒剂进行土壤消毒。

4. 预防樱桃病虫害方法

（1）农业防治。通过合理施肥、修剪和调节果树生长与结果之间的矛盾，增强树势，提高樱桃树的抗病能力。同时，清扫枯枝落叶、翻树盘等可以疏松土壤，促进根系生长，减少病源。

（2）人工防治。利用害虫的习性进行人工捕杀，如金龟子、茶翅蝽、蝉等。对于冬季休眠期的害虫，如桑白蚧，可以人工刮刷树皮来消灭越冬的雌成虫。

（3）物理防治。利用灯光诱杀害虫，如黑光灯可以诱杀多种害虫。此外，糖醋诱杀也是一种常用的方法，一般用来诱杀蛾类害虫，如金龟子和卷叶蛾等。

（4）生物防治。在樱桃园人工饲养害虫的天敌，如赤眼蜂等。同时，可以使用生物农药进行防治，如阿维菌素、井冈霉素等。这些生物农药对环境和人体相对安全，且具有较好的防治效果。

（5）化学防治。在病虫害发生严重时，可以使用化学农药进行防治。但需要注意选择低毒、低残留的药剂，并按照说明书的要求进行使用，避免造成药害和环境污染。同时，要注意喷药的时间和方法，避免在雨天或高温时喷药，以免影响药效和造成药害。

四、南方水果生态种植技术

(一) 柑橘

1. 环境条件

生产基地远离污染源，土壤、水质、空气应符合生态产品产地环境质量标准。

(1) 土壤条件。柑橘喜欢生长在土壤肥沃、排水良好的地方，pH值为5.5~7.5，含有丰富的有机质和矿物质。土层深厚、富含有机质、土质疏松、排水良好的土壤环境最为适宜。

(2) 气候条件。柑橘喜欢生长在气温适宜、湿度适中、阳光充足的地方。适宜柑橘生长的温度在23~26℃，在温度低于12.8℃或高于38℃左右时，柑橘树会停止生长。此外，年降水量以1 200~2 000mm为宜，空气相对湿度为75%，土壤相对含水量在60%~80%为最佳。

(3) 坡度和海拔度。柑橘树适合种植在坡度在15°以下、海拔低的山区地带。

(4) 种植密度。柑橘树的种植密度因树龄和品种的不同而有所不同，一般为每亩60~100棵。

2. 种植技术

(1) 选地与准备。选择阳光充足、土壤肥沃、排灌方便的地方进行种植。在种植前，应进行深翻改土，施入充足的基肥，并准备好种植穴。

(2) 苗木选择。选择生长健壮、无病虫害的优质苗木进行种植。苗木应具有发达的根系和丰满的枝叶，以提高成活率。

（3）种植时间与方法。柑橘的种植时间通常在春季进行，此时气温适宜，有利于苗木的生长。种植时，应将苗木放入种植穴中，扶正并填土，轻轻提苗并踏实土壤，然后浇透水。

（4）水肥管理。柑橘树对水肥的需求较高，应根据生长阶段和土壤状况进行合理的水肥管理。在生长旺盛期，应增加氮肥的施用量；在果实发育期，应增加磷钾肥的施用量。同时，要保持土壤湿润，避免干旱和涝害。

（5）整形修剪。整形修剪是柑橘种植过程中的重要环节，可以提高树形美观度和果实品质。在生长过程中，要及时去除病弱枝、交叉生长的枝条等，保持树形良好，提高通风透光性。同时，在开花期和果实膨大期要进行疏花疏果，以控制果实数量和大小，提高品质。

3. 主要病虫害防治

（1）黄龙病。这是一种由黄龙病菌引起的病害，主要表现为柑橘叶片变黄、枯萎、果实变小等症状。该病害一般通过感染柑橘的根部而从地下开始蔓延，如果不及时防治，会导致柑橘树的死亡。

（2）炭疽病。这是由炭疽菌引起的一种病害，会在柑橘树的叶子、果实和枝干上形成黑色的小斑点，这些斑点会逐渐扩大并腐烂，导致柑橘树枯萎。

（3）疮痂病。疮痂病会在柑橘的叶片和果实上形成疮痂状病斑，影响光合作用和果实的外观品质。

（4）红蜘蛛。红蜘蛛是柑橘树上常见的害虫之一，会吸食柑橘叶片的汁液，导致叶片失绿、黄化，严重时叶片会脱落。

（5）柑橘粉虱。柑橘粉虱会在柑橘叶片上寄生，吸食汁液，导致叶片枯黄、萎缩和死亡。同时，它们还会分泌蜜露，诱发煤烟病。

（6）潜叶蛾。潜叶蛾幼虫会在柑橘叶片内潜食叶肉，形成弯曲的虫道，导致叶片卷曲、硬化，影响光合作用。

4. 预防柑橘病虫害方法

（1）加强栽培管理。这是防治病虫害的基础。通过合理施肥、灌溉、修剪等措施，增强树势，提高柑橘树的抗病能力。在冬季进行清园，剪除病虫枝、枯枝、落叶等，集中烧毁或深埋，减少越冬病害和虫源。

（2）生物防治。利用天敌昆虫、生物农药等进行防治。例如，引入寄生性蜂类、食草性昆虫等天敌昆虫，控制柑橘害虫的数量。同时，可以使用微生物农药、植物源农药等生物农药进行防治，减少化学农药的使用。

（3）物理防治。采用灯光照射、人工捕杀等方法进行防治。例如，使用黑光灯、频振式杀虫灯等诱杀害虫，或者使用黄板、粘虫球等工具进行捕杀。

（4）化学防治。在必要时使用化学农药进行防治，但要注意选择适当的剂量和有效成分，避免对环境和人体造成危害。同时，要遵守使用规定，避免滥用农药，防止病虫害对农药产生抗性。

（5）定期监测。定期对果园进行病虫害监测，及时发现病虫害的初期症状，以便采取相应的控制和防治措施。监测可以使用黄板、粘虫球等工具，也可以依靠专业人员进行实地巡查。

（二）芒果

1. 环境条件

生产基地远离污染源，土壤、水质、空气应符合生态产品产地环境质量标准。

（1）土壤条件。芒果适宜在土层深厚、疏松透气、排水良好、富含营养的土壤中生长。土壤 pH 值应为 4.4~7.5，地下水位应低于 3m。此外，芒果树的根系发达，需要有足够的土壤空间和养分供应，因此应避免在土层较浅的地方种植。

（2）气候条件。芒果生长的有效温度为 15~35℃，最适温度为 24~27℃。芒果性喜温暖，不耐霜冻，低于 20℃ 时生长缓慢，低于 10℃ 时叶片、花序会停止生长。因此，在冬季低温季节，需要采取防范措施来防范霜冻。此外，芒果对降水量也有一定的要求，适宜在湿润的地方生长，兑水量需求大，但也要注意防止涝害。

（3）光照条件。芒果喜光怕阴，在种植期间必须保证充足的光照。每天光照时间一般要求不得低于 8h，这样可以使芒果树开花早，结果多，品质好。

（4）水分条件。芒果耐旱能力较强，但不耐涝。在正常的生长阶段，土壤湿度应保持在 65% 左右，而在开花结果期，土壤湿度需要提高到 80% 左右。需要注意的是，在果实发育期久旱骤雨，会引起芒果裂果，因此要注意合理灌溉和排水。

（5）养分条件。芒果生长过程中需要充足的养分供应。在种植前，应对土壤进行充分的施肥，以提供充足的营养。在生长过程中，还需要定期施用有机肥料或化学肥料来补充营养元素。

2. 种植技术

（1）选地与准备。选择土层深厚、疏松透气、排水良好、富含营养的土壤进行种植。在种植前，进行深翻改土，施入充足的基肥，如腐熟的农家肥和复合肥。同时，准备好种植穴，穴的大小应根据苗木的大小而定。

（2）苗木选择。选择健康、无病害、抗性好的芒果树苗进行种植。在种植前，应对苗木进行修剪，剪去病弱枝、过长根等，以促进成活和生长。

（3）种植与管理。按照一定的株行距将苗木栽种在土壤中，注意保持苗木的直立和稳定。在种植后，应及时浇水，并定期进行松土、除草、施肥等管理工作。在生长过程中，还应注意修剪枝条，保持树形美观，促进果实的生长和品质。

（4）采收与后处理。在果实成熟时，应及时采收，并注意轻拿轻放，避免损伤果实。采收后，应进行后处理，如清洗、分级、包装等，以提高果实的商品性和市场竞争力。

3. 主要病虫害防治

芒果主要病虫害包括多种病害和虫害。其中常见的病害有炭疽病、白粉病、细菌黑斑病、芒果疮痂病、芒果细菌性角斑病、芒果畸形病、芒果丛枝病、芒果速死病、芒果煤烟病、芒果球腔菌叶斑病、芒果叶点霉叶斑病、芒果茎点霉叶斑病、芒果棒孢叶斑病和芒果叶疫病等。这些病害主要为害芒果的叶片、果实和枝条，导致叶片枯黄、果实腐烂和枝条枯死等症状。

常见的虫害包括蚜虫、红蜘蛛、叶瘿蚊等。蚜虫会吸取芒果树汁液，导致叶片卷曲、黄化，严重时还会引发煤烟病；红蜘蛛则主要为害芒果树的叶片，导致叶片褪色、发黄，最终脱落；叶瘿蚊则会在芒果树的嫩叶上产卵，孵化后的幼虫会啃食叶片，导致叶片出现孔洞和破碎。

4. 预防芒果病虫害方法

（1）农业防治。加强果园管理，提高芒果树的抗病能力。这包括合理施肥、灌溉、修剪等，以增强树势。冬季进行清园，剪除病虫枝、枯枝、落叶等，集中烧毁或深埋，减少越冬病害和虫源。

（2）生物防治。利用天敌昆虫、生物农药等进行防治。例如，可以引入寄生性蜂类、食草性昆虫等天敌昆虫来控制芒果害虫的数量。同时，使用微生物农药、植物源农药等生物农药进行防治，减少化学农药的使用。

（3）化学防治。在必要时使用化学农药进行防治，但要注意选择适当的剂量和有效成分，避免对环境和人体造成为害。同时，遵守使用规定，避免滥用农药，防止病虫害对农药产生抗性。

（4）物理防治。采用物理方法来防治病虫害，如使用灯光照射、黄板、粘虫球等工具诱杀害虫。此外，利用高温、低温等物理因素也可以杀灭部分病虫害。

(三) 荔枝

1. 环境条件

生产基地远离污染源，土壤、水质、空气应符合生态产品产地环境质量标准。

（1）园地选择。荔枝园应选择在地势开阔、坡度在30°以下，土质疏松肥沃、水源充足的地方。丘陵或坡地是较为理想的种植地，同时要避免在低洼积水的地方种植。

品种选择：根据当地的气候条件和市场需求，选择适合的荔枝品种进行种植。优质品种应具备果大、肉厚、核小、味甜、耐贮运等特点。

（2）种植密度。确定合理的种植密度是荔枝高产的关键。一般山地以行株距为3.5m×3.5m或3.5m×4m，每亩植50~60株为较合理的密度。

（3）挖大穴，下足基肥。在丘陵地上开垦建果园的，按种植的行距规格、开成等高梯田带或等高壕沟。然后按照选定的株距定点挖种植穴，穴的规格为长宽深各1m，并每穴下足基肥，如垃圾肥、绿肥、厩肥及猪牛粪等沤制腐熟的有机肥。

（4）苗木定植。选择长势良好、枝繁叶茂、根茎壮大的荔枝树苗进行定植。定植时要将苗木放入大穴中央，分层填入绿肥、杂肥和松碎细泥，并盖过根系10cm左右。填完后压实，不能用脚踩或重物压。填满后往穴里浇透定根水。

（5）田间管理。包括施肥、浇水、修剪、病虫害防治等。荔枝树需要充足的养分和水分才能正常生长和结果，因此要及时施肥和浇水。修剪可以调整树形，使树体通风透光，有利于果实生长和品质提高。病虫害防治要采取综合措施，如农业防治、生物防治和化学防治等。

（6）采收与贮藏。根据荔枝的成熟度和市场需求来确定采收时间。采收后的果实要及时进行分级、包装和销售处理。如果需要长时间贮藏运输的果实，则应提前采取预冷和保鲜措施来延长果实的贮藏期和货架期。

2. 种植技术

（1）选择地块。荔枝适宜种植在靠近水源的坡地，这样可以保证充足的光照和排水良好。土壤质量要好，疏松肥沃且有机质丰富。同时，地形开阔、交通便利的地方更便于果园的管理和果实的运输。

（2）处理苗株。选择长势良好、枝繁叶茂、根茎壮大的荔枝树苗。在种植前，需要对树苗进行处理，修剪黄叶和徒长的根系，并进行消毒晾晒，以提高其成活率。

（3）种植方法。在土壤中挖大穴，将荔枝树苗放入穴中，然后分层填入绿肥、杂肥和松碎细泥，盖过根系10cm左右。填完后要压实土壤，但不能用脚踩或重物压。填满后往穴里浇透定根水。

（4）果园管理。施肥。荔枝树需要充足的养分才能正常生长和结果。在定植后 1 个月即可开始施肥，以腐熟优质、以氮为主配合少量磷、钾肥为原则。施肥要少量多次，避免过量施肥造成烧根。

浇水。荔枝树对水分的需求较高，要保证充足的水分供应。特别是在干旱季节，需要及时浇水以保证树体的正常生长。但同时也要注意避免积水，以免造成根部腐烂。

修剪。通过修剪可以调整树形，使树体通风透光，有利于果实生长和品质提高。修剪时要根据树势和枝条的分布进行，避免过度修剪影响树体的生长。

病虫害防治。荔枝树容易受到病虫害的侵袭，需要采取综合措施进行防治。可以通过改善果园的通风透光条件、增强树势等农业措施来预防病虫害的发生。一旦发现病虫害，要及时采取化学防治、生物防治等方法进行防治，避免病虫害的扩散和为害。

（5）采收与贮藏。根据荔枝的成熟度和市场需求来确定采收时间。采收后的果实要及时进行分级、包装和销售处理。如果需要长时间贮藏运输的果实，则应提前采取预冷和保鲜措施来延长果实的贮藏期和货架期。

3. 主要病虫害防治

（1）霜疫霉病。该病主要为害荔枝的果实，有时也侵染花穗和嫩叶。果实受害时，果皮表面会出现褐色不规则病斑，逐渐使整个果实变黑，果肉腐烂成浆并伴有刺鼻的酸腐酒味，流出黄褐色汁液。这会引起大量落果和烂果，是影响荔枝产量和品质的重要因素之一。尤其在高温高湿的天气下，病害发展迅速，落果现象更为严重。

（2）炭疽病。炭疽病是荔枝上的常见病害，主要为害叶片、花穗和果实。叶片受害会出现褐色的病斑，严重时导致叶片枯死；花穗受害会变黑褐色并干枯；果实受害则会出现黑色的圆点，周围为棕褐色，后期会生成黑色颗粒，使果实变褐腐烂。

（3）白粉病。荔枝白粉病的症状是出现白色粉状斑点，这些斑点会逐渐扩散到整个叶面，并布满白色菌落。果实发病时会出现裂果，并生成白色粉状物，后期病斑会变为褐色，开始僵硬，严重影响果实的品质。

（4）虫害。荔枝的害虫较多，包括蝽象、蛀蒂虫、尺蠖等。这些害虫会吸食荔枝的汁液或啃食叶片和果实，对荔枝的生长和结果造成严重影响。

4. 预防荔枝病虫害方法

（1）选择抗病性强的品种。在种植荔枝时，应首选抗病性强的品种，以降低感染病害的风险。

（2）保持果园清洁。定期清理果园内的落叶、落果和枯枝等，集中销毁以减少病原菌和虫源。

（3）合理施肥和灌溉。通过科学施肥，保证荔枝树体营养充足，增强抗病能力。同时，注意排水良好，避免积水，降低湿度，以减少病害的发生。

（4）剪除感染枝条。一旦发现有病虫害的枝条，应及时剪除并销毁，以防止病害扩散。

（5）物理防治。利用害虫的习性，如趋光性等，设置黑光灯诱杀害虫。还可以使用黄色粘虫板诱杀蚜虫等害虫。

（6）生物防治。保护和利用天敌，如蜘蛛、瓢虫等来控制害虫的数量。同时，可以考虑使用生物农药进行防治。

（7）化学防治。在病虫害发生严重时，可以考虑使用化学农药进行防治。但应注意选择低毒、低残留的药剂，并按照说明书的要求进行使用。严禁使用高毒高残留农药，且在果实采收前一段时间内应禁止使用农药。

（8）加强病虫害监测。定期巡视荔枝树，观察叶片、果实和枝条等是否存在病虫害的迹象，以便及时采取相应措施。

（四）香蕉

1. 环境条件

生产基地远离污染源，土壤、水质、空气应符合生态产品产地环境质量标准。

（1）温度。香蕉喜欢温暖的环境，最适宜的生长温度在24~32℃，最低生长温度不宜低于15℃，温度过低会导致香蕉生长缓慢甚至停滞，而温度过高可能会导致果实脱粒和病虫害的发生。

（2）水分。香蕉需要大量的水分，生长期间要求月平均水分不低于50mm，以200~300mm最为适宜。但是需要注意的是，香蕉也怕涝，过多的水分会导致其根部腐烂，因此种植地的排水性也要好。

（3）光照。香蕉需要充足的阳光照射才能正常生长，一般来说，每天至少需要6~8h的阳光照射。但过强的阳光可能会导致香蕉叶片烧伤，所以适当遮阳也是必要的。

（4）土壤。香蕉喜欢肥沃、疏松、排水良好的土壤环境。最适宜的土壤类型是壤土或砂质壤土，这类土壤既具有良好的保水性，又具有良好的透气性。此外，土壤的pH值范围在5.5~7.0最为适宜。

（5）管理条件。种植香蕉需要定期浇水、施肥、修剪和除草等工作。施肥应以有机肥为主，同时添加必要的微量元素。还需要及时处理病虫害，保持果园的清洁和卫生。

2. 种植技术

（1）选地与整地。选择土层深厚、土壤疏松、排水良好的地块进行种植。清除地块中的杂草、石块等障碍物,并进行深耕翻土,使土壤松软透气。

(2) 种苗选择。选择优良品种的香蕉苗进行种植,种苗应具有生长健壮、叶片翠绿、根系发达等特点。同时,要检查种苗是否带有病虫害,确保种苗的健康。

(3) 种植密度与时间。根据品种和土壤条件确定种植密度,一般每亩种植 100~150 株为宜。种植时间最好选择在春季或秋季,避开高温和寒冷季节。

(4) 施肥管理。香蕉对肥料需求较大,要合理施肥以保证其正常生长。在种植前施足基肥,以有机肥为主,配合磷、钾肥使用。生长期间进行定期追肥,注意氮、磷、钾的合理搭配,避免偏施氮肥导致植株徒长。

(5) 水分管理。香蕉需要充足的水分,生长期间要保持土壤湿润。遇到干旱季节要及时浇水,但要注意避免积水,以免导致根部腐烂。在多雨季节要做好排水工作,防止果园内涝。

(6) 采收与贮藏。根据香蕉的成熟度和市场需求确定采收时间。采收时要轻拿轻放,避免损伤果实。采后的香蕉要进行分级、包装和贮藏处理,以延长货架期和提高商品价值。

3. 主要病虫害防治

(1) 叶斑病。该病会侵染嫩叶,初期出现黄绿色病纹,后逐渐扩展为褐色或黑色病斑,严重时叶片组织干枯死亡。高温多雨环境下易发病。

(2) 黑星病。该病主要为害香蕉叶片和青果。初期叶片上出现深色小斑点,后逐渐扩散为不规则大斑块,严重时叶片枯死。青果染病后出现黑色病斑,影响果实品质。

(3) 炭疽病。该病为害香蕉果实，初期果皮上出现褐色小圆点，后逐渐扩大并凹陷，形成黑褐色病斑。病斑上会产生粉红色黏稠物，严重时果实腐烂。

(4) 花叶心腐病。该病主要通过蚜虫传播，导致香蕉叶片出现黄绿相间的斑驳，植株生长受阻，严重时整株死亡。

(5) 束顶病。该病由蚜虫传播引起，病株叶片狭小、硬直、簇生，新叶比老叶更小，植株矮缩。

(6) 蚜虫。蚜虫会吸食香蕉植株的汁液，导致植株生长受阻。同时还会传播花叶心腐病和束顶病等病毒病害。

(7) 象鼻虫。象鼻虫主要蛀食香蕉的假茎、叶柄和球茎等部位，造成植株长势衰弱甚至死亡。成虫还会在伤口处产卵加重为害。

(8) 卷叶虫。卷叶虫是香蕉弄蝶的幼虫阶段，主要以叶片为食造成缺刻和孔洞严重时可将叶片吃光仅留叶脉影响光合作用和产量品质。

4. 预防香蕉病虫害方法

(1) 农业防治。选择抗病性强的品种进行种植，降低感染病害的风险。加强肥水管理，合理施肥和灌溉，增强树势，提高植株的抗病能力。定期清除果园内的枯叶、病残体和杂草，减少病源和虫源。合理密植，保持良好的通风透光条件，降低湿度，减少病害的发生。

(2) 生物防治。保护和利用天敌，如蜘蛛、瓢虫、草蛉等捕食性昆虫和寄生性昆虫，以控制害虫的数量。使用生物农药进行防治，如微生物制剂、植物源农药等，对病虫害进行有针对性的防治。

(3) 化学防治。在病虫害发生严重时，可以考虑使用化学农药进行防治。但应注意选择低毒、低残留的药剂，并按照说明书的要求进行使用。针对不同病虫害选择合适的药剂进行喷施防治，注意药剂的交替使用和混配使用，以延缓抗药性的产生。严格遵守农药使用的安全间隔期,确保农产品质量安全。

第八节　生态茶叶生产技术

一、生态茶叶栽培技术

(一) 生态茶叶基地选择与建设

1. 生态茶园环境选择

茶园周边森林、植被保存较好,生态平衡。严禁砍树毁林种茶,坡度大于25°的山地,禁止开荒种茶。避开都市、工业区和交通要道。茶园周围5km内不得建有排放有害物质(包括有害气)的工厂、矿山、作坊、土窑等。茶园四周有山体、森林、河流等天然屏障或人工防护林体系。空气、土壤、水源无污染。茶园与大田作物、居民生活区距离1km以上,且有隔离带。

茶树为深根作物,肥沃的土壤和深厚的土层有利于茶树根系的伸展,从而充分吸收土壤营养,实现根深叶茂,增强茶树的抗旱、抗寒能力。有效土层深厚疏松,耕作层较厚,心土层和底土层稍紧而不实,土壤结构良好,质地不过黏、过砂,既能通气透水,又能保水蓄肥,土层厚度要在1m以上(不含石灰或石灰含量低于0.5%),有机质含量在1%~2%,生物活性强,有效地下水位在1m以下。土壤质地以砂质壤土为主,酸性反应强烈,土壤pH值为4.5~5.5。

2. 茶园生态环境改良技术

当前的常规茶叶生产由于片面追求短期利益,忽视了生态保护和建设,对资源的掠夺性开发利用,导致茶区植被破坏,生态失衡,物种结构与食物链简单,产出功能和系统协调能力下降,茶园及周边生态环境日趋恶化,病虫害猖獗,茶树抗性和茶叶品质下降等不良后果。茶园基地生态环境建设应采用生态农业的生产管理方法,建立以生态茶为主的多物种组合的良性复合生态茶园,整体协调,循环再生,逐步改善上述茶叶生产中存在的生态问题,保护茶树生长的生态环境,维持生态平衡,使茶树得以安全、健康生长。

(1) 保护植被,种植生态树。对已选择好作为开发生态茶的基地,要进行全面系统规划,并制定出保护植被、种植生态树的具体实施方案,禁止毁坏森林发展生态茶园。新垦生态茶园依山形地势有规划、有目的地保留茶园山顶、山腰、山谷、山脚、陡坡、主要道路旁、溪渠边的自然植被。根据树种特征、特性在茶园中适度(一般3~6株)套种如合欢树、相思树、降香黄檀和银杏等遮阴树种;在茶叶加工厂和生活区四周等闲置地种植天竺桂、樱花、女贞等生态树。这样既能改善茶园生态环境,又能保护茶园的生物多样性和捕食性昆虫、鸟类等天敌栖息地,更好地利用光、热、水、气、肥等自然资源,美化茶园环境,提高茶叶生产力。

(2) 建设缓冲区或隔离带。在生态茶园基地四周、生态茶园基地与常规农业生产耕作区之间设置足够宽的缓冲区或隔离带(宽度大于9m)。种植速生生态树或以天然植被、作物、自然山地和河流等作为缓冲区,也可利用建筑物进行隔离。缓冲区上的作物应按农业生态产品生产方式进行栽培管理。缓冲区或隔离带建设同样要有利于茶园光、热、水、气等自然资源的调节,同时能有效预防周边常规农业生产给生态茶叶生产带来的污染。

(3) 套种绿肥,减少水土流失。在山区丘陵、山地的生态茶园,特别是新垦茶园,水土流失现象比较普遍。为了尽量减少茶园水土流失,在茶园内侧修筑竹节沟的同时,应根据茶园地势和当地气候特点等在茶园或茶园梯壁选择种植百喜草、三叶草、平托花生等绿肥植物。通过以割代锄,推广茶园行间铺草覆盖,减少茶园水土流失。

(4) 发展畜牧业和养殖业,补充有机肥源。生态茶生产基地,应有条件结合发展生态畜牧业和生态养殖业。通过养羊、养兔、养鸡等对茶园杂草和虫害进行有效控制,同时利用畜禽粪便补充有机肥源,培肥茶园土壤,最终达到茶、牧生态效应的良性循环,促进生态茶生产的健康发展。

3. 生态茶园基础设施建设

茶园基础设施建设主要包括茶园水利设施与道路修建、茶园绿化树种多样化培育、茶园园地综合改造等。具体建设内容为:一是在茶园顶部、周围和茶园路旁、水渠旁、风口处种植茶园防护林,在茶园主干道、支道或茶园周围空闲地种植行道树。二是茶园道路建设,硬化茶园主干道与支干道,达到晴雨畅通的标准。三是进行茶园排、蓄水系统建设。在茶园园地内侧修筑竹节沟,在茶园周围空旷地或田林交界处建设蓄水池或蓄水坑,改善茶园的生态和满足茶园灌溉要求,同时建设完善的灌溉和排水系统。四是对老、旧茶园进行园地修复与改造,实现茶园梯层等高、保水、保肥等。

(二) 茶树良种的选择及种植方式

1. 良种选择

茶树良种是指综合性状优良,在产量、品质、抗性和发芽特性方面明显优于当地现当家品种或区试中标准种的茶树品种。

各地气候条件差异大、生产茶类不同,茶树良种选择应根据当地生产茶类的要求,选择适制相应茶类、抗逆性较强的茶树良种种植。

品种无检疫性病虫害，种性特征明显，尤其能迎合市场需要的特性要突出，苗木健壮，高度大于20cm，茎粗大于5mm，分支3个，叶片12片以上。连片大面积茶园（茶园面积大于100亩），应合理搭配种植早、中、晚生茶树良种，如红绿茶生态茶园，早中晚种比例为6∶3∶1，主导品种2~3个（占70%左右）。

2. 种植时间

春季种植一般为2月上旬至3月上旬。秋季种植一般为10月下旬至11月下旬。以栽后次日开始有较长雨水为好，但避免暴雨。秋冬季常出现干旱或低温霜冻的茶区，宜早春种植。

3. 种植方式

单条栽适于陡坡窄幅梯坎茶园，行距150cm，丛距35cm，每丛种茶苗2~3株，每亩种植茶苗3 500~4 000株。双条栽适于缓坡或宽幅梯坎茶园，大行距150~160cm，小行距35cm，丛距35cm，两小行茶丛交叉排列，每丛种植茶苗2株，茶苗种植每亩4 000~5 500株。

（三）茶园土壤管理

1. 土壤覆盖技术

（1）土壤覆盖的优点。首先，茶园土壤覆盖可以抑制杂草生长。其次，茶园土壤覆盖可以减缓地表径流速度，促使雨水向土层深处渗透，既可防止地表水流失，又可增加土层蓄水量，起到保水抗旱的作用。再次，茶园土壤覆盖可以增加土壤有机质，有利于土壤内生物的繁殖，提高土壤肥力。最后，茶园土壤覆盖还可以稳定土壤的热变化，夏天可防止土壤水分蒸发并起到降温作用，具有抗旱保墒作用，冬天可保暖防止冻害，促使春茶早发。

（2）覆盖材料的选择和处理。覆盖的有机物料：如山草、稻草、麦秆、豆秸、绿肥、蔗渣、薯藤等。

山草处理方法：一是暴晒。二是堆腐。三是消毒。

（3）铺草的时间和方法。全年都可进行铺草，要按照以下两个原则进行操作：一是每年在高温干旱前或霜冻到来之前铺草，这样做可以起到防高温或防冻作用。二是选择草量多的杂草，且在其开花而又未结实或种子尚未成熟时进行。

南方茶区由于夏季高温，可在春末或夏初铺草，以降低即将来临的高温的影响。北方茶区由于冻害严重，可在秋末铺草，以防严冬冻害。其他茶区夏季高温干旱严重、冬季冻害较小的茶区，可在 8—9 月铺草，这时杂草生物量多，种子尚未成熟，铺草效果好。有条件的地方可进行 2 次或 3 次铺草，即春末、盛夏、秋末均可进行。

（4）铺草要求及注意事项。铺草前先耕锄 1 次，提高土壤保水力。铺草要均匀，厚度为 8~12cm，每亩 30~50 担。坡地茶园应将铺草横着坡向铺放，既可抑制径流水，也可防止杂草下滑堆积下层。不能将杂草已成熟的种子带入茶园，以免增加杂草生长量。对茶树生长抑制强的杂草，不宜作为铺草草料。

2. 耕作松土技术

茶园耕作的主要内容包括浅耕中耕、深耕两种。此外，还有实行免耕的。操作时应注意以下问题：应当选择晴天或雨后土壤稍干时进行耕作，土壤过湿或过干，会破坏土壤结构，费工费力且容易伤伤根。耕作时注意茶行中间处稍深，靠近茶根处稍浅。深耕时间必须在秋茶结束后及早进行，宜早不宜迟。长江中下游广大茶区以 9 月下旬至 10 月下旬为宜。对于长期铺草、杂草很少的茶园。因土壤比较疏松，浅根次数可以大大减少，只要每年结合施基肥或埋草进行深耕即可。

（1）浅耕、中耕。浅耕、中耕是指深度不超过 15cm 的茶园行间土壤耕作，在生产季节进行，一年可多次，结合追肥进行。浅耕深度为10cm以内，除草结合施肥。每年进行3~5次，即在3月施催芽肥时耕作1次，5—6月施用夏肥时耕作1次，7—8月除草1次，且趁杂草种子还未成熟时施1次秋肥，除草浅耕。对幼龄茶园除草，苗旁杂草用手拔除，除草仅在行间进行，以免损伤幼苗。中耕深度为10~15cm，主要在春茶之前进行。

（2）深耕。深耕的程度主要视茶树根系在土壤中的分布状况，并依据茶园管理水平、种植方式、品种、树龄而定。管理水平高或长势好的茶园，可以浅根或免耕。条栽密植茶园，行间根系分布较多且较浅，不能年年深耕。对于疏植茶园、丛栽茶园，深耕程度可深些，一般掌握在25~30cm。大叶种根系分布较深可深耕，而中小叶种则可适当浅些。幼龄茶园宜浅耕，老龄茶树可深耕。

深耕时间在8—9月，一般在秋季茶园停采后，根系活动旺盛时，结合施基肥进行深耕，俗称"七挖金、八挖银"。平地茶园在茶行中间耕锄，坡地茶园在茶行上方耕锄，梯式茶园在茶行内侧耕锄。

3. 茶园蚯蚓放养技术

（1）种蚓培养。首先在茶园地边挖几个长3~4m、宽1~1.5m、深30~40cm的土坑，坑底铺上10cm左右较肥的壤土，壤土上铺放稍经堆腐的枯枝烂叶、青草、谷壳、畜禽粪便及厨房垃圾等作为蚯蚓的食料，做成蚯蚓培养床。其次，在食料上再铺上10~15cm的肥土，然后经常浇水，使蚯蚓培养床保持50%~60%的田间相对含水量。再次，约过半个月食料充分腐烂，然后从肥土地里挖取并收集蚯蚓，把收集到的蚯蚓放到蚯蚓培养床内，每平方米30~50条。最后，经常浇水，保持床内湿润，经过数月后，蚯蚓开始在床内大量生长、繁衍，可作茶园放养用。注意在投放蚯蚓时必须待青草、谷壳、畜禽粪便等完全发酵腐烂后才可放入种蚓进行培养，不然发酵升温会把种蚓烧死。

（2）放养茶园。先在茶园行间开一条宽 30~40cm、深 30cm 的放养沟，沟里铺放堆沤肥、草肥、栏肥、茶树枯枝落叶、稻草等物，加上少量表土拌和均匀，接着挖出事先准备好的蚯蚓培养床中的蚯蚓、蚯蚓粪便及蚯蚓未吃完的枯枝落叶等一起撒到茶园放养沟中，然后盖上松土，浇水，让蚯蚓自然生长、繁衍。每年结合施基肥检查 1 次蚯蚓生长情况并加稻草、杂草、枯枝落叶等蚯蚓的食料，如发现蚯蚓生长不良，要继续放入种蚓，直到生长繁衍良好为止。

4. 茶园绿肥种植技术

（1）生态茶园绿肥品种的选择。适合生态茶园种植的绿肥品种很多，要根据当地气候条件、土壤特点、茶树品种、种植方式、茶树树龄和绿肥作物本身生物学特性等因地制宜地选择恰当的品种。生态茶园缺氮是常见的问题，选择绿肥首先应考虑选固氮能力强的、含氮高的豆科作物。虫害多的可考虑选择一些对虫害有驱避作用的非豆科作物。一般在长江中下游广大茶区，作为茶园种植前先锋作物的绿肥，尽量选择耐瘠、抗旱根深、植株高大、生长快的豆科品种，如桱麻、大叶猪屎豆、决明豆、羽扇豆、毛蔓豆、田菁、印度豇豆、肥田萝卜等；1~2 年生中小叶种幼龄茶园，尽量选择矮生或匍匐型豆科绿肥，如小绿豆、伏花生、矮生大豆等，既不妨碍茶树生长，又能收到水土保持的效果；2~3 年生幼龄茶园可选用早熟、速生的绿肥，如乌豇豆、黑毛豆、泥豆等，可防止出现茶树与绿肥之间生长竞争的矛盾。对于华南茶区，夏季可选用秆高、叶疏、枝秆呈伞状的山毛豆、木豆等，既可作肥料又可作茶苗遮荫物。在长江以北茶区冬季可选用蓝花苕子等，既可作肥料又有土壤保温效果。坎边绿肥以选用多年生品种为主，长江以北茶区可选种紫穗槐、草木樨；华南茶区可选种爬地木兰、无刺含羞草等；长江中下游广大茶区可选种紫穗槐、知风草、大叶胡枝子、除虫菊、艾草、雷公藤、鱼藤等。

（2）生态茶园绿肥的利用。生态茶园绿肥利用方式很多，其中主要有以下几种。

绿肥作牲畜饲料：许多茶园绿肥茎叶和豆荚等都可以作牲畜饲料，营养价值较高。绿肥经过动物肠胃消化吸收后，牲畜粪便经无害化处理施于茶园作有机肥，可作基肥用。这样可以使绿肥的生物能充分得到利用，是生态农业重要举措，也是生态茶园绿肥最佳利用方式。

绿肥作沼气发酵材料：茶园绿肥有机质含量高，是作沼气发酵的好材料。把绿肥和畜禽粪便一起放在沼气池中发酵，所产生的沼气可作炒茶和照明等用，废渣和沼气液含氨率高，速效性强，可作茶园追肥，这也可充分利用绿肥中的生物能，为生态茶生产服务，也是生态茶园绿肥较佳的利用方式。

绿肥作茶园土壤覆盖物：土壤覆盖是生态茶生产极为重要的农技措施，好处很多，但因受覆盖物草源的限制，推广受到影响。绿肥是就地可用的最佳土壤覆盖材料，春播夏绿肥可作夏秋伏天干旱时的覆盖材料，拔起后直接铺到行间，待秋冬深耕时埋入土中作肥料，伏天起到抗旱保苗作用，秋冬又起到施基肥的作用。秋播冬绿肥也可作春、夏时的土壤覆盖材料，可防冲刷保墒、降温，待翌年茶园浅耕时埋入土壤作肥料，一举两得，这也是生态茶园绿肥利用的较好方法。

绿肥直接翻埋作肥料：茶园绿肥可直接埋入行间作肥料，当秋播冬绿肥在5月上花下荚时，拔后在行间开沟作春肥施用，春播夏绿肥在8—9月待上花下荚时开沟作夏秋肥施入。绿肥直接埋青可提高土壤含水量，效果好。但直接埋青时要防止绿肥腐烂发酵造成烧根现象，所以埋青时不要靠茶根太近，最好埋在茶行中间。

绿肥作堆、沤肥用：在茶园地边挖几个大小不等的地头坑，将各种绿肥及当地的杂草枯枝、落叶等有机物与一些厩肥、沤肥、塘泥放在坑中，经过一段时间堆、沤使之腐熟化，在茶园施肥季节作基肥或作追肥用。

（四）施肥管理

肥料是茶树的营养剂，适时、正确、平衡供肥能促进茶树生长，从而达到增产、提质、增效的目的。肥料品种很多，根据肥料性质不同，基本可以分为三类即有机肥、无机肥、菌肥。要合理施肥，首先须测定土壤肥分，根据元素的盈缺合理补充，即"测土配方"施肥，它可以达到用肥省、肥效高的目的，避免盲目施肥造成无谓浪费。

1. 用肥量

一般根据茶叶产量来定。生产100kg干毛茶，消耗纯氮12~15kg，即按1：（0.12~0.15）的比例，再根据肥料中含氮率计算出肥料用量。氮、磷、钾比例一般为3:1:1或4:1:1。绿茶区氮素比例可适当多一些。有机肥以菜籽饼为例，每亩每年250kg，其他有机肥按养分含量酌情增减。

2. 施肥时机

根据不同茶区生产季节长短而定，如果只采春、秋两季茶，则选择"一基二追"的方法，即一次基肥，二次追肥，分冬、春、秋三次施肥，用肥比例为全年施肥量的40%、36%、24%。如采春、夏、秋三季茶，则选择"一基三追"的方法，分别于冬、春、夏、秋施肥，每次施肥量比例为30%、28%、21%、21%。春茶催芽肥应在春梢萌动前20d追施，其他追肥应于上个茶季采茶结束时施下。而基肥要在冬季茶树地上部进行休眠期时，挖沟施放。

基肥以有机肥为主，配施磷、钾肥。追肥可选用复合肥、尿素或生物固氮菌肥、有机复合肥等。畜禽肥等农家肥使用前须经无害化处理，原则上就地生产使用，外来可疑农家肥需检验合格后方可使用，商品有机肥、叶面肥、生物肥等也均应符合相关的肥料要求。

叶面肥的喷施应仔细阅读说明书，注意使用方法、浓度、时间等有关问题。若与农药混合使用，要注意农药和叶面肥的化学性质，混合后是否产生沉淀、变色等现象。叶面肥宜在阴天喷施，或晴天的上午8：00—9：00或16：00以后喷施。以茶树叶片正背面喷透、喷匀为止为宜。喷施后24h内如有下雨，应重喷。喷时2~3次为一个施肥单元，每次相隔3~5d。

3. 技术模式

针对茶叶化肥施用不尽合理、有机肥用量不足的问题，在对茶叶化肥减量施肥潜力评估基础上，融合测土配方施肥、有机肥替代及水肥一体化等主要技术，在茶园主推"有机肥+配方肥""有机肥+水肥一体化""茶+沼+畜"三种化肥减量增效技术模式，实现茶叶提质、减肥、增效目标。

（1）"有机肥+配方肥"化肥减量增效技术。每年10月中下旬每亩基施有机肥300~500kg，开深15~20cm的条沟施肥或直接撒在茶树行间，结合深耕施用。化肥每亩推荐N用量16kg，$N：P_2O_5：K_2O$施肥比例为1：0.4：0.4；全年分4次施肥，分别为基肥、春茶开采前追肥、春茶采收后追肥、夏茶采收后追肥；磷肥、钾肥全部作基肥，氮肥施用比例分别为50%、20%、15%、15%；追肥开浅沟5~10cm埋施，或表施+浅旋耕混匀。

（2）"有机肥+水肥一体化"化肥减量增效技术。每年10月中下旬每亩基施有机肥300~500kg，开深15~20cm的条沟施肥或直接撒在茶树行间，结合深耕施用。用水肥一体化设施追肥5次，每次每亩施用水溶性肥料按N、P_2O_5、K_2O用量3.0kg、1.0kg、1.0kg，分别在春茶采前、春茶采收后、7月初、8月初、9月初（具体施用量因树龄、产量、气候等因素而定）。

(3)"茶+沼+畜"化肥减量增效技术。每年10月中下旬一般每亩基施经过堆沤腐熟后的沼渣有机肥1 000kg左右，开深15~20cm的条沟施肥或直接撒在茶树行间，结合深耕施用；经过无害化处理后的沼液，追肥在茶园上使用可喷可浇，追肥5次，每次400~500kg（按沼水比1∶2稀释），加入尿素4~5kg/亩，浇灌于茶树根部，分别在春茶采前、春茶采收后、7月初、8月初、9月初（具体施用量因树龄、产量、气候等因素而定），施用时应尽量避免中午高温时段。

(五) 土壤水分管理

水是树体的重要组成部分，同时是一切新陈代谢的介质。土壤含水量在75%左右最适生长，含水量降至40%~50%时，茶树生长极为缓慢，而土壤水分降至30%时，茶叶生长完全停止。据研究，茶树生长适宜的环境水分指标是：土壤含水量为田间最大持水量的60%~90%，空气相对湿度70%~90%，最适指标两者均为75%。在此条件下，茶树水分代谢旺盛，芽叶持嫩性强，生育量大，有利于持续高产优质。

水分管理主要分"给"与"排"两个内容，当水分不足时，可通过喷灌、滴灌或人工浇灌给水；当雨量过多，即将造成积水时，应及时排除。生产上容易造成积水的时期，主要是"梅雨"季节或台风暴雨。秋季是最容易干旱的季节，常年在园间铺草，既可保持水分、缓解旱情，也可缓解大雨冲刷茶园表土。在路边地角建立蓄水沟、池，植树种草，增加植被覆盖度等，以减少水分蒸发、涵养水分；干旱严重，耕作层土壤相对含水量降低至70%以下时，茶园应及时引水灌溉，采取滴灌和喷灌较好。

1. 茶园给水

茶园灌溉具有显著的增产、增质、增效作用，灌溉方式的选择必须因地制宜，以增效适用为原则。一般来说，平地或缓坡茶园可选择喷灌或滴灌，水源充足、地势平坦或梯式茶园可建设完善流灌系统。

2. 茶园排水

大多丘陵山地茶园，通常不存在土壤积水、湿度过大的问题。一般只需开设好截洪沟、泄洪沟、园内横水沟和蓄水池等，及时排除过量降水，防止水土流失即可。表土层下有不透水层的茶园（如红壤地区）、低洼地茶园，由于土壤本身的结构特点或地下水位过高，易发生湿害，因地制宜做好排湿工作。排湿的根本方法是开深沟排水，降低地下水位。要科学管水，做到有水能蓄，多水能排，缺水能补，使茶园土壤水分经常保持在茶树生长的适宜范围。

（六）茶树剪采技术

1. 树冠管理

茶树树冠管理技术是茶园管理中的主要栽培技术措施之一，根据茶树生长发育规律、外界环境条件变化和对茶园管理的要求，通过人为剪除部分枝条，改变茶树生长分枝习性，以促进营养生长，塑造理想树型，延长经济年龄，达到茶叶生产高产、稳产、优质的目的。主要是修剪，分为幼树定型修剪和生产茶园树冠修剪。树冠管理修剪分轻修剪、深修剪、重修剪、抽枝剪和台刈。

（1）幼树定型修剪。幼树一般要进行3~4次定剪，春、夏、秋季节都可进行,但在春茶茶芽未萌发之前的早春 2—3 月为最好。第一次定剪在茶苗高 30cm 以上时,离地 15~20cm 处水平剪去;第二次在原剪口提高 15~20cm,即离地 30~40cm 处剪去;第三次在离地 45~50cm 剪去;第四次离地 55~60cm 处剪成弧形并培养树冠。第二至第四次定剪对象都是在上次定剪基础上所萌发的茎粗 0.4cm 以上、展叶树达 7~8 片叶以上,以达半木质化的枝条。幼龄期间贯彻"以养为主,适当打顶"的采养方法,即在茶梢生长达到定剪高度以上进行打顶采,坚决防止早采、强采和乱采。

(2) 生产茶园树冠修剪。多数生产茶园的采摘茶树以采用压强扶弱抽枝剪为主,并结合冠面轻修剪。

(3) 轻修剪。轻修剪即剪去树冠表层 3~5cm 的枝叶,其主要目的是保持整齐的树冠采摘面。低海拔茶区宜在每年茶季结束后即 10 月上旬或 11 月上旬进行,冬季有霜冻的茶区,为防止减后茶芽受冻害,应在冬季或早春进行,减去枯枝败叶、鸡爪枝,以促进新梢萌发。

(4) 深修剪。深修剪即剪去树冠上层 15~20cm 的枝叶(绿叶层的 1/3~1/2),其主要目的是更新采摘面,可以促使茶树上部树冠复壮。经 3~5 年生产,轻修剪后,顶部枝条生长能力差,必须进行更新。深修剪时间一般在树体内贮藏物质第二高峰期——春茶后进行,这样可以保证春茶的收获。深修剪后需要用头轮茶留养、末轮茶打顶采摘的方法复壮树冠面。

(5) 重修剪。对象是树势趋向衰老,出现枯枝、虫蛀、主干退化呈灰白色、枝条细弱、新梢萌发无力,而骨干枝仍有较强活力的茶树,树龄一般达 15 年左右。修剪程度应视茶枝衰老程度而定,一般要求剪去树高的 1/2~2/3,即从离地 35~45cm 处修剪。操作时,剪口要平滑,避免撕裂。时间多掌握在春茶采摘后 10d 内进行。

(6) 抽枝剪。主要针对生长不良、分枝不均的茶树。具体做法是主干、壮枝重剪，弱枝轻剪或不剪；密枝多剪，疏枝少剪或不剪，其目的是抑强扶弱，促进侧枝生长，使整个树冠平衡壮大。

(7) 台刈。台刈的对象是树势十分衰老的茶树，枝条披生苔藓和地衣，枝干呈灰褐色，产量严重下降，到了不动大手术难以复壮的地步。具体方法视茶树品种和长势而定，乔木型大叶种茶树留树桩宜高，一般是在根颈部离地 5~10cm 处用锯子割除，灌木型中小叶种茶树可离地小于 5cm 或平地剪去。注意切口要平滑，适当倾斜，可防止积水，树桩不能撕裂。根颈部有更新枝的，应保留 2~3 枝，以利水分和养分输导。时间可在 5 月中旬至 7 月中旬进行，台刈后必须经过 1 年以上的封园蓄养。

2. 采摘

采摘作用有两个，一是培养树冠，二是为茶叶加工提供所需鲜叶原料。

培养树冠采摘：在第一次定型修剪前，当新梢长高 25cm 左右时，摘去顶芽及嫩梢，以促进主干分枝；当第三次定型修剪后，树冠基本成型，但采摘面尚未达到"壮、宽、茂、密"的程度，为培养理想的采摘面，必须采取"抑强扶弱"的措施，采摘方法掌握采高不采低、采中不采侧和采密不采疏的原则。

提供加工原料采摘：根据所加工茶类和等级的不同而有较大差别。

(1) 采摘方式。

单芽采：只采芽，不采嫩梢和叶片。

常规采摘：采嫩梢，含芽和嫩叶。有采一芽一叶、一芽一二叶、一芽二三叶、一芽一叶初展等不同采摘方式，可供加工不同等级的绿茶、红茶和白茶等。

开面采：顶芽开始停止生长（俗称驻芽），采下驻芽二三叶及幼嫩对夹叶，供加工不同类型的乌龙茶。根据顶部第一片叶子成熟度（即大小）不同，有小开面采、中开面采和大开面采之分。

（2）采茶时间。大多数茶类原料一般以上午露水消失后至傍晚均可采摘，如乌龙茶采茶时间以10：00至16：00为好。

（3）采茶方式。分手采和机采。做高档茶主要用手采；机采的茶青要进行去杂、分级，以便加工。

二、生态茶园病虫草害综合防治技术

近年来，随着气候、生态、茶园种植及管理的方向变化，茶叶病虫害的趋势也发生变化，病害从成熟叶、老叶向芽叶发展，常见如茶饼病、茶轮斑病等。虫害从大型害虫向小型害虫变化，吸汁性、食叶性不同程度增多，如叶蝉类、粉虱类、毒蛾类、尺蠖等。

生态茶园病虫草害的综合防控就是在了解茶园这种特殊生态环境的基础上，本着尊重自然的原则，充分发挥以茶树为主体的、以茶园环境为基础的自然生态调控作用，以农业措施为主，辅助适当的生物、物理防治技术，并利用茶叶生产标准中允许使用的植物源农药和矿物源农药控制茶园病虫草害，从而保证茶树的健康生长。

（一）茶园病虫草害综合防控的主要技术措施

1. 保护茶园生物群落结构，维持茶园生态平衡

植树造林、种植防风林、行道树、遮阳树，增加茶园周围的植被。部分茶园还应该退茶还林、调整茶园布局，使之成为较复杂的生态系统。从而改善茶园的生态环境，创造不利于病虫草害滋生和有利于各类天敌繁衍的环境条件，保持茶园生态系统的平衡和生物群落多样性，

增强茶园自然生态调控能力。

2. 优先采用农业技术措施,加强茶园栽培管理

重点采取推广茶树抗病虫品种、优化茶树布局、培育健康种苗、改善水肥管理等健康栽培措施,并结合农田生态工程、茶园生草覆盖、作物间套种、天敌诱集带等生物多样性调控与自然天敌保护利用技术,改造茶树病虫害发生源头及滋生环境,人为增强控制自然灾害能力和茶树抗病虫能力。其中剪、采、耕最为重要。茶园耕作管理既是茶叶生产过程中的主要技术措施,又是虫害防治的重要手段,具有预防和长期控制虫害的作用。

3. 保护和利用天敌资源,提高自然生物防治能力

天敌对害虫的控制作用是长期存在的,充分发挥并利用天敌对害虫的自然控制效能则是害虫生态调控的重要措施之一。茶树病虫害天敌资源丰富,其中蜘蛛为最大种群,占整个天敌种群的80%~90%。种类多,数量大,繁殖率高。每头蜘蛛每天可捕食害虫6~10头。可以采取人工释放天敌的方法,大量繁殖和释放天敌,如茶尺蠖绒茧蜂、草蛉、瓢虫、蜘蛛、捕食螨和寄生蜂等,可以有效地补充茶园自然天敌种群,对虫害有良好的防治效果,且不会对环境造成污染。

4. 采用生物防治措施,合理使用植物源农药和矿物源农药

重点推广应用绿僵菌、白僵军、微孢子虫、苏云金杆菌(Bt)、蜡质芽孢杆菌、枯草芽孢杆菌、核型多角体病毒(NPV)等成熟产品,加大技术的示范推广力度,积极开发茶叶生产标准中允许使用的植物源农药和矿物源农药等生物生化制剂应用技术。

5. 推广物理防治措施

(1)人工捕杀。对茶园中某些目标明显或群集性强的害虫,利用其栖息场所或习性的特点,结合农事操作进行捕杀。封园后和初冬有

可能气温较高，茶衰蛾、扁刺蛾、茶毛虫类害虫还能继续为害茶树，这时应抓住时机，在晴天上午9：00左右和15：00以后，进行人工捕捉，以减轻虫害。

(2) 色板诱杀。利用害虫对不同颜色的趋性进行诱杀，茶园色板常以黄、蓝色为主，可防治粉虱、小绿叶蝉、广翅蜡蝉、角胸叶甲、蚜虫、茶潜蝇叶、茶鹿斑蛾、铜绿丽金龟、茶蜻象、茶橙瘿螨等十多种害虫。常与性诱剂配合使用。新型天敌友好型粘虫色板根据害虫和天敌对颜色偏好性差异，如采用双色图案，黄色诱杀叶蝉，红色拒避天敌。采用全降解材料制作基板，避免塑料污染。

(3) 灯光诱杀。灯光诱杀是指利用某些害虫的趋光性及对不同波长、波段的光的趋性，对害虫进行诱杀的重要物理诱控技术。可诱杀茶尺蠖、茶毛虫、茶刺蛾、茶油桐尺蠖、丽纹象甲、茶叶斑蛾、扁刺蛾、斜纹夜蛾、白毒蛾、黑毒蛾、茶衰蛾等鳞翅目成虫，对小贯小绿叶蝉、金龟子等害虫也有一定的诱杀作用。利用频振诱控技术控制重大农业害虫，不仅杀虫谱广，诱虫量大，诱杀成虫效果显著，而且害虫不产生抗性，对人畜安全，能促进田间生态平衡，此外还安装简单，使用方便，符合农产品安全生产技术要求。但缺点是诱虫光谱宽，对天敌杀伤大，电网对叶蝉等小型昆虫的捕杀能力差。生产上常用的有频振式杀虫灯和新型天敌友好型窄波LED杀虫灯等。

(4) 物理和化学诱杀。昆虫性信息素是昆虫种内个体之间性联系的化学信号，在昆虫求偶、交配等过程中发挥重要作用。通过模拟雌蛾释放的性信息素，诱杀雄蛾，降低下一代害虫发生数量。具有安全无毒、用量低、不接触茶树、持效期长、对天敌安全、不污染环境等优点，可诱杀灰茶灰尺蠖、茶尺蠖、茶毛虫、茶细蛾、茶小卷叶蛾、茶长卷叶蛾、绿盲蝽、斜纹夜蛾等茶树害虫。性信息素诱剂防治技术可大面积、连片、持续使用,在越冬代成虫羽化前放置于茶园中,每亩2~4套。性信息素诱芯每3个月左右更换1次,或在黏虫板满时及时更换。

(5)物理防治技术应用的关键。依据目标害虫的虫口密度和目标害虫的昼夜规律确定使用时机;结合目标害虫的活动习性和目标害虫的生理特征来选择合适的使用方法。

(二)茶树常见病虫害的防治技术

1. 茶饼病

(1)识别要点。茶饼病主要为害茶树幼嫩组织,从幼芽、嫩叶、嫩梢、叶柄、花蕾到幼果均可受害,但以嫩叶嫩梢受害最重。茶饼病叶部症状大多表现为正面平滑光亮,下陷,而背面隆起,偶尔也有在叶正面呈饼状凸起的病斑,叶背面下陷;叶片上病斑多时可相互愈合为不规则的大斑;叶缘、叶脉感病后使叶片扭曲对折,感病嫩叶均呈畸形。后期病斑上白粉消失或者不明显,病斑逐渐干缩,呈褐色枯斑,但病斑边缘仍为灰白色环状,病叶逐渐凋萎以至脱落。嫩芽、叶柄、花蕾、嫩茎、幼果被害,一般病灶部位均表现为轻微肿胀,重的呈肿瘤状,有白粉状物,后期病部逐渐变为暗褐色溃疡斑。嫩茎上常呈鹅颈状弯曲肿大,受害部易折或者造成上部芽梢枯死。

(2)防治技术。农艺防治:①加强栽培管理。勤除杂草,砍伐遮阴树,清除茶园及其周围的野生灌木,使之通风透光;适当增施钾肥,以增强树势,减轻发病。②避病预防。选择修剪时期,使复壮后抽出的新梢在病害流行期已达1个月以上叶龄,或使新梢抽生时避过病害发生期。③清除病源。分批多次采摘,尽量少留嫩叶在茶树上,以减少侵染机会;复垦荒芜茶园,清除越夏茶树上的病叶,以减少侵染源。

农药防治：在发病初期，连续 5d 中有 3d 上午的平均日照时间 ≤ 3h，或 5d 日降水量在 2.5~5mm 及以上时，应立即喷药。喷洒 2% 多抗霉素可湿性粉剂 100mg/kg，或用 0.6%~0.7% 石灰半量式波尔多液、0.2%~0.5% 硫酸铜液等铜素杀菌剂，于春茶前及每个茶季各喷药 1 次，进行预防。尤其对修剪及台刈后的茶树，更应注意喷药保护，以防止抽出的新梢遭受侵害。由于铜素杀菌剂在茶叶上的铜残留量高，对茶叶品质影响大，因此，不宜在采茶期使用，应在非采摘茶园中使用。

2. 茶轮斑病

（1）识别要点。茶轮斑病主要发生于当年生的成叶或老叶上，也可为害嫩叶和新梢。病害常从叶尖或者叶缘开始，逐渐向其他部位扩展。发病初期病斑黄褐色，然后变为褐色，最后呈褐色、灰白色相间的半圆形、圆形或者不规则的病斑。病斑上常呈现有较明显的同心轮纹，边缘有一个褐色的晕圈，病健分界明显。病斑正面轮生或者散生许多黑色小点。如果发生在幼嫩芽叶上，自叶尖向叶缘逐渐变为褐色，病斑不规则，严重时芽叶呈枯焦状，上面散生许多扁平状黑色小点。新梢发病，常在基部先生暗褐色小斑，以后上下扩展，上生黑色小点。茎渐弯曲，病部以上茎叶呈红紫色，然后萎凋枯死。

（2）防治技术。

农艺防治：加强茶园管理，防止掳采或者强采，减少伤口。咀嚼式口器害虫取食后造成的伤口也是病菌侵入的途径，因此防治害虫是预防茶轮斑病的重要措施。在夏季高温干旱季节出现日灼伤后，导致生长活力减弱的叶片组织在遇雨后往往是病原菌侵染的良好场所，应喷药保护。加强肥培管理、建立良好的排灌系统可使茶树生长健壮，从而增强抗病能力，减轻发病程度。

农药防治：在春茶结束后（5月中下旬）和修剪后喷施杀菌剂，可用75%百菌清可湿性粉剂600倍液（安全间隔期10d）。扦插苗圃在高温高湿季节、温室苗圃都应及早喷药防治，以防出现茎腐症状。

3. 茶炭疽病

（1）识别要点。茶炭疽病主要为害茶树已展开的成长叶片，新梢上偶有发生。最初在叶尖或叶缘产生水渍状暗绿色病斑，迎着光看病斑呈半透明状，后水渍状逐渐扩大，仅边缘半透明，且范围逐渐减小，直至消失。病斑沿着叶脉扩展成半圆形或不规则形，病斑颜色由开始的焦黄色变成黄褐色至红褐色，最后变为灰白色。病斑边缘有黄褐色隆起线，与叶片健部分界明显。成形的病斑常以叶脉为界，受主脉限制，病斑常表现为半叶病斑。发病后期病斑正面密生许多黑色细小突起的粒点，病斑上无轮纹。病斑部分较薄而脆，容易破裂，病叶最终脱落。

（2）防治技术。

农艺防治：①加强肥培管理。加强茶园栽培管理，增施有机肥和适量钾肥，勿偏施氮肥；雨季抓好防涝排水；秋冬季进行清园，扫除并烧毁地面的枯枝落叶和杂草，减少越冬病原。②台刈更新，更换品种。对连年严重发病的老茶园，可在春茶后采取台刈更新的办法来防治。将台刈下来的枯枝和地面落叶清出茶园并烧毁。台刈后的茶园要施足基肥，这样可有效防治病害。茶树炭疽病的发生在品种间的差异很大，因此在炭疽病发生严重的地区应种植抗病品种。

农药防治：使用药剂防治茶炭疽病宜早，最好在夏、秋茶萌芽期或发生初期进行喷药。也可在病害发生期（6月上旬和9月）喷洒75%百菌清可湿性粉剂1 000倍液（安全间隔期10d）。在我国秋季是茶树炭疽病发病主要季节，因此在夏茶干旱期结束后至秋季雨季开始前的喷药防治至关重要。在发生严重的地区，喷药后 7~10d 最好再喷药 1 次，全年喷药 2~3 次，可以控制病害的发展。

4. 小贯小绿叶蝉

茶园有多种叶蝉类害虫，其中小贯小绿叶蝉在茶园为害最为常见。小贯小绿叶蝉在我国茶区普遍发生，是茶园中为害最为严重的一种害虫，主要为害茶树嫩梢，被害茶树嫩梢萎缩硬化，叶缘、叶尖呈黑褐色枯焦状，全年发生代数多，江南茶区 9~11 代，华南茶区可达 12~17 代，以成虫在茶园或杂草上越冬，华南茶区越冬现象明显。

（1）识别要点。成虫、若虫均刺吸芽梢嫩叶，受害芽叶沿叶缘黄化，叶脉红暗，叶片卷曲，叶质粗老，以致自叶尖叶缘红褐，进而焦枯，芽叶萎缩，生长停滞，严重影响茶叶产量和品质。在测报上，随着为害程度的加重呈现湿润期、红脉期、焦边期、枯焦期为害状。

成虫和若虫均怕湿畏强光，阴雨天气或晨露未干时静伏不动。一天内于晨露干后活动逐渐增强，中午烈日直射，活动暂时减弱并向丛内转移，徒长枝芽叶上虫口较多。若虫蜕下的皮壳即留在叶背。卵散产于芽梢组织内。成虫淡绿至淡黄绿色，头冠中域大多有两个绿色斑点，头前缘有 1 对绿色圈（假单眼），复眼灰褐色。

（2）防治技术。

农艺防治：加强茶园管理，清除园间杂草，及时分批多次采摘，可减少虫卵并恶化其营养条件和繁殖场所，减轻为害；做好冬季清园封园工作，消灭越冬虫源。

物理防治：①利用黄板诱杀。根据小贯小绿叶蝉的趋黄性，在茶园中悬挂诱虫黄板，当该虫跳跃撞击黄板时，黄板上的胶即将其粘住致死，从而达到诱杀的目的。根据试验，每亩茶园用黄板 25~30 张（规格 20cm×30cm），就能较好地控制该虫的为害，黄板顶部悬挂高度与茶树顶梢齐平为宜。②用频振式杀虫灯诱杀。频振式杀虫灯在山地茶园上对该虫诱杀效果突出，在害虫发生期，每5~10亩用灯1盏，就能显著降低该虫为害。针对小贯小绿叶蝉只能短距离跳跃这一特点，挂灯的高度以高出茶树顶梢30~40cm为宜。

农药防治：①化学农药防治。应用具有触杀性的高效低毒农药进行防治，如15%茚虫威悬浮剂2 500~3 000倍液（安全间隔期14d）、15%虫螨腈悬浮剂2 000~3 000倍液（安全间隔期10d）、10%氯氰菊酯乳油6 000倍液（安全间隔期3d）、2.5%溴氰菊酯乳油6 000倍液（安全间隔期5d）、2.5%联苯菊酯乳油3 000倍液（安全间隔期6~7d）等，上述农药可任选一种在小贯小绿叶蝉发生高峰期前、若虫占80%时使用，可收到较好效果。②植物源农药防治。使用植物源农药必须在害虫若虫低龄期适时施用，要体现早和快。生产上常用的苦参碱是由苦参的根提取，对害虫具触杀和胃毒作用，以0.6%苦参碱水剂1 000~1 500倍液（安全间隔期7d）防治小贯小绿叶蝉。最好在阴天16：00左右或傍晚喷药，24h内喷施2次防治效果最佳。苦参碱药效较缓慢，应提前3~5d施用。在低龄若虫盛期用药，可采用较低浓度，在虫龄偏高时，应以高浓度为好，以保证防治效果。

5. 黑刺粉虱

茶园粉虱类主要是黑刺粉虱，茶白粉虱常伴随发生，但发生量较小，偶见柑橘粉虱。全年发生4代左右，以幼若虫在茶树叶背越冬。

（1）识别要点。黑刺粉虱以若虫群集在寄主的叶片背面吸食汁液，叶片因营养不良而发黄、提早脱落。该虫的排泄物能诱发煤污病，使枝、叶、果受到污染，导致枝枯叶落，严重影响茶叶产量和质量。其残留在叶背的蛹壳成为各种螨类的安全越冬场所。成虫常停栖在芽叶上或叶背面。卵多产在茶丛中下层叶背，散产或密集成圆弧形。

成虫腹部橙黄色，薄覆白粉，前翅褐紫色，有7个白斑，后翅淡紫褐色。卵弯曲成香蕉形或茄形，初产时为乳白色，后逐渐变为淡黄色、橙红色，孵化前变为棕褐色或紫褐色。通过一卵柄附着在叶片上。

（2）防治技术。

农艺防治：加强茶园管理。采取增施有机肥、配合施用磷钾肥，结合修剪、疏枝、中耕除草，改善茶园通风透光条件，增强树势，提高抗虫能力，减轻黑刺粉虱为害程度。冬季修剪后可喷洒0.5波美度的石硫合剂封园。

物理防治：利用黑刺粉虱成虫有较强的趋黄性，在成虫期采用黄板诱集法诱杀。在黑刺粉虱成虫羽化之前，于发生黑刺粉虱的茶蓬上方约10cm处，每亩茶园悬挂粘虫板20~25片（规格25cm×40cm），诱杀成虫可取得良好的效果。

农药防治：防治适期是卵和一龄若虫盛发期，重点在第一、第四代，挑治第二、第三代。超过防治指标时，应考虑进行化学防治。药剂可选用15%虫螨腈悬浮剂2 000~3 000倍液（安全间隔期10d）、10%联苯菊酯乳油5 000倍液（安全间隔期6~7d）、1.2%苦参碱水剂500~1 000倍液（安全间隔期7d）。

6. 茶橙瘿螨

（1）识别要点。成螨、若螨刺吸为害茶树芽梢和成叶，致叶片失绿、叶脉红褐、叶面变暗无光泽，叶背多褐色细纹锈斑，远视一片铜红如火烧，严重影响茶叶产量和品质。卵散产，产于嫩叶叶背，且以叶脉两侧凹陷处为多。幼螨孵出即在叶背栖息吸食，蜕皮2次经若螨变为成螨。茶橙瘿螨在茶树上以茶丛上部最多，一般嫩叶螨口多于成叶、老叶，大多数栖于叶背。越冬螨口多集中在上部老叶，春茶萌发后渐向新梢转移。茶橙瘿螨在田间早春呈高度聚集分布，呈现发虫中心,夏季则随螨量增大渐趋扩散。螨体微小,成螨黄色或橙黄色,近圆锥形,状如胡萝卜。卵球形,半透明,有光泽,近孵化前色混浊。幼螨与若螨形同成螨,初孵化时乳白色,后淡黄或浅橙黄色。

(2)防治技术。

农艺防治:选用抗性品种,冬季或春前修剪,可压低螨口基数,有助于推迟或削弱第一发生高峰;及时分批勤采,恶化害螨食源,有利于控制螨口数量。如在杭州龙井茶区,茶园采摘早、采得勤,致使第一高峰不明显,甚至不出现。茶园土壤施氮或喷施含氮叶面肥,对茶橙瘿螨的繁殖力有强烈的抑制作用,可减轻茶园螨害。干旱时喷灌,利用喷灌水的冲力,可冲掉叶片上附着的95.4%~99.4%的茶橙瘿螨,起到防治作用。

农药防治:①化学农药防治。加强田间调查,掌握在害螨点片发生阶段或发生高峰出现前及时喷药防治。防治指标:中小叶种茶树平均每叶螨口为17~22头,或叶面上螨口密度为3~4头/cm^2,或螨情指数为6~8。在茶树生长季节,药剂可选用99%矿物油乳油100~150倍液(安全间隔期7d)、10%虫螨腈悬浮剂2 000~3 000倍液(安全间隔期7d),药液喷洒至茶蓬上部叶片背面,注意农药的轮用、混用。秋茶采摘后用45%石硫合剂晶体150~200倍液(采摘茶园不宜使用)喷雾清园,可压低越冬螨口基数,减轻翌年螨害的发生。②生物防治。按每亩人工释放6万~8万头胡瓜钝绥螨防治茶橙瘿螨,持续50d的结果表明,防效达81.40%。

7. 尺蠖类

尺蠖类属于尺蠖蛾科,是茶园一类常见的害虫,如茶尺蠖等在茶园发生普遍且常致为害严重。尺蠖类一般食性杂,林木较多的茶区发生种类较多,常有多种混合发生,一般取食芽叶,茶尺蠖、油桐尺蠖、灰茶尺蠖等发生严重时也可取食老叶，甚至啃食树皮，致茶园光秃，茶树枯死。

(1) 识别要点。

茶尺蠖：以幼虫咬食叶片为害。幼虫主要取食嫩叶和成叶，大发生时可将茶树老叶、新梢、嫩皮、幼果全部食光。一龄幼虫常在该卵块附近的茶丛上为害，形成发虫中心，咬食芽叶的上表皮和叶肉，使叶面呈褐色点状凹斑。二龄幼虫开始自边缘向内咬食嫩叶成"C"形缺刻。幼虫有腹足2对，爬行时弓背，以曲求伸，俗称那虫、曲曲虫、步曲虫，又以尾足攀着枝干，体躯离枝，形似一枯枝，俗称假枝虫。成虫全体灰白色，翅面疏被黑褐色鳞片，前翅有黑褐色鳞片组成的内横线、外横线、亚外缘线和外缘线各1条，弯曲成波状纹，其中以外横线最为明显；外缘和后缘缘毛灰白色。后翅稍短，有2条横线。前、后翅外缘处分别有7个和5个小黑点。

灰茶尺蠖：成虫体、翅褐色，前、后翅均有三四条不规则略平行的褐色波状横纹，翅底灰褐色并有一深褐色长长点。雄蛾色较深，腹末有一束戎毛。卵椭圆形，淡绿色渐转褐色，有方格纹。

(2) 防治技术。尺蠖类发生代数较多，发生不整齐，为害期又常与茶叶采摘期相吻合，因此应采取综合防治措施。

农艺防治：①深耕灭蛹。结合秋冬季深耕施基肥，消灭茶尺蠖越冬蛹。深耕除对虫蛹有机械损伤外，还能将蛹深埋土中，使成虫不能羽化出土。同时，翻出土面的虫蛹易受冻而死或被天敌消灭。耕作深度需达15cm以上，特别是茶丛树冠下的表土。经试验，秋冬季深耕的茶园与不深耕的茶园相比，翌年虫口密度要低37%左右。②人工捕捉。在茶尺蠖发生严重的茶园，于各代蛹期（尤其是越冬蛹）进行人工挖蛹；根据幼虫受惊后有吐丝下垂的习性，在幼虫期振动茶树，在茶树下方用土箕或塑料薄膜接收后集中杀灭；或将鸡放养在茶园内，让鸡啄食幼虫和蛹。

农药防治：①生物防治。在春、秋季可喷洒茶尺蠖核型多角体病毒（安全间隔期3d），每亩100亿~200亿个多角体（或30~50头虫尸量）。②专用性信息素。在田间设置性诱捕器，根据具体情况，用茶尺蠖或灰茶尺蠖性信息素或未交尾的雌蛾诱杀雄蛾。③化学农药防治。根据茶尺蠖第一、第二代发生较整齐以及一至二龄幼虫耐药性弱的特点做好调查和预测，尽量在第一、第二代低龄虫期时进行喷药防治，这是全年的防治关键。茶尺蠖的防治指标为每亩4 500头，在达到防治指标需进行化学防治的茶园，采取挑治发虫中心、丛面喷射、低容量喷雾等方法，可以节约农药、用工，降低防治成本。在阴天或晴天的早晚喷药可以提高防治效果。药剂可选用10%氯菊酯乳油（安全间隔期3d）、2.5%溴氰菊酯乳油（安全间隔期5d）、2.5%高效氯氟氰菊酯乳油6 000~8 000倍液（安全间隔期5d）、2.5%联苯菊酯乳油3 000~6 000倍液（安全间隔期6d）、15%茚虫威乳油2 500~3 500倍液（安全间隔期14d）。

（三）茶园杂草生态防控技术

1. 农业技术措施

新垦茶园或改造衰老茶园、复垦荒芜茶园时，耕种操作会诱使土表草籽萌发，因此移栽前须进行人工锄草，对园内宿根性杂草及其他恶性杂草（如白茅、蕨类、杠板归、狗牙根、艾蒿等）的根、茎必须彻底挖除。在幼龄茶园间作大豆或花生，可减少杂草为害。春季茶苗栽植后进行间作，以不影响茶树正常生长为宜。行间覆盖有机系统的农林废弃物以抑制杂草。含杂草种子的有机肥须经无害化处理，充分腐熟，以减少杂草种子传播。加强生态茶园肥培管理和树冠管理，促进茶树生长，快速形成茶树树幅是防治行间杂草最好的农技措施之一。

2. 机械除草

机械除草是指利用农业机械设备来实施除草的一种技术措施，是一种非化学除草方法。根据除草原理，通常把机械除草技术分为耕地式除草和刈割式除草。耕地式除草机器模拟人工除草，翻动土壤破坏杂草根系，一般以燃油为能源。山地茶园耕地式除草机多选择具有除草、耕作功能的茶园微耕机。茶园微耕机一般选配功率大于 2.0kW 的机型，工作重量低于 30kg，耕幅在 45cm 左右，耕深不低于 20cm，机身轻，操作简便、安全的产品。茶园微耕机除草效率不高，一天耕作除草 5 亩左右。刈割式除草机（割草机），以侧挂背负式圆盘割草机最为常见，配合不同刀片与打草绳，切割不同类型的杂草。成龄茶园行间除草效果好，功效较高，一般每台割草机每日可割除茶园杂草 8 亩以上，但对幼龄茶园使用效果不佳。

3. 覆盖除草

覆盖除草指在茶园利用无生命的物质（如秸秆、稻壳、腐熟有机肥、黑膜、防草布等）人工覆盖或有生命的植物（如豆科绿肥、农作物、其他种植的植物）生草覆盖，在一定的时间内遮盖茶园垄面或行间，阻挡杂草萌发和生长的一种茶园杂草防治方法。人工覆盖抑草属于物理除草方法，生草覆盖抑草则属于生物抑草方法。覆盖除草简便、易行、高效，是茶园绿色控草的一种常用措施。覆盖除草技术一般针对一年生杂草有较好防效，对多年生杂草防效较差。

4. 生物除草

（1）以草抑草。在茶园行间人工种草或自然生草，覆盖行间，控制杂草生长，又称生草覆盖。

（2）行间套作抑草。在幼龄或未封行茶园行间密集种植具有一定经济价值的作物，如大豆、绿豆、花生、荞麦、芋等农作物，以及金钱草等中药材来抑制杂草的发生。

（3）动物抑草。利用食草动物（鸡、鹅、羊等）活动踩踏杂草、觅食杂草茎叶、种子来控制杂草生长。

三、生态茶叶加工技术

1. 生态茶加工厂的选址

生态茶加工厂必须建立在环境良好、无任何污染的地带，加工厂所处的大气环境应符合 GB 3095—2012《环境空气质量标准》中规定的二级标准要求。

2. 生态茶加工厂的建设

选好生态茶加工厂的地址后，首先应进行规划。厂区设在宽阔平坦的易于排水的地带；有道路与外围公路主干道相通，保证物资、鲜叶和产品运输；厂区规划应有 50% 以上的绿化面积。

3. 加工设备的选择

生态茶对加工设备材料有严格要求，特别是与茶叶有接触的部位，零件尽量采用不锈钢或优质碳素钢制造。

4. 加工方法

采用绿色、节能、高效的加工设备进行生态茶加工。

5. 成品茶的贮存、包装和运输

产品在贮存和运输过程中，应标识清楚，避免受到污染或与其他产品混淆；包装材料应符合国家有关规定，宜使用生态、循环与可降解材料，避免过度包装，符合 GB 23350 的规定。

四、生态茶叶的质量管理

建立健全生态茶叶的质量管理体系，具体要求有：

应建立并保持清晰准确的系统记录，并配备相关记录人员。记录至少保存5年，应包括但不限于以下内容：①茶园肥料施用记录（时间、名称、种类、养分含量、数量、方式、花费等）。②茶园病、虫、草害控制管理记录（时间、种类/方式、对象、用量、花费等）。③茶园修剪、耕作管理记录（时间、燃油消耗、花费等）。④所有茶园管理投入品的台帐记录（来源、数量、去向、库存等）。⑤产出情况记录（鲜叶产量、采摘方式、用工花费、干茶种类、干茶产量、产值等）。⑥加工所用能源类型及用量记录。⑦销售记录及标识的使用管理记录。

五、茶叶的生态营销

在"绿水青山就是金山银山"已成为全民共识、生态消费渐入人心的背景下，人们越发重视环境保护和身体健康问题。消费者也逐步认识到了购买生态茶、健康茶对于自身的重要性。生态营销不仅符合中国当前可持续发展的理念，也符合茶叶企业未来的发展战略，更符合消费者的自身诉求。因此，应实施生态产品策略，生态渠道策略，生态价格策略和生态促销策略。

第三章
畜禽类农业生态产品生产技术

第一节 生态生猪生产技术

一、概述

养猪业是我国农业非常重要的支柱产业之一,在养猪生产过程中,运用生态学、农业生态学、家畜生态学和养猪学中的原理,使养猪生产按照生物与周围有机和无机环境之间的共生、共长、互存、互促、互补的有机互动与和谐共存关系,以最佳和最充分的能物利用、最经济的投入,以获得最高的产出、最少的排废、最高的经济效益、最佳的环境效益及社会效益,使养猪业沿可持续和绿色健康之路发展。

二、生态养猪的概念及发展现状

(一)生态养猪的概念

生态养猪就是利用生态学原理指导养猪生产,或将生态学、生物学、经济学原理应用于养猪生产。具体讲,生态养猪就是根据生态系统物质循环与能量流动基本原理，将猪作为农业生态系统必要组成元素，应用农业生态工程方法，自然有机地组织生猪生产系统，实现生猪生产系统综合效益最优及养猪业的可持续发展。

生态养猪强调猪仅是具体某个农业生态系统或农业生产系统的重要组成元素之一。猪作为农业生态系统中家养动物群落的一个动物，不能脱离其生存发展的环境。与养猪相关的饲料、品种、圈舍、饲养方式、市场等多个环节，构成以猪为核心的一个不可分割的系统，这就是生态养猪的生产系统。

生态养猪业要求与环境相互依存，形成良好环境，不仅使生猪生产系统自身是一个良性循环系统，而且能与农业生产系统形成相互依存的关系，使养猪业与农业资源、环境协调统一，走人类养猪可持续发展的道路。生态养猪业既要考虑满足当代人类对猪产品数量、质量的基本需求，又不损害养猪生产的基本生态条件。

（二）生态养猪的基本内容

生态养猪系统是一种专门的生态系统，以养猪为主，经过人为的组合，结合其他农业生物与自然环境（光、热、水、土壤、气候）及人工环境如畜舍、温室、饲料、肥料、药物管理、粪尿处理等多因素，组成了各有关产业相互间存在着有机的生存关系，这也是在人为参与下的生产过程。但生态养猪比自然的生态系统结构简单，生物种类少，食物链短，同时由于人的影响，因此农业生物的自然调节能力较弱，易受自然气候、疾病、虫害等因素影响。养猪生态和自然生态是不同的，养猪生态系统中往往是以某一个或几个农业生物为主的生产系统，每一个猪及家畜及其他动物和农作物等占各自的生态位，并按照所构成食物链的顺序组成一个系统，同时由于猪的产出远远高于其他非主流农业生物,因此在生产过程的能源循环中加入了大量的辅助能。猪通过植物间接地利用太阳能和其他动物作为自身生存的营养源,在养猪生态系统中,又可以将粪肥及本身的尸体作为农业和其他动物的肥料及饲料。每一个处于上游生态位的生物所产生的废物或产品都可以作为处在下游生态位的生物的能与氮的来源而形成一个循环系统。这种相互间的能源供应关系是和生态学中食物链的原理一致的。在这种生物间的有机互作关系下,形成了一种可持续发展的养猪生态系统工程,废物排放几乎可以达到零,使人和环境达到了和谐友好的关系。

在养猪生产中,种植业和养猪业及其他有关养殖业是不能分离的,尤其是在发展生态养猪中,必须实行农牧结合。因此,养猪生态系统必然是农牧结合的生态系统。在养猪生态系统的建设中,必然要以养猪业为主,包含种植业及养殖业两大内容,然后在此基础上,再根据系统中多余的能源的可利用情况而补充生态位,以充实和完善其生态循环系统,使废物充分利用而达到可持续发展的目的。养猪生产包括种、养、生产物质保证、产品销售、市场组织等社会经济元素。因此在生产中生态养猪形成一个系统,而建设养猪生态系统的一系列工作,我们称之为养猪生态系统工程。养猪生态系统工程的建设是以养猪生产为主,按农业生态学原理及农业生态经济学原理,以现代养猪技术为手段,发展相应的林、果、渔、蚕、副等产业,并建立和管理一个生产水平比较高的生态养猪业。只有生态养猪发展后,猪的安全生产或是有机肉生产才有可能得到保证。

(三) 国内外生态养猪发展现状

国外已存在不同类型的生态养猪农场。欧美生态农场的建设已经走向社会化,一种比较普遍的模式是农牧结合,制定有专门的法规,规定土地和畜牧生产需要有一定的比例关系，对农区的生态环境保护非常重视。

我国从猪被驯养为家畜的 7 000 多年以来，已经发展到甚为完善的小型生态养猪业，因地制宜以农、牧、渔、果、林、蚕桑相结合。我国农村人口多，更需重视发展具有我国特色的生态农业。近年来，我国不少地区在发展养猪业的同时，也探索了不同类型的生态养猪模式。如深圳市农牧实业有限公司的种猪—生产猪—沼气—果—渔—林—肉类加工—市场的完整的生态养猪企业。在江西省赣州地区，发展果、猪、沼以及玉山县猪、渔、沼的生态农业的模式。目前在全国农村建设中，凡是推广沼气发酵利用的，对养猪业都有比较好的规划，并且在规划中强调了生态农业的建设，在实践中也取得了很好的效果。可以预见不久的将来，随着我国生态农业及生态养猪的重视和发展，必将会获得更为可喜的成果。

三、生态猪场的规划和设计

生态猪场的规划与设计是建设生态养猪业的基础，好的规划与设计，才能更好地达到建设生态养猪业的目的。生态猪场的规划是以生态学、养猪学、兽医学、环境科学、生物学、农林学和猪场规划的综合原理和知识相结合，并以此作为指导原则，因地制宜地进行生态养猪的生产或是生态养猪场的规划。通过生态学观念分析和处理养猪生态系统内各种生物及能量循环转化的关系，并按生态学中的生态位和食物链原理安排好各项产业，才能获得一个切实可行的生态猪场的规划和设计。生态猪场的规划和设计应符合《NY/T 3667—2020 生态农场评价技术规范》的要求。

(一) 规划的前期工作

规划所在地的农业生产状况及社会状况。要对所在地的农田面积、农业生产水平、作物种类、居民区情况、居民的宗教信仰、人文风俗情况、人口及居住环境、其他产业的发展情况、供电、交通运输等进行详细的调查和了解。

规划所在地的自然状况。要充分了解所在地的地形、海拔高度、地貌、气候、气象条件、风向、水文、地面及地下水源、土壤等情况。

规划所在地的养猪状况。主要包括发展养猪的目的性、养猪现状及历史、猪品种、养猪数量、养猪经验、种猪生产、兽医防疫及猪的传染病、饲料供应情况及与养猪有关的工副业生产情况。

原生态状况。要进行环境本底的调查，包括当地的植被、主要生物种类和数量、生态类型、生态稳定性调查、养猪规模的最大容纳量等。

进行可行性研究。主要包括投资目的、数量、规模、市场、经济可行性、项目投资回报率、劳动生产率、利润率等，按国家有关可行性调查规定进行。

选址要求。生态养猪场的选址应符合《畜禽规模养殖污染防治条例》第十一条的规定，宜选择在远离城镇和居民区，地势高燥，水源充足，道路通畅，生态条件优良，无其他污染源，相对隔离或有生物安全屏障的地区。

(二) 我国现有的不同养猪方式

（1）农村庭院养猪。这种养猪方式目前还占相当比例，其养猪数量占我国养猪总量的70%左右，每户养猪头数不等，从数头到10余头。以农家饲料为主,只用很少粮食,主要是农村加工产品、青草及菜类、块根块茎类。此外也有适当补充一定比例的添加剂。粪肥发酵后用于自家田地。也有不少地区用猪粪尿进行沼气发酵,进行再生能源的充分利用。

(2) 实行农猪结合、果猪结合、菜猪结合的养猪方式,或是专业户形式进行养猪。这些养猪方式的规模较农户养猪会大一些,不少专业养猪户养有几十头或上百头猪的规模,饲料也尽量应用青粗饲料。不少养猪户现在都实行猪粪尿沼气发酵后,沼气作为生活能源,沼液及沼渣作为肥料,为种果、种菜提供优质有机肥料。

(3) 专业化养猪。规模比较大的专业养猪场,如以养种猪或专业生产肉猪的猪场,养猪数都在年产千头以上。这些猪场有的生态环境建设较好,因此猪养得很好,对环境保护得也好。而技术条件不够好又不注意生态建设,势必会影响环境,很难持续发展。

(三) 生态养猪的基本模式

生态养猪的模式是多样的,它受到自然环境条件、社会生产习惯和方式的影响而形成了多种形式。现代生态养猪的基本核心是猪—沼—农(大农业)。以此为核心,根据不同地区的特点,逐渐扩展,增加或补充更多生态位,形成一个完整的半封闭的、基本上是人工的生态循环系统。

无论是哪种养猪模式,都有沼气生产这一个环节,因为养猪生产所排的废弃物资源化处理,最佳的方式是首先将这些废弃物经过厌氧沼气发酵。一方面养猪废弃物中的有机碳分解后产生沼气,另一方面这些废弃物中的氮和磷元素溶入沼渣和沼液内,使肥效提高,而且恶臭味也消除了,猪粪中的寄生虫及有害的好氧菌经过厌氧发酵基本消灭，厌氧菌由于沼气菌的大量繁殖也因而大量死亡，沼渣和沼液成了很好的肥料。

在生态养猪的循环圈内，沼肥作为农业、果、桑、草的肥源或鱼的饵料，促进这些产业的发展，种的草作为猪的一部分饲料。沼气可作为农村的生活能源。在此基础上，可以再继续延伸和发展出新的生产内容，如沼渣养鸭、养蚯蚓，蚯蚓生产蚯蚓粉或制中药材或直接作饲料。用多余的猪粪或沼渣也可制作复合肥料。规模大一点的猪场沼气可以进行发电。总之，在生态养猪的循环圈内，将能利用的物、能全部加以利用，尽最大的可能减少废物及污染物的排放。沼气发酵在生态养猪循环圈中起到纽带作用。

（四）生态猪场的规划要求

生态猪场规划的特点就是在规划与设计时，按生态养猪的原理进行猪场的规划、在对所规划的地区进行了充分调查的基础上，以养猪为核心建立起一个良性的生态循环圈。

1. 生态猪场的生态循环圈基本模式

生态猪场是一个半封闭的进行以养猪生产为主的人工生态圈，生态圈的核心是养猪生产，以农牧结合为基础的系统。维持生态圈的基本能源是以饲料为主，饲料中以青饲料和粮食为主要原料。在生态养猪循环圈内，猪粪尿要处理好，并充分利用。因此在规划时一定要考虑每一个生产环节所产生的废物都能被利用，使其都能作为下一个下游生态位产品的原料，尽量减少废物的排放。

2. 农户庭院养猪的生态规划

我国正在大力推行新农村的建设，在新农村建设中很重要的环节是养猪业的安排。目前农村有两种做法：一种是建设生态庭院的方式，安排好猪栏建设好沼气池，搞好生态庭院式的养猪。另一种是在村子附近，离居住区约数百米的地方建养猪区，在猪栏附近建一个沼气池，沼渣用作肥料。由于我国农村情况复杂，养猪小区的规划不可能提出统一的模型，但有几条原则必须统一。

（1）养猪小区的建设必须特别重视猪的防疫工作，要做好检疫、疫苗接种及消毒工作。为了预防疾病，小区内养的猪要统一检疫、统一购进仔猪。小区要远离交通要道和集市。防疫工作是建设生态养猪小区的首位工作。每一个养猪小区内所购入的猪苗，一定要从无疫区购入，不能到处乱购，以免引入疫病。

（2）养猪小区有充足洁净的水源。

（3）养猪小区的沼肥易于运输到田间作肥料。此外，养猪小区最好建在农田的地头，便于肥料和青饲料的利用。

（4）养猪小区和居民区之间要种植隔离林带。既有利于防疫，也可阻隔臭气。

（五）规模生态猪场的规划

我国生态猪场的规模有小有大，不同规模的猪场，因生态要求不同，规划时应有所区别。

（1）猪场规模的确定。根据国内外发展养猪的经验，养猪规模要适宜，不宜过大。还要考虑环境的制约，在所选择猪场的地点，是否有足够的地域容纳猪场的排污。尽可能多地利用青饲料及农副产品；投入和产出效益是否合理；能否创造良好的防病、控病及防疫条件；所需种猪能否有可靠的健康的高水平的来源，引猪最容易同时引入疾病。

（2）生态规划。主要根据当地具体条件来确定，按生态养猪的要求,达到 4R 原则的标准,使养猪业可持续发展。

(3) 猪场土地面积的确定。在国外发达国家有关法令规定,要求按一定面积的土地能消耗多少家畜的粪尿,来确定养猪的数量,不可盲目发展。我国虽尚未制定这类法规,但随着经济的发展以及环境改善的要求,制定这样的法规也是必然。不顾客观条件盲目扩大养猪规模和数量,危害无穷。我国地少人多,尤其是农业发达地区土地更为缺少,建设一个猪场究竟要多少土地,要因地制宜,因法而定。

(4) 养猪方式的确定。目前养猪采用什么方式甚为重要。一般来说,有繁殖、保育、生长、育成同时在一个猪场中完成,采用全年均衡生产及流水生产方式。还有一种是分隔式的按生产内容分设猪场,如繁殖场单独设立或繁殖与保育猪在一起,与育成猪分开。现在国外比较提倡后一种方式,国内目前也已开始发展分隔式养猪方式。

(5) 场址的选择。合理的正确的场址与建筑的规划及布局,是生态猪场成功建设的关键,是生态建设、生产管理、良好的防疫条件的基础。

(6) 猪场的布局。猪场内需设一部分行政区(管理区)、生活区及生产区,此外必须设一隔离区,功能区必须分设不同区域,有利于人的生活健康,有利于经营管理,并和总体的生态规划结合在一起考虑。

四、生态养猪的育种工作

生态养殖中猪的育种工作是一项庞大而复杂的系统工程,涉及现有纯种的选育提高、新品种的育成和杂种优势利用等内容,其根本目的在于使猪群重要经济性状得到遗传改良和使生产者获得最佳经济效益。组织猪的育种工作需要在确定育种目标的基础上,制定相应的育种方案。

(一) 生产和育种背景条件的调查

对育种单位、地区或群体的生产条件进行详细调查，并给予定量性的描述，是制定育种方案首要工作。特别是种猪培育饲养方案与管理措施，是制定育种方案不可忽视的内容。需要注意的是，制订育种规划时不仅要考虑育种群和繁殖群，还应考虑商品群，甚至猪肉屠宰加工、销售和消费等环节。当然，对生产群效率的提高，除了关注种猪的遗传传递外，还须考虑饲养管理措施，如饲料营养、饲养工艺、猪舍建筑、生产设施等。制定的育种方案既要考虑生产效率的提高，也要注意产品质量的改进。

(二) 育种目标的确定

长期性和复杂性是猪育种工作的特点，为实现养猪生产与加工的最大经济效益，需要确定出一定的育种目标性状，对其经济价值给予客观评估，并确定出要达到的性状水平。

(三) 育种方法的挑选

纯种选育和杂交繁育是猪育种最基本的两类方法，根据育种进程，适时调整育种方法。

(四) 遗传学和经济学参数的估计或借用

杂种优势和遗传互补群体差等参数，是评价杂交繁育体系成效的基本参数。产品价格和各种生产要素的成本参数，都是制定育种方案需要考虑的。实际育种中，没有一定群体和技术条件的单位难以准确估计这些参数，可以借用类似群体和类似生产市场条件的他人估计的参数。

（五）生产性能的测定

准确、可靠和规范的生产性能记录，是种猪遗传评估和选种的必要前提和基础，是开展育种工作最基本的措施。育种方案中必须明确测定个体、方法、条件、测定记录等。

（六）育种值的估计

根据性能测定记录，充分考虑到各种有亲缘关系的表型信息，利用动物模型 BLUP 法等科学统计方法，估计出个体育种值，以判定其基因型的优劣，为选种提供科学依据。育种的核心是选择，选择效率的高低则决定于育种值估计的精确度。

（七）选种与选配方案的制定

制订选配计划，既要考虑被选择的个体，也要考虑留种的数量。被选择个体配种年龄大小，与选种准确性和世代间隔直接相关。配种年龄越大，育种值估计的可靠性越高，选种越准确。

（八）确定遗传进展的传递模型

育种生产体系内，育种群中获得的遗传进展，最终需要在生产群中体现，要求制定育种方案时，应尽量缩小生产群与育种群间的遗传差距和时间差距。育种群的规模加大，虽然加大了选择强度，遗传进展增加，但育种成本也相应会增加。育种群与生产群两者规模比例越大，越可以提高育种材料的价值，也便于实施某些成本较高的育种措施。确定育种群和生产群比例,以及遗传进展的传递模式,也是制定育种规划需要考虑的内容。

(九) 候选育种方案的制定、选择和育种方案的检查

为确定出最佳的育种方案,需要制定出在多项育种措施上具有不同强度的候选育种方案,然后通过几个必要的育种成效标准,如多性状综合遗传进展、育种效益、育种成本及方案的可操作性等,综合评估筛选出"最优化"的育种方案,并付诸实施。各种育种措施在实施过程中,还需要经常检查,并对育种工作的进度要求进行评估。

(十) 确定猪育种目标

猪的育种目标是改良猪种,实现养猪生产与加工的最大经济效益,是由市场和消费需求决定的。它强调了三点:育种措施虽然仅在育种群中实施,但其最终目标在生产群实现;目标的制定是以未来可预见的生产条件和市场需求为基础;目标的着眼点是经济效益的最大值。育种目标可以定义为:通过在育种群中各种育种措施的实施,培育出优秀的种猪,使它们在预期的生产条件和市场形势下,在生产群中获得最大的经济效益。

养猪生产是由许多不同的环节及方面组成,在每个环节都有许多性状影响猪的生产性能,并最终影响养猪业的营利状况。理论上,最理想的是对所有性状进行遗传改良。但选择的性状越多,单一性状所获得的遗传进展越少;在同一时间选育很多性状,有可能导致每个性状都没有遗传进展。设计一个有效的育种计划的关键在于目标性状不可太多,要确保所选的育种目标性状是最重要的,符合猪的生物学特点及经济价值的需要,并有相对的长期性,这意味着它们对养猪生产

的经济效益有重要影响。

(十一) 确定选育性状应考虑的因素

目标性状是要改良的目标,选育性状则指在育种方案中测定和选择的性状,二者可以相同(如达100kg体重日龄),也可以不同(改良瘦肉率时选择背膘厚度性状)。确定选育性状至少有以下因素需要考虑。

(1) 能否简单、便宜和准确地开展性能测定,最好能够活体测定。

(2) 性状有没有足够的经济意义。

(3) 性状能否稳定遗传,其遗传变异是否足够大。

五、生态养猪的营养需要

(一) 蛋白质

蛋白质是一切生命的基础,也是构成猪体的主要成分。当日粮中缺乏蛋白质时,母猪会出现性周期不正常,不易怀孕,产仔少,流产,生弱胎、死胎和怪胎,影响泌乳量和奶的品质;种公猪会出现性欲降低,精液和精子数量减少,精液品质下降,甚至失去配种能力;仔猪会出现生长缓慢或停滞,抵抗力降低,发生水肿病,甚至最后死亡。因此,在养猪生产的过程中供给其必要的蛋白质是非常重要的。

日粮蛋白质和必需氨基酸水平不仅与生长育肥猪的肌肉生长有直接关系,也对其增重有重要的影响。在一定范围内(蛋白质水平9%~18%),针对同一品种、类型和满足消化能需求的生长育肥猪来说,随着日粮蛋白质水平的提高,其增重加快,饲料转化率改善。当粗蛋白质水平超过18%时,可改善肉质,提高瘦肉率。但必须注意,用过分高的蛋白质水平来提高瘦肉率是不经济的。蛋白质对增重和胴体品质的影响,关键在于质量,即在于必需氨基酸的配比。猪需要10种必需氨基酸,任何一种都会影响增重,赖氨酸、蛋氨酸和色氨酸的影响更为突出。

(二) 能量

生猪维持生命、生长发育、繁殖等生命活动均需要能量。按物理学中的定义,能量是物质运动的一种量度。猪生命活动中所需的能量主要来自饲料中的碳水化合物和脂肪中的化学能,在特殊情况下蛋白质能也可氧化供能。在体内,通过一系列的生理生化反应,化学能可以转化为热能(脂肪、葡萄糖或氨基酸氧化)或机械能(肌肉活动),也可在体内贮存。

碳水化合物、脂肪和蛋白质是猪饲料中的三大能量来源,其中最主要的来源是碳水化合物。因为,碳水化合物在常用植物性饲料原料中含量最高。脂肪的有效能值虽比碳水化合物的高,但在饲料中含量较少,不是主要的能量来源;蛋白质用作能源的利用效率比较低,在动物体内不能完全氧化,氨基酸脱氨产生的氨过多,对动物机体有害,而且从经济角度考虑,蛋白质作为能量来源也是极不合算的。猪采食碳水化合物、脂肪和蛋白质后,经消化吸收进入体内,一部分营养物质经一系列的酶分解,在糖酵解、三羧酸循环或氧化磷酸化过程可释放出能量,其中 ATP 及其他高能键可提供动物生命活动所需的能量消耗;一部分以糖原的形式作为过渡贮存,随时转换成葡萄糖供氧化分解供能;还有多余的则以中性脂肪的形式长期贮存。

(三) 脂肪

生猪吸收脂类的主要部位是空肠，在肠黏膜上皮细胞中，乳糜微粒破裂，所释放出的脂类水解产物被吸收。脂类水解产物通过易化扩散过程吸收，这是一个不耗能的被动转运过程。长链脂肪酸与甘油一酯重新合成甘油三酯，重新合成的甘油三酯外面包被一层蛋白质膜，形成乳糜微粒。乳糜微粒经胞饮作用逸出黏膜细胞，经细胞间隙进入乳糜管，最后经胸导管将乳糜微粒输送入血。中、短链脂肪酸则可直接进入门脉血管。血中脂类主要以脂蛋白质的形式转运到脂肪组织、肌肉、乳腺等毛细血管后，游离脂肪酸通过被动扩散进入细胞内，甘油三酯在毛细血管壁分解成游离脂肪酸后再被细胞吸收，未被吸收的物质经血液循环到达肝脏进行代谢。猪对胆盐的吸收主要在回肠，以主动方式吸收，未分解胆酸能溶于细胞膜中脂类，在空肠以被动方式吸收。吸收的胆汁，经门静脉血管到肝脏，再分泌重新进入十二指肠，形成胆汁肠肝循环。

脂肪所含的能量是碳水化合物的2.25倍，饲料中添加脂肪可有效地提高日粮能量浓度。虽然日粮中添加脂肪可能会降低采食量，但猪所摄入的代谢能还是增加的。养猪生产中较多地在仔猪及哺乳母猪阶段日粮中添加脂肪，以满足它们对能量的需要。一般而言，仔猪日粮中添加脂肪的适宜范围在2%~4%，这对于仔猪的日增重及饲料利用率均有较好的改善作用。母猪日粮中添加脂肪主要是提高仔猪的存活率，减少哺乳期母猪体况的损失，从而有利于提高下一繁殖周期生产水平。

(四) 矿物元素

目前已确认动物组织中含有45种矿物元素。其中有一些元素是动物生理过程和体内代谢必不可少的,这一部分就是营养学上常说的必需矿物元素。动物体内含量高于 0.01% 的必需矿物元素称为常量矿物元素,包括钙、磷、钠、钾、氯、镁和硫 7 种。动物体内含量低于 0.01% 的必需矿物元素称为微量元素,包括铁、锌、铜、锰、碘、硒、钴、钼、氟、铬、硼等。另有铝、钒、镍、锡、砷、铅、锂、溴 8 种元素,在实际生产中几乎不出现缺乏症,但实验证明可能是动物必需的微量元素。猪对必需微量元素需要量虽然不大,但对机体的健康成长却关系重大。因为许多微量元素是蛋白质和酶的组成部分,有些是多种酶的激活剂,有些是体内激素、维生素和辅酶的成分。必需微量元素参与了机体内几乎所有的生化反应,发挥着多种功能。一旦缺少某种必需微量元素,动物将出现代谢紊乱,甚至死亡。

(五) 维生素

维生素是具有高度生物活性的有机化合物。它本身既不能产生能量,也不是构成身体的成分,但对动物维持正常生理功能(生长、健康、繁殖和生产性能)所必需。维生素种类很多,根据其溶解性可分为脂溶性维生素和水溶性维生素。脂溶性维生素指能溶于脂肪及其他脂溶性溶剂的维生素,包括维生素 A、维生素 D、维生素 E、维生素 K。水溶性维生素指能溶于水的维生素,包括 B 族维生素、维生素 C。

六、生态养猪的饲养管理

(一) 种猪的饲养管理

对于一个养猪场,公猪的饲养管理事关重大。后备公猪的饲养既要满足其正常生长发育，又能保持适宜的体况。一般而言，后备公猪的体重在120kg以前，饲喂量2.5~3.6kg/d全价料，当体重达到120kg时应适当限喂，喂料量以1.8~2.7kg/d为宜，直到配种。同时可补充饲喂些优质的青绿饲料，以供给后备公猪各种维生素、矿物质，保证各器官充分发育。而种公猪饲养管理的目标是提高种公猪的配种能力，使其体质结实，体况不肥不瘦，保持旺盛的性欲和良好的精液品质。种公猪饲喂量以每日供应量2.75kg为基准，冬季每日可提高到3.0kg，如有可能每头每日加喂1枚鸡蛋，特别是采精当天。种公猪日粮的营养配比。公猪精液干物质占5%，其中蛋白质占干物质的75%。因此日粮中蛋白质的含量及品质对公猪体质、性欲、精液品质等关系重大。在炎热夏季公猪食欲降低，精液品质差，可在饲料中添加1 000~2 000g/t的赖氨酸锌、400~800g/t的维生素C和维生素E及0.5%的碳酸氢钠，可缓冲热应激，提高公猪性欲及精液品质。

母猪生产力的大小是猪场经济效益的关键和瓶颈，母猪繁殖性能很大程度上决定了一个猪场一年所能提供的断奶仔猪数，而且还影响仔猪保育期、生长育肥期的生长情况，从而对全场的经济效益影响极大。现代育种方式对于母猪的营养与饲养管理提出了新的要求：包括后备母猪的培育、妊娠期及空怀期的饲喂、哺乳期的营养均需作相应调整，以适应瘦肉型母猪的生理特点。

母猪的不同阶段需要采用不同的饲养管理模式。母猪配种当天应立即限制饲喂，配种后1个月内应将采食量控制在1.5~2.0kg。特别是配种后的前3d，母猪的采食量对其繁殖性能有重要影响，采食量过高，会降低母猪血液中孕酮水平，影响胚胎着床，使胚胎死亡率升高，降低产仔数。怀孕中期是胎儿重要的发育成型的时期，饲喂量比前期有所提高，一般根据体况喂料量在1.8~2.3kg，如有可能可多喂青绿饲料。对于偏瘦的母猪可适当提高喂料量,因为体况较差的妊娠母猪分娩后的泌乳量比体况正常母猪的泌乳量要少。怀孕后期是胎儿快速生长期,胎儿的增重近一半是在怀孕最后 2 周内增加的。因此,怀孕后期的饲喂量应在怀孕中期的基础上适当增加,以 2.5~3.0kg 为宜,可根据实际情况进行调整。此外,怀孕后期料的蛋白水平也应适当提高,可增加泌乳期产奶量,其原因并不是因为高蛋白质日粮促进了乳腺的发育,而是因为妊娠期饲喂高蛋白质日粮增加了分娩时体蛋白的储备,从而在泌乳期间被动员以维持高泌乳量。母猪一般分娩前 5~7d 进产房待产。母猪进产房前要做好驱虫、体表的清洗工作,产房要彻底清洗消毒,最好用 2%~3% 的火碱水消毒,有条件的可用高锰酸钾和甲醛熏蒸消毒 24h,并准备好产仔所需的用具(高锰酸钾、碘酒、消毒用的干毛巾、红外线灯、保温箱)。为防止母猪便秘,分娩前 3~4d 可适当喂轻泻药物,如 0.5%~1.5% 的氯化钾或硫酸钾。分娩前一天少喂料,分娩当天不喂料或少喂料(可喂电解质溶液)。

哺乳期母猪的饲养策略是最大限度地增加采食量。哺乳期母猪在泌乳期维持泌乳量的营养需要量很高,提高母猪日粮蛋白质水平可改善其繁殖性能,同时乳中蛋白质的水平也相应升高。而空怀母猪建议自由采食,可促进母猪发情,提高排卵数。但使用该方法时应注意,如果母猪断奶后超过 10d 仍未发情,则应改为限制饲喂,否则母猪太肥将更难发情。

(二)新生仔猪的饲养管理

新生仔猪是猪一生中生长发育最快的阶段。仔猪出生后,其生存的环境发生了极大的改变,从母体中的恒温环境到产房中的常温条件,从被动获取氧气和营养到主动吮乳和呼吸来维持生命。新生仔猪体温调节机制不完善，受环境影响改变大，缺乏先天免疫力，抗病力差，仔猪死亡率高，但这也是提高养猪生产水平潜力最大的环节之一。

（1）让新生仔猪及时吃到初乳。初乳是指母猪产后3d内所分泌的乳，主要是产后头12h之内的母乳。初乳中富含免疫球蛋白，是仔猪获得母源抗体的主要途径。仔猪出生时没有先天性免疫力，母源抗体不能通过胎盘屏障，免疫力只有从初乳中获得，要保证每一头初生仔猪都吃足初乳。吃初乳前先清洗和消毒母猪乳头。

（2）乳头位置的固定。仔猪出生后，就会寻找乳头。仔猪接触到母猪乳房后，会在许多不同的奶头中选择奶头，进行第一次成功吸吮。此时，如果有另一头仔猪来争，就出现了仔猪为争夺奶头而争斗，便开始了"保护乳头"阶段。争乳头最强烈是在出生后4~6h，持续3~4d后逐渐会建立吃奶秩序，此后同窝仔猪会和平相处，不再争斗。母猪每天哺乳20~24次，每次持续15~30s。母猪乳头的位置不一样，产奶量也不一样，前面的高，后面的低。前面3对乳头的泌乳量占了近70%。如果没有人工辅助固定乳头个体大、强壮的仔猪会抢到前面的乳头，而小的吃后面的，造成体重相差越来越大，断奶时不整齐，不好饲养。

（3）仔猪补铁。仔猪出生时体内含铁很少，仅45~50mg，够仔猪一周需要。正常情况下母乳是仔猪获得铁的唯一来源，但母乳中铁含量很低，仔猪从8~12d就可能开始缺铁，若不及时补充，则会引起仔猪贫血、拉稀。补铁一般在仔猪出生后第一天和第七天各注射1次补铁针剂，每次100~150mg，于颈部1.5cm深，肌内注射，注意清洁和无菌操作。

（4）仔猪补料。一般在7日龄左右开始。给哺乳期仔猪补料有以下好处：第一，补料可促进仔猪胃肠道酶系统的发育，同时使仔猪肠道尽早接触饲料抗原物质。饲料中的豆粕等有抗原物质,仔猪在哺乳阶段接触过,可钝化肠道对这些物质的过敏反应,以便断奶后能适应由哺乳向采食固体饲料转变。第二,补充营养物质,提高断奶重。母猪通常在泌乳的第三周达到产奶最高峰,然后产奶量逐渐缓慢下降,而此后仔猪生长速度越来越快,产奶量与生长速度间出现"剪刀差"。补饲可缓解母乳不足对仔猪的影响。

(三)保育猪的饲养管理

保育猪是指仔猪出生后 3~4 周龄断奶到 9 周龄阶段。保育猪在断奶的前 3d 应适当控制其采食,每天喂 3~4 次,少量多餐,保证料槽中的饲料新鲜,之后可采用自由采食。对于弱小的仔猪应尽早引导其采食,如有可能,断奶开食的时候,使用料垫或料盘会更好,但要注意料盘上只宜放置少量的饲料以引导猪只采食,同时要保证料槽里随时都有充足的饲料,否则仔猪会过分依赖料盘,而料盘喂料浪费较多,可能反而造成采食量降低。早期断奶的仔猪,应根据其不同阶段的营养需要饲喂不同的饲料。如果保育阶段采用一种料,可能出现饲料若满足仔猪前期的营养需要,则造成后期营养过剩而浪费。若满足仔猪后期的营养需要,则造成前期营养不足。国内大型猪场一般在 21 日龄断奶,保育阶段从 21~63 日龄,期间采用两阶段或三阶段饲养法。根据仔猪消化道逐渐成熟的过程中,分阶段饲喂不同的日粮,使仔猪从高脂肪、高乳糖的母乳转为采食低脂、低乳糖、高淀粉的日粮。

(四)生长育肥猪的饲养管理

生长前期的猪,由于采食量较低,应让其自由采食,以满足最大生长所需要的营养物质。生长后期蛋白质沉积速度最大,而蛋白质沉积也需要能量，所以也应让其自由采食。在育肥期的猪，采用适当的限制饲喂将有利于胴体品质和饲料利用率。育肥期采用限制饲喂，其喂料量不应低于自由采食的80%，否则日增重将大幅度下降。限制饲喂还须注意，有可能导致同一栏内的猪采食量差异增加，从而影响均匀度，因此必须有足够的采食槽位。

与小母猪相比，阉猪采食量高、生长速度快、胴体瘦肉低。通常两者间生长性能的差异随体重增加而加大，但在体重25kg以前，小母猪与阉猪在生长性能方面的差异很小，可以忽略。到了育肥阶段，在采食量和生长率差异可高达15%。因此，如果公母猪在同一体重阶段饲喂相同的饲料，就会引起营养方面的矛盾。如果日粮营养水平按满足阉猪的营养需要设置，相对小母猪而言就会出现营养偏低（因小母猪采食量低且胴体瘦肉率高，对日粮蛋白质、能量水平要求高）。如果按小母猪的营养设置，则对阉猪就会出现营养过剩而浪费。因此，现在大规模养猪场采用公母猪分饲的原则。

七、生态养猪的疾病防治

近10年来，我国养猪事业经历了前所未有的发展，取得了长足的进步，但与此同时，由于养猪场的规模不断增大，生猪流通频繁，饲养密度过大，猪病的发生也越来越严重，已成为阻碍当前养猪业发展的主要因素。猪病的防治是一项综合性工作，包括技术和管理等方面。在养猪生产实践中，为了减少猪病（尤其是传染病）的发生，必须贯彻"防重于治"的原则，采取综合性防疫措施，做到防病于未然，才能保证养猪生产的健康发展。

（一）实行隔离饲养，防止疫病传播

规模化猪场首先应考虑不受周围环境的污染，建筑在地势较高处、

水源充足、排水方便，且远离交通要道及污染源，同时要防止有害气体和污水的侵害，为猪群创造良好的生活环境。猪场生产区与生活区严格分开。人员、车辆进出场区要实行严格的消毒制度，使整个生产场区与外界相对独立，防止病原微生物的侵入。

（二）确保营养和动物福利是预防猪病的关键

必须给猪群提供优质、营养全面的饲料，尽量满足猪只在生长发育过程中对各种营养物质的需要，这是增强猪抗病力的物质基础。同时应合理控制猪群饲养密度，减少自然和人为应激，防控疫病，保证猪群健康。

（三）加强饲养管理，普及科学养猪，改进饲养方式

添加饲料要定时定量，少给勤喂，不突然换料，做好饲料原料的选择及储存工作，杜绝饲料发霉变质。猪舍的设计必须科学合理，在实际生产中能做到"全进全出"。

（四）加强温湿度控制，搞好环境卫生

保持猪栏舍内外的清洁卫生，使猪舍内温度适宜，湿度适中，光线充足，通风良好。尤其要做好冬季仔猪的保温及夏季母猪的防暑降温工作。

（五）坚持自繁自养，加强检疫诊断，及时发现疫情

为了有效地预防传染病，规模较大的养猪场或专业户要尽量实行自繁自养，避免从外面购猪而带入疫病。必须从外地引进种猪时，要清楚了解购猪地点的疫情。须从无疫区引进，并做好产地检疫，至少

经 1 个月的隔离饲养，确认无疫病者方可混群饲养。定期检疫猪群，了解猪群的疫病状况，以便及时发现疫情，采取相应措施，防止疫病的发生与传播。

（六）制定科学合理的免疫程序

有计划、有组织地进行免疫接种是预防和控制疫病的一项重要措施。免疫接种要根据猪群存在的疫病及本地区疫情流行情况，有针对性地选用疫苗，并制定和实施科学合理的免疫程序。

（七）坚持消毒制度，切断传播途径

消毒的目的是杀死病原微生物，防止疾病的传播。常用的消毒方法，通常分为物理消毒法（机械清除、阳光、干燥、高温等）、化学消毒法（各种化学消毒药）及生物热消毒法。消毒要根据不同病原体的特点、处理对象的性质、消毒现场的特点及卫生防疫的要求，采取不同的消毒药物与消毒方法。如猪口蹄疫病毒在阳光直晒下 1h 即可被杀死；猪传染性胃肠炎病毒在经 0.05% 福尔马林处理 20min 即可灭活。而粪便中的寄生虫虫卵常通过堆积发酵，利用生物热将其杀灭。

（八）病死猪和粪污等的无害化处理

应按国家有关规定和规范要求对病死猪和因疫扑杀的猪及猪副产品进行无害化处理。对粪污及养殖废弃物进行无害化处理。病死猪不得露天堆放或随地抛弃。应按照农业农村部规定，对病死或扑杀的猪及病害猪产品进行无害化处理，或委托有资质的病死动物无害化处理企业集中处理。病死猪停放地点要严格消毒，运输过程避免污染场地，妥善处理病死猪及分娩后的胎盘与死胎。

猪粪和污水应进行无害化处理和资源化利用。无害化处理方法应符合 GB/T 36195 的规定；资源化利用应符合国家有关政策。要有完善的污粪处理设施，将粪渣运至农区沤熟制肥或就地贮运，根据地区特点或猪场规模对猪粪进行发酵处理，生产沼气或沼气发电，无害化处理猪粪，减少病原体的散布。

（九）猪群保健和药物治疗

对于病猪采取"早发现、早诊断、早治疗"原则，通过治疗，一方面能挽救一部分猪，减少经济损失；另一方面能消除传染源，减少疾病传播。另外，为防止疾病的发生，可给猪群投以免疫制剂、中药制剂、微生态药物等，使其在猪体内抑制或杀灭病原微生物。尽量少用或不用兽药，必须使用抗生素时，应用的药物应符合有关标准和规定要求，不能长期使用一种药物，应定期更换，以防产生抗药性。经常灭鼠、灭蝇，定期使用驱虫药物，驱除猪体表、体内寄生虫。

（十）发生疫情时的紧急措施

执行国家动物疫情上报制度。及时发现，迅速诊断并上报疫情，根据疫病的特点及病情尽快制定扑灭措施；迅速隔离病猪，对需要全群扑杀的疫病，应进行全群扑杀。对污染的地方进行紧急消毒，必要时采取封锁等综合性防控措施；紧急进行疫苗接种，视病情对病猪采取合理的治疗；无害化处理病死猪，避免病源扩散。

八、生态猪肉的生产

随着人民生活水平的不断提高，安全肉、绿色肉、有机肉的概念被越来越多的人接受，生产无污染、无药物残留、生态的安全猪肉是我国加入 WTO 后畜牧业适应国际要求、适应市场竞争的必然选择。实施安全、卫生标准，生产、销售安全猪肉，对生产者来说，必须进一步增强质量意识，按照国家新的标准要求进行生产，否则无法进入市场。整个猪肉生产系统内的工作人员都有责任保证肉类的安全，从猪的品种、饲料原料的生产、加工及制造、家畜的饲养管理、屠宰作业后的储存包装加工等环节都可能发生问题，甚至气候变迁亦可造成影响，如何保证食肉的安全卫生，是我们必须认识和注意的。

生态猪肉是指按特定生产方式生产不含对人体健康有害物质或因素，经有关主管部门严格检测合格，并经专门机构认定、许可使用"生态产品"标志的猪肉。其特征是：强调猪肉生产最佳生态环境；对猪肉生产实行全程质量控制；对猪肉产品依法实行标志管理。猪饲料要求无农药残留、无重金属、其他污染物和非法添加物，生猪排泄物做无害化处理，比如沼气发酵等，再做农作物的肥料。屠宰加工和储存运输都做到基本的人道工艺，这样生产出来的就是质量好、营养全面的生态猪肉。

（一）生态猪肉生产的规范要求

1. 养殖场规章制度

养殖场应遵守国家的有关法律、法规。同时，应建立、健全相应的生产、管理规章制度，并张榜明示，各项生产指标与岗位责任制明确。整个生产过程应严格遵守养殖技术规范。所有记录档案保存完整，并应尽可能长期保存，最少应在清群后仍保存 2 年。

2. 饲料及原料的安全

饲料及原料应符合营养指标和卫生指标要求。执行国家标准 GB 13078《饲料卫生标准》，所使用的饲料添加剂产品必须是农业农村部公布的《允许使用的饲料添加剂品种目录》中所规定的品种和取得试生产产品批准文号的新饲料添加剂品种，并由取得饲料添加剂生产许可证的企业生产的具有产品批准文号的产品。药物饲料添加剂的使用应符合改为《中华人民共和国农业农村部公告 第 194 号发布药物饲料添加剂退出计划和相关管理政策的要求》和生态养殖对药物使用的要求。

生态养猪饲料和原料的使用可参照《农业生态产品生产技术规范第 3 部分：畜禽类》中关于饲料、饲料原料和饲料添加剂的规定执行。

3. 药物的使用

对动物疾病进行预防、治疗、诊断所用兽药必须符合《中华人民共和国兽药典》《中华人民共和国兽药规范》《兽药质量标准》《进口兽药质量标准》《GB 31650 食品安全国家标准食品中兽药最大残留限量》《GB 31650.1 食品安全国家标准食品中 41 种兽药最大残留限量》《中华人民共和国农业农村部公告第 250 号食品动物中禁止使用的药品及其他化合物清单》的相关规定。所用兽药必须来自具有兽药生产许可证和产品批准文号的生产企业，或者具有进口兽药许可证的供应商，所用兽药的标签应符合《兽药管理条例》的规定。购进的兽药必须来自具有兽药经营许可证的企业。药物的使用严格遵循生态养殖规定的药品名录、制剂、用法与用量休药期，禁止使用未经批准或已经淘汰的兽药和违禁药品。

生态养猪场药物的使用可参照《农业生态产品生产技术规范第 3 部分：畜禽类》中的药物规定执行。

4. 饲养管理规范

生态养猪场善的饲养管理方法，可参照《农业生态产品生产技术规范第 3 部分：畜禽类》中的生态友善的规定执行。饲养人员应定期进行健康检查,并依法取得健康证明后方可上岗工作,传染病患者不得从事饲养工作。技术人员应有专业学历证明或经过职业培训,并取得绿色证书后方可上岗。饲喂应按养殖技术规范进行,每次饲料添加量要适当,防止饲料污染。根据饲养工艺进行转群,做好生产计划安排,创造适宜养殖的生产环境,认真做好日常生产记录。

5. 防疫检疫和生态防控

生态养猪场的防疫检疫和生态防控,可参照《农业生态产品生产技术规范第3部分:畜禽类》中的规定执行。养殖场应建立、健全严格的防疫管理制度。定期做好养殖场所、环境和生产用具的消毒工作;实施动物免疫登记证制度,对国家和兽医管理部门确定的必须免疫的动物疫病严格按免疫程序实施免疫;积极配合动物疫病检测机构对疫病进行检测和监督。确保全年无一类、二类传染病发生。

(1) 防疫。对人流、物流进出消毒;内、外环境进行消毒;销售和外购动物隔离检疫;动物疫病定期检测净化,及时进行疫情报告、疫情处理、疫情发布等工作。

(2) 卫生消毒。选择对人和动物安全、没有残留毒性、对设备没有破坏、消毒效果好、不会在体内产生有害积累的消毒剂进行消毒,重点做好动物养殖场所、环境、生产用具的消毒工作。

(3) 疫病的免疫接种。根据《中华人民共和国动物防疫法》及相关规定,进行动物防疫性预防接种。按国家确定的必须免疫的动物疫病,实施计划免疫。依据当地疫病流行和受威胁情况,对计划免疫以外的动物疫病进行免疫。疫苗来源于具有动物生物制品经营许可证的生产经营单位。加强疫苗的管理和保存。疫病的免疫接种按免疫程序进行,实施动物免疫登记制度,做好免疫登记记录。

(4) 寄生虫控制。选择的驱虫药应具有高效、安全、广谱的特点，应选用符合生态养殖规定的药品，按驱虫程序进行驱虫，做好驱虫记录。

（5）动物疫病监测。依照《中华人民共和国动物防疫法》及相关法规要求，制定疫病监测方案。对生猪规定检疫和监测的疫病实施常规监测，依据疫病流行和受威胁情况对其他疫病进行监测。要积极配合动物疫病预防控制机构对疫病进行检测和监督。

（6）疫病控制和扑灭。发生疫情或疑似发生疫情，兽医和防疫员应及时诊断，并向当地农业农村主管部门或动物疫病预防控制机构报告疫情。确诊发生国家或地方规定的必须扑灭的传染病时，应配合当地兽医管理部门，实施严格的隔离、扑杀、封锁。发生国家或地方控制需净化的疫病时，应对动物群体实施清群和净化。发生疫病的养殖单位，应按国家要求进行消毒，对病死或淘汰的尸体进行无害化处理。

6. 生态猪屠宰加工管理

生态猪场获得屠宰资质的，可自行屠宰加工；未获屠宰资质的，应委托有屠宰资质的企业进行屠宰。生态猪屠宰场的设计建设、设施配备、加工卫生和检疫等应符合 GB 12694《食品安全国家标准 畜禽屠宰加工卫生规范》的规定。屠宰场的消毒和无害化处理应符合有关规定。

7. 产品质量

产品质量应符合 GB 2707—2016《食品安全国家标准 鲜（冻）畜、禽产品》及《农业生态产品生产技术规范第 3 部分：畜禽类》中产品质量的要求。并通过有关机构对生产环境、生猪疫病、农药和兽药残留、污染物和非法添加物等全过程的检测，获得使用生态产品的认证。

8. 管理要求

应建立生态猪场的全面质量管理体系，并进行建立各种管理制度和操作规程，定期开展质量管理培训。生态养猪场应按 NY/T 3445 的规定，建立和保存养殖档案。还应按当地畜牧兽医主管部门的要求建立电子养殖档案。养殖档案中应有可追溯生产全过程的详细记录。生态养猪场管理要求可参照《农业生态产品生产技术规范第 3 部分：畜禽类》的要求执行。

(二) 生态猪肉生产的组织及监督

在食品安全的管理上，我们可以借鉴发达国家建立适合本国，且与国际接轨的食品安全与农产品质量管理体系。横向管理体系以各种法律法规健全、组织执行机构配套、政府和企业逐步建立实施 HACCP "危害分析与关键控制点" 的预防性控制体系为特征。纵向实施从田间到餐桌的全过程管理。在管理手段上强调制度手段与行政手段等多种手段的组合。具体如下。

制定完善食品安全标准，包括产品本身的标准，也包括对加工操作规程等标准；建立检验检测体系；实施市场准入制度；规定严厉的法律责任；监督检查，如卫生抽查、罚款、查封、扣押和禁止销售、禁止移动等强制性措施；食品安全教育宣传；生产操作培训；组织、支持和鼓励食品安全方面的科研和合作等。

生态猪肉的重要性大家已有共识，是一项民生工作。从猪场的建设、种猪繁育、饲料加工、兽药生产、仔猪培育、成猪饲养、疫病防治、屠宰加工、包装储存、流通销售和最终消费等多个环节，任何一个环节出现问题都将最终影响消费者的食品安全。从生猪出栏到猪肉上市的整个过程必须要经过产地检疫、公路站检查、屠宰场检疫、动检部门和市场检查部门的检疫检查。行业的统一管理，专门的机构和人员负责、特别是屠宰、加工环节及环保要求等方面的引导和监督是保证安全肉生产的行之有效的方法和手段。

九、污染控制和排污物的资源化处理

生态养猪场的粪便和污水应进行无害化处理和资源化利用。无害化处理方法应符合 GB/T 36195 的规定；资源化利用应符合国家有关政策。实施猪粪污资源化利用信息上报制度，完善农业农村部猪粪污资源化利用直联直报平台建设，达到国家规定的粪污资源化利用指标。

随着畜禽产品需求量的日益增加，规模化养殖成为我国畜禽养殖的主要形式。规模化养殖的开展，不仅可以降低养殖成本，提高养殖效益，而且可以提高饲料转化率，增强养殖防疫能力。但是，在规模化养殖过程中，污水量会成倍增加、粪尿会过度集中，这对于周边生态环境发展是极为不利的。当前，粪污问题已成为阻碍规模化养殖场健康持续发展的一个重要原因。如果我们能够认真掌握养猪造成污染的原因和规律，走生态养猪的发展道路，处理好农牧结合的关系，将猪场排污物进行资源化处理，养猪生产的发展不仅不会污染环境，相反可促进农业，增加生物能源，使养猪业走向健康的可持续发展的道路。

(一) 养猪生产的污染控制与绿化建设

1. 污染控制

生态养猪场应控制恶臭、粪便、病原微生物、药物和畜禽尸体对环境的污染，污染物的排放应符合规定。控制猪粪尿的污染，应针对其污染的原因，应用生态养猪学的原理，一方面减少污染源，另一方面将这些污染物质变为资源，以解决养猪的污染问题。猪粪尿的污染主要要通过猪舍的彻底清扫、猪舍下水道的及时清理、猪床的底部及边角的清理，并及时将这些排污物收集并进行处理，对猪体定时冲洗，不使污物污水随意排出，从而得到很好的控制，污气也会减少很多。猪舍的排污物及污水可以采取堆肥处理及沼气发酵处理两种方法，或是两者相结合来进行处理。厌氧发酵的另一种方法就是进行沼气生产。规模大的猪场过去都是用水冲猪粪尿，污水量排放很大，因此处理量也比较大，往往采取先将排出的污水用隔栅进行固、液分离，然后对固、液分别进行厌氧处理，经过发酵产生沼气及肥料。现在提倡在猪舍内干清粪，先将猪粪尿清出，然后用少量水冲干净，这样可大量减少处理量。粪及污水进行厌氧沼气生产处理。

2. 绿化建设

养猪生产除了有粪便污染之外，还会产生的一些对人、猪有害的气体，其主要是在代谢过程中以及排泄的粪尿等有机物分解产生的一些气体及恶臭物质，如氨、硫化氢、甲基硫醇、吲哚、粪臭素、二氧化碳和挥发性脂肪酸等。除配备和使用除臭、除味的设备以外，加强猪场绿化建设对减轻空气污染也非常必要。绿色植物对防治猪场空气污染的作用是很大的，可吸收二氧化硫、氯气等有害有毒气体，还可以吸尘埃及减少空气中的细菌。因此，猪场的绿化，一定要有一定数量的面积，其重要意义是极明显的。综上所述，猪场的绿化，是基于众所周知的共识，即猪场的各种臭气对猪的生长、发育、繁殖等生产性能、免疫能力都有影响，对神经及呼吸器官也有刺激，特别是长期的、超浓度的刺激，就会使猪致病。为此，搞好猪场绿化，对改善猪场空气质量、减少污染物对养猪的危害是十分重要的。

（二）猪粪尿处理用作肥料的方法

1. 堆肥法

堆肥法是指利用微生物对畜禽粪便中的有机物进行降解，使之转化为腐殖质。堆肥法是当前较为成熟的畜禽粪污处理方法，把养猪场的干猪粪堆在发酵罐里，上面撒一层生石灰，再用塑料薄膜或泥土覆盖。发酵 1 个月左右就可以变成农家肥，可以用来种植蔬菜或者果树，其原理是通过堆肥引发生化反应，产生大量的热，以此来将畜禽粪便中的寄生虫和微生物全部杀灭，使之成为优质的肥料。猪粪堆肥可以改善土壤质量，提高土壤肥力，调节土壤 pH 值，增强土壤对抗病虫害的能力，从而降低对农作物的为害，提高作物产量和品质，通过增加土壤中的有益微生物和酶活性，猪粪堆肥有助于提高土壤的生物活性和健康状况。由于猪粪堆肥提供的丰富营养和有益微生物，能够促进农作物或果蔬的生长，提高果实数量和质量。猪粪堆肥是一种将农业废弃物转化为有用资源的手段，有助于减少环境污染，并循环利用资源。

猪粪堆肥不仅是一种有效的农业肥料，还能促进土壤健康和环境的可持续发展。但是传统的堆肥法发酵时间长、占地面积大，而且肥力低，无法做到完全无害，所以不适合规模化养殖场应用。粪便纳米膜好氧发酵堆肥技术是一种新型堆肥法，其利用纳米膜好氧发酵堆肥机在具有物理分子选择透过作用纳米膜完全覆盖粪便等发酵物料的条件下，在高效有机物料腐熟菌剂的作用下，通过温度、氧气浓度、膜内压力等传感器反馈机制自动调控加热、强制通风，实现好氧高温堆肥处理有机废弃物过程，进而有效解决粪便无害化处理过程中投入大、运行成本高、操作复杂、发酵效率低、臭气扩散及温室气体排放高等问题。

2. 干燥法

干燥法不需要建造大面积的集污池，相比水冲式清粪法可以减少 3/4 的容积，从而显著降低建造成本。此外，干燥法在维护成本上也较低，无须污水泵日夜工作，且基本上不需要做沉淀处理。使用干燥法的猪场可以避免使用高压水枪对猪舍反复冲洗，大大减少用水量，统计显示，同等规模下使用干燥法的猪场比使用水冲式清粪法的猪场可以节约2/3的用水。猪粪烘干机可以降低猪舍内部的湿度和氨气浓度，改善猪舍环境，从而提高猪只的健康水平和生长速度。干燥后的粪便更易于保存和运输，且含有丰富的营养元素，如氮、磷、钾等，可以作为持久的肥料，改善土壤结构，增加土壤肥力。

干燥法可以细分为高温快速干燥法、自然干燥法及膨化干燥法几种类型。其中，高温快速干燥法通常使用滚筒式装置，可以将畜禽粪便灭菌除臭、快速干燥，但是这种干燥方法前期投入大，而且养分损失严重；自然干燥法通常不借助外部设备，而是将清理出的畜禽粪便直接倾倒在空地上，通过风吹、日晒进行自然烘干，这种干燥方法虽然操作简单、成本低，但是污染重、干燥周期长，不适合规模化养殖场应用；膨化干燥法首先要将新鲜粪便送至干燥间进行气体蒸发和机械搅拌，然后再送至低温室进行脱水处理，处理后的粪便含水量要控制在13%以下，从而达到灭菌除臭，方便存储的效果，这种干燥方法虽然无害化处理较为彻底，但是处理过程耗能大，而且会生成大量废气。

3. 生物处理法

生物处理法是指利用生物菌剂，对拌料和粪便中的有机质进行快速分解，生成大量的热量，杀灭其中携带的虫卵、病菌等，释放出氮、钾、磷等有机元素，从而使畜禽粪便转化为优质的肥料。猪场运用水泡粪模式产生的粪水含有大量的氮、磷、钾等有机肥料成分，但同时也存在着高浓度的有机物和微生物污染的问题。传统的处理方法往往需要大量的化学药剂和物理处理设备，成本高昂且对环境造成二次污染。而生物处理法可以利用微生物的代谢能力，将有机物分解为无机物，从而减少有机物的含量和有害物质的排放。微生物技术处理猪场粪水，不仅可以有效降解有机物，还可以减少氮、磷等营养物质的流失，实现废物资源化利用。微生物技术处理猪场粪水具有高效性。生物处理过程中具有高度的适应性和活性，可以在较短的时间内完成废物的分解和转化。此外，生物处理还可以通过调节微生物群落的结构和功能，提高处理效果。通过添加特定的微生物菌剂，可以增加有益菌的数量，促进废物的降解和转化。生物处理猪场粪水，可以大大缩短处理周期，提高处理效率。生物处理猪场粪水还具有环保性。相比传统的处理方法，微生物技术不需要使用大量的化学药剂，减少了对环境的污染。同时，生物处理可以将有机物分解为无机物，降低废物中有机物的含量，减少有害物质的排放，可以实现废物的无害化处理，减少对环境的负面影响。

猪场运用水泡粪模式产生的粪水利用生物处理效果好。生物处理可以高效、低成本地处理猪场粪水，实现废物的资源化利用。此外，生物处理还具有环保性，减少了对环境的污染。因此，生物处理猪场粪水是一个可行且有效的解决方案。

4. 焚烧法

此方法是在焚化炉中通过燃油燃烧器将猪尸体和粪便焚烧为灰烬，产生的热量可用于取暖、发电等。此法可杀灭粪便中的有害病菌和虫卵，还可使粪便在短时间内减少90%以上。但焚烧法在燃烧处理粪便时，不仅使其中的一些有利用价值的营养元素被烧掉，造成资源浪费，而且容易产生二次污染，故一般只在处理病死猪尸体时才采用。为了解决这一问题，猪粪焚烧技术应运而生。猪粪焚烧是一种利用猪粪转化为热能的技术，可以将猪粪转化为电力、热能等资源，同时达到环保效果。

相比于传统焚烧方式，猪粪焚烧技术的优势不言而喻。猪粪焚烧技术可以有效地减少猪粪对环境造成的污染问题。在焚烧过程中，可以降低猪粪的体积和重量，减轻了储存和后续运输的负担。同时，产生的气体和固体废物可以得到充分的处理和处置，不会对环境造成二次污染。猪粪焚烧技术可以使猪粪转化为热能，其中包括热水、热气、电力等，可以进一步被利用，降低了资源浪费。同时，通过灰烬的回收处理，可以产生高质量的磷肥，进一步提高了农业产出。通过猪粪焚烧技术可以生成大量的电力和热能，可以通过大型发电站实现经济效益的最大化。

近年来，猪粪焚烧技术在全球范围内得到了较广泛的应用。在欧美发达国家中，由于环保意识较强，猪粪焚烧技术已经得到了广泛的应用。同时，在中国等大型养猪国家中，也逐渐开始采用猪粪焚烧技术，争取将农业废弃物转化为有用资源，实现经济与环保双丰收。猪粪焚烧技术是一项有着广泛应用前景的技术。通过猪粪的处理和转化，可以实现环保和资源回收的双重目标，为农业发展带来新的希望。

（三）以猪粪尿为原料生产沼气

用猪粪尿生产沼气，是猪粪污等废物资源化处理的最佳选择，以长江以南、北纬35°以南地区最为适合。海南、广东、广西、福建、湖南、湖北、四川、云南、贵州、陕南地区、江西、江苏、浙江、安徽以及河南等地特别适合发展沼气利用。有些地区只要在冬季最冷时稍加保温措施，几乎全年都可以进行沼气发酵和利用。而这些地区基本上是我国养猪多、人口多且密的地区。

利用猪粪尿生产沼气作为农村的能源加以利用，是猪粪尿最佳的资源化利用方式,也是发展生态农业的重要环节。猪粪尿加上一些秸秆后,只是将原料中的碳转化成沼气,且最具肥料价值的氮和磷没有损失。通过厌氧发酵,猪粪和污水可制成沼气,作为燃料或照明、发电等用途,沼渣发酵可作为肥料作物,沼液可排入池塘进行生物处理,还使一些好氧菌及寄生虫灭活,这也是农村地区常见的猪粪处理方法。不过,我们仍须为猪场消毒,以防猪只感染细菌。在沼气发酵的前处理的酸化阶段,由于 pH 值的降低,酸度增加也可起到灭菌作用。粪尿经沼气发酵后,其原有臭气转化为沼气及沼液的气味,使臭味极大减少。

(四)改进猪粪污处理的措施

1. 改进粪污处理工艺

处理猪粪时,可以使用异位发酵床技术来收集固体粪便,使其在粪污池中发酵,最终得到无害化粪肥,并将其应用到农作物的种植中。异位发酵床主要包括阳光棚、粪污池及喷淋、发酵槽、翻抛机等。处理污水时,可以用自然处理法,利用大自然对污水进行净化,常见的方法有土壤处理法、生物氧化塘处理法、人工湿地处理法等。还有厌氧处理法:利用以提高污泥浓度和改善污水与污泥混合效果为目的的一系列高负荷反应器来处理污水,常采用上流式厌氧污泥床及升流式固体反应器工艺等;好氧处理法:利用微生物在好氧条件下分解有机物,同时合成自身细胞(活性污泥),可生物降解的有机物最终被完全氧化为简单的无机物,通常一级好氧处理的方法无法将猪场污水处理达标,必须进行多级串联,如三级接氧化工艺处理猪场污水等;厌氧—好氧处理法,采取厌氧—接触氧化—好氧等处理方法相结合的工艺处理猪场污水,后期可进行二级净化。

2. 应用农牧循环综合利用模式

循环综合利用技术的先进性，体现在对猪粪的处理上。可以将猪粪放置在经过高温发酵的垫料上，将垫料作为菌群发酵的良好环境，将猪粪进行降解，得到高质量的肥料，可以循环利用于农作物的种植上。现阶段新兴的三格化粪池合理规划了猪粪、污水的储存空间，重点发展"猪、沼与果蔬"的生态农业发展模式，实现了资源的高效回收利用。这种综合性较强的发展模式大大缩减了粪污处理的工作环节，实现了粪污的零距离处理模式，有利于适应养猪场的实际工作场地限制，投资回报率较高。还可以节省运输等工作的人力物力成本投入，提升养猪场的经济效益。

3. 提升养殖户科学处理粪污的意识

在农村地区加大对环境保护以及防治养殖污染相关法律法规的宣传力度，提升个体养殖户的法律意识，帮助其在法律法规的规范之下，明确自己对于环境保护的责任，清楚再应用粗放的排污方式将承担的法律责任。可以开展科学处理养猪场粪污的知识讲座，帮助养殖户转变生产经营观念，在之前雨水污水分流的基础上，安装收集再处理粪污的装置，使其在发酵池中发酵，得到可以再利用的肥料。

第二节　生态牛生产技术

生态牛生产技术就是将生态养殖的系统理论或原理应用于规模化养殖之中，通过优良品种的选用、生态环境的控制、饲料的配制、良好的饲养管理和防疫技术，满足牛福利需求，获得高效生产效率、高质量的牛肉、牛奶和高额养殖利润，同时保护环境，实现生态平衡。

一、牛场生态环境选择技术

（一）牛场的场址选择

牛场的场址应选择在远离城镇和居民区，地势较高，土质良好，水源较充足，草料丰富，交通方便，生态条件优良，无其他污染源，相对隔离或有生物安全屏障的地区。有条件和政策允许的地方，牛可在生态条件优良的草地放养。

（二）牛场的环境及其监测

牛场的环境应符合 NY/T 388—1999《畜禽场环境质量标准》的规定。牛只不少于25头的牛场要设置有舍区、场区和缓冲区。舍区为牛饲养所处的半封闭的生活环境区；场区为牛场围栏或院墙以内、舍区以外的区域；在牛场外周，沿围栏或院墙向外≤500m范围内的牛场保护区，保护牛场免受外界污染。

环境质量各种参数的监测及采样点、采样办法、采样高度及采样颜率的要求按 DB12/T 655—2016《规模化奶牛场环境监测技术规范》执行。

（三）牛场的功能分区

参照 NY/T 1567—2007《标准化奶牛场建设规范》进行牛场的选址、场区布局、牛舍以及配套工程建设。

牛场场区按功能规划为生活区、管理区、生产区、粪尿处理区、病牛隔离治疗区等。根据当地的主要风向和地势高低依次排列。

二、牛场生态友善技术

牛场建设的目的是给牛创造适宜的生活环境,保障牛只健康生长并生产出优质牛产品。同时还要尽可能地节约资金、降低成本。

(一) 生态牛场牛舍

牛舍类型根据气候条件和养殖模式的选择不同类型的牛舍。

按墙壁封闭程度及保温分为封闭式牛舍,四面有墙和窗户,顶棚全部覆盖,保温性能好,但通风换气能力、采光性能不及棚舍式,适宜于较冷的北方。半封闭式牛舍三面有墙,向阳一面敞开,有部分顶棚,造价低,节省劳动力,但防寒效果不佳。开放式牛舍四面无墙和窗户,顶棚全部覆盖,通风换气能力、采光性能良好,但保温性能差,适宜于南方地区。棚舍式牛舍适宜气候较温和的地区,四边无墙只有房顶,通风良好;可根据当地北风的情况在冬季安装活动挡板墙,以防寒风侵袭,夏季将挡风装置撤除,以利通风。

屋顶根据采光情况可分为钟楼式屋顶通风透光性好,夏季防暑效果好,但冬季防寒保温效果差,且构造复杂,造价高;适合于高温高湿地区。半钟楼式屋顶采光、防暑优于双坡式牛舍。其采光面积决定于天窗的高矮、材料和倾斜角度。夏天通风较好,但冬季不易保温。

根据牛生理阶段设置不同牛舍,如成年母牛舍、产房、犊牛舍、育成牛舍、育肥牛舍等。

(二) 生态牛场建筑

根据当地全年的气温变化和牛的品种、用途、性别、年龄确定牛舍类型;就地取材,经济实用;符合兽医卫生要求;舍内干燥、保温,地面不透水、不滑;污水及粪尿能排净,舍内清洁卫生;保证阳光能射入。具体参考 DB53/T 247.2—2008《肉牛养殖综合标准》第 2 部分:牛舍建设。

牛舍建筑参数因建设地条件、投资规模和气候条件等而异,生产中应根据实际情况灵活掌握。

(三) 生态牛场辅助设施

生态牛场的辅助性建筑主要是指运动场、草库、饲料库、青贮窖等。牛场辅助性建筑应建在地势较高、排水通畅、地下水位低的地方。

1. 运动场

运动场是牛活动、休息、饮水和采食的地方。一般育肥牛不需要运动场,但繁殖母牛、育成牛等需有运动场。运动场的大小根据牛舍设计的养殖规模而定。此外,带犊母牛运动场一侧应设犊牛补饲栏,内设犊牛用饲槽,与母牛连接的栏高1m,两直立栏杆之间,犊牛能顺利通过,母牛不能通过。

运动场应有一定的坡度,以利排水,场内应平坦、坚硬,一般不硬化。场内设饮水池、补饲槽、凉棚等。

运动场的围栏高因牛而异:成年牛为 1.2m,犊牛为 1.0m,埋入地下 0.5m 以上。立柱为水泥栏,间隔为 2~3m,横栏为钢管、木柱等,横栏间隙为 0.3~0.4m。

2. 饲料饲草加工与贮存设施

(1) 草库。草库的大小根据饲养规模、粗饲料的贮存方式、日粮的精粗比、容重等确定。一般情况下,切碎玉米秸的容重为 $50kg/m^3$,结合饲养规模、采食量大小可以粗略估计草库大小。用于贮存切碎粗饲料的草库应建得高些,为 5~6m;草库的窗户离地面也应高些,至少为 4m 以上，干草切碎后可直接喷入草库内。草库应设防火门，外墙上设有消防用具，距下风向建筑物应大于 50m。

（2）饲料加工场所。包括原料库、成品库、饲料加工间等。原料库的大小应能储存牛场 10~30d 所需的各种原料，成品库可小于原料库。库房内应宽敞、干燥、通风良好。室内地面应高出室外 30~50cm，以水泥地面为宜。房顶要具有良好的隔热、防水性能；窗户要高，同时要注意防鼠、防火等。

青贮容器：容积根据饲养规模和采食量而定。青贮饲料贮备量按每头牛每天 20kg 计算，应满足 10~12 个月的饲喂需要，青贮容器按 500~600kg/m³ 设计容量。

3. 防疫与无害化处理设施

防疫设施包括隔离沟、隔离墙、消毒池及消毒室、隔离牛舍以及场内绿化。

（1）隔离墙。隔离墙用于控制闲杂人员随意进入生产区。一般墙高不少于 3m，将各功能区隔离开，避免相互干扰。

（2）消毒池及消毒室。外来车辆进入生产区必须经过消毒池，严防把病原微生物带入场内。消毒池宽度应大于 2.5m 以上，长度为 4.5m，深度为 15cm，池沿采用 15°斜坡，并设排水口。外来人员进入生产区必须消毒。消毒室大小根据可能的外来人员数量设置。一般为列车式串联两个小间，各 5~8m²，其中一个为消毒室，内设小型消毒池和周身消毒设施；另一个为更衣室，外来人员应在更衣室换上罩衣、长筒雨鞋后方可进入生产区。

（3）隔离牛舍。隔离牛舍用来隔离外购牛或本场已发现的、可疑为传染病的病牛。以上两种牛应在隔离牛舍观察 10~15d 以上。隔离牛舍床位数＝年均存栏数/2 倍的存栏周期（以月计）。隔离牛舍应在生产区的下风向 50m 以外。

（4）道路硬化与绿化。场内主要道路用砖石或水泥硬化，主道宽 6m，岔道为 3~4m，主道承重 10t 以上，牛舍间、道路旁应植树、种草等进行绿化。

（5）粪污无害化处理设施。主要包括堆肥场和沼气池等设施。

堆肥场一般应由粪便贮存池、堆肥场地以及成品堆肥存放场地等组成；采用间歇式堆肥处理时，粪便贮存池的有效体积应按至少能容纳 6 个月粪便产生量计算；场内应建立收集堆肥渗滤液的贮存池；应采取防渗漏措施，不得对地下水造成污染；应配置防雨淋设施和雨水排水系统。

贮存池的位置选择应满足 HJ/T 81—2001《畜禽养殖业污染防治技术规范》的规定。贮存池的总有效容积应根据贮存期确定。贮存池的贮存期不得低于当地农作物生产用肥的最大间隔时间和冬季封冻期或雨季最长降雨期，一般不小于 30d 的排放总量。贮存池的结构应符合 GB 50069—2002《给排水工程构筑物结构设计规范》的有关规定，具有防渗漏功能，不得污染地下水。对易侵蚀的部位，应按照 GB/T 50046—2018《工业建筑防腐蚀设计标准》的规定采取相应的防腐蚀措施。贮存池应配置排污泵及防止降水浸入的措施。

（四）生态牛场粪污的无害化处理

牛场不应对环境的水质、土壤及空气造成破坏或产生不利影响，并控制恶臭污染、粪便污染、病原微生物污染、药物污染和病死畜禽尸体污染等。牛粪尿等污染物的排放应符合 GB 18596—2001《畜禽养殖业污染物排放标准》的规定。粪便应进行无害化处理，无害化处理方法应符合 GB/T 36195—2018《畜禽粪便无害化处理技术规范》的规定。牛场和养牛小区应设置粪污处理区，设有牛粪便处理设施。粪污处理区布局应按照 NY/T 682-2023《畜禽场场区设计技术规范》的规定执行。牛粪便处理应坚持减量化、资源化和无害化的原则。

三、生态牛饲养

(一) 引种繁育

1. 引种与品种

牛场饲养的牛品种应符合《国家畜禽遗传资源品种名录（2021年版）》规定。奶牛品种的选择考虑当地气候条件，南方适当引种娟姗牛，北方牧区适当引入乳肉兼用型。肉牛品种的选择则要考虑资源、市场和经济效益等具体条件。

引进种牛或冻精应来自具有种畜禽生产经营许可证的种牛场。新引进的牛应在隔离舍进行定期隔离饲养，经检疫合格后方可进场饲养。肉牛场的每栋饲舍宜采用"全进全出"饲养模式。

2. 繁殖与育种

奶牛场宜"自繁自养"，繁殖采用人工授精。肉牛可本交繁殖，但公母牛比例应适当，对自有种牛应定期进行检验检疫。奶牛场应有长期和短期育种规划，按规划的育种计划进行选配来提高牛群品质。肉牛繁殖应进行品种间经济杂交，利用杂种优势。杂交改良牛不仅生长速度快，饲料转化率高，而且屠宰率可提高 3%~8%，多产牛肉 10% 左右。生产中常用的有二元杂交、多元杂交和轮回杂交。

(二) 饲料和饲料添加剂

1. 粗饲料

青干草、青贮饲料和调制农作物秸秆是养牛最常见的粗饲料。

（1）青干草。青饲料在适宜时期收割加工调制成干草，降低了水分含量，减少了营养物质的损失，有利于长期储存，便于随时取用，可作为牛冬春季节的优质饲料。干草调制的流程、刈割、晾晒、搂草、捡拾打捆和码垛储存等参考 NY/T 4338—2023《苜蓿干草调制技术规范》。

生产中常通过颜色气味、叶片含量、牧草形态、含水量及病虫害情况等感官鉴定判断干草品质的好坏。优质干草可直接饲喂；中等以下质量的干草需要铡短（3cm长度）饲喂。

（2）青贮饲料。利用青贮饲料厌氧发酵过程中产生的大量乳酸菌，降低饲料酸碱度（pH值）抑制其他微生物繁殖，从而保存饲料营养成分，全年平衡地供应。青贮饲料在喂牛前要检查其品质，品质好的应当是呈绿色或黄绿色，具有酸香味，质地柔软湿润，茎叶基本保持原样。

（3）秸秆饲料的加工调制。秸秆饲料可采用机械铡碎、粉碎或揉碎、盐化处理、颗粒化处理和膨化处理等物理加工方法提高适口性和采食量。

秸秆饲料可接种某种微生物，在适当的温度下发酵一段时间，加入的菌类或者秸秆中原来的微生物产生酶，分解粗饲料中的纤维、木质素等，使饲料具有酸、甜、香、软、熟的特性，可提高其营养价值和适口性。秸秆微生物的处理参考 DB22/T 2777—2017《秸秆微贮标准化生产技术规程》执行。

2. 精饲料

规模化生态牛生产仍然需要补充精料。牛的精饲料原料主要分为能量饲料（谷物籽实，如玉米、高粱、大麦等；糠麸类，如小麦麸、米糠等）、蛋白质饲料（豆类籽实、饼粕类，如大豆饼粕、棉籽饼粕、菜籽饼粕）和矿物质饲料。多种饲料原料按一定比例配制的精饲料补充料。

3. 饲料和饲料添加剂的要求

生态牛生产要求饲料的原料来自非污染地区、感官上应有一定的新鲜度，具有该原料应有的色、嗅、味和组织形态特征，没有发霉、变质、结块、异味及异嗅。需符合《饲料和饲料添加剂管理条例》和GB 13078—2017《饲料卫生标准》的规定，严把饲料原料质量关，规范使用饲料添加剂、浓缩料和全价配合饲料。饲料中使用的营养性和非营养性饲料添加剂应在中华人民共和国农业农村部相关公告颁发的《允许使用的饲料添加剂品种目录》所规定的品种或已取得试生产产品批准文号的新饲料添加剂品种，同时应符合《饲料添加剂安全使用规范》的要求。按《发布药物饲料添加剂退出计划和相关管理政策》的规定，不应使用添加促生长药物（中药类除外）的饲料添加剂的和动物源性饲料原料（乳及乳制品除外）。不得使用违禁药物，如砷制剂、激素类、β-兴奋剂类、催眠镇静类等。对药物添加剂一定严格遵守使用剂量和停药期。一些含转基因成分原料的饲料应严格执行《农业转基因生物安全管理条例》有关规定执行。

（三）生态牛生产的全混合日粮技术

全混合日粮是指根据牛的饲料配方，将切短的粗饲料与精饲料以及矿物质、维生素等各种添加剂在饲料搅拌喂料车内充分混合而得到的一种营养较平衡的日粮。使用全混合日粮饲养技术能有效控制牛的精料与粗料的进食比例；可根据牛饲养水平调整日粮配方；适应机械化、规模化、集约化经营的发展；减轻劳动强度，减少饲料浪费；保证牛有足量的采食量。采用全混合日粮制备的搅拌机、饲料原料选择、

TMR 配制、质量控制，以及使用时的饲喂管理、饲喂效果评价可参考 NY/T 3049-2016《奶牛全混合日粮生产技术规程》执行。

(四) 生态肉牛生产技术

1. 繁殖母牛的饲养管理

肉牛根据生理特点分为 4 个阶段：繁殖母牛期、犊牛期、架子牛期和育肥期。加强肉牛的饲养管理是提高肉牛生长速度和牛肉质量的基本保证。

（1）繁殖母牛的饲养管理。饲养繁殖母牛的主要目的是保证连年产犊，母牛的受胎率高，泌乳性能高，哺育犊牛的能力强，产犊后返情早；产生的犊牛质量好，初生重、断奶重大，断奶成活率高。因此，理想的繁殖群除了健康外，还要有较高的遗传性能、繁殖性能、饲料利用性能和生产性能。

繁殖母牛可采取放牧饲养和舍饲饲养两种方式。舍饲依据当地饲料资源采用不同的饲养方法。以优质青草为主的饲养方法，因为青草的营养价值很高，可满足牛的营养需要，只需对未成年牛、妊娠 6 个月以上的母牛补喂精料，每天每头牛补精料 0.5~1kg，带犊母牛每天补混合料 1~1.5kg。以玉米秸类为主的饲养方法，玉米秸的营养价值相当于中等青干草，蛋白质含量很低，必须补充蛋白质。如果搭配部分（1/3~1/2）的优质豆科牧草，可按以青草为主的饲养标准补饲。如果没有豆科牧草，可用青草补饲标准的 1.3 倍补饲混合料。玉米秸粗硬，适口性差，需进行适当的加工，可以改善适口性，增加采食量，减少浪费。以麦秸为主的饲养方式，麦秸的营养价值很低，必须同时补充能量和蛋白质，其混合精料补饲量可按青草的 1.5~2 倍补饲。必须对麦秸进行细致的加工处理，使用氨化麦秸时，只需按营养标准补饲维生素 A。不管以哪一种粗饲料为主，都要注意适当的粗饲料搭配，以提高其适口性，进行营养相互调节，节约日粮。

（2）犊牛的饲养管理。在肉牛的养殖过程中，繁殖母牛的生产性能和犊牛断奶重是影响肉牛生长发育的两个重要因素。犊牛处于高强度的生长发育阶段，必须饲喂较高营养水平的日粮，其潜在发育性能才能充分表现。犊牛的营养需要取决于日增重的大小，不同的肉牛品种及其杂种改良牛有不同的日增重，对于特定的肉牛，可按品种的增重情况供给营养。

肉犊牛通常随母哺乳，哺乳期为 3 个月。3 个月龄以内的犊牛主要以母牛奶为营养来源，犊牛的日增重与母乳的质量有关。母牛泌乳性能较好，日增重可达 0.5kg 以上。犊牛出生 1 周后，即可用适口性良好的开食料诱食，让其自由舔食。2 周后即可在食槽内放些优质干草，在夏、秋青草季节，用优质青草喂犊牛。以后随着瘤胃、网胃和瓣胃的快速发育，消化功能逐渐完善，采食的草料日益增加，对母乳的依赖程度减少，日增重应达 0.7~1kg。

犊牛出生后应尽快吃初乳（出生后 2h 内）。母牛产后泌乳量少，就需要采取及时补救措施。应确保犊牛至少应吃足 3d 的初乳，不然会影响犊牛的健康和发育。无母犊牛由别的母牛代哺。母牛代哺乳时，应选健康无病，乳及乳头健康的同期分娩母牛做保姆牛，再按每头犊牛日食 4~4.5kg 乳量的标准选择数头年龄相近的犊牛固定哺乳，将犊牛和保姆牛关在隔有犊牛栏的同一牛舍内，每天定时哺乳 3 次，注意在犊牛栏内设水槽，以利于补饲。

犊牛出生后需称重（初生重），登记犊牛、保温、防寒和防暑降温，在 10 日龄时去角，平时需要适当运动、适时断奶。

2. 架子牛的饲养管理

架子牛，是指未经育肥或不够屠宰体况的幼牛。架子牛的营养需要由维持和生长发育速度两方面决定。架子牛阶段的平均日增重，大型品种牛不低于 0.45kg，小型品种牛不低于 0.35kg。当架子牛体重达到 250~300kg 时，即可开始育肥。

架子牛应以粗饲料为主，所需的精料要注意蛋白质的浓度，否则会大大降低牛的生产性能。架子牛体组织的发育是以骨骼为主，日粮中的钙、磷含量及比例必须符合。架子牛的饲养方式可采取放牧或舍饲。舍饲可采取散放式，充分利用竞食性提高采食量。在青草季节放牧，不需要补料也可获得正常日增重。

架子牛采用分群管理的方式，一般按性别、年龄、体型、性情等分群、分圈饲养，以适应不同生长发育速度的牛的营养需要。

肉牛饲养过程中对牛群按时进行检疫，对患有传染病的牛要及时隔离或淘汰；按时进行驱虫；保持厩舍、运动场清洁，并经常化、制度化的消毒。通过定时测量体重、体高和胸围等，判断生长发育情况，进行日粮调整，以达到预期的要求。断奶后的犊牛要适时分群。

3. 肉牛育肥管理

肉牛育肥的目的是科学地应用饲料和管理技术，以较少的饲料和较低的成本获得最高的产肉量和营养价值高的优质牛肉，各个年龄阶段或不同体重的牛都可用来肥育。生产中主要有犊牛育肥、幼龄牛强度育肥、架子牛肥育、成年牛育肥。

（1）犊牛育肥。指用较多数量的牛乳及精料饲喂犊牛，至 7~8 月龄断乳时体重达 250kg 左右即行屠宰。其肉质呈淡粉红色，柔嫩多汁，味道鲜美，营养价值很高。采用这种方式育肥的牛必须选择优良的肉用品种、兼用品种、乳用品种或杂交种。具体选牛时，选头方大、管围粗壮、蹄大、健康无病，体重不少于 35kg 的初生牛犊、最好是公犊。从 5 周龄时让犊牛采食草料，10 周龄时精料日喂量达到 0.5~

0.6kg，以后的精料喂量逐渐增加。粗料（青干草或青草）任犊牛自由采食。犊牛育肥期混合精料参考配方为玉米60%，油饼类18%～20%，糠麸类13%～15%，植物油3%，石粉或磷酸氢钙2.5%，食盐1.5%。混合精料加适量的微量元素和维生素。犊牛管理上要注意哺乳卫生，人工喂乳应做到定时、定量、定温。日常活动能充分晒太阳而运动量不宜过大。5周龄后，应拴系饲养，减少运动，但每天应能晒太阳3～4h。育肥期间，每天喂3次，自由饮水，夏季饮凉水，冬季饮20℃左右的温水。

（2）幼龄牛强度育肥。犊牛断乳后直接转入生长肥育阶段，一直保持很高的日增重，达到屠宰体重时为止。育肥期间采用全舍饲、高营养饲养法集中育肥，使牛日增重保持在1.2kg以上，周岁时结束育肥，体重达400kg以上。这种方法生产的牛肉品质仅次于犊牛肉。肥育期混合精料配方为玉米75%，油饼类10%～12%，糠麸类10%～12%，石粉或磷酸氢钙2%，食盐1%。混合精料加适量微量元素和维生素。精料日喂量达到3～5kg。具体饲养管理办法是，定量喂给精料和主要辅助饲料，粗料不限量；自由饮水、饮水温度25℃左右；尽量限制其活动，保持环境的安静，公牛不去势，但要远离母牛，以免小公牛性成熟后被异性干扰降低其育肥效果。另外，环境温度低于0℃或高于25℃时，每升或降5℃应加喂10%的精料。

（3）架子牛育肥。在购买架子牛时，一般选购杂交牛，利用杂交优势。首先要选良种肉牛或肉乳兼用牛及其与本地牛的杂交牛，其次选荷斯坦公牛或荷斯坦公牛与本地牛的杂交后代。性别上选购公牛，利用公牛生长速度快、饲料转化率高的特点。选择1～2岁的牛进行育肥。肉牛在1岁时增重最快，2岁时增重为1岁时的70%。在生产实践中应把年龄的选择与饲养计划、生产目的及经济效益结合起来加以考虑；短期育肥（饲养3~5个月出售）应选择1~2岁的架子牛；利用大量粗饲料育肥时，选购2岁牛较为有利。选购的牛与其年龄相比有适宜的体重。在同一年龄阶段，体重越大、体况越好、肥育时间就越短，肥育效果越好。一般杂交牛在一定的年龄阶段其体重范围大致为：6月龄体重120~200kg，12月龄体重180~250g，18月龄220~310kg，24月龄280~380kg。发育良好的牛肉质好。架子牛育肥主要利用当地饲料资源状况，如高能日粮强度育肥法、酒糟育肥法、青贮料育肥法、氨化秸秆育肥法等。

（4）成年牛肥育。淘汰牛经过肥育，可增加肌肉纤维间的脂肪沉积，改善肉的味道和嫩度，提高了经济效益。成年牛育肥主要是增加体内脂肪的沉积，日粮以能量饲料为主。成年牛育肥之前，要进行全面检查，健康，采食正常的牛才可育肥。肥育前要驱虫、健胃、称重，以利于记录和管理。育肥期一般以2~3个月为宜。肉牛育肥前应有15~30d的过渡期使其适应育肥日粮，并能避免发生消化道疾病。育肥期内，应及时调整日粮，灵活掌握肥育期。一般日粮精料配方为玉米72%、麸皮8%、油饼类15%、矿物质及添加剂5%。混合精料的日喂量以体重的1%为宜。粗饲料任其自由采食。

（五）生态奶牛生产技术

奶牛生长的不同阶段，饲养管理的侧重点不同，按牛生理阶段可分为后备牛的饲养管理和成母牛的饲养管理。

1. 后备牛的饲养管理

后备奶牛包括犊牛、育成牛和妊娠青年母牛。后备母牛处于快速生长发育阶段，因此，此阶段的培育直接影响奶牛体型的形成、采食粗饲料的能力，以及成年期的产奶和繁殖性能。后备奶牛的饲养管理参考 GB/T 37116—2018《后备奶牛饲养技术规范》。

2. 成年母牛的饲养管理

母牛产犊后就成为成年母牛。从第一次产犊开始，成年母牛周而复始地重复着产奶、配种、妊娠、干奶、产犊的生产周期。因此，成年母牛的饲养管理分为干奶期、围产期和泌乳期三个阶段。成年母牛的饲养管理直接关系到母牛产奶性能的高低和繁殖性能的好坏，进而直接影响奶牛生产的经济效益。成年母牛的饲养管理可参考 NY/T 14—2021《高产奶牛饲养管理规范》。

四、生态防控技术

（一）兽药使用原则

生态牛生产过程中应按照畜禽疫病防治的要求，科学合理使用兽药，尽量不用或少用兽药；确需使用兽药时，应在执业兽医指导下进行。尽量选择营养性制剂、微量元素、生物或微生物制剂及中草药制剂等防治牛病。当以牛病治疗为目的时，犊牛只可接受两个疗程的抗生素或化学合成兽药的使用；对青年牛和成年牛每 12 个月最多可接受 4 个疗程。严格遵守兽药停药期规定，不应滥用抗生素。不应使用兴奋剂类、激素类和抗病毒药等违禁药物和人专用药物。

（二）卫生防疫

牛场应按规定获得动物防疫条件合格证。生产中应制定和实施日常消毒制度，消毒技术按 NY/T 3075《畜禽养殖场消毒技术》规定执行。日常生产应保持各区域环境、地面、道路卫生清洁，适当进行环境绿化和道路硬化。牛场应做好灭蚊蝇、灭鼠、防鸟、防兽害等工作。

牛场应制定适合本场的免疫计划和免疫程序。国家强制免疫的疫病，如口蹄疫等，按计划实施春秋检疫。对其他疫病应根据实际情况，制定免疫程序并实施免疫。应积极自行做好免疫监测工作，对免疫后的牛只标记免疫标识。严格执行国家疫情报告制度和相关要求。出售、运输的牛只和牛产品，应提前向当地动物卫生监督机构申报检疫，取得动物检疫合格证明后，方可出售和运输。

（三）病、死牛无害化处理

病死牛不应露天堆放或随地抛弃。国家规定的染疫动物及其产品、病死或者死因不明的牛尸体、屠宰前确认的病牛、屠宰过程中经检疫或肉品品质检验确认为不可食用的牛产品，以及其他应当进行无害化处理的病牛尸体或其组织脏器、污染物和排泄物等，应按《病死动物无害化处理技术规范》的规定，用物理、化学等方法消灭其所携带的病原体，消除危害，即进行无害化处理。

病死牛和相关牛产品在收集转运过程中，使用的包装材料应符合密闭、防水、防渗、防破损、耐腐蚀等要求；包装材料的容积、尺寸和数量应与需处理病牛和相关牛产品的体积、数量相匹配。使用后，一次性包装材料应作销毁处理，可循环使用的包装材料应进行清洗消毒。包装后应进行密封。

采用冷冻或冷藏方式进行暂存，防止无害化处理前病死牛和相关牛产品腐败。暂存场所应能防水、防渗、防鼠、防盗，易于清洗和消毒。暂存场所应设置明显警示标识，且应定期进行清洗消毒。

病死牛和相关牛产品转运时，运载车辆应是符合 GB 19217 条件的车辆或专用封闭厢式车辆。

病死牛和相关牛产品的收集、暂存、转运、无害化处理等环节应建有台账和记录,有条件的地方应保存转运车辆行车信息和相关环节视频记录。接收台账和记录应包括病死及病害动物和相关动物产品来源场(户)、种类、数量、动物标识号、死亡原因、消毒方法、收集时间、经办人员等。运出台账和记录应包括运输人员、联系方式、转运时间、车牌号、病死及病害动物和相关动物产品种类、数量、动物标识号、消毒方法、转运目的地以及经办人员等。涉及病死牛和相关牛产品无害化处理的台账和记录至少要保存两年。

五、牛的屠宰加工

牛场获得屠宰资质的,可自行屠宰加工;未获屠宰资质的,应委托有资质的屠宰企业屠宰。在这个转移过程中,育肥牛运输应按国家有关规定执行。

屠宰场的设计建设、设施配备、加工卫生和检疫等应符合 GB 12694—2016《食品安全国家标准 畜禽屠宰加工卫生规范》的规定。

六、质量管理

(一)产品质量安全

原料乳及乳制品、牛肉及牛肉制品的质量符合 GB 2761—2017《食品安全国家标准 食品中真菌毒素限量》的规定;GB 2762—2022《食品安全国家标准 食品中污染物限量》的规定;GB 2763—2021《食品安全国家标准 食品中农药最大残留限量》的规定;GB 29921—2021《食品安全国家标准 预包装食品中致病菌限量》的规定和 GB 31650—2019《食品安全国家标准食品中兽药最大残留限量》的规定和相关产品标准的要求。

(二) 生态牛生产质量管理

牛场应建立较完善的质量管理体系，建立各种管理制度和操作规程，定期开展质量管理培训。生态肉牛和奶牛生产的质量管理可分别参考 GB/T 41438—2022《牛肉追溯技术规程》和 DB15/T 2139—2021《奶牛质量追溯管理操作规程》执行。

七、生态消费

产品提供应遵循诚信、公正、严谨的原则，以建立生产者、销售者、消费者相互信任、合作和感恩的友善关系。

生态牛奶或牛肉的标志使用应符合《生态产品标志管理办法》的有关规定。生态牛奶或牛肉的储运包装上的图示标志应符合 GB/T 191—2008《包装储运图示标志》的规定。对于预包装产品，标签应符合 GB 7718—2011《食品安全国家标准 预包装食品标签通则》的规定。

生态牛奶或牛肉的包装应符合相应食品安全国家标准和包装材料卫生标准的规定，但不应过度包装，应符合 GB 23350—2021《限制商品过度包装要求 食品和化妆品（含第 1 号修改单）》的规定。

生态牛奶或牛肉的包装宜使用可回收材料、容器及辅助物；宜使用可生物降解的环保材料。

消费者和生产者宜将产品包装分类或重复使用，促进资源节约和循环，低碳环境友好。

鼓励消费者参与生态产品的生产，了解生态产品的生产过程，让消费者建立健康、节约的生活方式和消费理念。

第三节 生态羊生产技术

一、生态羊场场址选择

本节所述的羊，包括绵羊和山羊。羊场场址的选择，首先要对当地政府部门的畜牧生产布局和相关政策、地方发展规划做出详细的调查，选择在宜养区进行建场。羊场选址的基本要求是：合法用地，远离禁养区，符合动物防疫条件，具备养殖条件，科学选址。羊场应选择在远离城镇和居民区，地势较高，水源较充足，生态条件优良，无其他污染源，相对隔离或有生物安全屏障的地区。条件许可时，牧场周围有生态环境优良的草地或牧场供放养。

二、生态羊的羊场建设与环境控制

羊场规划建设包括生产高效、环境友好、产品安全、管理先进四个主要方面。

羊场的环境控制要按照中华人民共和国国家标准 GB/T 41441.1—2022 中规模化畜禽场良好生产环境第 1 部分（场地要求）来执行。

1. 关键环节

羊场环境控制包括许多方面，但生产实践中主要从下面几个方面加以解决。

（1）正确选址。羊舍选址应保证防疫安全，选择地势高、背风向阳，距离主要的交通要道 500m 以上的地方。全年主风向的上风向不得有污染源，场内的兽医室、病羊隔离室、贮粪池、化尸坑等设于下风向，以防疫病传播。

(2) 合理绿化。羊场和羊舍周围的环境绿化有利于羊的生长和环境保护。大部分绿色植物可以吸收二氧化碳，有的可以吸收氨气和硫化氢等有害气体，部分植物对铅、镉、汞等有一定的吸收能力。羊场的绿化可以使羊舍空气中的细菌大量减少，还可以减轻噪声污染，调节场内的温、湿度，改善区内小气候环境。

(3) 合理建设羊舍。要因地制宜，建设有利于控制环境的羊舍。对于南方高温多雨地区，使用楼式羊舍可取得明显效果，因楼式羊舍冬季保温，夏天通风透气，雨天免受潮渍。栅式、栅舍结合式羊舍，空气流动大，有害气体较少，但不利于保温。北方建议采取封闭式羊舍，封闭式羊舍有利于保温，利于羊生长，但不利于换气。因此在设计上封闭羊舍要具备良好的通风换气性能，能及时排出舍内污浊空气，保持空气新鲜。羊舍地面的材料、坡度、施工质量，都关系到粪尿、污水能否顺利排出，排水和清粪系统设计、施工不合理，也会造成粪尿污水的滞留，成为有毒有害气体的来源。

(4) 净化和保护水源。饮用水的质量对于羊的健康极为重要，饮用水的水源应该清洁、安全、无污染。水源要符合国家规定的健康羊生产饮用水标准。

(5) 严格消毒。根据本地实际情况制定消毒制度。羊舍消毒时应先清扫，后用清水冲洗，然后用化学消毒液喷洒。消毒液可用10%的漂白粉、0.5%~1.0%的菌毒敌、0.5%的过氧乙酸等。消毒时用喷雾器将药物喷洒到地面、墙壁、天花板和用具上，经过一段时间的通风后，再用清水冲洗饲槽和水槽即可。此外，还可以用每立方米12.5~50.0mL的福尔马林，加入等量的水加热熏蒸消毒或每立方米用42mL的福尔马林和21g高锰酸钾混合熏蒸消毒24h，再通风24~48h。一般情况下，每年春、秋季各进行一次彻底消毒。

2. 羊场规划面积的相关参考指标

根据存栏羊数和年出栏数,以及市场需求、技术和投资能力等条件,选择适宜的养殖规模,切忌不切实际地追求高大上的场地和羊舍建设,导致投资与产出失衡而失败。

(1) 生活管理区和生产区面积。根据自然资源部、农业农村部印发的《关于完善设施农用地管理有关问题的通知》和《关于促进规模化畜禽养殖有关用地政策的通知》要求,生活管理区占总规划面积的7%,最多不超15亩;生产区面积可按每只繁殖母羊 30~50m^2 计算,育肥羊场可按每只育肥羊 3~5m^2 计算。

(2) 羊舍面积。羊舍面积可按种公羊 4~6m^2/只,产羔母羊 1~2m^2/只,育成母羊 0.7~0.8m^2/只,羔羊占母羊面积的 20%,羯羊 0.6~0.9m^2/只的参数计算。产羔舍面积可按基础母羊舍面积的 20%~25%计算,运动场面积一般为羊舍面积的 3 倍。总面积根据饲养规模、绵羊或山羊、品种和饲养方式确定。

(3) 草料窖库面积。配置与养殖规模相适应的饲草棚、青贮窖、专用饲料库,容积分别按每只羊储存 700kg、300kg、150kg 计算。规模羊场修建草棚时,草棚高度应在 3m 以上,这样既可达到节省投入成本多贮存牧草的目的,又利于机械操作,省时省力。

三、生态羊的品种选择

不同品种的羊在环境适应、采食特点、抗病力等方面都存在着差异,选择适合当地生态养殖的羊品种较为重要。通常来说,可以从以下几个方面考虑。

(一) 考虑羊的适应性

所选羊品种要很好地适应当地的气候、地理条件、牧草类型等自然条件。对当地自然条件不能很好适应,则导致羊只生长发育不良,产生疾病,影响其健康,甚至导致繁殖率下降和死亡。

(二) 考虑羊的食性

生态羊的养殖注重饲草和天然植物的利用,因此选择喜食当地饲草的品种较好。

(三) 考虑羊肉的品质

生态羊的养殖要注重羊肉的品质和营养价值,因此要选择具有优良肉质的品种。

(四) 考虑羊品种的抗病力

生态养殖相对而言,较少使用药物,所以要选择具有较强抗病能力的品种。

总之,选择适合生态养殖的羊品种需要综合考虑以上因素。在实际选择时,可以根据养殖场的具体情况和经济需求,结合当地的气候和资源条件,选择适合的品种。

四、生态羊的饲养管理

(一) 肉羊舍饲全混合日粮技术

1. 全混合日粮饲喂技术 (TMR) 日粮特点

全混合日粮饲喂技术,是指根据肉羊不同生理阶段或饲养阶段的营养需要,把切短的粗饲料、青贮饲料、精饲料以及各种饲料添加剂进行科学配比,在搅拌机内充分混合后得到一种营养相对平衡的全价饲料，直接供羊自由采食的技术。使用 TMR 的主要优点为：确保日粮营养均衡；提高肉羊生产性能；提高饲料利用效率；充分利用当地饲料资源；节省劳力。

2. TMR 日粮配方参考（以干物质为基础）

（1）种公羊及后备公羊群。精料 26.5%，苜蓿干草或青干草 53.1%，胡萝卜 19.9%，食盐 0.5%。其中精料配方为玉米 60%，麸皮 12%，豆饼 20%，碳酸氢钙 2%，添加剂 1%。

（2）空怀期及妊娠早期母羊群。苜蓿 50%，青干草 30%，青贮玉米 15%，精料 5%。其中精料配方为玉米 66%，麸皮 10%，豆饼 18%，碳酸氢钙 2%，食盐 1%，添加剂 1%。

（3）妊娠后期及泌乳期母羊群。干草 46.6%，青贮玉米 38.9%，精料 14%，食盐 0.5%。精料比例在产前 3~6 周增至 18%~30%。

（4）断奶羔羊及育成羊群。玉米 39%，干草 50%，糖蜜 5%，油饼（粕）5%，食盐 1%。

3. TMR 日粮填料顺序和混合

饲料原料的投放次序会影响搅拌的均匀度。投放的一般原则为先长后短，先干后湿，先轻后重，但不同类型的混合搅拌机采用不同的次序。根据混合均匀度决定混合时间。一般在最后一批原料添加完毕后再搅拌 5~8min 即可。若有长草，要切短再投入。搅拌时间短，混合不均匀；搅拌时间过长，TMR 太细，有效纤维不足，使瘤胃 pH 值降低，造成营养代谢病，不利于羊只的健康。

4. TMR 日粮的饲喂方法

每天饲喂 3~4 次，冬天可以饲喂 3 次。保证料槽中 24h 都有新鲜料或不得超过 3h 的空槽时间，并及时将肉羊拱开的日粮推近，方便其采食。

(二) 山羊高床舍饲生态养殖技术

传统的山羊养殖以放牧为主,分布在山区有放牧条件的地方,平原地区很少养殖。随着环境生态建设的发展,给予山羊放牧饲养的空间越来越少。高床舍饲养羊是在总结吸取国内外养羊先进经验的基础上提出来的舍饲养羊配套综合新技术。该技术是我国传统养羊模式的改造和创新,可以提高广大农区和丘陵地区养羊的经济、社会和生态效益。

1. 山羊高床舍饲养殖的优点

(1) 避免了放牧损害农作物和树苗等,有利于生态环境保护。

(2) 舍饲的山羊生长速度快,出栏周期短,有利于羊舍清洁卫生,疾病发生少,肉产品品质较好。

(3) 实现了养羊无"禁区",养羊不再受地域、草场等条件的制约,有利于扩大养殖规模。

(4) 利用农作物秸秆,提高秸秆利用率,减少资源浪费,减轻环境压力,提高经济效益。

2. 山羊高床养殖的技术要求

(1) 高床羊舍修建。羊舍可建单列式或双列式羊舍,羊舍长度根据饲养规模而定,一般可修 15~30m,高 4~5m。羊舍面积按照每只公羊 $1.5~2.0m^2$、母羊 $1.0~2.0m^2$、肉羊 $0.6~0.8m^2$ 来计算,运动场面积为羊舍的 1.5~2.0 倍。羊床采用木条或其他材料铺设,间隙小羊 1.0~1.5cm、大羊 1.5~2.0cm,羊床离地面 0.5~0.6m。羊床下地面的坡度为 10°左右,后接粪尿沟。

(2) 羊品种选择。选择地方优良品种或引进的优良品种如波尔山羊等,也可选择一些杂交品种如努杂羊等,要求适合当地的气候、环境条件。

（3）牧草种植和饲料生产。推广优良牧草种植，如一年生黑麦草、高丹草、墨西哥玉米等，解决饲料问题。牧草和饲料作物的种植中尽可能使用腐熟处理过的有机肥，减少化学肥料和杀虫剂的使用。豆科牧草在始花期到盛花期收割为宜，禾本科牧草以抽穗期到开花期收割为宜，饲料玉米与大豆以籽实接近饱满收割为宜。青干草的晒制以快速晒干较好，减少在晒制过程中营养成分的损失。开展饲料加工，秸秆饲料切成 1.5~2.0cm 或打成草粉拌入配合料中饲喂，玉米秸秆可以用机器揉搓处理使之成为柔软的丝状，增加羊的适口性，提高消化率。

3. 舍饲饲养管理

（1）种公羊的饲养管理。种公羊的饲养要求是营养全面，长期稳定，保持既不过肥，也不过瘦的种用体况。配种前 1.5~2 个月适当增加营养物质的供应量。主要从下面几方面考虑：第一，在配种期提高营养水平，每天补喂混合精料 0.5~1.0kg，同时补喂青干草、胡萝卜、南瓜等饲料 3~5kg。第二，给予种公羊适当的运动，提高精子活力。如果运动不足，会产生食欲不振、消化能力差，影响精子活力。第三，合理掌握配种次数，每天采精 2~3 次，连续采精 3d，休息 1d。第四，与母羊分开饲养，并做好修蹄、圈舍消毒及环境卫生等工作。

（2）繁殖母羊的饲养管理。配种前保证母羊有一个良好的体况，能正常发情、排卵和受孕。在配种前 1~1.5 个月就开始给予优饲，使母羊获得足够的蛋白质、矿物质、维生素等。保持良好的体况，可以使母羊早发情、多排卵，发情整齐，产羔期集中，提高受胎率。母羊的妊娠期为 5 个月，前 3 个月称为妊娠前期，这一时期妊娠母羊除满足本身所需的营养物质外，还要满足胎儿生长发育所需的营养物质。

因此要加强饲养管理，供应充足的养分，满足母体和胎儿生长发育的需要。妊娠后期即母羊临产前2个月。这一时期，胎儿在母体内生长发育迅速，胎儿体重的80%~90%是在这一时期增长的，所需的营养物质多，要求质量较高。应补喂含蛋白质、维生素、矿物质丰富的饲料，如青干草、豆饼、胡萝卜、食盐等。以每天每只补喂混合精料250~500g为宜。母羊刚生下小羊后身体虚弱，应加强喂养。补喂的饲料要营养价值高、易消化，使母羊恢复健康和有充足的乳汁。泌乳盛期一般在产后30~45d，此时体内储蓄的各种养分不断减少，体重减轻。在此时期，饲养条件对泌乳机能敏感，应给予优越的饲料条件。泌乳后期要逐渐降低营养水平，控制混合饲料的用量。

(3) 羔羊的饲养管理。出生羔羊最初几天一定要保证吃足初乳。初乳中含有丰富的蛋白质、维生素、糖类、脂肪、矿物质。免疫球蛋白含量高，可以增进羔羊的抗病力。矿物质含量较多，尤其是镁含量丰富，具有轻泻作用，可促使羔羊的胎粪排出。

(4) 肉羊舍饲育肥。舍饲育肥的技术关键是合理配制混合饲料，采用科学的饲喂方法和管理方式。配制日粮既要考虑日粮的营养价值，又要降低饲养成本，尽量选用青粗饲料，如青干草、青草、树叶、农作物秸秆，同时补充混合精料。每天每只羊可喂优质青干草2kg或青粗饲料5kg左右，混合精料0.5~1.0kg。根据羊只体重，酌情增减各类饲料的喂量。混合精料一般早晚分两次喂，防止羊只相互抢食。饲料要求清洁、新鲜，调制好的饲料应及时喂完，防止霉变，青贮饲料随取随喂。块根、藤蔓及长草类饲料要切碎，提高其利用率。每天供应充足的清洁饮用水。

4. 疾病防治

保证羊只每天适度的运动。一般在春、秋两季注射羊三联四防苗、传染性胸膜肺炎苗和其他规定注射的疫苗。在春、秋两季采用丙硫苯咪唑、阿维菌素等对羊只进行体内、外驱虫。羊舍及运动场经常保持清洁卫生，定期对羊舍及用具消毒。

（三）种公羊生态养殖饲养管理技术

种公羊如杜泊羊、道赛特等采用舍饲饲养的方式，派专人管理，以青草、青干草、青刈饲料为主，按饲养标准补给一定量的混合精料。

采精期日粮配比：混合精料 1.0~1.4kg，玉米青贮 1.5kg，胡萝卜 0.5kg，大麦芽 0.4kg，牛奶 0.5kg，盐 14g，微量元素及多维添加剂。其中混合精料配方为：玉米面 35%，豆饼 40%，麸皮 15%，小米 5%，黄米 5%。

冬季每天饮水 3 次，夏季自由饮水。种羊有固定的运动场，每天有 6h 左右的自由运动时间。圈舍通风干燥，采光好。定时驱虫、药浴、修蹄、注射疫苗。

通过精细化饲养管理，使种公羊保持良好的体况，性欲强，每日可采精 1~2 次，每次射精量 1.5mL 左右，密度高，活力在 0.8 以上。

（四）繁殖母羊阶段生态饲养技术

1. 繁殖母羊分阶段饲养的优点

要想养好繁殖母羊，必须在满足其良好饲养管理条件的基础上，根据其空怀期、妊娠期、泌乳期的生理特点，实施有针对性的阶段饲养管理技术。

（1）可以充分利用饲养设施设备，便于安排生产。

（2）提高饲料的利用率，增加养殖效益。分阶段饲养便于调整羊只的饲料配方和饲喂量，满足各类型、各阶段羊只的营养需求，保证羊只健康和生长发育。

（3）提高了产品品质。分群圈舍饲养能根据羊只不同阶段的生理特点，实行标准化管理，提高羊群的整齐度和一致性，产品质量得以保证。

2. 各阶段饲养的技术特点

（1）空怀期。羔羊断奶至配种受胎时期，约为3个月。此阶段要对母羊抓膘复壮，为配种妊娠贮备营养，以确保母羊有较高的受胎率和产羔率。母羊每天喂给的风干饲料为体重的2.5%，在配种前1~1.5个月把母羊的膘情调整到中等偏上。配种前母羊若膘情过肥，则加强运动，膘情较差，则实行短期优饲。这样使母羊能够发情整齐，排卵数增加，产羔集中。

（2）妊娠期。妊娠前期：胎儿发育缓慢，母羊所需营养与空怀期相同，保持良好的膘情即可。若配种后牧草处于青草期或结籽，营养丰富，母羊只放牧饲养即可；若配种季节较晚，牧草枯黄，则应给母羊补饲。管理上，要避免母羊吃霜草、霉烂饲料，避免受惊奔跑和饮用冰碴水，造成隐性流产。

妊娠后期：胎儿生长迅速，羔羊初生重的80%~90%在此期间完成。母羊的营养要全价。若营养不足，羔羊体小无毛，抵抗力弱，容易生病和死亡；母羊分娩衰竭，泌乳减少。若母羊过肥，则容易出现食欲不振，反使胎儿营养不良。鉴于此，在妊娠的最后5~6周，怀单羔母羊可在维持饲养基础上增加12%日粮，怀双羔母羊增加25%日粮。临产前7~8d，不要到远处放牧，放牧中稳走慢赶，出入圈门和喂料时防止拥挤造成流产。

（3）哺乳期。根据饲养方案，哺乳期一般长90~120d。由于羔羊出生后2个月内的营养主要靠母乳，因此母羊的营养水平应以保证有充足的泌乳量为准。产双羔的母羊每天应补给精料 0.4~0.6kg，苜蓿干草 1.0kg；产单羔的母羊则分别为 0.3~0.5kg 和 0.5kg。另外，母羊每天补多汁饲料 1.5kg。

在管理上，产后 1~3d 内，对膘情好的母羊不应该补饲精料，以防消化不良或发生乳房炎。要保证充足的饮水和羊舍干燥清洁。当羔羊长到 2 月龄以后，母羊泌乳量逐渐下降，羔羊已能采食青草和粉碎饲料，可逐渐取消对母羊的补饲，转为完全放牧。

五、生态羊的引种和繁殖技术

（一）生态羊的引种

1. 羊引种概述

羊引种常见的方法有 3 种。第一，让羊只逐渐适应当地环境；第二，改变环境来满足羊只对环境的要求；第三，在生态条件基本相似的区域引种。通常认为，最后一种方法较为切实可行。

羊引种时，要注意考虑以下 4 个方面。第一，认真研究该品种原产地与新引入地之间，在海拔、地形、气候、饲养管理条件等方面的相似性。第二，不仅要考虑地区之间生态条件的差异性，也要考虑到羊只有逐渐适应新环境的能力。第三，从低劣环境引种到优良环境时，比较容易成功，在性成熟年龄迁徙最合适。第四，在一个品种范围内，较小的、中等的体形比大体形有较大的耐受力，能顺利完成风土驯化过程。

2. 羊引种的技术措施

（1）制订引种计划。养殖场要根据本地的环境条件、母羊群体情况和未来发展方向制订引种计划，确定所需品种、数量和公母比例，有选择性地引入。国外引入品种及育成品种应从大型牧场或良种繁殖场引进，地方良种应从中心产区引进。

（2）疫病情况调查。必须从没有疫病流行并经过认真调查的健康种羊场引进，同时了解该种羊场的免疫程序和免疫情况。

（3）建设羊舍。确定好引种计划后，修建羊舍，确保种羊引进后有饲养、观察场地。羊舍建成后要进行消毒，可选用生石灰、新洁尔灭、烧碱等。

（4）确定引种时间。在春、秋两季引种最适合，此时气候适宜；要避开夏季，因为天气炎热不利于羊只长途运输。从低海拔向高海拔地区引种，宜安排在春初季节；从高海拔向低海拔地区引种，宜安排在秋末季节。

（5）人员确定。选派专业技术人员或从事养殖业经验丰富的人员完成，任务到人，使选种、运输、接应等各流程有专人负责。

（6）其他方面的准备。包括相关药品、疫苗、饲草料、隔离舍、运输工具等。

（二）生态羊的繁殖技术

1. 人工诱导发情和集中配种

在养羊生产中，适宜进行人工诱导发情的母羊范围较广，包括断奶后的空怀母羊、达到体成熟适宜配种但还未发情的母羊、长期乏情或有一定生殖障碍的母羊都可采用人工诱导发情技术。

在母羊乏情季节，使用外源性生殖激素，可诱导母羊发情，使母羊提前配种受孕，从而缩短母羊产羔间隔。对于季节性或生理性乏情的母羊，可用孕马血清促性腺激素结合孕激素激发母羊卵巢的功能。

母羊发情后可采用人工授精法进行大群配种，有利于羊群的繁殖生产管理，也有利于羊群遗传改良工作的实施。

2. 人工授精技术

（1）优点。羊的人工授精是近代畜牧科学技术的重大成就之一，是当前我国养羊生产中常用的技术与措施，具有诸多优点。第一，扩大优良种公羊的利用率。第二，提高母羊的受胎率。第三，节省饲养大量种公羊的费用。第四，减少疾病的传播。采用人工授精方法，公、母羊不直接接触，器械经过严格消毒后使用，可大大减少疾病传播的机会。第五，异地配种，减少引种费用。

（2）组织和操作。人工授精站选择在母羊分布密度大，水草条件好，有足够的放牧地，交通方便，无传染病，地势平坦，避风向阳，排水良好的地方。需要有一定数量和规格的房屋和羊舍。

采精室、精液处理室和输精室要求光线充足，地面坚实，以便清洁和减少尘土飞扬。空气新鲜，且各处互相连接，以方便工作。室温保持在18~25℃。种公羊舍要求地面干燥、光线充足，有结实而简单的门栏，有补饲用的草架和饲料槽。人工授精所需的器械和药品事先要准备好。

配种前1~1.5个月，对参加配种的公羊，技术人员要对其精液品质进行检查。在人工授精中须用试情公羊从大群母羊中找出发情母羊适时进行配种。确定参加人工授精的母羊，要单独组群，认真管理，防止公、母羊偷配。

采精和精液品质检查可以参考相关资料。

六、生态羊的羊舍环境控制

（一）羊舍主要环境因素

1. 羊舍环境对其影响

羊舍环境是指直接影响羊生活的各种因素的总和，包括温度、湿度、光照等自然环境，以及饲喂设备、饲养管理等人为环境。环境控制是生态羊生产中的关键环节，良好的环境可以给羊只提供舒适、清洁、安全的生存条件，促进其健康生长，生产出优质的羊产品。

2. 羊舍主要环境因素

（1）温度。温度是影响羊健康的主要外界环境因素之一，温度过高或过低都会影响羊只健康。温度过高，羊的采食量随之下降，甚至停止采食；温度太低，采食的能量很大比例用于维持体温，用于生长的比例大大降低。一般情况下，羊舍适宜温度范围为 5~21℃，最适温度范围 10~15℃；冬季产羔舍的舍温不低于 8℃，其他羊舍不低于 0℃；夏季舍温不超过 30℃。

（2）湿度。湿度影响动物的体热散发。潮湿的环境有利于微生物的繁殖，使羊易患疥癣、湿疹及腐蹄等病。对羊来说，较干燥的空气环境对健康有利。羊舍应保持干燥，地面不能太潮湿。舍内的相对湿度以 50%~70% 为宜，不要超过 80%。

（3）光照。光照对羊的生理机能、繁殖机能及育肥都有影响。羊舍要求光照充足，但适当降低光照强度，可使增重提高 3%~5%，饲料转化率提高 4%。采光系数一般来说，成年羊为 1：（15~25），高产羊 1：（10~12），羔羊 1：（15~20）。

（4）气流。气流对羊有间接影响。在炎热的夏季，气流有利于对流和蒸发散热，对育肥有良好作用；冬季气流会增加羊体的散热量，加剧寒冷的影响。不过，即使在寒冷季节舍内仍应保持适当的通风，以便将污浊的气体排出舍外。羊舍气流速度冬季以 0.1~0.2m/s 为宜，最高不超过 0.25m/s；夏季则应适当提高气流速度，但不超过 1m/s。

（5）灰尘。空气中的灰尘被吸入呼吸道，使鼻腔、气管、支气管受到机械性刺激，灰尘降落在眼结膜上，会引起结膜炎。

(6) 微生物和有害气体。羊的咳嗽、打喷嚏、鸣叫时喷出来的飞沫,使微生物得以附着并生存。病原微生物和飞沫附着灰尘,分别形成灰尘感染和飞沫感染,在羊舍内主要是飞沫感染。在封闭的羊舍内,飞沫可以散布到各个角落,使每只羊都有可能受到感染。因此,必须做好舍内消毒,避免粉尘飞扬,保持圈舍通风换气,预防疾病发生。

(7) 有害气体。羊舍内危害最大的气体是氨和硫化氢。为了消除有害气体,要及时清除粪尿,勤换垫草,还要注意合理换气,将有害气体及时排出舍外。羊舍内氨含量不超过 20mg/m³,硫化氢含量不超过 8mg/m³,二氧化碳含量不超过 1 500mg/m³。

(二) 羊舍环境控制

1. 羊舍的基本类型

不同类型的羊舍可提供的羊舍小气候存在很大的差异。根据结构,羊舍可以分为封闭式羊舍、半开放式羊舍、开放式羊舍和棚舍 4 种类型。

2. 羊舍建造的基本要求

(1) 地面。要求平整,便于对粪尿或垫料进行去除;呈 2% 左右的坡度,以利于污水排出,保持舍内干燥。根据情况不同,可以选择实地面或漏缝地面。

(2) 墙体。对畜舍的保温与隔热起着重要作用,以往一般多采用土、砖和石等材料,近年来随着建筑科学的发展,许多新型建筑材料如铝板、钢构件和隔热材料等,亦应用于羊舍建筑中。

(3) 屋顶和天棚。屋顶应具备防雨和保温隔热功能。挡雨层可用陶瓦、石棉瓦、油毡和金属板等制作,在挡雨层的下面应铺设保温隔热材料,如玻璃丝、泡沫板和聚氨酯等。屋顶的种类很多,根据实际情况可采用双坡式、单坡式、平顶式、钟楼式、半钟楼式、联合式等。

(4) 运动场。单列式羊舍坐北朝南排列，运动场宜设在羊舍的南面；双列式羊舍南北向排列，运动场设在东西两侧，以利于采光。运动场地面低于羊舍地面，并向外有斜坡，便于排水，保持干燥。

(5) 围栏。羊舍周围可以设置围栏，便于将不同大小、性别和类型的羊只隔离开，并限定在一定区域内活动，便于管理，提高生产效率。

(6) 羊床。羊床是羊躺卧和休息的地方，要求清洁和干燥，不留粪便残渣，便于清扫。可用木条或竹片等制作，也可用塑料或钢板，缝隙宽度以可漏下粪便、但窄于羊蹄的宽度为宜，以免羊蹄漏下而折断。

(三) 羊舍环境改善

1. 羊舍的保温和供暖

冬季养羊要注意防寒保暖，可以根据具体情况，采取不同形式。增加外部的围挡墙，既防风又保暖。适当堆放秸秆于羊舍四周，既保温又使得羊舍较为干燥。使用空调扇给羊只供热风或者取暖器来取暖。

2. 羊舍的防暑和降温

适宜的舍温有利于羊只发挥其生产性能，高温会对羊只的健康不利，进而降低其生产性能。在温度较高的季节，要通过一定的措施降低羊舍温度。

(1) 遮阳。在羊舍周围种植一些高大的乔木，或者在羊舍和运动场上方搭建遮阳棚，这样可以减少阳光的直接照射。

(2) 通风。羊舍门窗要设计合理，适于形成空气对流。羊舍顶部可以留通风口或安装通风球，自然通风较差时可以在羊舍安装排风扇。

(3) 喷雾淋浴或机械制冷。在夏季的高温时间段，采用喷雾或淋浴的方式为羊只或羊舍降温，但要注意不可直接用凉水冲羊，且喷雾或淋浴后加强通风。机械制冷即使用空调降温，但成本较高。

(4) 补盐和充足的饮水。夏季适当给羊补给食盐或小苏打，补充体内电解质，使之平衡，减少应激。一般采用自由饮水，若条件不允许，则在早晚饲喂后及中午高温时段要保证充足的饮水。饮水要符合规定，可以在饮水中加入适量的多维，以提高羊只的抗热应激能力。

3. 羊舍的采光

光照是影响羊只健康和发挥生产力的重要环境因素之一。羊舍的采光根据光源的不同，分自然光照和人工照明。自然光照的光照时间和强度随季节和天气，变化很大，难以控制。人工照明可以弥补自然光照的不足，从而满足羊舍的采光要求。

4. 羊舍的给排水

羊舍的给排水对于羊舍的环境状况同样产生重要的影响。给排水设计，主要从以下几个方面考虑。

(1) 排水系统要好。设计坡向的排水管道，保证羊舍的污水顺利排出到沉淀池。排尿沟设在畜栏的后端，紧靠清粪道，且不渗水。排尿沟建成明沟，便于清扫和消毒。

(2) 羊舍周围建立护坡壁，防止雨水等进入羊舍。

(3) 排水系统要便于检查和维护。

5. 羊舍的消毒

根据本地实际情况制定切实可行的消毒制度。羊舍消毒时应先清扫，后用清水冲洗，然后用化学消毒液喷洒。消毒液可用10%的漂白粉、0.5%~1.0%的菌毒敌、0.5%的过氧乙酸等。消毒时用喷雾器将药物喷洒到地面、墙壁、天花板和用具上。经过一段时间的通风后，再用清水冲洗饲槽和水槽。此外，还可以按每立方米 12.5~50.0mL 的福尔马林，加入等量的水加热熏蒸消毒或每立方米用 42mL 的福尔马林和 21g 高锰酸钾混合熏蒸消毒 24h，再通风 24~48h。一般情况下，每年春、秋两季各进行一次彻底消毒。

七、生态羊的卫生防疫

(一) 生态羊疫病防控措施

按照农业农村部办公厅印发的《2019 年国家动物疫病监测与流行病学调查计划》中附件四（小反刍兽疫监测计划）的具体要求来施行。

1. 饲养管理

全面加强饲养管理，采取综合措施，有效减少羊疫病发生。推进羊养殖的规模化、集约化、标准化，养殖规模适度，充分考虑环境承载能力和疫病发生风险，提倡健康养殖方式。要保持圈舍清洁卫生，通风保温；注意饲料的调配，防止使用霉变饲料，保证动物饮水的清洁；落实防蚊蝇、防鼠措施，养殖场不应混养其他动物；要建立严格的生物安全管理制度，封闭饲养，外来人员、车辆等不得随意进入养殖场，提高生物安全水平。

2. 免疫和驱虫

各地结合本地实际制定免疫计划或实施方案，对布鲁氏菌病、羊痘等疫病进行免疫。做好免疫记录，定期开展免疫效果监测，对免疫抗体水平不达标的及时进行补免。在寄生虫病流行区域，要适时采取口服、注射、药浴等方式进行药物驱虫。

3. 对症治疗

对患布鲁氏菌病、蓝舌病、羊痘等疫病的病畜，应进行扑杀，不得治疗。其他疫病，可开展对症治疗，减缓或消除某些严重症状，调节和恢复羊只机体的生理机能，加强护理、保持安静，尽量减少诊疗频次，以免惊扰病畜。对细菌性急性传染病可采用抗生素疗法，对寄生虫病和部分细菌性传染病可采用化学药物疗法，同时注意防止继发感染。重点加强养殖场用药安全监管，建立健全用药记录制度，严格执行休药期和处方药制度，在兽医指导下安全用药。

4. 消毒灭源

建立定期消毒制度，选择合适的广谱、高效、低毒的消毒药品进行消毒。进出人员可采取紫外线、喷雾消毒，脚踩消毒垫或消毒池、手洗消毒盆等方式；进入车辆先冲洗干净后彻底消毒；器械工具可采用喷雾消毒、高压蒸煮、熏蒸消毒等方法。圈舍消毒须先清扫并清除污物，经常更换消毒剂品种，交替使用。在消毒时做好人员防护，减少对工作人员的刺激。

5. 疫情监测报告

各级动物疫病预防控制机构要按照国家动物疫病监测与流行病学调查计划要求，认真开展相关羊疫病的监测与流行病学调查工作，并按规定及时上报监测结果。对监测结果进行科学分析，加强疫情预警预报。养殖或经营者发现羊出现传染病症状的，应及时向当地兽医部门报告。任何单位和个人不得以任何理由迟报、漏报、瞒报动物疫情。

6. 检疫监管

跨省调运种羊的，要提前进行风险评估并按规定程序申报、审批，经检疫合格后方可调运，并加强监管，特别要加强对精液、胚胎的检疫监管。动物卫生监督检查站要严格按规定查证验物，合法调入的动物要按规定隔离期满后方可混群饲养。加强羊交易市场和屠宰场所的监管，防止疫病传播。

7. 疫病净化

结合本地实际，制定疫病净化方案，严格按照国家有关技术规范和处理规程规定对阳性羊进行淘汰、扑杀和无害化处理，重点对种羊场的羊开展相应疫病的净化工作，鼓励有条件的羊养殖场开展疫病净化工作。

8. 无害化处理

染疫动物携带大量病原体，传播疫病的风险很大。养殖场户要积极配合各级畜牧兽医主管部门按规定扑杀患布鲁氏菌病、蓝舌病、羊痘等疫病的羊；在当地动物卫生监督机构监督下，对染疫羊、病死羊尸体、流产物、死胎、污染饲草料等进行无害化处理。严肃查处随意抛弃病死羊、贩运加工病死羊的情况。

9. 宣传培训

要认真总结羊疫病防控工作的好经验好做法，对兽医从业人员和动物饲养员要定期进行技术培训，加大相关法律法规普及力度和兽药等安全使用知识宣传力度，提高养殖者自主防疫意识，提升防控能力和水平。

(二) 羊粪的无害化处理

要因地制宜对羊粪进行处理，最终达到无害化。

1. 堆肥处理

从卫生和肥效等方面看，堆肥发酵后再利用比使用生肥要好。堆肥的优点是技术和设施简单，施用方便，无臭味；同时，在堆制过程，由于有机物的好氧降解，堆内温度持续 15~30d 达 50~70℃。

2. 制作液体圈肥

将生的粪尿混合物置于贮留罐内，经过搅拌曝气，在微生物的分解作用下，变为腐熟的液体肥料，这种肥料对作物是安全的。在配备有机械喷灌设备的地区，液体粪肥较为适宜。

3. 制作复合肥料

对于一些生产水平较高的示范性羊场，可以采用简易的设备建立复合有机肥加工生产线，使羊粪经过不同程度的处理，有机质分解、腐化，生产出高效有机肥产品。

4. 制沼气作能源

在厌氧环境中，粪便中的有机物在一定的温度、湿度、酸碱度、碳氮比条件下，通过微生物作用产生一种可燃气体，其主要成分是甲烷。

5. 作为其他能源

直接燃烧：含水量在30%以下的羊粪，可直接燃烧，需专门的烧粪炉。

生产发酵热：将羊粪的水分调整到65%左右，进行通气堆积发酵，有时温度可高达70℃以上。方法是在堆粪中安放金属水管，通过水的吸热作用来回收粪便发酵产生的热量。回收的热量，一般用于羊舍取暖保温。

生产煤气、酒精：将羊粪中的有机物在缺氧高温条件下加热分解，产生可燃性气体，其原理和设备大致上与用煤产生煤气相仿。

6. 粪便无害化卫生要求

按照 GB 7959—2012 执行。

(三) 羊场生物安全控制

1. 羊场的生物安全带

羊场四周设置围墙和防护林带，院墙外建防疫沟，沟内常年有水，防止闲杂人员和其他畜禽进入羊场。利用羊舍间防疫间距进行绿化布置，净化空气，改善生产环境，有利于防疫。

2. 羊场蚊、蝇等的控制

蚊、蝇等是羊场传播某些疾病的有害昆虫，对于羊场的生物安全造成一定程度的威胁。在易于滋生蚊、蝇、虻的污水沟定期投药物进行药杀，在疫区设置诱蚊、蝇、虻的水池和悬挂灭蚊、蝇装置。

3. 病死羊的处理

兽医室和病羊隔离舍应设在羊场的下风处，防止疾病传播。在隔离舍附近设置掩埋病羊尸体的深坑，对死羊及时进行无害化处理，防止病原微生物传播。对场地、人员、用具选用适当的消毒药和消毒方法进行消毒。

病羊和健康羊分开喂养，派专人管理。对病羊所停留的场所、污染的环境和用具都要进行消毒。

八、生态羊的质量管理

应建立较完善的质量管理体系，建立各种管理制度和操作规程，定期开展质量管理培训。

羊场建立的养殖档案，应符合 NY/T 3445 的规定。应按当地畜牧兽医主管部门的要求建立电子养殖档案。养殖档案中应保持可追溯生产全过程的详细记录，并且记录至少保存 5 年，记录内容包括但不限于以下内容。

（1）羊只出入场记录（品种、时间、数量、检疫证明、车辆消毒证明、交接人等）。

（2）养殖投入品的购买和使用记录（兽药、疫苗、饲料等）。

（3）生产记录（舍号、时间、品种、死淘数、存栏数、配种、分娩、产品产量、耗料量等)。

(4) 免疫记录(舍号、免疫时间、存栏数量、疫苗名称、生产厂家、免疫方法、免疫剂量、免疫人员等)。

(5) 疾病抗体监测记录(监测目标、时间、防疫员、监测结果等)。

(6) 疾病诊疗记录(舍号、时间、日/月龄、发病数、病因、诊疗人员、用药名称、用药方法、诊疗结果、停药时间、休药期等)。

(7) 场区和羊舍消毒记录(场所、方法、日期、消毒剂、剂量、消毒员等)。

(8) 病死羊只处理记录(羊只编号、日期、数量、发病原因、剖检结果、无害化处理方法、操作员等)。

(9) 羊只粪便处理记录(场所、方法、日期、操作员等)。

(10) 羊只产品质量检测报告和销售记录(时间、数量、去向等)。

(11) 羊只活体及相关产品应按有关要求获得动物检疫合格证方可上市。有的地区还要求同时获得肉品质量合格证方可上市。

九、生态羊的标志和标签

(1) 产品标志使用应符合《生态产品标志管理办法》的有关规定。产品储运包装上的图示标志应符合 GB/T 191 的规定。

(2) 对于预包装产品,标签应符合 GB 7718 的规定。

十、生态消费

(1) 产品提供应遵循诚信、公正、严谨的原则,以建立生产者、销售者、消费者相互信任、合作和感恩的友善关系。

(2) 产品包装应符合相应食品安全国家标准和包装材料卫生标准的规定。

(3) 产品不应过度包装，应符合 GB 23350 的规定。

(4) 产品包装宜使用可回收材料、容器及辅助物。

(5) 产品包装宜使用可生物降解的环保材料。

(6) 消费者和生产者宜将产品包装分类或重复使用，促进资源节约和循环、低碳环境友好。

(7) 宜鼓励消费者参与生态产品的生产，了解生态产品的生产过程，让消费者建立健康、节约的生活方式和消费理念。

十一、运输

(1) 活体羊只运输应按国家有关规定执行。

(2) 鲜、冻羊肉产品运输，宜采用冷藏或保温冷链运输。

(3) 运输工具应保持清洁、卫生，无异味，不应与有毒、有污染或气味浓郁物品混装、混运。

第四节 生态家禽生产技术

一、生态鸡养殖区域生态环境选择

养殖地点的选择关系到生态鸡的进食、营养成分的摄入以及鸡的正常生长，应选择地势高燥、平坦开阔、水质良好、水源充足、交通方便、无污染的地方，确保生态鸡在原始的生活环境健康生长。

(一) 山地

山区有更多的草木和昆虫，为鸡提供了丰富的各类食物。养鸡场要选择天然林地，一般天然次生林好于原始林、阔叶林好于针叶林、天然林好于人工林，如有条件选择针阔混交林。

（二）草原

草原生态鸡的养殖在中国也比较常见。草原资源为鸡提供了无污染的食物和广阔的活动空间，减少了养鸡成本，对生态鸡养殖户具有一定的参考意义。

（三）茶园

茶园同样可以作为生态鸡的养殖地，可以在春秋交替之际将鸡投放到茶园中。这些鸡在生长的过程中，能够啄食茶园内的害虫，在为鸡提供食物的同时，降低了茶园的病虫害。鸡的粪便能够为茶树生长提供肥料，同时减小了鸡粪的污染，是一项双赢的生态鸡养殖措施。

（四）竹园

竹园杂草和腐质较多，也有许多昆虫，非常适合生态鸡养殖的自然环境，生态鸡放养于竹园同样能够起到减少病虫害、肥沃土地的作用。

二、围栏和鸡舍的建设

建围栏目的是防止鸡只的丢失和黄鼠狼等天敌侵害。围栏用塑料网，高 1.5~2m，地下深埋 25cm，间隔 2m 打一木桩，将塑料网栓在木桩上即可。鸡舍建在围栏的两端，便于轮放时移动围栏。

三、科学选种

选育的品种在很大程度上影响了养殖户的经济效益和养鸡业的长

远化发展。所以,在选取鸡品种时,需要进行市场考察,充分解读市场,规划资金投入和能够得到的经济收益。一般优先选取体型较小品种,要具有较强壮的身体素质、较强的觅食能力、灵活的活动能力、较强的免疫力和较好的环境适应性。由于品种间相互杂交,因而鸡的羽毛色泽有"黑、红、黄、白、麻"等,脚的皮肤也有黄色、黑色、灰白色等,故要选养适宜当地消费市场的品种,三黄鸡、杏花鸡、麻鸡均是较好的品种。必须严格把控好鸡种的来源,首先要排除有严重疾病地区的农场,其次及时剔除病鸡和弱鸡。

四、合理设置养殖密度

生态鸡养殖能够较好的利用生态资源,但是必须要控制好养殖密度。要求是鸡的活动范围控制在半径200m左右的范围内,80%以上的鸡需要控制在半径150m范围内,70%的鸡在半径100m范围内。鸡群与鸡群之间的距离应超过450m。半径150m为鸡场最佳养殖面积,在这一范围内1 500只鸡为最佳养殖数量。鸡舍和运动场的大小设计标准:育雏保温舍按每$10m^2/1\ 000$只鸡计算,运动场按$1m^2/$只鸡计算,运动场周围最好用篱笆和塑料网围起来。

五、生态养鸡所需要的饲料

(一) 鸡补饲料常用的饲料原料

(1) 原粮类。玉米、小麦、稻谷、高粱、小米、大豆、绿豆等。

(2) 农副产品。麸皮、碎米、油脂类、糟渣类、米糠类等。

(3) 动物性饲料。鱼粉、肉骨粉、血粉、蚕蛹粉、昆虫类等。

(4) 饼粕类。豆饼(粕)、菜籽饼(粕)、棉籽(仁)饼(粕)、花生仁饼（粕）。

（5）矿物质饲料。氯化钠、石粉和贝壳粉、骨粉、磷酸氢钙等。

（6）饲料添加剂。维生素添加剂、微量元素添加剂、氨基酸添加剂、抗生素替代品、增色剂等。

生态养鸡饲料中不要使用人工合成的色素添加剂，绝对不能使用工业颜料作为增色剂。

（二）青绿饲料

主要有豆科牧草、禾本科牧草、果蔬类和鲜树叶等。

（三）粗饲料

粗饲料包括干草类、农副产品类（包括荚、壳、藤、蔓、秸、秧）以及干物质中粗纤维含量为18%及以上的糟渣类、树叶类及其他类。

（四）配合饲料

生态养鸡离不开配合饲料，但在养鸡过程中，饲料的配制要避免使用化学合成添加剂和国家禁用的药物。饲料配合的原则如下。

（1）饲料种类要求多样化。配合饲料时选择的饲料种类应尽量多一些，以便相互补其不足，使营养更完善，满足饲养标准。

（2）尽量采用当地饲料。尽量发掘和采用当地饲料资源，减少外购的数量，减少运输费用，降低生产成本。

（3）降低饲料成本。要选择价格低廉、营养较好的饲料进行配合，购买饲料原料时应根据市场行情，尽量降低其价格，减少运输贮藏费用。减少加工过程中的浪费，应完善加工工艺，配合营养全面平衡的日粮。

(4) 稳定性。饲料配方一经实施后则应相对稳定，不应随意变动，改变饲料时应逐渐改变。频繁改变饲料配方，易引起鸡应激，影响生长、产蛋，降低生产力和饲料的利用率。

(5) 注意原料质量。不能利用发霉、酸败、低劣质量的原料（假豆饼、假鱼粉、假添加剂等）来配制日粮，在选用代用品时必须保证质量。每次进回来的原料必须进行营养分析，防止假冒饲料。每次更换饲料配方时，要提前做饲喂试验（提前2周），防止大群饲喂时蒙受重大损失。

(6) 改善饲料的保存条件。防止在保存过程中饲料的损失和变质。注意仓库的温湿度、通风等环境条件。防鼠害、防火、防水，缩短贮存时间，减少饲料的氧化损耗。每次配料够2~4周使用为宜，最好是随配随喂，当天配当天饲喂。药物、多维、氨基酸等添加剂要在饲喂前混合进去，且应混合均匀。

(五) 人工育虫

昆虫营养丰富，含有大量蛋白质、脂肪和碳水化合物等，还有大量游离氨基酸和维生素，而且含有丰富的钙、磷等矿物质和钾、钠、铁等微量元素。昆虫饲料可代替鱼粉，饲料中添加10%的昆虫，肉鸡体重、蛋鸡产蛋率均可获得提高。采用人工育虫喂鸡成本低，可就地取材，充分利用废料，是解决当前农村缺少动物性蛋白质饲料的有效方法。人工育虫可以作为鸡生态养殖的补充饲料，但不能大量使用，而且也不能使用虫子作为鸡群唯一的饲料。

六、生态鸡孵化

鸡的孵化期为21d。新鲜的种蛋、温度、湿度、通风、翻蛋等是胚胎发育过程中不可少的条件，直接影响着胚胎的生长发育，也影响着小鸡出壳后的健康。

（一）孵化的条件

1. 种蛋的选择

种蛋品质要新鲜。因为鸡蛋贮藏日数与孵化率和孵化所需时间成正比。所以一般以产后1周内为合适，以3～5d为最好。种蛋选择参考以下。

（1）清洁度。无粪便、碎蛋液、脏物等。

（2）蛋重。53～65g。

（3）蛋形。蛋形应正常，为卵圆形，过长过圆的蛋不宜孵化。蛋形指数=短径/长径，一般为0.72～0.75。

（4）蛋壳。结构要正常，蛋壳应致密匀正，不能选择蛋壳过薄、壳面粗糙的"沙皮蛋"和蛋壳过于坚硬的"钢皮蛋"。

2. 温度

孵化的温度保持37.5～38.2℃，温度高则胚胎发育快，但很软弱，温度超过42℃经2～3h以后则胚胎死亡。相反，温度不足则胚胎的生长发育迟缓，如温度低至24℃时经30h便全部死亡。

胚胎发育时期不同，对外界温度的要求也不一样。孵化初期，即第一周，胚胎物质代谢处于低级阶段，本身产生的体热很少，因而需要较高的孵化温度，适宜温度为38.2℃；孵化中期（10d后），随着胚胎的发育，物质代谢日益增强，适宜温度为38℃；孵化末期，胚胎本身产生大量的体热，因而要较低的温度，即37.5℃为宜。

3. 湿度

孵化器的相对湿度保持55%～60%，开始出雏时，提高到65%左右。孵化室最好经常保持60%~70%的相对湿度，湿度不够时可在地面洒些水，湿度过高就加强室内的通风，使水汽散发出去。

4. 通风

胚胎在发育过程中，不断吸收氧气和排出二氧化碳。为保持胚胎正常的气体代谢，在不影响孵化器湿度的前提下，空气越通畅越好。蛋周围空气中二氧化碳含量不得超过0.5%，氧气含量不得少于21%。

5. 翻蛋

翻蛋可避免胚胎与壳膜粘连，可使胚胎各部受热均匀，有助于胚胎的运动，以保证胚胎的正常发育。特别是第一周更为重要。为保持翻蛋效果，翻蛋角度必须有90°。每2h翻蛋一次，一昼夜12次，孵化满18d移盘后停止翻蛋。

（二）机器孵化法

（1）孵化前的准备。孵化前对孵化室和孵化器要做好检修、消毒和试温工作。孵化室必须保持良好的通气和适宜的温度（22~24℃）、湿度（55%~60%）。孵化机要离开温源，并避免日光直射，以免影响机内温度。孵化机、蛋盘、和出雏盘彻底清洗后用药液进行消毒。孵化前做好孵化机的检修工作，孵化机进行试温2~3d，正常运行后方可使用。

（2）入孵。在孵前12h左右将装好盘的蛋架推至孵化室中进行预温。上蛋方法依孵化机的规格而异，一般是每3~5d上一次蛋，每次上一套蛋盘，入孵时使每套蛋盘在蛋架上的位置互相交错，以便"新蛋"和"老蛋"能互相调节温度。

（3）孵化机的管理。注意孵化机的温度、湿度、通风情况；留意机件的运转情况；观察控制系统的灵敏度，遇到失灵情况及时采取相应的措施。

（4）凉蛋。每天要定时凉蛋两次，间隔地抽出雏盘。凉蛋时如果发现蛋温过高，达到烫眼的程度，则将蛋盘抽出机外放冷，直到用眼皮感觉温热不凉的程度，喷上40℃的温水，再送入机内。

（5）照蛋。孵化期内一般照蛋二三次，以了解胚胎发育的情况，及时取出无精蛋、散黄蛋、死精蛋和死胎。

（6）移蛋。在最后一次照蛋时，依胚胎的发育情况灵活掌握移蛋时机。如气室已很弯曲，气室下部黑暗，气室内见有喙的阴影，可及时将孵化机架上的蛋移入出雏机中。停止翻蛋，提高湿度，降低温度，准备出雏。

（7）出雏处理。关闭机内的照明灯，以免雏鸡骚动影响出雏。及时拣出一次空壳蛋和绒毛已干的鸡，保持机内温度、湿度。拣出的雏鸡注射马立克氏疫苗后放在分隔的雏箱内，然后置于22~25℃的暗室中，使雏鸡充分休息。

（8）停电时的措施。孵化室应自备发电机和取暖器，在停电前几小时采取措施，使室内温度达37℃左右（孵化机的上部），打开全部机门，每隔半小时或一小时翻蛋一次，保证上下部温度均匀同时在地面上喷洒热水，以调节湿度。

（9）孵化记录。每次孵化应将上蛋日期、蛋数、种蛋来源、历次照蛋情况、孵化结果、孵化期内的温度变化等记录下来，以便有利于工作。

七、生态鸡的饲养管理

（一）生态鸡育雏技术

要使雏鸡在鸡场有良好的开始，我们必须为雏鸡提供适宜的环境条件（如温度、光照、湿度、通风、鸡舍布局设计）。雏鸡从出雏器的环境变成鸡舍的环境。雏鸡要成功地适应这种环境的变化，必须建立良好的饮水和采食行为，如果育雏的环境条件不好，将影响第一周雏鸡生长发育，最终影响全期的生长发育。育雏期 0~30d，即在室内饲养的阶段，如果是在寒冷的冬天需要 50d 甚至 60d 后才能放养，必须等雏鸡自身抵抗力增强到能完全适应外界环境。要指出的是特别注意育雏前两周的饲养。

1. 育雏方式

垫料平养是饲养鸡最常见的育雏方法之一。垫料平养要求在舍内水泥或砖头地面上铺以 5cm 厚的垫料，垫料要求干燥松软，厚度大体一致，吸湿性强，一般使用的垫料有砻糠、锯木屑等。

（1）全进全出制。鸡的饲养须采取全进全出制，即每栋鸡舍或放养区的全部鸡都要在同一天购进，养成后在同一时期内出售。出售后，做消毒处理，空置 5~8d，然后再开始下一批鸡的饲养。不同批次、日龄、品种之间不混养。饲养者可根据鸡舍、设备、人员等情况，制订全年饲养的批量生产计划、养鸡数、休整时间和消毒日程表。

（2）地面育雏的加温。一般常用地下烟道育雏、煤炉育雏、保温伞育雏、红外线灯育雏等。

（3）地下烟道加温。地下烟道用砖或土坯砌成，其原理是通过烟道对地面和育雏室空间进行加温，以升高育雏室温度。

（4）煤炉加温。煤炉上设有平面盖，盖上留有出气孔，接上通烟管道，管道接至室外排出煤气。煤炉下部有一孔，用铁皮制成调节板，以便调节进气量控制炉温。

（5）保温伞或红外灯加温。保温伞可用铁皮、铝皮、木板或纤维板制成，也可用钢筋和布料制成，热源可用电热丝或电热板。保温伞育雏大多在夏季温度较高的季节使用效果好。

2. 饲养管理

(1) 育雏前的准备。

饲养计划的安排：按照饲养密度计算饲养数量，根据饲养周期的长短和空舍时间，确定全年的周转批次，制订生产计划。

清洗消毒：进雏前两周对鸡舍内外彻底清洗、消毒，不留死角；将工具洗净后用消毒液进行消毒。进雏前一周，关闭门窗，育雏舍内用福尔马林熏蒸，48h后打开门窗。

必备工具：加温、保温设施、充足的料盘、料桶、饮水器、消毒工具、砻糠、通风设备、光照等。育雏舍内可用天花或塑料布吊顶（达到保温的目的）最好能达到密封效果，一般顶高不超过2.5m。每1 000只鸡第一周需真空饮水器10个，料盘15个，第二周以后逐渐换成自动饮水器12~15个，料桶30个并灵活根据饲养密度逐渐加大饮水器数量和料桶数量（以每只鸡都吃到食饲喂均匀为原则，不出现强者多食，弱者少食的情况）。

(2) 雏鸡的饲养管理。

饮水与开食：进雏后，先让雏鸡饮温水2~3h，雏鸡经过3h充分饮水之后，开始投喂饲料，即开食。第一周把饲料撒在料盘上，每天洗盘1次。雏鸡要喂优质的饲料，干喂或稍微拌湿投喂均可。开食初期大部分雏鸡都在适宜的温度下卧息（32~35℃）。睡醒后的雏鸡就会慢慢仿效正在吃食的雏鸡学着吃料，一般1d左右雏鸡均能学会吃料。饲料的添加要注意少喂勤添原则，饲喂时要将饲料均匀地撒在料盘上，不要完全覆盖料盘而不见底。应注意饲料盘、料桶的清洁，因为刚开食时，雏鸡常边吃料边排粪。每次添料时要清除纸上、盘上的粪便。饮水器每次换水时清洗一下再加水。任何情况下不能让雏鸡缺水。

环境控制的关键点如下。

加温：鸡舍应在进雏鸡前提前升温，在控温过程中，应根据建议温度灵活掌握。在实际操作中，单靠温度计来判断用温是否正确是不行的，还应该根据雏鸡的动态来判断用温是否合适，尤其是观察其睡眠状态。温度适宜时，雏鸡精神活泼，食欲良好，夜间均匀分布在热源的四周，舒展身体，头颈伸直，贴伏于地面熟睡，无奇异状态和不安的叫声，鸡舍极其安静；温度低时，雏鸡扎堆，靠近热源，发出"叽叽"的叫声，温度高时，雏鸡远离热源，张口喘气，大量饮水；如果育雏室有贼风，则雏鸡挤在背风的热源一侧。雏鸡的温度要求建议温度控制范围：开始育雏时热源边缘地上5cm处的温度以32~35℃为宜，并保持温度恒定。0~1周龄温度为31~33℃，以后每周降1~2℃最后适应外界环境。

脱温：在考虑加温的同时，还要做好脱温工作，即逐步降低温度，最后停止加温。脱温时间与外界温度有关，寒冷的冬季育雏，脱温较迟至少要45d，特别是在严寒季节要适当延长脱温时间至60d。脱温要逐步下降温度，使雏鸡逐渐习惯自然室温。切不可把温度降得过快，温度的突然变化，容易诱发出鸡的呼吸道疾病。可以使用通风、减少煤炉个数、降低煤炉通风量、减少煤球个数等方法灵活控温。

光照：雏鸡出壳后的前三天需要24h光照，光照强度建议20m^2使用2个100W灯泡，距离地面1m；第4、第5、第6、第7d每天减少0.5h，第二周灯泡换成60W并每天减少1h直至最后采用自然光照，如果是寒冷等恶劣天气光照的减缓速度适当放慢以缓解应激。通风保持舍内空气新鲜和适当流通，是养鸡的重要条件。幼雏虽体小，但生长发育迅速，代谢旺盛，加之密度大，其呼吸排出的二氧化碳，粪便及污染的垫料散发出的有害气体如氨气、一氧化碳、硫化氢等，使空气污浊，对雏鸡生长发育不利，且易暴发传染病。雏鸡对氨较为敏感，特别在早晨，当开门进入育雏室感到有刺鼻氨味时，必须进行通风换气，否则刺激鸡只上呼吸道粘膜等，削弱鸡体抵抗力，易发生呼吸道疾病。因此要特别注意通风，必要时增加通风设备如负压排风扇。

湿度： 湿度对雏鸡的健康和生长影响也较大。高湿低温，雏鸡很容易受凉感冒，利于病原微生物的生长繁殖，易诱发球虫病。湿度过低，则雏鸡体内水分随着呼吸而大量散发，影响雏鸡体内卵黄的吸收。第1周相对湿度应为70%~75%，第2周为55%，3周以后保持在40%即可，以舍内干燥为好。育雏的头几天，由于室内温度较高，室内相对湿度往往偏低，故必须注意室内水分的补充，可在火炉上放水壶烧开水，或在墙壁、地面喷水来增加湿度。10日龄后，由于雏鸡呼吸量和排粪量增加，室内湿度增大，因此，喂水时注意不要让水溢出，同时要加强通风换气，勤换垫料，使室内湿度控制在标准范围之内。

密度： 饲养密度为每平方米：1~2周20~30只；3~4周20~15只，4周以后到放养前8只。

日常管理如下。

日常称重： 体重是反映鸡群健康的标志，对体重过轻的鸡进行隔离饲养，称重除为指导群体增重外，在评定治疗疾病用药效果上也很有价值。

卫生与防疫： 搞好环境卫生、疫苗接种及药物防治工作，都是养好鸡的重要保证。鸡舍的入口处要设消毒池，垫料要保持干燥，饲喂用具要经常刷洗，并定期用0.2%的高锰酸钾溶液浸泡消毒。

严格淘汰： 为了保持鸡群体整齐度，提高经济效益，必须对鸡群实行优选。淘汰时应注意以下几点：一是死亡率高度集中期间每天进行淘汰。二是在经济损失较小的前 3 周进行严格淘汰。三是对于离群病雏，经周密检查证实如无发展前途则进行淘汰。四是雏鸡一旦出现跗关节扭曲或瘫痪，就将其淘汰，以免消耗大量饲料。五是患有慢性病的鸡只是传染的根源，它影响其他鸡体的健康，必须淘汰。

（二）生态鸡育成技术

1. 放养前的准备

（1）放养场地。选择地势开阔，有草、虫，没有兽害，饲料搬运方便，避免污染的地方。山地必须远离住宅区、工矿区和主干道路。环境僻静安宁、空气洁净，最好是灌木林、荆棘林、阔叶林等，坡度不宜过大。附近有无污染的小溪、池塘等清洁水源。要考虑夏季有凉棚让鸡栖息，避免太阳直射。

（2）鸡群生活场地的建设。

鸡棚的建造： 野外放养应建好棚舍。修建棚舍应选择背风、向阳、地势高燥、平坦的地方建棚。建棚可就地取材，要白天能避雨遮阴，晚上能保温。在建鸡棚时应考虑到面积，一般 100m² 内不超过 2 000 只。在棚内要搭建栖息架，让鸡晚上在架上栖息。栖架可提高鸡棚的容量并充分利用空间，避免鸡群应激后打堆，让鸡群生活在安静舒适的环境下可减少疾病的发生。棚舍可以使用简易蔬菜大棚也可以自建简易棚，但要注意保温、通风、排水、干燥这几个因素。在棚舍外围应留有喂料场，大小视具体情况而定，为晚上补饲用。

围网： 为了便于管理应在鸡的生活圈内围网，围网可采用网眼为 2cm×2cm 的鱼网即可，网高 1.5~2m。在放养期间时常巡视，发现网破了即时修补，预防逃鸡和野生动物进犯。

放养密度： 以每亩 300 只为宜。放养密度过大，鸡群无青草可吃，容易发生啄羽现象。

2. 放养时的管理

(1) 适应和调教。将鸡放至室外草地或地势较为开阔的地方进行放养，让其自由采食植物籽实及昆虫。放养时间应结合室外气候和鸡活动情况灵活掌握。在放养的同时进行归牧调教。其具体措施是：在放养过程中有意识在垫塑料布的地面上撒少量的鸡料，边撒边敲饲料盆，或吹哨子，以形成条件反射，使其在听见声音后，就有东西吃，便于以后收牧。经过一段时间的训练，鸡逐步适应了外界的气候和环境，养成了放牧归牧的习惯后，则全天放养。

(2) 分群饲养。公母分群饲养，适当的时候分别出栏。公母鸡对环境、营养的要求和反应有所不同，表现为生长速度、沉积脂肪能力和羽毛生长速度等方面有所差异。生长速度在同一期内公鸡比母鸡快17%~36%。公母分群饲养，可适当调整营养水平，公鸡能有效利用高蛋白和赖氨酸，可增加蛋白水平。

(3) 补饲。

补饲的原则：补饲应根据鸡群采食情况而定，不能盲目补饲，否则易造成浪费。补饲的原则是：适时均匀足量。

补饲的方法：补饲粉状饲料时要注意补饲均匀，不能撒播否则造成大量浪费或导致强者多食弱者少食的情况，不利鸡群健康。补饲粉状饲料应大范围成堆分布在牧地，让其散开觅食，提高补饲均匀度。补饲粒状饲料时要大范围撒播，让鸡群逐个啄食，有利于鸡群均匀采食。

补饲的时间：鸡群每天早上不饲喂或少饲喂，让其外出自由觅食。中午根据觅食情况好坏决定是否补饲和补饲的量。每天傍晚必须进行收牧：结合收牧情况进行补饲。注意清点只数、观察健康状况、总结当天放牧情况并做好记录，严格剔除或隔离反应迟钝、孤僻离群、吃食迟缓的鸡。

补饲的饲料选择和季节性：补饲的饲料应充分考虑成本、营养吸收和效价，不能饲喂单一原粮饲料。考虑到秋冬时期的饲养草虫偏少，鸡群食源相对狭窄。因此要适当补饲牧草，这样可以大量节约饲料和提高肉质，防止啄羽。

(4) 鸡群管理。

分群：鸡的生产过程有必要实行严格的淘汰管理。饲养员每天认真观察鸡群活动和采食情况，发现有如下表现的鸡立即隔离观察。①放牧后不外出觅食、躲在鸡舍角落不愿走动的鸡。②放牧后行动迟缓，离群独居、行动迟缓的鸡。③收牧补饲时发现嗉囊不鼓，又不愿采食或采食迟缓的鸡。

发现有如下情况的鸡立即隔离分群，进行单独饲养。① 身体弱小的鸡。②过于强大、好斗、抢食的鸡。③打架后受伤的鸡。④其他物理性受伤的鸡。按公母、强弱、大小进行分群饲养。采食时严格控制，保证让鸡群采食均匀，生长一致。

设栖架、防啄癖：鸡舍内外设置栖架，供鸡栖停，发现有啄羽现象，将它剔除隔离饲养。必要时对鸡群进行调控：①在舍内挂青草或青菜，引诱鸡啄菜而分散其啄羽的精力，同时也补充了维生素和纤维素。②在饮水中添加 0.1% 食盐，并保证供水充足。③如果发生啄羽现象要适当降低饲养密度和改善饲养环境，综合治理啄羽。

防惊飞：保持场内安静，避免噪声污染，谢绝参观，减少外界因素的影响，以防惊飞出现撞伤或撞死。

(三) 鸡的疾病预防和环境控制管理

1. 鸡群健康观察

进入中期后鸡处于旺盛的生长发育阶段,稍有疏忽,就会产生严重后果。

(1) 每天进入鸡舍时,要注意检查鸡粪是否正常。

(2) 每次饲喂时,要注意观察鸡群中有无病弱个体。一旦发现病弱个体,就应隔离治疗,病情严重者应立即淘汰。

(3) 晚上应到鸡舍内细听有无不正常呼吸声,包括甩鼻(打喷嚏)、呼噜声等。如有这些情况,则表明已有病情发生,需作进一步的详细检查。

(4) 每天计算鸡只的采食量,因为采食量是反映健康状况的重要标志之一。

2. 环境控制管理

防止地面潮湿 保持地面干燥、松软是后期管理的重要一环。第一,通风必须充足,以带走大量水分。第二,饮水器的高度和水位要适宜。第三,带鸡消毒时,不可喷雾过多或雾粒太大,免疫期暂停消毒。第四,定期翻动或除去潮湿、板结的部分。

(四) 高温季节的特殊管理

每当炎热夏季来临时,外界气温常在 30~35℃,对后期鸡的生长不利。为提高酷暑期鸡只的成活率和生长速度,其管理的基本要求如下:一是采取切实可行的降温措施。二是提高鸡的食欲,增加采食量。主要方法如下。

清晨喂料:夏季白天直至傍晚是温度最高的时期,而次日清晨的气温则相对较低,此时少量多次地频繁喂料以刺激鸡只食欲,让鸡只吃饱吃足。

调整饲料配方：为减少鸡的热应激,适当降低能量水平。同时,在满足所有必需氨基酸的前提下,适当降低蛋白质含量能促进鸡的生长,同时又提高鸡的存活力。

增强通风：通过增开窗户或敞棚舍,最大限量利用自然通风。另外,可在鸡舍周围搭设凉棚,防止阳光直射。鸡舍大棚上用遮阳网悬空 0.5~1m 高。

降低饲养密度：夏季应根据鸡舍条件,采取尽可能小的饲养密度。过度拥挤,不仅会使采食、饮水不均,还会因散热量增加,使舍温升高。

供给凉水,增加饮水器数量：使用清凉的深井水作饮水,对鸡通过呼吸和蒸发散热很有好处。天气越热,鸡饮水越多。要保持饮水器数量充足,内有充足的饮水,并注意经常更换,防止在舍温作用下,水温变高。

不要干扰鸡群：炎热天气本身就是对鸡群的一种应激。因此,在炎热期间要尽量避免干扰鸡群,减少应激。

供给高质量的新鲜饲料：在高温高湿期,给料要少量多次,这将有助于保持饲料质量和提高营养成分的利用率,尤其是维生素,并且有助于减少霉菌滋生和毒素的产生。定期供应青饲料对鸡的健康生长是必要的。

添加无机盐和维生素：某些无机盐和维生素对降低鸡的热应激有很大作用。在鸡热应激期间的饮水中加入氯化铵,能明显提高成活率,添加氯化钾（一般饮水中添加 0.24%~0.3%）,肉鸡的增重、成活率有所提高。通常的方法是在饮水中加入 0.1% 的维生素 C。

(五) 上市前期饲养

充分考虑到饲养效益，上市前两周适当调整饲养方式。

采食管理：鸡群前期一直粗放粗饲，因此在上市前进行"催肥"，具体方法是改变食粮结构，提高能量饲粮的补饲量。提供充足的采食位置，食槽或料桶的数量要充足，分布要均匀。高温季节，可将喂料改在凌晨或夜间进行，粉料可用凉水拌喂。若采食量下降过多，则可适当提高原有日粮的营养水平，以满足机体的营养需要。

供给充足、卫生的饮水：上市前期的鸡只采食量比较大，如果日常得不到充足的饮水，就会降低食欲，造成生长减慢。一般以自由饮水24h不断水为宜。为使所有鸡只都能充分饮水，饮水器的数量要充足且分布均匀，不可把饮水器放在角落，要使鸡只在活动范围内容易饮到水。水质的清洁卫生与否对鸡的健康影响很大，应供给洁净、无色、无异味、无污染的饮水，通常使用自来水或井水，根据防病要求可适当添加少量消毒药。

减少鸡群运动场所大小：减少放牧时间，减少鸡群运动量进行"催肥"。

增加光照时间和光照强度：晚上补饲时增加光照时间和强度，刺激鸡采食。

(六) 生产记录及成本核算

为了提高管理水平和生产成绩，把饲养情况详细记录下来是非常重要的。长期认真地做好记录，就可以根据鸡生长情况的变化来采取适当的有效措施，最后无论成功与失败，都可以从中分析原因，总结出经验与教训。要尽可能多地把原始数据都记录下来，数据要精确，其分析才能建立在科学的基础上，作出正确的判断，并提出正确处理方案。

八、生态鸡消毒、免疫和疾病防治

(一) 消毒

建立饲养管理制度、卫生消毒制度和防疫制度，对所有场地、育雏室、禽舍及饲养工具进行严格消毒。新建场地，育雏舍可用5%~10%石灰水或1:600倍液百毒杀、1:1 200倍液消毒威、2%烧碱等进行场地喷雾消毒；用老场地养殖，地面要清扫冲洗，在采用上述消毒方法的基础上，再用高锰酸钾14g/m^3，加福尔马林28mL/m^3，密闭熏蒸消毒1~2d，将饮水器、料桶等用具一齐放入消毒后，开启通风1~2d。半月用复合酚兑水将舍外进行喷雾消毒，用百毒杀对鸡舍内带鸡消毒。出栏后对场地要彻底清扫、冲洗和消毒；鸡舍门口处的消毒池要经常有石灰或消毒液，并注意常换。

(二) 免疫程序

生态鸡敏免疫程序

日龄 (d)	疫苗	注射方法
1	马立克疫苗	颈皮下注射
5	球虫苗	滴嘴
7	新城疫	滴眼
10	法氏囊+H5N1（Re-4株）	滴嘴 注射
14	新支二联苗	滴嘴
25	Pox（鸡痘）	穿翅
35	H5N1（Re-4株）+新城疫 Lasota	注射 滴嘴
56	新城疫 Lasota	滴嘴
84	新城疫 Lasota	滴嘴
112	新城疫 Lasota	滴嘴

(三) 常见疾病防治

土鸡抗病力强,一些在良种鸡易于发生的疫病,土鸡却很少发生。针对土鸡的易发病并结合当地疫情状况,相应做好防治工作,可有效提高土鸡的存活率。

1. 鸡新城疫

俗称"鸡瘟"。是由副黏病毒感染引起的传染病,患病鸡死亡率在95%以上,危害极大。病死鸡是本病的主要传染源。以呼吸困难、下痢、神经功能紊乱、黏膜和浆膜出血为特征。自然感染潜伏期2~7d,病鸡体温升高、渴欲增加、食欲减少、咳嗽流涕、呼吸困难,并发出"咯咯"的尖叫声,头钻入翅下蜷缩在一起,大便呈绿色或白色水样。病鸡后期出现脚和翅瘫痪、扭颈等神经症状。腺胃黏膜乳头及其周围有小点出血、肌胃角质膜下的黏膜面有点状或斑状出血。肠道黏膜组织水肿、出血、坏死、最后形成溃疡。泄殖腔肛道黏膜点状或片状出血。气管常有卡他性的渗出液,严重时也有出血灶。产蛋鸡卵黄滤泡松软,包膜充血和出血,卵泡破裂,卵黄流入腹腔。目前没有有效的治疗方法,早期使用疫苗免疫是预防本病发生最有效的手段,发病期间可以使用抗生素防止继发细菌的感染。

2. 传染性法氏囊炎

是由传染性法氏囊病毒引起的一种高度接触性传染病。以3~6周龄雏鸡最为易感。病鸡精神萎靡,羽毛松乱无光泽,伏卧于地,厌食。排出白色或淡黄色水样稀便。死亡鸡一般营养状况良好,胸肌、股肌常有出血点和出血斑。肾脏肿胀,颜色变淡,有白色尿酸盐沉积。病初法氏囊肿大2~3倍,呈灰黄色胶冻样,内侧皱褶有点状或斑状出血,并有奶油样或棕红色黏液性分泌物或干酪物存在,严重出血时呈紫葡萄样，后期法氏囊萎缩。腺胃和肌胃交界处有出血斑或出血带。鸡发病后及时注射高免血清或高免卵黄抗体，口服补液盐或电解多维素以缓解脱水和肾功能衰竭带来的危害，用广谱抗生素防止继发感染。

3. 禽流感

又叫真性鸡瘟或欧洲鸡瘟。是由 A 型流感病毒引起的一种严重传染病。病鸡、带毒鸡和野禽是主要传染源。以传播迅速、发热和伴有不同程度的呼吸道症状为特征。急性型突然暴发，未表现症状即大批死亡。病鸡精神沉郁，食欲丧失，呼吸困难，冠和肉垂发黑或高度水肿，面部肿胀，腿鳞变紫。时有神经症状和下痢，产蛋下降或停产。轻型病仅有呼吸症状和产蛋下降表现。剖检：腺胃肌胃出血，胸肌、腿肌、腹部脂肪散在出血点，心、肝、脾、肺、肾有灰黄色坏死灶。卵巢、输卵管发炎。有的呼吸器官黏膜肿胀，表面有黏液性渗出物附着。治疗本病尚无特效药物，一般对症治疗可减轻症状，本病应以预防为主。

4. 传染性支气管炎

是由传染性支气管炎病毒引起的一种急性高度接触性传染病，特征是病鸡咳嗽、喷嚏、气管啰音，成年鸡产蛋减少，蛋品质下降。鸡传染性支气管炎症状与病变病鸡呼吸困难，气管啰音，咳嗽，喷嚏，流鼻液。成年鸡除呼吸道症状外，产蛋量及蛋质量下降，蛋白稀薄如水，软皮蛋、畸形蛋、沙皮蛋数量增加。剖检气管下 1/3 处黏膜充血水肿，管壁增厚变硬。管腔内有黏稠透明的液体，肺淤血，气囊混浊。发病母鸡输卵管比正常短而轻，不能正常产蛋。肾型传染性支气管炎病鸡，肾脏肿大苍白，细尿管和输尿管扩张，有白色尿酸盐沉着，呈花斑状。

5. 鸡痘

是由鸡痘病毒感染引起的一种传染病，发病鸡身体各个部位可见结节，白喉型鸡痘可见口腔、食道气管黏膜溃疡或黄白色病灶。预防措施：14~21日龄用鸡痘疫苗刺种。

6. 鸡大肠杆菌病

是由致病性大肠杆菌引起的一种多发性传染病。各种年龄的鸡群均可感染本病，但雏鸡更易感染。临床上常常与某些传染病并发或继发。鸡大肠杆菌病症状与病变如下：①急性败血症型：小鸡多发，病鸡萎靡，排白色稀便，发病率和死亡率高。剖检心包积液，心包混浊增厚，内有纤维素性渗出物。常伴有肝周炎，肝肿大，包膜肥厚混浊，纤维素沉着，严重被一层纤维素性薄膜包裹。②气囊炎型：常与霉形体混合感染。病鸡张口伸颈呼吸，咳嗽，有啰音。胸腹气囊壁灰黄色，增厚混浊，气囊内有纤维素性渗出物和淡黄色干酪样物。③脐炎型：发生于1~5日龄雏鸡，病雏腹部膨大，脐孔闭合不全，脐孔及周围皮肤发红水肿，结痂或脐带残留。④眼炎型：患侧眼睑粘连，眼内有脓液或干酪样物，失明。⑤大肠杆菌性肉芽肿型：病鸡心、肝、十二指肠、盲肠及肠系膜上有灰白色或黄白色大小不等的肉芽结节。⑥卵黄性腹膜炎型：多见于产蛋高峰和寒冷季节。病鸡腹部膨大，产蛋量急剧下降。腹腔器官表面覆盖一层淡黄色凝固的纤维素性渗出物，内见蛋黄样物质。输卵管黏膜出血，内有纤维素性或干酪样物质沉着及不能产出的鸡蛋。⑦关节炎型：关节肿胀，关节腔内有大量黏稠的渗出物，关节骨端常见溃疡。本病重在预防，保持环境卫生、注意鸡的营养、加强抵抗力。

7. 鸡白痢

由沙门氏菌引起，病鸡表现为精神、食欲差，翅下垂，羽毛松乱，喜蹲伏，排黄白或绿色粪便。防治措施：用氟哌酸、环丙沙星或恩诺沙星饮水。

8. 禽霍乱

由多杀性巴氏杆菌引起，最急性型病鸡突然死亡，急性型病鸡羽毛松乱，不吃，呼吸急促，鼻口流出有泡沫的黏液，排黄、灰或绿色稀粪，体温升至 43~44℃，昏迷，1~3d 死亡，慢性型表现关节炎、跛行、呼吸困难等。

9. 鸡球虫病

鸡球虫病是一种严重危害鸡群的原虫病。主要发生于 90 日龄以内的鸡，春夏季节发病最多。病鸡和带虫鸡是本病的传染源。病鸡精神萎顿，毛乱，排带血稀便。40 日龄以内的雏鸡常见急性盲肠型球虫病，病变主要是盲肠肿大 2~3 倍，呈暗红色，切开盲肠可见肠壁黏膜有大量出血坏死，肠内容物大部分为血液。40 日龄以上的雏鸡多发慢性小肠型球虫病，病变主要在小肠前段，肠壁黏膜发炎，上面覆盖一层含血黏液。因肠道失血，胸肌苍白。可用弱毒株虫苗饮水或拌料免疫鸡群。或用药物预防有较好效果。驱除球虫的药物有氯苯胍、球净、三字球虫粉等。

10. 鸡感染绦虫和蛔虫

表现为生长发育迟缓，鸡冠苍白，贫血，羽毛松乱，双翅下垂，肠炎下痢等，每公斤体重用丙硫咪唑 5mg 可驱除这两种寄生虫。

11. 鸡有机磷中毒

鸡对有机磷非常敏感，当误食稍多的喷有有机磷农药的种子或作物时，会引起中毒，最急性中毒往往突然死亡。有机磷主要使副交感神经过度兴奋，故中毒鸡表现大量流涎、流泪、流涕、尿失禁、呕吐、多汗、呼吸困难、呼吸加快、体温升高、昏睡等。

治疗①排除毒物，采用嗉囊冲洗或嗉囊切开术取出带毒食物或灌服盐类泻剂。②特效解毒药：肌注解磷定 0.2~0.5mL 或肌注硫酸阿托品 0.2~0.5mL 以抑制副交感神经的兴奋性。

第四章
水产类农业生态产品生产技术

第一节　生态四大家鱼生产技术

青鱼、草鱼、鲢和鳙合称"四大家鱼",它们都属于鲤科鱼类。四大家鱼是我国重要的经济鱼类,养殖产量达到淡水养殖总产量的50%以上,在水产养殖业中占有重要地位。长江流域是我国四大家鱼的主要产地,也是我国目前四大家鱼养殖群体的主要种原基地。

青鱼（青鲩）、草鱼（草鲩）、鲢（白鲢）和鳙（花鲢等）的生态习性各有差异,青鱼喜在水域底层栖息,主食螺蛳、蚌等软体动物和水生昆虫。草鱼喜在水域边缘地带活动,以水草为食。鲢鱼栖息于水中上层,主食浮游植物。鳙鱼喜欢在水中上层活动,以浮游动物为主食。由于栖息习性和食性的不同,这些鱼类在生态养殖中扮演着不同角色,在池塘养殖中,既是主养种类,满足大众消费的需要,也是充分利用池塘的饵料和水层空间的混养种类,以提高池塘的综合经济效益和生态效益。

一、池塘主养青鱼套养鲢、鳙生态养殖模式

青鱼以往作为混养种类，少量搭配在其他鱼类的养殖中，以控制池塘底部螺蛳、蚌等软体动物的生物量，来维持池塘养殖需要的生态环境。近些年来，随着对青鱼营养品质的认识提升、青鱼人工配合饲料的问题得到解决以及加工对青鱼产品需求的增加，池塘主养成为了青鱼养殖的主要方式，在主养青鱼中，套养鲢、鳙等不同生态位的鱼类，来控制水质的不良变化，减少病害的发生，是青鱼的主要生态养殖模式。

（一）青鱼养殖生态环境和设施要求

选择生态环境良好，水源充足，无污染源，堤埂结实、保水性强，以黏壤土质最好的地方，作为青鱼池塘的建设场地，池塘底质应无工业废弃物和生活垃圾，并符合 GB 15618《土壤环境质量 农用地土壤污染风险管控标准（试行）》规定的风险筛选值要求，养殖所需的水源条件应符合 GB 3838《地表水环境质量标准》中的Ⅲ类水域的水质要求。

养殖池塘应建设有独立进、排水渠道，取水口应位于水源上游；进、排水口安装网袋或网栏，防止鱼类逃逸或敌害生物进入；青鱼池塘面积宜 10~20 亩，池底平坦，底部淤泥不超过 10cm；池塘东西向长，长宽比以（2~4）：1 为好，保证阳光充足；排灌方便，水深能保持在 1.8~2.5m；应建设有相应的尾水处理设施。

交通便利，水电设施配套齐全，每个池塘配备 3kW 叶轮式增氧机 2~3 台，投饵机 2 台。

(二) 青鱼养殖产地生态友善技术

1. 消毒培水

每年养殖开始前,池堤和池底冻晒 20d 以上(检查池底是否渗水),清理池塘内的淤泥和杂草,在池塘底部保留约 10cm 厚的淤泥,让池底呈龟裂状,增加透气性,加速底泥表层有机物质的风化,杀灭部分病原菌及寄生虫。

放养鱼种前,将生石灰用水发散后,趁热人工干洒于池塘,生石灰每亩池塘用量 60~75kg,第二天可以用铁耙拖动从而搅动塘泥,使生石灰浆与淤泥充分混合,以发挥其改善底质的功效。一般于鱼种放养前 7~10d,保持水位 60~80cm,投施发酵、腐熟,并用 1%~2% 的生石灰消毒好的畜禽粪肥,用量为 300kg/亩左右,以培育轮虫、枝角类、桡足类等浮游生物,随后加水至池水深度为 2.2m。

注意养殖区内不允许使用化学合成药物清除有害水生生物,禁止使用化学肥料配水。

2. 鱼种质量

对放养鱼种质量的总体要求是:体质健壮,游动活泼,规格整齐,无畸形,无损伤,无疾病,符合 GB/T 9956《青鱼鱼苗、鱼种质量标准》的要求。鱼种来自于无疫情、有资质的原(良)种场或基地,鱼种入池前用 3%~5% 食盐溶液或 10~15mg/L 高锰酸钾溶液浸洗消毒 10min 左右,以杀灭可能的体表病原菌及寄生虫。

3. 饲料与饵料要求

(1) 使用正规厂家生产的青鱼专用配合饲料,质量应符合 SC/T 1073《青鱼配合饲料》和国家有关的质量安全要求。

(2) 3月上旬,每亩一次性投放螺蛳 250kg,使其在清明前繁殖。

投放螺蛳,既为青鱼提供可口的天然饵料,又可达到净化水质的效果。6—9月视情况每月投螺蛳总量在1 500kg左右。投喂前用3%~5%食盐溶液或10~15mg/L高锰酸钾溶液浸洗消毒10min左右。

(三) 青鱼生态养殖技术

(1) 混养鲢和鳙。鱼种投放时间从3月开始,到4月中旬所有鱼种全部放完。正常情况下青鱼鱼苗的放养密度为160~170尾/亩。规格为1.5~2.0kg/尾;白鲢鱼苗的放养密度为90~100尾/亩,规格为0.5~0.75kg/尾。鳙鱼鱼苗的放养密度为80~90尾/亩,规格为0.4~0.5kg/尾(注:根据鱼苗实际情况,适度调整规格和密度)。

(2) 鱼菜共生。在青鱼塘岸边采用(生物浮岛)种植一定面积(不超过25%)水生蔬菜,以植物生长来调节水质,为青鱼提供栖息场地。青鱼养殖和蔬菜种植同时进行,有助于形成一条良好的生态链,达到降低水中有害物质,减少鱼病的目的。水生蔬菜以竹叶菜、水芹菜等为主。竹叶菜通常在5月下旬开始种植,到6月中旬开始交替收割,以便于菜梗发新芽。收割的竹叶菜可当作饲料,也可食用。

(3) 设置食台。在投饵机前方可用PVC管子或者竹竿围成20~30m^{2}的方形食场,以防饲料随风飘散造成浪费。条件允许可在食场内安装小型微孔增氧设备,并与投饵机一起使用,增加食场区水体溶氧,增强池鱼食欲,提高饲料利用率。

(4) 饲料投喂。原则上实现"定点、定时、定质、定量"投喂。使用自动投饵机将配合饲料抛撒到食场内,让池鱼集群上浮到食场内摄食,投喂分为3个阶段:第一阶段为3—6月(养殖前期);第二阶段为7—9月(养殖中期),第三阶段为10—11月(养殖后期)。这三个阶段分别使用不同规格的专用饲料。饲料蛋白质含量为32%~35%,

水温达到15℃后开始投喂饲料,每天的投喂量为所有青鱼体重的2%~5%,每天根据摄食情况投喂3~4次。具体的投喂时间、投喂量应根据天气、水温、水质及鱼的活动、摄食情况灵活掌握。在投喂配合饲料的同时,还可补充投喂部分压碎的螺肉、蚌肉等,以促进青鱼快速生长。

(5)尾水处理。池塘生态养殖设施应满足 SC/T 6048《淡水养殖池塘设施要求》的要求:养殖池塘尾水治理设施总面积不小于养殖总面积的6%;尾水治理工艺流程条件允许可建立"四池三坝"或"三池两坝"。处理工艺流程主要包括:生态沟渠—沉淀池—过滤坝—曝气池—过滤坝—生物净化池—过滤坝—洁水池。具体设施结构根据地势和处理效果来确定。

(四)青鱼病害生态防控技术

1. 病害防控

坚持"预防为主,防治结合,无病先防,有病早治"的方针。用生态方法控制和消灭病原。具体措施如下。

①根据水质变化,注入新水,改善水质,保持塘水的鲜、活、爽,水透明度控制在35cm左右,溶氧量在4mg/L以上,水体pH值在8左右;适时开机增氧,调节水中的溶氧,排出有害气体。②在鱼种投放、分塘、转塘前,都应选用食盐或高锰酸钾溶液进行鱼体的消毒。③保持池塘四周卫生整洁,减少鱼病传播途径,经常清除池内腐败杂物,清理食场,最好每7d清理一次。④定期泼洒生石灰,每隔20d左右泼洒1次,每亩用量20~30kg,使塘水呈微碱性。⑤工具消毒,网具可用0.01%硫酸铜溶液浸洗20min,晒干后使用;木制或塑料用具可用5%漂白粉溶液消毒,在清水中洗净再用。⑥冬季干塘捕捞后,排干塘

水，结合维修塘堤，清淤、铲除塘边杂草、进行晒塘处理。在投放鱼苗前，用生石灰清塘消毒。

药物的使用应以不危害人类健康和不破坏水域生态环境为基本原则。青鱼的主要疾病有肠炎病、烂鳃病、赤皮病、肝胆综合征和锚头鳋病等，一旦发现鱼病，应及时诊断病因，控制疾病蔓延，将病害损失降至最低。

2. 日常管理

（1）巡塘。每天早中晚3次巡塘，结合天气观察水质、摄食量、鱼体活动等）是否正常，发现问题及时解决。早晨巡塘主要观察水色和鱼的动态，以便确定鱼的动态。中午、晚上结合投饵、清理食台等工作再巡视鱼塘。此外，合理使用每口塘内的3台增氧机，晴天中午12:00—15:00，开1台增氧机用于改善底层溶氧情况；在24:00至翌日7:00，根据情况开启1~2台增氧机。做好相应的数据记录，对不同阶段的记录进行数据对比，巡查中发现问题要及时与专业技术人员进行沟通并处理。

（2）防逃。雨季时注意池塘中水位上涨情况，检查注、排水口的拦鱼设施。

（3）防病。定期对水体进行消毒杀菌及杀虫处理，加强预防。平时，保持池塘四周卫生整洁，减少鱼病传播途径。经常清除池内腐败杂物，清理食场。

（4）检查食台。每天下午检查鱼的吃食情况，了解饵料是否被吃完，以此确定第二天的投饵量。

（5）适时注水，改善水质。让池水呈绿色、黄绿色、褐色为好。

二、池塘主养草鱼套养鲢、鳙、鲫生态养殖模式

草鱼生长速度快，肉质鲜美，价格适中，受到广大养殖户和消费

者的喜爱，有着较大的市场消费需求。草鱼有皖鱼、黑青鱼之称，是我国的"四大家鱼"之一。草鱼是典型的草食性鱼类，由于草鱼食性简单，饲料来源广，含肉率高，适合大众消费，成为我国重要的淡水经济鱼类，养殖产量占淡水鱼养殖总产量的20%以上，为"四大家鱼"之首。由于生态保护的要求和养殖成本的限制，草鱼生态养殖主要采取的是以池塘主养草鱼，套养鲢、鳙、鲫的养殖模式。

（一）草鱼养殖生态环境与设施要求

生态草鱼的养殖产地应选择生态环境良好，远离污染源的地方，底质无工业废弃物和生活垃圾，并符合 GB 15618《土壤环境质量 农用地土壤污染风险管控标准（试行）》规定的风险筛选值。草鱼的养殖最重要的条件之一就是要保证水源充足，水源条件应符合 GB 3838《地表水环境质量标准》中的Ⅲ类水域的水质要求。为不漏水渗水，塘口以黏壤土质最好。池塘面积宜 10~20 亩，池底平坦，底部淤泥不超过 10cm。池塘东西向长，根据多地渔民经验，鱼塘长宽比在 5∶3 最好，保证阳光充足，空气流动通畅，排灌方便，水深能保持在 2.0m 左右。养殖池塘有独立的进、排水渠道，进、排水口安装网袋或网栏，防止鱼类逃逸或敌害生物进入。塘口交通便利，水电设施配套齐全，养殖池塘按每亩 0.4kW 配备增氧机，每个池塘配备 2 台投饵机。应建设有相应的尾水处理设施。

（二）草鱼养殖产地生态友善技术

1. 消毒培水

池塘水质按照 GB 11607《渔业水质标准》的相关要求进行调控。池堤和池底需冻晒 20d 以上（检查池底是否渗水），在池塘底部留有大约 10cm 厚的淤泥最佳，让池底呈龟裂状，增加透气性，加速底泥表层有机物质的风化，杀灭部分病原菌及寄生虫。然后将池塘进水 40cm 后，亩用 100kg 生石灰和 15kg 茶麸放入适量水搅拌混匀后全池泼洒。隔天后开始加注新水，逐步将池塘水位加到 1.2m 左右深。接下来每天 9：00—15：00 开启增氧机，全塘曝气增氧连续一周。注意养殖区内不允许使用化学合成药物清除有害水生生物，禁止使用化学合成肥料培水。

2. 鱼种质量

草鱼苗种的选择是草鱼养殖成功并获利的关键。因此，在选择苗种时，应注意苗种的质量，大小适中，同批苗种不可异地选择。对放养草鱼鱼种质量的总体要求是：体质健壮，游动活泼，规格整齐，无畸形，无损伤，无疾病，符合 GB/T 11776《草鱼鱼苗、鱼种质量标准》的要求。鱼种主要有两个来源：①自繁自养鱼种及本地鱼种，具备优良性状，鱼种的各项指标（种质指标、质量指标、安全指标和疫病检疫指标等）达到相关国家标准的要求。②外地引进鱼种，需经过检疫合格之后才能引进。放养工作一般于 3 月进行，鱼苗在放养前需进行严格的消毒处理，通常使用 4% 的食盐水消毒 15min 左右，以预防疾病的传播。

3. 饲料要求

（1）使用正规厂家生产的草鱼专用配合饲料，质量应符合 SC/T 1024《草鱼配合饲料》、中华人民共和国农业部公告（第 2625 号）《饲料添加剂安全使用规范》（2017 年修订）和国家有关的质量安全要求的要求。

（2）设置食台。在投饵机前方可用 PVC 管子或者竹竿围成 20～30m² 的方形食场，以防饲料随风漂散造成浪费。条件允许可在食场内安装小型微孔增氧设备，并与投饵机一起使用，增加食场区水体溶氧，增强池鱼食欲，提高饲料利用率。

（3）投喂青饲料。在池塘梯埂或池边空地种植黑麦草、苏丹草等高产牧草，衔接好种植时间、茬口，可解决青饲料的来源。同时在5月开始可在天然水域中捞取苦草、马眼子菜、浮萍等青饲料，还可采集蔬菜叶、瓜叶嫩藤蔓等。用竹子做成四方形的投草筐，把青草投在固定位置，同时便于把多余的残草及时捞出，以免腐烂败坏水质。

投喂鲜嫩青饲料，一方面为了追求草鱼的"自然口味"，获得较好的肉质；另一方面投喂青饲料能使草鱼长得快，少生病，降低养殖成本，提高经济效益。

4. 养殖尾水处理

一般情况下，利用水生生物（浮床和湿地等方式）开展水质的原位修复，减少池塘养殖废水的对外排放；防止池塘废水的渗漏，建立好池塘的防洪排涝措施；因生产需要，必须对外排放部分养殖废水时，最终进入周边湖泊、河流等自然水体的尾水，应当达到国家或地方规定的排放标准。

（三）草鱼生态养殖技术

1. 混养鲢、鳙和鲫

草鱼池塘养殖时，往往因排粪量较多，导致水质肥度过大，容易造成水体蓝藻或严重富营养化，水体透明度降低、水质变差，为此必须在池塘中混养滤食性鱼类，来净化水质，并彼此互惠互利。一般采用鲢鱼、鳙鱼、鲫鱼等鱼作为搭配鱼与草鱼混养。搭配鱼占20%以下，主要作用为取食残饵、净化水质、充分利用水域空间、提高养殖效益。

模式一：草鱼种平均规格450g/尾，鳙鱼种250g/尾、鲢鱼种

50g/尾；每亩放养草鱼 500 尾、鳙鱼 100 尾、鲢鱼 100 尾。

模式二：一般每亩放养 1 000 尾 100g 左右的草鱼，同时搭配 200 尾 50~75g 的鲫鱼；150 尾 100g 左右的鲢鳙。若草鱼鱼种规格比较大，需要减少草鱼投放量。比如规格为 250g 左右的草鱼，每亩只能放养 400 尾左右（注：根据鱼苗实际情况，适度调整规格和密度）。

2. 水质调控

养殖水质最好在 pH 值 6.6~7.8，呈中性或弱碱性的水质最有利于草鱼生长，过酸会导致草鱼鱼鳃的表皮组织被酸蚀，使草鱼患病率提高；而长期处于碱性条件会使草鱼呼吸系统受到抑制进而影响如消化系统等其他生理机能，不利于草鱼生长，选择适合草鱼生长的水质环境至关重要。一般调节水质的方法为：①6—10 月晴天无风天气，每天 13：00—15：00 开机增氧 2h，凌晨适时增氧；连续阴天应提早增氧。适时向池塘加注新水，采取"小排小进、多次换水"的办法逐步调控水质。6—9 月，每隔 3~5d 加注新水 1 次，每次加水 10cm 左右，每隔 15~20d 每亩水面 1m 水深用生石灰 10~20kg 化浆全池泼洒 1 次。②通过搭建生物浮床（面积约为池塘面积的 15%）来种植水蕹菜等蔬菜，实现水上蔬菜、水下养鱼的生态养殖，提升池塘的鱼体质量和水体氮、磷的去除能力，提高饲料利用效率、减少鱼病发生，降低渔药使用量、提高产品品质。水生蔬菜以竹叶菜、水芹菜等为主。

3. 饲养投喂

草鱼饲养管理中的一个重要环节就是饲料的投放管理，因草鱼贪食，可以边吃边排泄，边排泄又边吃，尽量喂食达到七八成饱即可，但不能够饲喂过少或过量，避免其过饱或过饥。

（1）饲料投喂首先注意"三看"：一看季节，四季水温不同，遵循早开食、晚停食原则，中间让鱼吃饱吃好，有利于增产。二看天气，晴天水中的溶氧比较高，应适当多投；阴雨天气，水中溶氧低，应少投或不投，大风大雨时可停食。三看水色，水色正常，可正常投喂，若水色过浓，有鱼浮头现象，应少投或不喂。天然水域中的草鱼以水草为主要食物，生态养殖的草鱼以投喂颗粒饲料或膨化配合饲料为主、青饲料为辅。

（2）选择正规厂家生产的草鱼全价配合饲料投喂，采用投饵机，使饲料撒落均匀，分布面广，避免因鱼体抢食，使规格小、体质弱的草鱼吃不到或吃不饱饲料。全部投喂颗粒饲料每天投喂次数为：3—5月每天2次，即早上8:00，17:30，6—8月每天3次，即早上8:00，中午11:00，15:00，9—10月每天4次，即早晨8:00，中午11:00，14:00和17:30，每次投喂30min左右，投喂量以80%的草鱼吃饱为宜。在连续投喂颗粒饲料一段时间后，可停喂1周，在这一周内，可以青饲料投喂为主。

4. 日常管理

（1）巡塘。每天早中晚3次巡塘，结合天气观察水质、摄食量、鱼体活动等是否正常，发现问题及时解决。早晨巡塘主要观察水色和鱼的动态，以便确定鱼的动态。中午、晚上结合投饵、清理食台等工作再巡视鱼塘。雨季时注意池塘中水位上涨情况，检查注、排水口的拦鱼设施。

（2）水质管理。养殖过程中要保持溶解氧5mg/L以上，透明度25~35cm，pH值6.6~7.8。

（3）防病。定期对水体进行消毒杀菌及杀虫处理，加强预防。平时保持池塘四周卫生整洁，减少鱼病传播途径。坚持"以防为主、防重于治"的方针，从清塘、苗种放养、水质管理、饲料投喂等方面入手，采取综合防病措施，减少病害发生。根据水质情况及防病需求，平时每隔 1 个月，高温期每隔 15d，每亩用生石灰 30kg 化浆全池泼洒。

（4）检查食台。每天下午检查鱼的吃食情况，了解饵料是否被吃完，以此确定第二天的投饵量。同时把多余的残草及时捞出，以免腐烂败坏水质。

（5）饲料管理。一次不能投放太多饲料，投放饲料的速度不能过快，处在生长期的草鱼，可以选择高蛋白人工饲料进行投喂。水温高的夏秋季是草鱼生长高峰期，需要适当控制投喂量，每周至少一天使用青饲料进行投喂，减轻鱼类肝胆的负荷，降低肝胆病的风险。

5. 养殖尾水达标排放

池塘生态养殖设施应满足 SC/T 6048《淡水养殖池塘设施要求》标准，并具有养殖尾水处理设施，养殖尾水处理面积不小于养殖总面积的 6%；尾水治理设施依据"四池三坝"或"三池两坝"的基本原理来建立。处理工艺流程主要包括：生态沟渠—沉淀池—过滤坝—曝气池—过滤坝—生物净化池—过滤坝—洁水池。

（四）草鱼病害生态防控技术

鱼病防治坚持"预防为主，防治结合，无病先防，有病早治"的方针。草鱼自身病害较多，精养池塘更易暴发流行病，这些病害能够造成成鱼以及鱼种的大量死亡，使养殖的产量下降。通常一些草鱼疾病的流行会给养殖户带来极大的经济损失。草鱼的主要疾病由细菌性"老三病"（即赤皮病、烂鳃病、肠炎病）发展为现在的草鱼"新三病"并发症（即草鱼病毒性出血病、细菌性烂鳃病和肝胆综合征同时并发现象）。并且这些病症的发生通常都是随着温度的增高而增加。草鱼生态养殖中应采取生态防控的措施，避免病害的发生。

草鱼生态防病一般措施为：①鱼病以预防为主，这也是草鱼精养的关键。因此，在整个养殖过程中，大部分精力要放在鱼病防治上，严格把好每个环节的消毒关。②草鱼容易生病的原因主要是水质恶化、老化，饲料霉变，季节性细菌和寄生虫的暴发等。由于草鱼在鱼类中喜食料且食量大，最有效的治疗方法当然是内服+外用的方法。③可采用注射疫苗的办法来防控鱼病的发生。④限制食欲：草鱼贪吃，只要环境适宜，食欲基本无节制，水温高的夏秋季是草鱼生长高峰期也是食量最大的时节，在高温季节特别要限制草鱼的吃食量，一般喂到七八成饱即可，每天坚持将剩余的残料捞出。⑤池水消毒：5—9月，最好每半个月池水消毒1次，常用药物及其用量：漂白粉 $1g/m^3$ 水体，硫酸铜、硫酸亚铁合剂 $0.7g/m^3$ 水体，敌百虫 $0.5\sim1g/m^3$ 水体，生石灰 $20kg/m^3$ 水体，等等。以上各类药物交替使用，效果较好。⑥投喂药饵：5—9月，定期投喂中草药，免疫增强剂制成的药饵进行保健，拌药于饲料中，每月拌料1~3次，每次投喂2~3d。

草鱼病害发生通常都伴随着两种或者两种以上的并发症，因此，治疗时往往是多种药物联合使用，效果会更明显。草鱼生态养殖中，药物的使用应以不危害人类健康和不破坏水域生态环境为基本原则，药物使用范围符合 SC/T 1132《渔药使用规范》。商品草鱼上市应坚持执行药物的休药期规定，并提供质量安全合格证。

（五）草鱼成鱼的收获及储运技术

根据生长实际情况，在7月底开始捕成鱼出售，采用捕大留小的方法，至年底收获全部商品鱼。收获草鱼品质应符合 GB 2733《食品安全国家标准 鲜、冻动物性水产品》要求。在清晨水温较低时起捕，起捕过程要注意水体和成鱼消毒，保持水质清新。收获的草鱼运输及储运严格按照活体水产品运输按 GB/T 36192《活水产品运输技术规范》的规定执行。鲜、冻水产品运输宜采用冷藏或保温车船运输。运输工具应保持清洁、卫生、无异味，不应与有毒、有污染或气味浓郁物品混装、混运，运输时应防止暴晒、雨淋和虫害，装卸时轻搬轻放。运输前或运输过程中禁用化学合成的镇静剂。

三、鲢、鳙生态养殖模式

鲢、鳙在我国分布很广，是传统的水产养殖种类，是我国重要的经济鱼类。鲢和鳙为水体中上层的滤食性鱼类，鲢鱼主要摄食浮游植物，鳙鱼主要摄食浮游动物，河道、湖泊、水库等大水面的养殖品种，通常以鲢、鳙为主，不仅可以调节水质，因其品质好，价格高，生态养殖效益也明显。鲢、鳙过去在池塘养殖中往往作为混养搭配，调节水质的种类，产量较低，随着人工粉状配合饲料的应用，以及消费需求量的提升，主养鲢、鳙的池塘养殖也方兴未艾。

（一）鲢、鳙养殖生态环境与设施要求

生态鲢、鳙的养殖产地应选择生态环境良好，远离污染源的地方，底质无工业废弃物和生活垃圾，并符合 GB 15618《土壤环境质量 农用地土壤污染风险管控标准（试行）》规定的风险筛选值。养殖用水应符合 GB 11607《渔业水质标准》的要求。为不漏水渗水，塘口以黏壤土质最好。池塘面积宜 10~20 亩，池底平坦，底部淤泥不超过 10cm。池塘东西向长，保证阳光充足，空气流动通畅，排灌方便，水深能保持在 2.0m 左右。养殖池塘有独立的进、排水渠道，进、排水口安装网袋或网栏，防止鱼类逃逸或敌害生物进入。塘口交通便利，水电设施配套齐全，养殖池塘配备 3kW 叶轮式增氧机 2~3 台，每个池塘配备 2 台投饵机。应建设有相应的尾水处理设施。河道、湖泊、水库等大水

面养殖应有不影响防洪的拦鱼设施。

(二) 鲢、鳙鱼养殖产地生态友善技术

1. 消毒培水

按照 GB 11607 的相关规定进行调控。池堤和池底冻晒 20d 以上（检查池底是否渗水），清洁池塘内的淤泥和杂草，在池塘底部留有大约 10cm 厚的淤泥最佳，让池底呈龟裂状，增加透气性，加速底泥表层有机物质的风化，杀灭部分病原菌及寄生虫。暴晒 20d 左右，然后用生石灰化浆趁热均匀泼洒，每亩用量 100kg，彻底杀灭池中病菌、野杂鱼等敌害生物。施放经发酵的有机肥作基肥，每亩用量 300kg。一周后进水 80cm，进水口用 60 目筛绢网袋过滤，以防野杂鱼和敌害生物进入，并调节水体透明度在 30cm 左右。严禁使用化学肥料培水。

2. 鱼种质量

对放养鱼种质量的总体要求是：体质健壮，游动活泼，规格整齐，无畸形，无损伤，无疾病，符合 GB/T 11777《鲢鱼苗、鱼种》和 GB/T 11778《鳙鱼苗、鱼种》的要求。鱼种主要有三个来源：①自繁自养鱼种及本地鱼种。②外地原种场引进的原种鱼种，鱼种的各项指标（种质指标、质量指标、安全指标和疫病检疫指标等）达到相关国家标准的要求。③外地良种场引进选育的鱼种，具有良好的生长性能。外地引进鱼种需经过检疫合格。鱼种入池前用 3%～5% 食盐溶液或 10～15mg/L 高锰酸钾溶液浸洗消毒 10min 左右，以杀灭体表病原菌及寄生虫。

3. 选育种管理

鲢、鳙新品种在生长性能上表现出明显优势，已作为池塘养殖中苗种引入的对象。这些新品种主要包括"长丰鲢"和"中科佳鳙 1

号"。"长丰鲢"是中国水产科学研究院长江水产研究所采用人工雌核发育、分子标记辅助和群体选育相结合的综合育种技术培育出的四大家鱼中第一个新品种，相比其他鲢鱼品种，长丰鲢具有生长速度快（二龄鱼体重增长平均比普通鲢快13.3%~17.9%，三龄鱼体重增长平均比普通鲢快20.5%）。"中科佳鳙1号"是由中国科学院水生生物研究所培育出的我国大宗养殖鱼类鳙的首个人工选育品种，在相同养殖条件下，与未经选育的鳙相比，18月龄体重平均提高14.5%，头长平均增加5.5%。鲢、鳙池塘养殖生产中，应建立相应的管理制度、措施和设施，防止这些新的选育品种进入自然水域。在大水面渔业增殖中，应选择由有资质的原种场和苗种场提供的鲢、鳙原种苗种，不应投放经遗传选育的苗种。

4. 饲料要求

使用的配合饲料应严格执行国家颁布的 GB 13078《饲料卫生标准》、中华人民共和国农业部公告第2625号《饲料添加剂安全使用规范》和国家有关的质量安全要求的规定。禁止使用霉变、腐烂、变质或受农药等有毒有害物质污染的饲料。

5. 养殖尾水处理

鲢、鳙养殖对氮磷的需求较高，一般情况下，利用水生生物（生态沟渠和湿地等方式）开展水质的原位生态净化，提高养殖废水的循环利用效率，防止池塘废水的渗漏，建立好池塘的防洪排涝措施；因生产需要，必须对外排放部分养殖废水时，应当达到国家或地方规定的排放标准。

（三）鲢、鳙鱼生态养殖技术

1. 池塘生态养殖设施

设施应满足 SC/T 6048 的要求，并具有养殖尾水处理设施养殖尾水处理面积可根据不同养殖品种确定：大宗淡水鱼养殖池塘尾水治理设施总面积不小于养殖总面积的6%；尾水治理工艺流程条件允许可建立"四池三坝"或"三池两坝"。处理工艺流程主要包括：生态沟渠—沉淀池—过滤坝—曝气池—过滤坝—生物净化池—过滤坝—洁水池。

2. 生态养殖模式

池塘主养鲢鱼、鳙鱼模式，适合多品种混养、进行立体生产。主养鳙鱼池塘，每亩投放鳙鱼鱼种300尾，鲢鱼100尾，鲫鱼100尾，草鱼50尾，鲤鱼30尾，并少量投放黑鱼等摄食塘中野杂鱼，减少耗氧量和饲料消耗。主养鲢鱼池塘，每亩投放鲢鱼鱼种300尾，鳙鱼100尾，鲫鱼100尾，草鱼50尾，鲤鱼30尾，并少量投放黑鱼等摄食塘中野杂鱼，以摄食池塘中野杂鱼类，减少耗氧量和饲料消耗。鳙鱼种规格0.2~0.5kg/尾，鲢鱼0.2~0.3kg/尾，草鱼0.75~1kg/尾，鲤、鲫鱼0.1kg/尾。

湖泊、水库主养鳙鱼、鲢鱼。鳙鱼：鲢鱼按70:30的放养模式。中型水库一般采取一次放种一次捕捞模式，放养750尾/hm^{2}规格为0.60~0.75kg的鳙鱼鱼种，每亩配150尾左右鲢鱼鱼种，鲢鱼规格比鳙鱼略小，年底起捕。小型水库，采用一次放养两次捕捞的模式，每亩放300尾/hm^{2}规格为0.75~1.00kg和450尾/hm^{2}规格为0.25~0.50kg的鳙鱼鱼种，鲢鱼及其他底层鱼种投放量根据鳙鱼鱼种投放量成比例递减。

3. 饲料投喂

"四看""四定"的原则进行适时投喂，"四看"即看天气，天气闷热、气压较低时少投或不投。看病害，鱼类病害严重时少投。看水色，透明度较高时多投，反之少投。看摄食情况，摄食强度大多投，反之少投;"四定"即定质,投喂新鲜、营养丰富的饵料,不投腐烂变质、有毒的饵料。定量,日投量一般为鱼体重的3%~5%,根据鱼类摄食情况灵活掌握。定时,养殖过程中控制在一定时间投喂,一般上午9:00、17:00时,使鱼类形成固定时间摄食习惯。定位,长期固定在一定位置进行投喂或设置饵料台,减少鱼类摄食时的体力消耗,促进生长。

具渔业水域功能的湖泊、水库一般不投饵,但当水质透明度≥2.0m时,辅以投喂菜籽饼或豆饼饲料,投喂量以鱼体重的5%,分上、下午两次投完。大水面增殖不投饵。

池塘主养鲢、鳙鱼以投喂配合颗粒饲料为主,每天投喂3~4次。一般为鱼体重的3%~5%。实际投喂量以80%鱼吃饱为宜。

(四) 鲢、鳙鱼病害生态防控技术

1. 病害防控

鱼病防治坚持"预防为主,防治结合,无病先防,有病早治"的方针。

鲢、鳙鱼的主要有中华鳋、锚头鳋等寄生虫病、细菌性败血病。针对这些病害,可采用生态方法调整、改善、保护鱼类生活的环境,控制、消灭病原,来达到生态防控的目的。具体措施如下:①在鱼种落塘、分塘、转塘、大水面放养前,都应进行鱼体的消毒。消毒前应认真检验鱼体的病原体(镜检),有针对性地采用药浴消毒。②水源不方便的,应配备增氧设备,适时开机,调节水中的溶氧,排出有害气体,保持优良的水体环境。③为保持塘水的鲜、活、爽,常换注新水是改善水质环境的有效办法。换注新水的作用是增氧排污,促进池鱼运动,加速新陈代谢;也有利于加速池中饵料生物的增长。④泼洒

生石灰，调整 pH 值，增加水的肥度。在养殖期间，每隔 20d 左右泼洒 1 次，每亩用量 20~30kg 为宜。⑤养鱼的各种工具、网具往往成为传播疾病的媒介，一般网具可用 0.01% 硫酸铜溶液浸洗 20min，晒干后使用；木制或塑料用具可用 5% 漂白粉溶液消毒后，在清水中洗净再用。⑥冬季干塘捕捞后，排干塘水，结合维修塘堤、清淤、铲除塘边杂草、进行晒塘处理。在开春投放鱼苗前 10d 左右，用生石灰（每亩 150~200kg）清塘消毒。

鲢、鳙生态养殖中非必要，不使用化学药物。当使用药物时，应以不危害人类健康和不破坏水域生态环境为基本原则。药物的选择应按中华人民共和国农业农村部公告第 250 号《食品动物中禁止使用的药品及其他化合物清单》和农渔养函〔2022〕115 号《关于发布〈水产养殖用药明白纸 2022 年 1、2 号〉宣传材料的通知》的规定执行，药物使用范围符合 SC/T 1132《渔药使用规范》的要求，并在上市前，严格执行休药期。

2. 日常管理

（1）巡塘。每天早中晚 3 次巡塘，结合天气观察水质、摄食量、鱼体活动等是否正常，发现问题及时解决。早晨巡塘主要观察水色和鱼的动态，以便确定鱼的动态。中午、晚上结合投饵、清理食台等工作再巡视鱼塘。增氧机做到"三开两不开"即晴天中午开，晚上半夜开、阴雨天要早开、天气正常傍晚不开，阴雨天白天不开。做好相应的数据记录，对不同阶段的记录进行数据对比，巡查中发现问题要及时与专业技术人员进行沟通并处理。

（2）防逃。雨季时注意池塘中水位上涨情况，检查注、排水口的拦鱼设施。

（3）防病。定期对水体进行消毒杀菌及杀虫处理，加强预防。平时，保持池塘四周卫生整洁，减少鱼病传播途径。经常清除池内腐败杂物，清理食场，最好每 7d 清理一次。坚持 7~10d 全池追施生物有机肥 5~8kg 每亩一遍，保持水体适度肥度，改善水质，减少鱼病发生。

药物防治鱼病具体方法为：每半月用氧化钙，每亩每米水深 35kg 或二氧化氯 0.2 mg/kg 或漂白粉 1mg/kg 全池泼洒，不断杀灭池塘中病害生物，间隔半月用硫酸铜 0.7mg/kg 或硫酸铜 0.5mg/kg、硫酸亚铁 0.2mg/kg、食盐 0.5mg/kg 混合兑水或高锰酸钾 4mg/kg 兑水全池泼洒，预防鱼病。

（4）池塘养殖适时注水，改善水质。整个养殖过程保持池塘水质"肥、活嫩、爽"，池水透明度在 30cm 左右，溶氧量超过 5mg/L，水体 pH 值为 7.5~8.5。7 月以后高温季节，养殖池隔天加注一次新水，每次 10cm 左右；8—10 月，鱼体摄食量、排泄量都增大，每隔 15~20d 用 10~15kg/亩生石灰化浆全池泼洒一次。

（5）具备渔业功能的湖泊、水库养殖。当水体透明度 ≥50cm 时，应施用发酵腐熟的畜禽有机粪肥，用量为 1 500~3 000kg/hm^2，加水稀释后全池泼洒。

（五）鲢、鳙鱼成鱼的收获及储运技术

池塘鲢、鳙收获前应提前一天停喂饲料，捕捞前先排放一半的池水，利于拉网捕鱼。夏季捕鱼要求在溶氧较高时进行，捕捞后要开动增氧机或加注新水，使鱼类有一段顶水的时间，能冲洗掉鱼体上分泌的黏液，特别是鱼鳃上的附着物，适应密集环境，有利于运输。

湖泊、水库的鲢、鳙收获必须适时捕捞，捕大留小。中型水库采用一次放种一次捕捞模式，一般年底捕捞；小型水库采用一次放种两

次捕捞，一般 7、8 月捕捞一次大鱼，10 月开始第二批捕捞。小型水库宜采用拉网捕捞，中型以上水库宜采用赶、拦、刺、张联合渔具渔法或定置张网等方式捕捞。收获水产品质量应符合 GB 2733 要求，其运输及储运严格按照 GB/T 36192 的规定执行。鲜、冻水产品运输宜采用冷藏或保温车船运输。运输工具应保持清洁、卫生、无异味，不应与有毒、有污染或气味浓郁物品混装、混运，运输时应防止暴晒、雨淋和虫害，装卸时轻搬轻放。运输前或运输过程中禁用化学合成的镇静剂。

第二节 生态小龙虾养殖技术

小龙虾学名叫克氏原螯虾，又称红螯虾和淡水小龙虾，是一种生命力极强的生物，近年来在我国得到了广泛养殖。随着市场需求日益增长，小龙虾养殖业也在不断发展和创新，涌现出一系列新技术和新模式，其中生态养殖备受关注。

生态养殖就是在养殖过程中注重生态平衡和环境保护，实现养殖业的可持续发展。生态小龙虾养殖充分运用了生态学原理，它注重维护和提升养殖环境生态平衡，通过模拟自然生态系统的方式，为小龙虾提供适宜的生长环境。这种方法强调减少或避免使用化学农药和抗生素，通过自然生物相互制约和物理方法控制病虫害，从而保证小龙虾健康生长和产品安全。

目前小龙虾养殖模式中，最流行的两种生态模式是池塘养殖生态模式和稻虾综合种养生态模式。其他细分的混养模式大部分都是由这两种养殖模式衍生而来。

一、池塘养殖生态模式

池塘生态小龙虾养殖技术是一种结合了生态学基本原理的养殖方法，旨在模拟和营造小龙虾自然栖息环境，以满足其生长条件，增强其抗病能力，并保证养殖产品的规格和质量达到消费者要求。这种养殖技术主要包括以下几个方面。

（一）养殖场地选择

小龙虾池塘生态养殖模式的养殖场地的选择首先要求"三通"，即通水、通电、通路。其次要求水源充足，水质清新，土质坚固。沙土或者松软的地区不适宜建造小龙虾养殖场。由于小龙虾喜欢打洞，如果是沙土或者土壤松软的情况下洞穴很容易坍塌，因此小龙虾会及时进行修补，反复坍塌反复修补，导致其能量消耗极大，进而影响它的生长与繁殖。

一般情况下，养殖池塘的面积、形状要求相对不太严格，因地制宜。池塘保水性能要好，不能漏水。塘埂宽度在1.5m以上，排水系统完备。池塘的内部结构要求相对比较严格，必须根据小龙虾的生活习性，合理布局，这样才有可能达到最佳的养殖效果。在池塘建设的过程中，应该注意以下几点：①塘埂应该具有一定的坡度，坡比相对大一些为好。②池塘需要设好深水区和浅水区。深水区的水位可以达到1.5m以上，浅水区应该占到池塘总面积的2/3左右。小龙虾喜欢打洞，可以在池塘里额外堆一些塘埂，为小龙虾提供更多的栖息空间。③为了保证小龙虾的品质，提高商业价值，池塘底层的淤泥应该控制在15cm以内，多余的淤泥最好清除。

(二) 养殖前准备工作

1. 池塘的清塘与消毒

养殖池塘是小龙虾生活栖息的场所，池塘环境的好坏直接影响小龙虾的生长和健康。在养殖过程中，各种病菌通过不同的途径进入池塘，塘口底层的淤泥也伴随着养殖周期不断沉积并为病菌繁衍提供条件。因此，为预防病害必须坚持每年清塘消毒。目前清塘消毒的方法主要有以下两种。

（1）物理方法。利用冬季小龙虾进洞的间歇期将池塘里的水排干，用旋耕机或者挖机去除过多的淤泥，经过充分暴晒使塘底的土壤表层疏松。改善通气条件，加速土壤中的有机物质转化为营养盐类，同时还可以达到消灭病虫害的目的。

（2）化学方法。在小龙虾苗种放养 15d 左右使用清塘药物对池塘进行消毒灭害，常用的药物有生石灰、漂白粉和茶籽饼。

2. 池塘底质改良，肥水培藻培菌

清塘 1 周之后，排干池塘里的水，对塘底进行暴晒，直到塘底出现裂缝，用旋耕机翻耕一遍，再继续暴晒直到表面泛白，这样可以使塘底的土壤充分氧化。根据塘底肥力施肥，通常每亩施放发酵好的有机肥 150~200kg（鸡粪最好），如果塘底比较肥，可以适当减少肥料的使用量，新塘口应该增加施肥量，然后用旋耕机进行旋耕，使肥料与底层淤泥混合，同时平整塘底，有利于水草的扎根，生长以及鱼虾的繁殖。

3. 做好防逃措施的修建工作

由于小龙虾具有比较强的逆水性和攀爬能力，养殖池塘进水或者遇到暴雨天气的时候，很容易发生小龙虾逃跑的现象。因此，养殖池塘必须具备完好的防逃措施，目前主要使用的材料是石棉瓦，水泥瓦，塑料板以及铁皮等。一般根据实际情况选择上面的材料。确保方便，安全，牢固就行。同时池塘的进出口需要使用60目的聚乙烯筛网过滤，既可以防止野杂鱼以及其鱼卵进入池塘，也可以防止小龙虾逃跑。

(三) 水草种植

小龙虾属于甲壳类生物，生长是通过多次蜕壳来实现的，刚蜕壳的小龙虾十分脆弱，极易受到攻击，水草能够给小龙虾提供一个安全的蜕壳隐蔽场所。因此养殖户有"要想养好虾，先要种好草"的说法。所以养虾种草是必须的。水草一来可以改善养殖环境，有效防止病害发生。二来可以极大提高养殖小龙虾的品质。

1. 虾塘种植（移植）水草的主要作用

重要的营养来源：从蛋白质，脂肪含量来看，水草很难构成小龙虾食物中蛋白质，脂肪的主要来源，因此必须依靠动物性饵料。但是水草中富含多种维生素。能够补充动物性饵料中缺乏的各种维生素。此外，水草中含有丰富的钙磷和多种微量元素，加上水草中还含有少量的粗纤维，这更有利于小龙虾对各种食物的消化和吸收。

不可缺少的栖息场所和隐蔽物：小龙虾其实不善于在水中游泳，常趴在各种水草里面（上面）活动休息。因此水草是它们适宜的栖息场所。更为重要的是，小龙虾的周期性蜕壳经常依附于水草的茎叶上面，而蜕壳之后的软壳虾又常常要经过几小时不动的恢复期。在这段时间里，如果没有水草做掩护，很容易遭到硬壳虾和其他鱼类的攻击。

净化和稳定水质：小龙虾对水质的要求比较高，池塘中培养水草，不仅可以在光合作用的过程中释放大量氧气。同时还可以吸收池塘里不断产生的氨氮和二氧化碳和各种有机分解物，水草的这种作用对调节水体的 pH 值，溶解氧以及稳定水质都具有重要意义。

对池塘环境具有良好的改良作用：水草的存在利于水生生物的生长。其中许多浮游动物又是小龙虾天然的活饵料。这表明水草是虾塘中重要的环境改良因子。无论对小龙虾的生长还是对其疾病防治均具有直接或者间接的意义。

水草能够提高小龙虾的品质：池塘通过种植移栽水草，一方面能够使小龙虾经常在水草上活动，避免在塘底淤泥里以及虾洞里藏身，造成小龙虾体色灰暗。另一方面，有助于水质净化，降低水中污染物含量，使养成的小龙虾规格大，品相好，提高了养殖效益。

2. 适宜养殖生态小龙虾的水草

水花生：水花生生命力强，适应性广，生长繁殖迅速，水里和陆地上都可以生长，主要在农田，池塘，沟渠以及河流等环境中生长，水花生靠地下的根茎过冬，利用根茎进行无性繁殖。在冬季温度降到0℃的时候，水面或者地上部分冻死，春季当温度达到10℃以上时，根茎发芽生长。小龙虾喜欢吃水花生的嫩芽，在饲料不足的情况下，春季上旬虾塘中的水花生很难成活，水花生对小龙虾还有栖息、避暑和躲避敌害的作用，水花生生长好的塘口在高温期也容易开展捕捞。

水葫芦：水葫芦既是观赏植物又是一种可以食用的蔬菜，当然作为一种水草在养虾的过程中具有重要作用。水葫芦是浮水水草，根非常发达，在所有的水草中，水葫芦的吸污能力是最强的，几乎在任何污水中都生长。繁殖旺盛。小龙虾吃水葫芦的嫩芽和嫩根，塘口中的水葫芦根须比较短，是小龙虾吃食造成的。由于水葫芦繁殖能力特别强，所以，疏于管理，就会导致整个水面被水葫芦覆盖，因此要控制水葫芦的繁殖量。

轮叶黑藻：轮叶黑藻是小龙虾的优质饲料，移栽轮叶黑藻一般在谷雨前后进行，把池塘的水排干，留低泥 10~15cm，将长到 15cm 的轮叶黑藻切成 8cm 左右的段结，每亩按照 30~50kg 均匀泼洒，让茎节部分浸入泥中，再把池塘水位加深到 15cm 左右，20d 左右之后轮叶黑藻大部分都已经生长起来。这时候将水加深至 30cm，以后逐步加深水位，不使水草露出水面，移植轮叶黑藻初期应该保持水质清新，不能干水，也尽量不要使用化肥，减少小龙虾的食草量，促进须根生长。

伊乐藻：伊乐藻具有鲜，嫩，脆的特点，是小龙虾和螃蟹的优良的天然饵料，用伊乐藻投喂小龙虾，螃蟹，适口性比较好，生长快，成本低，可以节约精饲料 30%。塘口种植伊乐藻，可以净化水质，防止水体富营养化，伊乐藻可以在光合作用的过程中释放大量的氧气。还可以吸收利用水中不断产生的大量有害氨态氮，二氧化碳和剩余的饵料残渣，以及某些有机物，这些作用对稳定 pH 值，增加水体透明度，促进小龙虾蜕壳，提高饲料利用率，改善品质都有重要意义。同时还可以营造良好的生态环境，供小龙虾活动，隐蔽，蜕壳，使其较快生长，降低发病率，提高成活率，伊乐藻适应能力极强。只要水上无冰就可以生长。气温在 4℃ 以上就可以生长，在寒冷的冬季能够凭借根茎过冬，当苦草和轮叶黑藻还没有发芽的时候，伊乐藻已经大量生长。

空心菜：空心菜是浮水植物，既可以当做蔬菜食用，也可以当做水草利用。空心菜喜欢高温潮湿的环境，适合的生长温度在 25~30℃ 这个范围之间。能够忍受 40℃ 的高温，10℃ 以下生长停滞。喜欢强光和长日照，对土壤的要求不高。

塘口水草的移栽布局应该坚持多样化和立体化，即塘口最少应该移栽两种以上的水草，另外最好保证塘口水下有草，比如伊乐藻，轮叶黑藻；水面有草，比如水葫芦，空心菜；水上有草比如水花生，茭白、菖蒲等。同时尽量保证水草面积占整个水面面积不要超过50%，适量最重要，要保证下地笼和投食饵料不受影响。

（四）塘口水位调节和肥水管理

养殖用的水源要求水质清新，溶氧量充足，最好在5mg/L以上，pH值为7~8，无污染，尤其不能含有菊酯类的物质（农药残留物，小龙虾中毒后见光死），进水之前要认真仔细检查过滤设施是否牢固，破损。注水时需要用80目网布做成的网袋进行过滤，防止敌害生物鱼和鱼卵进入。初次进水深度不宜过大，一般控制在30cm左右。水草移栽之后要逐步加水。每次加水量，以超过水草20cm左右高度为最佳。这样有利于提高水温，促进水草生长。池塘注水位可以根据气温调节。通常3月浅水区水位控制在30cm左右，4月控制在40cm左右，5月控制在50cm左右，6月达到满塘水位，也就是最好水位。

为了使虾苗一入塘口就可以摄食到适口的优质天然饵料，提高虾苗的存活率，塘口有必要施放一定量的有机物或者生物肥料，以便培养水质肥力以及天然的生物饵料，比如以轮虫为代表的浮游动物等。有机肥施放前要发酵，方法为：有机肥（鸡粪为代表）中添加10%的生石灰，5%的磷肥，充分搅拌后堆积，用塑料膜覆盖，充分发酵，一个星期之后就可以使用，这个方法简单实惠好用。

（五）虾苗和种虾生态放养

小龙虾在春夏两季都有明显的产卵现象，不同时期繁育出来的虾苗，在与之配套的成虾养殖中饲养管理，饲养时间的长短，出售上市的时间，商品虾的规格和产量等方面也各有不同，因此投放虾苗的数量，也应该根据不同的养殖方式来灵活决定。

1. 苗种的质量要求

投放的小龙虾虾苗要求规格整齐，体质健壮，附肢齐全，无病无伤，生命力强，活力足。

2. 苗种的运输

根据运输的距离，天气和季节来选择运输工具，确定运输时间，短途运输可以采用泡沫箱子进行干法运输，就是在泡沫箱里面放置适量的水草以保持湿度。泡沫箱每箱可以装虾苗2.5~5kg。如果运输的虾苗比较多，可以堆叠放两三层泡沫箱。

3. 放养的方法

放养的方法选择晴天的早晨或者傍晚进行，投放虾苗的时候要避免水温相差过大（不要超过3℃），经过长途运输的虾苗运到塘口边之后，要让它们充分吸水，排除头胸甲两侧之间的空气，然后多点散开放养到塘口里。

4. 放养密度

小龙虾虾苗的放养密度主要取决于池塘条件、饵料供应、管理水平和产量指标四个方面。放养量要根据计划产量，存活率，估计成虾规格大小，平均重量来决定。

一般放养量可以采用下面的公式来推算：

放养量（尾）= 养殖面积（亩）×计划每亩产量（kg）×预计饲养成虾单位重量尾数（尾/kg）/预计成活率

根据经验可以得知，养殖小龙虾的塘口每亩0.5万~0.8万尾，放养时间4~6个月。在养殖小龙虾的过程中，可以适当放养适量的鲢鱼，主要是为了净化水质。

(六) 塘口养殖管理

1. 饲料投喂

饲料品种以配合饲料为主,要求粗蛋白质含量在35%以上。有条件的可以在前期适当投喂新鲜小杂鱼,以提高养殖成活率,促进幼虾生长。日投喂2次,4:00—5:00投喂日投量的30%,17:00—18:00投喂日投量的70%,采取沿塘埂边和浅水田边多点散投。有条件的用撒肥机投喂。日投喂量,一般按照存塘的小龙虾的体重的3%~5%估算,具体饲料投喂要根据水温、天气、水质、摄食情况和水草生长情况做调整,饲料投喂后要检查,实际日投喂量以饲料投喂后3h内基本吃完为准。

2. 日常管理

(1) 塘口水质调控。塘口通常是水位"前浅后满"、水质"前肥后瘦",整个养殖过程一般不需要换水,仅要添加新水就可以;池水透明度一般早期30cm以上,中后期40cm以上;养殖期间每20d可使用1次微生物制剂,以改善水质。

(2) 保持一定的水草。水草对于改善和稳定水质有积极作用。水葫芦、水花生等最好搅在一起,成捆、成片,平时成为小龙虾的栖息场所,软壳虾躲在草丛中可免遭伤害,在夏季时起到遮阳降温作用。

(3) 增氧机的使用。虾苗放养后可根据天气情况使用增氧机。进入6月以后,天气逐步炎热,每天都应使用增氧机。开启时间:每天23:00—24:00到第二天太阳出来(5:00—6:00)和睛好天13:00—14:00。同时也要根据具体的天气情况调整开机时间。总的原则是不能让小龙虾出现缺氧浮头的现象。

(4) 严防敌害生物的危害。有的塘口鼠害严重,一只水老鼠一夜能够吃掉上百只小龙虾。鱼鸟和水蛇对小龙虾也有威胁。要采取人力驱赶，工具捕捉，药物毒杀等方法彻底消灭水老鼠，清除鱼鸟和水蛇。

（5）病害预防。养殖期间一般不会发生病害，所以养殖期间不用抗菌药和消毒剂等药物。但要注意水草的变化，保持饲料的质量和新鲜度。要注意观察小龙虾活动情况，发现异常，如不摄食，不活动、附肢腐烂、体表有污物等，可能是患了某种疾病，要及时预防，运输用药治疗，减少小龙虾死亡。

（6）早晚坚持巡塘。观察小龙虾摄食情况，及时调整投饲量，注意及时清除饵料残渣，对食材定期进行消毒，以免引起小龙虾生病。为了能及时发现问题和总结经验，工作人员应早晚巡塘，注意水质变化和测定，并做好详细的记录；发现问题要及时采取措施。水温：每天4:00—5:00、14:00—15:00各测气温、水温1次，测水温应使用表面水温表，要定点、定深度，一般是测定塘口平均水深30cm的水温。在池中还要设置最高、最低温度计，可以记录某一段时间内池中的最高和最低温度。透明度：池水的透明度可反映水中悬浮物的多少，包括浮游生物、有机碎屑、淤泥和其他物质，它与小龙虾的生长、成活率、饵料生物的繁殖及高等水生植物的生长有直接的关系，是虾类养殖期间重点控制的因素之一。测量透明度简单的方法是使用沙氏盘（透明度板）。透明度每天下午测定1次。一般塘口的透明度保持在30~40cm为宜，添明度过小，表明塘口水质浑浊度较高，水太肥，需要换新水；透明度过大，表明水太瘦，需要追施肥料。溶氧量：每天黎明前和14：00—15：00点，各测1次溶氧量，这样可以掌握塘口中溶氧量变化的动态状况。溶氧量测定可用比色法或测溶氧仪测定。水体的溶氧量应该保持在3.5mg/L以上。不定期测定pH值、氨氮、亚硝酸盐、硫化氢等：养殖小龙虾的塘口要求pH值在7~8.5，氨氮控制在 0.6mg/L 以下，亚硝酸盐在 0.01mg/L 以下。

生长情况的测定，每周或 10d 测量虾体长 1 次，每次测量不少于 30 尾，在塘口中分多处采样。测量工作要避开中午的高温期，以早晨或傍晚最好，同时注意观察小龙虾的吃食情况，调节饲料的投喂量。

定期检查维修防逃措施，遇到大风、暴雨天气更要注意，以防损坏防逃设施而逃虾。做好记录，每个养殖塘口必须建立塘口记录档案，记录要详细，以便经验的总结。

（七）捕捞

经过 60~70d 的精心养殖，小龙虾规格大部分在 20g/尾以上时，就应及时捕捞。捕捞方法一般用地笼捕捞，由于池塘中的虾基本上都是商品规格虾，地笼网捕捞出来的虾不要在养殖池塘边分拣，可集中一起后再分拣不同规格的虾，降低劳动强度。捕捞上来的小龙虾不要再放回到养殖池塘中。

二、稻虾综合种养生态模式

稻田生态种养小龙虾是一种创新的农业模式，它将水稻种植与水产养殖相结合，旨在实现农业生态系统的平衡与高效利用。该模式不仅关注水稻的产量和质量，还充分利用稻田环境养殖水生生物，如鱼类或虾类等，从而在同一生态环境中同时获得稻谷和水产品的双重收益。这种种养模式具有显著的生态和经济优势。首先，它提高了土地资源的利用效率，通过在同一土地上同时进行种植和养殖，减少了资源的浪费。其次，稻田生态种养有助于改善农田生态环境，水生生物的活动可以帮助控制害虫，减少化肥和农药的使用，从而提高农产品的安全性和环保性。此外，该模式还能增加农产品的多样性，满足市场对绿色、有机食品的需求。通过稻田生态种养，农民可以获得额外的收入来源，提高经济效益，同时也有助于推动乡村经济的可持续发展。

(一) 稻田选择

(1) 选择生态环境良好，保水性能好，不受洪水淹没，集中连片且比较平整的单季稻田。土壤有毒有害物质限量符合 GB 15618《土壤环境质量 农用地土壤污染风险管控标准（试行）》规定的风险筛选值要求。

(2) 水源要充足、排灌要方便、水质应符合 GB 11607《渔业水质标准》的要求。

(3) 一般以 30~50 亩为一个养殖单元为宜。无环沟养殖模式，选择稻田地势平坦，面积以 5~50 亩为一个养殖单元为宜。养殖单元形状以东西向的长方形为好，依据地形设定形状也行。开展无环沟稻田养殖模式的应配套建设 10%的有环沟稻田养殖模式用于解决养殖所需的虾苗。

(二) 工程建设

1. 养殖沟渠建设

沿养殖稻田单元外围田埂，在离外围田埂内缘 1~1.5m 处向稻田内开挖 3~5m 宽的环沟，沟深 1.2~1.5m，坡比 1：(1~1.2)。

2. 养殖单元外围田埂建设

利用开挖环沟的泥土加固、加高、加宽养殖单元外围田埂，田埂面宽度不小于 2m，高度高于田面 1.1m 以上，坡比 1：1.5。建设无环沟的稻虾养殖田可在田内就近取土，将养殖单元四周田埂加高至 0.6~

0.8m、加宽面宽至 1m。因取土造成的坑凼可在整田时整平。

3. 田内挡水埂建设

田内挡水埂高 0.4m、宽 0.3m。无环沟养殖模式不需要建设内埂。

4. 进排水设施建设

进、排水口分别位于稻田两端并呈对角线位置。进水渠道建在稻田一端的田埂上，用 110mmPVC 管埋于池埂表面 10cm 以下，并在其终端安装 80 目的长型网袋过滤。排水口设于稻田另一端环形沟的最低处，排水管可用 160mm 的波纹管埋于环沟的最底部，并穿过外围田埂接入总排水渠。排水方式可制作成拔插式的，另一端应安装 20 目的防逃网罩。

5. 防逃设施建设

每一养殖单元应在其外围田埂上建设防逃围栏，防逃围栏可用水泥瓦或防逃塑料膜或地砖或冰箱厂玻璃钢片等材料制作，防逃围栏要埋入土中 0.2~0.3m，上面高出田埂 0.5~0.6m。

(三) 水草移植

1. 水草品种选择

环沟底部以种植轮叶黑草为主，环沟水面以移植水花生为主，田面底部以种植伊乐藻为主。

2. 水草覆盖率

沉水性水草覆盖率为 40%~50%，浮性水草覆盖率为 10%。

3. 水草移植方法

冬季（11月以后）和第二年初春（翌年3月之前），当气温 5℃以上适应移植伊乐藻，具体栽种方法如下：将购买来的伊乐藻用食盐水淋浴消毒后，截成两段，像插秧一样每 50 株以上一束，一束束地插入泥土中 3~5cm，株行距分别为 4~5m 和 8~10m，每亩用草量 30kg。轮叶黑草种植的方法伊乐藻种植的方法一样，其移植时间是每年的 3—5 月和 9—10 月，用草量 30kg。水花生的移植时间是 6—7 月且移植到环沟的水面上。

（四）虾苗放养

1. 放养前准备

（1）消毒。放苗前 10~15d，每亩环沟用生石灰 30~50kg 化水全沟均匀泼洒，种植水稻的田块每亩 20kg。

（2）施足基肥。放苗前，环沟注水 50~80cm，然后施肥培育饵料生物。每亩施发酵腐熟有机肥 100~250kg，一次性施足（实行稻秆还田的，有机肥施用量取下限）。

2. 放养密度

（1）春季放养虾苗模式。每年的 3 月中下旬开始投放至 4 月上旬结束。一般每亩放养规格为 200~300 尾/kg 的克氏原螯虾苗 15~20kg。

（2）夏秋季放养种虾模式。每年的 6—8 月，投放经挑选的亲虾，让其自行繁殖。一般每亩放养规格为 30~50 尾/kg 的种虾 15~20kg，雌雄比例 3∶1。

3. 虾苗运输

虾苗虾种一般采用干法运输，千万不能挤压和脱水，运输过程要保持湿润且不挤压，运输时间最好控制在 3h 以内。运输工具为规格 70cm×40cm×15cm 的塑料筐。将塑料筐底部铺好水草，喷淋水后再将挑选好的种虾或亲虾装入塑料筐内，每筐装重不超过 4kg，每 15min 淋水一次，以防脱水。

4. 缓水处理

从外地购进的虾苗虾种，放养前应将虾种在田水内浸泡 1min，提起搁置 2~3min，再浸泡 1min，如此反复 2~3 次，让虾种体表和鳃腔吸足水分后再消毒。

5. 消毒处理

放养时，用浓度为 3%左右的食盐水对虾苗虾种进行浸洗消毒，浸洗消毒时间控制在 5~8min。之后，让虾苗自行爬入环沟中。

(五) 养殖管理

1. 培肥水体越冬

越冬之前，一定要施一次腐熟的有机肥，每亩 50~100kg，以便进行肥水越冬。

2. 水位管理（水温控制）

按照"浅—深—浅—深"的办法，搞好水位管理。9—12 月保持田面水深 20~50cm 的浅水位，12 月至翌年 2 月保持至 50~80cm 的深水位，3 月至 4 月上旬水温回升时保持 20~40cm 的浅水位，4 月中旬至 5 月底保持至 40~70cm 的深水位，6 月以后则进入夏季水位需增至 60~80cm。

3. 投饲管理

秋末、冬初及初春，主要依靠天然饵料生物，可不投人工饲料；4 月中旬后，每日应适当投喂人工饲料，投喂量以虾重量的 2%~5%，投喂时间为早晚各一次，其中以傍晚投喂量占 60%。投饲应遵循"四定"的原则，并定期在饲料中加入光合细菌、免疫多糖、多种维生素等物质，增强虾体质，减少疾病发生。

4. 水质管理

虾田的水质条件要求水体透明度 25~35cm，水肥活爽，水色为淡绿色或褐色，pH 值为 7.2~8.5，溶解氧大于 5mg/L，氨氮小于

0.5mg/L，亚硝酸盐小于 0.05mg/L。溶氧是根本，严防晚上缺氧。

5. 水草管理

3月以后，伊乐藻、轮叶黑草上面会出现虫害（线虫、摇蚊幼虫等）、泥螨（原生动物）和烂根等问题。以生物防治、定期抑制和水草增强为三大处理思路。高温时，把水调清凉，并且要及时割草头。

（六）水稻栽培和管理

养虾稻田只种一季中稻或晚稻，水稻品种要选择株型紧凑，抗病虫害、抗倒伏、抗逆性好、适应性广且耐肥性强的大穗型高产优质中晚稻品种，按照正常的方法栽种。开展小龙虾繁殖的有环沟稻田应种植早中稻，以便实现提早育苗；不开展小龙虾繁育有环沟稻田和无环沟稻田中、晚稻均可种植；开展晚育苗的有环沟稻田，可以种植晚稻品种。

（七）病害的生态预防

养殖病害是机体、病原、环境相互作用的结果。一旦出现严重的病害，往往因为缺乏有效的治疗措施而造成养殖小龙虾的大量死亡。因此，必须做好病害的生态预防工作，确保小龙虾生态健康养殖。

1. 放苗前的池塘清整

每年冬季将池塘中多余的淤泥清出，干塘冻晒，选用 80~100kg/亩的生石灰或者是 $100g/m^3$ 漂白粉彻底消毒。消毒的主要作用是杀灭细菌、病毒等病原体，纤毛虫等寄生虫，野杂鱼等敌害生物。

2. 优质虾苗的选择

优质苗种可以从根本上减少病害的发生。虾苗的选择，要求大小规格一致、附肢完整、健康无病、活力强。每年3月，江苏地区水温依然较低（12℃左右），虾苗活动能力较弱，难以捕捞上市，优质虾苗缺乏将持续到清明节前后。部分虾苗从业者经受不住高价虾苗的诱惑，使用赶虾灵等药物捕捞虾苗，在外观上尚不能进行区分。但是，在投放下池后前3d，死亡率极高。为此，养殖户采购虾苗，一定要熟悉虾苗的来源，从正规养殖场购买，以降低养殖风险。入塘前建议进行适当的消毒处理，可以用3%~4%的氯化钠溶液浸泡6~10min，或者用10mg/L的聚维酮碘溶液浸泡3~5min。

3. 养殖期间水质调控

水质调控方法主要有换水和使用一些调节水质和底质的产品或药物，包括①水草管理，保证水中内有充足的优质水草供小龙虾栖息和摄食。②高温季节水体温差大，易产生应激性死亡，因此要及时补水，调整水位。③定期泼洒生石灰或乳酸菌，调节水体酸碱度和硬度。④定期使用光合细菌、芽孢杆菌、EM菌等微生态制剂来抑制有害菌的丰度，改良水质微生物环境。

4. 日常养殖管理

高温季节也是小龙虾快速生长期，不仅仅要选择优质饲料，还要避免过度投喂导致的饵料残渣堆积，减少水质污染。勤巡塘、勤观察，根据虾的吃食情况及时调整投喂量。对发病的池塘要采取严格的隔离措施，病死虾要及时将其捞出并进行无害化处理，以防止病害的扩散。

稻虾种养中，尽量减少农药的使用，水稻病虫害通常采用生物农药和生态防控，通过灯光诱杀和黄板诱杀等物理措施，防治病虫害的发生。

5. 常见病及生态防治方法

（1）病毒病。小龙虾养殖生产中危害最大的病毒病是白斑综合征（White Spot Disease，WSD），病原为白斑综合征病毒（White Spot Syndrome Virus，WSSV)。通常表现为上草或爬岸，螯足无力，解剖可见空肠，肝胰腺肿大。壳与膜分离，头胸甲内有淡黄色积水，严重时在感染后 2~7d 内出现大规模死亡。

十足目虹彩病毒 1 (Decapod Iridescent Virus1，DIV1) 已被证实可在我国虾类养殖区广泛流行和传播，克氏原螯虾也表现出了易感性，感染后出现空肠空胃、肝胰腺萎缩、颜色变浅、停止摄食、活力下降等症状。其中，自然感染 DIV1 的养殖小龙虾的致死率还有待研究。

预防措施：目前尚无有效治疗病毒病的商品化药物，生产中预防工作非常重要。①对池塘进行消毒处理。使用生石灰 $0.25kg/m^3$（水体）消毒 12h 以上，才可放苗或者将水注入池塘。②科学控制投放时间。为保证小龙虾的养成率，在江苏地区，一般要求"五一"节前（水温低于20℃）完成虾苗放养工作。经过 45~60d 的快速生长期，即可分批捕捞上市。可避免在病害高发时期，因苗种放养、捕捞等工作对小龙虾产生应激，导致小龙虾死亡率上升。

疑似病毒病暴发的情况下，保持养殖水体的高溶氧、低氨氮和低亚硝氮状态，维持养殖水体的温度、pH 值和盐度等水质指标稳定，可减缓发病速度；确诊患病的成虾、种苗禁止用于生产、流通和交易环节；患病池塘清塘时，养殖废水需使用生石灰 $0.25kg/m^3$（水体）处理 12h 再排放，清塘后需利用上述消毒措施等对养殖池塘、设施和用具进行彻底消毒。

(2) 细菌病。小龙虾感染的细菌性病原多为气单胞菌属，如嗜水气单胞菌 (*Aeromonas hydrophila*)、豚鼠气单胞菌 (*A. caviae*)、维氏气单胞菌 (*A. veronii*) 等。由于气单胞菌具有几丁质分解能力，刚感染的病虾甲壳局部会出现一些颜色较深的斑点，接着斑点边缘溃烂，严重时出现空洞。小龙虾烂壳、烂尾、黑斑、水肿等常见病均为此类细菌感染引起。

预防措施：①彻底清塘。②选择体格健壮、体色正常、附肢完整、体表无任何附着物的亲虾。③捕捞及搬运要选用合适的工具及细心操作，尽量避免碰伤。④加强饲养管理，保持优良、稳定生态环境。

（3）真菌病。真菌病症状为虾体表有黄色或褐色斑点，附肢和眼柄基部易观察到丝状体。病虾活动不正常，多在高温季节水质恶化缺氧时发病，经常造成大量死亡。

预防措施：①放养前池塘彻底消毒。②池水入池前应经过砂滤。③亲虾入池前应消毒。④严防受伤。

（4）寄生虫病。寄生虫病多数为纤毛虫寄生所致，主要寄生种类包括聚缩虫、钟形虫、单缩虫和累枝虫等。其症状一般为体表、附肢、鳃上附着污物较多，肉眼可见虾体甲壳上一层白色絮状物，摄食和活动能力逐渐减弱，多在黎明前死亡。以聚缩虫为例，镜检可发现虾体步足、头胸甲、鳃和额部均布满聚缩虫，导致病虾因脱壳困难死亡，寄生虫病在幼体、成虾中均可发生，对幼虾危害较严重。

预防措施：①保持水质清洁是最有效的预防措施。在放养以前尽量清除池底污物，并彻底消毒。放养后经常换水。适量投喂，尽可能避免过多的残饵沉积在水底。②育苗用水采取严格的砂滤和网滤外，可用 10～20mg/L 浓度的漂白粉处理，处理 1d 后即可正常使用。③投喂的饲料要营养丰富，数量适宜。尽量创造优良的环境条件，经常换水，改善水质，控制适宜的水温等，以加快小龙虾的生长发育，促使其及时蜕壳。④每立方米水体，每 15～20d 使用 1 次 60% 的硫酸锌粉 0.2～0.3g，用水稀释后，全池遍洒。如果小龙虾或其幼体上共栖的纤毛虫数量不多时，不必治疗，如果固着类纤毛虫数量很多时，可用茶粕全池泼洒，浓度为 10～15mg/L。待小龙虾蜕壳后，大量换水。

（5）营养缺乏病。因光照不足、pH值长期偏低、饲料营养不足等原因，会导致小龙虾体内缺钙、虾壳软薄、生长速度慢、体色灰暗，生产上称为软壳病。水温突变、水体缺钙、营养不足等原因也会导致蜕壳困难。高温季节捕捞和操作不当时，小龙虾会有痉挛现象，成虾腹部弯曲，侧卧水底，身体僵硬。生产中应注意区别营养缺乏和病原感染的不同表现。

（6）生物防控。发病池塘可以通过生物防控减少传染。在虾池中投放一定规格能摄食死亡和病弱小龙虾的生物，这些生物将病死虾吃掉，切断病害传播途径，可以有效控制病害的暴发。采用生物防控时可以选择草鱼、罗非鱼和中华鳖等，切不可选择肉食性、游动速度快的品种用来进行生物防控。

一般认为小龙虾养殖病害缘于水体环境的恶化，对于病害的防控应重点落在改善小龙虾的生存环境，通过生态调控的手段，及时改善水质来避免病害的发生。

生态养殖中非必要，不使用化学药物。当使用药物时，应以不危害人类健康和不破坏水域生态环境为基本原则。在小龙虾疾病防治或水质改良过程中，选择药物时应严禁使用有机磷类（如敌百虫、辛硫磷等）、菊酯类（如氯氰菊酯、氰戊菊酯等）杀虫剂；在小龙虾的繁殖期间禁止使用阿维菌素、伊维菌素等杀螨剂，以防对受精卵孵化产生不良影响；同时尽量避免使用小龙虾耐受力低的药物如溴氯海因等。药物的选择应按中华人民共和国农业农村部公告第250号《食品动物中禁止使用的药品及其他化合物清单》和《关于发布〈水产养殖用药明白纸2022年1、2号〉宣传材料的通知》的规定执行，药物使用范围符合SC/T 1132《渔药使用规范》的要求。

(八) 成虾捕捞和幼虾补投

1. 成虾捕捞

有环沟和无环沟养殖成虾捕捞时间为每年的 3 月开始，至种植水稻结束。第一茬捕捞时间从 4 月中旬开始，到 6 月上旬结束。第二茬捕捞时间从 8 月上旬开始，到 9 月底结束。捕捞工具主要是地笼，网眼规格应为 3.5 cm 或 4.0 cm，捕大留小。

2. 幼虾补投

第一茬捕捞完后，根据稻田存留幼虾情况，每亩补放 3~4 cm 幼虾 1 000~2 000 尾。

第三节　生态黄鳝和生态泥鳅生产技术

近年来，黄鳝和泥鳅以其优良的品质，极高的养殖效益成为了养殖者的新宠。目前，人工养殖黄鳝和泥鳅的模式包括网箱养鳝、稻田养鳝、稻虾鳝、稻田养殖泥鳅、池塘精养泥鳅等模式。其中，这些模式中以网箱养鳝和稻田养殖泥鳅技术推广相对比较成熟，市场前景更大，生态效益和经济效益更好，深受广大养殖户的青睐。现主要将网箱养鳝和稻田养鳅这两种生态养殖技术介绍如下。

一、网箱生态养殖黄鳝技术

黄鳝的肉质细嫩、营养价值丰富，体内含有大量脂肪、维生素等营养成分，以及人体所需的多种必需氨基酸。同时黄鳝的骨刺、皮肤等部位也具有较高药用价值，被广泛应用于中药材的制备，有报道称黄鳝可提取出鳝鱼素，对糖尿病具有一定的治疗效果。黄鳝养殖不仅给当地创造大量就业机会，也成为我国重要的出口产品之一，促进了国民经济的发展，在我国已成为重要的经济产业。2021年全国黄鳝总产量超过31万t，产值超300亿元（中国渔业统计年鉴2022），产区主要集中于湖北、江西、安徽、湖南、四川等省份。经历了几十年的探索发展，目前黄鳝养殖模式以网箱养殖为主，水泥池养殖、稻田养殖等模式普遍存在。

网箱养殖是一种立体生态养殖模式，可充分利用水资源。网箱内种植空心莲子草和水葫芦等挺水植物，以维持网箱内黄鳝的水环境（温度、水质等），其网状分布的根系为黄鳝提供了攀附栖息的场所，种植的水生植物吸收黄鳝养殖中产生的氮、磷等而生长，箱外套养鲢和鳙等滤食性鱼类，在净化池塘水质同时增加了额外经济收入，因此，黄鳝网箱养殖是生态养殖的范例。网箱养殖是一种相对简单、经济、高效的养殖方式，具有设备简单，易于管理和操作，可实现高密度养殖和集约化生产，便于推广等优点。自湖北仙桃张沟镇首次利用网箱养殖黄鳝开始，黄鳝的网箱养殖技术经过多年的发展与完善，相对于水泥池等其他养殖模式，网箱养殖成本更低，操作简单、投入少且经济效益更高，现已成为黄鳝养殖的主要方式。黄鳝养殖的网箱主要架设在池塘或水库等小型水域中，但需要保证有良好的水质，且进排水方便，易于管理。现将池塘网箱生态养殖黄鳝技术介绍如下。

（一）生态养殖设施要求

1. 池塘选择和清整

池塘生态养殖设施应满足SC/T 6048《淡水养殖池塘设施要求》的要求，并具有养殖尾水处理设施。网箱养殖黄鳝通常在面积10~50亩、水深1.5m左右的浅水池塘中设置网箱；有较稳定、无污染的水源,污泥太深者应先作清淤处理,经过越冬、太阳暴晒,然后进行全池带水清塘。清塘消毒药物最好选用生石灰、漂白粉、强氯精等,生石灰 300~500g/m³ 或漂白粉 10g/m³,以杀灭池塘内有害微生物和水蛭等寄生虫,改善底质。

2. 网箱大小和设置

网箱以 4~6m²、箱体高度 1m 左右、长宽比为 2m×3m 或 2m×2m 为宜。网箱网目 8~20 目,每亩水面设置 30~40 个网箱,不超过水体面积的 1/4,保证水体有充足的自净能力。网箱可用毛竹打桩固定四角或打桩牵拉钢丝绳,再将网箱四角固定在钢丝绳上。网箱入水深度 40~60cm,可随黄鳝养殖规格不同适度调整。一般清塘后 30d 左右可直接安装网箱,网箱内种植经过消毒的水草。

(二) 黄鳝放养前的准备工作

1. 网箱的浸泡

网箱在放鳝种前要先浸泡,使箱体表面附着有着生藻类(或除去化学物质气味),以避免黄鳝受伤。浸泡时间应不少于 7d,最好提前 1 个月左右先将网箱浸泡在水中。

2. 网箱内种植水生植物

池塘网箱养殖黄鳝不用埋泥,但在水面要提前种植水生植物,目前种植的植物种类有水花生(喜旱莲子草)、水葫芦(凤眼莲),前者根发达,耐低温,而后者根须较小,不耐低温,因此在水深处养殖黄鳝或越冬黄鳝时,最好选择用水花生。水生植物的种植面积以网箱面积的 2/3 左右为好。

(三) 鳝苗的选择

1. 品种的选择

黄鳝虽然只有唯一的一个种,但由于黄鳝分布于不同的环境、地域等,在自然界中有不同颜色、不同斑点的黄鳝不同品系。目前常见的有四种:①黄斑鳝,体色较黄,全身分布着不规则的褐黑色大斑点,生长速度快,多生活于湖泊中。②青斑鳝,体色青灰,斑纹细密,生长速度较慢,多生活于沙质土质的泥中。③青黄斑鳝,体色和斑点介于黄斑鳝和青斑鳝之间,生长速度也介于二者之间。④红鳝,也称火鳝,身体红色,但生长速度很慢,数量较少。

2. 苗种来源

鳝苗的来源除由全人工繁殖的途径获得外,考虑到目前群众进行人工繁殖的难度,还可以由捕取天然受精卵进行孵苗、直接捕取天然鳝苗。此外,还有稻田网箱仿生态人工繁育的黄鳝苗种。

(四) 鳝种的投放

1. 放养时间:野生种苗与人工种苗不同

何时投放黄鳝会影响到黄鳝的成活率和增长倍数。在能保证黄鳝成活率的情况下,以放养时间越早越好。如人工繁殖苗种4月初放养年增长倍数可达4~6倍,而推迟到7月放养则只能增长2倍左右。

野生黄鳝苗种从捕捞到放养要经过多道程序,时间长,受捕捞温度和天气变化影响大,过度应激反应导致黄鳝免疫力降低,易发病,一般在气温稳定在26℃以上放养较佳,生产上多为天气晴朗的6月底至7月中上旬。

2. 放养密度

放养密度的大小与黄鳝养成的规格、单位面积的产量以及养鳝池的使用率和养殖经济效益相关。一般情况下，放养密度小，黄鳝生长速度快，养成规格大，但单位面积产量较低；放养密度大，则黄鳝生长速度较慢，养成的规格较小，但单位面积产量高。综合考虑以上两点，黄鳝的投入密度以 0.5~2kg/m² 为宜。但若养殖黄鳝种苗，其密度可达 3~5kg/m²。

3. 鳝种消毒

鳝种投放前要用药物消毒，预防鳝病，消毒方式一般采用药物浸泡。所用方式主要有：①食盐：0.5%~2% 浸泡 10min。②聚维酮碘（含有效碘 10%）：20~30mg/kg 浸泡 10min。

4. 生态套养泥鳅

在养殖黄鳝的网箱中可套养一些泥鳅，泥鳅放养量一般为每平方米 2 尾左右。搭配泥鳅有三个作用：一是通过泥鳅的上下窜气，肠道呼吸这一生物学习性，起到了活水的作用，其上下游动可改善黄鳝网箱的通水、通气条件，使网箱内的水质更好，能有效减少网箱养殖黄鳝疾病的发生。二是可防止黄鳝密度过大而引起的混穴和相互缠绕；三是可通过泥鳅清除网箱内的残渣剩饵，减少饵料的浪费，同时增加了网箱养鳝的经济效益。

（五）饲料种类与投饲技术

1. 饲料种类

黄鳝为以动物性饲料为主的鱼类，因此选择投喂食物的种类时，应以选择动物性食物为主，现在主要有：小杂鱼、鲢、蚌、螺、蚯蚓、虾等；各种饵料养殖的饲料系数分别为：小杂鱼 6~8；鲢 10（纯肉为 7~8）；螺 30~35（去壳 20）；蚌 40~45（去壳 25~30）；蚯蚓 7~8；虾 20（去壳 8~10）。

2. 驯食

通过驯食，一是要解决黄鳝偏食活饵料的问题，黄鳝是肉食性动物，若投喂单一的动物性饲料，黄鳝会对其他饲料产生厌食。如果在饲养的初期做好驯食工作，使黄鳝摄食人工配合饲料，在今后的养殖过程中，就可以用来源广、价格低、增肉率高的全价人工配合饲料喂养黄鳝。二是要调整黄鳝的摄食时间，野生黄鳝多在晚上出洞觅食，通过驯食，逐步调整投饵时间，使黄鳝在白天摄食。

为此，提高野生黄鳝苗种的开口率是养殖黄鳝成功的关键技术之一，苗种的开口率与黄鳝发病率及黄鳝产量密切相关。如果每口网箱内90%以上黄鳝均能开口摄食，网箱中的黄鳝能达到均衡摄食、整体生长效果较好，养殖产量相应较高，并且养殖后期发病率较低；如果苗种的开口率较低，则黄鳝养殖产量较低，且养殖后期发病率较高。因此，市场选购的天然野生鳝种养殖时，入箱后必须进行摄食驯化，摄食驯化包含两个阶段，即开口驯化和转食驯化。养殖者必须先进行严格的开口驯化工作，鳝种入箱后，第四天傍晚开始少量投食红虫、蚯蚓，定点放于箱内水草上，投喂量为鳝鱼体重的1%，当投喂量达到鳝种体重的7%~8%时，开口驯化完成。然后再进行转食驯化工作，开口驯化成功后，在动物性鲜饵料中加入5%~10%的配合饲料，待鳝鱼适应并完全摄食后，再日递增配合饲料15%~20%，动物性饲料每减少1kg，配合饲料添加0.2kg代替，直到符合动物饲料和配合饲料事先确定的配比为止。因此，黄鳝养殖中开口驯化与转口驯食是两项必不可少的精细工作，必须严格执行，才能保证后期养殖的成功。

3. "四定"投喂

定时：水温在黄鳝适温范围内，一天投喂2次，分别为8:00—9:00，18:00—19:00；

定点：饵料应坚持投喂在固定的食台上，以减少散失，便于观察黄鳝的摄食情况及残渣的清除。

定质：要求饵料新鲜不变质；黄鳝饲料应有一定的稳定性，突然改变饲料种类，黄鳝难以适应而拒食，会影响正常生产生长。

定量：

（1）视季节而变化，一般情况下，5月每天投喂量占黄鳝体重的3%~5%；6—9月每天的投喂量占黄鳝体重的7%~8%；10—11月每天的投喂量占黄鳝体重的4%~5%。总的投喂量的多少以投喂的饲料在2h左右吃完为宜。

（2）一般食量为50kg黄鳝每天吃2kg左右新鲜鲢和1kg左右黄鳝膨化饲料。到8—9月加到50kg黄鳝吃1.5~2.5kg鲢和1.5~2kg膨化饲料。9月下旬后如果气温下降，就把膨化饲料量慢慢减下来直到停食。

（3）天阴、闷热、雷雨前后，或水温高于30℃、低于15℃，都要注意减少投饲量。水温在26~28℃时，是黄鳝旺食旺长的好时机，要及时适当增加投饲量，并投喂蛋白质多、质量好的饲料。

（六）养殖日常管理

1. 水质管理

（1）网箱溶氧管理。黄鳝虽然能在缺氧时呼吸空气，耐污能力强，但水中缺氧对黄鳝生长不利，通常要求网箱内溶氧3mg/L以上。改善溶氧方法：其一，可在网箱外设置增氧机，增大网箱网目，促进网箱内外水体交换；其二，维护水草正常生长，防止网箱中水草根系腐烂耗氧，加强饲料投喂管理，防止饲料过量沉入箱底耗氧等；其三，水质不良时加强换水或使用增氧剂等改良水质。

（2）网箱氨氮、亚硝酸盐管理。要减少氨氮，其一，根据生长、气候变化和吃饲情况，适时调整饲料的投喂量，投喂氨基酸平衡的高质量饲料，减少残余饲料的积累；其二，清除网箱或排除池塘底部的沉积物；其三，促进氨氮利用，培藻或泼洒小球藻等加快铵（NH_4^+）的利用，保持池塘水体的高溶氧，用光合细菌、硝化细菌加快转化，以促进池塘硝化作用。要做到降亚硝酸盐，最为重要的是增加水体中的溶氧。有机质多的水体平时用芽孢杆菌，在料台局部少量泼洒，快速分解有机质，但芽孢杆菌耗氧，使用后需要增氧。

同时，在网箱外合理套养鳙、鲢等控制藻类密度，促进藻类正常繁殖，吸收水中的氮、磷等营养元素，防止水体富营养化，可变废为宝。

2. 水温管理

（1）黄鳝适宜水温为15~30℃，最适水温为24~28℃。

（2）当水温低于15℃黄鳝摄食减少，低于10℃停止摄食，转入冬眠。

（3）水温超过30℃摄食量减少，超过32℃其摄食很少，会出现热昏迷。

因此，应将水温控制在黄鳝适宜的生长、摄食的范围内。夏季高温通过加注低温水，或在水面种植水草，如水花生、凤眼莲等方式进行控温。

3. 水草管理

养鳝池中种植水草的作用有以下几点：①防暑降温。②改良水质，通过吸收水里的营养物质，防止有机质污染水体。③供黄鳝栖息。④御寒保温。

防止水草枝叶长出网箱外；水草的面积不能超过网箱面积的90%；枯死和腐烂的草要及时捞出；草生长不好，面积分布过小要及时补草。

4. 饲料管理

自行生产配合饲料时，所用原料、饲料添加剂应满足中华人民共和国农业农村部公告第307号的要求。饲料使用应符合农业部公告第2625号的规定。

（七）生态防控疾病

1. 黄鳝发病原因

（1）选址不当。如选址不当，取用水源水质不好，灌排系统不畅，或没有独立的进排水管道，生产中容易造成疾病的流行。

（2）环境不适宜。网箱内培植的植物过少或没有，不利于黄鳝穴居和调控水质、水温等，黄鳝难以适应，导致养殖失败。

（3）清塘消毒不彻底。特别是多年养殖的老塘，池底淤积了大量的淤泥，淤泥中存在大量的致病微生物及寄生虫，一旦条件合适，这些病原微生物极易大量繁殖使黄鳝感染疾病。

（4）鳝苗的选择或处理不当。放养前未按正确的操作剔除病伤苗，或对黄鳝来源不了解，选购了药捕苗；放养后1周未进行有效的药物控制，经过运输的苗种体表受伤或黏液受损，体质较弱，易感染病害。

（5）密度过高，规格不一。首先是运输密度过高，苗种群体集体积压，未全部适时处理，鳝体体表黏液的防御功能遭到破坏，有害致病菌急速感染，往往造成苗种入池后数天内大批死亡；其次是饲养密度过高，使黄鳝长期处在应激状态下，黄鳝分泌黏液的速度加快，体质减弱，引发黄鳝生病死亡。

(6) 管理不规范。如一次换水量过大，易引起黄鳝出现"感冒"等病症；投饵不当，投喂过多不仅浪费饵料，而且污染水质，导致致病菌的大量繁殖，投饵不足，则易使黄鳝相互蚕食，体表受伤而降低对病害的防御能力，另外，在使用鲜活饵料时，因保存不当致使其变质，极易引发黄鳝的肠胃疾病等。

(7) 有害物质的进入。如工厂有毒废水、农田中的残留农药、生活污水大量流入水体，以及自身投放药物过量等，均会引起黄鳝中毒、畸变或不明原因大批量死亡。

2. 定期预防

养好黄鳝的总原则："养好草、消好毒、进好苗、管好水"。黄鳝养殖过程中，刚开始发病时很难观察到，一旦出现明显症状，无论怎么治疗，都可能给整个养殖中带来一定的损失。因此，必须采取"全面预防，积极治疗，防重于治"的方针，预防工作着重于保持网箱内水环境生态平衡，尽量保证让黄鳝栖息环境最优化，以增强黄鳝免疫能力，坚持每天检查网箱破损及摄食情况，一旦有异常情况，立即采取措施控制病情。水体定期消毒和药物拌饵投喂为主方式进行预防；一般情况下，每 15d 养殖水体用药消毒一次；每 10d 左右用药物拌饵投喂一次。消毒药物用漂白粉、聚维酮碘等；拌饵药物可用大蒜素等。严禁使用国家规定的禁用鱼药，也避免使用敌百虫药物。

(八) 黄鳝运输

黄鳝活体运输，运输包装材料一般为竹篓、白铁箱、泡沫箱等，每件净装 30~60kg，黄鳝、水比例 1:1，严禁死黄鳝进入市场销售，并提供质量安全合格证明，保存可追溯生产全过程的详细记录。不得使用不符合卫生标准的材料包装，以防止对鳝鱼造成二次污染，运输途中每 2h 换水 1 次。

二、稻田生态养殖泥鳅技术

稻田养殖泥鳅是人工建立的稻鳅共生生态系统，水稻和泥鳅发挥共生互利的作用，获得一地双收的效果。稻田养泥鳅充分利用稻田生态环境，既种水稻又养泥鳅，形成稻护鳅，鳅吃饵料，鳅粪肥田的物质能量流动，达到节能减排的目的，能大量减少农药、化肥等化学药剂的施用。同时泥鳅在田间泥地中活动，更是促进残留在稻田里的有机肥的降解，提高了生态系统能量转换率和物质转化率，也促进了空气在泥土中的渗透性，加快代谢产物的分解排放，有效保护了农业生态环境，使得稻田产出的农产品也相对安全。

稻鳅共作模式不仅可以提高粮农的经济收益，同时还可以提升稻谷品质，减少水土污染，一举多得，符合农业渔业绿色生态可持续的发展要求。我国已有许多稻田养殖泥鳅提高经济效益的实例，现将稻田生态养殖泥鳅技术总结如下。

(一) 生态养殖环境和设施要求

养泥鳅的稻田要选择水源充足，灌排方便，水质清新无污染，且符合绿色养殖要求，产地应选择空气清新、水质纯净、土壤未受污染，并符合 GB 15618《土壤环境质量 农用地土壤污染风险管控标准（试行）》规定，具有良好农业生态环境的地区，不对周边环境和生物产生污染；稻田保水性能强，土质疏松肥沃，底质以壤土或黏土为宜。稻鳅综合种养设施严格按 GB/T 43508《稻渔综合种养通用技术要求》的规定执行。养泥鳅的田块最好集中连片，并具有一定规模，单个田块面积以 3~5 亩为宜。

1. 开挖围沟和田间沟

稻田要开挖围沟和田间沟，围沟呈回型环沟，上口宽 2~3m，下口宽 1~1.5m，沟深 50cm；在田中间开挖"十"字形或"井"字形田间沟，沟宽 1~1.5m，沟深 30cm，沟的面积约占整个稻田面积的 5%。

2. 加固田埂

利用开挖环沟的土加高、加宽田埂，使田埂高于田面 0.2~0.5m，顶部宽 0.5~1.0m。田埂加固时每加一层泥土都要进行夯实，以防渗水或暴雨导致坍塌。同时预留 2m 以上的机耕道，便于机械耕作。

3. 防逃设施

田埂上的防逃设施采用塑料薄膜、厚质塑料膜或石棉瓦等材料，基部入土 0.2~0.3m，顶端高出埂面 0.5~0.7m，每隔 1.5m 用木桩或竹竿支撑固定，防止蛇、鼠等敌害生物进入。稻田进、排水口采用密目铁丝网或尼龙网做成栏栅，防止敌害生物进入及泥鳅逃逸。

（二）苗种质量要求

1. 苗种来源

泥鳅苗种来源于国家级、省级良种场或专业性鱼类繁育场。应符合国家或行业种质标准和苗种质量标准。

2. 品种选择

泥鳅一般是通称，也是单独的种名。本地泥鳅有几个常见品种，在外形、营养价值和口感上存在差异，应根据市场或消费需要，选择不同的品种进行养殖。例如针对韩国市场，该选择大鳞副泥鳅进行养殖，大鳞副泥鳅又称黄板鳅、扁鳅；针对国内大众消费，选择泥鳅进行养殖，泥鳅又叫真泥鳅、圆鳅、青鳅。

3. 规格选择

同一田块应该选择规格一致的泥鳅苗种,这样便于日后的管理。用泥鳅筛非常方便就可以把泥鳅按规格分开。

4. 质量选择

要求泥鳅体表光滑,色泽正常,无病斑,无畸形,肥满。除去烂头、烂嘴、白斑、红斑、抽筋、肚皮上翻、游动无力、容易被捕捉的泥鳅。

(三)养殖密度

待水稻移栽后,追施的肥料全部沉淀,一般 7~10d,在第 10 天,用几尾杂鱼放塘试养,观察池水水质是否安全,若安全,则投放鳅苗,放养规格 5~20cm,每亩放 20~25kg。投放前用 20mg/L 的高锰酸钾溶液浸泡消毒 3~5min,或用 3%~5% 的食盐水浸洗 5~10min,保持沟窝水质透明度 25~30cm。

(四)饵料来源

1. 天然饵料培育

泥鳅在不同水体的不同生态环境条件下,其食物各有一些差异,但可以认定其是偏动物食性的杂食性鱼类,主食昆虫幼虫、小型甲壳动物、藻类及高等植物。因此,稻田施肥可以为泥鳅提供大量的天然饵料,但肥料要以饼肥和发酵的有机类肥为主。施肥要以基肥为主,追肥为辅,比例为 65% 和 35%。在水稻栽插前 10~15d 将有机肥一次性深翻入土,并保护好沟、窝不被破坏。

水稻插秧结束后 1 周,施分蘖肥,稻田每隔 15d 施鸡、猪粪肥 25kg/亩,施生物肥 5kg/亩。以后每隔 15d,施鸡、猪粪肥 25kg/亩,直到 8 月中旬结束。施肥的目的是养稻，也可培育水中浮游生物喂鱼。通常情况下，在插秧后 15d 内施完，田水深度在 5~8cm 时，先施半边田，次日再施另半边田。每批追肥分 2~3 次施放。

2. 人工饵料的投喂

水稻生长中后期，鳅鱼对田间环境基本适应，要逐渐增加鳅鱼投饵量。投喂的饵料主要种类有米糠、麸皮、豆渣、豆饼、蚕蛹粉、蚯蚓及食品加工废弃物等，投饲时要求做到"定时、定量、定点、定质"。每天投饵量为鱼总量的 3%~6%。泥鳅鱼日投饵 3 次，分别是 7:00—8:00，11:00—12:00，17:00—18:00，上午的投饵量占全天投饵量的 30%，下午占 70%。以投喂细稻糠为主。在泥鳅摄食旺季，不能让泥鳅鱼吃得太多，因泥鳅贪吃，过多的食物会引起肠道充塞，影响肠的呼吸，从而造成缺氧。阴雨天少投或不投，水温在 30℃ 以上不投喂。总之要让鱼吃得均、匀、饱。

(五) 生产过程管理

1. 水质管理

鳅鱼放养初期，主要是调节好秧苗分蘖与鱼需水层之间的矛盾，保持稻田水深 5cm 左右，秧苗分蘖后 25~35d 时间搁田，沟、窝水要加到满水，2~3d 换水一次。水稻生长中后期，田间水深 10~15cm。大暑季节更要注意换水，以防残饵碎屑腐烂，败坏水质。一般每星期换水一次，每次换水 10cm。在日常巡查中，如发现泥鳅浮头、受惊或日出后仍不下沉，应立即换水。一般池水以黄绿色为宜，透明度以 20~25cm 为宜，酸碱度为中性或弱酸性。当水色变为茶褐色、黑褐色或水中溶氧量 2mg/L 以下时，要及时注入新水。定期泼洒浓度为 5~10mg/L 的生石灰，经常使用有益微生物制剂。同时，根据水质情况适时施用追肥,以保持水质一定的肥度,使水体始终处于活、爽的状态。

2. 日常管理

坚持经常巡田,检查各项设施是否有损坏,特别在雨天要对进、排水口及堤坝进行严格检查。降水量大时,将田内过量的水及时排出,以防泥鳅逃逸。经常整修加固田埂。注意检查进排水田拦鱼设施,有损坏要及时修补。当水温超过30℃时,要经常换清水,并增加水的深度,严防被农药污染的水入田。如泥鳅时常游到水面换气或在水面游动,表明要注入新水,停止施肥。在养鳅稻田防病治虫时,要正确选用对症农药,掌握放药浓度、时间和方法,使用高效低毒、低残留的农药,尽量将药液喷在稻叶上,放药后及时换水。

(六) 生态防控疾病

采取无病先防,有病早治,全面预防,积极治疗的原则。要彻底清塘,鱼种消毒,调节水质。细心操作,避免鱼体受伤。同时要精心管理、合理放养、均衡营养等。每月每亩全池遍洒生石灰20kg,以调节水质,防止鱼病发生。

通过日常消毒管理,泥鳅很少生病。病害主要有腐皮病、肠炎病、气泡病等,通常每半个月用10%的聚维酮碘0.25mg/kg,强氯精0.35mg/kg消毒一次来预防。投喂泥鳅饲料要均匀按时,不能投喂过期变质饲料,高温季节在光照较强的时候不要用地笼网具起捕泥鳅,杜绝气泡病的发生。

泥鳅生态养殖中非必要,不使用化学药物。药物的选择应按中华人民共和国农业农村部公告第250号《食品动物中禁止使用的药品及其他化合物清单》和农渔养函〔2022〕115号《关于发布〈水产养殖用药明白纸2022年1、2号〉宣传材料的通知》的规定执行，药物使用范围符合SC/T 1132《渔药使用规范》的要求，并在上市前，严格执行休药期。

（七）泥鳅的捕捞

稻田养殖泥鳅捕捞有一定难度，常用方法有三种：一是饵料诱捕，将鱼笼置于沟内深水处，把饵料或炒香的糠麸皮放在鱼笼内，诱鳅入笼，可多次多放鱼笼。二是流水捕捞，在出水口地方，铺上网具，打开出水口，泥鳅会顺水流入网具捕获。三是干田捕捉，慢慢将稻田内的水放干，待泥鳅聚集在深水坑时捕捞，或使泥鳅集中到沟土裸露处时捕捉。

第四节　生态河蟹生产技术

河蟹又称大闸蟹，是我国淡水特产。我国有着6 000余年的吃蟹历史，食蟹文化历久弥新。正所谓"河蟹上席百味淡"，河蟹是家喻户晓的人间美味和水产珍品。随着自然资源的退变和人们生活水平的逐步提高，1990年代以来我国河蟹养殖产业得到高速发展。2015年至今，我国河蟹的年产量维持在80万t左右。

河蟹作为甲壳动物隶属十足目、方蟹科、绒螯蟹属，在养殖生产上，河蟹主要是中华绒螯蟹和日本绒螯蟹的总称，外形区别见图4.1。长江中下游地区（如江浙沪地区、洞庭湖平原）是我国河蟹的主产地，其养殖物种为中华绒螯蟹。随着养殖实践的发展与消费需求的提高，河蟹养殖技术得以不断提升和完善。河蟹是"海水生，淡水长"的甲壳类动物，长江中下游地区人工养殖的蟹苗主要来源于江苏等沿海区域的土池育苗，本节主要介绍河蟹（中华绒螯蟹）的生态养殖技术。

中华绒螯蟹（雄）　　　　　日本绒螯蟹（雄）

图 4.1　中华绒螯蟹和日本绒螯蟹

一、河蟹产地生态环境要求

（一）河蟹的生态习性

1. 栖居习性

河蟹喜欢在水质清新、水草丰盛、饵料生物丰富的淡水湖荡中栖息，河蟹一般隐蔽在水草丛和底泥中，营隐居或穴居生活。在水位稳定、水质良好的水域中，一般不掘洞；在高低潮水位线之间，蟹洞呈管状，断面为椭圆形，底部不与外界相通，洞长 20~80cm，穴道和地面呈 10~20℃的倾斜。河蟹横行前进、运动敏捷、善于攀爬、能短暂游泳。

2. 摄食习性

河蟹为杂食性甲壳类动物，通常喜食动物性饵料（如鱼、虾、螺、蚌、蚯蚓及水生昆虫等）。河蟹摄食的植物性饵料包括浮萍、丝状藻类、各类水草（如苦草、金鱼藻、菹草、马来眼子菜、轮叶黑藻、凤眼莲、喜旱莲子草等）、原粮（黄豆、花生、玉米、小麦）及饼粕类

(豆粕、花生饼）饲料。天然水域中，蟹胃中的食物主要为植物性，且多为水生维管束植物或周丛植物。河蟹一般白天隐蔽洞中，夜间出洞觅食。

3. 蜕壳和生长

河蟹的蜕壳是指其发育到仔蟹阶段后蜕掉旧壳，而仔蟹之前的溞状幼体和大眼幼体阶段称之为蜕皮（表4.1）。仔、幼及成蟹每蜕一次壳，其体重、体积增加，形态也发生变化。仔蟹、蟹种和成蟹蜕壳时，往往离开原来的栖息场所而选择较安静、可隐藏的地方进行蜕壳。新蟹身体柔软，螯足绒毛粉红，习惯称之为"软壳蟹"。顺利时，河蟹蜕可在15~30min（有时甚至3~5min）即可完成蜕壳过程，但在受惊扰、干旱或营养不良等情况下，脱壳时间会延长甚至蜕壳未遂而死。刚蜕壳的新体体色发黑，没有自卫能力，活动能力很弱，一昼夜之久才能运动，此时易受到敌害及同类的残害。蜕壳后，皱折在旧壳里的新体舒张开来，体形随之增大。

表 4.1 长江水系中华绒螯蟹的蜕壳与生长模式

蜕壳	名称	标准体重	生长阶段
卵孵出	Ⅰ期溞状幼体（Z_1）	0.13mg	
第1次蜕壳	Ⅱ期溞状幼体（Z_2）	0.27mg	
第2次蜕壳	Ⅲ期溞状幼体（Z_3）	0.50mg	蟹苗阶段（育苗）（第1~5次脱壳）
第3次蜕壳	Ⅳ期溞状幼体（Z_4）	1.0mg	
第4次蜕壳	Ⅴ期溞状幼体（Z_5）	1.8mg	
第5次蜕壳	大眼幼体（M）	5.0mg	
第6次蜕壳	Ⅰ期仔蟹	10.0mg	仔蟹阶段（发塘）（第6~8次脱壳）
第7次蜕壳	Ⅱ期仔蟹	20.0mg	
第8次蜕壳	Ⅲ期仔蟹	50.0mg	

(续表)

蜕壳	名称	标准体重	生长阶段
第9次蜕壳		0.125g	
第10次蜕壳		0.30g	
第11次蜕壳	幼蟹	1.0g	幼蟹阶段 （1龄蟹种培育） （第9~14次脱壳）
第12次蜕壳		3.0g	
第13次蜕壳		10.0g	
第14次蜕壳		25.0g	
第15次蜕壳		50.0g	
第16次蜕壳	黄蟹	100.0g	蟹种阶段 （成蟹饲养） （第15~18次脱壳）
第17次蜕壳		150.0g	
第18次蜕壳	绿蟹	250.0g	

4. 争食和格斗

河蟹不仅贪食，而且在如下情况下容易发生争食和格斗：在人工养殖条件下，养殖密度大；食物资源缺乏；动物性饵料不足；交配季节，雄性河蟹争夺交配权。因此，为减少争斗，在人工养殖条件下，须多点均匀投喂饵料，合理搭配动物性和植物性饵料，通过维护水草环境、投饵区和蜕壳区分开的生态措施保护刚蜕壳的"软壳蟹"。

5. 光温适应性

河蟹喜欢弱光而畏强光，因而有昼伏夜出的活动习性，且蜕壳一般发生在夜间至黎明时段；利用趋弱光的习性，在夜间采用灯光诱捕可大大提高成蟹的捕捞效率和捕获量。河蟹对温度的适应范围广，1~35℃均可生存，但适宜的生长水温为15~30℃。水温在5℃以下基本不摄食；在水温30℃以上时，为躲避高温河蟹的穴居比例大大提高，且在蟹种阶段，长期的高温容易产生性早熟而不利于河蟹养殖产量与大规格商品蟹的生产。

(二) 河蟹养殖生态环境要求

1. 池塘条件

养蟹塘口符合 NY/T 391《绿色食品 产地环境质量》的产地生态环境条件要求，水源条件应符合 GB 3838 中的Ⅲ类水域的水质要求。苗种放养前，须彻底消毒、清塘。

选择生态环境良好，水源充足，无污染源，堤埂结实、保水性强，排灌方便的池塘，塘口以黏壤土质最好，底部淤泥不超过 10cm。

池塘面积和深度：苗种培育池塘面积以 3～5 亩为宜，保水深度 0.6～1.0m；成蟹养殖池塘面积以 30～50 亩为宜，保水深度 1.2～1.8m。

2. 水温和水质

养殖水质符合 GB 11607《渔业水质标准》要求。夏季高温季节，通过加深水位、营造和维护水草，池塘中下层水温在 28℃ 以下；通过一系列综合措施（水草维护、换水、微生态调水），确保水质良好（pH 值、溶氧、氨氮和亚硝酸盐等调控至良好生态养殖所需条件）。

3. 水草

水草覆盖面积占池塘水面的 40%～60%；确保且通过密度调控和病虫害生态防控等常规技术手段，确保水草不烂根且在整个养殖（投喂）期间有水草覆盖。

二、河蟹产地生态友善技术

(一) 水草种植与养护技术

1. 水草的生态功能

"蟹大小，看水草；蟹多少，看水草"。在生态养殖中，水草生态的营造和维护是河蟹养殖成功的关键。在河蟹池塘养殖生态系统中，水草具有如下重要的作用：为河蟹（及其他小型生物）提供栖息和隐蔽场所；净化水质（吸收营养），释放氧气；提高水体 pH 值，调节酸碱度；提供天然植食性鲜饵料；作为环境因子可起到降温、避光的作用。在水草生态的养护过程中，力求消除各种损草因素并优化益草因素（图 4.2），从而有利于整个养殖周期内河蟹的栖息和生长。

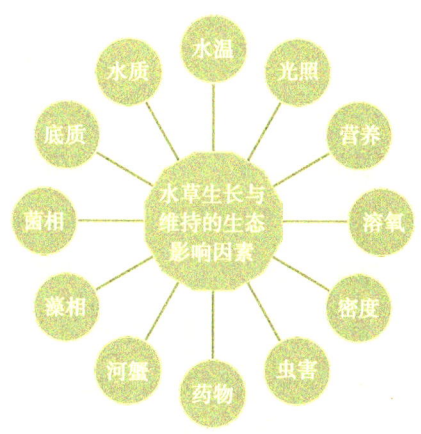

图 4.2　河蟹池塘水草生长与维持的生态影响因素

2. 水草的种类选择

在水体空间中，水草分为沉水草类（如伊乐藻、轮叶黑藻、苦草、菹草、黄丝草等）和浮水草类（如喜旱莲子草、凤眼莲等）；从温度适应性角度，水草又可分为耐低温草（如伊乐藻、菹草、黄丝草）、耐高温草（如轮叶黑藻）和广温性水草（如苦草）。在营造河蟹池塘水草生态时，应搭配种植耐低温和耐高温的水草，以确保整个养殖期均有适宜的水草覆盖度。

3. 水草的种植

养殖生产实践中，伊乐藻与轮叶黑藻的种植最为常见，同时根据各地的水草资源情况搭配种植其他种类水草。在长江中下游，伊乐藻于头年 10 月底至翌年 3 月种植，轮叶黑藻则在当年 3 月至 4 月初则种植。种植方式有播撒芽孢和扦插移栽，芽孢萌发或扦插水草幼苗之初，水草根系不发达，保持水位 5~8cm 或水位刚淹没水草为宜。随着水草的生长，逐渐加深水位，始终保持水位超过草头 10~20cm。

4. 水草的养护

一是草根养护：水草种植初期，宜适当使用水草专用肥和商用水草生长调节剂（如"草根生""草力壮"），以快速促进水草的根系生长；在养殖中后期，使用水草生长调节剂定期做好水草维护，以防水草老化。二是做好水质和底质调节：定期肥水并维持适当的透明度（40~50cm），并使用微生态制剂（如益生菌和小球藻等）和过硫酸氢钾复合盐以改善河蟹池塘的水质和底质。三是水草虫害防治：在春夏之交，水草易滋生吃草虫。适当加深水位可使水草始终低于水面；定期观察和检查水草虫害情况，使用阿维菌素、伊维菌素、阿弗米丁等杀虫，禁止使用高毒的杀虫剂。四是控制水草密度和防止烂草：在水草长势旺季（如夏季），使用割草船或其他简易工具进行割茬（割掉水草上层部分）和稀疏，以防水草老化以及因密度过大而烂根。五是合理密养和精准投喂：成蟹养殖密度维持在 1~1.5 只/m^2，养殖密度过高，容易导致不良水质从而间接影响水草的良好生长；精准投喂可有效降低池塘的调水和改底压力。为此，须多点均匀投喂，且在不同生长阶段和天气条件下，每天密切观察河蟹摄食情况，精准调整投饲量；慎用冰鲜饲料，推荐使用河蟹不同生长阶段的高品质商用饲料。

(二) 投螺技术

1. 螺蛳的生态功能

螺蛳是普遍分布于各淡水水体的淡水螺类，常以水生植物的叶或低等藻类为食，也可食虾蟹类的饲料残饵。螺蛳底栖，行动缓慢，容易被河蟹捕食，是河蟹最喜食的鲜活优质动物性饲料。同时，当水质较肥时田螺可通过牧食池底微型生物、饲料残饵及水草嫩叶等起到净化水质、促进水草生长等作用。

2. 投螺

一是投螺时间：4月是河蟹养殖池塘水草固根、生长的季节，池塘底部的营养对水草生长有显著影响。投螺时间过早（如本试验中的3月中旬）可能因螺类与水草争肥或直接牧食水草而阻碍水草的生长。因此，在"螺蛳—水草—水质—河蟹"及"螺蛳—河蟹"的生态关系中，螺类虽可为河蟹提供活饵，但务必掌控好投螺的时间与密度，方能在水草、水质及活饵等方面为河蟹生长营造出优良的综合养殖生态条件。二是投螺量：一般，在清明节前后，投放活螺蛳170～200kg/亩，使螺蛳自然繁殖，在整个河蟹养殖期内可源源不断的为河蟹提供适口的动物性活饵。此外，根据河蟹养殖密度和螺蛳的存塘量，在河蟹养殖的中后期，还可适量补投螺蛳。

（三）菌藻共生调控技术

1. 原理

菌藻共生调控技术的基本原理是利用微藻和菌类的互利共生关系及其协同作用进行调节和改善养殖生态系统的水质及底质（图4.3）。一方面，微藻利用细菌呼吸产生的二氧化碳产生进行光合作用，在此过程中，微藻吸收利用氮源（铵态氮、亚硝酸盐、硝酸盐等）与磷酸盐合繁生自身生物量并释放氧气；另一方面，好氧性细菌利用氧气分解微藻产生的分泌物及死亡的藻细胞，所产生的分解产物（无机碳源、氮源与磷酸盐）反过来被微藻吸收利用。微藻和细菌在物质和能量代谢中，不断循环往复，达到菌、藻对水体的净化，如消除有机质（残饵、粪便）、提供活饵、改良水质、防控有害藻类（如蓝藻）。

2. 基本操作

定期肥水，3壳后定期投喂乳酸菌发酵豆粕，保证水草活力；定期改底补菌+小球藻，预防有害病菌的滋生；水温在20℃以上时，定期消毒，主要采用碘制剂和50%过硫酸氢钾；7月以后，用乳酸多肽等投喂每周2次，能有效预防河蟹各种细菌性疾病。

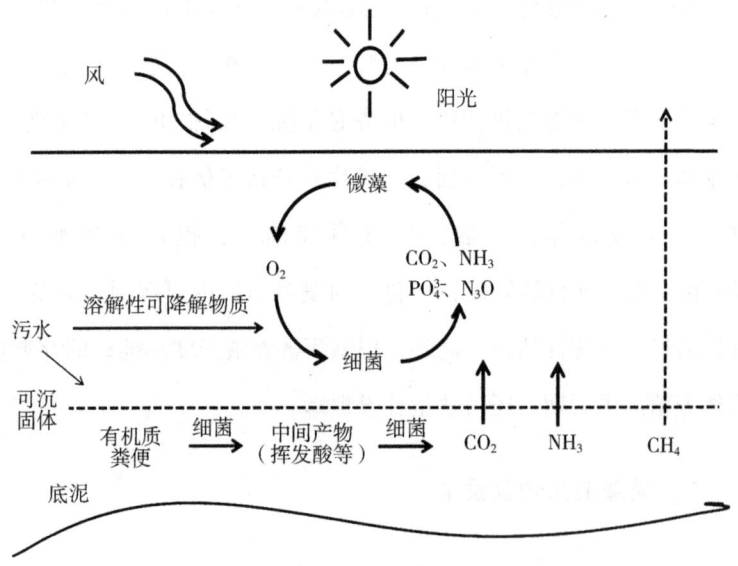

图4.3 池塘养殖生态系统的菌藻共生关系

（四）河蟹育肥饲料投喂策略

目前，河蟹育肥饲料主要有硬颗粒料、膨化料、冰鲜鱼、原粮饲料（如黄豆、玉米）等四大类（表4.2）。

在河蟹的后期生长阶段，不同饲料的育肥效果存在差别。已有的一些研究表明，配合饲料投喂的河蟹其品质和风味较好，可完全媲美甚至优于野杂鱼的投喂育肥效果；优质膨化饲料可显著提升雌蟹的育肥成活率、卵巢发育与卵巢红度以及雄蟹的肝胰腺红度；冰鲜鱼可对河蟹进行快速育肥，且可显著促进河蟹的营养品质和性腺发育。因此，不同饲料对河蟹育肥而言各有优劣。在河蟹育肥实践中，养殖者应充分掌握不同育肥饲料的优缺点并结合养殖成本及消费市场，合理选择河蟹的育肥饲料。

表 4.2 不同饲料在河蟹育肥中的优缺点比较

饲料种类	优势	劣势
配合饲料	营养全面，节省成本；水质好、底质好；河蟹抗逆性强，成活率高；不掉膏	饲料品质参差不齐；优质饲料成本高
冰鲜鱼	育肥速度快；抢占"双节"高价	营养不全、饲料系数大、浪费多、成本高；河蟹抗逆性差、残次率高；掉膏速度快、不易囤货抢后期市场；污染环境、破坏水草生态
原粮	成本相对较低；能量饲料；品质有保障	蛋白质含量低；不可作为主要饲料

为保护资源和环境，养殖中尽量减少投喂冰鲜鱼，使用时应加大对水质的监测，并保证尾水排放符合相关标准。

（五）养殖防逃技术

河蟹新品种养殖需严防逃逸到自然水域，为保证生产效益，河蟹养殖也必须做好防逃工作。河蟹逃跑的原因在于：水体 pH 值下降，夏天水温太高，冬天水温过低等，河蟹逃离原有水域，趋向适宜的环境；因饥饿寻找食物而逃逸；见到光亮趋光而逃；水域中老鼠等破坏设施，河蟹会自然逃避；生殖洄游去寻找适合其产卵繁殖的咸淡水环境等。防逃的主要措施有：养蟹事先用钙塑板、玻璃钢、厚农膜等材料建好防逃墙,要求墙高50~60cm,入土深度15~20cm,用竹棒固定,内壁光滑,没有河蟹攀爬外逃的落脚点;进排水口要用铁丝网拦好,发现损坏,应立即修补或更换;在池中用小瓦、砖块等搭建人工蟹巢,不让其在埂坡中打洞,以防逃逸。事先在蟹池栽种轮叶黑藻、苦草等,以营造优美的养蟹环境,保证河蟹生长、蜕壳及隐藏的需要;每隔15~20d用生石灰、漂白粉等药物化水全池泼洒,净化水质;根据季节调整水深,一般春天可保持水深50~80cm,在酷暑季节,应达1.2~1.5m,确保河蟹的适温水体;根据水温、季节、蟹体大小等不同情况,确定投饵种类、数量及次数,确保食物充足;池塘可用生石灰等药物彻底清塘,杀灭敌害;注意青蛙、老鼠等入池残害河蟹,可用人工的方法加以捕捉;在河蟹蜕壳期间,要确保蟹池安静;待河蟹价格合适时,应立即捕捞,防止出现逃蟹的可能。

三、河蟹生态养殖技术

(一)优质苗种选择

1. 优质苗种的选择使用

苗种质量与成蟹的养成性能(规格和回捕率)及养殖成本等紧密相关。一般,亲本规格越大,对应的扣蟹价格越高;选育品种(品系)在成蟹养殖阶段的成活率与生长率、养成规格及饲料系数等方面更有优势,因而其扣蟹价格更高。优质苗种的价格高,但其具有更优的成蟹养殖性能,推荐养殖者采用大规格亲本培育的扣蟹或选育(杂交)品系的扣蟹进行成蟹养殖。目前,选育的河蟹新品种有"长江1号"(品种登记号GS-01-003-2011)、"长江2号"(品种登记号GS-01-004-2013)、"江海21号"(品种登记号GS-02-003-2015)、"诺亚1号"（品种登记号 GS-01-005-2016）以及"金农1号"（品种登记号 GS-01-009-2023）等。

2. 优质扣蟹的质量标准

蟹种的种质应符合 GB/T 19783《中华绒螯蟹》的要求。优质扣蟹的质量标准主要包括：规格整齐，以 100~140 只/kg 为宜；蟹种性早熟比例不超过 5%；体质健壮，爬行敏捷，活动有力，附肢齐全，指节无损伤，无畸形、无寄生虫、无疾病；仔蟹养殖的回捕率达 50%以上。

3. 苗种的本地化培育

在2月初，将在沿海早期繁殖的大眼幼体转入有温控设施的池塘进行三级强化培育，培育至5月底达到 100~160 只/kg 的规格后转移到成蟹养殖池塘（可当年养成食用商品蟹）；在6月初，将在沿海常温繁殖的大眼幼体转入已解除温控设施的池塘进行常规扣蟹培育，培育至12月底达到 100~160 只/kg 的规格后转移到成蟹养殖池塘。本地化培育的技术优势在于蟹种的适应性强、成活率高；实现一年两季生产扣蟹，较好地解决内陆地区河蟹苗种的外购依赖性并大幅提升单位水体的经济效益。

（二）苗种培育技术

对蟹苗（淡化后的大眼幼体）进行为期 5~8 个月的饲养，这一过程即为蟹种培育。其中，饲养 20d 左右，蟹壳蜕壳 3 次，规格一般达到 1.5 万~2 万只/kg。称为仔蟹培育阶段。此期的仔蟹似黄豆大小，故又谓之"豆蟹"；豆蟹以后，经同塘或分塘饲养到当年年底或翌年 2—3 月，大部分幼蟹长成规格为 5~10g（100~250 只/kg），此时称一龄蟹种，其甲壳似大衣钮扣大小，故又称扣蟹。

1. 仔蟹培育

仔蟹的培育方式有土池培育、水泥池培育、网箱培育和网围培育等。现将蟹苗的土池生态培育技术介绍如下。

（1）放苗前准备如下。

池塘准备：土池的面积 600~2 000m²，池深 1~1.2m，土质以黏壤土为佳。在培育池的排水口处挖一集蟹槽，大小为 2m²，深为 80cm，塘埂坡比 1∶2~1∶3；在进排水口安装 60 目网纱制成的过滤网，防止敌害生物入池和蟹苗逃逸；塘埂四周用 70cm 高的聚乙烯或聚丙烯塑料网（其中，15~20cm 高的塑料网埋入土中）及支撑塑料网的竹、木条制作防逃设施。

水草生态营造：合适密度和面积的水草是蟹苗栖息和蜕壳的重要生态环境。在 3 月中旬播种草种或移栽水草，水草的种类应多样化，如苦草、伊乐藻、金鱼藻、水花生等。水草面积宜占土池面积的 2/3 左右。

池塘消毒：4 月上旬灌足水，采用密网拉网、地笼诱捕等措施捕灭敌害生物；1 周后，排干池水，4 月下旬起重新注新水，用生石灰消毒，用量为 0.2kg/m²。

增氧设施：配 0.75kW 的充氧泵一台，泵上分装两条白色塑料通气管于塘内。通气管上扎有均匀的通气孔。安装时离池底约 10cm。

施肥培水：放苗前 7~15d，加注新水 10cm。养殖老塘口，池底较肥，每亩施过磷酸钙 2~2.5kg，和水全池泼洒；新挖塘口，每亩另加尿素 0.5kg，或按每亩施用腐熟发酵后的有机肥 150~250kg。

加注新水：放苗前，加注经过滤的新水，使培育池水深达 20~30cm，新水占 50%~70%。加水后调节水色至黄褐色或黄绿色，放苗时水位加至 60~80cm，透明度为 50cm，使蟹苗下塘时，以藻类为主并兼生轮虫、小型枝角类。

（2）蟹苗投放。蟹苗投放密度为 15 万~25 万只/亩，具体根据技术苗种质量、养殖条件和技术条件做调整。先将蟹苗箱放置池塘埂上，淋洒池塘水，然后将箱放入塘内，倾斜地让蟹苗慢慢地自动散开游走。

蟹苗放养时要注意：一是蟹苗暂养，饱食下塘。将蟹苗箱放入网箱中，待蟹苗活动正常后，投喂大量水蚤，使蟹苗吃饱，然后将网箱揿入水中，让蟹苗自动游出。饱食下塘的蟹苗，可大大增强有机体对水质的适应能力和寻食能力。二是确保蟹苗在水蚤高峰期下塘，以人为制造量多质好的蟹苗适口饵料（水蚤）。

（3）培育日常管理。

饲料投喂：蟹苗下池后前3d，以池中的浮游生物为饵料。若池中天然饵料不足可捞取浮游生物或增补人工饲料。人工饲料以豆浆为主，每天2次，上、下午各1次，直至第一次蜕壳结束变为Ⅰ期仔蟹。

Ⅰ期仔蟹后，改喂新鲜的鱼糜加猪血、豆腐糜，投饵方法为全池均匀泼洒，日投饵量约为蟹体重的100%。每天分6次投喂，直至出现Ⅲ期仔蟹为止。

Ⅲ期仔蟹后，日投喂量为蟹体重的50%左右，一天分3次投喂，至蜕变为Ⅴ期。此后投喂量减少至蟹体重的20%以下，同时搭喂浮萍，直至投苗后4周止。

水质调控：注意分期注水，控制水位。蟹苗刚下塘时保持水位20~30cm，前3d不加水，不换水。蜕壳变态为Ⅰ期仔蟹后，逐步加注经过滤的新水，加水10cm；随着仔蟹发育变态至Ⅲ期仔蟹后，加水达到最高水位（70~80cm）。分期加水可以防止产生懒蟹。进水时，应采用30目的网片过滤，以防止敌害生物进入培育池；以后开始换水，先排后进。一般日换水量为培育池水的1/4或1/3。每隔5d，向培育池中泼洒石灰水上清液，调节池水pH值在7.5~8.0。如在培育过程中遇大暴雨，应适当加深水位，防止水温和水质突变。

充气增氧：蟹苗下塘至第一次蜕壳变Ⅰ期仔蟹期间应大气量连续增氧；蜕壳变态后间隔性小气量增氧，确保溶氧5mg/L以上。

(4) 分塘。经过20~30d的培育，仔蟹即可分塘饲养。蟹苗经过20d左右的培育长成规格约为20 000只/kg的Ⅲ期仔蟹（俗称"豆蟹"）；再经过10d左右的培育长成规格为5 000~6 000只/kg的Ⅴ期仔蟹（即Ⅱ期幼蟹）（俗称"黑仔苗"）。豆蟹或黑仔苗经过分筛后即可分塘放养，豆蟹和黑仔苗的饲养密度分别约为15万只/亩与10万只/亩。

2. 一龄蟹种的培育

(1) 一龄蟹种育种池的条件与设施。以池塘、稻田为宜，塘埂坡比1:(2~3)。培育池的面积在6 000m² 以下，以1 500~3 000m² 为宜。四周为一环沟，沟宽4m、深2m，水深以1.2~1.8m为宜。防逃设施与仔蟹培育池的基本相同。

(2) 放仔蟹前的准备。

清塘消毒：老龄池塘应清淤晒塘。放仔蟹前15d进行清池消毒，用生石灰溶水后全池泼洒，生石灰用量为0.2kg/m²。

移植水草：在水边四周以及深沟种植苦草，金鱼藻，水花生、伊乐藻等水草。水草种植或移植面积占养殖总面积的2/3左右。

(3) 仔蟹放养。

仔蟹质量：大小、规格均匀，附肢齐全，无病害。

放养时间：在5月底至6月中、下旬放养。

放养密度：Ⅲ期仔蟹（豆蟹）为15万只/亩以内，Ⅴ期仔蟹（黑仔苗）为10万只/亩左右。

注意事项：仔蟹下塘时温差应控制在3℃以内；放养时先将仔蟹网袋或箱在池中浸2~3次，经过10~15min，使仔蟹适应池内水温后，沿池四周均匀摊开网袋，使仔蟹自行爬走。

（4）饲料投喂。7—9月，动物性饵料占90%以上，在此前后动物性饵料占70%以上。所投饵料以面粉做成颗粒状，均匀撒在塘的四周浅水带。日投喂量为池内蟹体重量的5%之内。

（5）扣蟹起捕。10月之后，1龄幼蟹个体长至60~200只/kg。可以采收，生产上多采用地笼张捕、灯光诱捕、堆草围网捕捞、干塘挖洞捕捉、三角网抄捕等多种方法，以求尽量捕尽存塘扣蟹。

（三）成蟹养殖技术

成蟹养殖是指将幼蟹养殖成商品蟹的过程。商品大规格河蟹是指个体重在150g以上"青背、白肚、黄毛、金爪"的成蟹。从养殖水体类型上，主要是池塘养蟹。

1. 池塘条件

池塘面积大于5 000m² 为好，池水深1~1.5m。养蟹区四周的蟹沟宽3m、深0.8m；以长方形为宜，池底平整且有一定的坡度，使池底向出水口一侧倾斜。四周池埂应保持较缓的坡度，坡上植草，以便河蟹蜕壳、栖息和觅食。

2. 放扣蟹前的准备

（1）清塘消毒。秋冬排干池水，铲除表层10cm以上的淤泥；晒塘冻土；蟹种放养前采用茶粕或漂白粉清塘消毒，彻底清除野杂鱼。水深20~30cm时，茶粕用量为10~15kg/亩；或使用有效氯≥28%的漂白粉消毒，干法清塘用量为10kg/亩，带水清塘用量15~20kg/亩。

（2）设置水草，投放螺蛳。按扣蟹池标准进行，沉水植物和浮水植物各占总面积的2/3与1/3。沉水植物区用网片分隔拦围，保护水草萌发。池底可栽植苦草、轮叶黑藻，水面可移植水花生、浮萍，使水面的覆盖率占蟹池总水面的50%以上。

采用以伊乐藻、轮叶黑藻为主的沉水植物混种方式。伊乐藻在1—2月通过植株移栽，株距保持2~3m，行距保持6~8m；轮叶黑藻在3月下旬通过芽孢直播，或者在4月上旬移栽植株，播种或扦插于相邻的伊乐藻行距之间。

螺蛳底栖，行动缓慢，净水能力强，更是河蟹的优质活饲料。宜分批投放环棱螺、圆田螺等螺类，2—3月投放100~200kg/亩、6—8月投放200~300kg/亩。

（3）加注新水。放种前一周加注经过滤的新水至0.6m。

3. 扣蟹投放

（1）投放相同水系的蟹种。不同的河蟹种群生长具有明显区域性，生产上严禁养殖不同水系的蟹种。

（2）扣蟹质量。规格整齐，大小80~200只/kg为好，体质健壮，爬行敏捷，附肢齐全，指节无损伤，无寄生虫附着。严禁投放性早熟扣蟹。

（3）放养时间和密度。在长江中下游，在3月底之前放养结束为宜；投放密度根据养殖模式和投资水平而定，在确保良好成活率的条件下，确保在回捕时的密度为1只/m^{2}以上。另外，可搭配放养规格为50~100g/尾的花白鲢50尾/亩。

（4）扣蟹消毒。扣蟹经3%~4%食盐水溶液浸洗3~5min后放养。

4. 饲养管理

（1）饲料种类。植物性饲料：豆饼、花生饼、玉米、小麦、地瓜、土豆、各种水草等。动物性饲料：小杂鱼、螺蛳、河蚌等。配合饲料：按照河蟹生长营养需要，符合GB 13078《饲料卫生标准》和NY/T 471《绿色食品 饲料及饲料添加剂使用准则》规定制成的颗粒饲料。

(2) 科学投饵。生产上采用"四看""四定"的原则投饵。"四看"即看季节，6月中旬前动、植物性饵料比为60∶40；6月下旬至8月中旬，为45∶55；8月下旬至10月中旬为65∶35；看天气，天晴多投，阴雨天少投；看水色，透明度大于50cm时可多投，小于30cm时应少投，并及时换水；看摄食活动，发现过夜剩余饵料应减少投饵量。蜕壳时应增加投饵量。"四定"即定时，每天两次，早晨6:00—7:00，傍晚16:00—17:00各投一次。定位，投饵区在坐北向阳的北坡以及东坡和西坡，要求浅水，水草较少。沿池边定点"一"字形摊放。每间隔20cm设一投饵点。定质，青、粗、精结合，确保新鲜适口，建议投配合饵料、全价颗粒饵料，严禁投腐败变质饵料。定量，日投饵量的确定，按3—4月为蟹体重的1%左右；5—7月为5%~8%；8—10月为10%以上。每日的投饵量为早上占30%，傍晚占70%。

5. 养殖管理

(1) 水位与水质调控。

水位：5月上旬前保持水位0.6m，7月上旬前保持水位0.8~1m，7月上旬后保持水位1.5m。

换水：6—9月，每5~10d换水一次；春季、秋季每隔2周换水一次，每次换水水深20~30cm，先排后灌。

水质调节：通过换水、水草养护、微生态调水等综合措施以保持养殖水体较高的透明度（30~50cm）；池水的pH值宜控制在7~8.5，可每15d施泼一次生石灰，生石灰用量为10~15g/m³；适时开启增氧设备，使溶解氧>5mg/L以上。

(2) 水草管理。水草浮起应及时捞出；水草过密或植株顶端浮出水面时要进行适当刈割，使植株顶端位于水面下15~20cm；水草过少时及时补栽轮叶黑藻、苦草等，以保持整个养殖期50%~70%的池塘水草覆盖率。

（3）底质调控。适量投饵，减少剩余残饵沉底；定期使用底质改良剂（如投放过氧化钙、沸石、光和细菌、EM活菌制剂等），注意避免与生石灰同时使用。在晴天用增氧机和潜水泵等机械搅动底质，每2周一次，促进池泥有机物的氧化分解。

（4）日常管理。一是早晚投饵、巡塘，察看河蟹蜕壳生长、病害、敌害情况，检查水源是否污染，检查防逃设施并及时修补漏洞。二是在高温阶段控制水温和投喂量，防止产生小绿蟹（性早熟）：加深水位以将水温严格控制在30℃以下（最好是28℃以下）；加大植物性饵料比例并适当减少投喂量，防止营养过剩。

蟹苗、蟹种和成蟹配合饲料的营养及加工工艺应符合SC/T 1078《中华绒螯蟹配合饲料》的规定；所有饲料（饵料）卫生应符合GB 13078《饲料卫生标准》的规定。推荐使用高品质的商品饲料，适当搭配农家自配饲料（如玉米、黄豆等）和冰鲜饲料；苗种放养前，通过肥水措施确保水体有充足、大小合适的浮游动物；成蟹养殖期间，不定期投放足量的螺蛳以提供河蟹的活饵。所用原料、饲料添加剂应满足中华人民共和国农业农村部公告第307号的要求。饲料使用应符合农业部公告第2625号的规定。

病害防控要以防为主，采用生态的方法进行病害防控。重视水草维护和微生态调水，控制合适的河蟹养殖密度。不得在饲料中添加抗生素。

（四）高效的生态养殖模式

1. 高投入的生态、高效养殖模式

在生态河蟹的养殖生产中，养殖理念随着养殖实践发生变化。

当前，提倡养殖者遵循高投入的生态养殖模式，即采取"优质苗种—优质饲料—优质环境调控"的养殖路线。例如，在5 000元/亩的养殖成本条件下，采用普通苗种、低密度（扣蟹约为1 500只/亩）、化学和抗生素调水、防病以及普通饲料进行养殖，其亩产纯收益在1 000元左右；而在8 000~10 000元/亩的养殖成本条件下，采用优质苗种、低密度（扣蟹约为2 500只/亩）、微生态调水、防病以及优质饲料进行养殖，其亩产纯收益在2 000~30 000元。

2. 虾蟹混养模式

以1亩水面为单位，具体的养殖模式如下：在3月放养小龙虾苗种（3cm的规格苗10 000只），5月上旬之前捕完成虾上市并投放大规格的优质扣蟹（1 000~1 500只）进行养殖，6月再投入适量的小龙虾苗种进行虾蟹混养。这种养殖模式的优势在于：充分延长了养殖周期，上半年得虾，下半年得蟹；小龙虾前期幼苗可有效利用池塘中多余浮游动物（活饵料），既降低生产成本又可以有效控制河蟹养殖中杀虫的药物，实现绿色、安全的养殖；一定程度上避开了小龙虾的"五月瘟"，且实现两茬上市、优质优价。其基本产出为：小龙虾：4—5月和7—8月，共计收获食用商品虾150~250kg；河蟹：10—11月，收成蟹80~100kg；亩产效益：最基本纯收益2 000元，一般为5 000元，高的可达8 000~12 000元。

四、河蟹病害生态防治技术

遵循"预防为主、防治结合"的原则，坚持以生态防治为主、药物防治为辅，采取模拟河蟹自然环境状态下生长的技术措施，达到不生病或少生病、不用药或少用药的目的。

（一）优质蟹种下塘

优质蟹种是健康养殖的前提与基础，放养长江水系的优良品种扣蟹，提高河蟹的种质以有效降低其条件性致病的发病率；蟹种下塘之前对其消毒，用5%的食盐水或10%聚维酮碘溶液浸泡10~15min，消毒时根据蟹种的大小、体质、温度及所用药物的安全浓度灵活掌握。

（二）严格检疫制度

从外地引入的亲蟹或蟹种，应严格检疫，避免带入病原体。同时，要严格挑选，淘汰伤、残、病蟹；若本地发生疫情应立即隔离，防止疾病蔓延。

（三）清淤与池塘消毒

河蟹苗种下塘之前做好池塘的清淤、清塘消毒工作。养殖期间，随着河蟹的排泄物增多养殖水体的水质下降、病原微生物基础繁殖量增加。故要定期使用合适剂量的生石灰、漂白粉、二氧化氯等对河蟹养殖池进行全池泼洒，以杀灭病原微生物和纤毛虫等寄生虫，促进河蟹的健康生长和顺利蜕壳。

（四）定期调水和改底

定期加注或置换新水，水位调控以"前浅、中深、后稳"为原则，前期放苗种时，水深为0.5~0.6m开始，随着气温升高，视水草长势每10~15d加注新水10~15cm。6—8月控制在1.2~1.5m（高温季节适当加深水位）。9—10月稳定在1~1.2m。每次换水不超过水体的1/3~1/2，注意水温和进水速度。养殖期间保持透明度在30~50cm。

7—9月透明度为40~50cm。前期和后期蟹池水体透明度超过40cm的池塘，仍需做好肥水工作。水质过清、过瘦对河蟹生长不利。

养殖期间经常使用微孔增氧技术调节池塘溶氧。20亩水面配套3.0kW漩涡式气泵1台，总供气管道（主管）采用PVC塑料管，支供气管为12mm直径的微孔纳米橡胶管。安装方法为：总供气管架设在池塘中间上部，高于池水最高水位10~15cm。用竹桩将纳米管固定在高于池底15~20cm处，呈水平状分布。高温季节，半夜开启增氧机至翌日上午9:00，以保证池水中溶氧在6~8mg/L。此外，每15~20d施用底必净或底改宝等改善底质。

（五）科学投喂，提高河蟹免疫力

一是使用新鲜和洁净的原粮饲料与未变质、发霉的冰鲜饲料，确保投喂高品质的各类饲料。二是合理搭配动物性饵料、植物性饵料及河蟹全价颗粒饲料，保证营养均衡，提高河蟹的免疫力。三是控制投喂量，在河蟹快速生长季节多点均匀投喂饲料并力避过量投喂，根据天气和河蟹体质灵活调整日投喂量以做到无残饵甚或"八成饱"的状态，降低河蟹的营养代谢负担。

（六）采用生物方法改善养殖生态环境

利用"蟹草共生"的原理，控制水草密度，在水草生长太旺时采用"打头"和"打路"等措施，保证水体循环；提高净水效率，营造良好和谐的河蟹养殖环境；科学投饵、施肥（减少残饵、科学施肥），减少对水体的污染，并利用水生生物对水体的净化作用和光合作用，为河蟹养殖提供良好的生态环境；通过肥水培育浮游生物等，有利于水体增加溶氧；施肥也有利于前期水草生长；降低池水透明度也可以控制青苔生长。定期使用光合细菌、芽孢杆菌等微生态制剂，处理水质，改善水体环境。

五、食用成蟹的收获及储运技术

（一）收获

10—12月，根据商品蟹性腺成熟状态及市场行情适时捕捞上市。捕捞上市应严格执行休药期制度。捕捞以地笼张捕为主，以灯光诱捕、干塘捕捉为辅；先采用地笼捕捞，最后干塘捕捉。在捕捞高峰期，每天早晚各起捕一次。

（二）暂养和运输

在水质清新的大塘中设置上有盖网的防逃网箱，捕捉的成蟹应经2h以上的网箱暂养，经吐泥滤脏后才能销售。暂养区用潜水泵抽水循环，加速水的流动，增加溶氧。暂养后的成蟹分规格，分雌、雄，分袋包装，保温、保湿运输至市场销售。

第五章
加工类农业生态产品生产技术

第一节 农业生态产品加工基础设施与管理

农产品加工业是以人工生产的农业物料和野生动植物资源为原料进行工业生产活动的总和。广义的农产品加工业,是指以人工生产的农业物料和野生动植物资源及其加工品为原料所进行的工业生产活动。狭义的农产品加工业,是指以农、林、牧、渔产品及其加工品为原料所进行的工业生产活动。

农产品加工是农业与市场连接的重要纽带,是农产品商品化必不可少的中间环节,同时也是农业现代化的重要标志,只有提高农产品的附加值,提高收入,农户才会有更大的种养动力。

许多农产品,尤其是菜、果、瓜、菌菇、鱼、虾等,大多是以鲜活形式上市的。这些农产品含水量高,营养丰富,极易腐烂变质,而且大量的农产品需要运往市场销售,价格容易受到季节影响。因此,不解决农产品产后的保鲜加工问题,就难以解决农产品、尤其是鲜活农产品的异地销售和非产季供应问题,难以使农产品成为商品进入市场,特别是进入国际市场进行大流通。

农产品加工业是关系国计民生的重要产业，也是经济增长的重要来源，多数发达国家都非常重视农产品加工及其深度利用技术的开发，把农产品产后的贮藏、保鲜、加工放在农业的首位。目前发达国家80%以上的粮食和50%以上的果蔬实现了工业化转化，工业食品的产值占到整个食品产值的80%~90%。

目前，我国农产品加工及深加工与国际上差距很大。虽然我国是农副产品生产和消费大国，主要的农产品如粮食、油料、水果、肉类、蛋类、水产品等总产量已居世界第一位。但是长期以来，我国农副产品供应的结构性过剩问题仍比较突出，农副产品加工转化工业发展滞后，与发达国家相比，我国农副产品加工及深加工存在很大差距。发达国家的农产品加工业产值是农业产值的3倍以上，而我国还不到80%。由于加工转化程度低，综合利用比较落后，因此造成了我国农副产品资源的极大浪费，综合效益较差，这正是影响我国解决"三农"问题的一个重要因素。

农产品加工业是拉动国民经济、增加县域经济实力的重要产业；是农业结构调整、延伸农业产业链条的带动力量；是提高农产品附加值、增加农民收入的有效途径是促进农业产业化、提升农业总体水平的重要依托。农产品加工业作为联结农业和工业的产业，在国民经济中占有重要的位置，对实现农业增效和农民增收有重要作用。

一、生态加工内涵与相关名词

（一）生态加工及其内涵

生态加工是采用生态友善的加工技术和措施，实现产品质量安全加工场地和周边生态环境优良的加工生产方式。

从事生态事业的宗旨就是要保护人类的健康以及保持环境与生态的持续发展，因此生态产品的加工应当比常规产品的加工更注意对环境的保护。生态产品加工要求从原料接收、加工制造、包装运输等过程采取一系列措施，使之符合良好操作条件，确保产品合格；加工厂必须首先符合国家和行业对常规加工厂的要求，这是生态产品加工的前提条件之一；树立尊重自然、顺应自然、保护自然的生态文明理念，走可持续发展道路；采取并优先选用生态、环保、节能的生产设备，将环境保护和资源节约的理念贯穿于原材料采购、运输、储存、销售、使用和报废处理的全过程，建立绿色低碳供应链；选用绿色、环保投入品，并减少化学投入品的使用；制定并实施生产加工废弃物和污染物管控措施，加工过程产生的垃圾、污染物应采取减量化、资源化和无害化措施，防止对环境产生不利影响。

（二）相关名词

1. 与原料相关名词

（1）原料。指用来加工的生态植物、动物、水产产品。

（2）杂质。指在加工过程中除原料之外，混入或附着于原料、成品或包装材料上的物质。

（3）恶性杂质。指有碍食品卫生安全的杂质，如毛发、蚊蝇、其他昆虫等物质。

2. 与生产相关名词

（1）饮用水。指适合于人类食用的安全卫生的自来水。

（2）清洗。指用自来水除去尘土、残屑、污物或其他可能污染食品之不良物质的操作。

（3）消毒。指用符合食品卫生之化学药品或物理方法有效地杀死有害微生物，但不影响食品品质和安全的适当处理方法。

（4）批。指用特定文字、数字或符号等，表示在某一特定时间、特定场所产生特定数量之产品。

（5）清洁作业区。指精加工及内包装车间等清洁度要求高的作业区域。

（6）准清洁作业区。指粗加工及外包装车间等清洁度要求次于清洁作业区的区域。

（7）一般作业区。指清洁度要求低于准清洁区的作业区域（表5.1）。

表 5.1 生态加工厂作业区清洁度区分

作业区	清洁度区分
原料粗加工车间（清洗）	准清洁区
精加工车间、速冻、包装车间	清洁作业区
冷藏库、物料仓库	一般作业区

二、厂区环境、厂房及设施要求

（一）厂区环境

生态加工厂区选址和厂区环境应符合 GB 14881《食品生产通用卫生规范》中规范要求，相应类别产品卫生规范有要求的应满足该类别产品卫生规范要求。生态农产品加工中应对以下环节进行控制。

（1）加工厂不得建在易受生物、化学、物理性污染源污染的地区，工厂四周环境应保持清洁，避免成为污染源。

（2）厂区内主要通道铺设水泥或沥青路面，空地应绿化，以防尘土飞扬而污染食品。车间及其构造物近处不能有害虫滋生地。

（3）厂区内不得有足以产生不良气味、有毒有害气体、烟尘及危害食品卫生的设施。厂区同生活区分开。

（4）厂区应有适当的排水系统，车间、仓库、冷藏库周围不得有积水以免造成渗漏，形成脏物而成为污染食品的区域。

（5）厂区内卫生间应有冲水、非手动开关洗手、卫生间的门窗不能直接对着加工或贮藏产品的区域。卫生间保持清洁卫生，通风良好，具备纱窗等防蝇、防虫设施。墙壁、地面易清洗消。

（6）废弃物应有固定存放地点并及时清除。

（7）厂区应建有生产必需的辅助设施。

（二）厂房

（1）厂房应按加工产品工艺流程需要及卫生要求合理布置，包括车间、冷库、化验室、更衣室、厕所等。

（2）厂房各项建筑物应坚固耐用，易于维修，易于清洁，所用材料不应对产品产生污染。

（3）使用性质不同的场所之间应予以适当隔离。

（三）设施

生产车间加工环境应符合 GB 144811《食品生产通用卫生规范》要求及产品标准要求。中央厨房、集体用餐配送单位应符合 GB 31654 的规定。即食鲜切果蔬类应符合 GB 31652 的规定。

生产设施设备应当与生产的食品品种、数量相适应，能够满足相应食品生产对于消毒、更衣、盥洗、采光、照明、通风、防腐、防尘、防鼠、防虫、洗涤以及处理废水、存放垃圾和废弃物的需要。

1. 车间设施

（1）车间面积应与生产量相适应，并按加工工艺流程合理布局，分原料粗加工车间和精加工车间，并有足够的使用空间，按工序清洁度要求不同给予隔离。

（2）车间地面应用无毒、坚固、防水、耐磨、耐腐蚀、防霉、便于消毒及水清洗的浅色的材料建筑；地面平坦并有一定坡度；排水通风等出口应设有防止有害动物侵入的装置。

（3）车间天花板应用无毒、能防水、浅色的不脱落的涂料或材料构筑；车间墙壁应用无毒、平滑、易清洗、不透水的浅色材料；建筑、墙角、地角、顶角应有适当弧度（半径应在3cm以上）。

（4）车间门窗应以平滑、易清洗、不透水；耐腐蚀的坚固材料制作，并设有防虫蝇装置（如水幕、窗纱等）。

（5）车间设有的各种管道应由防锈材料制成，不同管道应有明显颜色区别。供水龙头应有连续的编号。

2. 照明设施

（1）厂内各处装备适当的采光或照明设施，车间照明设施应使用防爆安全型，以防破裂时污染产品。

（2）照明设施的亮度应满足加工人员的正常需要，所使用之光源应不至于改变食品色泽。

3. 通风设施

（1）加工、包装车间应通风良好，配有换气设施或空气调节设施以防室内温度过高，并保持室内空气新鲜。

（2）排气口应装有防止害虫侵入的装置，进气口应装有空气过滤装置，两者均易于拆下清洗或更换。

（3）室内空气调节，进排气或使用风扇时，空气流向应从高清洁区流向低清洁区，以防止空气对产品包装材料造成污染。

4. 供水设施

（1）厂区应提供各部位所需之充足水量，必要时设有储水设备。使用地下水源应与污染源（化粪池等）保持适当距离，以防污染。

（2）储水池（塔或槽）应以无毒，不污染水质的材料建成，并应有防止污染的措施。

（3）采用非自来水者，应设净化池或消毒设备。

5. 更衣设施

（1）应设有与车间相连接的更衣室，更衣室面积与加工人员数相适应（每人占有面积不少于 0.5m²），男女更衣室应分开，室内应有适当照明，且通风良好。内设挂衣架、柜及工作服消毒设施。

（2）更衣室内设有厕所（每 25~30 人设一便池），淋浴间，其门应能自动关闭。

6. 洗手消毒设施

（1）车间总出入口应设置独立的洗手消毒间，其建筑材料与上述车间地面的要求相同。

（2）洗手间内设置足够数目的洗手设备并备有清洁剂、消毒剂和干手设备。设有靴鞋池，池深足以浸没鞋面，并设有可照半身以上的镜子。

（3）水龙头应采用非手动关闭阀，以防止已清洗或消毒过的手再度污染。洗手池应以不锈钢或瓷质材料建成，其设计和结构应不易藏污纳垢，并易于清洗消毒。

7. 冷库设施

（1）冷库应装设可正确指示库内温度之温度计或温度测定自动记录仪、自动温度报警装置。保证速冻蔬菜在运输和贮藏过程中温度在 -18℃以下。

（2）冷藏库内应备有垫板，垫板高度不低于 10cm，库内灯光应有防爆装置。

（3）冷藏库门设有风幕装置，以备开门时防止外部高温影响。

8. 厕所设施

（1）卫生间应设有冲水、洗手、防虫设施。

（2）卫生间的墙壁、地面、天花板应用不透水、易清洗消毒不易积垢的材料建成。

（3）卫生间的洗手消毒设施应符合本节"洗手消毒设施"中的规定。

（4）卫生间应有良好的排气和照明设施。

（四）加工设备

（1）操作台、工器具和传送车等，应用无毒、无味、坚固、不易生锈、易清洗消毒、耐腐蚀的材料制作，与产品接触的设备表面应平滑，无凹陷或裂缝。

（2）盛放食品的容器、工器具不能接触地面，废弃物应有专门容器存放，必要时加贴标识并应及时处理。

（3）设置在车间一旁的废弃物容器或房间必须经常清洗、消毒防止污染工厂或周围环境。废弃物严禁堆积在工作区域内，盛放废弃物的容器应易清洗、消毒，不允许与盛放产品的容器混淆。

（4）设备和设备之间应排列有序，各工序所用设备和容器不得混用，以免交叉污染。

工厂应配备适当的检验设备，以备对原料、半成品等进行监控检验。

（5）用于测定、控制或记录的测量器和记录仪应齐全、正常运转、定期校正。

三、组织机构与人员要求

(一) 组织结构

（1）工厂应设有生产管理机构和质量、安全卫生控制机构。负责农业生态产品加工的设计、实施、监督和检查等。

（2）生产管理机构负责制定本厂的质量手册并按质量手册组织安排全厂的生产。

（3）质量、卫生控制机构：负责从原料到加工成品的全部质量和卫生控制，保证加工出的产品优质、安全。

对加工人员和检验人员按所制订的培训计划进行，并向培训合格人员发证。

监督检查全厂实行卫生管理情况。

(二) 人员要求

1. 健康要求

（1）直接接触产品加工人员每年至少进行一次健康检查，必要时作临时健康检查，检查合格后方可上岗。

（2）凡患有以下疾病之一者，应调离蔬菜加工岗位。化脓性或渗出性皮肤病，疥、疮等传染性创伤患者；手外伤者；肠道传染病或肠道传染病带菌者；活动性肺结核或传染性肝炎患者；其他有碍食品卫生的疾病。

2. 卫生要求

（1）直接接触产品加工人员应保持高度个人清洁，遵守卫生规则，进车间必须穿着清洁卫生的白色工作服、工作帽及鞋靴、口罩，头发不得外露。

（2）进入车间须经消毒间，用清洁剂洗净手后经消毒盆消毒，再经清水冲洗手，必要时经干手器干燥。鞋靴也经消毒池内消毒。

（3）禁止将个人衣物或其他个人物品（包括珍贵饰物、手表等）带入车间，禁止在车间内饮食及吸烟。不得留长指甲、染指甲油，不得涂抹化妆品。

（4）生产操作中如需戴手套者，可使用乳胶手套，但必须保持清洁卫生，必要时定期消毒，禁止使用线手套。

（5）车间设有专职卫生岗，负责监督检查进入车间人员衣着和消毒情况。

3. 知识要求

（1）生产管理、质量、安全卫生控制部门负责人应由相应文化水平并具备实际经验的人员担任。

（2）感官检验员和安全卫生控制人员应具备工作经验并经过专业培训合格的人员担任。

（3）化验室人员应由经专业培训合格的人员担任。

四、管理要求

（一）质量安全与卫生管理

1. 加工人员卫生管理

（1）有卫生制度、工人健康体检证明，工人卫生知识培训记录。

（2）自备水由专人管理，定期消毒，安全卫生有相应管理制度及有关记录。抽查、询问个别工人卫生习惯，查看个人卫生，工人穿戴是否整洁，工人有无化妆、佩戴饰物、头发衣服外露等。

（3）工人不在加工区吃食物、喝饮料、吸烟。不从事接待等与加工无关的事宜。

（4）乳胶手套无破损、加工期间定期消毒等。

（5）疾病、受伤报告制度有关资料齐全，传染病、损伤人员处理安排情况的有关资料。

2. 接触食品的工器具卫生管理

（1）食品接触面平滑易清洗，无尖锐角、无毒、耐磨、耐腐蚀、无金属质脱落等。

（2）生产前、后清洗消毒食品接触面的器具。

（3）加工用筐、盒、案板、刀、剪均为不锈钢或塑胶。无锈、无味、无毒、耐换、耐腐蚀。

（4）工作服、帽子、水鞋应清洁、卫生、加工手套浅色，无纤维脱落、防水、耐磨。

3. 交叉污染控制

（1）清洁作业区和非清洁区分开；加热区与非加热区分开，加工间无凝结水。

（2）不同作业区人员通道不能混用，人与料各自有通道，不同作业区所用工器具不可交叉使用。

（3）加工间设计及工艺流程设计不得造成交叉污染。

（4）加工后的废水排放自清洁区流向非清洁区，加工间地面无废水存积，生产用水管用毕不得拖放地面，应离地放置，水龙头要编号。

（5）食品容器不直接接触地面，加工区内不存放与加工无关的物品，不同时、同地加工不同类别的产品。

（6）加工用水池、槽等废料出口处都要有明显标记。

4. 加工用水卫生

（1）自备水源的水要经县级以上卫生防疫部门化验，并化验合格。

（2）自备水由专人管理，定期消毒，安全卫生有相应管理制度及有关记录。

（3）加工用水充足，压力适宜。

（4）清洁水与污水管道不能形成交叉污染，标识区分清楚。

（5）车间内污水流向合理、畅通，厂区污水排放畅通。

（6）制冰用水及成品冰符合加工用水卫生标准。

5. 卫生间、更衣室设施配备卫生

（1）车间入口处要有消毒设施、消毒程序，要有醒目标识，消毒水要定期更换、并有记录。

（2）更衣室要有衣柜、衣架，要定期杀菌，卫生间设施齐全方便清洁，水冲厕所，污水排放畅通，无杂物无异味。

（3）水龙头为非手动式，有皂液与消毒水等。

6. 包装、储存、运输方面卫生

（1）包装间与冷库必须连接，温度符合要求，排水通畅，地面、四壁均易于冲洗，照度达到标准规定要求。

（2）包装间要有与之相连的小物料库，内外包装物料要分开存放。

（3）库内存放货物要按批次堆垛，并离墙20cm，地面有垫板，符合有关规定。

（4）成品运输车辆符合卫生要求，运送原料车辆与运送废弃物车辆严格区分开，并符合卫生要求。

7. 防止掺杂物污染及有毒化合物

（1）防止机油、制冷剂、润滑剂、清洁剂污染加工设备及地面。

（2）防止杀虫剂、清洁剂、消毒剂、污水污染食品及食品接触面与工器具。

（3）防止掺杂物污染原料、辅料；对压缩空气或机械引力的气体进行处理。

（4）对有毒清洁剂、消毒剂和杀虫剂进行标识、登记名称、毒性、生产厂名、生产日期等。

（5）使用灭鼠药，不得污染包装材料，内包装材料不得使用任何药物灭菌。

8. 虫鼠害去除

（1）加工间、卫生间、仓库及厂区要有防鼠设施，要有灭蚊、蝇措施并有标示编号，仓库及其他厂区灭鼠害。

（2）加工间、卫生间无苍蝇、蚊子、老鼠等虫鼠害。

（3）各加工间入口处，库房入口处有捕蚊设施并编号。

（4）捕鼠及捕蚊蝇后处理程序要合理。

（二）满足监管要求

1. 落实食品安全两个责任

为贯彻落实习近平总书记"要贯彻食品安全法，完善食品安全体系，加强食品安全监管"要求。增强责任感、紧迫感，全面贯彻新发展理念，推动食品相关产品质量安全关口前移，坚持从源头上防范化解质量安全风险，着力建立完善制度规范，夯实法治基础，保障食品相关产品质量安全，依据《中华人民共和国食品安全法》《中华人民共和国产品质量法》等有关法律、法规和《企业落实食品安全主体责任监督管理规定》，分别就进一步压紧压实食品安全属地管理责任和企业主体责任提出明确要求，持续压紧压实各方责任。2022年10月8日，市场监管总局印发《食品相关产品质量安全监督管理暂行办法》，在中华人民共和国境内生产、销售食品相关产品及其监督管理适用本办法。网络食品交易第三方平台、大型食品仓储企业、食品集中交易市场开办者、食品展销会举办者可以参照本规定执行。

2. 建立健全食品安全管理制度

《企业落实食品安全主体责任监督管理规定》要求食品生产经营企业应当建立健全食品安全管理制度，落实食品安全责任制；依法配备与企业规模、食品类别、风险等级、管理水平、安全状况等相适应的食品安全总监、食品安全员等食品安全管理人员，明确企业主要负责人、食品安全总监、食品安全员等的岗位职责。

3. 落实岗位责任

（1）企业主要负责人是指在本企业生产经营中承担全面领导责任的法定代表人、实际控制人等主要决策人。对本企业食品安全工作全面负责，建立并落实食品安全主体责任的长效机制。

食品生产经营企业主要负责人应当支持和保障食品安全总监、食品安全员依法开展食品安全管理工作，在作出涉及食品安全的重大决策前，应当充分听取食品安全总监和食品安全员的意见和建议。

（2）食品安全总监、食品安全员。食品安全总监、食品安全员应当按照岗位职责协助企业主要负责人做好食品安全管理工作。食品安全总监、食品安全员发现有食品安全事故潜在风险的，应当提出停止相关食品生产经营活动等否决建议，企业应当立即分析研判，采取处置措施，消除风险隐患。

4. 食品安全总监、食品安全员应当具备能力要求

（1）掌握相应的食品安全法律法规、食品安全标准。

（2）具备识别和防控相应食品安全风险的专业知识。

（3）熟悉本企业食品安全相关设施设备、工艺流程、操作规程等生产经营过程控制要求。

（4）参加企业组织的食品安全管理人员培训并通过考核。

（5）其他应当具备的食品安全管理能力。

（6）具备识别生物、化学和物理食品安全危害的能力和风险防控专业知识。

（7）能够结合企业实际情况制定预防危害、消除隐患等措施。常见的生物危害包括但不限于致病菌、真菌、病毒及寄生虫等；化学危害包括但不限于化学品、农兽药残留、重金属和各类毒素等危害；物理危害包括有害异物等。

（8）熟悉本企业设施设备运行状况。

熟悉本企业食品生产经营活动全过程的有关要求。包括但不限于原料采购、验收、管理、使用以及食品加工、包装、贮存、运输、装卸、供应、销售、服务等，涉及场所、环境、设施设备、包装材料、工用具、容器、人员、原辅料、用水以及规章制度、设备布局、工艺流程等要求。

（9）熟悉本企业生产经营关键环节。食品生产企业食品安全管理人员应重点熟悉食品原料采购、原料验收、投料等原料控制，生产工序、设备、贮存、包装等生产关键环节控制，原料检验、半成品检验、成品出厂检验等检验控制以及运输和交付控制。

5. 建立基于食品安全风险防控的动态管理机制

生产企业应结合企业实际，落实自查要求，制定食品安全风险管控清单，建立健全日管控、周排查、月调度工作制度和机制。

应当建立食品安全日管控制度。食品安全员每日根据风险管控清单进行检查，形成《每日食品安全检查记录》，对发现的食品安全风险隐患，应当立即采取防范措施，按照程序及时上报食品安全总监或者企业主要负责人。未发现问题的，也应当予以记录，实行零风险报告。

应当建立食品安全周排查制度。食品安全总监或者食品安全员每周至少组织 1 次风险隐患排查，分析研判食品安全管理情况，研究解决日管控中发现的问题，形成《每周食品安全排查治理报告》。

应当建立食品安全月调度制度。企业主要负责人每月至少听取 1 次食品安全总监管理工作情况汇报，对当月食品安全日常管理、风险隐患排查治理等情况进行工作总结，对下个月重点工作调度安排，形成《每月食品安全调度会议纪要》

6. 质量信息反馈及处理

（1）加工厂应建立"质量信息反馈及处理"制度，对出现的质量问题有专人查找原因，及时加以纠正。

（2）经检验不合格的产品不准发运出厂，如发现有害人体健康的安全卫生项目不合格时，对已出厂的产品，应予以迅速追回；同时由工厂对买方作出妥善处理。

（3）对存在的质量问题及处理结果应做好详细记录。

五、农业生态产品加工质量要求

（一）质量要求

（1）加工企业应制定符合国家标准和行业技术规范的加工工艺标准，并在加工过程中严格执行，从而保证农产品良好的品质。

（2）加工企业应对产品进行检测，保持质量稳定性，达到国家标准要求。

农产品加工企业应在进行加工前进行原料的挑选和审核，并注意质量的稳定性。

（3）加工企业应制定加工标准，按照加工生产流程，加强质量管理，规范加工操作工序。

（4）加工过程应严格按照企业内部加工方案的要求进行，不允许私自改变加工程序。

（5）对产生的废弃物、废水等应进行妥善处置，防止对环境的污染。

（6）在加工过程中，要进行物料的消毒，加强对加工车间、工具、设备和容器的消毒。

（7）在加工生产结束后，应做好加工机器、设备、场地清洁卫生工作。

应根据加工企业的规模，进行环保设备的规定安装，包括废水处理、废气排放等。

（8）在农产品加工过程中，应避免添加不合适的物质，否则将对消费者的身体健康甚至生命产生影响。

（二）食品安全要求

1. 影响食品安全的主要危害物

（1）农业化学控制物质。兽药、饲料添加剂、农药、化肥、动物激素和植物激素等。

（2）食品添加剂。防护剂、抗氧剂、护色剂、漂白剂、乳化剂、甜味剂等。

（3）动植物天然毒素。河豚毒素、贝类毒素、甲状腺激素、肾上腺皮质激素、动物肝脏中的有毒物质；皂苷、氰苷等。

（4）真菌毒素。曲霉、镰孢霉、青霉等。

（5）食源性致病菌和病毒。沙门氏菌、副溶血性弧菌、大肠埃希菌等；轮状病毒、星状病毒、杯状病毒、腺病毒、肝炎病毒等。

（6）包装材料。纸类包装材料及制品、塑料包装材料及制品、金属包装材料及制品等安全及有害物质迁移。

2. 满足国家标准要求

（1）添加剂应符合 GB 2760 中对使用品种、使用范围和使用量的要求。

（2）污染物应符合 GB 2762 和 GB 2763 中的相应规定，组合产品可按照配方确定污染物加成指标。

（3）真菌毒素限量应符合 GB 2761 中的相应规定。

（4）微生物限量要求如下。

——有商业无菌要求的产品应达到无菌标准要求。

——即食产品中预包装食品的致病菌限量应符合 GB 29921 中相应类属食品的要求，即食产品中散装食品的致病菌限量应符合 GB 31607 的要求。

——其他微生物指标应符合相应产品执行标准的规定。

第二节　生态蔬菜制品加工技术

一、速冻生态蔬菜加工

（一）速冻蔬菜的原料

1. 原料的选择

原料的适时采收是保证产品的色、香、味、体都能达到加工标准的首要环节。根据产品的要求，对原料进行大小、质量和品质分级。

采收后的原料如不能立即加工，必须进行0℃低温冷藏，以保证产品的优良品质。

2. 原料预处理

速冻前必须清洗干净，以保证安全卫生。随后，削去原料的粗糙外皮，切去其不可食部分，再将其切成条、块、丝或丁等形状。

蔬菜体内存在有多种酶，即便在冷冻低温条件下，某些酶也具有活性。尤其是冷冻品解冻后，随着环境温度升高，各种酶活性增强，从而使产品变色，甚至破坏蔬菜内的营养成分，故必须在冷冻前对其烫漂以灭酶，同时蔬菜组织内的空气大量排出，一方面可使冻结时冰晶形成的膨胀压减小，增加对膨胀压的抵抗力，另一方面可降低对原料的氧化程度，对蔬菜起护色作用，并降低营养物质的损失。烫漂的方法有沸水烫漂法、蒸汽烫漂法、微波烫漂法、红外线烫漂法等。沸水烫漂是先将水加热至95~98℃，再把蔬菜迅速投入水中。烫漂结束后，及时停止热处理，把它们捞入冷水中冷却。如用蒸汽烫漂，可直接用蒸汽处理。蒸汽烫漂比沸水烫漂时间长，易引起菜的变色。用热水烫漂时，可在水中添加一些物质，以增加菜的硬度和改善色泽，但用热水烫漂，也会使一些可溶性矿物质和维生素等营养素大量溶出而损失。使用蒸汽可用常压（95~99℃），也可用高压蒸汽（100℃以上）。由于蔬菜种类以及块形大小的不同，烫漂的时间由数秒钟到数分钟不等。若蔬菜形态较大，用热水或蒸汽进行热处理后效果往往不够理想，会造成内部深处酶褐变，可以采用微波处理。有一些蔬菜在速冻加工时，如果进行烫漂处理，则质量下降。

蔬菜烫漂后，要尽快将其降到0℃，以提高其产品率。可通过浸入或喷淋冷水，或吹冷风来降温。有些原料（如蚕豆）应采用分段冷却，若急剧降温，则会收缩致外皮破裂。冷却过程应尽量缩短，以防止可溶性成分损失过多。蔬菜速冻前一般要进行沥干以防止冻结成块，同时过多的水分也会增加耗电成本。

(二) 速冻生态蔬菜工艺示例

1. 速冻生态马铃薯

（1）工艺流程。原料→洗涤→去皮→整理→切块→烫漂→冷却→冻结→包装→冻藏。

（2）操作要点。

去皮：去皮方法有蒸汽、碱水溶液、去皮机和手工去皮等。蒸汽法是将马铃薯洗净，高温蒸汽短时处理，滚动机内摩擦后，再用水冲洗。碱水去皮，是将马铃薯置于盛有95℃左右的20%~25%氢氧化钠溶液的锅内1~2min，捞出后同样放入滚动机内摩擦，用水冲洗干净。碱液去皮，效率高，但成本也高。

切块：速冻马铃薯的块形大小宜为马铃薯的1/6~1/4。形状大致为三角形。去皮、切块的马铃薯，在空气中会迅速发生酶促褐变。若不立即烫漂，应将其置于水或0.5%左右的食盐水中。

烫漂和冷却：因为速冻马铃薯是半烹调冷冻食品，烫漂的目的只是破坏马铃薯表层的酶类，防止在冻藏中变色，故烫漂原则是高温短时。时间过长，则会使马铃薯煮熟。烫漂强度通常为95~100℃处理1~2min，随后立即冷却。

冻结、包装和冻藏：冻结装置一般采用传送带式，冻结后立即用聚乙烯塑料袋包装，并在-18℃以下冻藏。

2. 速冻山药

（1）工艺流程。原料选择→烫漂→冷却→冻结→包冰衣→包装→冻藏。

(2) 操作要点。

原料：原料要求 7~8 成熟，收获时不浸水捆扎、不重叠受压，轻拿轻放。大小、长短均匀，基本无短条，无机械伤，无病虫害，无斑疤。

去皮：修去斑疤，清水漂洗干净。

切片：应斜切，厚度 0.4~0.5cm。

护色：将山药浸入 0.5%$NaHSO_3$ 溶液浸泡 10min 左右。

漂洗：反复多次漂洗或流动水冲洗。

摆盘：将山药放入 18cm×13cm 格盘内，均匀摊开。

堆码：在平台车上堆成品字形。

速冻：把平台车送入速冻车间，-30℃以下温度速冻 40min，直到盘中心温度达-18℃。

穿冰衣：将冻结至-18℃的山药从盘中取出，立即翻转方盘将山药倒入 3~5℃冷水中，浸渍 3~5s 迅速捞出，使冻结的山药表面穿上一层薄的冰衣，既可以减少山药色泽变化，保持品质不降低，还可以防止运输过程中的挤压。

装袋、密封：将穿上冰衣的山药迅速装入聚乙烯塑料袋中封口，并用纸箱作外包装。

冻藏：把包装好的山药送入-18℃的冷库中冻藏。

检验：必须检验有无大肠杆菌和致病菌，并检验质量等。

3. 速冻豆类

(1) 青豆（豌豆）。

工艺流程：原料→预处理→烫漂→冷却→冻结→包装→冻藏。

操作要点如下。

原料：青豆品种较多，只有白花品种适宜作为速冻原料，而红花品种速冻后呈褐色,故不适用。青豆最好的加工时间,是含糖量最高而淀粉最少的时期,其质地柔软,甜味适口,但这样的时间很短。如推迟1d采收,原料质量就会发生变化,故采收时间一定要掌握适宜,过早或过迟均无法获得优质的速冻产品。同一品种应选择豆粒鲜嫩饱满,呈鲜绿色,豆粒基本均匀。

预处理:通常采用剥豆机,一方面可大大提高剥豆效率,另一方面能防止人工剥豆引起的质量降低。剥出的豆,按大、中、小分成三级。并将其浸入2%食盐水中,浸泡30min左右。一般前期青豆色泽鲜艳,可不用盐水浸渍。浸渍后的青豆用流动水冲洗干净。

烫漂:将剥好的豆放在100℃左右的食盐水(18L水含食盐0.4kg)中进行烫漂1.5~3.5min。若青豆的成熟度高,则烫漂时间较长。烫漂时,应经常换水。

冷却:烫漂后的豆粒立即投入冷水或冰水中,慢慢搅拌,加速冷却速度。冷却速度快,豆粒色泽鲜艳,反之则色泽灰暗。冷却时因豆温快速下降,豆皮收缩而产生皱褶,但很快就会消失,需冷却至皱褶完全消失。捞出后沥干,剔除红豆、破豆、虫食豆及杂物等。

冻结:按不同规格、大小分别放入速冻机中冻结,冻结温度为-30℃以下,冻结至中心温度为-18℃以下。选用流态床式冻结装置进行冻结的产品质量较高。

(2)菜豆。菜豆也称豆角、扁豆等,其品种较多,一般应选择淀粉高、肉厚、味道鲜美、色泽翠绿的品种。菜豆的适宜成熟度是籽粒饱满,色泽嫩绿而不变黄。采摘后若不能立即加工,应置于低温条件下。根据需要切成丝、段、条等形状,形状、长短要规格化。

菜豆因品种、淀粉含量、粗细、长短等不同,烫漂的时间有所不同,但水温要求都应在95~100℃,菜豆下锅后水温不应低于90℃。烫漂时间过长，菜豆软而无脆性、味淡、色泽暗绿、品质较差，时间过短，品质硬而有豆腥味，贮藏后有异味，并易变色，故最佳的烫漂时间是很重要的，一般控制在2~3min。烫漂后应立即进行冷却以保持菜豆的色泽和品质。根据工厂条件，可采用风冷和水冷。冷却后快速冻结，至菜豆中心温度-18℃即可，然后包装，于-18℃以下的冷库中冻藏。

4. 速冻菠菜

（1）工艺流程。原料选择→烫漂→冷却→冻结→包冰衣→包装→冻藏。

（2）操作要点。

原料：菠菜主要有圆叶和尖叶两类，圆叶适于速冻。宜选用鲜嫩、无黄叶、无病虫害的圆叶品种。菠菜采收后要尽快加工，一般不超过24h，以防止水分快速蒸发，引起叶片萎蔫，严重者出现腐烂变质。

烫漂：菠菜用清水洗净，捆成小把，放入竹筐中。烫漂时先将根部烫1min，叶子再烫1min。防止过长的叶片烫漂，过短的根部烫漂。叶片烫漂过度，失去鲜艳的翠绿色；根部烫漂不足，贮藏中会出现褐变。

冷却：烫漂的菠菜立即投入冷水中冷却，至中心温度10℃以下。冷却速度慢者褐暗，快者翠绿。将冷透的菠菜沥去水分，摊放整齐，成长方形的块。

冻结：将长方形的菠菜块置于-35℃左右的速冻机中冻结，至中心温度为-18℃以下。

包冰衣：菠菜在冻藏中水分易升华，影响产品质量，故应在冻结后包冰衣。将冻好的菠菜块从盘中取出（把菠菜盘放于温水中，即可取出），置3~5℃冷水中浸渍3~5s，迅速捞出。既能防止干耗，又能保持色泽，减少菜叶损坏。

包装与冻藏：包好冰衣的菠菜块，装入聚乙烯塑料袋中密封，于-13℃以下冻藏。

二、生态蔬菜的干制

（一）原料处理

1. 分级

原料需按成熟度、大小、品质及新鲜度等进行选别分级，并剔除不适宜干制的部分。在便于加工操作的同时，确保成品质量一致性。

2. 清洗

根据原料的性质和污染程度等情况，采用手工或机械洗涤，以除去原料表面附着的污物，确保产品的清洁卫生。加工前，蔬菜可通过浸泡的方式降低农药残留，浸泡液可用 0.5%~1.5% 盐酸溶液，0.1% 高锰酸钾溶液或 600mg/L 漂白粉，选择其中一种常温浸泡 5~6min，再进行洗涤。

3. 去皮

有些蔬菜外皮存在粗糙坚硬、单宁含量高或不良风味，故干制前需去皮，以提高制品的品质，且利于蒸发水分，加速干燥过程。可根据原料的特性和形态，采用手工、机械、热力和化学等方法去皮。

4. 切分

对于形大的蔬菜应根据其种类和加工要求，采用手工或机械切分成一定形状的规格。萝卜、胡萝卜、马铃薯可切成圆片、细条或方块，瓜类、白菜、甘蓝宜切成细条状。

5. 干燥的前处理

一些蔬菜物料进行干燥前，常需要适当的前处理，以避免其在干燥过程出现不良变化从而改善干燥效果,进而获得品质良好的干制蔬菜。

(1) 防止酶促褐变。所有的蔬菜几乎都含有氧化酶和过氧化酶,在去皮、切分等操作过程中极易引起酶促褐变,从而影响干制蔬菜的色、香、味及营养成分。随着干燥时温度的升高,酶活性越强,故干燥前需采取措施破坏酶活性。

(2) 防止非酶促褐变。亚硫酸盐除防止酶促褐变外,还可防止因羰氨反应而产生的非酶褐变。添加 L-抗坏血酸或 D-异抗坏血酸 (0.05%~0.1%) 及食盐 (0.1%~1.0%) 也有此效果。浸以氯化铝溶液 (0.01%~0.05%),也可防止非酶促褐变。

(二) 干制工艺

蔬菜的脱水干制,可以分为自然干制和人工干制两类。自然干制主要是利用自然条件,如太阳辐射可热风等,使蔬菜晒干或风干。例如,制作香菇、薯干等则采用此种干制方法。工业化生产主要是人工干燥,这种方法容易控制干燥条件,以获得品质良好的干燥制品。以萝卜的干制为例,先用白色的冬萝卜,洗净,刨成长 10~15cm,粗 3~4mm 的细丝,摊在席子上(下面架空通风),晒一两天,至七成干时,装坛密封 2~3d,取出后再晒 1d,至干制品含水量达 8%以下时即可。

三、生态蔬菜的腌制

(一) 蔬菜腌制原理

1. 食盐的作用

(1) 脱水作用。蔬菜腌制前是由活的细胞组织构成,细胞膜具有生物活性,其是一种半透膜,通常细胞膜内外渗透压差越大,通过细胞膜的渗透作用就越强。腌制过程中当食盐与蔬菜接触时，食盐会从蔬菜中吸收水分溶解并形成食盐溶液，其渗透压远大于蔬菜组织内的渗透压，因而在蔬菜内外形成较大的渗透压差。在渗透压差的作用下，溶液中的食盐逐步向蔬菜内部渗透，而蔬菜组织内水分则向食盐溶液中渗透，直至蔬菜内外的渗透压达到平衡。在腌制过程中，由于高浓度食盐溶液的高渗透压力及缺氧条件，使蔬菜的细胞组织脱水并逐渐死亡，并进一步增加细胞膜的渗透性，进而加快蔬菜的脱水过程。蔬菜脱水使其保藏性提高、脆度增加。

（2）调味与防腐作用。在蔬菜腌制过程中，食盐使蔬菜组织脱水死亡并赋予腌制品以特有的风味。此外，还可使腌制品保藏较长时间而不败坏，这主要归因于蔬菜腌制过程中，高浓度食盐溶液（一般在10%以上）所带来的影响，如其形成的高渗透压同样可使微生物细胞失水，出现质壁分离，有害微生物的代谢活动受到抑制；高浓度的盐离子会对微生物产生生理毒害作用；盐离子的水合作用导致水分活度降低，使微生物可利用的有效水分减少；影响微生物分泌的酶活性，进而影响其生长代谢；食盐溶液中氧浓度会大大降低，进而形成缺氧环境而影响好氧微生物的生长。

2. 食盐的用量

（1）保藏期对腌制用盐量的影响。长保藏期的腌制品需要较大的用盐量，而短保藏期的腌制品则可减少食盐的用量。

（2）香料、发酵产物对腌制用盐量的影响。蔬菜腌制有时会加入一些香料和调味料，它们常含有一些抗菌物质，而发酵性腌菜会伴随乳酸、乙醇、醋酸等发酵产物的产生，其对有害微生物有抑制作用。因此，相比于非发酵腌制品，发酵性腌制品的食盐用量可大大降低。

（3）温度对腌制用盐量的影响。对大多数微生物而言，在 20～

37℃的温度范围内，随着温度的升高，微生物的繁殖速度加快。因此，夏季温度较高条件下腌制时，应加大食盐用量，反之季气温较低，食盐用量则应低一些。

(4) 微生物种类对腌制用盐量的影响。蔬菜腌制过程中，相比于细菌，酵母菌和霉菌因具有较强的耐渗透压和耐酸能力，而成为蔬菜腌制过程中常见的腐败微生物，但二者对氧的要求较高，腌制过程中可通过隔氧来防止酵母菌和霉菌的生长繁殖，厌氧条件腌制可适当降低用盐量。

(5) 原料对腌制用盐量的影响。蔬菜的质地、可溶性固形物含量、老嫩程度等因素对腌制用盐量都有一定的影响。一般而言，固形物含量高的原料腌制时，用盐量相对低一些；质地较致密、组织嫩度低的原料腌制时，用盐量相对高一些。

(6) 食盐质量与腌制品品质。食盐质量对腌制品的品质有重要影响，其中食盐的杂质含量、含水量及食盐自身受污染程度对腌制品质量的影响最为突出。现代腌制主张使用高质量食盐。低质量粗盐中存在大量 Ca^{2+}、Mg^{2+}、Fe^{3+} 等杂质，对产品质量会产生不良影响。同时，食盐中水分含量多少会影响食盐用量。此外，应注意食盐受微生物的污染污染程度，其也会成为腌制过程中微生物的污染源。

3. 腌制过程中微生物的发酵作用

发酵性腌制品具有显著的发酵过程，而非发酵腌制品也并非不存在任何发酵作用，只是其发酵作用弱一些而已。

(1) 乳酸发酵。乳酸发酵是蔬菜腌制过程中最重要的生化过程，其是在乳酸菌的作用下分解可发酵糖（如六碳糖、五碳糖、双糖）生成乳酸、酒精、CO_2 等产物的过程。乳酸菌对酸和盐的耐受能力较强，盐浓度达到10%左右时还能活动。

（2）酒精发酵。蔬菜腌制过程中，伴随着微弱的酒精发酵，主要是由蔬菜表面附着的酵母菌等引起的，其在厌氧条件下分解蔬菜中的糖分而生成酒精和 CO_2。腌菜中有部分酒精来自蔬菜原料在腌制初期被盐水浸没时所引起的无氧呼吸。此外，其他微生物的活动也可以产生酒精。少量酒精的产生，对腌菜没有不良影响。

（3）醋酸发酵。蔬菜腌制过程中，还存在微量的醋酸发酵。极少量的醋酸不但无损于腌制品的品质，反而对产品的保藏是有利的。但含量不宜过多，否则会使产品具有醋酸的刺激味。腌制品中醋酸主要来源于好氧的醋酸菌氧化乙醇而生成，这一作用称为醋酸发酵。此外，在某些异型乳酸发酵过程中也能产生醋酸。生产中应注意保持腌制环境的厌氧条件，以防止过量醋酸的产生。

4. 香料与调味料的防腐作用

香料和调味料除了具有调味作用外，还有杀菌防腐的作用，但并非所有的香料与调味品中的精油都有同样的防腐作用。有的腌制品不经杀菌就可长期保存，香料与调味料的防腐作用是重要的。但最重要的还是食盐的高渗作用及发酵生成的有机酸对微生物的抑制活性。

5. 腌菜的色、香、味与脆性

色、香、味和质地是衡量酱腌菜品质的四项主要感官指标。为了获得色、香、味、质地均优的酱腌制品，除加工时要选料精细、处理得当以充分利用有益的变化形成良好的品质外，还要防止加工过程中的一些不良变化的发生。

（二）泡菜

1. 泡菜成品的要求

优质的泡菜成品应清洁卫生，保持新鲜固有的色泽，香气浓郁，组织细嫩，质地清脆，含盐 2%～4%，含酸（乳酸汁）0.4%～0.8%，具有一定的甜味和鲜味，还能保持原料原有的特殊风味。

2. 原料的选择

凡是组织紧密、质地脆嫩、肉质肥厚而不易软化的新鲜蔬菜，均可作为泡菜的原料。

3. 泡菜容器

泡菜坛子是用陶土烧制而成，口小肚大，在距坛口边沿 6.7～17cm 处设有一圈水槽，槽缘稍低于坛口。坛口上放一个菜碟以防生水侵入。泡菜坛子的大小规格不一，形式也比较多。最小的只可容纳几斤，最大的则可容纳数百斤之多。

4. 泡菜制作工艺

（1）原料处理。新鲜原料经过充分洗涤，沥干水分，立即入坛泡制。如果能将原料适当晾干后再入坛中泡制，其品质更好。

（2）泡菜盐水的配制。井水和泉水是含矿物质较多的硬水，可以配制泡菜盐水，自来水中硬度较大者也可使用。经处理后的软水则不宜用来配制盐水。有时为了增强泡菜的脆性，可以在配制盐水时，加 0.05% 的钙盐，如氧化钙、碳酸钙、硫酸钙和磷酸钙或 0.2%～0.3% 的生石灰配成溶液浸泡原料，经短时间取出清洗后再用盐水泡制，可有效地增加其脆性。

泡菜盐水的含盐量以 6%～8% 为宜。为了增进泡菜的品质，可以在盐水中加入 2.5% 的白酒，2.5% 的黄酒，1% 的甜糟，2% 的红糖及 3% 的干红辣椒，也可加入各种香料即每 50kg 盐水中加入草果 25g，八角茴香 50g，胡椒 40g 及少量陈皮。为了加快发酵进程，缩短成熟时间，可在新配制的盐水中人工接种乳酸菌或加入品质良好的陈泡菜水或酒曲，对于含糖量较少的原料也可加入少量葡萄糖加快乳酸发酵。

(3) 入坛泡制。将泡菜坛子洗涤干净，装入蔬菜，装至半坛子时可将香料包放入，再装原料至距坛口 6.6cm 时为止，随即注入所配制泡菜的盐水，必须使盐水能将蔬菜淹没，将坛置于阴凉处任其自然发酵。

(4) 泡菜的成熟期限。泡菜的成熟期因蔬菜原料种类及气温而异。一般新配的盐水在夏天泡制时需 2~3d 即可成熟，冬天则需 7~10d 才可成熟。叶菜类（如甘蓝）需较短时间，根菜及茎菜类则需较长时间。

（三）咸菜

1. 咸雪里蕻

(1) 工艺流程。鲜菜→晾晒→洗涤→晾干→整理→加盐→入缸加压→倒缸→成品。

(2) 操作要点。原料采收后可适当晾晒，也可直接用于腌制。晾晒或未晾晒的原料，经清洗、晾干水分，并去掉老叶、黄叶及菜根后，未经晾晒的菜可直接加盐腌制，一层菜一层盐，用盐量为下少上多，层层压实。晾晒过的菜因用盐量较少，需在腌制前加盐搓揉，以使菜和盐接触均匀。在腌菜缸装满后，在顶部撒一层封面盐，并加上重物压紧。腌制 2~3d 后进行倒缸，以使盐菜接触均匀，并散发辛辣气味，经 3 次倒缸后用重物压紧缸，经 1 个月腌制后，即为成品。

2. 北京冬菜和春菜

(1) 工艺流程。大白菜→去老叶→切分→晾晒→搓揉→入坛腌制→添加蒜泥→后熟。

(2) 操作要点。大白菜收获后，剔除外部老叶，将菜叶先切成宽约 1cm 的细条，再横切成方形或菱形，铺在席上晒干。每 100kg 鲜菜在整理后晾干，脱水至 12~20kg，或称为"菜坯"，大致其含水量已减少至 60%~70%。按每 100kg"菜坯"加入食盐 12kg 并充分搓揉，装入缸内，随装随压务求压紧，面上再撒上薄薄一层食盐，然后将缸口封闭。2~3d，将菜取出，按每 100kg 加盐腌制后的菜坯再添加蒜泥 10~20kg，如前法装入瓷坛内，并密封坛口。然后置于室内自然后熟，次年春天即可成熟。如果加温可促使其提前成熟。凡加入了大蒜泥的冬菜称为荤冬菜，未加蒜泥者则称为素冬菜。在翌年春季即 3 月上旬至 4 月下旬，也可进行大白菜的腌制，成品称为春菜，其腌制法与冬菜相同。装坛后必须密封坛口置于阴凉处，使其后熟。

（四）酱菜

优良的酱菜具有所用酱料的色、香、味及蔬菜原有的形态和质地嫩脆特点。

1. 盐腌

原料经充分洗净后去须根、黑斑、烂点，然后切成条状、片状或颗粒状等。盐腌的方法分干腌和湿腌，干腌法是用占原料鲜重 14%~16% 的干盐直接与原料拌和，或原料分层撒于腌缸内或大池内。湿腌法则用 25% 的食盐溶液浸泡原料。盐腌处理一般为 17~20d 不等。一般来说，无论进行酱渍或糖醋渍，原料必须先用盐腌。

2. 酱渍

酱渍是将盐腌的菜坯脱盐后浸渍于甜酱或豆酱（咸酱）或酱油中，使酱料中的色、香、味物质扩散到菜坯内，完成菜坯、酱料各物质的渗透平衡。酱菜的质量决定于酱料好坏。优质的酱料酱香突出，鲜味浓，无异味，色泽红褐，黏稠适度。酱渍主要有三种方法：①直接将处理好的菜坯浸没在豆酱或甜面酱的酱缸内。②在缸内先放一层菜坯再加一层酱，层层相间地进行酱浸。③将原料如草食蚕、嫩姜等先装入布袋内，然后用酱覆盖。酱的用量一般与菜坯质量相等，酱的比例最少也不低于3∶7，即酱为30kg，菜坯为70kg。

第三节　生态米面制品加工技术

一、生态米制品加工

（一）普通生态米制品加工

1. 稻谷清理

稻谷清理工艺一般包括初清、称重、风选、筛选、除稗、去石、磁选、仓储和升运等环节，以及风网等配套工艺。

稻谷清理主流工艺的组成顺序，按照清理杂质的种类，一般是：①初清除大杂质（包括特大型杂质）。②风选、筛选相结合除大杂质、小杂质和轻杂质。③高速振动方式筛选除稗。④相对密度分选去石。⑤磁选除磁性杂质。

2. 砻谷

稻谷加工中脱去稻壳的工艺过程称为砻谷。砻谷是根据稻壳结构的特点（稻壳含水量低、脆性大），借助于一定的机械力作用，对稻壳进行挤压和搓撕使稻壳分离。脱去稻谷颖壳的机械称为砻谷机。现代化碾米工厂中，清理后获得的净稻均需进入砻谷机去除颖壳制得纯净糙米后，然后进行碾米。稻谷砻谷后的混合物称为砻下物。砻下物含有未脱壳的稻谷、糙米、谷壳及毛糠碎糙米和未成熟粒等。需对稻谷、糙米、稻壳等进行分离，糙米送往碾米机械碾白。未脱壳的稻谷返回到砻谷机再次脱壳，而稻壳则作为副产品加以利用。

稻谷砻谷时，在确保一定脱壳率的前提下，应尽量保持糙米籽粒的完整，减少籽粒损伤，以提高出米率和谷糙分离的工艺效果。具体要求是：稻壳中含饱满粮粒不超过 30 粒/100kg；谷糙混合物中含稻壳量不超过 0.8%；糙米含稻谷量不超过 40 粒/kg；回砻谷含糙量不超过 10%。

3. 碾米

碾米的目的主要是碾除糙米的皮层。糙米皮层虽含有较多的营养素如脂肪、蛋白质等，但粗纤维含量高，吸水性、膨胀性差，食用品质低劣且不耐贮藏。直接食用糙米将妨碍人体的正常消化。

碾米的基本方法可分为物理碾米法和化学碾米法两种。世界各国普遍使用的碾米方法是物理碾米法。物理碾米法又称作机械碾米或常规碾米，即运用机械设备产生的作用力对糙米进行碾白的方法。

（1）物理碾米法。按碾白作用力的特性，碾白方式分为摩擦擦离碾白和碾削碾白两种。

摩擦擦离碾白是依靠强烈的摩擦擦离作用使糙米碾白的。以摩擦擦离作用为主进行碾白的碾米机主要有铁辊碾米机。摩擦擦离碾白具有成品精度均匀、表面细腻光洁、色泽较好、碾下的米糠含淀粉少等特点。但在碾米过程中容易产生碎米，碾制强度较低的糙米时更是如此。故摩擦擦离碾白适合加工结构强度大、皮层柔软的糙米。

碾削碾白是借助高速旋转的且表面带有锋利砂刃的金刚砂碾辊，对糙米皮层不断地施加碾削力作用，使皮层被削去，糙米得到碾白。以碾削作用为主进行碾白的碾米机是立式砂辊碾米机和横式砂辊碾米机。碾削碾白碾制出的成品表面光洁度较差，米色暗淡无光，碾出的米糠片较小，米糠中含有较多的淀粉。在碾米过程中产生的碎米较少，故碾削碾白适宜于碾制籽粒结构强度小、表面皮层较硬的糙米。

实践证明，同时利用摩擦擦离作用和碾削作用的混合碾白，可以减少碎米率，提高出米率，改善米色，同时还有利于提高设备的生产能力，降低电耗。所以，目前我国使用的大部分碾米机基本上都属于混合碾白的类型。

(2) 化学碾米法。化学碾米法是先用溶剂对糙米皮层进行处理，然后对糙米进行轻碾。用此法可同时获得白米和米糠。化学碾米过程中碎米少、出米率高、米质好，但投资大、成本高，溶剂来源、损耗、残留等问题不易解决，因而一直未推广。化学碾米法包括纤维酶分解皮层法、碱去皮层法、溶剂浸提碾米法等，但真正付诸工业化生产的只有溶剂浸提碾米法。

溶剂浸提碾米法的清理和砻谷等工序与常规碾米法相同，不同之处在于溶剂浸提碾米首先用米糠油将糙米皮层软化，然后在米糠油和(正)己烷混合液中进行湿法机械碾制。去除皮层后的白米还需经脱溶工序，利用过热己烷蒸汽和惰性气体脱去己烷溶剂，然后分级、包装，最终得到成品白米。从碾米装置排出的米糠、米糠油和己烷浆经沉淀容器沉淀，完成米糠油抽出和固体米糠离析的工作。沉淀后的米糠浆被泵入离心机脱去混合液，再用新鲜己烷浸渍抽提剩余米糠油，经再一次离心分离后，米糠被送入脱溶装置脱去溶剂，得到脱脂米糠。米糠油与己烷的混合液经蒸馏工序将米糠油与己烷分离得到米糠油。由该方法加工的产品实际上是成品白米、粗糠油和脱蜡米糠三种。

溶剂浸提碾米优点在于产生的碎米少，整米率增加4%～5%；成品米的脂肪含量低，贮藏稳定性较好；成品米色较白；直接生产出脱脂米糠，其脂肪含量仅为1.5%，且色白、稳定、清洁，可供食用。但溶剂浸提碾米投资费用和生产成本较高，对操作者的技术要求较高，因此一直得不到很好推广。

4. 成品及副产品的整理

(1) 成品整理。糙米被碾成白米后,表面往往黏附一些糠粉,且米温较高,并混有一定数量的碎米。为了提高成品大米的质量,利于安全贮藏,在成品大米包装前应进行擦米除糠、晾米降温、分级除碎及成品整理等步骤。

擦米的主要作用是擦除黏附在白米表面的糠粉,使白米表面光洁,提高成品的外观色泽,有利于大米贮藏及米糠回收利用。出机白米经擦米后,产生的碎米率不应超过1%,含糠量不应超过0.1%。

晾米的目的是降低米温,以利于贮藏。晾米一般都在擦米之后进行,并把晾米与吸除糠粉有机地结合起来。晾米要求米温降低3~7℃,爆腰率不超过3%。目前,使用较多的晾米专用设备是流化床,它不但可以降低米温,还兼有去湿、吸除糠粉等作用。

白米分级的目的是根据成品质量要求分离出超过标准的碎米。白米分级通常采用筛选设备进行。我国大米质量国家标准中有关碎米的规定是:留存在直径2mm的圆孔筛上,不足正常整米2/3的米粒为大碎米;通过直径2mm圆孔筛,留存在直径1mm圆孔筛上的碎粒为小碎米。各种等级的早籼米、籼糯米的含碎总量不超过35%,其中小碎米为2.5%;各种等级的晚籼米、早粳米的含碎总量不能超过30%,其中小碎米为2.5%;各种等级的晚粳米、粳糯米的含碎总量不能超过15%,其中小碎米为1.5%。世界各国把大米含碎率作为区分大米等级的重要指标。美国一等米含碎率为4%,六等米含碎率为50%;日本成品大米的含碎率分为5%、10%和15%三个等级。

抛光实质是湿法擦米,是将符合一定精度的白米,经着水、润湿以后,送入设备(白米抛光机)内,在一定温度下,米粒表面的淀粉胶质化，使得米粒晶莹光洁、不黏附糠粉、不脱落米粉，从而改善其贮藏性能，提高其商品价值。但也可不加水进行抛光。

由于水稻贮藏条件不利、霉菌侵染和成熟度差等原因，大米中会出现各种异色粒，清除异色粒主要采用色选机。

（2）副产品整理。稻谷加工的副产品包括稻壳、米糠、碎糙米等，为了利于副产品的安全贮藏和综合利用，通常将副产品由混杂的状态整理成相对纯净的状态。

稻壳整理通常采用风选法，从砻谷机吸出的稻壳由离心分离器收集后，进入稻壳分离器进行二次分离。另一种方法是将风选和筛选结合起来，即在风选的流程中增加一道筛选，这样有利于将混杂在稻壳中的毛糠提取出来。

未成熟粒是生长不完全的米粒，其组成与完熟粒是相同的，但是强度小，在碾米时容易破碎而混入米糠中。混在谷糙中的未成熟粒可在分离碎糙米的过程中分离出来，混在稻壳中的未成熟粒和碎糙米可在稻壳整理时被整理出来，带有稻壳分离装置的砻谷机在谷糙出口前还可以将未成熟粒和碎糙米分离出来，未成熟粒和碎糙米的整理也可以在谷糙混合物分离前进行。

（二）其他生态米制品加工

1. 蒸谷米加工

（1）蒸谷米概念和特点。蒸谷米就是把清理干净后的谷粒先浸泡再蒸，待干燥后碾米，此法出米率高，碎米少，容易保存，耐贮藏，出饭率高，饭松软可口，可溶性营养物质增加，易于消化和吸收。现在蒸谷米的加工则出于其营养的原因。胚乳内维生素与矿物质的含量增加，营养价值提高，维生素 B_1、维生素 B_2 的含量要比普通白米高 4

倍。此外，蒸谷米做成的米饭出饭率高，蒸谷后粳米较普通白米可提高出饭率 4% 左右，籼米可提高 4.5%，蒸煮时留在水中的固形物少。蒸谷米利于保存，因其在水热处理中杀死了微生物和害虫，同时也使米粒丧失了发芽能力。但是，蒸谷米米色较深，带有一种特殊的风味，米饭黏性差，不宜煮稀饭。

（2）蒸谷米加工工艺要点。

清理：稻谷中杂质的种类很多，可采用洗谷机进行湿法清理。为获得质量良好的蒸谷米，最好在稻谷清理之后按粒度与密度不同进行分级，分级可首先按厚度的不同，采用长方孔筛或钢丝网滚筒进行，然后再按长度和密度的不同，采用碟片精选机和密度分级机等进行分级。

浸泡：稻谷在蒸煮前不经浸泡的加工方法称为干蒸谷法；蒸煮前用冷水或热水，在常压或减压下进行浸泡的加工方法称为浴蒸谷法。现代蒸谷米生产工艺通常采用后者。浸泡是稻谷吸水并使自身体积膨胀的过程。浸泡的目的是使稻谷充分吸收水分，为淀粉糊化创造必要条件。浸泡处理必须迅速以避免发酵而破坏产品的色泽、口味、气味。常压浸泡法基本上可分为常温浸泡和高温浸泡两种方法。减压浸泡时，稻谷置入真空浸渍器中，抽成真空，再放入 60~70℃ 的温水中浸泡 1~2h，浸泡时间依真空、水温、谷粒大小而定。

汽蒸：汽蒸即利用蒸汽进行加热。汽蒸的目的在于改变米胚乳的物理性质，保持渗入的养分，提高出米率，改进贮藏特性和食用品质。蒸煮米的质量取决于吸水量、接触蒸汽的时间和蒸汽的温度或压力参数。汽蒸的方法有常压汽蒸与高压汽蒸两种。汽蒸使用的设备有蒸汽螺旋输送机、常压汽蒸筒、立式汽蒸器和卧式汽蒸器等。

干燥与冷却：干燥与冷却米时能得到最大限度的整米率。国内蒸谷米厂的干燥方法主要采用急剧干燥的工艺和流态化的设备，并以烟道气为干燥介质直接干燥。介质温度很高（400~650℃），故干燥时间较短，干燥产量较高，缺点则是稻谷受烟道气的污染，失水不均匀，米色容易加深。国外主要采用的蒸汽间接加热干燥和加热空气干燥，第一阶段是在水分降到16%~18%时采用快速干燥脱水，第二阶段是当水分降到16%~18%时采用缓慢干燥效率或冷却。在进行第二阶段干燥之前，一般经过一段缓苏时间，既可提高干燥效率，也能降低碎米率。冷却过程实际上也是一种热交换过程，使用的工作介质通常为温空气，利用空气与谷粒之间进行热交换，达到降温、冷却的目的。干燥与冷却的设备很多，国内常用的有沸腾床干燥机、喷动床干燥机、流化槽干燥机、滚筒干燥机和塔式干燥机及冷却塔等。

垄谷：稻谷经水热处理以后，颖壳开裂、变脆，容易脱壳。使用胶辊砻谷机脱壳时，可适当降低辊间压力、提高产量，以降低胶耗、电耗。脱壳后，经稻壳分离、谷糙分离，得到的蒸谷糙米入碾米机碾白。

碾米：蒸谷糙米的碾白是比较困难的，在产品精度相同的情况下，蒸谷糙米所需的碾白时间是生谷的3~4倍。此外，应加强碾白后的擦米工序，以清除米粒表面的糠粉，以免影响蒸谷米的质量。

2. 强化米加工

（1）强化米概念和特点。营养强化米是在普通大米中添加某些缺少的营养素或特需的营养素制成的成品米。目前，用于大米营养强化的强化剂有维生素、氨基酸及多种营养素。维生素强化剂主要是维生素B_1，氨基酸强化剂主要是赖氨酸和苏氨酸，多种营养素主要是指维生素B_1、维生素B_2、维素B_6、维生素B_{12}，以及甲硫氨酸、苏氨酸、色氨酸、赖氨酸等。食用营养强化米时，有的按1：200（或1：

100）的比例与普通大米混合煮食，有的与普通大米一样直接煮食。

（2）强化米生产方法。生产营养强化米的方法有很多，归纳起来可分为外加法、内持法与造粒法。内持法是借助保存大米自身某一部分的营养素达到营养强化目的的，蒸谷米就是以内持法生产的一种营养强化米。外加法是将各种营养强化剂配制在溶液中后，由米粒吸进去或涂覆在米粒表面，具体有浸吸法、涂膜法、强烈型强化法等。造粒法则将几种粉剂营养素与米面粉混合均匀，在双螺杆挤压蒸煮机中经低温造粒成米粒状，按一定比例与普通大米混合煮食。

3. 免淘洗米的生产工艺

（1）免淘洗米概念和特点。免淘洗米是一种炊煮前不需淘洗的大米。而这种大米不仅可以避免在淘洗过程中干物质和营养成分的大量流失，而且可以简化做饭的工序、节省做饭的时间，同时还可以节约淘米水，避免污染环境。国内很多地区已生产并销售免淘洗米。

免淘洗米必须无杂质、无霉，才能在炊煮前免于淘洗。免淘洗米精度相当于特等米标准，此外米粒表面要有明显光泽。含杂除允许每千克免淘洗米含砂石不超过 1 粒以外，还要求断糠、断稗、断谷，不完善粒含量小于 2%，每千克成品中的黄粒米少于 5 粒，成品含碎率小于 5%，并不含小碎米。

（2）免淘洗米生产工艺。生产免淘洗米的原料既可以是稻谷也可以是普通大米，无论是哪种原料，加工时都离不开白米抛光这一基本工序。目前，国内生产免淘洗米大都是在原有加工普通大米的基础上，增加部分设备进行的。

除杂：根据我国大米质量标准，标一米中允许含有少数的稻谷、种子及矿物质，为了保证免淘洗米断谷、断稗的要求，必须首先清除标一米中所含的杂质，常用的设备是平面回转筛、密度去石机等。

碾白：碾白的目的是进一步去除米粒表面的皮层，使之精度达到特等米的要求，使用的设备有砂辊喷风碾米机、铁辊喷风碾米机等。

抛光：抛光是生产免淘洗米的关键工序，它能使米粒表面形成一层极薄的凝胶膜，产生珍珠光泽，外观晶莹如玉，煮食爽口细腻。在抛光的过程中可通过加水或含有葡萄糖的上光剂，以溶液状态滴加于抛光机内。

分级：成品分级主要是将抛光后的大米进行筛选，除去其中的少量碎米，按成品等级要求分出全整米和一般的免淘洗米。目前广泛使用的设备是平面回转筛、振动筛等。

4. 留胚米加工

留胚米全名为留存胚与糊粉层的勿淘米，商业名称为全营养保鲜米或全营养活性米。留胚米顾名思义，是大米的胚与糊粉层得以最大限度地留存，含胚芽率高（米胚保留率在80%以上）、损坏率低的香米才能成为留胚米。一般都是采用胚芽米机现磨质量很高的大米。众所周知，大米都经由稻谷碾轧、去壳、去皮后方能食用。传统的碾米技术，采用石磨、砂辊碾轧，为了得到精米，反复碾轧，在去除糠皮的同时，把米的精华部分"胚芽"也随之去除了，殊不知"胚芽"含有丰富的维生素、植物纤维和人体所必需的微量元素。而留胚米却保留了大部分胚芽，因此它有以下主要特点。

保留大量营养成分：胚芽乃是生出新的生命的部分。糙米所具有的种种营养就集中于此，也可以说胚芽是营养的宝库，留胚米是保留胚芽的米，也就保留了糙米的主要营养成分。

节约稻谷资源：由于保留了胚芽，每100kg稻谷可以多出10kg左右的留胚米，增加了大米产量，也就增加了收入。

可以降低能源成本：生产留胚米时不需用耗能大的碾米设备，使得能耗大为降低，节约了能源成本。

食用品质较好：留胚米的食用品质优于糙米，糙米的营养成分虽很充足，但由于包围了一层坚硬的种皮（外皮），因此不但不美观，在炊煮时也颇费事，同时也极不容易消化。而留胚米的食用品质就比糙米好得多。

保质期长：留胚米生产工艺中经过高效灭菌，采用真空包装或充气包装，使其陈化、抗霉速率降到最低，其防陈抗腐能力大大增强，也就大幅度延长了保质期。

尽管留胚米有种种优越性，但是它的食用品质比起精白米来还是要稍逊一筹，口感不及精白米。另外，它的生产工艺过程也会长一些。

留胚米的生产方法与普通大米基本相同，需经过清理、砻谷、碾米三大过程。为了使留胚率在80%以上，碾米时必须采用多机轻碾，即碾白道数要多，碾米机内压力要低。使用的碾米机应为砂辊碾米机。金刚砂辊筒的砂粒应较细（46#、60#），碾白时米粒两端不易被碾掉，胚容易保留。砂辊碾米机的转速不宜过高，否则胚容易脱落，应根据碾白的不同阶段，使转速由高向低变化。一般情况下，转速应在$1\,000m/s^2$以下。碾米机的配置有单机循环式与多机连续式。单机循环式是在一台碾米机上装有循环用料斗，米粒经过6~8次循环碾制而得到留胚米。这种加工方式的效率低，但占地面积小、设备投资低。多机连续式是将6~8台碾米机并列串联，使米粒依次通过各道碾米机碾制而得到胚米。这种加工方式适合大规模生产，但占地面积大、投资高。现国内已研制开发成功立式碾米机，经其加工的大米留胚率在80%以上。

留胚米因保留胚很多，在温度、水分适宜条件下，微生物容易繁殖。因此，留胚米常采用真空包装或充气（二氧化碳）包装，防止留胚米品质降低。

5. 配制米加工

将品种、食用品质各异的大米按一定比例混匀而成的成品米即配制米。配制米是大米加工过程中的一个环节，将不同品种、品质的稻谷加工成的配方基础米存放在散装仓内备用，根据市场需要，按比例配制成大米产品。由于配制米多种大米品质的互补作用，大米食用品质得到改善，食味更符合消费者的嗜好，产品质量稳定。此外，通过使用大米配制技术，能更合理地利用稻米资源，降低生产成本。

生产配制米有两种方法：一种是先将稻谷或糙米进行搭配和加工。此法的优点是不需要一定数量的配米仓与混合设备，投资较少，但由于原料粒度、水分、表面性质差异较大，对配制米工艺效果的影响较大。另一种是将加工好的大米按一定比例混合均匀，目前国内多采用此法。

配制米的关键工序是配料和混合：一般要求按设定的配方准确配料，具有良好的混合均匀度，并要求作业过程中不增碎、不损伤米粒表面。具体技术指标为：配制米精度误差不超过 1.0%，混合均匀度变异系数不超过 5.0%，增碎率不超过 1.0%。

二、生态面制品加工

（一）小麦制粉概述

1. 小麦制粉的基本原理

小麦制粉的目的是将小麦中的胚乳与皮层和胚分开，并把胚乳研磨到一定程度。现代制粉的原理是采用破碎麦粒，逐渐研磨、多道筛理的方式来分离麸皮和胚乳（面粉）。即根据小麦皮层的结构紧密而坚韧，而胚乳组织疏散而松软，在相同的压力、剪力和削力下，两者粉碎后产生的颗粒大小程度不同,同时结合筛理的方式来分离,达到除去麸皮、保留面粉的目的。

2. 小麦制粉的生产过程

小麦经过清理和水分调节,成为适合制粉的净麦。目前世界上通用的制粉方法是先破碎麦粒,然后逐步研磨,将麸片上的胚乳刮下,同时将胚乳研细成粉。制粉的设备包括研磨、清粉、筛理等设备。常用的研磨设备有辊式磨粉机、撞击磨及辅助研磨的松粉机等。清粉常用的设备是清粉机。筛理常用的设备有高方平筛、圆筛,以及辅助筛理的打麸机和刷麸机。

小麦粉的生产过程包括破碎、在制品整理、分级、同质合并及面粉后处理等过程。所谓在制品就是制粉过程中的中间产品,而同质合并就是将不同系统中质量相同的在制品合并在一起进行处理。破碎过程中用到的主要设备有辊式磨粉机、麦心撞击磨、麸皮撞击磨等。分级过程中使用到的主要设备有高方平筛、振动圆筛、离心圆筛、打板圆筛等。为了提高面粉的质量,对重要的在制品按质量进行分级,该任务主要由清粉机来完成;为了减轻磨粉机的负荷,提高面粉质量,对质量好的在制品进一步破碎,该任务主要由强力松粉机来完成;为了提高分级效果,对研磨后的物料进行松散,该过程由打板松粉机来完成;为了提高工艺效果和出粉率,及时对黏附在后路皮层上的胚乳进行分离,该过程主要由打麸机或刷麸机来完成。同质合并的任务是对不同品质的在制品分类合并,以便分别研磨从而提高工艺效果。同质合并使用到的设备主要有各种输送设备和溜管。现代化的面粉厂中,面粉后处理(或称成品整理)是非常重要的过程。通过面粉后处理,可以生产出符合消费者要求的面粉,根据消费者的要求,可以对面粉进行搭配、强化和品质改良。

3. 小麦粉的质量标准

小麦粉的品质是指小麦粉的理化指标、面团特性、食用品质特性的总和，它是衡量小麦粉的加工质量、卫生指标、食品制作性能的综合指标。

(1) 通用粉的质量标准。在我国国家标准中，通用粉的等级主要以加工精度来区分，通用粉分强筋小麦粉、中筋小麦粉和弱筋小麦粉。强筋小麦粉的湿面筋含量要求≥30%，蛋白质含量要求≥12%；弱筋小麦粉的湿面筋含量要求≤24%，蛋白质含量要求≤10%；而中筋小麦粉介于两者之间。一般而言，高筋小麦粉适合制作面包；中筋小麦粉适合制作馒头、面条等中式食品；低筋小麦粉适合制作饼干和糕点。

(2) 专用粉的质量标准。专用粉是相对于通用粉而言，针对不同面制食品的加工特性和品质要求而生产的小麦粉。专用粉种类很多，一般常见的有面包粉、饼干粉、饺子粉、馒头粉、面条粉、蛋糕粉、自发粉、汤用粉、面糊粉等。每一种专用粉根据加工相应的面制食品时的工艺技术与条件、饮食消费习惯、配方、地域等还可以细分。随着经济的发展和人民生活水平的提高，高质量和多品种的面制食品的需求量日益增大，按食品的种类和质量要求，生产不同适应性的专用粉，以供给家庭、作坊和大型面制食品加工企业使用，已经成为我国面粉工业发展的方向和重点。

(二) 生态小麦制粉工艺

小麦制粉一般都需要通过清理和制粉两大流程。将各种清理设备（如初清、毛麦清理、润麦、净麦等）合理地组合在一起，构成清理流程，称为麦路。清理后的小麦通过研磨、筛理、清粉、打麸和松粉等工序，形成制粉工艺的全过程，称为粉路。

1. 研磨

小麦的研磨是制粉过程中最重要的环节，研磨效果的好坏将直接影响整个制粉的工艺效果。研磨机械有盘式磨粉机、锥式磨粉机和辊式磨粉机，其中辊式磨粉机是目前制粉厂的主要研磨机械。物料在通过一对以不同速度相向旋转的圆柱形磨辊时，依靠磨辊的相对运动和磨齿的挤压、剥刮和剪切作用，物料被粉碎，将清理和润麦后的净麦剥开，把其中的胚乳磨成面粉，并将黏结在表皮上的胚乳剥刮干净。研磨的基本方法有挤压、剪切、剥刮和撞击4种。研磨的主要设备为辊式磨粉机和撞击磨。目前，辊式磨粉机被绝大多数厂家所采用。研磨效果主要通过剥刮率、取粉率和粒度曲线来评定。

影响磨粉机研磨效果的因素较多，包括被研磨物料的因素（小麦的工艺品质）、研磨设备的因素（磨辊的表面技术参数、磨辊的圆周速度和速比、研磨区的长度等）及操作因素（轧距、磨辊的吸风与清理、磨粉机的单位流量等）。

2. 筛理

在制粉过程中，小麦经过磨粉机研磨后，获得颗粒大小不同及质量不一的混合物。为了保证研磨效果，必须将这些中间在制品混合物按粒度大小进行分级，以送往相应的下道磨粉机分级研磨，同时及时分离出成品面粉，以保证面粉的质量。制粉厂一般采用筛理的方法来达到分级筛粉的目的，通常使用的筛理设备为平筛和圆筛。

3. 清粉

清粉是制粉生产中的一道工序。在磨制高精度面粉的粉路中，清粉系统几乎是不可缺少的组成部分。经皮磨、渣磨系统研磨筛理分级后，分出的粗粒和粗粉多为从麦皮上剥刮分离出的胚乳颗粒，需进一步研磨成粉。但其中或多或少含有一些连麸胚乳粒和细碎麸皮，其含量随粗粒和粗粉的提取部位、研磨物料特性及粉碎程度等因素的变化而变化。生产高等级面粉时，需将粗粒和粗粉进行精选。精选之后，分出的细碎麸皮被送往相应的细皮磨，连麸胚乳颗粒被送往渣磨或尾磨，胚乳颗粒被送往前路心磨。制粉工艺中，精选粗粒和粗粉的工序就是清粉。

清粉的具体目的。①提出前路皮磨系统粗粒、粗粉中的麸屑并将其送入后路皮磨（或尾磨）研磨，以降低粗粒、粗粉的灰分。②将提出麸屑的粗粒、粗粉按密度、粒度进行分级，使大小不同的胚乳颗粒分开，连麸胚乳颗粒与纯净胚乳颗粒分开，以便按质量合并入磨，这是提高面粉质量、提高高精粉出率的有力措施。③根据需要，还可以依靠清粉系统，提纯小粗粒，得到"砂子粉"或"通心粉"的面粉产品，用来制作通心面。

4. 打（刷）麸和松粉

打（刷）麸和松粉是制粉工艺中必不可少的辅助环节。打（刷）麸的目的是将麸片上的残留胚乳打下，提高成品出粉率；松粉的目的是将压成片状的面粉松散，尽快将符合要求的面粉筛分出去，防止面粉过度研磨而品质下降。打（刷）麸使用的设备是打麸机或刷麸机；松粉使用的设备为撞击松粉机或打板松粉机。在配粉过程中，通过撞击松粉机可以起到杀灭虫卵的作用。

5. 粉路的设计

利用研磨、筛理、清粉、打麸和松粉等设备，将经过清理工序得到的适于制粉条件的干净小麦磨制成面粉的整个生产过程称为制粉工艺流程，简称粉路。

粉路设计的原则如下。

整个工艺流程应该是连续性生产，各种设备之间尽量做到密切配合、紧密衔接、相互协调，以达到正常而稳定生产的目的。

粉路的研磨系统和道数，应根据制粉厂的生产规模、产品的质量要求、原料的性质和电耗指标等因素来确定，以保证把小麦中的胚乳剥刮干净。

粉路中各道设备的配备，应根据各路物料的性质及其数量来安排，做到设备负荷均衡而且合理。既能充分发挥设备的效能，又要保证生产的安全性。

粉路中的在制品（带胚乳的麸片及未磨细的麦心）处理。应根据粉路各系统和道数的组成情况，尽量使大小相近、质量基本相同的物料合并进入同一研磨系统内。做到分工合理以提高工艺效果。

粉路中的各道研磨系统应避免出现回路，应做到逐道研磨、循序后推，以保证生产效率和产品质量。

吸风粉、成品打包应设有一定容量的缓冲仓，设备的配备和选用应考虑原料、气候、产品的变化。工艺要有一定的灵活性。

按照以上原则组合粉路，还应确定相适应的技术特性和操作指标，使生产能正常地进行，达到设计的预计目的。常用的制粉方法有前路出粉法、中路出粉法和剥皮制粉法。

（三）小麦粉后处理

小麦粉后处理是面粉加工的最后环节，这个环节包括面粉的收集与配制、面粉的修饰与营养强化及称量与包装等。小麦粉后处理的设备主要有杀虫机、粉仓、仓底振动卸料器、混合机等。

1. 面粉的收集

将从高方平筛筛出的面粉，按质量分别送入几条集粉绞龙，然后经过检查筛、杀虫机、称重送入配粉车间，成为基本面粉。不同系统的面粉，其质量和烘焙品质有所差别。

2. 配粉

两种或两种以上质量不同、理化指标不同的面粉按一定比例混合后，得到一种混合的面粉，这个过程称为配粉。配粉的做法是将各种小麦生产的小麦粉作为基本粉放在散存仓内，根据需要用这些基本粉来配制所需要的小麦粉，以提高均匀性，保证品质的稳定性。配粉系统由基本粉收集、保质处理、基本粉散存、成品小麦粉配制、成品小麦粉打包和散装发放、面的输送、吸尘及管理等环节构成。基本粉在进散存仓前要进行一些处理，包括磁选、检查、计量、杀虫等，以保证成品粉的质量。

3. 面粉的修饰

（1）熟化。小麦胚乳含有叶黄素、类胡萝卜素等黄色素，故新制面粉略黄。经过2~3周贮藏后，缓慢的空气氧化作用使色素破坏，面粉颜色变白。同时，新磨制面粉中的半胱氨酸和胱氨酸含有未被氧化的巯基（-SH），其是蛋白酶的激活剂。被激活的蛋白酶会强烈分解面粉中的蛋白质，造成筋力降低、黏度增加，经过一段时间储存后，巯基被氧化而失去活性，面粉中蛋白质不被分解，面粉烘焙性能进而得到改善。此过程即为面粉的自然熟化。

新磨制的面粉在4~5d后开始"出汗"，进入面粉的呼吸阶段，发生某种生化作用，使面粉熟化。通常在3周后结束，在出汗期间，面粉很难被制作成质量优良的制品。此外，温度对面粉的熟化也有影响。高温会加速熟化，低温会抑制熟化。一般以25℃左右为宜。

（2）氟化、漂白与增筋。面粉增筋的常用方法有氧化法、添加活性面筋法（谷朊粉）、乳化法（增加不同组分之间的交联键，以改善最终产品的内部组织结构）等，常用的增筋方法为氧化法。此外，氧化剂还具有抑制蛋白酶的活性和增白的作用。添加的氧化剂能够释放原子态的氧，使面粉中的β-胡萝卜素等色素氧化，从而改善面粉的色泽。目前市场上常用的有维生素 C 和偶氮甲酰胺。

第四节　生态食用油制品加工技术

一、油料的预处理

（一）油料清理

油料清理指利用各种清理设备去除油料中所含杂质的工序的总称。进入油厂的植物油料中不可避免地夹带一些杂质，一般情况油料含杂质达 1%~6%，最高达 10%。混入油料中绝大多数杂质在制油过程中会降低出油率，有机杂质会使油色加深或使油中沉淀物过多影响油的品质，同时饼粕质量较差，同时往往会造成生产设备效率下降、生产环境的粉尘飞扬，空气混浊。

油料与杂质在粒度、密度、表面特性、磁性及力学性质等物理性质上存在较大差异，根据油料与杂质在物理性质上的明显差异，可以选择稻谷、小麦加工中常用筛选、风选、磁选等方法除去各种杂质。对于棉籽脱绒、菜籽分离，可采用专用设备进行处理。选择清理设备应视原料含杂质情况，力求设备简单、流程简短、除杂效率高。

（二）油料的剥壳及仁壳分离

大多数油料都带有皮壳，除大豆、油菜籽、芝麻含壳率较低外，其他油料如棉籽、花生、葵花籽等含壳率均在 20% 以上。含壳率高的油料必须进行脱壳处理,而含壳率低的油料仅在考虑其蛋白质利用时才进行脱皮处理。油料剥壳时根据油料皮壳性质、形状大小、仁皮结合情况的不同,采用不同的剥壳方法。常用的剥壳方法有摩擦搓碾法、撞击法、剪切法、挤压法、气流冲击法。油料剥壳时,应根据油料种类选择合适的剥壳方式。油料经剥壳机处理后,还需进行仁壳分离,仁壳分离的方法主要有筛选和风选2种方法。

(三) 油料的破碎与软化

1. 破碎

破碎是在机械外力作用下将油料粒度变小的工序。对于大粒油料如大豆、花生仁破碎后粒度有利于轧坯操作,对于预榨饼经破碎后其粒度应符合浸出和二次压榨的要求。为了使油料或预榨饼的破碎符合要求,必须正确掌握破碎时油料水分的含量。水分过低将增大粉末度;粉末过多,容易结团;水分过高,油料不容易破碎,易出油。破碎的设备种类较多,常用的有辊式破碎机、锤片式破碎机,此外也有利用圆盘剥壳机进行破碎。

2. 软化

软化是调节油料的水分和温度,使油料可塑性增加的工序。对于直接浸出制油而言,软化也是调节油料入浸水分的主要工序。软化的目的在于调节油料的水分和温度,改变其硬度和脆性,使之具有适宜的可塑性,为轧坯和蒸炒创造良好操作条件。对于含油率低的、水分含量低的油料,软化操作必不可少;对于含油率较高的花生、水分含量高的油菜籽等一般不予软化。

(四) 轧坯

轧粒是利用机械的挤压力,将颗粒状油料轧成片状料坯的过程。

经轧坯后制成的片状油料称为生坯，生坯经蒸炒后制成的料坯称为熟坯。轧坯的目的是使油料细胞壁破坏，同时使料坯成为片状，大大缩短了油脂从油料中排出的路程，从而提高了制油时出油速度和出油率。此外，蒸炒时片状料坯有利于水热的传递，从而加快蛋白质变性，细胞性质改变，提高蒸炒的效果。料坯厚薄要求均匀、大小适度、不露油、粉末度低，并具有一定的机械强度。生坯厚度要求：大豆为 0.3mm 以下，棉仁 0.4mm 以下，菜籽 0.35mm 以下，花生仁 0.5mm 以下。粉末度要求：过 20 目筛的物质不超过 3%。

（五）油料生坯的挤压膨化

油料料坯的挤压膨化是利用挤压膨化设备将生坯制成膨化颗粒物料的过程。生坯经挤压膨化后可直接进行浸出取油。油料生坯的膨化浸出是一种先进的油脂制取工艺。油料生坯的挤压膨化浸出工艺大有取代直接浸出和预榨浸出制油工艺的趋势。油料生坯经挤压膨化后，其容重增大，多孔性增加，油料细胞组织被彻底破坏，酶类被钝化。这使得膨化物料浸出时，溶剂对料层的渗透性和排泄性都大为改善，浸出溶剂比减小，浸出速率提高，混合油浓度增大，湿粕中溶剂的含量降低，浸出设备和湿粕脱溶设备的产量增加，浸出毛油的品质提高，并能明显降低浸出生产的溶剂损耗以及蒸汽消耗。

（六）油料的蒸炒

油料的蒸炒指生坯经过湿润、加热、蒸坯、炒坯等处理，成为熟坯的过程。

蒸炒的目的在于使油脂凝聚，为提高油料出油率创造条件；调整料坯的组织结构，借助水分和温度的作用，使料坯的可塑性、弹性符合入榨要求；改善毛油品质，降低毛油精炼的负担。蒸炒后的熟坯应生熟均匀，内外一致，熟坯水分、温度及结构性满足于制油要求。以湿润蒸炒为例，可采用高水分蒸炒，低水分压榨，高温入榨，要保证足够的蒸炒时间，达到预定的效果。按制油方法和设备的不同，蒸炒方法一般分为湿润蒸炒和加热蒸坯。

二、机械压榨法制油

机械压榨法制油是借助机械外力把油脂从料坯中挤压出来的过程。在压榨制油过程中，榨料粒子主要发生物料变形、摩擦生热、水分蒸发、油脂分离等物理变化，同时也有蛋白质变性、酶的钝化失活、某些物质之间结合等生物化学反应。压榨过程实际是油脂从榨料粒子孔隙中被挤压出来和榨料粒子受压变形形成油饼的两个过程。即油脂流出和榨料成饼同时进行的过程。

压榨法取油工艺简单、配套设备少、对油料品种适应性强、生产灵活、油品质量好、色泽浅、风味纯正。但压榨后的饼残油量高、出油效率较低、饼粕质量差、动力消耗大、零件易损耗。

（一）压榨法制油的过程

在压榨取油过程中，受榨料坯的粒子受到强大的压力作用，致使其中的油脂的液体部分和非脂物质的凝胶部分分别发生两个不同的变化，即油脂从榨料空隙中被挤压出来和榨料粒子经弹性变形形成坚硬的油饼。

油脂从榨料中被分离出来的过程：压榨的开始阶段，粒子发生变形并在个别接触处结合，粒子间空隙缩小，油脂开始被压出；压榨的主要阶段，粒子进一步变形结合，其内空隙缩得更小，油脂被大量压出；压榨的结束阶段，粒子结合完成，其内空隙的横截面突然缩小，油路显著封闭，油脂已很少被榨出。解除压力后的油饼，由于弹性变形而膨胀，其内形成细孔，有时有粗的裂缝，未排走的油反而被吸入。

油饼形成的过程：在压榨取油过程中，油饼的形成是在压力作用下，料坯粒子间随着油脂的排出而不断挤紧，由粒子间的直接接触，相互间产生压力而造成某粒子的塑性变形，尤其在油膜破裂处将会相互结成一体。榨料已不再是松散体而开始形成一种完整的可塑体，称为油饼。油饼的成型是在压榨制油过程中建立排油压力的前提，更是在压榨制油过程中排油的必要条件。

(二) 影响压榨制油的因素

压榨取油效果的好坏其决定因素很多。主要包括榨料结构与压榨条件2个方面。

1. 榨料结构性质对出油效果的影响

榨料结构性质主要取决于油料本身的成分和预处理效果。对榨料结构的一般要求是榨料颗粒大小应适当且均匀一致。在诸多的榨料结构性质中，榨料的机械性质特别是可塑性对压榨取油效果的影响最大。压榨取油的效果，在某种意义上说，决定于榨料本身的性质。榨料性质不仅包括凝胶部分，同时还与油脂的存在形式，数量以及可分离程度等有关。对榨料性质，特别是可塑性方面的影响因素有水分、温度以及蛋白质变性等。实际上，榨料性质是由水分、温度、含油率、蛋白质变性等因素的相互配合体现出来的。在通常的生产中，榨料水分与温度的配合是水分越低则所需温度越高。在要求残油率较低的情况下，榨料的合理低水分和高温是必需的。但榨料温度过高而超过了一定限度（如130℃）是不允许的。此外，不同的预处理过程可能得到相同的入榨水分和温度，但蛋白质变性程度则大不一样。

2. 压榨条件对出油效果的影响

压榨条件即工艺参数（压力、时间、温度、料层厚度、排油阻力等）是提高出油效率的决定因素。

（1）榨膛内的压力。压榨法取油的本质在于对榨料施加压力取出油脂。影响压榨效果的主要因素有压力大小、榨料受压状态、施压速度以及压力变化规律等。

（2）压榨时间。压榨时间是影响榨油机生产能力和排油深度的重要因素。通常认为，压榨时间长，出油率高。这在静态压榨中比较明显。然而，压榨时间过长，会造成不必要的热量散失，对出油率的提高不利，还会影响设备处理量。控制适当的压榨时间，必须综合考虑榨料特性、压榨方式、压力大小、料层厚薄、含油量、保温条件以及设备结构等因素。在满足出油率的前提下，尽可能缩短压榨时间。

（3）压榨温度。温度的变化将直接影响榨料的可塑性及油脂黏度，进而影响压榨取油效率，关系到榨出油脂和饼粕的质量。合适的压榨温度范围通常指榨料入榨温度（100~135℃）。不同的压榨方式及不同的油料有不同的温度要求。对于静态压榨，由于其本身产生的热量小、压榨时间长，多数考虑采用加热保温措施。对于动态压榨，其本身产生的热量高于需要量，故采取冷却或保温的措施为主。

三、溶剂浸出法制油

浸出是植物油厂对用溶剂提取油料中的油脂的俗称，浸出法制油又称萃取法取油，属固—液萃取原理。固—液萃取是利用选定的溶剂分离固体混合物中的组分的单元操作。浸出法制油就是用溶剂对含有油脂并通过一定的处理后油料料坯进行浸泡或淋洗，使料坯中的油脂被萃取溶解在溶剂中,经过滤得到含有溶剂和油脂的混合油。由于溶剂的挥发温度低于油脂,通过蒸发和蒸馏加热混合油,使溶剂挥发并与油脂分离得到的毛油,毛油经水化、碱炼、脱色等精炼工序的处理,成为符合国家标准的食用油脂。浸出分离混合油后所得的固体物称作湿粕,湿粕进行干燥脱溶剂后生产出饲料所需的成品粕,混合油蒸发和蒸馏以及湿粕干燥脱溶挥发出来的溶剂气体,经过冷却回收,循环使用。浸出法制油的基本工艺过程包括油料浸出、混合油蒸发、湿粕蒸脱和溶剂回收等工序。

浸出法制油是现代植物油脂提取方法之一,是目前植物油脂提取率最高的一种方法,在经济效益方面比其他制油方法具有明显的优势。

(一) 浸出法制油的原理

油脂浸出过程是油脂从固相转移到液相的传质过程。这一传质过程是借助分子扩散和对流扩散2种方式完成的。

(1) 分子扩散。当油料与溶剂接触时,油料中的油脂分子借助于本身的热运动,从油料中渗透出来并向溶剂中扩散,形成了混合油;同时溶剂分子也向油料中渗透扩散,这样在油料和溶剂接触面的两侧就形成了两种浓度不同的混合油。由于分子的热运动及两侧混合油浓度的差异,油脂分子将不断地从其浓度较高的区域转移到浓度较小的区域,直到两侧的分子浓度达到平衡为止。

(2) 对流扩散。对流扩散是指物质溶液以较小体积的形式进行的转移。与分子扩散一样,扩散物的数量与扩散面积、浓度差、扩散时间及扩散系数有关。在对流扩散过程中,对流的体积越大,单位时间内通过单位面积的这种体积越多;对流扩散系数越大,物质转移的数量也就越多。

油脂浸出过程的实质是传质过程，其传质过程是由分子扩散和对流扩散共同完成。适当提高浸出温度，有利于提高分子扩散系数，加速分子扩散。而在对流扩散时，一般是利用液位差或泵产生的压力使溶剂或混合油与油料处于相对运动状态下，促进对流扩散。

(二) 浸出溶剂的选择

根据油脂浸出工艺及安全生产的需要，用作浸出油脂的溶剂，应符合如下要求：对油脂有较强的溶解能力；不破坏油脂的有效营养成分；保持脱脂后的粕中蛋白质不变性；既要容易汽化，又要容易冷凝回收；具有较强的化学稳定性；在水中的溶解度小；溶剂来源丰富。

在浸出工艺中也可用混合溶剂来分别提取油料中的不同物质。选择性溶解油料中的脂溶性物质、提取出油料中各种不同物质。选用混合溶剂浸出油料是油脂工业中的一个待开发的领域。完全符合以上要求的溶剂可称为理想溶剂。事实上，到目前为止，国内外都还没有发现这样的理想溶剂。因此，对浸出溶剂的要求，主要作为选择浸出溶剂时参考的依据。在选择工业溶剂时，应该选择优点较多的溶剂，至于它的缺点，可以通过工艺和操作方面采取适当的措施加以克服。

可用于油脂浸出的工业有机溶剂，按照溶剂化学结构成分大体可归纳为5类：①脂肪族碳氢化合物，以己烷、6号溶剂油、石油醚为主。②氯代脂肪族碳氢化合物，以二氯乙烷、三氯乙烯、四氯化碳为主。③芳香族碳氢化合物，以苯为主。④脂肪醇化合物，以乙醇、异丙醇、甲醇为主。⑤混合溶剂与气态溶剂，以乙醇-轻汽油、乙醇-工业己烷、含水乙醇、含水丙酮、丁烷-丙烷混合气体为主。工业用植物油的浸出溶剂一般是低黏度、低沸点、低极性或中极性的物质。在国内和国外浸出植物油的实践中，脂肪族碳氢化合物获得了最广泛的应用。其中轻汽油、工业己烷是目前工业化制取植物油脂中应用最广泛的溶剂。

(三) 浸出制油的工艺流程及工艺要点

1. 浸出法制油的分类

浸出法制油工艺按操作方式可分成间歇式浸出和连续式浸出。按溶剂与油料的混合方式可分成浸泡式浸出、喷淋式浸出和混合式浸出。按生产取油次数，浸出法制油工艺可分为直接浸出和预榨浸出。

2. 浸出法制油的工艺

浸出法制油工艺，一般包括预处理、油脂浸出、湿粕脱溶、混合油蒸发和汽提、溶剂回收等工序。

（1）油脂浸出。植物油料浸出的工艺中，最重要的工艺过程为油料的浸出工序。无论是直接浸出、预榨浸出还是膨化浸出，它们的浸出机理是相同的，只不过在浸出的深度和速度上存在差别。经预处理后的料坯送入浸出设备完成油脂萃取分离的任务。经油脂浸出工序分别获得混合油和湿粕。

（2）湿粕脱溶。从浸出设备排出的湿粕，一般含有 25%～35% 的溶剂。必须进行脱溶处理，才能获得合格的成品粕。

湿粕脱溶通常采用加热解吸的方法，使溶剂受热汽化与粕分离。浸出油厂称为湿粕蒸烘。湿粕蒸烘一般采用间接蒸汽加热，同时结合直接蒸汽负压搅拌等措施，促进湿粕脱溶。经过处理后，粕中水分不超过 8%～9%，残留溶剂量不超过 0.07%。

（3）混合油蒸发和汽提。从浸出设备排出的混合油是由溶剂、油脂、非油物质等组成的。混合油经蒸发、汽提，从混合油分离出溶剂而获得浸出毛油。

混合油蒸发是利用油脂与溶剂的沸点不同,将混合油加热至沸点温度,使溶剂汽化与油脂分离。混合油蒸发一般采用二次蒸发法。第一次蒸发使混合油浓度由20%~25%提高到60%~70%,第二次蒸发使混合油浓度达到90%~95%。

混合油汽提是指混合油的水蒸气蒸馏。混合油汽提能使高浓度混合油的沸点降低,从而使混合油中残留的少量溶剂在较低温度下尽可能地完全地被脱除。混合油汽提在负压条件下进行油脂脱溶,毛油品质更为有利。为了保证混合油气提效果,用于汽提的水蒸气必须是干蒸汽,避免直接与蒸汽中的含水与油脂接触,造成混合油中磷脂沉淀,影响汽提设备正常工作,同时可以减少汽提液泛现象。

(4)溶剂回收。在油脂浸出生产中,所用的溶剂是循环使用的,溶剂回收是浸出生产中的一个重要工序,它直接关系到生产的成本和经济效益,浸出毛油和粕的质量,生产的安全,废气、废水对环境的污染以及车间的工作条件等,因此,应予以高度重视。生产中应对溶剂进行有效的回收,并进行循环使用。

油脂浸出生产过程中的溶剂回收包括溶剂气体冷凝和冷却、溶剂和水分离、废水中溶剂回收、废气中溶剂回收等。由湿粕蒸脱机、混合油蒸发器、汽提塔、蒸煮罐等设备排出的溶剂气体,通常采用冷凝器进行冷凝回收,一般经冷凝后的冷凝液需经分水处理后方可进行循环使用。

(四)影响浸出制油的主要因素

在浸出过程中,有许多因素影响浸出速率,主要的影响因素包括以下6个方面。

1. 料坯和预榨饼的性质

料坯和预榨饼的性质主要取决于料坯的结构和料坯入浸水分。料坯结构应具有均匀一致性，料坯的细胞组织应最大限度地被破坏且具有较大的孔隙度，以保证油脂向溶剂中迅速地扩散。料坯应该具有必要的机械性能，容重和粉末度小，外部多孔性好，以保证混合油和溶剂在料层中良好的渗透性和排泄性，提高浸出速率和减少湿粕含溶。料坯的水分应适当。物料最佳的入浸水分量取决于被加工原料的特性和浸出设备的形式。一般认为料坯入浸水分量低一些为好。

2. 浸出温度

浸出温度对浸出速度有很大的影响。提高浸出温度，可以促进扩散作用，提高浸出速度。一般浸出温度控制在低于溶剂馏程初沸点5℃左右，如用浸出轻汽油作溶剂，浸出温度为55℃左右。若有条件的话，也可在接近溶剂沸点温度下浸出，以提高浸出速度。

3. 浸出时间

根据油脂与物料结合的形式，浸出过程在时间上可以划分为2个阶段。第一阶段提取位于料坯内外表面的游离油脂，第二阶段提取未破坏细胞和结合态的油脂。浸出时间应保证油脂分子有足够的时间扩散到溶剂中去。在实际生产中，应在保证粕残油量达到指标的情况下，尽量缩短浸出时间，一般为90~120min。在料坯性能和其他操作条件理想的情况下，浸出时间可以缩短为60min左右。

4. 料层高度

料层高度对浸出设备的利用率及浸出效果都有影响。一般来说，料层提高，同一套而言，浸出设备的生产能力提高，同时料层对混合油的自过滤作用也好，混合油中含粕末量减少，混合油浓度也较高。应在保证良好效果的前提下，尽量提高料层高度。

5. 溶剂比和混合油浓度的影响

浸出溶剂比指使用的溶剂与所浸出的料坯质量之比。要控制适当的溶剂比,以保证足够的浓度差和一定的粕中残油率。

对于一般的料坯浸出,溶剂比多选用(0.8~1):1,混合油浓度要求达到18%~25%。对于料坯的膨化浸出,溶剂比可以降低为(0.5~0.6):1,混合油浓度可以更高。在浸出生产中,应在保证粕残油量小于1%的前提下,尽量提高混合油浓度。提高混合油浓度有利于减少浸出毛油中的残溶量,有利于降低混合油蒸发和汽提的蒸汽消耗及溶剂冷凝的冷凝水消耗,并由于减少了溶剂的周转量,从而减轻了溶剂回收的负荷,使浸出生产的溶剂损耗降低。

6. 沥干时间和湿粕含溶剂量

料坯经浸出后,尚有一部分溶剂(或稀混合油)残留在湿粕中,须经蒸烘将这部分溶剂回收。为了减轻蒸烘设备的负荷,往往在浸出器内要有一定的时间让溶剂(或稀混合油)尽可能地与粕分离,这种使溶剂与粕分离所需的时间,称为沥干时间。生产中,在尽量减少湿粕含溶剂量的前提下,尽量缩短沥干时间。沥干时间就依浸出所用原料而定,一般为15~25min。

四、植物油脂加工副产物的综合利用途径

在植物油脂制取及精炼过程中,还可得到油脚和饼粕等副产物,其合理利用可为人类和饲养业提供营养丰富的蛋白质,还可生产许多化工产品。

(一)饼粕的利用

饼粕中除大豆、花生、芝麻饼(粕)可以直接利用作食用或饲用蛋白质外,菜籽饼(粕)、棉籽饼(粕)都涉及脱毒问题。脱毒后的饼粕可作饲料蛋白质。常用饼粕脱毒方法分为两类:一类是使饼粕中

的抗营养素发生钝化、破坏或结合等作用,从而减轻其有害作用;另一类是将有害物从饼粕中分离出来,达到去毒的目的。

1. 热处理法

热处理法可分为干热处理法、湿热处理法、加热处理法和蒸汽汽提法。干热处理法是将碾碎的饼粕不加水,在 80~90℃ 温度下蒸 30min,使饼粕中的酶钝化;湿热处理法是先碾碎饼粕,在开水中浸泡数分钟,然后再按干热处理法加热。加热处理法和蒸汽汽提法是将饼粕在 0.2MPa 压力下加热处理 60min,通入蒸汽,温度保持在 110℃,处理 1h 后,饼粕的饲喂效果较好。

2. 饼粕用热水浸泡可去除其中的有毒物质

该法缺点是饼粕中的干物质损失较大。并可连续水洗,也可 2 次水洗,以此法应用较多。第一种方法是将饼粕用水浸泡 8h 后过滤,然后再放在另外水中浸泡 2h。第二种方法是第一次用水浸泡 14h 后过滤,再用水浸泡 1h。饼与水的比例以 1:5 为合适。此法用水量大,饼粕中干物质损失也较多。

3. 碱处理法

在热处理或水洗处理的同时,加入一定量的碱,可使脱毒效果大幅度提高。

4. 膨化处理法

将菜籽饼或棉籽饼加入膨化机中,在 pH 值为 12,温度为 200~250℃ 条件下进行膨化处理,脱毒率可达 98% 以上,这是目前脱毒技术中最有效、最经济的方法之一。

(二) 油脚的综合利用

1. 磷脂的制取

在制油过程中获得的毛油经过水化精炼,可以得到一种副产品——水化油脚。水化油脚的主要成分是油和磷脂,水化油脚经过处理可以制取磷脂,并能回收一部分中性油脂。水化油脚中水分含量高,应该及时处理水化油脚,否则极易分解变质发臭。从水化油脚中提取磷脂首先必须除去水分、杂质,提高磷脂的含量。提取磷脂的方法主要有3种:盐析法及真空干燥法、溶剂萃取法。其中以溶剂萃取法所得成品最纯,但此法成本较高,一般用于制取药用磷脂,对食品及工业用磷脂,纯度要求不太高,一般可用盐析法或真空干燥法制取。

2. 脂肪酸的制取

植物油厂在毛油精炼过程产生的碱炼皂脚和水化油脚是制取脂肪酸的主要原料。存在于皂脚中的脂肪酸有2种形式;一种是碱金属皂,另一种是中性油,皂脚中肥皂含量为25%~30%,中性油为12%~25%,总脂肪酸量为40%~50%,其余是水分和少量的胶体物质、色素、游离碱和饼屑等。

用油脚和皂脚为原料生产混合脂肪酸的原理及工艺基本相同,皂脚脂肪酸的生产原理主要是基于在强酸存在下,肥皂发生分解生成相应的脂肪酸和盐,中性油发生水解生成相应的脂肪酸和甘油。脂肪酸的制取过程一般分为混合脂肪酸的制取和混合脂肪酸的分离。混合脂肪酸的制取方法有皂化酸解法、酸化水解法和溶剂皂化法等;混合脂肪酸的分离方法有冷冻压榨法,表面活性剂离心分离法、精馏法,溶剂分离法和尿素分离法等。目前应用最多的皂脚脂肪酸生成工艺有两种;皂化酸解冷冻压榨分离法和酸化水解冷冻压榨分离法。皂脚经皂化酸解或酸化水解后制得的脂肪酸半成品,在工厂被称为黑脂肪酸或粗脂肪酸。

第五节 生态豆制品类加工技术

本节详细介绍了生态豆制品的加工技术，包括大豆原料的生化特性、工艺学特征、豆制品通用加工单元操作、加工与贮藏过程质量控制、几种主要豆制品的加工过程、豆制品的生产设备和工厂设计等。

一、生态大豆原料及生态豆制品概述

（一）生态大豆原料

生态大豆原料是指在种植和生产过程中没有使用化学农药、化肥和基因改造技术的大豆。这些大豆种植在有机农场或者遵循生态农业原则的农场中，通过自然的生长方式，保持了大豆本身的天然特性和营养成分。生态大豆原料被认为是一种健康、营养丰富且环保的食材。随着人们对健康和环保意识的增强，生态大豆原料的需求也在逐渐增加。

生态大豆原料通常具有蛋白质含量高、脂肪含量适中、碳水化合物含量适中、富含纤维素、富含维生素和矿物质等特点。

总的来说，生态大豆原料具有丰富的营养成分，蛋白质含量高，脂肪含量适中，富含纤维素、维生素和矿物质，是一种健康、营养丰富的食材。通过科学合理的加工和烹饪，可以充分发挥生态大豆原料的营养和健康功效。

生态大豆原料的工艺学特征主要包括以下几个方面。

(1) 原料准备。生态大豆原料的选择和准备是工艺中的重要环节。要选择质量优良、无污染的生态大豆原料，进行清洗、浸泡等处理，确保原料的卫生和质量。

(2) 研磨和浸提。生态大豆原料通常需要进行研磨和浸提的处理，以提取其中的蛋白质、油脂等有益成分。研磨可以使原料更易于浸提，提高提取率。

(3) 过滤和分离。在浸提后，需要进行过滤和分离的步骤，将提取得到的液体和固体分离开来，得到纯净的提取物。

(4) 杀菌和加工。生态大豆原料在加工过程中需要进行杀菌处理，确保产品的卫生安全。同时，根据产品的不同需求，可以加工成豆腐、豆浆、豆腐皮等不同食品。

(5) 包装和储存。生态大豆制品需要进行包装和储存，确保产品的新鲜度和质量，延长保质期。

通过科学合理的工艺流程，可以充分保留生态大豆原料中的营养成分，生产出高质量、安全、健康的豆制品。同时，工艺学特征也会影响产品的口感、质地等特性，提升产品的市场竞争力。此外，生态大豆原料同时具有以下优势。

(1) 无化学残留。生态大豆原料在生长过程中没有使用化学农药和化肥，因此不含有害物质残留，更加安全和健康。

(2) 天然营养。生态大豆原料保留了大豆本身的天然营养成分，如蛋白质、维生素、矿物质等，营养价值更高。

(3) 环保可持续。生态大豆原料的种植过程遵循生态农业原则，减少对土壤和环境的污染，符合可持续发展的理念。

(二) 生态豆制品

生态豆制品是一种以生态大豆类为主要原料制成的食品，具有高蛋白、低脂肪、低热量、易消化等特点。生态豆制品通常包括豆腐、豆浆、豆腐干、豆腐皮、豆腐丝等多种产品。这些产品不仅可以作为主食或配菜食用,还可以用来制作各种美味的菜肴和甜点。

生态豆制品在制作过程中不添加任何化学添加剂,保留了豆类本身的天然营养成分,如丰富的蛋白质、维生素和矿物质等。因此,生态豆制品被认为是一种健康、营养丰富的食品,适合各个年龄段的人群食用。

除了营养价值高之外,生态豆制品还具有一定的生态环保意义。豆类植物生长快、产量高,且对土壤和环境的影响相对较小,因此生产生态豆制品可以减少对环境的负面影响,符合可持续发展的理念。总的来说,生态豆制品是一种健康、营养丰富且具有环保意义的食品,受到越来越多人的青睐和喜爱。

二、生态豆制品分类

生态豆制品可以根据原料、加工工艺和成品形态等不同特点进行分类。以下是一些常见的生态豆制品分类。

(1) 豆腐类。包括嫩豆腐、老豆腐、豆腐干、豆腐皮等,是将豆浆凝固而成的豆制品。豆腐富含蛋白质、钙质等营养成分,是一种常见的健康食品。

(2) 豆浆类。是将大豆研磨成浆状物质后加工而成的豆制品,包括纯豆浆、豆浆饮料等。豆浆富含植物蛋白、维生素等营养成分,是一种常见的素食替代品。

(3) 豆皮类。是将豆浆在烹饪时形成的一层薄膜,也称为豆腐皮。豆皮富含蛋白质和纤维素,口感柔软,适合用来做卷饼、炒菜等。

(4) 豆干类。是将豆浆凝固后切割晾干而成的豆制品,也称为豆干或豆腐干。豆干富含蛋白质和纤维素,口感香脆,适合作为零食或炒菜的配料。

（5）豆腐脑类。是将豆腐磨碎后加工而成的豆制品，口感细腻，适合用来做豆腐脑蒸饭、炒菜等。

（6）豆腐丸、豆腐饼等。是将豆腐加工成不同形状的豆制品，适合用来炒菜、煮汤等。

对于大豆食品分类，依据中国食品工业协会豆制品专业委员会组织起草的 SB/T 10687—2012《大豆食品分类》行业标准，分为 14 种，详见表 5.1。该标准的出台与实施适应我国大豆食品行业发展需要，对于本书所提到的生态豆制品的分类也具有重要参考意义。

表 5.1 《大豆食品分类》行业标准

类别	小类名称		示例
熟制大豆	煮大豆 烘焙大豆 烘焙大豆粉		焖黄豆、甜蜜豆 炒大豆、烤大豆
豆粉	大豆粉 膨化大豆粉		全脂豆粉 脱脂豆粉 低脂豆粉
豆浆	豆浆 调制豆浆 豆浆饮料 豆浆粉		调味豆浆、营养强化豆浆 果汁豆浆饮料、五谷豆浆饮料
豆腐	充填豆腐 嫩豆腐 老豆腐 油炸豆腐 冻豆腐 其他豆腐	炸豆腐 豆腐泡	内酯豆腐、韧豆腐 南豆腐 北豆腐 油方 油三角、油茧子 果蔬豆腐、无渣豆腐
豆腐脑			豆腐花
豆腐干	白豆腐干 油炸豆腐干 卤制豆腐干 炸卤豆腐干 熏制豆腐干 蒸煮豆腐干	豆腐皮 豆腐丝	百叶、千张 百叶丝 油丝 素鸡

(续表)

类别	小类名称	示例
腌渍豆腐	臭豆腐	
	其他腌渍豆腐	
腐皮		油皮、豆腐衣
腐竹		枝竹、扁竹
膨化豆制品		
发酵豆制品	腐乳	红腐乳
		白腐乳
		青腐乳
		酱腐乳
		花色腐乳
	豆豉	
	纳豆	
	大豆酱	
	发酵豆浆	酸豆乳
	其他发酵豆制品	
大豆蛋白	大豆浓缩蛋白	
	大豆分离蛋白	
	大豆组织蛋白	
	其他大豆蛋白	
毛豆制品		煮毛豆、冷冻毛豆
其他豆制品		黄豆芽、豆沙、豆渣、大豆棒、大豆布丁、大豆炼乳、大豆冷冻甜点

三、生态豆制品通用加工单元操作

生态豆制品加工单元操作流程和细节会根据不同豆制品的种类和生产工艺而有所不同。通用加工单元包括以下几个主要环节。

(1) 大豆清洗和浸泡。将采收的大豆进行清洗，去除杂质和污垢，然后进行浸泡处理，使大豆吸水膨胀，便于后续的研磨和提取。

(2) 研磨。将浸泡后的大豆进行研磨，研磨出豆浆，豆浆中含有大豆的蛋白质、油脂等有用成分。

(3) 煮沸。将研磨后的豆浆进行加热煮沸，破坏大豆中的抗营养因子，提高豆浆的口感和营养价值。

(4) 过滤。通过过滤或离心等方法，将煮沸后的豆浆进行提取，分离出蛋白质、油脂等成分,得到纯净的豆浆。

(5)加工。根据产品需求,对提取得到的豆浆进行加工,可以制作成豆腐、豆浆、豆腐皮等豆制品。

(6)成型。将加工好的豆制品进行成型,可以通过模具或其他成型工艺进行。

(7)烹饪或加工成最终产品。将成型好的豆制品进行烹饪或加工,制作成各种美味的豆制品菜肴。

(8)包装和贮存。将加工好的豆制品进行包装和贮存,确保产品的新鲜度和质量,延长保质期。在生态豆制品加工操作过程中,需要严格控制加工环境的卫生,确保产品的质量和安全。

四、加工与贮藏过程质量控制

(一)加工过程质量控制

生态豆制品加工过程中的质量控制非常重要,可以确保产品的质量和安全。以下是一些常见的质量控制措施。

(1)原料检验。对采购的大豆进行检验,确保原料符合质量标准,没有受到污染或变质。

(2)清洁卫生。加工车间和设备要保持清洁卫生,避免交叉污染,减少微生物的污染。

(3)加工过程控制。严格控制每个加工环节的操作,确保加工温度、时间、压力等参数符合要求,避免过度加热或处理不当导致产品质量下降。

(4)质量检测。对加工过程中的关键环节进行质量检测,包括豆浆的浓度、pH值、蛋白质含量等指标,确保产品符合标准。

(5）产品成型。确保产品成型过程中模具的清洁和密封性，避免异物进入产品，影响产品质量。

(6）烹饪和加工。控制烹饪和加工过程中的时间和温度，确保产品口感和外观符合要求。

(7）包装和贮存。选择适合的包装材料，确保产品的密封性和保鲜性，避免受潮或受污染。

(8）抽检和记录。定期进行产品抽检，记录产品的生产批次和检测结果，建立完善的质量追溯体系。

通过以上质量控制措施，可以有效确保生态豆制品加工过程中产品的质量和安全，提升产品的竞争力和市场信誉。同时，加强员工培训和意识提升，也是保证质量控制有效实施的重要环节。

(二）贮藏过程质量控制

生态豆制品在储存过程中也需要进行质量控制，以确保产品的新鲜度、口感和安全性。以下是一些常见的质量控制措施。

(1）温度控制。生态豆制品的储存温度一般应在 0~4℃，避免高温或低温储存，以防产品变质或微生物滋生。

(2）包装材料选择。选择符合食品卫生标准的包装材料，确保包装密封性和防潮性，避免产品受潮或受污染。

(3）包装操作。在包装过程中，确保包装材料的清洁和完整性，避免异物进入产品，影响产品质量。

(4）储存环境控制。储存环境应保持清洁卫生，避免异味和污染物的存在，确保产品的口感和品质。

(5）定期检查。定期检查储存的生态豆制品，观察产品的外观、气味和质地，及时发现问题并采取措施。

(6) 质量追溯。建立完善的质量追溯体系，记录产品的生产批次、入库时间等信息，确保产品的追溯性和安全性。

(7) 有效期管理。严格管理产品的有效期，及时处理过期产品，避免销售过期产品给消费者。

(8) 员工培训。加强员工对储存过程中质量控制的培训和意识提升，确保每个员工都能正确执行质量控制措施。

通过以上质量控制措施，可以有效保证生态豆制品在储存过程中的质量和安全性，延长产品的保质期，提升产品的市场竞争力。同时，及时反馈消费者的意见和建议，也是保持产品质量的重要环节。

五、豆制品的生产设备和工厂设计

生态豆制品的生产设备和工厂设计是确保产品质量和生产效率的重要环节。常见的生态豆制品生产设备如下。

(1) 原料处理设备。包括豆类清洗机、脱水机、研磨机等设备，用于对原料进行初步处理和研磨。

(2) 豆浆生产设备。包括破壁机、过滤机、杀菌机等设备，用于豆浆的生产和处理过程。

(3) 豆腐生产设备。包括豆浆加热机、凝固机、压制机等设备，用于豆腐的生产和成型。

(4) 包装设备。包括包装机、封口机等设备，用于对成品进行包装和封口。

(5) 清洁消毒设备。包括清洁机、消毒设备等，用于对生产设备和工厂环境进行清洁和消毒。

(6) 控制系统。包括温度控制系统、湿度控制系统、生产流程控制系统等，用于监控和控制生产过程中的各项参数。

在工厂设计方面，需要考虑以下要点。

（1）生产流程布局。合理布局生产设备和生产流程，确保原料、生产、包装等环节之间的顺畅衔接。

（2）通风和排气系统。确保工厂内空气流通良好，排除生产过程中产生的烟雾和异味。

（3）卫生设施。设置洗手间、更衣室等卫生设施，确保员工在生产过程中的卫生要求。

（4）废弃物处理设施。设置废水处理设备、废弃物处理设施等，确保生产过程中产生的废弃物得到妥善处理。

（5）安全设施。设置消防设备、安全出口、紧急停电装置等，确保工厂内安全生产。

（6）质量控制系统。建立完善的质量控制体系，包括质量检测点、抽检机制、产品追溯系统等。

通过合理的设备选择和工厂设计，可以提高生态豆制品的生产效率、产品质量和工作环境，提升企业的竞争力和市场信誉。同时，定期维护设备、培训员工，也是确保生产设备和工厂正常运转的重要环节。

六、几种主要豆制品的加工过程

生态豆制品主要包括豆腐、油豆腐、腐竹、豆奶、豆纤维休闲食品等。

（一）生态豆腐

生态豆腐是一种以豆类为主要原料，经过加工制作而成的食品，是一种富含蛋白质、低脂肪、易消化的健康食品。生态豆腐通常是指采用有机豆类种植、无化学添加剂、无污染的生产方式制作的豆腐。

生态豆腐的制作过程主要包括以下几个步骤。

(1) 选料。选择优质的有机豆类作为原料,如大豆、黄豆等。

(2) 浸泡。将豆类浸泡在水中,使其吸水膨胀。

(3) 研磨。将浸泡后的豆类研磨成豆浆。

(4) 过滤。通过过滤机将豆浆过滤,去除豆渣。

(5) 加热。将过滤后的豆浆加热至一定温度,促使豆浆凝固。

(6) 凝固。在加热后的豆浆中加入凝固剂,使豆浆快速凝固成豆腐块。

(7) 压制。将凝固后的豆腐块进行压制,使其形成均匀的块状。

(8) 冷却。将压制后的豆腐块进行冷却,使其凝固成型。

(9) 包装。将冷却后的豆腐块进行包装,保持新鲜。

生态豆腐相较于传统豆腐,更注重原料的有机种植和无化学添加,更符合现代人们对健康食品的需求。生态豆腐不仅保留了传统豆腐的营养成分,还具有更高的品质和安全性。消费者在选择生态豆腐时,可以关注产品的有机认证、生产工艺、原料来源等信息,以确保产品的质量和安全性。

(二) 生态油豆腐

生态油豆腐是一种以豆类为主要原料,经过加工制作而成的食品,它与传统豆腐的区别在于在制作过程中添加了一定比例的植物油,使得豆腐更加丰满、口感更加细腻。生态油豆腐通常是指采用有机豆类种植、无化学添加剂、无污染的生产方式制作的豆腐。

生态油豆腐的制作过程大致与豆腐相似,在传统豆腐制作工艺中,增加了凝固后压制使其成型、切块、加油(即在表面涂抹植物油)等步骤。

(三) 生态腐竹

生态腐竹是一种以大豆为原料,经过发酵、磨浆、过滤、凝固等加工工艺制成的食品。腐竹与豆腐类似,但在制作过程中,腐竹会经过更多的工序,使得其质地更为韧实,口感更加细腻。生态腐竹则是在传统腐竹的基础上,采用有机认证的大豆或采用无农药、无化肥种植的大豆原料,并在生产过程中尽量减少化学添加剂的使用。

生态腐竹的制作过程除选料、浸泡、磨浆、过滤后,包括以下步骤。

(1) 发酵。将过滤后的豆浆加入发酵剂,发酵一定时间。

(2) 凝固。在发酵后的豆浆中加入凝固剂,使其凝固成块状。

(3) 切片。将凝固后的豆块切成薄片状。

(4) 煮熟。将切好的腐竹片放入开水中煮熟。

(5) 晾干。将煮熟的腐竹片晾干,使其更为坚实。

生态腐竹富含蛋白质和纤维素,口感韧实,适合用来烹饪各种菜肴,如炒菜、煮汤等。消费者在选择生态腐竹时,可以关注产品的有机认证、生产工艺、原料来源等信息,以确保产品的质量和安全性。生态腐竹不仅具有传统腐竹的营养成分,还具有更加细腻的口感和风味,是一种健康美味的食材。

(四) 生态豆奶

生态豆奶是以有机认证的大豆为主要原料制成的豆类制品,是一种富含植物蛋白质、不含乳制品的替代性饮品。生态豆奶在生产过程中尽量减少化学添加剂的使用,保持原料的天然纯净,符合生态环保的理念。

生态豆奶在豆浆基础上，通过过滤、煮沸、加糖调味、杀菌、包装后得到，富含植物蛋白质、膳食纤维和多种维生素，是一种营养丰富的饮品，适合素食者和对乳制品过敏的人群食用。

（五）生态豆纤维休闲食品

生态豆纤维休闲食品是以有机认证的大豆纤维为主要原料制成的健康零食。这类食品通常是通过将大豆纤维与其他天然成分结合，经过特殊工艺制作而成。一般包括以下步骤。

(1) 选料。选择有机认证的大豆纤维作为主要原料。

(2) 混合。将大豆纤维与其他天然成分（如谷物、果干等）进行混合。

(3) 加工。经过特殊工艺处理，使原料混合物形成均匀的食品原料。

(4) 成型。将食品原料通过成型机器成型成各种形状，如条状、片状等。

(5) 烘烤/烘干。将成型好的食品放入烤箱或烘干机中进行烘烤或烘干，使其变得脆脆的。

(6) 包装。将烘烤或烘干后的豆纤维休闲食品进行包装，保持新鲜。

生态豆纤维休闲食品富含植物纤维、蛋白质和维生素，生态豆纤维休闲食品不仅具有健康的营养成分，还符合生态环保的理念，是一种健康、美味的休闲零食。

生态豆制品在未来有着广阔的发展前景。随着人们健康意识的提升和对环保的重视，生态豆制品作为一种天然、营养丰富、环保的食品，受到越来越多消费者的青睐。

首先，随着人们对健康饮食的重视，生态豆制品作为富含植物蛋白质、膳食纤维和多种维生素的食品，符合现代人追求健康的需求，未来市场需求将继续增长。随着素食主义和素食饮食方式的普及，生态豆制品成为素食者的重要选择，未来素食市场潜力巨大。其次，由于人们的环保意识提升，加之生态豆制品是由植物性原料制成，生产过程中对环境影响较小，符合消费者对环保产品的需求，未来环保意识提升将推动生态豆制品市场增长。在创新产品开发方面，随着消费者口味需求的多样化，生态豆制品产业将不断进行创新，推出更多口味丰富、多样化的产品，满足不同消费群体的需求。宏观来看，生态豆制品产业链将逐步完善，从原料种植、生产加工到销售渠道都将更加规范化和专业化，提高产品质量和市场竞争力。综合以上因素，生态豆制品具有巨大的市场潜力和发展前景，未来将成为健康、环保、美味的食品选择，受到越来越多消费者的喜爱和追捧。

第六节　生态调味品加工技术

生态调味品，也被称为天然调味品或绿色调味品，主要指的是在生产过程中严格遵循生态、环保和可持续性原则，确保产品从原料到加工、包装、销售等各个环节都尽可能减少对环境的影响，并尽可能保持食品原有的天然风味和营养成分的调味品。生态调味品常以动植物或酵母等天然物为原料，通过物理提取、酶或酸分解，将香和味等调味成分取出而制成，这些调味品取自自然界中固有的原料，其鲜味主要靠被提取的自然物质本来形成的成分，而非经人为加工制成的。

随着消费者对健康饮食的重视，越来越多的消费者倾向于选择天然、无添加、营养丰富的食品。生态调味品以其天然、纯净、健康的特性,符合了这一趋势,受到越来越多消费者的青睐。环保意识的提升使得消费者更加关注产品的环保属性和可持续性。生态调味品在生产过程中严格遵循环保原则,减少了对环境的污染和破坏,符合了消费者对环保产品的需求。整体来看,生态调味品满足消费需求和环保需求,有望在未来市场中占据更大的份额。

本节内容将着重介绍生态酱油和生态食醋的加工工艺。

一、生态酱油加工技术

(一)生态酱油及其生产工艺概述

1. 生态酱油的特点

生态酱油是一种遵循生态学原则、采用传统酿造工艺和天然原料制作的酱油。它具有以下特点:首先,生态酱油的原料主要为优质大豆、小麦、麸皮等天然食材,不添加任何化学物质或人工色素等添加剂。这些原料在生长过程中采用有机种植方式,不使用化肥和农药,确保了原料的安全和健康。其次,生态酱油的酿造工艺采用传统的自然发酵技术,通过天然酵母菌发酵,不添加任何人工发酵剂或防腐剂。这种发酵方式不仅使得酱油味道更加纯正,还保留了酱油中的营养成分和生物活性物质。此外,生态酱油的生产过程注重环境保护和可持续发展,采用低能耗、低排放的生产设备和技术,尽可能减少对环境的负担。同时,生产过程中的废弃物也得到了合理的处理和再利用。

2. 生态酱油的生产流程简介

生态酱油的生产流程是一个复杂且精细的过程,每一步都至关重要。从原料选择到成品包装,每一个环节都需严格把控,以确保最终产品的品质与口感。

（1）原料的选择和处理。选用优质的非转基因大豆、小麦等作为主要原料。这些原料在生产过程中遵循"六不用"原则，即不使用农药、化肥、除草剂、农膜、人工合成激素和转基因技术，确保原料的安全和生态。将选好的原料进行清洗、浸泡、蒸煮等处理，使其更易于发酵和提取酱油的有效成分。此外，为了确保酱油的风味，还会添加一些特殊种类的豆粕、酵母提取物等。

（2）制曲。制曲过程中，原料中的蛋白质和淀粉在微生物的作用下开始发酵。这一阶段，温度、湿度和时间的控制尤为关键，它们直接影响着酱油的风味和品质。制曲完成后，得到的"曲饼"将为后续的发酵过程提供必要的酶和微生物。

（3）发酵。将处理好的原料与麦麸等辅助材料混合，放入特制的发酵池或发酵罐中，利用天然微生物进行长时间的发酵。这个过程中，蛋白质分解为氨基酸，淀粉转化为糖，这些物质进一步转化为香气浓郁的酯类和醇类物质。这一阶段，酱油的独特风味和香气逐渐形成。

（4）提取与精制。该过程的目的是去除发酵液中的杂质和多余的水分，使酱油的口感更加醇厚、香味更加浓郁。这一步通常采用加热和过滤的方法来实现。

（5）品质控制与包装。该过程是确保产品质量的最后关卡。经过严格的品质检测，合格的酱油将被灌装到预先清洗和消毒过的瓶中，然后进行密封和标签。包装材料的选择也需考虑环保和食品安全因素。在整个生产流程中，生态酱油的生产强调对环境的保护和对原料的可持续利用。通过采用先进的生产技术和严格的质量控制，确保每一瓶生态酱油都是对消费者和环境负责的优质产品。

(二) 原料选择与处理

1. 原料种类与选择标准

在生态酱油的生产过程中，原料种类与选择标准是至关重要的，它们直接决定了产品的品质和风味。酱油生产的原料包括：大豆（富含蛋白质和油脂）、小麦（提供淀粉和酶）盐（抑制杂菌生长和调味），以及水。根据不同的生产工艺和产品特点，原料的配比也是需要精细调整的。通过科学的配比，可以进一步提高生态酱油的品质和风味。

对于生态酱油来说，其原料应来自可持续、环保的农业生产方式，避免使用过多的化肥和农药；应新鲜、无杂质、无污染，确保酱油的品质和安全；应优先选择非转基因原料。对于大型生产企业，原料的产地和供应商具有可靠的信誉和质量保证体系，确保原料的质量和稳定性。

2. 原料处理的工艺和技术要点

（1）原料筛选和清洗。筛选的目的是去除杂质和劣质颗粒，保证原料的纯净度。清洗则要彻底去除污垢和农药残留，确保食品安全。在筛选和清洗过程中，需要严格控制水质的清澈度和温度，以保证最佳的清洗效果。

（2）原料破碎和混合。破碎的目的是将原料颗粒破碎至适当的粒度，以便于后续的制曲和发酵过程。混合则是将破碎后的原料与适量的水进行混合，形成一定浓度的料浆。在破碎和混合过程中，需要采用先进的破碎设备和混合器，确保破碎均匀、混合彻底。

（3）其他处理。在原料处理过程中，还需要根据不同的原料和生产工艺进行适当的调整和处理。例如，对于某些特定的原料，需要进行浸泡、蒸煮、糖化等处理,以提高原料的利用率和产品的品质。

(三) 制曲工艺和技术

1. 制曲的原理和作用

制曲是生态酱油生产中的关键环节,酱油制曲的原理是利用米曲霉等微生物在曲料上生长繁殖,并分泌各种酶类,如蛋白酶、淀粉酶、谷氨酰胺酶等。将原料中的淀粉和蛋白质等成分转化为低分子的肽、氨基酸、葡萄糖等物质。

制曲过程创造了曲霉生长最适宜的条件,保证优良的曲霉菌充分发育繁殖;可以分泌酱油发酵所需的各种酶类,促进原料的分解和转化;也可以提高酱油的风味和品质,使酱油具有浓郁的香气和独特的口感。制曲过程中,微生物的种类和生长条件对酱油的风味和品质产生重要影响。为了获得更好的制曲效果,需要选择适合的微生物菌种,控制好温度、湿度、氧气等生长条件。

2. 制曲的工艺流程和技术要点

制曲是酱油生产中的重要环节,它直接影响到酱油的风味和品质。酱油制曲的工艺流程主要包括原料准备、润水、蒸煮、冷却、接种、制曲、翻曲和成熟等步骤。具体流程如下。

(1) 原料处理。选取优质的大豆和小麦,按照一定比例将原料混合并搅拌均匀,再将原料加水润湿,使其充分吸水膨胀,便于后续的蒸煮和酶解。对于生态酱油,宜选用优质的非转基因大豆和有机小麦,确保原料无污染、无杂质。

(2) 蒸煮。将润水后的原料进行蒸煮,使大豆的蛋白质适度变性,有利于微生物的分解和酶的作用。该过程中,不同的工厂或产品类型,蒸煮条件可能不同。

(3) 接种。将蒸煮后的原料迅速冷却至适宜的温度，以利于接种和曲霉的生长。将米曲霉菌种接入冷却后的原料中，充分搅拌，以保证曲霉在原料中的均匀分布。将接种后的原料放入曲池中，控制好温度、湿度和通风条件，使米曲霉充分生长繁殖。该过程使用经过纯培养的生态米曲霉菌种进行接种，确保曲霉的纯度和活性。

(4) 翻曲。在制曲过程中，定期翻动曲料，以保证曲霉的均匀生长和酶类的充分分泌。制曲过程中要控制好温度、湿度和通风条件，为米曲霉的生长繁殖提供良好的环境；同时要定期翻动曲料，以保证曲霉的均匀生长和酶类的充分分泌。

(5) 成熟。经过一定时间的培养，曲料中的酶活力达到高峰，此时即为成熟曲料。根据曲料的外观、气味和酶活力等指标判断曲料的成熟度。当曲料中的酶活力达到高峰时，即可认为曲料已经成熟。对成熟曲料进行妥善储存，避免受潮、霉变等问题。同时，要做好库存管理和使用计划，确保曲料在后续发酵过程中的使用效果。

为了提高制曲效率，一些现代化的酱油厂采用了机械化和自动化技术，如使用通风设备、翻曲机和控温设备等。这些技术的应用不仅可以提高制曲效率，还可以减少人工干预和污染。在制曲过程中，酱油厂还需要注意防止杂菌污染，一旦杂菌进入，就会与曲霉竞争营养，导致制曲失败。因此，对于制曲过程中的卫生管理要求极高。在生态酱油的生产中，制曲是一个关键环节。通过不断优化制曲工艺，可以提高酱油的品质和风味，满足消费者对于健康、美味的需求。

(四) 发酵工艺和技术

1. 发酵的原理和作用

在酱油的生产过程中，发酵是至关重要的一步，它决定了酱油的品质和风味。酱油的发酵主要依赖微生物的作用,在发酵过程中,微生物会分泌各种酶,如淀粉酶、蛋白酶等,将原料中的大分子物质如淀粉和蛋白质分解为更小的分子,如葡萄糖和氨基酸。这些分解产物进一步参与生化反应,如糖化反应、酒精发酵和醋酸发酵等,生成具有独特口感和风味的物质,例如,采用乳酸菌和酵母菌的混合菌种发酵,可以产生更多的酯类物质,使酱油口感更加浓郁芳香。生态酱油的生产发酵原理和作用与传统酱油相似,但更加强调环保和可持续发展。发酵在酱油生产过程中的主要作用如下。

(1) 分解原料。发酵过程中,原料中的淀粉和蛋白质会被微生物分解成小分子,如氨基酸和糖类。这些小分子更易于人体吸收,也使得酱油的口感更加细腻。

(2) 产生风味物质。在发酵过程中,会产生大量的风味物质,如有机酸、酯类和醇类等。这些风味物质赋予了酱油独特的香气和口感,使得菜肴更加美味。

(3) 增加营养价值。发酵过程中,原料中的蛋白质和脂肪等营养成分会被微生物转化成更易于吸收的形式。因此,发酵酱油的营养价值比原料更高。

(4) 增加防腐能力。发酵过程中会产生一些酸性物质,这些酸性物质有助于抑制有害微生物的生长,从而延长酱油的保质期。

2. 发酵过程的控制和优化技术

完成制曲后,就进入了发酵过程。生态酱油发酵技术是一种结合了传统酿造工艺和现代技术的生产方式。其核心在于利用天然原料,如大豆、小麦等,结合有益微生物,通过特定的发酵过程,将原料中的蛋白质和淀粉转化为具有特殊风味的酱油。

这个过程中,首先要关注发酵条件控制,即根据生态酱油发酵的特点，精确控制发酵温度、湿度、通风和氧气供应等条件。例如，在夏天，发酵温度可以控制在 28~32℃，此时酱油中的微生物活性较高，有利于发酵过程；同时，保持适宜的湿度和通风，以确保微生物的正常生长和代谢。其次要注意发酵时间与工艺优化，即根据生态酱油的生产要求和市场需求，优化发酵时间和工艺参数；例如，可以通过调整发酵时间、搅拌方式和添加物种类和数量等，以获得最佳的酱油品质和口感。对于生态酱油来说，资源循环利用与废弃物处理也是非常重要的。在生态酱油的生产过程中，应注重资源的循环利用和废弃物的处理。例如，可以利用发酵过程中产生的废水进行再处理，用于灌溉或作为其他生产过程的原料；同时，对产生的废弃物进行妥善处理，避免对环境造成污染。

（五）提取与精制技术

1. 提取

生态酱油提取过程可分为压榨和分离两步。压榨即使用压榨机将发酵成熟的曲料中的液体部分挤压出来。压榨时要控制压力和时间，以确保充分提取酱油液体，同时避免破坏酱油的风味成分。分离步骤是将压榨得到的酱油液体与固体残渣进行分离。这可以通过离心、过滤或沉淀等方法实现。分离后的酱油液体即为原始的酱油。

在生态酱油的生产过程中，选择合适的提取方法和设备对于提高产品质量和产量具有重要意义。未来，随着技术的不断进步和市场需求的变化，提取方法和设备将会继续发展和优化。因此，生产厂家需要不断关注新技术和新设备的发展动态，及时进行技术升级和设备更新，以提高生产效率和产品质量。

2. 精制的原理和技术

精制是生态酱油生产工艺中的重要环节，其目的是去除杂质、提高产品质量和延长保质期。精制的原理主要是通过物理和化学方法，使酱油中的成分得以分离、纯化和精制。在这一过程中，通常会采用沉淀、过滤、吸附、离子交换、加热、浓缩等手段，以达到精制效果。例如，通过加热可以促使蛋白质变性，使其更容易与其他物质分离；通过离子交换可以将盐离子去除，提高酱油的品质和口感。在精制过程中，还需要注意控制温度、压力、pH值等参数，以避免对产品质量和口感造成不良影响。

（六）品质控制技术

品质检测是生态酱油生产过程中不可或缺的一环。在品质检测中，常见的指标包括感官指标、理化指标和安全指标。感官上要求酱油产品应具有正常酿造酱油的色泽、气味和滋味，不得有酸、苦、涩等异味和霉味，不浑浊，无沉淀，无异物，无霉花浮膜。理化指标常包含氨基酸态氮含量、铵盐、总酸等，安全指标包括污染物（总砷、铅和黄曲霉毒素）和微生物（如菌落总数和大肠杆菌等）。品质检测常依据对应的标准进行。目前，酱油检测相关的标准如下。

1. GB 2717《食品安全国家标准 酱油》

这是酱油的食品安全国家标准，规定了酱油的定义、技术要求、食品添加剂的使用、生产过程的卫生要求、检验方法、检验规则及标签、标志、包装、运输、贮存要求。

2. GB/T 18186《酿造酱油》

这是酿造酱油的国家标准，规定了酿造酱油的术语和定义、产品分类、技术要求、试验方法、检验规则和标志、包装、运输、贮存要求。其中，技术要求部分包括了感官要求、理化指标和微生物指标。

3. GB 2760《食品安全国家标准 食品添加剂使用标准》

这是关于食品添加剂使用的国家标准，规定了食品添加剂的使用原则、允许使用的食品添加剂品种、使用范围及最大使用量或残留量。在酱油的生产过程中，可能会使用到一些食品添加剂，因此这个标准也是酱油检测的重要依据。

4. GB 2761《食品安全国家标准食品中真菌毒素限量》

这个标准规定了食品中各种真菌毒素的限量值，包括黄曲霉毒素B1等。在酱油的检测中，也需要对真菌毒素进行检测，以确保酱油的安全性。

此外，还有一些其他的标准也可能与酱油的检测有关，如 GB 2762《食品安全国家标准 食品中污染物限量》、GB 4789 系列标准（如 GB 4789.22《食品安全国家标准 食品微生物学检验调味品检验》）等，这些标准可能会对酱油中的污染物、微生物等指标进行规定和限制。

二、生态食醋加工技术

（一）生态食醋及其生产工艺概述

1. 生态食醋的特点

根据 GB 2719—2018《食品安全国家标准 食醋》，食醋的定义是"使用含有淀粉、糖的物料或酒精，经微生物发酵酿造或食用醋酸调制而成的酸味调味品或食品"。它是以粮食、果实、酒类等含有淀粉、糖类或酒精的原料，经微生物酿造而成。生态食醋需选用生态种植的原料，保证原料的安全、无污染；生产过程中采用传统酿醋工艺，不添加任何化学物质，酿造过程中保持醋的天然营养成分。此外，生态食醋的包装往往采用环保材料，确保无污染和有利于保护环境。

2. 生态食醋的生产流程简介

食醋按照发酵工艺可以分为固态发酵食醋和液态发酵食醋两种。

其中，固态发酵食醋是指以粮食、糖或酒为原料，经蒸煮、糖化、酒精发酵、醋酸发酵、后熟陈酿等工序，在固态条件下醋酸发酵制得的食醋；液态发酵食醋则是以粮食、糖或酒为原料，经蒸煮、糖化、液化、酒精发酵、醋酸发酵等工序，在液态条件下醋酸发酵制得的食醋。不同的品种的食醋，具体工艺细节不同。具体工艺环节的作用如下。

（1）原料准备。选择如麦芽、糖蜜、麸皮、玉米等作为原料，这些都是醋制作的基础物质；同时，准备酒精、酵母、醋酸菌等微生物，以及糖分、氨基酸等营养。

（2）糖化。将原料放入糖化锅中，加热至沸腾，使淀粉和蛋白质等物质分解成可发酵的糖分，只有在糖类被充分释放和转化为单糖后，酵母菌和醋酸菌才能有效地利用这些糖类进行发酵。

（3）发酵。该环节分两步：酒精发酵和醋酸发酵。将糖化后的原料放入发酵罐中，加入适量的酵母，密封后放置一段时间进行发酵。在这个过程中，酵母将糖分分解成酒精和二氧化碳，随后酒精再被醋酸菌分解成醋酸，醋酸发酵还有助于提高食醋的营养价值。在发酵过程中，一些微生物和酶的作用会使原料中的营养成分得到分解和转化，使其更易于人体吸收利用。例如，蛋白质会被分解为氨基酸，淀粉会被转化为糖类等。这些营养成分的存在使食醋不仅具有调味功能，还具有一定的营养价值。

（4）陈酿。发酵完成后，将醋液转移到陈酿罐中，放置一段时间使醋液中的成分充分混合和成熟。这个过程会使醋液中的酒精和醋酸继续氧化，形成更加浓郁的醋香。将过滤后的醋液进行高温灭菌，杀死其中的微生物，确保醋的品质和安全性。

（二）原料选择与处理

1. 原料种类与选择标准

生态食醋的原料处理是食醋生产工艺流程中的重要环节，其主要目的是确保原料的纯净度和为后续的发酵过程做好准备。食醋的原料种类丰富多样，主要包括以下几类。

（1）粮食类。如高粱、大米、糯米、玉米、小米、小麦、大麦、青稞等。这些粮食含有丰富的淀粉和糖类，是制醋的主要原料。其中，我国南方地区因盛产大米，多以大米为原料制醋；北方地区则多以高粱为主料。另外，粮食加工下脚料如碎米、麸皮、脱脂米糠、细谷糠、高粱糠等也可用于制醋。

（2）薯类。如甘薯、马铃薯、薯干等，这类原料淀粉含量很高，是良好的制醋原料。

（3）果蔬类。如柿子、梨、枣、葡萄、番茄等，这类原料含有丰富的糖类，也可以用来制醋。

（4）其他。如糖类（饴糖、废糖蜜等）、酒类（白酒、乙醇、黄酒、果酒等）以及野生植物（橡子等）也可以作为制醋的原料，主要用于液态发酵醋的生产。

在选择生态食醋的原料时，除考虑食品安全风险和经济因素外，也会更多地考虑原料的生态友好性，如选用绿色的甚至有机的原料；还可能考虑原料的可利用性和可降解性，以便于在制醋过程中能够被充分利用或减少。

2. 原料处理的工艺和技术要点

（1）原料粉碎。选择无污染、无虫害、富含淀粉或糖类的谷物或果蔬原料进行彻底的清洗，去除表面的污垢和杂质，将原料进行粉碎和混合,以便后续的蒸煮和发酵过程。

(2) 润料和蒸煮。将粉碎好的原料混合均匀,进行润水,加水量视原料种类、含水量、环境温度等而定,润料后按照工艺将拌好的混合料蒸煮一定时间。随着技术的进步,润料和蒸煮也非目前行业必须选用的工艺环节,有部分企业用生料直接发酵,也有企业采用膨化技术,将原料膨化后再发酵。

(三) 酒精发酵工艺和技术

1. 酒精发酵的原理和作用

酒精发酵过程是酵母菌利用原料中的可发酵性糖类进行无氧呼吸,产生酒精和二氧化碳的过程。酵母菌是酒精发酵过程中的主要微生物,在这个过程中,酵母菌通过分解糖类(如葡萄糖)生成丙酮酸,再将丙酮酸转化为乙醇(酒精)和二氧化碳,为后续的醋酸发酵提供底物。酒精作为中间产物,酒精发酵过程产生的酒精是食醋酿造过程中的重要中间产物,酒精的存在为后续的醋酸发酵提供了必要的底物,因此,酒精发酵连接了糖化和醋酸发酵两个阶段。

2. 酒精发酵过程的控制和优化技术

酒精发酵过程是一个复杂的生物化学过程,需要精细地控制和优化以确保最终产品的质量和产量。酒精发酵过程的控制和优化技术对于提高产品质量、资源利用效率和减少环境影响至关重要。相关节点及控制和优化技术如下。

(1) 原料质量控制。选择绿色或有机农作物作为原料,如有机大麦、有机玉米等,以降低环境污染和资源消耗;应确保物料储存条件满足防鼠、防蝇、防虫、防潮、防污染功能,同时领用出仓应遵循先进先出、后进后出的原则,避免物料过期或变质。储存的食用酒精需要定期检测、查验，发现问题及时处理。此外，空仓后应进行清理、清洁、杀虫等工序，以确保下次使用时环境的清洁度。

（2）发酵条件的控制。菌种筛选时，选择适应性强、酒精产量高、风味好的酵母菌种，如活性干酵母或当地野生酵母。根据酵母菌种的特性，调整发酵温度，以维持酵母菌的最佳活性，一般来说，酵母菌的最适生长温度为 25~30℃。pH 值直接影响酵母菌的活性，因此需通过添加缓冲剂或调整原料配比来维持发酵液适宜的 pH 值。酵母菌在酒精发酵初期需要充足的氧气进行有氧呼吸，而在酒精发酵的中后期，过多的氧气会抑制酵母菌的酒精产生能力，因此需定期适度搅拌发酵液以促进酵母菌与底物的均匀混合，同时提供适量的氧气以满足酵母菌的生长需求。糖是酒精发酵的主要原料，糖的浓度过高或过低都会影响酒精发酵的效果，因此需尽量准确控制糖分，此外，发酵时间也是影响酒精发酵质量的重要因素，应根据酵母菌的生长曲线和酒精产量的变化，确定最佳的发酵时间。

（3）废水处理与资源回收。对酒精发酵过程中产生的废水进行妥善处理，如采用厌氧消化、好氧处理等生态友好的方法，以减少环境污染。通过回收废水和发酵废料中的物质，可实现对资源和能源的再利用，如发酵产生沼气，作为生产燃料；回收处理后的废水用于洗涤和冷却；回收酵母提取物、有机酸等，用于饲料生产。废水处理和资源回收，减少对环境的污染，提高了资源的有效利用，降低了生产成本。

（4）整体发酵系统的智能化升级。除传统发酵外，目前部分工厂采用半自动化或全自动化发酵系统。自动化系统可以实时监测和记录温度、pH 值、酒精浓度等关键参数，并自动调整搅拌速度、通气量和温度等控制参数，能够识别发酵过程中的异常情况，并及时发出预警，甚至可以通过长期的数据积累和分析，优化生产工艺。自动化系统的使用，提高生产效率，降低了工人劳动强度，减少人为操作误差，增强生产安全性，保证了产品的稳定性，降低了能耗与成本，促进生态可持续发展。

（四）醋酸发酵工艺和技术

1. 醋酸发酵的原理和作用

醋酸发酵过程中，在乙醇脱氢酶的催化下，醋酸菌利用酒精作为能量来源，并通过氧化将其转化为乙醛。接着乙醛通过吸水形成水化乙醛，再由乙醛脱氢酶将其氧化成醋酸，同时产生水和二氧化碳。

醋酸发酵是食醋生产的核心过程，通过这个过程，原料中的淀粉或糖分被微生物（如乳酸菌、醋酸菌等）分解为醋酸，这是食醋的主要成分，为食醋提供了特有的酸味。在醋酸发酵过程中；除了生成醋酸外，醋酸菌还会产生一些副产物，如醇、醛、酮等有机化合物，为食醋增添了复杂的风味和香气；醋酸发酵过程中产生的醋酸具有抗菌作用，可以抑制其他微生物的生长，从而保持食醋的质量和稳定性。

2. 醋酸发酵过程的控制和优化

醋酸发酵是一个复杂的过程，涉及多种微生物和化学反应。在生产过程中，需要严格控制温度、湿度、pH 值等条件，以保证醋的质量和口感。一般来说，醋酸发酵需要在 30~34℃ 的温度下进行。醋酸发酵是一个有氧发酵过程，氧气供应充足与否直接影响醋酸菌的生长和醋酸的产生。因此，要确保发酵过程中充足的氧气供应，可以通过搅拌、通风等方式实现。酒精是醋酸发酵的底物，其浓度直接影响醋酸菌的生长和代谢活动，要合理控制酒精浓度，避免过高或过低对醋酸发酵造成不利影响。pH 值直接影响醋酸菌的活性，因此，需要根据生产情况定期或不定期检测和调整。酸发酵的时间也是影响产品质量和生产效率的重要因素。要根据发酵过程中的实际情况，合理控制发酵时间，保证食醋的质量和口感。醋酸发酵过程中涉及多种微生物，要通过定期检测、调整发酵条件等方式实现微生物管理，避免有害微生物的污染和干扰。可以通过定期检测、调整发酵条件等方式实现微生物管理。

随着技术的发展，醋酸发酵过程中，也有半自动化或全自动化系统应用。智能系统的应用，实现了发酵条件的及时监控和调整、发酵过程中数据的自动收集和分析，实现了高效、节能、环保生产，降低了对人力的依赖，从而降低生产成本、提高控制精度，实现产品稳定生产。

（五）其他工艺环节控制技术

1. 熏醅

熏醅是山西陈醋酿造中的独特且关键的工艺环节。熏醅过程中，将成熟的醋醅装入熏缸，采用火炕熏，瓷盆盖，木锨翻的方式进行熏制。熏醅的主要作用是使醋醅发生"美拉德"反应，从而增加食醋的色泽和焦香味；熏醅过程也有助于提高食醋的有效成分，如氨基酸态氮等，使其质量和营养价值得到提升。

熏醅过程中，首先要关注熏醅材料的选择，应选用树脂含量少、熏烟风味好、防腐物质含量多的硬木和竹类作为熏烟材料，以确保熏制出的食醋具有优良的口感和风味。其次要控制熏醅温度和湿度，一般来说，熏醅温度应控制在 340~350℃，以确保醋醅发生适当的"美拉德"反应，同时避免温度过高导致醋味发苦，在熏醅过程中也应适当充入氧气和控制湿度，以确保醋醅的熏烤效果和质量。再次，有害成分控制也是非常关键的环节,对于生态食醋来说,尤其关注有害物质的产生情况,为了降低这些有害成分的含量,可以采取控制发烟温度、湿烟法、室外发烟净化法、隔离保护法、液熏法等方法,以减少熏烟中有害成分的产生及对制品的污染。此外,还要关注熏醅设备的选择,设备应具有良好的密封性、温度控制和通风性能,以确保醋醅在熏制过程中能够均匀受热和通风提高熏醅环节的生产效率和产品质量。

2. 淋醋

淋醋是利用煮沸的水或者醋,将醋醅中的醋酸及有益成分过滤出来。这个过程中,醋醅被均匀地放入淋缸内,通过加入适量的水进行浸泡和循环,使醋液从醋醅中充分淋出。淋醋过程不仅可以去除杂质,提高产品质量,增加食醋的清亮度,改善口感,还能使醋液的内容物均匀淋出,增加食醋的营养价值和保质期。淋醋是山西陈醋生产中的重要环节,镇江香醋生产过程中同样采用了淋醋工艺。但淋醋并不是食醋生产的必要工艺,一些米醋生产过程中可能不采用淋醋工艺。

淋醋前,应选择经过充分发酵的醋醅作为淋醋的原料,确保醋醅的质量和口感。需要将醋醅进行均匀摊铺,控制好装入醋醅的量,用清水或煮沸的水进行浸泡,按照工艺要求进行控制浸泡温度和时间,确保醋醅中的醋酸及有益成分能够充分溶解在水中,同时避免浸泡时间过长导致染菌。接下来,用浸泡好的醋醅进行淋醋,淋醋过程中应控制好淋醋速度和淋醋量,并注意调整淋醋设备的温度和通风性能;淋醋使用二淋醋顺序要分明,由高酸度往低酸度依次使用,这样可以使醋醅中的醋酸易于溶出,不压酸,不混淋。最后,将淋出的醋液收集起来,进行后续的过滤和处理,以去除淋醋液中的杂质和悬浮物,提高食醋的清亮度和口感。

3. 陈酿

陈酿是食醋生产过程中的一种传统工艺，主要利用的是醋酸菌的氧化作用，将酒精转化为醋酸。在陈酿过程中，食醋会发生一系列的物理和化学变化，包括醋酸的氧化、酯类的水解和合成、颜色的加深和香气的形成等。这些变化使得食醋的口感更加柔和醇厚，香味更加浓郁，色泽更加鲜亮。在现代工业化的食醋生产中，有一些食醋采用了快速发酵技术，例如表面发酵或者液体发酵，快速制备成品醋，无需经过长时间的陈酿过程，而传统工艺的食醋可能会选择陈酿工艺以增加产品口感和香气。

食醋陈酿技术要点主要包括以下几个方面。

（1）选择合适的陈酿容器。一般选择陶瓷缸或木桶等材质，这些材质对食醋的储存和熟化有良好的效果，同时，要确保容器密封性好，防止食醋在陈酿过程中受到外界污染。

（2）控制陈酿条件。温度和湿度是影响陈酿效果的重要因素，一般来说，陈酿温度控制在 20~30℃、湿度控制在 70%~80% 比较适宜，要避免温度或湿度过高或过低对食醋品质产生不良影响。在陈酿过程中，要定期搅拌和翻醅，以促进食醋的均匀熟化和防止沉淀。此外，还要根据工艺控制合适的陈酿时间。

（3）污染物控制。在陈酿过程中，要注意防虫防霉，保持陈酿环境的清洁卫生，还要定期检查食醋的质量，如发现变质或污染的情况要及时处理。陈酿结束后，食醋需要进行过滤、澄清等处理，以去除杂质和沉淀物。

（六）品质控制技术

食醋的质量标准主要包括感官指标、理化指标和安全指标。感官指标要求食醋具有特有的色泽、香气和酸味。理化指标则规定了食醋的总酸度、氨基酸态氮等化学成分的含量，如国家标准 GB 2719—2018《食品安全国家标准 食醋》的规定，食醋的总酸含量应≥3.5g/100mL，甜醋总酸含量应≥2.5g/100mL。安全指标则对食醋中的细菌、大肠杆菌等微生物及重金属污染物含量进行了限制，GB 2719 规定食醋的细菌总数应≤10 000CFU/mL、大肠菌群和致病菌应不得检出；GB 2762 规定食醋中的铅含量应≤0.5mg/kg、镉含量应≤0.1mg/kg、汞含量应≤0.01mg/kg。

除满足食品安全国家标准外，不同的食醋，质量控制指标不同，如镇江香醋规定了总酸度（≥4.50g/100mL）、不挥发酸、氨基酸态氮、还原糖、可溶性无盐固形物等指标，并明确镇江香醋中含有乙酸、乳酸、琥珀酸和焦谷氨酸四种特征有机酸并明确乙酸的含量不高于上述有机酸总含量的 65%，而乳酸的含量不低于上述有机酸总含量的 10%。山西老陈醋的关键技术指标主要包括总酸度（不低于 6g/100mL）、不挥发酸、氨基酸态氮、还原糖、可溶性无盐固形物、总酯、pH 值、食盐含量，以及特征指标如总黄酮和川芎嗪的含量。

食醋品质控制常用技术有色谱技术（如气相色谱、高效液相色谱和超高效液相色谱技术等）、质谱技术（如气相色谱—质谱联用、液相色谱—质谱联用、飞行时间质谱、高分辨质谱、稳定同位素质谱等）、分子生物学技术（如 PCR 技术、高通量测序技术等），此外，随着自动化水平和生产效率的提高，行业对快检技术的需求也在提升，常用的快检技术有化学比色技术、酶抑制技术、生物传感器技术、免疫标记技术、生物芯片技术等。每种方法存在各自的优势和不足，应根据经验、仪器获得性、适用性等情况选择合适的方法。

第七节　生态饮料加工技术

一、生态饮料加工技术发展

(一) 生态饮料市场分析

1. 生态饮料市场现状

随着人们健康意识的提高和消费观念的转变，生态饮料市场呈现出快速增长的趋势。据统计，近年来生态饮料市场规模以年均 20% 以上的速度递增，吸引了大量企业进入这一市场。然而，生态饮料市场的现状与趋势也面临一些挑战。首先，市场竞争激烈，同质化现象严重。由于进入门槛相对较低，市场上充斥着大量品牌和产品，导致价格战和营销战频发。其次，消费者对品质和口感的追求不断提升，对产品的要求也越来越高。此外，随着健康饮食的兴起，消费者对饮料的成分和营养价值也更加关注。因此，生态饮料加工技术的发展与创新对于满足市场需求和提高产品竞争力至关重要。

2. 加工技术对生态饮料品质的影响

生态饮料加工技术的进步对生态饮料品质的提升具有至关重要的作用。加工技术不仅影响生态饮料的口感、色泽和香气，还对其营养成分、保鲜度和安全性等方面产生重要影响。随着科技的不断发展，加工技术也在不断创新和完善，为生态饮料产业的可持续发展提供了有力支持。

首先，加工技术对生态饮料的口感、色泽和香气具有显著影响。通过选择合适的原料和处理方法，结合先进的加工工艺，可以生产出口感顺滑、色泽鲜艳、香气宜人的生态饮料。例如，采用超高压加工技术可以有效地保持生态饮料的天然色泽和口感，同时杀灭微生物，提高产品的安全性。

其次，加工技术对生态饮料的营养成分含量和保存效果具有重要影响。通过采用适当的灭菌和保鲜技术，可以有效地延长生态饮料的保质期，同时保持其营养成分的含量。例如，采用低温真空浓缩技术可以保留生态饮料中的大量营养成分，同时减少产品的水分含量，延长保质期。

此外，加工技术对生态饮料的安全性也具有重要影响。通过采用先进的清洗、消毒和灭菌技术，可以有效地降低生态饮料中的微生物和有害物质含量，提高产品的安全性。例如，采用超高温瞬时灭菌技术可以有效地杀灭微生物，同时保持产品的营养成分和口感。

综上所述，加工技术对生态饮料品质的影响是多方面的。为了不断提升生态饮料的品质，需要不断加强加工技术的研发和创新，探索更加高效、环保和可持续的生产方式，以满足消费者对高品质生态饮料的需求。

（二）生态饮料加工的基本原理与技术

1. 生态饮料的原料选择与处理

生态饮料的原料选择与处理是生态饮料加工技术的关键环节之一。在原料选择方面，需要考虑原料的产地、品种、生长环境以及采摘时间等因素。例如，某些具有特殊营养成分的水果或植物，其产地和品种可能会影响最终产品的品质和口感。同时，为了保证生态饮料的品质和安全性，需要选择新鲜、无污染、无农药残留的原料。此外，采摘时间也是影响原料品质的重要因素，不同原料的采摘时间不同，需要在最佳时机采摘以保证原料的新鲜度和营养成分。

在处理方面，生态饮料的原料需要经过清洗、破碎、榨汁、过滤等工序。清洗是为了去除原料表面的污垢和农药残留，榨汁和过滤是为了提取和分离出原料中的汁液和营养成分。在处理过程中，还需要根据不同原料的特点和要求，采用不同的处理方法和设备，以保证最终产品的品质和口感。同时，处理过程中还需要注意防止原料的氧化和交叉污染等问题。

为了更好地选择和处理生态饮料的原料，需要建立完善的原料采购和质量检测体系。同时，还需要加强与供应商的合作与交流，提高原料品质和稳定性的控制能力。此外，还需要不断探索和创新原料处理技术和设备，提高生产效率和产品质量。

2. 加工过程中的灭菌与保鲜技术

在生态饮料加工过程中，灭菌和保鲜技术是至关重要的环节，直接影响到产品的品质和保质期。随着消费者对健康和食品安全意识的提高，对于生态饮料的品质要求也越来越高。因此，研究和应用先进的灭菌和保鲜技术，对于提高生态饮料的品质和延长保质期具有重要意义。

目前，常见的灭菌技术主要包括热力灭菌、紫外线灭菌、超声波灭菌等。其中，热力灭菌是最为常用和有效的方法，能够杀灭绝大多数微生物，确保饮料的安全性。然而，热力灭菌也会对饮料的口感和营养成分造成一定影响。为了减少这种影响，可以采用低温长时灭菌、高温短时灭菌等工艺，在保证灭菌效果的同时，尽量减少对饮料品质的影响。

除了灭菌技术外，保鲜技术也是生态饮料加工过程中的重要环节。常见的保鲜技术包括添加保鲜剂、调节 pH 值、降低氧气含量等。这些技术可以有效地延缓饮料中微生物的生长和酶的活性，延长保质期。同时，也可以采用超高压、高静压等新兴技术，通过改变微生物的细胞膜通透性、影响微生物酶的活性等途径，达到杀菌和保鲜的目的。

在选择和应用灭菌和保鲜技术时，需要考虑多种因素，包括微生物种类和数量、饮料的成分和特性、加工设备和成本等。因此，需要进行充分的实验和研究，确定最佳的工艺参数和技术组合，以达到最佳的灭菌和保鲜效果。

综上所述，生态饮料加工过程中的灭菌和保鲜技术是保障产品品质和安全性的关键环节。为了满足消费者对高品质、安全、健康的需求，需要不断研究和应用新的技术，提高加工工艺和技术水平。

（三）加工工艺流程与设备

在生态饮料加工过程中，加工工艺流程与设备是至关重要的环节。随着科技的不断发展，加工工艺流程与设备也在不断改进和优化。传统的加工工艺流程通常包括原料选择、清洗、破碎、榨汁、过滤、杀菌和灌装等步骤，而现代加工工艺流程则更加注重加工过程中的灭菌与保鲜技术，以提高产品的品质和延长保质期。

在加工设备方面，现代化的生态饮料加工企业通常采用自动化、智能化的生产线，能够实现高效、连续的生产。例如，榨汁机、过滤机、杀菌机、灌装机等设备在加工过程中起着至关重要的作用。这些设备需要定期维护和保养，以确保其正常运行和延长使用寿命。

此外，加工工艺流程与设备的选择还需要考虑产品的特点和市场需求。例如，对于果汁饮料，加工工艺流程中需要重点考虑果汁的提取和保存，而对于茶饮料，则需要重点考虑茶叶的提取和味道的保持。同时，市场对生态饮料的需求也在不断变化，因此加工企业需要根据市场需求调整加工工艺流程与设备，以生产出更符合消费者口味和需求的产品。

二、新型生态饮料加工技术的发展与应用

(一) 新型生态饮料加工技术发展

1. 低温真空浓缩技术

低温真空浓缩技术是一种先进的加工技术，在生态饮料加工中具有广泛的应用前景。该技术通过在低温、低氧环境下进行浓缩处理，能够最大限度地保留生态饮料中的营养成分和风味物质，同时避免传统高温浓缩工艺对饮料品质的影响。据研究，低温真空浓缩技术能够使生态饮料中的维生素、矿物质等营养成分保留率高达90%以上，显著高于传统高温浓缩工艺的保留率。此外，该技术还能够有效地降低加工成本，提高生产效率，为生态饮料产业的发展提供了有力支持。

2. 超高压加工技术

超高压加工技术是一种新型的食品加工技术，通过施加极高的压力来达到杀菌、灭酶、改变物质结构和性质等目的。在生态饮料加工中，超高压加工技术具有广泛的应用前景。首先，超高压加工技术可以有效延长生态饮料的保质期，通过杀菌处理，可以显著降低饮料中的微生物数量，延长产品的货架期。其次，超高压加工技术还可以改善生态饮料的口感和品质，通过高压处理，可以改变饮料中的蛋白质、淀粉等物质的构象，改善饮料的口感和外观。此外，超高压加工技术还可以促进生态饮料中的营养成分的释放和保留，提高产品的营养价值。在应用超高压加工技术时，需要综合考虑加工工艺、压力参数、温度等因素，以确保加工效果和产品质量。未来，随着超高压加工技

术的不断发展和完善,其在生态饮料加工中的应用前景将更加广阔。

3. 酶工程技术的应用

酶工程技术在生态饮料加工中具有广泛的应用。它能够通过酶的催化作用,实现对生态饮料原料的降解、转化和修饰,从而改善饮料的口感、色泽和营养成分。例如,在果汁加工中,利用酶工程技术可以将果胶、纤维素等大分子物质分解成小分子物质,提高果汁的口感和透明度。同时,酶工程技术还可以用于生产功能性饮料,如添加益生菌、酶等物质的饮料,这些饮料具有调节人体生理功能的作用。据研究,酶工程技术能够提高生态饮料的抗氧化、抗炎等生物活性,对于人体健康具有积极的影响。未来,随着酶工程技术的不断发展,其在生态饮料加工中的应用将更加广泛和深入,为消费者提供更加健康、美味的生态饮料。

(二) 生态饮料加工技术的挑战与对策

1. 加工技术的环保要求与可持续发展

随着生态饮料市场的不断扩大,加工技术的环保要求与可持续发展也日益受到关注。为了满足消费者对健康、环保的需求,生态饮料加工企业需要积极采取措施,确保加工技术的环保性和可持续发展性。首先,在原料选择上,应优先选择有机、绿色、可持续的原料,减少对环境的破坏和污染。同时,要注重原料的保鲜度和质量,确保加工出的生态饮料品质优良。其次,在加工过程中,应采用环保、高效的加工技术,如低温真空浓缩技术、超高压加工技术等,以减少能源消耗和环境污染。此外,还应加强设备的维护和管理,确保设备的正常运行和使用寿命。在技术应用方面,应注重技术创新和人才培养,加强国际合作与交流,引进先进的技术和管理经验,提高生态饮料加工技术的整体水平。同时，应加强技术研发和成果转化，推动生态饮料加工技术的跨界融合发展，开拓更广阔的市场空间。总之，生态饮料加工企业应积极响应环保要求，坚持可持续发展原则，加强技术创新和管理升级，为消费者提供更加健康、环保的生态饮料。

2. 技术创新与人才培养

在生态饮料加工技术的发展过程中，技术创新与人才培养是至关重要的。随着消费者对生态饮料品质和口感的不断追求，加工技术也需要不断升级和创新。技术创新是推动生态饮料加工技术发展的关键因素，它能够提高加工效率、降低成本、提升产品品质和口感，满足市场需求。例如，近年来新型的低温真空浓缩技术、超高压加工技术和酶工程技术的应用，都在不断提升生态饮料的品质和口感，满足了消费者对健康、天然、环保的需求。

同时，人才培养也是生态饮料加工技术发展的重要支撑。技术的创新需要人才的推动，因此，培养具备专业技能和创新意识的人才至关重要。通过加强教育和培训，提高从业人员的技能水平和创新能力，可以为生态饮料加工技术的发展提供源源不断的人才支持。例如，一些企业通过与高校和研究机构合作，共同培养具备生态饮料加工技术专业知识和实践经验的人才，为企业的技术创新提供了有力的人才保障。

技术创新与人才培养的结合，将有助于推动生态饮料加工技术的持续发展。通过不断的技术创新和人才培养，可以不断提升生态饮料的品质和口感，满足消费者需求，同时也可以提高加工效率、降低成本，提升企业的竞争力。未来，随着智能化、自动化技术的应用以及新原料、新品种的开发利用，生态饮料加工技术将迎来更加广阔的发展空间。

3. 加强国际合作与交流

加强国际合作与交流是生态饮料加工技术发展的重要方向之一。随着全球经济一体化的加速，各国之间的技术交流和合作日益频繁，为生态饮料加工技术的发展提供了广阔的平台。国际合作与交流有助于各国共同攻克技术难题，分享最新的研究成果和经验，促进生态饮料加工技术的进步和创新。例如，欧洲、美国等发达国家和地区在生态饮料加工技术方面具有较高的水平，而发展中国家则拥有丰富的原材料和劳动力资源。通过国际合作与交流，发达国家可以为发展中国家提供技术支持和培训，帮助其提高加工技术水平，实现互利共赢。同时，国际合作与交流还有助于推动生态饮料加工技术的跨界融合发展，拓展新的应用领域和市场空间。

（三）生态饮料加工技术的未来展望

1. 智能化、自动化技术的应用

随着科技的不断发展，智能化和自动化技术逐渐成为生态饮料加工技术的重要发展方向。智能化技术的应用，使得生态饮料加工过程更加高效、精准和可控。例如，通过引入智能化控制系统，可以实现加工过程的自动化控制，提高生产效率的同时降低能耗和减少人工干预。此外，智能化技术还可以用于生产线的故障诊断和预警，提高生产安全性和稳定性。自动化技术的应用则可以提高生产线的生产效率和产品质量。例如，自动化生产线可以实现连续化生产，提高生产速度和产量，同时减少人工操作误差，提高产品质量。此外，自动化技术还可以用于生产线的物流和仓储管理，实现生产过程的全面自动化。

2. 新原料、新品种的开发利用

随着人们对健康饮食的追求和对饮料口感的不断变化，生态饮料市场对新型原料和新品种的需求日益增长。新原料、新品种的开发利用对于生态饮料加工技术的发展至关重要，不仅可以提升产品的品质和口感，还可以满足消费者对健康、环保和个性化的需求。例如，近年来，一些企业开始尝试使用天然植物提取物、益生菌、果蔬汁等新型原料来生产生态饮料，这些原料富含营养成分，对人体健康有益，同时也符合消费者对天然、健康食品的追求。此外，一些新型品种的果蔬、茶叶等也逐渐被应用到生态饮料的加工中，带来了独特的风味和口感。在开发新原料和新品种时，需要充分考虑市场需求、消费者口味的变化以及食品安全的保障。同时，企业也需要加强技术创新和研发力度，不断探索新的加工工艺和配方，以提升产品的竞争力和附加值。

第八节 生态乳制品类加工技术

本节介绍生态乳制品的加工技术和品质控制方法，包括乳品加工工艺和品质检测方法等内容，对生态乳制品的生产流程、设备选型和质量管理等方面进行全面解读。

一、生态乳制品概述

生态乳制品是指采用生态友好的方式生产的乳制品，其生产过程中尊重自然生态环境，注重动物福利和农业可持续性发展。生态乳制品的生产过程通常符合有机农业标准，不使用化学合成的农药、化肥和激素，同时关注土壤健康、生物多样性和生态平衡。

生态乳制品的生产过程中通常采用生态友好的农业管理方式，如生态养殖、草饲养殖、放牧养殖等，确保动物获得良好的生活条件和饲养环境。此外，生态乳制品的加工过程也遵循环保原则，减少能源消耗和废弃物排放，保持产品的天然纯净。

生态乳制品的消费者通常注重产品的健康、环保和可持续性，认为这样的产品更符合自己的生活方式和价值观。因此，生态乳制品在市场上受到越来越多消费者的青睐，成为健康、环保、高品质的乳制品选择。

生态乳制品可以根据生产方式、原料来源、加工工艺等方面进行分类。以下是一些常见的生态乳制品分类。

（1）有机乳制品。有机乳制品是指采用有机农业标准生产的乳制品，生产过程中不使用化学合成的农药、化肥和激素，注重保护环境、保障动物福利和农业可持续发展。

（2）草饲乳制品。草饲乳制品是指采用放牧或草饲喂养方式生产的乳制品，动物主要以草料为主食，生产过程中不使用饲料添加剂和转基因饲料，产品更加天然健康。

（3）原生态乳制品。原生态乳制品是指生产过程中尽量减少人为干预和加工，保持原料的天然特性和营养成分，产品更加纯净、原始。

（4）低碳乳制品。低碳乳制品是指在生产、加工、包装和运输过程中尽量减少二氧化碳排放和能源消耗，注重环境保护和碳排放减少。

（5）其他特色乳制品。还有一些根据特定的生产方式、原料来源或加工工艺而分类的生态乳制品，如山区乳制品、传统手工乳制品等。

这些分类方式可以帮助消费者更好地了解生态乳制品的特点和优势，选择符合自己需求的产品。

生态乳制品在未来具有良好的市场前景和发展潜力，将成为乳制品行业的一个重要发展方向。消费者对健康、环保和可持续发展的需求将推动生态乳制品市场的不断壮大和完善。

首先,随着人们对健康和环保意识的提高,越来越多的消费者开始关注食品的安全、营养和环保性质。生态乳制品符合消费者对健康和环保的需求,受到越来越多消费者的青睐。其次,有机乳制品作为生态乳制品的一种重要类型,市场需求不断增长。有机乳制品在国际市场上也受到越来越多的关注,未来有望成为乳制品行业的一个重要增长点。再次,生态乳制品的生产方式注重农业可持续性发展,有利于保护生态环境、改善土壤质量和促进农业生产方式的转型升级。生态乳制品的发展有助于推动农业产业向更加环保、可持续的方向发展。最后,最重要的是,技术创新推动生态乳制品发展,随着科技的不断进步,生态乳制品生产技术也在不断创新和改进。新的生产技术和工艺可以提高生产效率、降低生产成本,同时保持产品的质量和营养价值,推动生态乳制品产业的发展。

二、生态乳制品一般加工工艺

生态乳制品的加工工艺通常注重保持原料的天然特性和营养成分,尽量减少人为干预和化学添加物的使用。以下是生态乳制品的一般加工工艺步骤。

(1) 乳品采集。首先是从有机或草饲奶牛、山羊或其他乳制品动物中采集新鲜的生乳,确保原料的新鲜和质量。

(2) 过滤和杀菌。将采集到的生乳进行过滤和杀菌处理,以去除杂质和有害微生物,确保产品的卫生安全。

(3) 加工和处理。生乳经过加工和处理,可能包括巴氏杀菌、均质化、搅拌等步骤,以保持产品的质地和口感。

(4) 添加物处理。生乳一般不添加化学合成的防腐剂、色素、香精等添加物,但可能会添加天然的调味料、果汁、果酱等,以增加产品的口味和营养价值。

(5) 包装和贮存。生态乳制品在加工完成后，会进行包装和贮存，通常采用环保材料的包装，以确保产品的新鲜度和保质期。

(6) 质量控制。生态乳制品的生产过程中通常会进行严格的质量控制，包括原料检验、生产过程监控、产品检测等，以确保产品的质量和安全。

总的来说，生态乳制品的加工工艺注重保持产品的原始特性和营养价值，尽量减少化学添加物的使用，保证产品的健康和环保。消费者对生态乳制品的需求不断增长，生产企业也在不断创新和改进加工工艺，以满足市场需求和提高产品质量。

三、生态乳制品的设备选型和质量控制

(一) 生态乳制品生产设备

生态乳制品的生产设备选型需要考虑产品种类、生产规模、生产工艺等因素。以下是一些常见的生态乳制品生产设备及其选型建议。

(1) 巴氏杀菌设备。用于对乳制品进行巴氏杀菌处理，确保产品的卫生安全。选型时需要考虑生产规模和杀菌温度、时间等参数，确保设备符合产品的杀菌要求。

(2) 均质化设备。用于对乳制品进行均质处理，使产品更加均匀细腻。选型时需要考虑产品的黏度、颗粒度等要求，选择适合的均质化设备。

(3) 搅拌设备。用于将原料充分混合，确保产品成分均匀。选型时需要考虑产品的黏稠度、搅拌速度等要求，选择适合的搅拌设备。

(4) 包装设备。用于将生产好的乳制品进行包装，保护产品的新

鲜度和卫生安全。选型时需要考虑包装形式、包装速度、包装材料等因素，选择适合的包装设备。

(5) 清洗消毒设备。用于对生产设备和容器进行清洗和消毒，确保产品的卫生安全。选型时需要考虑清洗效率、消毒效果等因素，选择符合卫生标准的清洗消毒设备。

在选择生态乳制品生产设备时，建议企业根据自身的生产需求和规模，选择性能稳定、质量可靠的设备，确保设备符合相关的食品安全标准和环保要求。同时，可以考虑与设备供应商进行沟通，根据企业的具体情况定制适合的设备解决方案。

(二) 生态乳制品生产过程质量控制

生态乳制品的生产过程质量控制是确保产品质量稳定、符合标准的关键步骤。以下是一些常见的生态乳制品生产过程质量控制措施。

(1) 原料检验。对进货的原料进行严格检验，包括牛奶、乳制品添加剂等，确保原料符合卫生安全标准和产品质量要求。

(2) 生产工艺控制。严格执行生产工艺流程，确保每一道工序都按照规定要求进行，避免交叉污染和工艺失误导致的质量问题。

(3) 巴氏杀菌控制。对乳制品进行巴氏杀菌处理时，严格控制杀菌温度、时间等参数，确保产品的卫生安全。

(4) 均质化控制。对乳制品进行均质处理时，控制均质化设备的操作参数，确保产品的质地均匀细腻。

(5) 温度控制。在生产过程中严格控制温度，避免过高或过低温度对产品质量产生影响，确保产品的口感和营养成分。

(6) 包装卫生控制。严格控制包装设备和包装材料的卫生状况，确保产品包装无污染，保持产品的新鲜度和卫生安全。

(7) 清洗消毒控制。对生产设备和容器进行定期清洗和消毒，确保生产环境卫生，避免交叉污染。

(8) 质量检验。建立完善的质量检验体系，对生产过程中的关键环节和成品进行检验，确保产品符合相关的食品安全标准和质量要求。

通过严格执行以上质量控制措施，生态乳制品生产企业可以确保产品质量稳定、安全可靠，提升企业的竞争力和市场信誉。同时，建议企业不断改进和优化质量管理体系，不断提升产品质量和生产效率，满足消费者对健康、环保的需求。

四、常见生态乳制品加工技术

(一) 液态乳加工（以灭菌乳为例）

生态灭菌乳是一种利用生态灭菌技术处理的乳制品，主要通过利用益生菌等有益微生物来抑制有害菌种的生长，从而实现乳制品的灭菌和保鲜。以下是生态灭菌乳的加工技术。

(1) 原料准备。选择新鲜、优质的牛奶或其他乳制品作为原料，确保原料的卫生安全和质量。

(2) 添加益生菌。在原料乳中添加益生菌，如乳酸菌、双歧杆菌等，这些益生菌能够产生有益的代谢产物，抑制有害菌种的生长，提高产品的安全性和保鲜效果。

(3) 发酵处理。将添加了益生菌的原料乳进行发酵处理，控制适宜的温度和时间，使益生菌充分发酵，产生有益的代谢产物，抑制有害菌种的繁殖。

(4) 灭菌处理。对发酵后的乳制品进行生态灭菌处理，采用低温灭菌或其他生态灭菌技术，确保产品的卫生安全和保鲜效果。

（5）调味、包装。对生态灭菌乳制品进行调味和包装，确保产品口感和外观符合消费者的需求。

（6）质检。对成品进行质量检验，包括外观、口感、微生物指标等，确保产品符合相关的食品安全标准和质量要求。

（7）存储。将生态灭菌乳制品存储在适宜的温度下，避免受潮、受热或受阳光直射，确保产品的新鲜度和保质期。

通过生态灭菌技术处理，生态灭菌乳制品可以在保持乳制品原有营养成分的基础上，利用益生菌抑制有害菌种，延长产品的保质期，提高产品的安全性和健康价值。企业在加工生态灭菌乳时，需要注意控制发酵和灭菌的条件，确保产品质量和安全性，满足消费者对健康、安全的需求。

（二）酸乳加工

1. 发酵剂制备

生态发酵剂是指一种利用天然的微生物菌种来进行发酵的剂型。这些微生物菌种通常是有益的益生菌，如乳酸菌、双歧杆菌等，它们能够产生有益的代谢产物，抑制有害菌种的生长，提高食品的安全性和保鲜效果。生态发酵剂在食品加工中起到了重要的作用，可以用于乳制品、面包、蔬菜等食品的发酵和保鲜过程中。

生态发酵剂的主要特点包括如下。

（1）天然来源。生态发酵剂通常来源于天然的微生物菌种，如乳酸菌、酵母菌等，具有天然、健康的特点。

（2）抑制有害菌种。生态发酵剂中的益生菌能够产生抗菌物质，抑制有害菌种的生长，提高食品的卫生安全性。

（3）促进发酵。生态发酵剂中的益生菌可以促进食品的发酵过程,产生有益的代谢产物,改善食品的口感和营养价值。

(4) 增强食品营养。生态发酵剂中的益生菌能够分解食品中的部分成分,提高食品的可溶性和生物利用率,增强食品的营养价值。

(5) 延长保鲜期。生态发酵剂中的益生菌能够产生有益的代谢产物,抑制食品中有害菌种的生长,延长食品的保鲜期。

2. 酸乳加工

生态酸乳是一种利用生态发酵剂进行发酵的乳制品,其中含有益生菌,如乳酸菌和双歧杆菌等,生态酸乳是一种具有益生菌的乳制品,可以促进肠道健康、增强免疫力。生态酸乳加工的主要步骤包括。

(1) 选择原料。选择新鲜的牛奶或其他乳制品作为生态酸乳的原料。牛奶需要进行初步的处理,如过滤、杀菌等,以确保原料的卫生安全。

(2) 添加生态发酵剂。将选定的生态发酵剂添加到牛奶中,这些生态发酵剂包含有益的益生菌,可以促进发酵过程,提高产品的安全性和营养价值。

(3) 发酵。将添加了生态发酵剂的牛奶进行发酵,控制发酵的时间和温度,使益生菌充分发酵,产生有益的代谢产物。

(4) 调味。根据消费者的口味需求,可以在生态酸乳中添加适量的调味料,如糖、果汁等,提高产品的口感和风味。

(5) 包装。将发酵完成的生态酸乳进行包装,选择适宜的包装材料和方式,确保产品的新鲜度和卫生安全。

(6) 质检。对生态酸乳进行质量检验,包括外观、口感、微生物指标等,确保产品符合相关的食品安全标准和质量要求。

(三) 乳粉加工

生态乳粉是利用生态发酵剂进行发酵和加工的乳制品粉末,其加工工艺过程与酸乳加工过程类似,在发酵步骤后,增加了浓缩和喷雾干燥步骤。浓缩是指将发酵完成的牛奶进行浓缩,去除水分,得到浓缩的乳液。喷雾干燥是将浓缩的乳液进行喷雾干燥,将其转化为粉末状的生态乳粉。

由此加工工艺得到的生态乳粉方便携带、易保存,相比于天然乳粉,其营养价值、生态价值更高。

(四) 冷冻乳制品加工

生态冷冻乳制品是指利用生态乳制品作为主要原料,结合冷冻技术加工而成的乳制品。这类产品通常具有口感细腻、口感丰富、营养丰富等特点。以下是生态冷冻乳制品的加工过程。

(1) 选择优质生态乳制品。选择高质量的生态乳制品作为主要原料,确保原料的新鲜度和卫生安全。

(2) 添加其他原料。根据产品配方要求,添加其他原料如糖、乳脂、果料、坚果等,以增加口感和营养价值。

(3) 搅拌和混合。将生态乳制品和其他原料放入搅拌设备中进行混合,确保均匀混合,使各种成分充分融合。

(4) 杀菌处理。将混合后的乳制品进行杀菌处理,确保产品的卫生安全。

(5) 冷冻加工。将杀菌后的混合物通过冷冻设备进行冷冻加工,降低产品的温度,使其凝固成冷冻状态。

(6) 制成产品。将冷冻加工后的乳制品进行成型,可以制成各种形状的冷冻乳制品,如冰淇淋、雪糕等。

(7) 包装和质检。

(五) 干酪加工

生态干酪的加工特点,是通过凝固、切块和搅拌、压榨和成型、腌制、熟化、包装和质检等过程形成。

(1) 凝固。在添加了生态发酵剂的牛奶中加入凝固剂,如凝乳酶,使牛奶凝固成块状,形成凝固乳块。

(2) 切块和搅拌。将凝固的乳块切成适当大小的块状,然后进行搅拌,使凝固乳块中的乳清与凝固的部分分离。

(3) 压榨和成型。将搅拌后的乳块进行压榨,去除多余的乳清,然后将乳块成型,形成干酪的形状。

(4) 腌制。将成型后的干酪进行腌制,可以使用盐水或其他调味料进行腌制,增加干酪的风味。

(5) 熟化。将腌制后的干酪进行熟化,控制适当的温度和湿度条件,使干酪的风味和口感得到进一步提升。

(6) 包装和质检。

(六) 炼乳加工

生态炼乳是指利用生态乳制品作为原料,通过炼制工艺制成的乳制品。生态炼乳通常具有浓稠的口感和甜美的味道,是一种常见的乳制品产品。

生态炼乳的加工过程。

(1) 选择优质生态乳制品。选择高质量的生态乳制品作为主要原料,确保原料的新鲜度和卫生安全。

(2) 加糖。将生态乳制品放入加糖设备中,根据配方要求逐步加入砂糖或其他甜味剂,搅拌均匀。

(3)炼制。将加糖的生态乳制品放入炼乳锅或炼乳机中进行炼制，通过加热和搅拌的过程，使乳制品中的水分蒸发，浓缩成炼乳。

(4)调味。根据需要可以添加香草、果料、坚果等调味料，增加口感和风味。

(5)冷却。将炼制好的生态炼乳放置在冷却设备中进行降温，使其凝固成为浓稠的炼乳。

(6)包装和质检。

(七)奶油加工

生态奶油是一种以生态乳制品为原料，通过加工工艺制成的奶油制品。生态奶油通常用于烘焙、制作甜点、调味等用途，具有丰富的奶香味和细腻的口感。以下是生态奶油的加工过程。

(1)选择优质生态乳制品。选择高质量的生态乳制品作为原料，如鲜奶或奶油，确保原料的新鲜度和卫生安全。

(2)分离乳脂。将生态乳制品放入离心机中进行分离，分离出乳脂，即奶油的主要成分。

(3)硬化。将分离出的乳脂进行硬化处理，通常是通过冷却的方式使其凝固成为固态奶油。

(4)搅拌。将硬化后的奶油放入搅拌机中进行搅拌，使其变得柔软、顺滑，达到适合使用的状态。

(5)调味。根据需要可以添加香草、糖粉等调味料，调整奶油的口味和风味。

综上所述，生态乳制品的优点包括：①更加健康：生态乳制品生产过程中不使用化学添加剂，保留了乳制品本身的营养成分，更加健康。②更加环保：生态乳制品生产过程中注重生态环境保护，减少对环境的污染。③更加天然：生态乳制品采用天然、有机的方式生产，不含人工合成的添加剂，更加天然纯净。④更加美味：由于生态乳制品保留了乳制品本身的原味和风味，口感更加浓郁和纯正。

生态乳制品的加工过程包括原料准备、杀菌、发酵、炼制、调味、冷却、包装、质检等环节。在生产过程中，需要严格控制生产环境和工艺参数，确保产品的质量和安全性。

总的来说，生态乳制品是一种健康、美味、环保的乳制品产品，受到越来越多消费者的青睐。消费者在选择生态乳制品时，可以关注产品的生产工艺、原料来源、认证等信息，确保选择到优质的生态乳制品，享受健康美味的乳制品。

第九节 生态酒加工技术

一、生态酒加工技术的发展历程

（一）古代生态酒的起源与演变

生态酒的起源可以追溯到数千年前，据历史记载，中国是世界上最早发明酒的国家，早在夏朝时期，人们就开始酿造酒。最初的生态酒主要是由粮食、水果等天然原料酿造而成，人们在长期的酿造过程中逐渐掌握了酿酒技术，使得生态酒的品质不断提高。随着时间的推移，生态酒逐渐成为了人们生活中的重要饮品，各种酒文化也相继出现，丰富了人类的精神世界。

（二）现代生态酒加工技术的创新与突破

现代生态酒加工技术在多个方面都取得了创新与突破。在原料选择上，新型的生态酒酿造开始采用有机原料，减少化学农药和化肥的使用，更加注重原料的品质和可持续性。例如，某些生态酒品牌开始与有机农场合作，采用有机葡萄进行酿造，确保原料的天然无污染。在酿造工艺方面，现代技术如生物工程、酶工程等的应用使得生态酒的酿造过程更加高效、环保。例如，某些新型的酿造工艺能够降低能源消耗和减少废水的产生，同时提高酒的品质和口感。在品质控制方面，现代生态酒加工技术也取得了显著的进步。通过先进的检测技术和分析模型，生态酒企业可以更加准确地检测酒的品质、口感和风味，从而更好地满足消费者的需求。此外，现代生态酒加工技术还注重酒的包装和标签设计，采用可降解材料和环保印刷技术，减少对环境的影响。

二、生态酒的原料选择与处理

（一）酿造生态酒的主要原料

酿造生态酒的主要原料是粮食，其中以高粱、玉米、小麦、大米等最为常见。为了确保生态酒的品质和口感，酿酒师们通常会选择优质、无污染的粮食作为原料。此外，水也是生态酒酿造中不可或缺的原料之一，水质的好坏直接影响到生态酒的品质和口感。在酿造过程中，还需要添加适量的酒曲、麸糠等辅助材料，这些材料的选择和使用也是影响生态酒品质的重要因素。为了确保生态酒的品质和口感，酿酒师们需要综合考虑原料的品质、产地、采摘时间等因素，同时采用科学合理的酿造工艺和技术，严格控制酿造过程中的温度、湿度、发酵时间等参数。

(二) 原料的采摘与贮存

在生态酒的酿造过程中,原料的采摘与贮存是至关重要的环节。首先,采摘的时机和方式对原料的质量和风味有着显著影响。例如,某些葡萄品种需要在特定的成熟度采摘,以确保其果香和糖度的适中。此外,采摘过程中还需注意避免机械损伤和过度挤压,以免影响原料的品质。

贮存环节同样关键。合适的温度、湿度和通风条件是保持原料新鲜度和防止霉变、腐烂的重要因素。例如,稻谷等谷物类原料应存放在阴凉、干燥的地方,避免受潮和虫害。同时,定期检查和翻动也是必要的措施,以确保原料的均匀通风和防止结块。

在采摘与贮存过程中,数据分析模型的应用也日益受到重视。通过建立数学模型,可以对采摘时机、储存条件等进行精确控制,从而提高原料质量和降低生产成本。例如,利用气候数据预测葡萄的成熟度,以及通过实验确定最佳的储存温度和湿度等。

名人名言在采摘与贮存环节同样具有启示意义。法国酿酒师帕斯卡尔·德贝克曾说:"酿酒是一门严谨的科学,采摘与贮存是其中最关键的环节。"这句话强调了原料采摘与贮存对酿酒品质的重要性,也提醒我们在实际操作中要严格把控每一个细节。

(三) 原料的处理与加工

在生态酒的加工过程中,原料的处理与加工是至关重要的环节。首先,原料的采摘要选择合适的时机,确保其新鲜度和营养成分。例如,葡萄的采摘时间通常是在葡萄成熟度最佳的时期,这个时期的葡萄含有丰富的糖分和香味物质,能够为生态酒的酿造提供优质的原料。

其次，原料的贮存和处理也是非常关键的步骤。在贮存过程中，要保持适当的温度和湿度，避免原料受到病虫害的侵袭。在处理过程中，要根据不同原料的特点，采用适当的破碎、榨汁、发酵等方法，以最大限度地提取原料中的营养成分和风味物质。此外，为了确保生态酒的品质和口感，还需要对原料进行质量检测和控制，如糖分、酸度、酵母菌数量等指标都需要进行检测和控制。

三、生态酒的酿造工艺

（一）传统酿造工艺与现代酿造工艺的结合

传统酿造工艺与现代酿造工艺的结合是生态酒加工技术发展的必然趋势。传统酿造工艺注重原料的选择和处理，以及酿造过程中的微生物作用，这些都是生态酒品质的重要保障。然而，随着科技的不断进步，现代酿造工艺也在不断发展，为生态酒加工带来了更多的可能性。现代酿造工艺更加注重酿酒设备的现代化和自动化，提高了生产效率和产品质量。同时，现代酿造工艺也更加注重生态环保，减少了对环境的污染。因此，将传统酿造工艺与现代酿造工艺相结合，不仅可以保留生态酒的传统风味和品质，还可以提高生产效率和环保性，为生态酒的可持续发展提供有力支持。

在传统酿造工艺与现代酿造工艺的结合方面，一些企业已经取得了显著的成果。例如，某生态酒企业采用传统酿造工艺中的原料处理方法，结合现代酿造工艺中的自动化设备，实现了生态酒的现代化生产。同时，该企业还采用了生态环保技术，如废水处理和废弃物资源化利用，实现了生态酒生产的绿色化。这种结合传统与现代的加工技术，不仅提高了生态酒的品质和生产效率，还为企业的可持续发展奠定了基础。

在未来的生态酒加工技术发展中,传统酿造工艺与现代酿造工艺的结合将继续发挥重要作用。随着科技的进步和市场需求的变化,生态酒加工技术也将不断创新和完善。例如,通过引入更多的智能化和自动化设备,提高生产效率和产品质量;通过研发更加环保的酿酒技术,减少对环境的污染;通过探索更加科学的品质控制方法,提高生态酒的口感和风味。这些创新和发展都离不开传统酿造工艺与现代酿造工艺的结合,只有将两者有机地结合起来,才能推动生态酒加工技术的不断进步。

(二) 酿造过程中的微生物作用

在生态酒的酿造过程中,微生物的作用至关重要。这些肉眼难以察觉的小生命体在酿酒过程中扮演着不可或缺的角色。首先,在原料处理阶段,微生物的存在有助于将淀粉转化为可发酵的糖类,如酵母菌可以将淀粉分解为葡萄糖,为后续的酒精发酵提供必要的物质基础。其次,微生物还能产生各种酶,如蛋白酶、脂肪酶等,有助于将原料中的蛋白质和脂肪分解成更小的分子,从而提高原料的利用率和酒的风味。

在发酵阶段,酵母菌将葡萄糖转化为酒精和二氧化碳,这是酿酒过程中最关键的一步。不同的酵母菌种对发酵过程有不同的影响,例如,有的酵母菌种发酵速度快,但产出的酒精浓度较低;有的酵母菌种则能产生独特的风味和香气。此外,在发酵过程中,酵母菌还会产生一些酯类、酸类等化合物,这些化合物对酒的风味和品质有重要影响。

除了酵母菌,酿酒过程中还有其他微生物如乳酸菌、醋酸菌等参与其中。这些微生物的存在可以增加酒的复杂性和多样性，例如，乳酸菌可以使酒具有更柔和的口感和更丰富的层次感。同时，微生物之间的相互作用也会对酒的风味和品质产生影响。

为了更好地利用微生物在酿酒中的作用，需要建立合理的微生物种质资源库，筛选具有优良性状的微生物菌种，并研究其在酿酒过程中的代谢机制和相互作用机制。此外，通过现代生物技术手段如基因编辑技术，可以进一步优化微生物菌种，提高酿酒效率和质量。

总之，微生物在生态酒的酿造过程中扮演着至关重要的角色。要充分利用微生物的作用，需要深入研究其代谢机制和相互作用机制，并合理利用现代生物技术手段进行优化。只有这样，才能酿造出更加优质、丰富多样的生态酒。

（三）酒的发酵与陈酿过程

在生态酒的酿造过程中，发酵和陈酿是两个至关重要的环节。发酵是将原料中的糖类物质转化为酒精和二氧化碳的过程，而陈酿则是将新酿造的酒放置在特定的环境中，使其自然老熟和增香的过程。

首先，我们来探讨发酵过程。生态酒的发酵通常采用天然酵母菌进行，这些酵母菌在适当的温度和湿度条件下，将原料中的糖类物质转化为酒精和二氧化碳。为了确保发酵过程的顺利进行，酒厂通常会控制发酵温度、pH 值以及原料中的糖分含量等因素。此外，酒厂还会根据不同的酒型和口感需求，选择不同的酵母菌种和发酵时间。

在发酵过程中，二氧化碳的生成量也是衡量生态酒品质的一个重要指标。适量的二氧化碳可以给生态酒带来清爽的口感和细腻的气泡，提高饮用体验。因此，酒厂在发酵过程中会严格控制二氧化碳的生成量，以确保生态酒的品质和口感。

其次,我们再来探讨陈酿过程。陈酿是生态酒酿造过程中不可或缺的一环,它可以使新酿造的酒逐渐老熟,增加其口感和香味。在陈酿过程中,酒会自然氧化、聚合反应以及酯化反应等化学反应,这些反应可以使酒中的成分更加复杂、丰富。

陈酿的时间长短也会影响生态酒的品质和口感。一般来说,优质生态酒的陈酿时间不少于6个月,而一些高端酒甚至需要陈酿数年之久。在陈酿过程中,酒厂还会定期将酒桶中的酒液进行翻桶、搅拌等操作,以促进酒的老熟和增加其香味。

此外,陈酿的环境也会影响生态酒的品质。一般来说,陈酿环境要保持恒定的温度和湿度,以避免酒的过度挥发或变质。同时,酒厂还会根据不同的酒型和口感需求,选择不同的陈酿方式和时间。

四、生态酒的灌装与包装

(一)酒的灌装技术

在生态酒的灌装过程中,技术的选择和应用至关重要。随着科技的进步,灌装技术也在不断革新,为生态酒的品质和口感提供了有力保障。首先,现代化的灌装设备能够实现高度自动化和智能化,大大提高了生产效率和产品质量。例如,智能机器人能够精准地完成酒瓶的抓取、运输和定位,减少了人工操作的误差和延误。此外,先进的灌装设备还配备了多种传感器和检测装置,可以对灌装过程中的各项参数进行实时监控和调整,确保每瓶酒的容量、酒精度、口感等指标符合标准要求。其次,生态酒的灌装技术还需要关注环境保护和可持续发展。在选择灌装设备和材料时,应优先选择环保、可回收利用的产品,减少对环境的负担。同时,通过合理的工艺设计和能源管理,降低灌装过程中的能源消耗和碳排放,实现绿色生产。最后,灌装技术的选择还需要考虑成本和经济效益。在保证产品质量和环保要求的前提下,应尽可能选择成本较低、效益较高的灌装方案,提高企业的竞争力和盈利能力。

(二) 酒的包装材料与设计

在生态酒的灌装与包装部分,包装材料与设计对于酒的品质和销售具有至关重要的作用。随着消费者对环保和可持续发展的日益关注,生态酒的包装材料也向着更加环保、可持续的方向发展。例如,一些生态酒品牌采用可生物降解的纸盒或者纸质材料进行包装,这些材料在自然环境中容易降解,不会对环境造成过多的负担。此外,一些生态酒品牌还采用可回收的玻璃瓶进行包装,这种材料不仅环保,而且能够多次使用,减少资源浪费。

除了环保因素外,包装设计也是影响消费者购买决策的重要因素之一。一个好的包装设计不仅能够吸引消费者的眼球,还能够提升产品的附加值。例如,一些生态酒品牌采用简洁、大方的设计风格,通过精美的图案和色彩搭配来吸引消费者的注意力。此外,一些生态酒品牌还通过独特的包装设计来突显自己的品牌特色和产品特点,例如采用特殊的形状或者结构的包装盒,或者在包装上印制一些有趣的图案或者标语。

在选择包装材料和设计时,生态酒加工企业需要综合考虑多个因素,包括环保性、成本、美观度等。同时,还需要根据目标市场的消费者需求和文化背景来进行针对性的设计,以满足不同市场的需求。此外,还需要关注包装的可持续性和可回收性,以实现长期的可持续发展。

(三) 酒的标签与标识

在生态酒的灌装与包装环节中,标签与标识是传递产品信息的重要途径。一个清晰、准确的标签能够向消费者传达酒的品种、产地、年份、生产商等信息,帮助消费者更好地了解产品。同时,标签也是酒品品牌形象的重要体现,美观大方的标签能够提升产品的档次和吸引力。

为了确保标签信息的准确性和规范性,许多国家都制定了相应的法规和标准。例如,我国就制定了《预包装食品标签通则》等国家标准,对标签的字体、字号、颜色、布局等方面都有明确的规定。此外,为了保护消费者权益,法规还要求标签上必须标明生产日期、保质期、成分表等必要信息。

除了法规标准的约束,标签的设计还需要考虑市场策略和品牌定位。以法国葡萄酒为例,其标签上通常会标注产地、年份、酒庄等信息,以突出产品的独特性和品质保证。而一些新兴的生态酒品牌则会在标签上突出环保、健康的理念,以吸引更多关注健康和环保的消费者。

综上所述,酒的标签与标识在生态酒加工技术中具有重要意义。它们不仅是产品信息传递的重要媒介,也是品牌形象和市场策略的重要体现。未来,随着消费者对产品信息的关注度不断提高,标签与标识的设计将更加注重准确性和规范性,同时也将更加注重突出产品的独特性和品牌价值。

五、生态酒的品质控制与评价

(一) 生态酒的质量标准与检测方法

生态酒的质量标准与检测方法在确保生态酒的品质和安全性方面

起着至关重要的作用。随着消费者对生态酒的需求日益增长,制定严格的质量标准并进行有效的检测显得尤为重要。首先,生态酒的质量标准应包括理化指标和感官指标两个方面。理化指标如酒精度、总糖、干浸出物等,应符合国家相关法规和行业标准。感官指标则涉及酒的外观、香气、口感等方面,需要通过专业品鉴师进行评估。其次,检测方法的选择和应用对于确保生态酒的质量至关重要。现代分析技术如色谱法、光谱法等在生态酒的质量检测中发挥着越来越重要的作用。这些技术能够快速、准确地检测出酒中的各种成分,为质量控制提供科学依据。此外,定期进行质量抽检和评估也是保证生态酒质量的重要手段。通过引入第三方检测机构进行公正、客观的评估,可以及时发现和纠正潜在的质量问题。总之,制定严格的质量标准、采用科学的检测方法以及进行有效的质量监控是确保生态酒品质和安全性的关键。

(二) 生态酒的口感与风味评价

生态酒的口感与风味评价是生态酒加工技术的重要组成部分。随着消费者对生态酒的需求不断增加,如何科学、客观地评价生态酒的口感与风味,成为了生态酒加工技术领域的研究热点。

口感与风味评价需要综合考虑多个因素,包括酒体的外观、香气、口感、余味等。其中,香气是评价生态酒质量的重要指标之一。生态酒的香气成分复杂,包括醇类、酯类、酸类、醛酮类、硫化物等,这些成分的种类和含量都会影响生态酒的香气品质。例如,醇类物质能够为生态酒带来甜润感,酯类物质则可以增加生态酒的芳香感。

在生态酒的口感方面,酸度、甜度、苦度、辣度等感官特征也需要进行评估。这些特征与生态酒的原材料、酿造工艺、陈酿时间等因素密切相关。例如,陈酿时间较长的生态酒通常口感更加柔和、圆润,而原材料中果糖含量较高的生态酒则甜度更高。

为了更加科学、客观地评价生态酒的口感与风味,可以采用感官评价技术和化学分析技术相结合的方法。感官评价技术可以通过人对生态酒的外观、香气、口感等方面进行评价,而化学分析技术则可以对生态酒中的化学成分进行分析,从而为口感与风味评价提供数据支持。

在实际应用中,可以采用专家品鉴与消费者品鉴相结合的方式进行评价。专家品鉴可以提供专业的意见和指导,消费者品鉴则可以反映市场需求和消费者喜好。通过这种方式,可以更加全面地了解生态酒的特点和市场竞争力,为生态酒加工技术的改进和优化提供有力支持。

六、结论与展望

在生态酒加工技术的发展历程中,我们见证了从古代到现代的演变与创新。通过对生态酒原料的严格选择和处理,以及酿造工艺的不断优化,生态酒的品质得到了显著提升。在灌装与包装环节,现代技术的应用使得酒的保存更加持久,包装设计也更加精美。在品质控制与评价方面,生态酒行业已经建立了一套完整的质量标准与检测方法,为消费者提供了更加安全、可靠的酒类产品。随着人们对健康饮食的关注度不断提高,生态酒的市场份额也在逐年增长。据统计,近年来生态酒的销售额增长率已经超过了传统白酒,成为酒类市场的一匹黑马。这充分证明了生态酒在满足消费者需求方面的优势和潜力。展望未来,生态酒行业将继续秉承绿色、健康、可持续的发展理念,加强技术创新和品质管理,推动生态酒产业的高质量发展。同时,随着全球环保意识的不断增强,生态酒也将迎来更广阔的市场前景。

第十节　生态预包装食品加工技术

一、生态预包装食品概述

(一) 生态预包装食品定义及特点

按照《食品安全国家标准预包装食品标签通则》(GB 7718—2011)对预包装食品的定义,预包装食品是指预先定量包装或者制作在包装材料和容器中的食品,包括预先定量包装以及预先定量制作在包装材料和容器中并且在一定量限范围内具有统一的质量或体积标识的食品。其特点如下。

(1) 预先定量。预包装食品是在出厂前就已经预先包装并定量的食品。这意味着消费者购买时能够得到固定的单位量,而不是需要自行选择分量。

(2) 包装或制作在包装材料和容器中。预包装食品是在包装材料和容器中进行封闭包装或制作的产品,这种包装通常是为了方便运输和销售,同时也确保了食品的新鲜度和安全性。

(3) 统一的质量或体积标示。预包装食品的包装上会有一个统一的关于质量或体积的信息,以便消费者了解产品的相关信息。

(4) 完整标注产品基本信息。预包装食品应完整地标注所有必要的产品信息,这可能包括食品名称、配料表、净含量和规格、生产者和经销者的信息、生产日期、保质期限、贮存条件等。某些情况下,还可能包括食品生产许可证编号、产品标准代号等。

(5) 食品营养信息的标注。预包装食品还应标注食品的营养信息,如能量、蛋白质、脂肪、碳水化合物、钠及其他营养成分的含量。

(6) 选择性标示。预包装食品的标示内容除必须要求的内容外,还包括其他可选性的信息。这些信息必须是真实的且有效,并且不得违反相关的法律和规定,如广告法。

(7) 特殊食品的特殊要求。保健食品、婴幼儿配方食品、特殊医学用途配方食品等特殊食品,需要根据相应的注册备案法规进行生产和销售。

(二) 预包装食品的范围和种类

1. 范围

预包装食品包括食品名称、配料表、净含量和规格、生产者和(或)经销者的名称、地址和联系方式、生产日期和保质期、贮存条件、食品生产许可证编号、产品标准代号及其他需要标示的内容(如辐照食品、转基因食品、营养标签、质量等级)。

2. 种类

预包装食品指预先定量包装或者制作在包装材料和容器中的食品。日常生活中预包装食品很多,根据不同生态食品原料(蔬菜、米面和食用油)进行预包装食品加工,可以制得罐头、泡菜、腌菜、速冻水饺、速冻米饭、饼干、调和油、起酥油、蛋黄酱等种类繁多的产品。

二、生态预包装食品包装技术

包装是为在流通过程中保护产品,方便储运、促进销售,按一定技术方法而采用的容器、材料及辅助物品的总称。也指为达到上述目的而采用容器、材料和辅助物的过程中施加一定技术方法等的操作活动。

食品易因腐败变质而丧失营养和商品价值,必须进行适当包装才能贮存和成为商品。食品包装因此成为包装的重要组成之一。

(一) 食品包装的基本概念

食品包装是指采用适当的包装材料、容器和包装技术,把食品包裹起来,以使食品在运输和贮藏过程中保持其价值和原有状态。

预包装食品在现代社会中的确起到了一定的便利性作用。对于经常忙碌、缺乏时间制作复杂饭菜的人来说,预包装食品是一种不错的选择。它们不仅提供了一种短时间内获取热量的方式,而且在价格上相对也比较实惠。而对于旅途中的人来说,预包装食品则是必备品,方便随时取用,使人们能够在公共交通工具上享受美味佳肴。但随着预包装食品的发展,其常常被指责缺乏营养,并更加关注食品安全问题。因为许多预包装食品在加工过程中可能对食品中的营养成分进行损失,此外,许多预包装食品还会添加大量盐、糖和脂肪等,以增加其口感和保质期,但这些成分对人体健康毫无疑问是不利的。此外,预包装食品在包装过程中使用的化学物质、添加剂和防腐剂等也可能在食品中残留下来,对人体健康带来潜在风险。对于一些敏感人群来说,如孕妇、婴幼儿和老年人等,预包装食品更需要慎重对待,避免引发过敏或其他不良反应。因此,在前面加工技术的应用基础上,预包装食品包装显得尤为重要。

按在流通过程中的作用分类,包装可分为运输包装和销售包装;按包装结构形式分类,可分为贴体包装、泡罩包装、热收缩包装、可携带包装、托盘包装、组合包装等。此外,还有悬挂式包装、可折叠式包装、喷雾式包装等；按包装材料和容器分类，详见表5.2；按销售对象分类，可分为出口包装、内销包装、军用品包装和民用品包装等；按包装技术方法分类，可分为真空和充气包装、控制气氛包装、脱氧包装、防潮包装、防水包装、冷冻包装、软罐头包装、无菌包装、热成型和热收缩包装、缓冲包装等。

表5.2 包装按包装材料和容器分类

包装材料	包装容器
纸与纸板	纸盒、纸箱、纸袋、纸罐、纸杯、纸制托盘、纸浆模塑制品等
塑料	塑料薄膜袋、中空包装容器、编织袋、周转箱、片材热成型容器、热收缩膜包装、软管、软塑箱、钙塑箱等
金属	马口铁、无锡钢板等制成的金属罐、桶等，铝、铝箔制成的罐、软管、软包装袋等
复合材料	纸、塑料薄膜、铝箔等组合而成的复合软包装材料制成的包装袋、复合软管等
玻璃、陶瓷	瓶、罐、坛、缸等
木材	木箱、板条箱、胶合板箱、花格木箱等
其他	麻袋、布袋、草或竹制包装容器等

(二) 影响包装食品品质的因素

食品是一种易受环境因素和微生物影响而变质的商品。这些因素对食品品质直接和间接的影响规律是对食品进行保护性包装设计的重要依据。

1. 环境因素对包装食品的影响

(1) 光照。光对食品品质的影响很大，它可以引发并加速食品中营养成分的分解，发生食品的腐败变质反应。主要表现在促使食品中油脂的氧化反应而发生氧化性酸败；使食品中的色素发生化学变化而变色，如植物性食品中的绿色、黄色、红色及肉类食品中的红色变暗或变成褐色；引起光敏感性维生素如维生素 B 和维生素 C 的破坏，并与其他物质发生不良的化学变化；引起食品中蛋白质和氨基酸的变性。

减少或避免光线对食品品种的影响，可通过包装将光线遮挡、吸收或反射，减少或避免光线直接照射食品；防止某些有利于光催化反应因素，如水分和氧气透过包装材料。

（2）氧。大气中的氧气对食品中的营养成分有一定的破坏作用，氧使食品中的油脂发生氧化，这种氧化即使是在低温条件下也能进行；油脂氧化产生的过氧化物，不但使食品失去食用价值，而且会发生异臭，产生有毒物质；氧能使食品中的维生素和多种氨基酸失去营养价值；氧还能使食品的氧化褐变反应加剧，使色素氧化褪色或变成褐色；对于食品微生物，大部分细菌由于氧的存在而繁殖生长，造成食品的腐败变质。

食品包装的主要目的之一，就是通过采用适当的包装材料和一定的技术措施，防止食品中有效成分因氧而造成劣化或腐败变质。

（3）温度。引起食品变质的原因主要有生物和非生物两个方面的因素，温度对这两方面都有非常显著的影响。在适当的湿度和氧气条件下，温度对食品中微生物繁殖和食品变质反应速度的影响都是十分明显。在一定温度范围内（如 10~38℃），食品在恒定水分条件下，温度每升高 10℃许多酶促和非酶促的化学反应速率加快 1 倍，其腐变反应速度将加快 4~6 倍。温度的升高还会破坏食品的内部组织结构，严重破坏其品质。过度受热也会使食品中蛋白质变性，破坏维生素特别是含水食品中的维生素 C，或因失水而改变物性，失去食品应有的物态和外形。

为有效地减缓温度对食品品质的不良影响，现代食品工业采用了食品冷藏技术和食品流通中的低温防护技术，由于低温冻结同样会破坏食品内部的组织结构，影响食品品质，因此冷藏可以保藏所有的食品，且温度越低越好的概念并不完全正确。

2. 预包装食品与微生物

引起食品变质的因素很多，其中最主要的是微生物。抑制微生物在食品中的繁殖，有效地储存食品，是食品科学的主题，也是食品包装必须解决的问题。包装食品中微生物的变化包括以下几点。

（1）因包装发生的环境变化对微生物的影响。食品经过包装后，能防止来自包装外部的细菌和真菌的污染，同时包装的内部环境也会发生变化，其中的微生物相也会变化。以肉为例，肉类食品经包装后，微生物的活动及向组织细胞的呼吸使包装内部的 O_2 下降而 CO_2 含量增加，内部环境的 O_2 和 CO_2 的组成不断地发生改变。这种变化又会使食品中的需氧性细菌比例下降，厌氧性细菌比例上升。

包装产生的缺氧状态不仅会改变包装内部的微生物相，而且还会引起微生物在食品中造成的腐败生成物构成的变化，在氧气十分充足的条件下，食品腐败时多产生氨和二氧化碳，在缺氧状态下却产生大量的有机酸。

（2）包装食品中可能引起微生物的二次污染。微生物对包装食品的污染，特别是真菌污染，可分为被包装食品本身的污染和包装材料污染。包装材料中，较易发生真菌污染的是纸制包装品，其次是各类软塑包装材料。就外包装而言，被内装物玷污、人工包装操作时的接触及被水淋湿、黏附有机物或吸附空气中的灰尘等都能导致真菌污染。

（三）预包装食品的质量变化及其控制

1. 预包装食品的褐变、变色及其控制

食品的褐变和变色可通过采用适当的包装技术和方法有效地控制。

(1) 控制氧化褐变。在常温下，氧化褐变的反应速度比加热褐变快得多，因此，对易引起褐变的食品必须进行隔氧包装。对风味食品，即使有少量的残留氧也能引起褐变变色，使食品的风味变劣或变质，在这种情况下需对食品进行真空包装或充气包装。

(2) 控制光引起的食品变色。避光包装利用包装材料对一定波长范围内光波的阻隔性，防止光线对包装食品的影响。选用的包装材料要既不失内装食品的可视性，又能阻挡紫外线对食品的照射。

由于可见光也会加速一般色素的光变色，长时间暴露在阳光下的食品，可对包装材料着色或印刷红色、橙色、黄褐色等。

(3) 控制水分引起的褐变。水分对食品色泽的影响有两个方面，其一是含有一定水分（20%~30%）的食品由于脱水而发生变色；其二是干燥食品会因吸湿增大食品中的水分而变色。防止前一种变色的方法是采用适当的包装材料保持原有的水分，而防止后一种变色主要是保持食品干燥，采用阻湿防潮性能较好的包装材料进行包装或采用防潮包装方法能较好地控制由于吸湿而产生的变色。

2. 预包装食品的色、香、味变化及其控制

(1) 食品化学性变化产生的异臭。包装食品在储运过程中，由于油脂、色素、蛋白质及糖类等食品成分的氧化，或羰氨褐变反应等化学变化产生的异味，会导致食品风味的下降。食品的这种氧化和褐变是由残留在包装内部或透过包装材料的氧引起的。因此，对易氧化褐变的食品，应采用阻气性好，特别是高阻氧性的包装材料进行包装，还可通过采用控制气氛包装、避光包装来抑制氧化和褐变的产生。

(2) 包装材料本身的异臭。包装材料本身的异臭也可引起食品风味变劣。从食品采用塑料材料包装以来，来自于塑料包装材料本身的异臭导致包装食品气味污染一直是普遍存在的问题。在食品加工包装

过程中除了必须加强食品卫生质量管理，还必须严格控制和检查包装材料的质量问题，防止因包装材料本身的异臭污染包装食品。

（3）塑料包装材料的渗透性引起的异味。塑料包装材料都具有不同程度的渗透各种气体的性能，由于氧气的渗入，会引起食品氧化和褐变等化学变化而产生异味，同时，对没有经过杀菌处理或杀菌不彻底的包装食品，也会因微生物和酶的作用而产生异臭和风味变化。为防止因包装材料的透氧性引起的食品风味变化，应选用各种新型的高阻气性复合包装材料，并采用各种质量保全新技术。

不同品种塑料薄膜对挥发性气味物质的渗透性存在很大差异，从保护食品风味质量的角度考虑，各种塑料包装材料对挥发性物质的渗透性至关重要。

包装食品受环境的异臭影响也是由于薄膜对挥发性物质的渗透性造成的。若食品附近有异臭源，或把包装食品存放在有异臭的仓库、冷库、货车等场所，常常由于异臭成分的侵入和香味的逸散而引起食品风味下降。食品中的蛋白质、脂肪等强极性分子易吸附环境气氛中的异臭分子，而蔗糖对任何一种挥发性物质的吸附性都不大。

3. 预包装食品的油脂氧化及其控制

光线能明显促进油脂的氧化，在所有的光线中，紫外线的影响最大。为防止食品由透明薄膜包装引起的光氧化，最好采用红褐色薄膜作为富含油脂食品的包装材料。

食品氧化以氧为前提条件，氧的浓度与包装食品油脂氧化关系密切。降低包装内氧气的浓度，可明显减少油脂的氧化。因此，油脂食品常采用真空或充气包装防止油脂氧化。

一定的水分能抑制油脂氧化，但水分的增加又会使游离脂肪酸增加，达到更高水分时还会促使霉菌包括脂肪氧化酶的增殖，因此要尽可能保持食品较低的水分活度。一般来说，对油脂食品的包装以严格控制其透湿度为保质措施，采用高阻湿性包装材料使包装内部的相对湿度保持稳定。

（四）食品包装材料

包装材料是用于制造包装容器和构成产品包装的材料的总称，包括木材、纸与纸板、玻璃、陶瓷、金属、塑料、纤维织物以及胶黏剂、涂覆材料等各种辅助包装材料，其中纸与纸板、塑料金属、玻璃是包装工业的四大支柱材料。

食品及其包装形式的多样性，决定了对食品包装材料性能要求的多样性和复杂性。食品包装材料应对各种气体、光线、水和水蒸气有一定的阻隔性，具有一定的机械力学性能和尺寸稳定性；有一定的透明性和光亮度，印刷性能好；密封性、热封性和机械适应性好，耐热、耐寒和耐高温性好，抗撕裂、耐穿刺；无毒、卫生、经济；易开，具有兼用性。

三、食品预包装基本技术方法

尽管食品的包装形式由于食品本身的物态不同，采用的包装材料和容器各异而多种多样，但形成一个食品的基本独立包装基本目标是一致的。形成一个食品的基本独立包装的技术方法称为食品包装基本技术方法，主要包括食品充填技术方法、裹包与袋装技术、灌装与罐装技术、装盒与装箱技术、热成型和热收缩包装技术。

（一）充填技术

充填是将食品按一定规格质量要求充入到包装容器中，主要包括食品的计量和充入。根据所能适应的食品物态的不同，可把充填技术分为固体类食品充填和液体类食品充填。

1. 固体食品的充填

固体食品充填根据机械化、自动化程度不同，有手工充填、半机械化充填和机械化自动充填三种。根据采用的计量方法不同，又有计数充填法、容积充填法和称重充填法三种。

计数充填法是将食品通过计数定量后充入包装容器的一种充填方法，常用于颗粒状食品和条、片、块状食品的计量充填，要求单个食品之间规格一致。计数充填法的设备和操作工艺简单，可手动、半自动化或自动化操作，适用于多种包装方法，如热收缩包装、泡罩包装等。

称量充填法有净重充填法和毛重充填法。净重充填法先将物料过秤称量后再充入包装容器。毛重充填法是将包装容器放在秤上进行充填，达到规定质量时停止进料。

容积充填法通过控制食品物料的容积来进行计量充填，它要求被充填物料的体积或质量稳定，否则会产生较大的计量误差。

2. 液体食品的灌装

液体食品充填习惯上称为灌装。影响液体食品灌装的主要因素是液体的黏度，其次为是否溶有气体，以及起泡性和微小固体物的含量等。

根据灌装的需要，一般将液体食品按黏度分为三类。流体是靠重力在管道内按一定速度自由流动，黏度为 $0.001 \sim 0.1 Pa \cdot s$ 的液料，如牛奶、清凉饮料及酒类等；半流体是除靠重力外，还需加上外压才能在管道内流动，黏度为 $0.1 \sim 10 Pa \cdot s$ 的液料，如炼乳、糖浆、番茄酱等；黏滞流体靠自重不能流动，必须靠外压才能流动，黏度在 $10 Pa \cdot s$

以上，如调味酱、果酱等。

用于液体食品灌装的容器主要有玻璃瓶、金属罐、塑料瓶（杯）等硬质容器，以及用塑料或其他柔性复合材料制成的盒、袋、管等软质容器。我国目前应用较多的仍是玻璃瓶，近年来金属罐、塑料瓶等发展迅速，已逐步取代部分玻璃瓶用于软饮料等的包装。金属罐主要是铝质二片罐和马口铁三片罐，常用于饮料和啤酒等的灌装，塑料瓶主要是聚酯瓶和聚氯乙烯瓶等。

灌装方法按灌装原理分为重力灌装、压力灌装和真空灌装三大类；按计量方式分为定液位灌装和容积灌装法两种。

（二）裹包技术

裹包是块状类物品包装的基本方式，它用柔性材料对被包装物品进行全部或局部的包封。由于块状类物品的物化特性各异，其尺寸和形态差别较大，主要有半裹包、全裹包、缠绕裹包、贴体裹包、收缩裹包和拉伸裹包几类。

裹包方法与裹包形式密切相关，在食品包装中裹包主要分为折叠式裹包、扭结式裹包和热熔封接裹包方法三大类。按操作方式分为手工操作、半自动操作和全自动操作。

（三）袋装技术

袋装作为一种古老的包装方法至今仍被视作一种最主要的包装技术而广泛使用。袋装具有价格便宜、形式丰富、适合各种不同的规格尺寸；包装材料来源广泛，可用纸、铝箔、塑料薄膜及其他复合材料；质量轻、省材料、便于流通和消费三大功能。

袋装的形式很多，按容量可分为大袋和小袋；按基本结构形式有偏平袋和自立袋；按包装材料有纸袋、塑料薄膜袋、纸塑复合袋、塑料复合袋及纸、铝箔、塑料复合袋等，目前还使用镀铝的塑料薄膜袋；按袋装方法有预制袋和制袋—充填—封口机用袋两种。预制袋是在包装之前由手工或制袋机制成，包装时再将袋口撑开，充填物料后封口，主要适用于手工包装。制袋—充填—封口机用袋在一台设备上连续完成三步动作而形成产品包装，是目前较为先进一种的袋装技术。

(四) 热收缩包装技术

热收缩包装是用热收缩塑料薄膜裹包产品或包装件，然后加热到一定温度使薄膜自行收缩而紧贴裹住产品或包装件的一种包装方法。

热收缩包装能适应各种形状与尺寸大小不同的物品包装，小到对瓶口局部包装，大到对托盘集装物的包装；利用薄膜的收缩性可把同种多件品集装在一起，实现多件包装，或对不同类物品实施配套包装，为自选市场及其他形式的商品零售提供方便，起到防散失、防盗的作用，并且方便运输；对包装件实现密封、防潮包装；包装工艺和设备简单，通用性强，便于实现机械化包装操作。

热收缩包装的形式一般按包装后包装件的形态特点分为两端开放式的套筒收缩包装、一端开放式的罩盖式收缩包装和全封闭式收缩包装三种类型。

四、食品预包装专用技术

延长食品的保存期是食品包装的重要目的之一，不管是生鲜食品还是加工食品，包装的最基本要求就是在一定保质期内的食品质量得到可靠保证。为实现此目的，各种包装专用技术方法应运而生，比较成熟的有防潮包装技术，真空与充气包装技术，封入脱氧剂包装技术，无菌包装技术，蒸煮袋包装技术等。

（一）防潮包装技术

水分含量较低的干制食品当环境湿度超过其质量所允许的临界湿度时，将迅速吸湿而使含水量迅速增加，达到甚至超过维持质量的临界水分值，从而使食品因含水过多而迅速腐败变质。水分含量较多的潮湿食品也会因内部水分的散失而发生物性变化，降低或失去原有的风味。从食品的组织结构看，具有疏松多孔或粉末结构的食品，与空气接触的表面积较大，吸湿或失水速度较快，容易引起食品品质的变化。

防潮包装采用具有一定隔绝水蒸气能力的防潮包装材料对食品进行包封，隔绝外界湿度对产品的影响；同时使包装内的相对湿度满足产品的要求，保护内装食品的质量。防潮具有两方面的意义，一是防止被包装的含水食品失水。二是防止环境水分进入包装而使包装食品增加水分。

玻璃、陶瓷和金属包装材料的透湿度可视为零，是最好的防潮包装材料。塑料包装材料中适宜用于防潮包装的单一材料品种有 PE、PP、PVDC、PET 等，这些材料阻湿性较好，热封性也较好。在食品防潮包装上大量使用的还是复合薄膜材料，复合薄膜比单一薄膜材料有更优越的防潮性能和综合包装性能，能满足各种包装的防潮和高阻隔要求。

（二）真空和充气包装技术

食品真空包装和充气包装都是通过改变被包装食品的环境条件而延长保质期。充气包装是在真空包装技术基础上的进一步发展，它们之间有相同之处，又有应用上的差别。

1. 真空包装

早期的真空包装用于罐藏技术，食品装入金属罐、玻璃瓶或软罐头内，抽真空将顶隙空气排除后立即密封，经高温杀菌成为长期保藏的包装食品。由于罐头容器气密性高且食品经过高温杀菌，罐头的真空度随装罐食品的温度而变，一般在 4.4~6.5kPa。

塑料工业的发展为食品包装提供了各种高阻隔性塑料及其复合包装材料和包装形式，从而促使食品真空包装技术飞速发展。与传统罐头食品不同的是食品真空包装对真空度要求高，包装后不经高温杀菌处理，食品的风味可得到较好的保护，但保藏时间比罐头食品短得多。

2. 充气包装

充气包装在国外称 MAP 或 CAP，在国内亦称气调包装或置换包装。充气包装早期的应用是将包装容器抽真空后充入惰性气体氮以稀释氧量，进一步延长食品的保质期。由于 CO_2 对细菌有较强的抑制繁殖生长的作用，将其充入包装袋用于新鲜牛羊肉的长途运输保鲜包装，取得了有效的保鲜效果。然而单一的气体充气包装还不能满足各种食品的保鲜要求，充入混合气体的保鲜包装技术或称气调包装技术逐渐发展起来，目前已广泛用于方便食品和新鲜食品。

充气包装常用的气体为二氧化碳、氧气和氮气，其他使用较少的气体有二氧化氮、二氧化硫和氩气等。

（三）封入脱氧剂包装

封入脱氧剂包装技术是在密封的包装容器内，使用能与氧发生化学作用的脱氧剂，除去包装容器内的氧气，使被包装物在氧浓度很低甚至几乎无氧的条件下保存的一种包装技术。目前封入脱氧剂包装在食品工业主要用于对氧敏感的易变质食品,如蛋糕、礼品点心、茶叶、咖啡粉、水产加工品和肉制品等的保鲜包装。

脱氧剂包装最显著的特点是在密封的包装内可使氧降低到很低水平甚至产生一个几乎无氧的环境。脱氧剂既能把容器内的氧全部除去,还能将从外界环境中渗入包装内的氧气以及溶解在液体中或充填在固体海绵状结构微孔中的氧除去。由于在封入脱氧剂的包装内氧的含量得到有效控制,包装容器内产品因氧存在而造成的各种腐败变质也就降低到了最低限度。食品在接近无氧环境中贮藏,可以有效地抑制油脂、色素、维生素、氨基酸、芳香物质等成分的氧化,较好地保持产品原有的色、香、味和营养。同时氧的脱除抑制了嗜氧微生物的生长繁殖,进而减少了由此引起的腐败变质。此外,所有的害虫都需要氧维持生命,封入脱氧剂包装技术的应用可防止虫害的活动。

用于脱氧包装的脱氧剂应对人安全无毒;不与被包装物发生化学反应,更不能产生异味甚至发生产生有害物质的反应;贮藏时的温度不能太低,铁系脱氧剂等在-5℃以下贮藏,其脱氧能力下降,即使温度再升高后也不能恢复;在使用前应密封在气密性好的包装容器中,使用时最好能做到随启封随使用;应根据不同的脱氧需求选用适宜的脱氧剂。目前在生产上常用的脱氧剂有铁系脱氧剂、亚硫酸盐脱氧剂、葡萄糖氧化酶有机脱氧剂和铂、钯及捞等加氢脱氧剂。

(四) 无菌包装技术

无菌包装是被包装的食品在包装前经过短时间的灭菌,然后在包装物、被包装物、包装辅助器材均无菌的条件下,在无菌的环境中进行充填和封合的一种包装技术。

目前,国外发达国家的液体食品包装中,无菌包装占65%以上,且以每年超过5%的速度增长。我国的无菌包装技术起步于20世纪70年代,从最初引进国外成套无菌设备生产线及包装耗用材料到自主研究开发,经过了从无到有,并逐渐走向成熟的过程。

无菌包装已广泛应用于乳品、果汁、蔬菜汁、豆奶、酱类食品及营养保健食品类的生产。

食品无菌包装基本上由三部分构成,一是食品物料的预杀菌;二是包装容器的灭菌;三是充填密封环境的无菌。由于无菌包装技术的关键是要包装无菌,所以它的基本原理是以一定方式杀死微生物,并防止微生物再污染。

目前,用于无菌包装的食品主要分为两大类,一是能常温保存的无菌食品。即采用包装机把连续杀菌过程和无菌容器包装结合起来,目的是获得能在常温下储存的商业无菌食品。一般来说,超高温瞬时杀菌和用其他方法预杀菌的乳及乳制品、布丁、甜食、蔬菜汁、果汁、汤汁、沙司以及带颗粒状的产品均可无菌包装;二是能在低温下保存的无菌食品。即在无菌环境下将没有杀菌的新鲜产品,如发酵乳、甜食、酸乳酪等,目的是在冷藏链中免受霉菌、酵母等再污染,以获得较长的货架寿命。

无菌包装对包装内容物可采用最适宜的杀菌方法进行杀菌,使色泽、风味、质构和营养成分等食品品质少受损害;由于包装容器和食品分别进行杀菌处理,所以不管容器容量大小如何,都能得到品质稳定的产品,甚至还能生产普通罐装根本无法生产的大型包装食品。与包装后杀菌相比,食品与容器之间不易发生反应,包装材料成分向食品溶渗减少,由于容器表面杀菌技术较易,且与内容物杀菌无关,故包装材料的耐热性要求不高,强度要求不十分严格;适合于进行自动化连续生产。

(五) 软罐头包装技术

软罐头，国外称蒸煮袋或盒，是指用软质容器包装，经100℃以上高温杀菌后达到商业无菌，可在常温下长期保存的包装食品。软罐头包装食品已部分地取代了传统的金属和玻璃罐装食品。

用于软罐头的复合软塑包装材料厚度小，传热快，杀菌时间比金属或玻璃罐短，因此包装制品营养损失少、风味质量好，且节省能源；由于质量轻和包装成本低、包装制品携带和储运方便，常温下有较长时间（12个月）的保质期，且封口启封方便，食用时可带包装加热再蒸煮以防止风味散失。软罐头也有缺点，如包装强度较低，尤其是抗穿透强度低，保存期没有金属和玻璃罐长，生产能力也较低。

软罐头的包装形式有蒸煮袋、蒸煮盒或罐和结扎灌肠三种。蒸煮袋和盒的包装材料一般用塑料复合或铝塑复合膜式片材，结扎灌肠则常用PVDC单层薄膜。我国目前只开发了蒸煮袋和结扎灌肠二种。

五、生态预包装食品加工示例

(一) 生态预包装速冻蔬菜处理方案

1. 包装

经过冻结干燥的水果、蔬菜水分含量很低，其水蒸气压比周围空气中的水蒸气压要低得多，尤其在雨季两者差距很大。如果不经过包装贮藏干燥的水果、蔬菜，在不长的时间内就会吸潮，于是，霉菌就会很快生长，而失去商品价值，所以，一定要进行包装。

包装材料应选择不透水、不透气、遮光的材料，并且要坚固不易破裂。最好选用马口铁罐或玻璃瓶。用马口铁罐时要选择涂料铁，如果不是涂料铁，首先要将干燥制品用硫酸纸包好，然后放入马口铁罐内。玻璃瓶最好选用棕色的玻璃制品。干燥制品放入容器后充入氮气，最后密封。

2. 速冻蔬菜的贮藏

蔬菜原料经过一系列处理而迅速冻结后就要转入贮藏阶段。速冻产品贮藏质量的好坏，主要取决于两个条件：一是低温，通常采用的温度是-18℃。二是保持库温的相对稳定性。

在冻藏期间发生的物理变化主要是再结晶作用。由于冷冻保存期间，贮温的波动会造成冰晶体融化和再结晶现象，致使晶体不断扩大，破坏蔬菜细胞组织结构，影响品质，失去速冻的优越性。因此在冻藏期间应保持库温的相对稳定性。

冷冻产品在冷藏中出现冰的升华作用，使产品表面变色。采用不透气的塑料薄膜包装或在产品表面保持一层冰晶层以及提高库内的相对湿度都是有效的防止措施。

冷藏期间也出现不同程度的化学变化，如维生素的降解，色素的分解，类脂物的氧化，某些化学变化引起的组织软化等，这些变化在-18℃下进行缓慢，温度愈低则变化愈慢。

3. 解冻

冷冻蔬菜在食用之前要进行解冻复原，由于各种产品的性质不同，解冻情况不一，对产品的影响也是有差异的。冷冻蔬菜的解冻与冻结是两个相反的传热过程，而且速度也有差异，非流体食品的解冻比冷冻要缓慢。解冻时的温度变化趋向于有利微生物的活动和理化变化的增强。冻藏并没有杀死所有的微生物，有的只起抑制作用而已。当蔬菜解冻之后组织结构已有损伤，内容物渗出，加之温度升高，都有利于微生物的活动及理化性质的变化。因此冷冻食品应在食用之前解冻，解冻之后当即食用。切忌解冻过早或室温下搁置时间过长。冷冻水果解冻越快，对色泽和风味的影响越小。

解冻可以在冰箱中、室温下以及在冷水或温水中进行。也可用射频加热的方法，解冻迅速而均匀，但被处理的产品其组织成分要均匀一致，才能取得良好效果。否则因产品吸收射频能力不一致，会引起局部的损伤。冷冻蔬菜解冻后，可根据品种形状的不同和食用习惯，不必再洗、再切而直接进行食用。腌制品均要求蔬菜原料新鲜、脆嫩，肉质肥厚，纤维少，含糖和含氮物质高，色泽正常，加工可利用率高，成菜率高，无病虫害，较耐贮藏，但各类腌制品所用原料又有差异。一般来说，同一种蔬菜可用不同的方法腌制，制成不同种类的腌制品。

（二）预包装蔬菜干制品处理方案

1. 包装前干制品的处理

蔬菜干制品容易遭受虫害，所以干制品必须进行防虫处理，以保证贮藏安全。

（1）物理防治法。物理防治法是通过环境因素中的某些物理因子（如温度、氧、放射线等）的作用达到抑制或杀灭害虫的目的。

低温杀虫： 若要杀死害虫，有效的低温在-15℃以下，这种条件往往难以实现。可将干制品贮藏在2~10℃的条件下，抑制虫卵发育，推迟害虫的再现。

高温杀虫： 在不损害干制品品质的原则下，将蔬菜干制品在75~80℃温度下处理10~15min后立即冷却，对于干燥过度的蔬菜，可用热蒸汽处理2~5min，即可杀虫，还可使产品肉质柔软，改善外观。

辐射杀虫： 主要是同位素^{60}Co的γ放射线照射产品，而使害虫细胞的生命活动遭受破坏而致死。这种射线能量高、穿透力强、杀虫效果显著,经济实用。

高频加热和微波加热杀虫:这两种热源都属于电磁场的加热,害虫、病虫因热效应同样会被杀灭。高频加热和微波加热杀虫操作简便、杀虫效率高。

气调杀虫:气调杀虫是利用降低氧的含量使害虫因得不到维持正常生命活动所需的氧气而窒息死亡。据实验证明,若空气中的氧浓度降到4.5%以下时,大部分仓储害虫便会死亡。采用抽真空包装、充氮气或充二氧化碳气等办法可降低氧的浓度。气调杀虫法是一种新的杀虫技术,不具有残毒,也便于操作,如配低温环境,则效果更好,因而有广阔的发展前景。

(2)化学药剂防治法。化学药剂防治法具有能迅速、有效地杀灭害虫,并具有预防害虫再次侵害食品的作用,是目前应用最广泛的一种防治方法。但容易造成污染,影响食品的卫生质量。干制品杀虫药剂多采用熏蒸剂杀虫,常用的熏蒸剂有二硫化碳、二氧化硫和溴。

2. 干制品的回软

回软目的是使制品内部的水分分布均匀一致而使质地变韧。因为刚干制出来的制品的水分含量并不是一致的,有一部分可能过干,也有一部分可能干燥不够,若干燥完成后立即包装,则表面部分易从空气中吸收水汽使总含水量增加,会导致成品败坏。所以,产品需在干燥结束后降温,然后将干制品在密闭的室内或容器内堆放,使干制品内部、外部及干制品之间的水分进行扩散和重新分布,最后趋于一致。回软需的时间多则两三周,少则数日即可。

3. 包装

包装对蔬菜干制品的耐储性的影响很大。蔬菜干制后尽快包装可有效地避免制品吸收大气中的水分,减少因水分活度升高所引起的微生物危害，使制品质量得到保证。

蔬菜干制品的包装应能防止蔬菜干制品的吸湿回潮，避免结块和长霉，能使干制品在常温、90%的相对湿度环境中6个月内水分增加量不超过1%；避光和隔氧；包装形态、大小及外观有利于商品的推销；包装材料应符合食品卫生要求。

纸箱和纸盒是干制品常用的包装容器，大多数干制品用纸箱或纸盒包装时还衬有防潮纸和涂蜡纸以防潮。金属罐是包装干制品较为理想的容器，具有防潮、密封、防虫和牢固耐用等特点，采用包装内附装除氧剂，可以达到较理想的贮藏效果。

参考文献

曹凑贵，蔡明历，2018. 稻田种养生态农业模式与技术［M］. 北京：科学出版社.

曹克强，2009. 果树病虫害防治［M］. 北京：金盾出版社.

车艳芳，杨英茹，2013. 现代玉米优质高产栽培技术［M］. 石家庄：河北科学技术出版社.

陈直，徐照学，王二耀，等，2018. 优质牛生态养殖25节课［M］. 郑州：中原农民出版社.

付殿国，杨军香，2013. 肉羊养殖主推技术［M］. 北京：中国农业科学技术出版社.

胡绍德，2022.. 生态茶园建设与管理［M］. 合肥：安徽科学技术出版社

黎星辉，傅尚文，2012. 有机茶生产大全［M］. 北京：化学工业出版社.

李家乐，2002. 池塘养鱼学［M］. 北京：中国农业出版社.

李建国，高艳霞，2013. 规模化生态奶牛养殖技术［M］. 北京：中国农业大学出版社.

李连任，2015. 肉牛生态养殖关键技术［M］. 郑州：河南科学技

术出版社.

李鹏，杜晋平，等，2016. 肉羊健康养殖技术100问. 北京：中国农业出版社.

李秋洪，2002. 绿色食品产业与技术［M］. 北京：中国农业科学技术出版社.

强继业，单治国，张春花，2021. 有机茶生产与加工技术［M］. 沈阳：沈阳出版社.

阮国良，2010. 淡水养殖实用新技术［M］. 武汉：湖北科学技术出版社.

宋志伟，吕春和，姚枣香，2015. 玉米规模生产经营［M］. 北京：中国农业科学技术出版社.

宋志伟，王德利，2020. 玉米科学施肥［M］. 北京：机械工业出版社.

孙威江，林智，杨亨栋，2001. 无公害茶叶［M］. 北京：中国农业大学出版社.

汪发元，杨代勤，袁科平，等，2021. 长江中下游平原地区稻田"种加养"高质量发展模式研究［M］. 北京：中国农业出版社.

王春虎，侯传本，2015. 现代玉米规模生产与病虫草害防治技术［M］. 北京：中国农业科学技术出版社.

王凡，2018. 生态农业绿色发展研究：基于新型农业主体培育创新［M］. 北京：社会科学文献出版社.

王俊起，王友斌，潘力军，等，2013. 中华人民共和国国家标准，粪便无害化卫生要求. GB 7959—2012［M］. 北京：中国标准出版社出版.

王尚堃，耿满，王坤宇，2017. 果树无公害优质丰产栽培新技术［M］. 北京：科学技术文献出版社.

王武，王成辉，马旭洲，2014. 河蟹生态养（第二版）[M]. 北京：中国农业出版社.

颜培实，李如治，2011. 家畜环境卫生学（第4版）[M]. 北京：高等教育出版社.

余庆来，2022. 玉米优质高效栽培技术 [M]. 合肥：安徽科学技术出版社.

曾明森，2018. 茶园虫害识别与生态调控技术手册 [M]. 北京：中国农业科学技术出版社.

张似松，2013. 湖北水稻生产500问 [M]. 武汉：湖北科学技术出版社.

张雯婧，2022. 生态茶园种植管理技术 [M]. 福州：福建科学技术出版社.

张英杰，2010. 羊生产学（第1版）[M]. 北京：中国农业大学出版社.

赵乃刚，申德林，汪朝晖，2007. 目标养蟹新法 [M]. 北京：中国农业出版社.

中华人民共和国国家质量监督检验检疫总局. GB/T 191—2008《包装储运图示标志》，2008-04-01.

中华人民共和国农业农村部. NY/T 3445—2019《畜禽养殖场档案规范》，2019-08-01.

中华人民共和国农业农村部，国家市场监督管理总局，国家卫生健康委员会. GB 31650—2019《食品安全国家标准食品中兽药最大残留限量》，2019-09-06.

中华人民共和国卫生部. GB 7718—2011《食品安全国家标准 预包装食品标签通则》，2011-04-20.

后　记

湖北省农业生态产品价值实现工程研究，建立了农业生态产品价值实现的机制：农业生态产品生产技术体系、农业生态产品标准体系、农业生态产品品牌体系、市场体系与政策体系，构成了农业生态产品价值实现框架。农业生态产品生产技术体系是农业生态产品价值实现机制的基础和前提，"农业生态产品生产技术"为构建农业生态产品价值实现机制提供了依据和技术条件，为贯彻中共中央办公厅 国务院办公厅印发《关于建立健全生态产品价值实现机制的意见》，湖北省委"生态立省、绿色发展"战略提供了科学的、可行的实施路径。

本书是中国工程院战略研究咨询项目"湖北省农业生态产品价值实现工程研究"课题的重要成果之一。由中国工程院印遇龙院士主持和指导，严立冬、樊丹和李秋洪共同设计了项目和课题研究方案、技术路线、研究内容和预期成果。李秋洪制定了"农业生态产品生产技术"编著大纲。第一章由樊丹、郭春敏和李秋洪共同撰写。第二章、第三章、第四章由徐辉、邱浩然主持撰稿。第二章第一节由徐俊英撰写，第二节由张迎新撰写，第三节由刘卫娟撰写，第四节由陈火云撰写，第五节由朱进撰写，第六节由徐劲松撰写，第七节由张德健撰写，第八节由胡贤春撰写。第三章第一节由唐宇龙撰写，第二节由张佳兰撰写，第三节由杜晋平撰写，第四节由汪招雄撰写。第四章第一节由魏红波撰写，第二节由易提林撰写，第三节由苏应兵撰写，第四节由阮国良撰写。袁汉文、邢丹英、周明芹、杨烨对第二章、第三章、第四章进行了审改。第五章第一节由唐茂芝撰写，第二节、第三节、第四节、第十节由国立东撰写，第五节、第八节由刘洋撰写，第六节由武竹英撰写，第七节、第九节由王一凡撰写。周静毅参加编写、编辑和资料整理。王玉东、李铁军对第三章第一节进行审改，何力对第四章进行了审改，唐茂芝对第五章进行了审改。李秋洪对第二章、第三章、第四章撰写专家进行了培训，对全书进行了审改。郭春敏对第一章、第二章、第三章、第四章进行了审改统稿。其他编写人员承担了参编和资料收集与整理工作。

项目资助

国家重点研发计划课题（2022YFD1201003）
山东省自然科学基金面上项目（ZR2022MC207）
玉米生物育种技术平台能级提升与重大品种培育（2024LZGCQY004）

玉米分子标记技术及其应用

◎ 关海英　等　著

中国农业科学技术出版社

《玉米分子标记技术及其应用》

著者名单

主　著：关海英（山东省农业科学院玉米研究所）
副主著：汪黎明（山东省农业科学院玉米研究所）
　　　　刘铁山（山东省农业科学院玉米研究所）
参　著：何春梅（山东省农业科学院玉米研究所）
　　　　丁照华（山东省农业科学院玉米研究所）
　　　　董　瑞（山东省农业科学院玉米研究所）
　　　　刘春晓（山东省农业科学院玉米研究所）
　　　　王　娟（山东省农业科学院玉米研究所）
　　　　张茂林（山东省农业科学院玉米研究所）
　　　　刘　强（山东省农业科学院玉米研究所）
　　　　高日新（山东省农业科学院玉米研究所）
　　　　曹　冰（山东省农业科学院玉米研究所）

前言

玉米是世界上重要的粮食作物，是动物饲料和工业原料的主要来源。在当前世界人口增长、人均耕地面积日趋减少的状况下，玉米产量已无法满足市场的需要。

玉米是重要的工业原料。在各种作物淀粉中，玉米淀粉具有最佳的化学组成，全球淀粉总量的80%左右来自玉米淀粉。玉米淀粉主要来自玉米籽粒中的胚乳部分，而胚乳部分占籽粒干重的70%～90%，因此定位、挖掘与玉米胚乳发育和形成相关的功能基因对提高玉米产量和品质具有重要意义。山东省农业科学院玉米研究所高产育种团队以玉米籽粒皱缩突变体为材料，通过组配分离群体，开展相关基因的遗传分析；通过开发相连锁的分子标记，开展相关基因的定位，以期为玉米产量的提高和品质的改善提供基因资源。

玉米病害是影响我国玉米生产的重要因素之一，多数玉米病害的抗性属于多基因控制的数量性状遗传，如粗缩病、茎腐病、穗腐病等。玉米茎腐病是一种世界性的土传病害，不仅造成玉米严重减产，还导致品质显著下降。优异的抗性种质资源是育种家进行品种改良和选育的重要前提，而利用与抗病基因紧密连锁的分子标记跟踪目标基因是选育抗性种质的重要手段。山东省农业科学院玉米研究所高产育种团队以1个位于抗茎腐病基因内部的共显性分子标记为前景选择标记，以分布于玉米全基因组及基因目标区域的129/137对多态性分子标记为背景选择标记，通过多代回交自交，对山东省主推品种鲁单608的两个亲本自交系进行分子标记辅助改良，在保持原有优良农艺性状的前提下以期获得对茎腐病抗性提高的改良系，为玉米育种人员进行抗茎腐病种质扩增改良与创新研究提供技术和材料支撑。

本书中有些英文为行业术语，未作中文翻译。由于时间和水平所限，书中不足之处在所难免，恳请读者批评指正。

著　者
2025年1月

目 录

1 玉米分子标记技术及其应用研究现状 ························ 1
  1.1 玉米分子标记技术 ·· 1
    1.1.1 分子标记的概念 ·· 1
    1.1.2 分子标记的特点及类型 ································ 1
    1.1.3 常用的分子标记 ·· 2
  1.2 玉米基因组研究进展 ·· 4
  1.3 玉米基因图位克隆 ·· 6
    1.3.1 作图群体的构建 ·· 6
    1.3.2 目标基因紧密连锁分子标记的筛选与定位 ········ 6
    1.3.3 候选基因的确定 ·· 7
    1.3.4 目标基因的功能验证 ·································· 7
  1.4 玉米籽粒突变体研究进展 ·································· 8
    1.4.1 玉米胚特异突变体 ···································· 8
    1.4.2 玉米籽粒胚乳缺陷突变体 ···························· 9
    1.4.3 玉米籽粒胚和胚乳双缺陷突变体 ·················· 10
  1.5 玉米茎腐病的研究进展 ······································ 11
    1.5.1 玉米茎腐病的危害 ···································· 11
    1.5.2 玉米茎腐病抗性基因定位 ···························· 12
  1.6 分子标记在玉米分子育种中的应用 ························ 13
    1.6.1 分子标记在玉米遗传多样性分析中的应用 ········ 13
    1.6.2 分子标记在玉米品种纯度分析中的应用 ··········· 14
    1.6.3 分子标记在玉米基因定位中的应用 ················ 15
    1.6.4 分子标记在玉米抗病育种辅助选择中的应用 ····· 17

2 分子标记在玉米胚乳皱缩基因 *sh2019* 定位中的应用 ········ 19
  2.1 材料与方法 ·· 19
    2.1.1 试验材料 ·· 19
    2.1.2 试验方法 ·· 20
  2.2 结果与分析 ·· 24

		2.2.1 成熟 sh2019 突变籽粒的表型分析 …………………… 24

   2.2.1 成熟 sh2019 突变籽粒的表型分析 …………………………… 24
   2.2.2 遗传分析 ………………………………………………………… 25
   2.2.3 连锁分子标记筛选 ……………………………………………… 26
 2.3 讨论与结论 …………………………………………………………… 30
3 分子标记技术在玉米茎腐病抗性育种辅助选择中的应用 ………… 32
 3.1 材料与方法 …………………………………………………………… 33
   3.1.1 试验材料 ………………………………………………………… 33
   3.1.2 试验方法 ………………………………………………………… 34
 3.2 结果与分析 …………………………………………………………… 40
   3.2.1 抗茎腐病前景选择分子标记设计 ……………………………… 40
   3.2.2 抗茎腐病基因目标区域多态性分子标记开发 ………………… 44
   3.2.3 全基因组多态性分子标记筛选 ………………………………… 51
   3.2.4 抗病基因前景选择分析 ………………………………………… 86
   3.2.5 回交群体的遗传背景分析 ……………………………………… 88
   3.2.6 田间接种 ………………………………………………………… 91
 3.3 讨论与结论 …………………………………………………………… 91
主要参考文献 ……………………………………………………………… 94

1 玉米分子标记技术及其应用研究现状

1.1 玉米分子标记技术

1.1.1 分子标记的概念

分子标记一般指的是 DNA 分子标记，是以个体间遗传物质内核苷酸序列变异为基础的遗传标记，是 DNA 水平遗传多态性的直接反映。DNA 分子标记可以用于指示基因组的某个位置，以 DNA 的序列多态性作为基础，直接反映在 DNA 分子水平上的遗传差异。与形态学标记、细胞学标记及生化标记等遗传标记相比，DNA 分子标记具有明显的优势，一方面，DNA 分子标记不受基因表达与环境的影响；另一方面，DNA 分子标记分布广泛、遗传稳定，大多为共显性标记并且操作简便。随着分子生物学技术的发展，DNA 分子标记技术已有数十种，广泛应用于遗传育种、基因组作图、基因定位、物种亲缘关系鉴别、基因库构建、分子标记辅助育种等方面。

1.1.2 分子标记的特点及类型

1.1.2.1 理想的分子标记具备的特点
（1）多态性丰富。
（2）呈现共显性遗传。
（3）数量多，分布广泛，能够遍布整个基因组。
（4）选择中性（即无多基因效应）。
（5）易于简单快速检测。
（6）开发成本和使用成本低廉。
（7）重复性好。

1.1.2.2 分子标记类型
从 20 世纪 80 年代初到现在，有数十种分子标记技术相继问世，迄今已发展了多种以DNA为基础的分子标记，归纳起来主要包括以下3类。

（1）基于DNA杂交的分子标记。RFLP（限制性片段长度多态性，Restriction fragment length polymorphism）标记。

（2）基于PCR扩增的分子标记。包括RAPD（随机扩增多态性DNA，Random amplified polymorphic DNA）、AFLP（扩增片段长度多态性，Amplified fragment length polymorphism）、SSR（简单重复序列，Simple sequence repeats）、InDel（插入缺失，Insertion-Deletion）和CAPS（酶切扩增多态性序列，Cleaved amplified polymorphic sequences）标记等。

（3）其他一些类型的分子标记。如SNP（单核苷酸多态性，Single nucleotide polymorphism）标记和KASP（竞争性等位基因特异性PCR，Kompetitive allele spectific PCR）标记等。

1.1.3 常用的分子标记

最常用分子标记主要有SSR、CAPS、SNP和InDel等标记。Tautz（1989）发现简单重复序列普遍存在于真核生物的基因组中。

1.1.3.1 SSR分子标记

SSR分子标记技术最早在1989年建立，其基本原理是：每个SSR座位两端的DNA序列多是相对保守的单拷贝序列，因此可根据两端的序列设计一对特异的引物，利用PCR技术，扩增每个位点的微卫星DNA序列，经聚丙烯酰胺凝胶电泳，分析其核心序列的长度多态性。SSR分子标记的主要特点，一是数量多，分布广，覆盖整个基因组；二是共显性遗传；三是容易检测，且重复性好；四是对DNA浓度及纯度要求不高，即使是部分降解的样品也能够检测；五是其标记带型简单，容易客观、明确一致地记录带型，便于实验室间交流。

1.1.3.2 CAPS分子标记

CAPS分子标记的基本原理是：根据有酶切位点差异的单拷贝DNA片段设计引物，进行PCR扩增，将PCR扩增产物用限制性内切酶酶切，然后用琼脂糖凝胶电泳将酶切产物不同大小的DNA片段分开。CAPS标记也是一类共显性标记，目前被广泛应用于基因图位克隆。

1.1.3.3 SNP分子标记

SNP分子标记最早在1996年提出。SNP即单核苷酸多态性，是指在基因组上由于单个核苷酸的变异引起的DNA序列多态性，包括单个碱基的转换、颠换、插入或缺失。SNP分子标记的主要特点，一是分布广，多态性丰

1 玉米分子标记技术及其应用研究现状

富；二是易于实现自动化分析；三是稳定遗传；四是 SNP 基因座的片段更短，更适合 PCR 扩增；五是易于对复杂性状进行连锁不平衡分析和关联分析。

1.1.3.4 InDel 分子标记

InDel 分子标记是指基因组 DNA 片段上存在 2 个及以上核苷酸的插入或缺失，通过设计引物进行 PCR 扩增，然后将扩增产物通过聚丙烯酰胺凝胶电泳或琼脂糖凝胶电泳将大小不同的 DNA 片段区分开。InDel 分子标记也是一类共显性标记，且 PCR 产物容易检测，目前也被广泛应用于基因的图位克隆。

1.1.3.5 dCAPS 分子标记

dCAPS（衍生的酶切扩增多态性序列，Derived cleaved amplified polymorphic sequences）分子标记是一种基于 PCR 的分子标记技术，它通过在突变位点附近引入错配碱基，使原本没有限制性酶切位点的地方产生新的酶切位点，从而在 PCR 扩增产物的酶切反应中产生不同的片段大小，进而表现出多态性（Li et al., 2012）。目前，研究 dCAPS 技术的错配引物通过以下网址进行直接设计：dCAPS Finder 2.0：http: //helix.wustl.edu/dcaps/dcaps.html/；dCAPS Designer：http: //223.65.208.206：8018/。dCAPS 标记的主要特点，一是共显性，它可以同时检测杂合子和纯合子，因此在遗传分析中非常有用；二是位点特异性，每个 dCAPS 标记都针对特定的 DNA 序列变异，这使得它们非常适合用于基因定位和功能研究；三是操作简单，dCAPS 标记的开发和应用相对简单，不需要复杂的仪器设备；四是成本低廉，相比于其他分子标记技术，如 DNA 测序，dCAPS 标记的成本更低。

1.1.3.6 KASP 分子标记

KASP 分子标记是一种基于竞争性等位基因特异性 PCR 的分子标记技术，通过设计特异性的引物和探针，能够在 PCR 反应中区分不同的等位基因。这种技术通常用于基因分型、关联分析、连锁分析和分子标记辅助育种等领域。KASP 标记的优势在于其高通量、低成本和高准确性，使得它成为现代生物育种和遗传研究中的一种重要工具。

1.1.3.7 STS 分子标记

STS（序列标签位点，Sequence tagged sites）分子标记是对以特定的引物序列进行 PCR 特异扩增的一类分子标记的统称。通过设计特定的引物，使其与基因组 DNA 序列中特定结合位点结合，从而用来扩增基因组中特定区域，分析其多态性。利用特异 PCR 技术的最大优点是它产生信息非常可靠，而不像 RFLP 和 RAPD 那样存在某种模糊性。

1.2 玉米基因组研究进展

B73作为美国重要玉米杂种优势群瑞德的代表材料，2009年美国科学家完成了它的基因组测序工作（覆盖度达到95%）（Schnable et al.，2009）。预测玉米基因组大小约为2 500 Mb，基因数量为50 000～60 000个。测序小组已经将玉米基因组草图信息存入互联网基因测序公共数据库maizeGDB，并且还在不断地更新数据。该基因组序列被广泛应用到玉米的基因功能、基因图位克隆、全基因组关联分析、基因组重测序和转录组测序等研究领域。2017年，随着具有超长测序读长的单分子测序技术在基因组组装上的应用，具有更高组装质量和更完整B73基因组被再次公布（Jiao et al.，2017）。2020年，随着单分子测序技术读长和准确率进一步发展，Hufford等（2021）又对B73基因组进行了组装，即目前使用的B73_v5基因组。Mo17作为美国另一个重要杂种优势群兰卡斯特的代表材料，与B73组配的杂交种长时间在美国推广。2017年，华中农业大学严建兵教授团队运用PacBio单分子测序技术及遗传图谱挂载，组装并发布了Mo17的基因组序列（Yang et al.，2017）。2018年，中国农业大学赖锦盛教授团队结合PacBio单分子测序技术、光学图谱辅助组装技术及GBS测序技术为Mo17构建了染色体级别的基因组（Sun et al.，2018）。2023年，中国农业大学赖锦盛教授团队为了组装出更为完整的Mo17基因组，运用了目前测序长度更长的ONT单分子测序技术，并结合PacBio单分子测序技术，组装出了无缺口的染色体（Chen et al.，2023）。自交系PH207作为Iodent种质中代表性的自交系，其基因组已被组装，并通过PH207和B73基因组比较及转录组比较鉴定了丰富的基因组变异和基因表达变异，拓展了人们对玉米基因组序列多样性和基因表达多样性的理解（Hirsch et al.，2016）。4个欧洲硬粒自交系包括F7、EP1、DK105和PE0075的基因组也被成功组装，通过与马齿型自交系B73和PH207展开基因组比较，明确了硬粒种质和马齿种质间的基因组差异，为杂种优势的理解提供了见解（Haberer et al.，2020）。中国地方种唐四平头群中的代表性种质黄早四，前期研究已表明该种质与其他种质存在较大的遗传差异。北京市农林科学院玉米研究所赵久然研究员团队通过组装黄早四的基因组序列发现黄早四特有基因家族主要富集在与育种改良和关键功能相关的区域，促进了人们对黄早四和其衍生系改良历史的理解（Li et al.，2019）。中国地方种旅大红骨群的骨干自交系丹340，该自交系具有多个优良性状，北京市农林科学院玉米研究所赵久然研究员团队组装了

1 玉米分子标记技术及其应用研究现状

其基因组，该基因组的组装丰富了玉米种内遗传多样性，为玉米遗传研究以及基因组研究提供了新的基因组资源（Zhao et al.，2022）。我国西南地区的优良自交系 RP125，山东农业大学张志明教授团队创制了 RP125 的 EMS（Ethyl methane sulfonate）突变体库，组装了 RP125 的基因组，通过组装该基因组已克隆多个功能基因（Nie et al.，2021）。华南农业大学王海洋教授团队对我国 12 个骨干亲本的基因组序列进行组装，通过系统分析不同种质间的序列差异揭示了结构变异与杂种优势的关联（Wang et al.，2023）。玉米自交系 W22 含有丰富的转座子插入，被广泛应用于遗传学研究，2018 年国外学者采用高深度的 10×genomics 技术完成了该自交系的基因组组装，并基于该基因组探究了转座子插入位点附近的染色质特点和 DNA 甲基化水平，为基因功能研究提供了参考（Springer et al.，2018）。小籽粒玉米自交系 SK，属于热带种质资源，其基因组的组装补充了玉米种质的基因组资源，促进了玉米结构变异图谱的构建和功能基因 $ZmBAM1d$ 的克隆（Yang et al.，2019）。自交系 A188 是玉米转基因的常见受体材料，有着较强的愈伤组织再生能力，美国堪萨斯州立大学和四川农业大学相继组装了该材料的基因组。前者以其基因组为基础探究了玉米愈伤组织相关基因的表达及 DNA 甲基化特征（Lin et al.，2021）；后者则基于 A188 基因组挖掘了与胚愈伤组织诱导能力相关的候选基因（Ge et al.，2022）。2020 年，上海交通大学农业与生物学院王文琴教授团队联合中国科学院分子植物科学卓越创新中心巫永睿研究员团队通过组装优质蛋白玉米自交系 K0326Y 的基因组并结合转录组分析及数量性状位点（Quantitative trait locus，QTL）定位鉴定了一些与淀粉合成相关的候选基因（Li et al.，2020）。甜玉米中淀粉合成的关键基因发生突变导致胚乳中淀粉含量减少而糖分含量增加，通过对甜玉米自交系 Ia453 基因组的组装及比较分析鉴定了较多的基因组结构变异、单碱核苷酸多态性（Single nucleotide polymorphism，SNP）及转座子差异，并发现 Ia453 中参与淀粉合成的基因 $sh2$（$Shrunken2$）中至少有两个结构变异（Hu et al.，2021）。抗旱性是玉米育种重点关注的性状，通过组装抗旱玉米自交系 CIMBL55 的基因组并开展比较基因组研究，在 CIMBL55 基因组中鉴定到多个抗旱基因的优异等位基因，其中 CIMBL55 中 $ZmRtn16$ 基因的 3'UTR 区中缺失 28 bp，可能导致该基因 mRNA 的稳定性增强，进而提高了玉米苗期和成熟期的抗旱性（Tian et al.，2023）。2021 年，采用高深度的 PacBio 等测序技术组装了 NAM 群体的 26 个亲本基因组，并基于这些基因组构建了玉米首个高质量泛基因组，促进了玉米种内的多样性以及农艺性状遗传基础的理解（Hufford et al.，2021）。目前，已有50多个玉米自交系通过从头组装公布了基因组序列（Schnable et al.，2009；Eid et al.，2009；Hu et al.，2021；Yang et al.，2017；Sun et al.，2018；Springer et al.，2018；Li et al.，2019；Yang et al.，2019；Liu et al.，2020；Ou et al.，2020；Li et al.，2020；Haberer et al.，2020；Nie et al.，2021；Lin et al.，2021；Ge et al.，2022；Hufford et al.，2021；Zhao et al.，2022；Tian et al.，2023；Chen et al.，2023；Wang et al.，2023）。这些自交系的基因组图谱为进一步解析玉米丰富的遗传多样性和杂种优势提供了基础。玉米基因组的大规模测序，有利于研究人员利用基因组序列信息发展足够多的分子标记。玉米的基因组信息及大量分子标记的开发为玉米基因的遗传定位及图位克隆提供了很大的便利，大大加速了基因定位的进程和玉米的遗传育种研究。

1.3 玉米基因图位克隆

图位克隆又称定位克隆（Positional cloning），最早由剑桥大学的Alancoulson在1986年提出。随着各种植物的高密度遗传图谱和物理图谱的相继构建成功，为图位克隆方法提供了大量的分子标记和基因信息，使图位克隆技术在植物的基因克隆中有着更广阔的应用前景。图位克隆是克隆编码产物未知基因的一种有效方法，其技术环节主要包括以下几个方面。

1.3.1 作图群体的构建

常用的作图群体主要有 F_2、BC_1、DH（Doubled haploid）、RIL（Recombinant inbred lines）和 NIL（Near-isogenic lines）等多种类型。质量性状的单基因克隆通常使用 F_2 和 BC_1 群体，数量性状的基因或 QTL 一般使用 DH、RIL 和 NIL 群体。在构建作图群体时，为了方便后续多态性分子标记的开发一般选择基因组已经或正在测序的自交系作为亲本之一。目前，玉米上主要选择 B73、Mo17 和黄早四等作为作图群体的亲本之一。

1.3.2 目标基因紧密连锁分子标记的筛选与定位

与质量性状基因连锁标记的筛选，一般采用集团分离分析法（Bulked segregant analysis，BSA）对覆盖玉米全基因组的 SSR 标记进行筛选，在亲本间和混合池间均有多态性的标记一般就是与目标基因连锁的多态性标记（Michelmore et al.，1991）；数量性状基因一般用两个亲本筛选多态性引物。然后利用多态性的标记，对100～200个小的分离群体进行基因型分析，结

1 玉米分子标记技术及其应用研究现状

合作图软件构建初步的连锁遗传图，对目标基因进行初步定位。

在目标基因初步定位的基础上，一方面开发新的连锁标记，另一方面扩大作图群体从而实现对目标基因进行精细定位。开发新的连锁标记的方法，根据初定位时目标基因两侧的两个标记在 B73 基因组上（Maizesequence）的物理位置，一方面可以利用 MaizeGDB 网站公布的 SSR、InDel 等标记；另一方面可以下载两个标记之间的 BAC 序列，利用 SSRHunter 软件寻找 SSR 标记（Li and Wan，2005），也可以利用单拷贝序列设计引物，扩增测序，双亲间有差异的序列用来开发 SNP、InDel、CAPS 等标记。同时利用初定位时目标基因两侧的分子标记对大规模的作图群体进行基因型鉴定，结合它们的表现型确定交换单株，利用新开发的多态性标记对目标基因进行精细定位。

1.3.3 候选基因的确定

当目标基因被定位在一定物理区间内时，利用与目的基因紧密连锁的分子标记或探针筛选基因组文库或 cDNA 文库，获得包含目标基因的阳性克隆，然后对阳性克隆进行测序分析，另外也可以通过基因预测软件，根据公布的数据库对定位区间的序列进行基因预测。一般通过以下几个方面对候选基因进行分析以确定目标基因。

（1）在目标基因上开发一个标记，在分离群体间应该表现为共分离。

（2）通过对候选基因的基因组 DNA 以及 cDNA 进行测序，检测 DNA 和 RNA 水平上目标基因在突变型和野生型之间是否有差异。

（3）检测目标基因的时空表达模式与表型是否一致。

（4）最后利用生物信息学的方法结合其他物种的基因组序列进行共线性分析，了解该基因的功能是否与表型相一致。

1.3.4 目标基因的功能验证

目标基因确定后，选择合适的表达载体，通过构建互补载体对目标基因的功能进行转基因验证是验证该基因功能的最好证据。也可以构建候选基因的过表达载体、RNAi 载体或 CRISPR-Cas9 系统介导的编辑载体，通过转基因验证候选基因的功能。同时，也可以通过筛选等位突变体的方法进行功能验证。目前，国内外公共网站都公布了玉米 EMS、Mu 等突变体，这也为筛选等位突变体提供了便利。

1.4 玉米籽粒突变体研究进展

籽粒是玉米储存营养物质的重要器官，其发育状况与玉米品质和产量密切相关。玉米籽粒发育由胚胎、胚乳和种皮协调进行，胚乳在调节籽粒大小中起主要作用。早在1980年，就有学者利用EMS化学诱变对玉米籽粒突变体相关基因进行了研究，并根据表型将籽粒突变体分成了籽粒不透光、穗发芽、小籽粒、皱缩、空果皮、胚缺陷和胚乳缺陷7个类型（Neuffer and Sheridan, 1980）。近年来，随着玉米全基因组测序完成和生物技术的不断发展，不同类型的玉米籽粒突变体，包括胚特异突变体、胚乳缺陷突变体、胚和胚乳双缺陷突变体被广泛应用于籽粒发育相关的基因功能研究（Brunelle et al., 2017；Wu and Messing, 2014；Schmidt et al., 1990；Azevedo et al., 2004；Myers et al., 2011；Fu and Scanlon, 2004；Chettoor et al., 2015；Yang et al., 2017）。

1.4.1 玉米胚特异突变体

玉米胚特异（embryo specific, emb）突变体的特征主要表现为胚乳发育正常，但胚在发育过程中存在不同程度的畸变，导致种子无法存活。*Embryo defective 8516*（*emb8586*）编码质体核糖体大亚基的蛋白L35（Magnard et al., 2004），*lethal embryo1*（*lem1*）编码一种与水稻质体30S核糖体蛋白S9（PRPS9）同源的蛋白质，该蛋白定位于质体（Brunelle et al., 2017），这两种突变均导致玉米胚形态发生异常。*Emb12*编码的质体IF3在玉米胚发育中起着重要的作用（Shen et al., 2013）。*Emb14*编码一种环状排列的YqeH类GTPase蛋白，该蛋白可能在质体中的30S核糖体形成中起作用，且对胚发育至关重要，emb14蛋白功能的丧失严重损害了16S rRNA和几个质体编码核糖体基因的积累（Li et al., 2015）。*Emb16*编码WHIRLY1（WHY1），这是一种DNA/RNA结合蛋白，可以促进基因组稳定性和质体核糖体形成（Zhang et al., 2013）。*Emb15*编码质体核糖体组装因子，定位于叶绿体中（Xu et al., 2021）。研究发现Emb15蛋白的N端结构域能够与叶绿体核糖体蛋白S19（Plastid ribosomal protein S19，PRPS19）互作，推测其通过这种互作参与核糖体30S亚基的组装。Emb15蛋白的功能缺失导致*emb15*突变体胚发育缺陷（B73背景），而胚乳正常。此外，编码Pentatricopeptide repeat pteoins蛋白（PPR蛋白）的*emp*（*empty pericarp*）基因突变也会影响胚的发育，导致籽粒胚出现缺陷，如*emp5*（Liu et al., 2013）、*emp18*（Li et al., 2019)、*emp21*（Wang et al., 2019)、*emp7*（Sun et al., 2015) 和 *emp32*（Yang et al., 2021) 等。

1.4.2 玉米籽粒胚乳缺陷突变体

籽粒胚乳发育异常突变类型包括皱缩籽粒（*Shrunken*, *Sh*）、粉质胚乳（*opaque*, *O*; *Floury*, *Fl*)、小粒（*Small kernel*, *smk*; *Miniature*, *mn*）等。*Mn1*（*Miniature1*）编码细胞壁转化酶，可将蔗糖水解为葡萄糖和果糖，对于胚乳 BETL（基部胚乳转移层, Basal endosperm transfer layer）细胞的壁内突结构的分化具有重要作用（Kang et al., 2009）。*Mn1* 突变体 BETL 层缺乏己糖的合成，导致 BETL 细胞发育受到影响，种子显著变小。*Fl3*（*floury3*）编码一个 PLATZ（Plant AT-rich sequence-and zinc-binding）转录因子，其在胚乳淀粉细胞中特异表达（Li et al., 2017）。其能够与 RNA 聚合酶Ⅲ复合体关键成员 RPC53（RNA polymerase Ⅲ subunit 53）和 TFC1（Transcription factor class C1）互作，参与 tRNA 和 5S rRNA 转录调控，调控胚乳发育和储存物质合成。其纯合突变体籽粒的胚乳发育异常，储藏物质减少。Guan et al. (2017) 在玉米自交系改郑 58 中发现了一个自然突变的籽粒皱缩突变体 *sh1-m*，*sh1-m* 籽粒皱缩，顶部凹陷严重，表型由隐性单基因控制，突变体胚乳中淀粉含量明显下降。*O11*（*Opaque11*）编码一个胚乳特异的 bHLH（basic Helix-Loop-Helix）转录因子，不仅调控胚乳发育的关键转录因子 *NKD2*（*Naked endosperm 2*）和 *ZmDof3*（*DNA binding with one finger 3*），还直接调控了多个关键的储藏物代谢关键转录因子 *O2*（*Opaque2*）和 *PBF*（*Prolamin-Box Factor*）（Feng et al., 2018）。*ZmMDH4*（*Zea mays Malate Dehydrogenase 4*）编码胞浆苹果酸脱氢酶，其突变体内线粒体呼吸和糖酵解、ATP 产生和胚乳发育之间的平衡被打破，导致籽粒发育缺陷（Chen et al., 2020）。*ZmNRPC2*（*Zea mays Nuclear RNA Polymerase C2*）编码 RNA 聚合酶Ⅲ（RNA Polymerase Ⅲ, RNAP Ⅲ）的第二大亚基，其突变导致由 RNAP Ⅲ 转录的 5S 核糖体 RNA（ribosomal RNA, rRNA）及转运 RNAs（transfer RNAs, tRNAs）的水平显著降低（Zhao et al., 2020）。*Mn6*（*Miniature seed6*）编码内质网Ⅰ型信号肽酶，主要参与加工碳水化合物合成相关蛋白，其中包括在 BETL 特异表达的细胞壁转化酶 Mn1（Yi et al., 2021）。*Mn6* 突变体中，*mn1* 的 RNA 和蛋白表达水平均显著下调，BETL 的细胞壁转化酶活性大幅降低，导致 *mn6* 突变体胚乳发育缺陷。*ZmSKS13*（*Zea mays Skewed5 Similar13*）编码多铜氧化酶样蛋白 13（Skewed5 Similar13,

SKS13），其功能缺失突变导致珠心、BETL和胎座合点端（Placenta-chalaza，PC）活性氧（Reactive oxygen species，ROS）的过量积累和DNA的严重损伤，导致突变体籽粒小而皱缩（Zhang et al.，2021）。ENB1（*Endosperm Breakdown1*）编码纤维素合成酶5，其突变导致BETL细胞的壁内突急剧减少，其蔗糖吸收能力大幅度降低，enb1突变体胚乳在籽粒发育过程中发生剧烈的降解，籽粒变小（Wang et al.，2022），影响了RNAP Ⅲ的活性及参与细胞增殖相关基因的表达，最终影响籽粒的大小。其功能缺失导致o11突变体籽粒的胚乳不透明，淀粉和蛋白质含量减少，成熟籽粒变小。

1.4.3 玉米籽粒胚和胚乳双缺陷突变体

玉米dek（*defective kernel*）突变体与野生型相比，该类突变体籽粒的胚和胚乳发育均受到显著影响。中国农业大学宋仁涛教授团队利用突变体dek*，克隆了*ZmReas1*（Ribosome export associated 1）基因，其编码一种AAA-ATP酶，参与调控由细胞核向细胞质的60S核糖体亚基输出。Dek*突变体细胞中成熟60S核糖体亚基的减少，影响了蛋白的合成，DNA复制与核小体组装相关基因的表达受到抑制，细胞增殖与生长能力减弱，导致籽粒发育延迟、种子变小（Qi et al.，2016）。Dek37编码一种P型PPR蛋白，靶向线粒体，参与线粒体中的nad2内含子1的顺式剪接，其突变降低了其剪接效率，导致复合物Ⅰ的组装受阻、NADH脱氢酶活性降低，延迟了胚乳和胚胎的发育（Dai et al.，2018）。玉米dek33编码一个嘧啶还原酶，与核黄素生物合成途径相关，种子发育过程中该酶参与油体的形成和ABA的生物合成，突变体dek33的核黄素含量降低，影响了油体形成，抑制了核内复制，同时ABA的含量也显著降低，籽粒胚和胚乳的体积明显减小、萌发率降低（Dai et al.，2019）。Dek40编码一种伴侣蛋白（PBAC4），其定位在细胞质，与蛋白酶体生物发生相关，且与PBAC3互作，参与20S蛋白水解核心蛋白酶的生物发生，进而影响蛋白的泛素化降解，dek40的功能缺失会使26S蛋白酶体活性降低，籽粒变小且顶部凹陷，胚和胚乳发育滞后（Wang et al.，2019）。Dek42编码一种RNA结合蛋白，通过与其他剪接体组分互作参与信使RNA前体的剪接调控，dek42突变体籽粒中dek42蛋白的积累显著减少，影响了玉米籽粒发育过程中大量基因的表达，导致dek42突变体籽粒变小，植株苗期致死（Zuo et al.，2019）。Dek47含有7个RCC1（Chromosome condensation 1）结构域，其突变导致nad2内含子的剪接缺失，影响了线粒体复合体Ⅰ的组装，导致其活性降低，交替氧化酶AOX2表达大幅度上调，

1 玉米分子标记技术及其应用研究现状

种子胚和胚乳的发育受阻，产生异常胚和小胚乳表型（Cao et al.，2021）。*Smk501*（*Small kernel 501*）编码泛素样蛋白（Related to ubiquitin，RUB）活化酶 E1 亚基 ECR1（E1 C-terminal related 1），其基因突变导致玉米籽粒发育期间泛素连接酶活性以及激素信号转导、细胞周期进程和淀粉积累受到干扰，导致 *smk501* 突变体籽粒胚和胚乳发育受限，籽粒变小（Chen et al.，2021）。*ZmABI19*（*Zea mays ABSCISIC ACID INSENSITIVE 19*）编码一个 B3 家族转录因子，在胚乳中显著影响营养储存库活动以及淀粉和糖代谢途径，在胚中影响植物激素信号转导以及脂肪代谢（Yang et al.，2021）。*ZmABI19* 不仅调控 *O2* 和 *Pbf1*，还直接调控其他多个胚乳特异表达的调控灌浆的转录因子 *ZmbZIP22*（*Zea mays basic Leucine Zipper 22*），*O11*、*NAC130*（*NAM，ATAF，and CUC 130*）和 BETL 定位的糖转运蛋白基因 *SWEET4c*。*Zmabi19* 纯合突变体籽粒的胚乳和胚均发育异常，成熟籽粒变小并粉质，不能萌发。*Smk10*（*Small kernel 10*）编码胆碱转运蛋白样蛋白 1（Choline transporter-like protein 1，CTLP1），其定位于反式高尔基体网络（trans-Golgi network，TGN）并促进胆碱吸收（Hu et al.，2021）。其突变影响了转移细胞的胆碱和脂质稳态，BETL 细胞壁内生长及传递细胞中胞间连丝正常发育，减少了营养物质从母体胎盘到发育中胚乳的运输，导致 *smk10* 突变体表现出空的果皮、不规则的胚和胚乳且淀粉含量降低。中国农业大学赖锦盛教授团队、山东农业大学赵翔宇教授团队及山东省农业科学院汪黎明研究员团队均通过获得一个玉米籽粒发育缺陷的突变体，利用图位克隆的方法获得候选基因 *ZmNPF7.9/ZmSUGCAR1*（Nitrate transporter 1/Peptide transporter family7.9/Sucrose and glucose carrier 1），该基因突变导致突变体籽粒胚和胚乳均发育缺陷（Guan et al.，2020；Wei et al.，2021；Yang et al.，2022）。此外，玉米 *dek2*（Qi et al.，2017）、*dek10*（Qi et al.，2023）、*dek35*（Chen et al.，2017）、*dek36*（Wang et al.，2017）、*dek39*（Li et al.，2018）、*dek41*（Zhu et al.，2019）和 *dek44*（Qi et al.，2019）等均编码 PPR 蛋白家族基因，大都靶向线粒体或叶绿体，它们的功能缺失均导致不同程度的籽粒发育缺陷表型。

1.5 玉米茎腐病的研究进展

1.5.1 玉米茎腐病的危害

玉米的安全生产直接影响中国粮食安全和延伸产业的健康发展。随着全球气候变暖、栽培耕作方式转变和品种更替，玉米病虫害发生呈持续加重趋势，已成为制约玉米高产稳产的重要因素（Deutsch et al.，2018； Savary et al.，2019）。玉米茎腐病，又称玉米茎基腐病、玉米青枯病。茎腐病是世界玉米生产中普遍发生且对生产具有重大影响的土传病害，也是中国玉米生产上具有突出影响的重要病害，是玉米全程机械化实施中的重要制约因子。茎腐病由多种病原菌通过根系或茎基部伤口单独或复合侵染玉米所致，其中包括腐霉菌、炭疽菌和镰刀菌等。赤霉菌茎腐病是由禾谷镰刀菌（*Fusarium graminearum*，有性态 *Gibberella zeae*）引起（Yang et al.，2010）。该病原菌还可引起玉米穗腐病（Ali et al.，2005）、小麦赤霉病（Schweiger et al.，2013）和大麦赤霉病（Boddu et al.，2006）。此外，禾谷镰刀菌还可以侵染水稻（Goswami and Kistler，2005）和拟南芥（Urban et al.，2002）。在我国茎腐病是继大斑病、小斑病和丝黑穗病之后的又一重要病害（Muszynski et al.，2006），在一年中的发病率为15%～20%，严重时甚至达到70%，造成产量下降约20%，严重时甚至达到50%（彭盛，2022）。多数情况下，某一地区的茎腐病往往是多种病原菌协同作用的结果，在黄淮海地区其主要致病菌是禾谷镰刀菌复合种。

1.5.2 玉米茎腐病抗性基因定位

植物的抗病性可分为两类，一类是由单个抗性基因赋予的质量抗性，另一类是由多个基因或QTL介导的数量抗性。与质量抗性相比，数量抗性具有更为广谱和持久的抗性效应来抵抗生物营养性病原体和坏死性病原体（French et al.，2016）。作物中已鉴定出大量抗病性QTL，但被克隆的仅有少数。多数研究表明，玉米对茎腐病的抗性受数量性状基因座控制，并具有加性遗传效应（Lal and Singh，1984； Jung et al.，1994）。中国农业大学徐明良教授团队通过抗病玉米自交系1145和感病自交系Y331构建出分离后代群体，采用人工方法在田间接种禾谷镰刀菌，通过重组后代群体的连续精细定位、回交后代群体的分子标记进行基因型分析，定位出了两个茎腐病抗性基因座，分别是位于10号染色体bin 10.03/04的 *qRfg1* 和1号染色体bin 1.09/10的 *qRfg2*，分别能够解释36.3%和8.9%的表型变异（Yang et al.，2010）。位于玉米10号染色体上的 *qRfg1* 是一个抗禾谷镰孢茎腐病的主效基因，*ZmCCT* 是其功能基因，当玉米植株受到病原菌侵染时，*ZmCCT* 表达量在短时间内有明显升高，同时植株对病原菌的抵抗能力也显著增加，能将玉米对茎腐病的抗性提高32.3%～43.3%，并且该遗传

1 玉米分子标记技术及其应用研究现状

效应可以稳定地传递给后代（Yang et al., 2010; Wang et al., 2017）。该基因启动子区一个 CACTA 类型转座子插入导致禾谷镰孢茎腐病抗性显著降低。徐明良教授团队利用 BC_4F_1 至 BC_8F_1 多世代群体对位于 1 号染色体上的微效 *qRfg2* 进行了精细定位，将 *qRfg2* 定位在物理距离约 300 kb 的两个分子标记 SSRZ319 和 CAPSZ459 之间（Zhang et al., 2012）。在这个定位区间包含一个编码生长素调节蛋白的基因，预测其为 *qRfg2* 的候选基因。多年多点性状调查发现 *qRfg2* 可以稳定地提高不同回交世代材料对茎腐病的抗性，能够将玉米的抗性提高 12% 左右，表明其在提高玉米对茎腐病的抗性方面有重要的作用。2019 年其团队通过图位克隆的方法克隆了一个在 *qRfg2* 位点的调控基因 *ZmAuxRP1*，它能够编码生长素，在面对病原体入侵时，*ZmAuxRP1* 表达量迅速下降，造成根系生长停滞，但是能够增强玉米对茎腐病的抗性，因此根系生长和抗病性之间存在拮抗作用。同时发现 *ZmAuxRP1* 能够增强根尖分生组织的活性，从而维持根系的快速生长，使玉米更易感病。*ZmAuxRP1* 能够促进吲哚-3-乙酸（IAA）的合成，而抑制防御相关转录组重编程。综上 *ZmAuxRP1* 能够及时有效地平衡植物生长和防御，提高植物适应性（Ye et al., 2019）。2017 年，徐明良教授团队分析了玉米抗病自交系 H127R 和感病自交系 C7-2 的 RIL 群体，发现其对茎腐病的抗性具有很高的广义遗传力，并检测到 3 号染色体上的一个主效 QTL（*qRfg3*），能够解释 10.7%～19.4% 的表型变异。通过 2015 年和 2016 年最小显著性差异分析，发现 *qRfg3* 是一个隐性抗茎腐病的数量性状位点，可使病情指数（DSI）降低约 26.6%。*qRfg3* 是对现有抗茎腐病 QTL 的重要补充，能够提高玉米对茎腐病的抗性（Ma et al., 2017）。然而这个 QTL 是一个隐性抗性 QTL，通过标记辅助回交整合基因后的两亲本株系中必须都含有 *qRfg3* 基因片段才可以获得抗性杂种 F_1，而来自两亲本自交系的纯合基因片段会损害杂种优势。因此在育种时，需要使亲本中携带尽量不同的 *qRfg3* 片段以减少 F_1 杂交种中重叠的 *qRfg3* 区域，这就大大增加了育种的难度。

1.6 分子标记在玉米分子育种中的应用

分子标记在玉米分子育种中的应用主要包括：①遗传多样性分析；②品种、品系鉴定和杂交种纯度分析；③基因定位；④分子标记辅助选择等。

1.6.1 分子标记在玉米遗传多样性分析中的应用

应用分子标记对玉米自交系的遗传多样性进行分析，划分杂种优势群是国内外学者利用较早，且简便、高效和准确的一种自交系分类鉴定技术，通过对样本 DNA 多态性进行分析，可以得到样本 DNA 序列以及在遗传性状上的调控和差异。刘春晓等（2018）利用 90 对扩增带型稳定且具有多态性的引物对 144 份玉米自交系遗传多样性进行研究，共检测到 424 个多态性位点，每个 SSR 标记的等位基因数为 2～10 个，平均为 4.71 个；多态性信息量为 0.11～0.82，平均为 0.53。利用 UPGMA 方法将 144 份自交系划分为两大类，5 个亚群，分析结果与系谱分析基本一致。郭江岸等（2021）采用通用 40 对 SSR 引物在 43 份玉米骨干自交系中共检测出 242 个等位基因变异，平均每对引物检测出 6.05 个等位基因，平均多态性信息含量为 0.61。UPGMA 聚类分析结果表明，43 份骨干自交系和 11 份参照系被划分为 7 个杂种优势群。李松等（2023）发现利用 20 对引物在 35 个稳定自交系间存在 105 个多态性片段，每对引物扩增出 3～9 个多态性片段，平均每个引物 5.25 个；Nei's 遗传多样性指数为 0.134～0.365，平均为 0.240；Shannon's 信息指数为 0.247～0.538，平均为 0.385；SSR 多态信息量平均值为 0.644，变幅为 0.482～0.832。聚类分析结果显示，遗传相似系数平均为 0.704，变幅为 0.505～0.962；在遗传相似系数 0.650 处可将 35 个品种聚为四大类群。仲义等（2024）利用 12 对 SSR 引物对来源不详的 13 份玉米自交系进行了分析，结果显示 12 对 SSR 标记共检测出 49 个等位基因变异，平均为 4.08 个，多态性信息量（PIC）值变化范围在 0.383（umc1196a）～0.842（umc1963）。通过聚类分析将 13 份玉米自交系划分为 5 个类群。

1.6.2 分子标记在玉米品种纯度分析中的应用

易红梅等（2021）从行业标准中筛选出 8 对适用于玉米品种纯度鉴定的引物组合，能区分 90% 以上的审定品种。96% 的审定品种在 8 个引物组合中有 4 个以上的杂合位点，具有较高的杂合率和品种区分能力。38 份来自全国种子市场的样品同时进行田间种植和 SSR 纯度鉴定，8 对 SSR 引物组合检测出自交苗平均值为 0.6%，异型株为 1.8%，纯度为 97.7%；田间种植鉴定检测出的自交苗平均值为 1.4%，异型株为 0.6%，纯度为 97.9%，两种方法检测的纯度值具有良好的相关性。对田间鉴定出的自交苗、弱苗、异型株和典型株进行 SSR 鉴定，结果表明，自交苗、异型株与典型株两种方法检测结果一致，SSR 能准确区分田间难以鉴定的弱苗和病株。7 份 SSR 检测一致性为 3～5 级的样品，SSR 基因型和田间表型均表现出明显的分离，样品一致性差引起的非典型株介于典型株和异型株之间，是品种纯度鉴定的难

1 玉米分子标记技术及其应用研究现状

点。段梦冉等（2022）从 GB/T 39914—2021《主要农作物品种真实性和纯度 SSR 分子标记检测　玉米》公布的 40 对 SSR 引物中筛选出 9 对引物杂合度在 82%～100%，平均杂合度为 91.5%，PIC 值在 0.44～0.75，平均 PIC 值为 0.63，用于吉林省主推玉米品种的纯度鉴定。该组引物多态性高、稳定性强、分辨率高且非特异扩增片段少。将 9 重扩增体系进行优化，形成吉林省主推玉米品种纯度鉴定体系。用这 9 对引物对吉林省主推的 6 个品种进行纯度鉴定，可准确检测出品种的典型株、自交苗和异型株，共检测出 10 个自交苗和 7 个异型株，6 份样品最高纯度为 98%，最低纯度为 96%，鉴定结果与田间鉴定结果相关性系数为 0.766，相关性较高，结果可靠。刘志浩（2022）以玉米杂交种及其父母本为研究材料，利用 InDel 分子标记分别制定了应用于杂交种的新型双平台纯度检测流程，以及利用胚乳的双亲基因型拆分流程。基于北京市农林科学院玉米研究中心开发的 20 对 InDel 分子标记获得玉米杂交种及其父母本的指纹数据。筛选出双亲互补型的位点并在 KASP 平台对人工创建的纯度样品进行纯度鉴定，结果表明分型统计结果与预期一致，证明基于 InDel 标记结合荧光毛细管平台及 KASP 平台，可成功进行玉米杂交种的纯度鉴定。

1.6.3　分子标记在玉米基因定位中的应用

任文闯等（2023）发现了玉米自交系 B73 自发突变的籽粒皱缩突变体，命名为 *shank2021*（*sh2021*）。将其与野生型玉米自交系 W22 杂交，构建了 F_1 及 F_2 分离群体。遗传分析表明 *sh2021* 的籽粒皱缩表型受一对隐性基因控制。通过 BSA 方法及 13 对 InDel 分子标记最终将 *sh2021* 基因定位在物理距离为 529.6 kb 的两个分子标记 ID5 与 ID9 之间。唐兰等（2024）通过图位克隆方法将控制玉米 *d8227* 的矮秆基因定位于玉米第 1 条染色体上物理距离约为 377 kb 的两个标记 InDel9420 和 InDel088 之间。通过表达分析发现基因 *Zm00001d031894* 在 *d8227* 和野生型幼苗期的相对表达量差异达显著水平，且该基因在玉米的分生组织中具有很高的表达量，对茎秆生长具有一定的影响，因此将 *Zm00001d031894* 确定为关键候选基因。周文期等（2023）根据 BSA-seq 结果，将候选基因 *ZmDLE1* 初步定位在玉米第 1 条染色体 Bin 1.09～1.10 区段约 15 Mb 区间内，进一步利用 Mo17 和 *Zmdle1* 重测序结果开发多态性分子标记，通过图位克隆方法精细定位目标基因，最终将候选基因定位到约 600 kb 大小区间，该区间内有 16 个候选基因。比对重测序数据，发现 *Zm00001d033231* 在第 2 062 位置碱基 G 变成 A，导致氨基酸由甘氨酸变成丝氨酸，且转录水平表达比 LY8405 极显著降低，*Zm00001d033234* 第 223 位置碱基由 T 变成 C，导致第 75 位氨基酸由丝氨酸变成脯氨酸，转录水平无显著差异，通过对该候选区段群体关联分析及功能注释发现，*Zm00001d033231* 和 *Zm00001d033234* 均与玉米生长发育相关。董丽等（2021）利用 SSR 标记技术，将 *K718d* 的矮秆基因定位于 Chr1 的 SSR 标记 umc1278 与 umc1128 之间，物理位置 Chr1（215.25～224.33 Mb），是一个由细胞核控制的隐性单基因。王琴娣（2022）通过 Illumina HiSeq XTen 高通量测序平台，结合 BSA 法对双亲和 F_2 群体高、矮秆植株混池进行全基因组重测序，共获得亲本间 SNP 变异 3 637 881 个，混池间 SNP 变异 1 540 902 个。结合欧式距离和 SNP-index 算法，将矮秆基因定位于 1 号染色体上的 3 个候选区域，分别是 Chr1（208.48～208.56 Mb、209.64～213.78 Mb、214.45～231.26 Mb）。与前期董丽的定位结果相符，区间总长度为 21.03 Mb。张恩会等（2025）通过构建矮秆突变体 *d309* 与 PH6WC 的 F_2 分离群体，并运用 BSR-Seq 技术，初步将突变位点定位在第 3 号染色体的 3.47～17.47 Mb 区间。进一步通过基因定位将突变位点定位于 5-4 和 5-7 两对分子标记之间，该区间内只有一个开放阅读框，编码赤霉素 3-氧化酶（Gibberellin3-oxidases，GA3ox，*Zm00001d039634*），已被报道为 *Dwarf1*。李永生等（2025）以 2.48 Gy 辐照剂量的快中子辐射诱变玉米自交系 PH6WC，筛选得到玉米黄化突变体 *Zmet9*（*etiolation 9*），将其与玉米自交系 B73 杂交构建 F_2 分离群体，通过 BSR-seq 方法将突变位点初步定位在玉米第 9 染色体 20～22 Mb 区间 2 Mb 范围内。进一步在初定位区间内开发 4 对 KASP 标记及 2 对 InDel 标记，利用约 1 100 个突变表型单株进行精细定位，最终将 *Zmet9* 精细定位于玉米第 9 染色体标记 KASP19 和 2040 之间约 160 kb 的区间内。该区间内含有 5 个候选基因，其中 *Zm00001d045384* 编码一个铁超氧化物歧化酶，与拟南芥中的同源基因 *FSD2*、*FSD3* 突变后出现叶色漂白的表型类似，推测 *Zm00001d045384* 可能是 *Zmet9* 的候选基因。刘津等（2024）采用集团分离分析法将玉米籽粒突变体基因 *Emp35* 定位于第 8 染色体 127.90～163.36 Mb 区间，在该区间内开发了 4 个 InDel 标记，连锁作图将 *Emp35* 精细定位于 139 571 117～146 176 858 bp 区间。山东农业大学吴承来团队用 B73、玉米籽粒突变体 *suk1* 和 F_2 隐性池进行 BSA 测序分析，将突变基因初步定位在 9 号染色体 0～30 Mb，开发 Indel 标记进一步精细定位，将突变基因定位在标记 In10.86 和 In10.96 之间的 100 Kb 范围内，其中包括 5 个候选基因（张鹏，2022）。侯雨微等（2024）鉴定了一份玉米永久性失绿突变体

chs10（*Permanent chlorosis 10*），并通过 BSA 方法结合 19 个分子标记将其定位于玉米第 10 染色体长臂标记 SNP-2 和 SNP-3 之间约 0.17 Mb 范围内，确定了关键候选基因 *Zm00001d025860*。关海英等（2024）用玉米籽粒皱缩突变体 *sh2019* 与野生型玉米自交系 Mo17 组配 F_2 分离群体，借助集团分离分析法进行分子标记定位，用 4 个连锁 SSR 标记将 *sh2019* 基因定位于玉米 3 号染色体上 30.18 Mb 的物理距离内。

1.6.4 分子标记在玉米抗病育种辅助选择中的应用

西北农林科技大学杨琴教授团队以含有 *qSLB3.04*、*qSLB6.01* 和 *qMdr9.02* 这 3 个小斑病抗性位点（对应的抗病基因分别为 *chsk1*、*lht1* 和 *ZmCCoAOMT2*）的玉米自交系 NC292 为供体材料，感病自交系 KB062（感病）、KB024（高感）和 PHN11（感病）为受体材料，构建 B1（NC292/KB062）、B2（NC292/KB024）、B3（NC292/PHN11）3 个回交群体。利用前景选择分子标记 *chsk-m/chsk-r*、*lht1-a/lht1-p*、*camt/ccom* 对 3 个群体各个分离世代的 3 个抗病位点进行靶基因检测。经过多轮前景选择与 BC_3F_2 世代田间抗病鉴定，3 个群体共获得高抗材料 21 份（石优，2023）。邱宏等（2021）以含 Mo17 供体抗病主效位点的黄早四近等基因系 1JD006 为供体亲本，高感丝黑穗病的玉米自交系昌 7-2 为受体亲本，构建各个世代的分离群体。以 5 个与主效抗丝黑穗病位点（bin2.09）紧密连锁且在抗、感亲本间均存在多态性的分子标记，包括 3 个 STS 标记（MZA6393、1M2-9、3M1-25）和 2 个 dCAPs 标记（LSdCAP2、LSdCAP3）为前景选择标记，结合田间接种鉴定，获得 6 株背景回复率 ≥ 96.92% 的植株材料，田间接种发病率均低于 40%，其中有 5 个家系在主要农艺性状上与轮回亲本无显著差异。Lohithaswa et al.（2015）利用分子标记技术定位出分别位于第 6 染色体和第 8 染色体与抗玉米霜霉病相关联的 QTL 位点，并通过分子标记辅助选择技术将定位到的 QTL 位点渗入到 8 个易感病的玉米自交系中。贵州大学的柏光晓教授团队以 GD927（高抗）为供体亲本，PH4CV（高感）和 986（感病）为受体亲本，构建 A1（GD927/PH4CV）、A2（GD927/PH4CV//PH4CV）、B1（GD927/986）和 B2（GD927/986//986）4 个群体。利用分子标记 umc2614、umc1972、umc1042 和 bnlg1523 对 4 个群体的分离世代进行靶基因（*KHB5*、*qRgls1.06*、*qRgls2.07* 和 *qRgls3.02*）检测。结合田间抗病鉴定，A1、A2、B1 和 B2 这 4 个群体，共获得 20 份抗病及以上材料，其中高抗材料 3 份。中国农业科学院作物科学研究所李新海研究员团队以抗粗

缩病玉米自交系 X178 为供体亲本，感病自交系 Mo17、吉 846、黄早四、昌 7-2、掖 478 和郑 58 为受体，采用杂交—多代回交—自交的方法，以功能标记 IDP25K 为前景选择标记，将抗粗缩病基因 $qMrdd8$ 导入受体自交系。李公建（2024）以郑 58、昌 7-2、B73 和 Mo17 的单基因纯合抗玉米粗缩病改良系（郑 58^{GLK36}、昌 7-2^{GLK36}、B73^{GLK36}、Mo17^{GLK36}、郑 58$^{GDIα\text{-}hel}$、昌 7-2$^{GDIα\text{-}hel}$、B73$^{GDIα\text{-}hel}$ 和 Mo17$^{GDIα\text{-}hel}$）为材料，利用功能标记 IDP25K 和 Indel-26 将抗玉米粗缩病基因 $ZmGDIα\text{-}hel$ 和 $ZmGLK36$ 聚合，获得双基因纯合聚合系郑 58$^{GLK36+GDIα\text{-}hel}$、昌 7-2$^{GLK36+GDIα\text{-}hel}$、B73$^{GLK36+GDIα\text{-}hel}$、Mo17$^{GLK36+GDIα\text{-}hel}$。

2 分子标记在玉米胚乳皱缩基因 *sh2019* 定位中的应用

玉米是我国第一大作物，集食用、饲用与经济利用等于一体，在我国农业生产和国民经济中占有举足轻重的地位。随着世界能源的日益枯竭，玉米的能源价值也逐渐受到人们的重视。为了适应人、畜和工业发展对玉米产量和品质的需要，提高玉米的产量和品质显得十分迫切。玉米的营养价值和经济价值主要体现在玉米的籽粒上，籽粒是玉米营养物质合成和储藏的主要场所，是产量、品质及经济价值的直接决定器官，籽粒中胚乳部分占籽粒干重的70%～90%。挖掘控制玉米籽粒/胚乳发育的关键基因，并解析其分子机制，对提高玉米产量和营养价值具有重要的理论意义。

本研究中所使用的玉米胚乳皱缩突变体 *sh2019* 是山东省农业科学院玉米研究所高产育种团队从田间回交改良育种材料中发现的，经过多代自交其胚乳皱缩表型能够稳定遗传。本研究以前期发现的自然突变的玉米籽粒皱缩突变体 *sh2019* 为材料，与野生型玉米自交系 Mo17 杂交组配 F_2 代分离群体，并对其进行表型鉴定、遗传分析和连锁分子标记初步定位，以期为后续 *sh2019* 基因的克隆、功能及突变机制解析奠定基础。

2.1 材料与方法

2.1.1 试验材料

2.1.1.1 植株材料

（1）*sh2019* 突变体。玉米胚乳皱缩突变体 *sh2019* 来自山东省农业科学院玉米研究所高产育种团队回交改良群体的自然突变，经过多代自交能够稳定遗传。

（2）群体。利用 *sh2019* 突变体与野生型玉米自交系 Mo17 进行人工杂交，

F_1 代经自交获得 F_2 代,用于表型鉴定、遗传分析和分子标记初步定位。

突变体 sh2019、自交系 Mo17 及用于遗传分析和基因初步定位的群体材料等,均种植于山东省农业科学院玉米研究所章丘龙山试验基地。

2.1.1.2 常用的试剂耗材与药品

Taq DNA Polymerase、$dNTP_S$ 及 Buffer 等购自北京全式金生物技术股份有限公司;MF002-100 2×M5 Taq HiFi PCR mix(with blue dye)(高保真 Taq 酶 mix)购自山东力戈科技有限公司;引物序列由生工生物工程(上海)股份有限公司合成;琼脂糖、Tris、硼酸、无毒核酸染料等其他常用试剂购自 Sigma 或国产。

0.2 mL 96 孔 PCR 板(平面)、10 μL 白色移液器枪头、200 μL 黄色移液器枪头、1 000 μL 蓝色移液器枪头、蛭石等耗材购自山东力戈科技有限公司或生工生物工程(上海)股份有限公司。

2.1.2 试验方法

2.1.2.1 CTAB 法提取基因组 DNA

(1)试剂配制。

CTAB 提取液:3%CTAB,1.4 mol/L NaCl,0.2% 巯基乙醇,20 mol/L EDTA,100 mmol/L Tris-HCl(pH 值 8.0)。

(2)提取步骤。

①取苗期玉米新鲜叶片,大小约 4 cm×6 cm,装入对应编号的 2 mL 离心管作为样本。

②向装样品的离心管中加入直径为 5 mm 的不锈钢珠,遂将离心管放入液氮中冷冻。

③用组织研磨仪(TissueLyser Ⅱ,QIAGEN)将样品磨碎至粉末状。

④打开水浴锅恒温至 65℃,向磨好的样品中加入 500 μL 预热的 CTAB 提取液,盖好离心管盖恒温水浴 30～60 min,其间每隔 10 min 轻轻摇动几次。

⑤取出离心管晾至室温,加入 500 μL 的氯仿/异戊醇(体积比为 24∶1)轻柔地摇晃(或置摇床上 40～60 r/min 摇荡),直到离心管底部液体呈现墨绿色。

⑥静置 10 min 后,室温下以 12 000 r/min 离心 10 min。

⑦小心地吸取上清液转到另一灭菌的 2.0 mL 离心管中,加入上清液 2 倍体积的无水乙醇,轻轻摇匀,放入 -20℃的冰箱冷冻 30 min,使 DNA 充分析出。

⑧取出离心管,12 000 r/min 离心 10 min,小心倾出上清液,以避免附在管底的 DNA 流出。

2 分子标记在玉米胚乳皱缩基因 *sh2019* 定位中的应用

⑨加入 70% 的酒精将 DNA 洗 2～3 次，放在干净的吸水纸上晾干 30～40 min。

⑩加入 300～500 μL 的 ddH$_2$O 溶解，备用。

2.1.2.2 快捷型植物基因组 DNA 提取系统提取 DNA

DNA quick plant system（DP210831）稍做修改：

（1）2 mL 离心管中（提前放进直径为 5 mm 的不锈钢珠）加入纯净水浸泡 48 h 后的种子或新鲜叶片 200 mg，液氮冷冻后用组织研磨仪（TissueLyser Ⅱ，QIAGEN）磨碎至粉末状。

（2）加入 400 μL 缓冲液 FP1（已提前按比例加入 RNAase），剧烈涡旋振荡 1 min，室温或 65℃水浴锅静置 10 min。

（3）加入 130 μL 缓冲液 FP2，充分混匀，涡旋振荡 1 min。

（4）12 500 r/min 离心 10 min，将上清液约 400 μL 转入提前加入 560 μL 无水乙醇的 1.5 mL 离心管中。

（5）将上述溶液充分混匀，此时会出现絮状基因组 DNA。

（6）将絮状基因组 DNA 用黄色 200 μL 的枪头挑入提前加入 700 μL 75% 乙醇的 1.5 mL 离心管中，涡旋振荡 30 s；或 12 500 r/min 离心 5 min，弃上清液，保留沉淀，加入 700 μL 75% 乙醇。

（7）12 500 r/min 离心 5 min，倒掉上清液，开盖倒置，彻底晾干残余的乙醇。

（8）加入 100～150 μL 的 ddH$_2$O 溶解 DNA，备用。

2.1.2.3 引物设计与合成

基因定位所用引物从公共数据库 maizeGDB 下载 SSR 引物序列或引用前人发表文献公布的引物序列，发送生工生物工程（上海）股份有限公司合成。

2.1.2.4 PCR 扩增

扩增体系：

10×buffer	1.50 μL
dNTPs（2.5 μmol/L）	0.38 μL
Taq 酶（5 U/μL）	0.30 μL
Forward primer（10 μmol/L）	0.60 μL
Reverse primer（10 μmol/L）	0.60 μL
DNA（20～50 ng）	1.50 μL
ddH$_2$O	10.12 μL
Total	15 μL

2×M5 Taq HiFi PCR mix（with blue dye）	5.00 μL
Forward primer（10 μmol/L）	0.25 μL
Reverse primer（10 μmol/L）	0.25 μL
DNA（20～50 ng）	1.00 μL
ddH$_2$O	3.50 μL
Total	10 μL

扩增程序：

	Step1	95℃ for 5 min
	Step2	94℃ for 1 min
	Step3	58～60℃ for 45 s
	Step4	72℃ for 1 min
	Step5	Go to step 2 for 34～35 cycles
	Step6	72℃ for 10 min
	Step7	15℃ for ever
	Step8	End

PCR扩增产物经变性聚丙烯酰胺凝胶电泳或4%琼脂糖凝胶电泳检测。

2.1.2.5 变性聚丙烯酰胺凝胶电泳

（1）试剂配制。

①40%丙烯酰胺：丙烯酰胺（Acrylamide）380 g，甲叉双丙烯酰胺（Methylenebisacrylamide）20 g，加ddH$_2$O 600 mL溶解，定容至1 000 mL，过滤，4℃避光保存。

②0.5 mol/L EDTA：EDTA 186.1 g，溶于800 mL蒸馏水中，用NaOH调pH值至8.0，最后定容至1 000 mL，高压灭菌备用。

③10×TBE：称取Tris 108 g，硼酸55 g，并加入0.5 mol/L EDTA（pH值8.0）40 mL，定容至1 000 mL。

④6%丙烯酰胺胶：40%丙烯酰胺溶液150 mL，10×TBE 100 mL，尿素420 g，溶解后定容至1 000 mL，使用前用双层滤纸过滤。

⑤5×上样缓冲液：0.25 g溴酚蓝，0.25 g二甲苯青，加入0.5 mol/L EDTA（pH值8.0）2 mL，98%甲酰胺98 mL，定容至100 mL。

（2）聚丙烯酰胺凝胶电泳步骤。

①胶的制备：

涂板：用洗涤液把玻璃板反复擦洗干净，流水冲净后，再用95%的酒

2　分子标记在玉米胚乳皱缩基因 *sh2019* 定位中的应用

精擦净。在凹板上滴加 2% 的 Repel Silane，迅速擦拭均匀，晾干；在平板上滴加 0.5% Binding Silane，以同样的方法涂擦均匀晾干。

固定玻璃板：将涂擦 Binding Silane 的平板面向上平放，两侧边缘放置合适的压条，将凹板涂 Repel Silane 的面向下扣到平板上，四周对齐，两侧用夹子夹紧。

胶的配制：在灌胶模具瓶中加入预先配好的 6% 聚丙烯酰胺胶 60 mL，加入 200 μL 20% 过硫酸铵和 50 μL 的 TEMED，迅速摇匀。

灌胶：将夹好的玻璃板顶端抬起少许，从凹槽处缓缓灌入刚摇匀的聚丙烯酰胺胶。注意灌胶过程不能中断，根据胶在玻璃板中的流动速度决定灌胶的快慢，防止灌胶口及玻璃板内部出现气泡。待胶布满玻璃板内部空隙并到达底部后，在灌胶口小心地插入梳子，然后让胶聚合 1～2 h。

②电泳：

扩增产物的处理：在 20 μL 的 PCR 产物中加入 5 μL 6×Loading buffer，轻微离心，放 PCR 仪中 95℃变性 5 min，结束后立即转移到冰上冷却备用。

1×TBE 的配制：取 200 mL 10×TBE，加入 1 800 mL 的超纯水，混匀后加入到电泳漕中。

上板：将灌胶的玻璃板凹槽冲内放于电泳槽内，两端拧紧螺丝将玻璃板牢固地固定在电泳槽上。夹紧电泳槽的出水口，向电泳槽的顶端凹槽注入 TBE 缓冲液，直至缓冲液没过凝胶并高出 2～3 cm。清理干净点样槽内残存的凝胶等杂物，插入合适大小的梳子，梳子齿末端要有少许嵌入凝胶内。

点样：用微量注射器吸取 3～4 μL 样品，按顺序逐一加到点样孔中，60 W 电泳 1 h 左右。

卸板：电泳结束后，卸下凝胶板，将涂剥离硅烷的凹板取下，由于涂抹了亲和硅烷，凝胶紧贴于平板上。保留该板以备银染。

③银染：

固定：选取大小合适的塑料盆，加入 200 mL 的无水乙醇和 10 mL 的冰乙酸，用蒸馏水稀释至 2 000 mL，带胶面冲上将玻璃板放入固定液，轻摇 20～30 min。

水洗：用蒸馏水水洗 2 次，每次 3 min。

染色：取 4 g 硝酸银溶入 2 000 mL 蒸馏水，将沥干水分的玻璃板胶面冲上放入其中，染色 15～20 min。

显影：把染色的玻璃板在蒸馏水中快速漂洗 4～6 s 后，放入含有 30 g 氢氧化钠和 10 mL 甲醛的 2 000 mL 显影液中，直到显现出清晰的条带为止。

定影：把显影过的玻璃板放入到碳酸氢钠的溶液中终止显色反应，之后取出玻璃板用蒸馏水冲洗2次，室温下放置晾干。

④读带：在白炽灯下读取各个单株的带型，并做好记录。根据双亲和F_1的带型结合对应单株在田间的表现，找出发生交换的单株。

2.1.2.6　4%琼脂糖凝胶电泳

（1）0.5×TBE的配制。取250 mL 10×TBE，加入4 750 mL的超纯水，混匀后，装入5 L塑料桶中备用。

（2）4%琼脂糖凝胶。称取4.0 g琼脂糖加入100 mL 0.5×TBE缓冲液，加热煮沸至琼脂糖完全溶化，放置至70～80℃时，加入3 μL无毒核酸染料。

（3）电泳。7 V/cm电泳90～180 min；电泳完成后，拍照保存。

2.1.2.7　玉米籽粒百粒重的调查方法

从F_2代成熟果穗上随机挑选发育良好的野生型和 *sh2019* 突变籽粒，各取100粒，使用分析天平称重，重复3次，并计算平均值。

2.1.2.8　玉米籽粒出苗率的调查方法

从F_2代成熟果穗上随机挑选发育良好的野生型和 *sh2019* 突变籽粒。将野生型和突变体种子各40粒种在同一个培养盆里，放在光照培养箱里培养10 d（培养条件为光照时间16 h，温度为28℃；黑暗8 h，温度为25℃），以胚芽鞘露出地面为标准统计出苗个数。6个重复，计算平均值。

2.1.2.9　遗传学分析

从F_2代成熟果穗中任选3穗，对其种子进行表型鉴定，统计野生型和突变籽粒的数目，用统计学方法计算分离比例并进行卡方检验。

2.1.2.10　基因连锁分子标记筛选及初步定位

利用山东省农业科学院玉米研究所高产育种团队保存的均匀分布在玉米基因组上的658对InDel和SSR标记，对Mo17自交系和突变体 *sh2019* 进行多态性分析；选取F_2分离群体中各30粒 *sh2019* 突变籽粒和正常籽粒的DNA构建混合基因池，利用集团分离分析法（Zou et al.，2016）筛选可能与目标基因连锁的分子标记，初步确定目标基因所在位置。

2.2　结果与分析

2.2.1　成熟 *sh2019* 突变籽粒的表型分析

Sh2019 突变籽粒明显干瘪皱缩，胚乳填充不饱满（图2-1A），百粒重仅22.75 g，比野生型（40.30 g）显著降低43.55%（图2-1B）；出苗率仅

2 分子标记在玉米胚乳皱缩基因 *sh2019* 定位中的应用

29.17%,显著低于野生型(95.83%),降幅达69.56%(图2-1C、2-1D)。

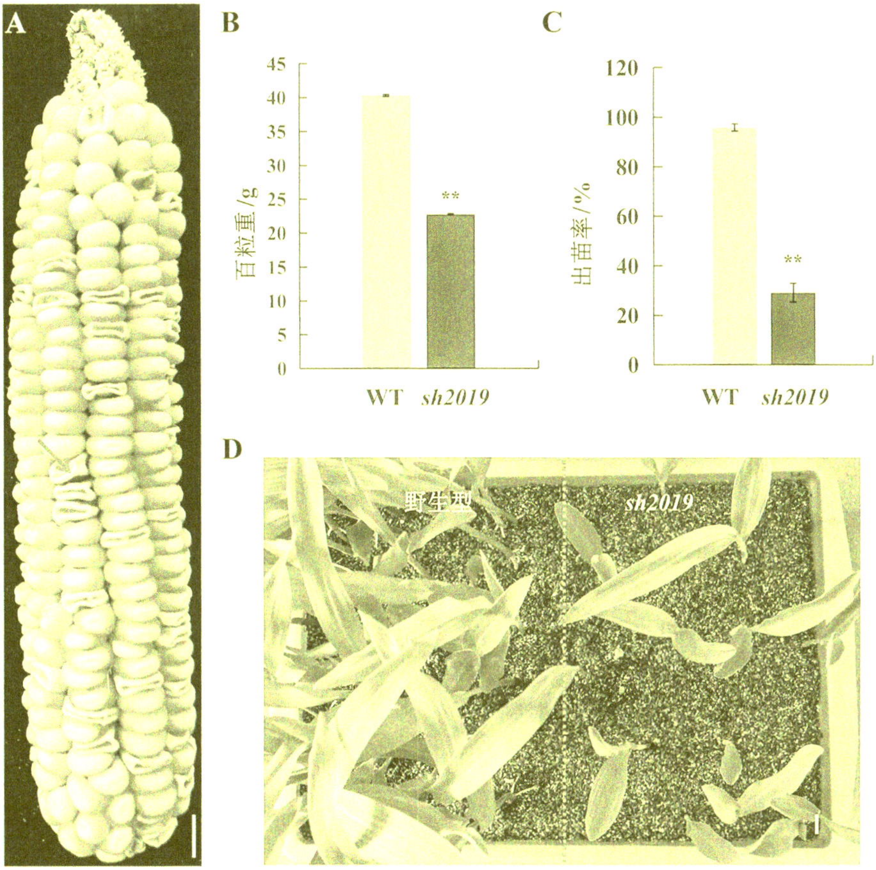

图 2-1 籽粒皱缩突变体 *sh2019* 的表型分析

注:A 为 Mo17 × *sh2019* 的 F_2 果穗,箭头处为 *sh2019* 突变籽粒;B 为 *sh2019* 突变体和野生型(WT)的百粒重分析;C 为 *sh2019* 突变体和野生型的出苗率分析;D 为种植 10 d 的 *sh2019* 植株和野生型植株。柱上 ** 代表差异达 0.01 显著水平,A 和 D 中标尺代表 1 cm。

2.2.2 遗传分析

籽粒皱缩突变体 *sh2019* 与籽粒正常的自交系 Mo17 杂交,其 F_1 籽粒表现正常,推测籽粒皱缩性状为隐性性状;用得到的 F_2 分离群体进行遗传分析,发现正常籽粒与皱缩籽粒的分离比符合 3∶1(表 2-1)。表明突变体 *sh2019* 的籽粒皱缩表型由 1 对隐性核基因控制。

表 2-1　突变体 *sh2019* 与野生型 Mo17 杂交 F_2 代的籽粒表型分离分析

材料	观察值		期望值		卡方值	P 值
	野生型	突变体	野生型	突变体		
F_1	20	0	20	0		
F_2	228	69	222.75	74.25	0.50	0.25<P<0.50
F_2	209	62	203.25	67.75	0.65	0.25<P<0.50
F_2	286	102	291	97	0.34	0.50<P<0.75

注：$\chi^2_{(0.05, 1)}=3.84$。

2.2.3　连锁分子标记筛选

用山东省农业科学院玉米研究所高产育种团队组合成的 658 对 SSR/InDel 分子标记，借助 BSA 法找到 1 个与目标基因连锁的多态性分子标记 SSR74（表 2-2），位于玉米 3 号染色体的长臂上。利用 SSR74 多态性分子标记对 F_2 分离群体中 213 个 *sh2019* 突变体的基因型进行检测,结合表型分析,发现有 4 个交换单株，分别编号为 2-2、2-4、2-14 和 3-12（图 2-2A）。

进一步开发与 *sh2019* 基因连锁的分子标记，新筛选了 49 对分子标记，其中 3 个具有多态性，分别为 SSR78、Chr3-11712 和 Chr3-12160（表 2-2、表 2-3）。用这 3 个标记鉴定 SSR74 筛选到的 4 个交换单株的基因型，发现都没有交换单株。用这 3 个标记鉴定 F_2 分离群体中其余 209 个 *sh2019* 突变体的基因型，结果发现标记 Chr3-12160 有 3 个交换单株（2-5、3-6、3-13），标记 SSR78 和 Chr3-11712 都没有检测到交换单株（图 2-2B 至图 2-2D）。

标记 SSR74 位于靠近着丝粒的一端，检测到的 4 个交换单株单倍型记为Ⅰ，标记 Chr3-12160 位于靠近端粒的一端，检测到的 3 个交换单株单倍型记为Ⅱ，将目标基因定位在标记 SSR74 和 Chr3-12160 之间物理距离约为 30.18 Mb 的片段内（图 2-2E）。

表 2-2　新合成的 31 对分子标记

分子标记名称	引物序列（5'-3'）	物理位置 /Mb
SSR78[b]	F: GGTCGGTCGGTACTCTGCTCTA R: GCTCTATGTTATTCTTCAATCGGGC	203 550 487～203 550 599
SSR571	F: GGCTCGACTTCGAGGACACC R: GAGGAGGAGAGGGACAGGGAAG	10 062 423～10 062 525

2 分子标记在玉米胚乳皱缩基因 *sh2019* 定位中的应用

（续表）

分子标记名称	引物序列（5′—3′）	物理位置/Mb
SSR578	F: AATCGTTTACACGAGAAGCAAAGC R: ATTTCTAACTGGTCGCGCTGTTT	28 346 034～28 346 161
SSR579	F: CAGACCAGAGACCATCTGCA R: ATCGTGCGCTAGTCCAGAGT	135 860 699～135 860 917
SSR580	F: GGCCGGGCTCAATTTATAAT R: CCTTCTTCAACCCTCCTTCC	154 307 243～154 307 453
SSR581	F: GAAAGACAAGGCGAAGTTGG R: GCTTCTGAACTGGATCGGAG	153 747 146～153 747 320
SSR582	F: TTACGGACAAGACGCTACTAC R: ATACGTTTCGGCCAATCTCCT	207 870 349～207 870 511
SSR583	F: AAGTTGGTGGTGCCAAGAAG R: AAAAGGTCCACGTGAACAGG	180 315 993～180 316 090
SSR584	F: ATGGAGATGGAGGAGAGAGA R: GATGCGGCGATGGCTAA	184 159 237～184 159 339
SSR585	F: GTGCACACTCTCTTGCATCG R: TAGTCAGCATCTGCCGTGTC	164 782 566～164 782 782
SSR587	F: AGAAGAAAGCGAGCAGACAG R: GAGACACATCACACCCTAAGTTC	197 008 763～197 008 870
SSR588	F: CACCTCTGAACCCCTGTGTT R: TCCTGCCCCCTTTGTTTTC	203 760 639～203 760 759
SSR589	F: CCCTTTTATATCTCAAGTGTAGAACC R: AGAGCACCCACCACGATAAC	214 825 725～214 825 837
SSR590	F: AAAATTACAGAGCATTTTGAAAGAAGAA R: TAGCCGTGTCAGTTTGTAGATCCT	206 250 835～206 250 966
SSR591	F: GAACTGCGAGACGGTGACCT R: GAAGAGATCGGCTGAACAAGAGG	215 243 082～215 243 279
SSR594	F: GGCGCAGAGAGAGAAGAAAG R: GTTGGCGCCAGTTTTTCTCT	237 796 106～237 796 228
SSR597	F: GTGCTTGGGACAAAAAGG R: AGTCCACTCCAGAGGATG	237 813 486～237 813 585

（续表）

分子标记名称	引物序列（5′–3′）	物理位置/Mb
SSR598	F: CTCCCTTCGTCTCCCGACTC R: CAGATCGGCTCAGCCACAAC	232 826 050～232 826 248
Chr3-10396[a]	F: GTGGGGTGGTGGTGGAAG R: CGGCGCAGATTATTCCCCAT	208 770 003～208 770 139
Chr3-10450[a]	F: CTTTCTCCGTGTGCTCCTCA R: GTGCTCACACATGCATGCAT	209 739 567～209 739 692
Chr3-10537[a]	F: ATAGCGTTCCCGAGTCGAAC R: TTACAGTAGGCCACACTCGC	210 895 397～210 895 516
Chr3-10574[a]	F: CGTTTTGTTTGTCGCTGGGT R: ACCATTGCAAAGAAGTGAACACA	211 306 564～211 306 707
Chr3-10706[a]	F: GCCGTTTGAAAGTTGAGACCC R: CTCAACCTTGGCTGACCCTC	212 814 118～212 814 419
Chr3-10889[a]	F: ATCCGGCACTGGTTTAAGCA R: ATAGCCAGACTAATGGGCGC	214 655 022～214 655 160
Chr3-11092[a]	F: AGCGTCACTACATCATGCGT R: TATGTAGTCGTCGTCGCGTG	216 568 626～216 568 748
Chr3-11207[a]	F: ATACCTCCCAGTTGCTGCAC R: AGAGAGAGGGACAGTGTGCT	217 783 774～217 783 889
Chr3-11231[a]	F: TGCCCTCGAGTACGGTTCTA R: CCTCCAACAATTGCACGCAT	218 049 728～218 049 870
Chr3-11301[a]	F: ATGGTTCCAGCATCGGTGTT R: ACGTTGATGCTGCTTGGAGA	218 977 562～218 977 675
Chr3-11359[a]	F: ATTCAGTCGGCTCACCCCTA R: GGGCTGAGGGTAGACGACTA	219 446 492～219 446 838
Chr3-11396[a]	F: CTCCCTCTCCGTGGAAATCG R: AGAAGCTGCTACTGTGGCTG	220 056 433～220 056 536
Chr3-11412[a]	F: CTGTTTGCATATGCGTCCGG R: GCCCCGACTGTAGCTTTCTT	220 203 777～220 203 884
Chr3-11466[a]	F: GCCACCCGTTAGTAGGCTTT R: TCGTCTGGCCCAATTGTGTT	220 437 580～220 437 686
Chr3-11787[a]	F: TAGAAACGGTCTGCGACAGG R: TACGAGCCCGGACGATCTTA	223 465 804～223 466 042

2 分子标记在玉米胚乳皱缩基因 *sh2019* 定位中的应用

（续表）

分子标记名称	引物序列（5′–3′）	物理位置 /Mb
Chr3-11871[a]	F：AGGACCGACCAGACGACTAA R：TTGTTCCTGCTCAGTGCTCA	224 347 091 ~ 224 347 249
Chr3-11914[a]	F：CAAAGGCGTGGACATATGCG R：AGGTCTACCGAGAAGCAGAGA	224 954 823 ~ 224 954 943
Chr3-11999[a]	F：CAGAGAGGAGAACGACGACG R：CAGCCCAACATACCAGGGTT	226 013 557 ~ 226 013 657
Chr3-12160[ab]	F：TCGGTGTAAGCATGCGTCTT R：GTCGTCCATCGCTGTACACA	227 187 750 ~ 227 187 880
Chr3-11534[a]	F：GCAGCCAACAAGTCAATGCA R：AGTAGCACTTCCCCTCTCTCT	221 264 531 ~ 221 264 654
Chr3-11574[a]	F：CGAGTTGTGCAGCACCAAAA R：TTTCTCCAGACCTCGCACAG	221 779 582 ~ 221 779 669
Chr3-11580[a]	F：ACTGAAACAGAAGGTATCCCCC R：CTTTATCTCGCCCTCCCTCC	221 827 093 ~ 221 827 164
Chr3-11601[a]	F：ACTGATGATGAGACCCCGGA R：GCTGCTGAAGCGAGCTAGTA	222 013 305 ~ 222 013 404
Chr3-11631[a]	F：GCAAACTTTCAACAACATGAGAGC R：GGTGTGCTTTGGCTTCTTGG	
Chr3-11636[a]	F：GTGTTCTTTGGTCGGTTGCC R：CCTGAAGCATGTGAGAGCGA	222 460 009 ~ 222 460 110
Chr3-11688[a]	F：CTGGTTGGGGCTTCGTACAT R：TCCAAACACCTCAACTTCACA	223 080 508 ~ 223 080 633
Chr3-11693[a]	F：TGGATCTTGTCGAAGGCCAC R：TTGTAACCAAGCAAACGCCG	223 084 584 ~ 223 084 722
Chr3-11699[a]	F：ATCATCCCCATGCATGTGGC R：GGCGTAATGGAATCACACGC	223 178 577 ~ 223 178 681
Chr3-11708[a]	F：GCGGAAAATACCTGTGCGTC R：GCTTGACATGGCAGAGTCCT	223 190 083 ~ 223 190 218
Chr3-11712[ab]	F：CGTCCATCGATCGGCCTAAA R：AATGCTCCAAGGATACCGGC	223 193 447 ~ 223 193 559
Chr3-11719[a]	F：CGTCCATCGATCGGCCTAAA R：CCGTGTGCACCCTTCGTATA	223 193 447 ~ 223 193 540

注：a 为这些标记来自前人文献下载的 31 对 SSR 引物（Xu et al., 2013）；b 为多态性分子标记。

表 2-3 定位 sh2019 基因用到的分子标记

分子标记名称	引物序列（5'-3'）	物理位置 /Mb
SSR74	F: CGCCAAGAAGAAACACATCACA R: GCGAGAAGAAAGCGAGCAGA	197 008 751 ~ 19 008 873
SSR78	F: GGTCGGTCGGTACTCTGCTCTA R: GCGAGAAGAAAGCGAGCAGA	203 550 487 ~ 203 550 599
Chr3-11712[a]	F: CGTCCATCGATCGGCCTAAA R: GCGAGAAGAAAGCGAGCAGA	223 193 447 ~ 223 193 559
Chr3-12160[a]	F: TCGGTGTAAGCATGCGTCTT R: GCGAGAAGAAAGCGAGCAGA	227 187 750 ~ 227 187 880

注：a 为这些标记来自前人文献下载的 SSR 引物（Xu et al., 2013）。

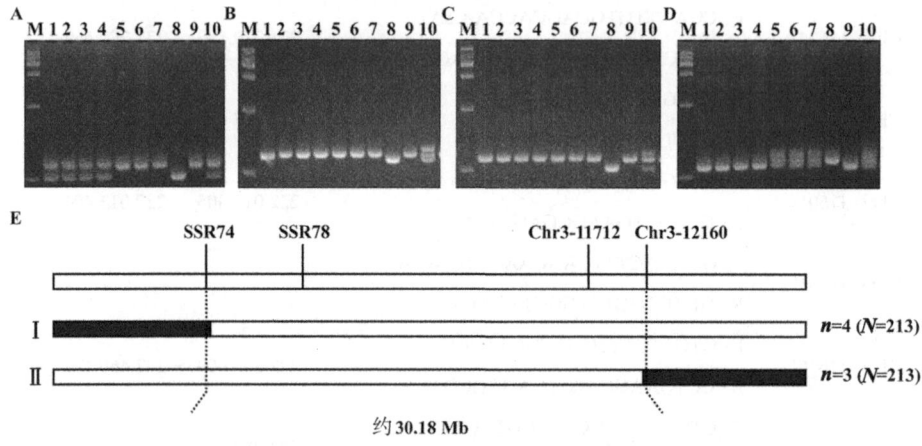

图 2-2 sh2019 基因的分子标记定位

注：A ~ D 分别为分子标记 SSR74、SSR78、Chr3-11712 和 Chr3-12160 检测 7 个交换单株及亲本的基因型，其中，M 为 Trans 2000 DNA Marker，1 ~ 4 分别为分子标记 SSR74 检测到的 4 个交换单株 2-2、2-4、2-14 和 3-12 的基因型，5 ~ 7 分别为分子标记 Chr3-12160 检测到的 3 个交换单株 2-5、3-6 和 3-13 的基因型，8 ~ 10 分别为野生型玉米自交系 Mo17、籽粒皱缩突变体 sh2019 及其杂交 F_1 的基因型；E 为 sh2019 基因定位于分子标记 SSR74 和 Chr3-12160 之间，白色条形框代表纯合 sh2019 突变体基因型，黑色条形框代表 Mo17 与 sh2019 的 F_1 杂合基因型。

2.3 讨论与结论

在玉米常规回交改良育种过程中，发现籽粒皱缩的突变体 sh2019，其籽粒发育缺陷，干瘪皱缩，胚乳不饱满，百粒重和出苗率显著降低，多代自交后该性状能够稳定遗传。本研究利用野生型玉米自交系 Mo17 与突变

2 分子标记在玉米胚乳皱缩基因 *sh2019* 定位中的应用

体 *sh2019* 组配的 F_1 及 F_2 群体对目标性状进行遗传分析，发现籽粒皱缩表型受一对隐性核基因控制；通过集团分离分析法筛选出 4 个多态性分子标记 SSR74、SSR78、Chr3-11712 和 Chr3-12160，通过检测 F_2 分离群体中 213 个突变体植株的基因型，发现 SSR74 和 Chr3-12160 分别有 4 个和 3 个交换单株，最终将 *sh2019* 基因定位在玉米 3 号染色体上 SSR74 与 Chr3-12160 标记间约 30.18 Mb 的物理距离内。

已报道的玉米籽粒皱缩基因 *sh1-m*（Guan et al., 2017）、*sh4*（He et al., 2021）和 *bt2*（*brittle endosperm2*）（徐宁坤 等，2022）分别定位于玉米的 9 号、5 号和 4 号染色体上，而 *sh2*（Bhave et al., 1990）定位于玉米 3 号染色体上，位于 *sh2019* 所在的 30.18 Mb 定位区间内。*Sh2019* 与 *sh2* 是否为等位基因还需进一步试验确定。本研究结果可为开展 *sh2019* 基因的精细定位及相关突变机制解析和分子标记辅助育种利用提供重要依据。

3 分子标记技术在玉米茎腐病抗性育种辅助选择中的应用

在我国，玉米是种植面积和总产量最高的粮食作物和饲料作物。随着全球玉米需求的快速增长，玉米在国民经济中的地位日益凸显。世界各国对玉米的需求量逐年增加，玉米消费结构发生了根本性变化，即由解决温饱的主要粮食作物，逐渐发展成为畜禽饲料、工业原料、餐桌副食、能源作物的多样化格局。特别是近年来再生能源与精深加工领域赋予了玉米新的内涵，使得玉米的工业加工比例迅速增长，多元需求使玉米成为21世纪举足轻重的战略资源。因此，玉米产量将直接影响到畜牧、轻工、能源及其相关行业的发展，关系国家粮食安全以及人民生活水平的提高，在经济发展中具有特别重要的地位。近年来，全球气候变暖和极端气候频发，世界范围内的玉米主产区病虫害多发，再加上耕地面积有限，致使玉米产量受损，因而迫切需要抗逆性强、高产、优质的玉米新种质和新品种（Mackill et al.，1999；Slafer et al.，2005）。传统常规育种存在育种周期长、可供选择的优良种质稀少、选择效率低等问题，无法满足当代育种要求（Tryphone et al.，2013）。分子标记辅助选择（Molecular marker-assisted selection，MAS）是将分子标记应用于作物育种的一种技术，其基本原理是利用与目标基因紧密连锁或表现共分离的分子标记对选择个体进行目标以及全基因组筛选，从而减少连锁累赘，获得期望的个体，达到高效育种的目的（Collards et al.，2005）。将分子标记技术与传统育种相结合，与常规育种相比具有高效、可靠、安全等优点，可以在作物生长的任何阶段进行选择，既节省土地资源，又缩短了育种时间（O'Boyle et al.，2007）。随着国内外分子标记技术的发展与应用，分子标记辅助选择在较难进行表型鉴定（如抗逆性状和根部性状）的品种选育中和多个优良性状的聚合中发挥着越来越重要的作用（Lateef et al.，2015）。

3 分子标记技术在玉米茎腐病抗性育种辅助选择中的应用

玉米茎腐病是一种毁灭性的土传病害，在世界主要玉米种植区均有发生（Yang et al., 2010）。从 1980 年开始，该病在中国各玉米产区相继发生，一般年份发病率为 10%～20%，一些地区个别年份可达 50% 以上，一般减产 25%～30%，严重时甚至绝收（王波 等，2013）。茎腐病不仅会造成大幅减产，还会严重降低玉米品质和因茎秆破损倒伏而带来的收获问题（Ledencan et al., 2003）。由于玉米茎腐病病原种类多，发病原因复杂，故应采取以选育抗病品种的农业手段为主，其他防治手段为辅的综合防治策略（温瑞等，2000）。

近年来，基因组学和生物信息学的发展为作物新品种的培育提供了极大的便利，其中，分子标记辅助选择方法是利用分子标记与功能基因或目标性状紧密连锁的特点，通过检测分子标记，确定目标基因存在，进而预测作物植株的抗病性状，该育种方法通过分子标记辅助选择与杂交育种相结合，对加快抗病优良自交系及杂交种的选育具有重要推动作用。

3.1 材料与方法

3.1.1 试验材料

3.1.1.1 植株材料

（1）受体材料和供体材料。根据已有的研究结果，玉米自交系 1145 第 10 号染色体上存在抗玉米茎腐病主效 QTL-$qRfg1$，可解释 32%～43% 的表型变异（王超，2017；Wang et al., 2017；杨琴，2010；Yang et al., 2010）。石明亮等（2017）报道 1145 携带抗茎腐病基因，其抗病强，抗谱广。本试验以 1145 为供体亲本，其由安徽丰大种业股份有限公司杨焰华老师提供。鲁单 608 是由山东省农业科学院玉米研究所和安徽丰大种业股份有限公司育成的早熟、耐密、抗倒、籽粒机收玉米优良杂交种，2021 年通过国家审定，2023 年被评为山东省主推品种，但是在茎腐病易发地区表现感茎腐病，其亲本 W1568 和 L4517 农艺性状优良，配合力高。本试验以 W1568 和 L4517 两个自交系为受体自交系。

（2）分子标记辅助选择的群体构建。2020 年夏季，在山东省农业科学院章丘龙山试验基地将供体 1145 与受体 W1568 和 L4517 分别进行杂交，获得 F_1 代群体。

2020 年冬季，在山东省农业科学院海南试验基地将 F_1 代群体与受体自交系分别回交，获得 2 个 BC_1 分离群体。

2021年夏季，在章丘龙山试验基地种植BC_1分离群体，待玉米生长至小喇叭口期时，单株挂牌取样提取叶片DNA，利用前景选择分子标记进行抗玉米茎腐病基因$qRfg1$的前景选择，筛选出携带$qRfg1$的杂合型单株，淘汰剩余植株。然后根据这些单株的田间农艺性状表现确定入选单株，并与各受体自交系回交获得BC_2分离群体；利用相同的方法获得BC_3、BC_4分离群体。

2022年冬季，海南试验基地种植BC_4分离群体，由于新冠疫情原因，未经过分子标记筛选单株基因型，挑选农艺性状优良的植株自交。

2023年夏季，在龙山试验基地进行BC_4F_2分离群体抗病基因$qRfg1$的前景选择，确定携带$qRfg1$的纯合型单株，然后利用分子标记分析单株遗传背景。选择背景回复率较高的植株自交，获得BC_4F_3，淘汰剩余单株。

2023年冬季，入选BC_4F_3单株自交获得抗病改良自交系。

3.1.1.2 常用的试剂与药品

感受态细胞（Trans-T1）、克隆载体（pEASY®-Blunt Cloning Kit）、质粒提取试剂盒（EasyPure Plasmid MiniPrep Kit）和胶回收试剂盒（YALEPIC® 快速PCR产物/琼脂糖凝胶DNA纯化回收试剂盒）购自北京全式金生物技术股份有限公司；限制性内切酶购自TAKARA公司；其他常用试剂购自Sigma或国产。

3.1.2 试验方法

3.1.2.1 DNA提取

具体见第2章。

3.1.2.2 分子标记设计、合成与开发

（1）分子标记的设计与合成。背景检测所用分子标记从公共数据库maizeGDB下载SSR引物序列或引用前人发表文献公布的引物序列或自主设计引物序列，送生工生物工程（上海）股份有限公司合成；基因连锁分子标记用PRIMER5.0设计，送生工生物工程（上海）股份有限公司合成。

（2）分子标记的开发。

SSR标记：参考MaizeGDB中已公布的玉米B73的基因组序列，在NCBI网站上下载需要的BAC序列，利用SSRHunter软件对SSR位点进行搜索，在NCBI网站对得到的包含SSR位点的双侧翼大约150 bp的序列进行拷贝性分析，单拷贝的序列利用软件Primer 5.0设计SSR分子标记；

3 分子标记技术在玉米茎腐病抗性育种辅助选择中的应用

InDel/SNP 标记：设计引物扩增双亲单拷贝片段（500～1 500 bp），克隆测序后双亲序列存在插入或缺失差异的片段用于开发 InDel 标记，存在单碱基差异的片段用于开发 SNP 标记。

3.1.2.3　PCR 扩增

见第 2 章。

3.1.2.4　变性聚丙烯酰胺凝胶电泳和琼脂糖凝胶电泳

见第 2 章。

3.1.2.5　PCR 产物的克隆与测序

（1）试剂及其配制。

① LB（大肠杆菌）培养基：酵母提取物 5 g/L，胰蛋白胨 10 g/L，NaCl 10 g/L，琼脂粉 15 g/L（液体培养基不加），按所需量配制并在 121℃下高压蒸汽灭菌 20 min。

② X-gal 储备液（20 mg/mL）：将 2 g X-gal 溶解于 100 mL 二甲基甲酰胺中，用孔径为 0.22 μm 滤器过滤除菌，分装入 1.5 mL 离心管中，-20℃避光保存。

③ IPTG 储备液（200 mg/mL）：将 1 g IPTG 溶解于 5 mL 双蒸水中，用孔径为 0.22 μm 滤器过滤除菌，分装入 1.5 mL 离心管中，-20℃避光保存。

④ 氨苄青霉素（Amp）母液（100 mg/mL）：称取 500 mg Amp 加 5 mL 双蒸水溶解，用孔径为 0.22 μm 滤器过滤除菌，分装入 1.5 mL 离心管中，-20℃避光保存。

⑤ 电泳所用试剂：琼脂糖；1×TBE［详见 2.1.2.5（2）］。

⑥ 0.5 mol/L EDTA：EDTA 186.1 g，溶于 800 mL 蒸馏水中，用 NaOH 调 pH 值至 8.0，最后定容至 1 000 mL，高压灭菌备用。

⑦ 1% 琼脂糖凝胶：4.0 g 琼脂糖加入 400 mL 1×TBE 缓冲液，加热煮沸至琼脂糖完全溶化，放置至 70～80℃时，加入一小滴无毒核酸染料储备液。

（2）PCR 产物的克隆。

① 目的片段的扩增：以基因组 DNA 为模板，使用引物（OECCTF：GCCATGGGCTAGTCGATCCATCTTGTGC 和 OECCTR：ACACGTGGCTTCGTCATTCGGTTACC）（王超，2017）扩增获得抗茎腐病基因片段。

PCR 扩增体系:

ddH$_2$O	5.00 μL
KOD One TM PCR Master Mix	12.50 μL
Forward primer (10 μmol/L)	0.75 μL
Reverse primer (10 μmol/L)	0.75 μL
DNA	1.00 μL
total	20.00 μL

PCR 扩增程序:

Step1	94℃ for 2 min
Step2	98℃ for 10 s
Step3	70℃ for 30 s
Step4	68℃ for 2 min
Step5	Go to step 2 for 4 cycles
Step6	98℃ for 10 s
Step7	68℃ for 30 s
Step8	68℃ for 2 min
Step9	Go to step 6 for 20 cycles
Step10	68℃ for 10 min
Step11	16℃ for ever
Step12	End

②目的片段的回收:YALEPIC® 快速 PCR 产物/琼脂糖凝胶 DNA 纯化回收试剂盒操作方法稍作修改。

a. PCR 产物经 1% 琼脂糖凝胶电泳后,在紫外灯下快速切下单一目的 DNA 片段的凝胶,用纸巾吸尽凝胶表面液体并尽量去除多余的凝胶,如果胶块体积较大,可将胶块切碎便于快速溶解。

b. 称取凝胶重量(去除空管重量),100 mg 凝胶等同于 100 μL 体积。

c. 向胶块中加入等倍体积的 YGP Buffer。

d. 55℃水浴温浴 10 min,其间每隔 2 min 温和地上下颠倒离心管,待凝胶块充分溶解。

注意:若凝胶液为橘红色或紫色,可向胶溶液中加入适量的 3 mol/L 醋酸钠(pH 值 5.0),待胶溶液的颜色调为黄色后再进行后续操作;胶块完全溶解后最好将溶液温度降至室温再上柱,吸附柱在较高温度时结合 DNA 的能力较弱。

e. 柱平衡:将吸附柱放进 1.5 mL 的收集管中,然后向吸附柱中加入

3　分子标记技术在玉米茎腐病抗性育种辅助选择中的应用

200 μL 的 YS Buffer，13 000 r/min 离心 1 min，倒掉收集管中的废液，将吸附柱重新放回收集管中。

f. 将步骤 d. 中所得溶液加入到步骤 e. 平衡好的吸附柱中，室温静置 2 min，13 000 r/min 离心 1 min，弃去收集管中的废液，将吸附柱放回收集管中。

注意：吸附柱体积为 750 μL，如果胶溶液体积>750 μL，可以分多次加入。

g. 向吸附柱中加入 500 μL PW Buffer（已提前按体积比加入无水乙醇），室温静置 3 min，13 000 r/min 离心 1 min；弃去收集管中的废液，将吸附柱放回收集管中。

h. 重复步骤 g 一次。

i. 13 000 r/min 离心 1 min，弃去收集管中的废液，将吸附柱放回收集管中；开盖室温静置 5 min，彻底晾干，去除残留乙醇。

j. 将吸附柱放入一个 1.5 mL 无核酸酶、无菌的离心管中，向吸附膜中间位置悬空加入 30 μL 的 ddH$_2$O，室温静置 2 min。13 000 r/min 离心 2 min，收集 DNA 溶液，用于下游试验或放置 -20℃冰箱备用。

③目的片段与 pEASY®-Blunt Cloning Kit 克隆载体的连接：

a. 连接体系：取一个无核酸酶、无菌的 0.2 mL 的离心管放置于冰上，加入 0.5 μL 的 ddH$_2$O，上述 PCR 回收产物 3.5 μL（根据 PCR 产物量可适当增加或减少，最多不超过 4 μL），pEASY®-Blunt Cloning Vector 1.0 μL。

b. 轻轻混合，在 PCR 仪里 25℃反应 20 min（根据目的片段大小可适当延长反应时间）。反应结束后，将离心管置于冰上。

注意：为获得最佳克隆效率，插入片度和载体的摩尔比应为 3∶1。

④连接产物的转化：从 -80℃冰箱中取出分装好的大肠杆菌感受态细胞 Trans-T$_1$，在超净工作台上完成以下操作。

a. 取 50 μL（50～100 μL）大肠杆菌感受态细胞 Trans-T$_1$，置于冰上。待其刚刚融化时，尽快加入连接产物 4～8 μL（小于感受态菌液的 10%），轻轻振动以混匀，冰浴 30 min。

注意：感受态细胞现用现取；在感受态细胞刚刚解冻时加入连接产物，此时转化效率最高；用手轻轻混匀，不可用移液器吹打。

b. 42℃水浴中热激 45～60 s，之后迅速置冰上 2～3 min。此过程中不要晃动离心管，水温控制不可超过 43℃。

c. 把热激后的产物加入到 500 μL 未加抗生素的 LB 液体培养基中，置恒温摇床上在 37℃、200 r/min 的条件下温和振荡 45～60 min，使菌体复苏。

d. 视菌液的浑浊度而定，可以直接吸取菌液用于涂板，或离心浓缩后取菌液涂板，方法是将菌液4 000 r/min离心1～2 min，倒掉一部分上清液，留200～300 μL菌液，将菌体沉淀用漩涡振荡起来。

e. 在培养基灭菌后还没有凝结前，向1 L LB固体培养基中加入1 mL Amp、1 mL X-gal和100 μL IPTG，然后摇匀倒皿；或者是在已加了Amp的固体LB培养基平板上，在使用前加入40 μL X-gal和4 μL IPTG，用涂布棒在培养基上涂抹均匀，平板置于室温直至液体被吸收。

f. 取150～200 μL（取决于平板的干燥性和菌液浓度）菌液加入到准备好的平板中，用涂布棒涂布均匀，至平板表面干燥无液体流动为止。平板培养基表面若含较多水分，可将培养皿盖半开，放超净工作台上吹干30 min。

g. 将涂布好的平板倒置，不用封口（保持气体流通）放于37℃培养箱培养12～16 h，待出现单菌落的蓝白斑后取出，如蓝斑不明显，可将平板放置于4℃冰箱中30～40 min。

⑤阳性克隆的PCR鉴定：

a. 鉴定方法：

方法一：用灭菌牙签（或灭菌的10 μL枪头）挑白斑于加有Amp的LB液体培养基中（Amp终浓度为0.1 mg/mL），37℃振荡培养过夜，吸取振荡培养的阳性克隆菌液1.5 μL于PCR板孔中，加入配好的PCR扩增体系进行扩增。

方法二：用灭菌10 μL枪头挑取白色单菌落，在空白LB平板上轻轻点触，作为母板保留。用过的枪头放至PCR板孔（已加入配好的PCR扩增体系），枪头上下抽打几次，剔除枪头，2 000 r/min离心2 min，进行扩增。反应体系中可用M13引物或扩增目的片段的引物。

b. 扩增体系：

ddH$_2$O	3.10 μL
2×TransTaq® HiFi PCR SuperMix（Mix Ⅱ）	5.00 μL
Forward primer（10 μmol/L）	0.20 μL
Reverse primer（10 μmol/L）	0.20 μL
菌液	1.50 μL
total	10.00 μL

c. PCR反应条件：

Step1	94℃ for 5 min
Step2	94℃ for 30 s
Step3	60℃ for 30 s
Step4	72℃ for 2 min

3 分子标记技术在玉米茎腐病抗性育种辅助选择中的应用

Step5	Go to step 2 for 4 cycles
Step6	94℃ for 30 s
Step7	58℃ for 30 s
Step8	72℃ for 2 min
Step9	Go to step 6 for 26 cycles
Step10	72℃ for 10 min
Step11	16℃ for ever
Step12	End

d. 电泳检测：确认包含重组子的克隆，扩大培养。

e. 酶切质粒鉴定阳性克隆：

一是提取质粒（EasyPure Plasmid MiniPrep Kit 试剂盒）。

取 1～4 mL 过夜培养的细菌 10 000×g 离心 1 min，弃上清液，将管倒置于餐巾纸上数分钟，使液体流尽。

加入 250 μL 无色溶液 RB（含 RNase A），振荡悬浮细菌沉淀，不应留有小的菌块。

加入 250 μL 蓝色溶液 LB，温和地上下翻转混合 4～6 次，使菌体充分裂解，形成蓝色透亮的溶液，颜色由半透亮变为透亮蓝色，指示完全裂解（不宜超过 5 min）。

加入 350 μL 黄色溶液 NB，轻轻混合 5～6 次（颜色由蓝色完全变成黄色，指示混合均匀，中和完全），直至形成紧实的黄色凝集块，室温静置 2 min。

15 000×g 离心 5 min，小心吸取上清液加入吸附柱中。

15 000×g 离心 1 min，弃流出液。

加入 650 μL 溶液 WB，15 000×g 离心 1 min，弃流出液。

15 000×g 离心 1～2 min，彻底去除残留的 WB。

将吸附柱置于一干净的离心管中，在柱的中央加入 30～50 μL EB 或去离子水（pH 值>7.0）室温静置 1 min（EB 或去离子水在 60～70℃水浴预热，使用效果更好）。

10 000×g 离心 1 min，洗脱 DNA，洗脱出的 DNA 于 -20℃保存。

二是酶切质粒。

按以下体系配制酶切体系，37℃（根据选用的酶选用相应的酶切温度）酶切 1 h（或更长）。根据片段大小鉴定是否为阳性克隆，确认包含重组子的克隆，扩大培养。

酶切体系配制：

质粒	2~5 μL
限制性内切酶（5 U/μL）	0.50 μL
Buffer	2.00 μL
ddH$_2$O	
Total	20.00 μL

（3）测序。取菌液或质粒送生工生物工程（上海）股份有限公司测序，测序结果用 DNAstar 软件进行分析。

3.1.2.6　接种鉴定

2024 年夏季，在章丘龙山试验基地种植 BC$_4$F$_2$ 群体。大喇叭口期请山东农业大学植物保护学院的专家人工接种禾谷镰刀菌。

3.2　结果与分析

3.2.1　抗茎腐病前景选择分子标记设计

3.2.1.1　抗茎腐病基因序列分析

以供体自交系 1145，受体自交系 W1568 和 L4517 的基因组 DNA 为模板，用 *qRfg1* 基因扩增引物（OECCTF/OECCTR）扩增，发现 1145、W1568 和 L4517 都有扩增产物（图 3-1A）。将 1145、W1568 和 L4517 的 PCR 扩增产物回收后，分别连接克隆载体（pEASY-Blunt Cloning Vector），转化大肠杆菌 Trans-T$_1$，PCR 扩增菌落鉴定（图 3-1B）及酶切鉴定确认阳性克隆后，送生工生物工程（上海）股份有限公司测序。获得测序结果后，使用 DNAMAN 序列比对软件进行比对，发现受体自交系 W1568 和 L4517 比供体自交系 1145 在扩增序列的第 462~467 bp 处发生了 6 bp（AACGGG）的插入（图 3-2）。

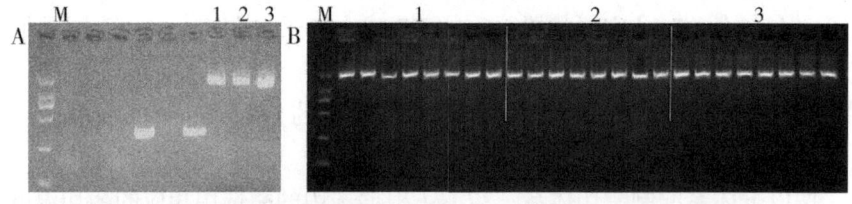

图 3-1　抗茎腐病基因 *qRfg1* 序列 PCR 扩增及阳性克隆 PCR 鉴定

注：A 为抗茎腐病基因 *qRfg1* 序列 PCR 扩增，其中，1~3 分别为 W1568、1145 和 L4517 的 PCR 扩增产物电泳检测，M 为 Trans 2K DNA Marker；B 为 *qRfg1* 基因序列 PCR 扩增产物转化大肠杆菌后的阳性克隆 PCR 鉴定，其中，1~3 分别对应 W1568、1145 和 L4517，M 为 Trans 2K DNA Marker。

3 分子标记技术在玉米茎腐病抗性育种辅助选择中的应用

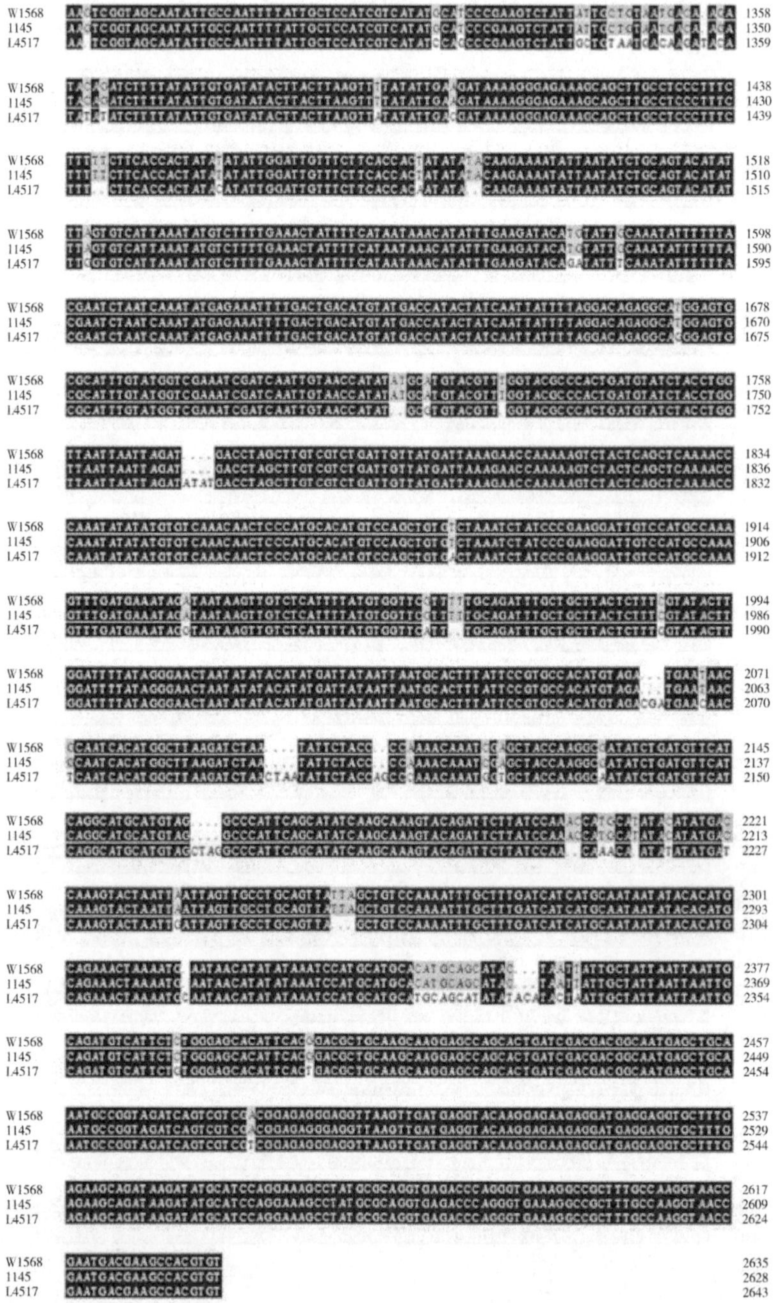

图 3-2　qRfg1 基因在供体自交系 1145 和受体自交系 W1568 和 L4517 中的序列比对

注：图中灰色方框代表受体自交系 W1568 和 L4517 比供体自交系 1145 在 qRfg1 基因扩增序列 462～467 bp 发生的 6 bp 插入；两条灰色下划线代表的分别是设计的分子标记 608FM-OECCT-InDel 的上游引物序列和下游引物反向互补序列。

3 分子标记技术在玉米茎腐病抗性育种辅助选择中的应用

3.2.1.2 抗茎腐病基因紧密连锁分子标记设计

对 W1568 包含这 6 bp 插入的双侧翼大约 150 bp 的序列进行拷贝数分析，发现其为单拷贝序列（图3-3）。利用此序列设计分子标记并命名为 608FM-OECCT-InDel（上游引物序列：ACGACCAGCCTGCGTTTC；下游引物序列：CGTGGCGTCCAGCTCAAA），其在供体自交系 1145 中的对应 DNA 片段长度为 89 bp，在受体自交系 W1568 和 L4517 中对应的 DNA 片段长度为 95 bp（图3-2）。利用该标记对 1145 与 W1568 和 L4517 组配的 BC_1 群体基因组 DNA 扩增，扩增产物经 4% 琼脂糖凝胶 130 V 电压电泳 150 min，发现该标记可以清楚地区分供体基因型（1145）和受体基因型（W1568 或 L4517）（图3-4）。本研究新设计的分子标记位于抗茎腐病基因 *qRfg1* 内部，与抗病基因紧密连锁，其扩增效果好，电泳带型容易判读，呈现共显性，能够区分杂合体和纯合体，能够更快速高效检测基因型。该标记可用于 *qRfg1* 基因在鲁单 608 双亲中的抗茎腐病分子标记辅助改良。

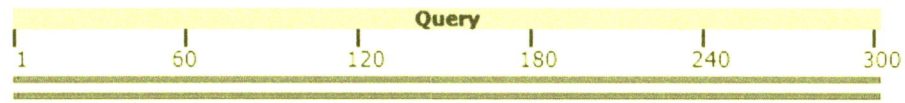

图 3-3 包含缺失位点双侧翼 150 bp 序列的拷贝数比对分析

注：比对到的这 3 个条目序列有重叠，所以可以说是一个拷贝。

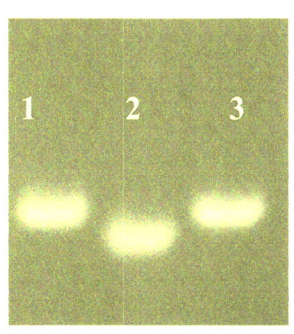

图 3-4 分子标记 608FM-OECCT-InDel 鉴定受体和供体自交系基因型

注：1~3 分别为受体自交系 W1568、供体自交系 1145 和受体自交系 L4517；4% 琼脂糖凝胶，130 V，电泳 120 min。

3.2.2 抗茎腐病基因目标区域多态性分子标记开发

抗茎腐病基因 *qRfg1* 位于玉米第 10 号染色体的 Bin 10.04 区，该 Bin 跨越着丝粒（图 3-5）。由于着丝粒区域含有大量的重复序列，且组蛋白 H3 第 9 位赖氨酸常常发生双甲基化修饰而形成异染色质，因而遗传重组受到一定的抑制（Gent et al., 2014）。正是由于着丝粒区交换频率低，难以获得重组个体，在抗茎腐病基因 *qRfg1* 的回交改良过程中需要注意避免连锁累赘，打破不利连锁。为此，开发了 *qRfg1* 基因目标区域的多态性标记，用于该区域的背景回复检测。*qRfg1* 位于玉米 10 号染色体 96 175 907～96 178 529 bp，下载（https://ensembl.gramene.org/Zea_mays/Info/Index 网站）该基因上下游约 1 Mb 的 B73v5 基因组序列即 95 178 509～97 175 826 bp，用 SSRHunter1.3 软件（检索条件：构成重复元件的核苷酸数最多是 4，重复次数最少为 5）共检索到 199 个 SSR 片段，其中 51 个为单拷贝序列。利用这 51 个单拷贝序列设计了 31 对 SSR 标记，其中 W1568、L4517 与 1145 有差异的多态性标记均为 5 对（表 3-1）。本研究又设计了 11 对 InDel 标记及合成了 8 对 SSR 标记，其中 W1568、L4517 与 1145 有差异的多态性标记分别为 2 对和 1 对（表 3-2）。W1568、L4517 与 1145 回交改良抗茎腐病，目标区域背景回复率筛选分别使用了 7 对和 6 对分子标记（表 3-3，图 3-6）。W1568 与 1145 有差异的 7 对多态性标记，其中 4 对位于 *qRfg1* 基因的上游，3 对位于其下游。L4517 与 1145 有差异的 6 对多态性标记，其中 3 对位于 *qRfg1* 基因的上游，3 对位于其下游。

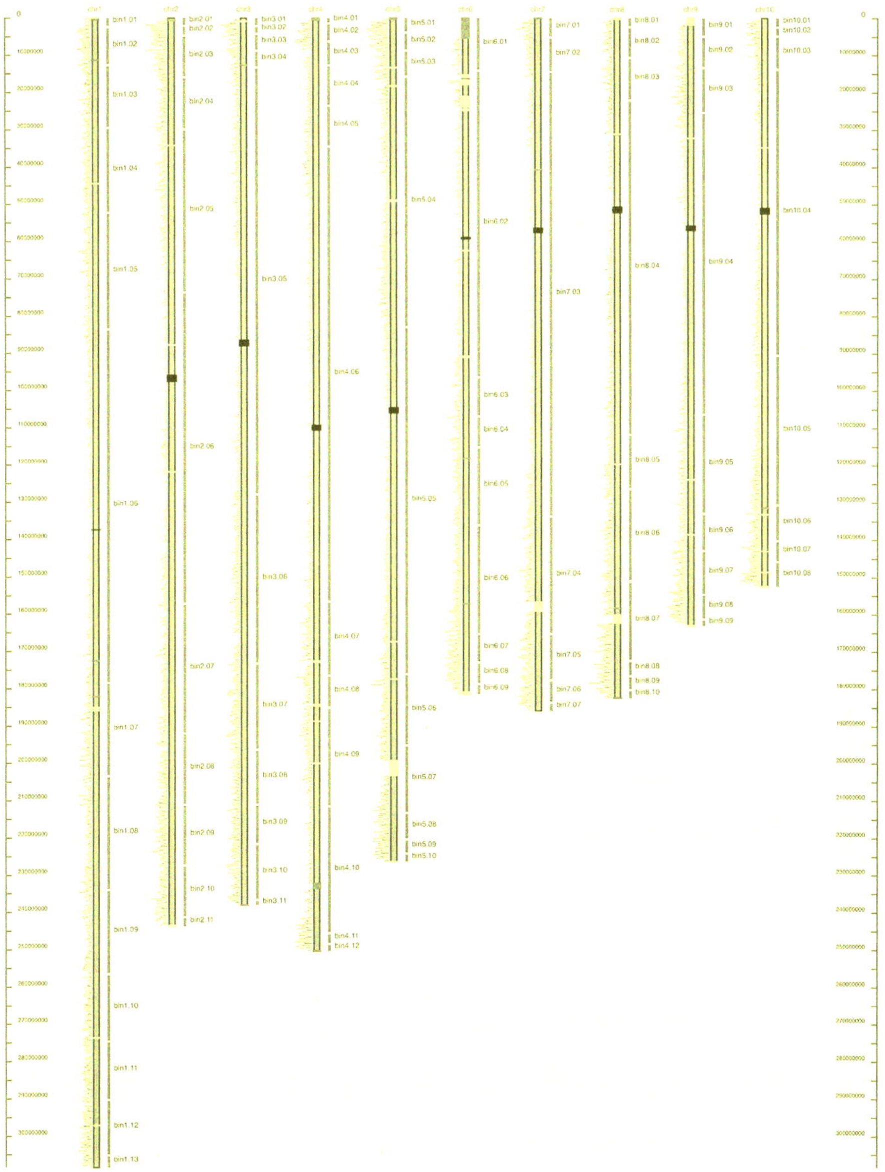

3　分子标记技术在玉米茎腐病抗性育种辅助选择中的应用

图 3-5　玉米 10 条染色体的 Bin 分布 [引自 maizeGDB 网站（B73v5）]

注：黑色方块代表着丝粒。

表 3-1 目标区域开发的分子标记

SSR 片段	标记命名	Motif	重复次数	正向引物序列（5'-3'）	反向引物序列（5'-3'）
1-1	Chr10 (1-1)	GC	5	ATGGGCAACGACGCTGA	GCCCATTAGGCTCATCTCG
3-3	Chr10 (3-3)	AAT	7	AGTTTGATTGGCTTGTCCTA	ATGTAATACTCCCTTCGTTCC
3-4	Chr10 (3-4) [b]	AC	6	TCAGACCGACGCACTCAC	TCATCAGCGACGATTTGG
3-5	Chr10 (3-5) [a]	AT	7	ACGAATCCGATCAACTATCCTC	CTTTTTAATGAACAAACATGAACTGC
3-17	Chr10 (3-17)	CCG	5	CATCCTCCCGTCTTTCCATT	TTCTAGGGTTTCCTGTTGCTG
3-18	Chr10 (3-18)	AG	8	TCTCCTCCAGAAGGCTAAGACGAA	GAGGGCAATGGCGGCAAC
3-27-2	Chr10 (3-27-2) [ab]	CCA	5		
3-32	Chr10 (3-32)	CT	6		
3-33	Chr10 (3-33)	AG	5		
3-35	Chr10 (3-35)	GA	6	AGCATTGATGCTAGGGGAG	GGTTTAGACATTGAGTTCTCACATA
3-41	Chr10 (3-41)	AT	5	CGATAAAGAACGAAAGCAGATTG	ATCTAACAAATCGCACGGAAAT
3-42	Chr10 (3-42)	GA	6		
3-48	Chr10 (3-48)	AT	5	TTATTTATTTTTGCTATTCCAT	GATGTGGTGATATTTGTGAGA
3-50	Chr10 (3-50)	AT	41		
3-51	Chr10 (3-51)	AC	7		
3-52	Chr10 (3-52) [ab]	GA	6	ACCGTACCCACCAGCTTAA	GCAGCACGGAAGTTGAGGC
3-57	Chr10 (3-57)	CCG	5	GGAGAACGTCCTCGACC	GCAGCATCTTTCCTCTTGT
3-58	Chr10 (3-58)	GCC	5	CCCAAAGCCAAACGCC	TTTTCTCGCTCTGGTGGGT

3 分子标记技术在玉米茎腐病抗性育种辅助选择中的应用

（续表）

SSR 片段	标记命名	Motif	重复次数	正向引物序列（5'-3'）	反向引物序列（5'-3'）
3-62	Chr10（3-62）	AT	13	AATTTCCCTCTCCTAAAATATG	GATATGGAAGAATACACATTTAAGT
3-63	Chr10（3-63）	AG	7	TGCAAGCCACGTCTAAATCAT	CTCTGTCTCAAACACTCCCCCT
4-2	Chr10（4-2）	TA	7		
4-3	Chr10（4-3）	AT	5	GCAATGTATGTGACATGACTA	GATGCTAATCTACCACGAC
4-7	Chr10（4-7）[a]	TAA	26	CGTTGTTTTTGAGATCCATATT	GACCGTCTAATCTGAGTTTCCT
4-8	Chr10（4-8）	AT	19	GGCAAGGGTTTCCTCTACTA	ATTTGAGATCAACGATTATGTGT
4-19	Chr10（4-19）	GC	5	CAATCCAGCATCGTTCACAA	CCAGCCCAATAGAAGTAGCAT
4-20	Chr10（4-20）	AT	6		
4-21	Chr10（4-21）	AT	21		
4-32	Chr10（4-32）	AT	5		
4-36	Chr10（4-36）	CA	5		
4-38	Chr10（4-38）	TA	57	CTCCTTAGGCGTAAAGATATGTGGC	GGTTAGGCTGGACTTGAACACGA
4-39	Chr10（4-39）	TA	5	ATGTGGTCACTTGTGCAATTAG	CATCATTCGCATTCGGTTT
4-41	Chr10（4-41）	GCG	6		
4-45	Chr10（4-45）[b]	CGC	7	CGCCCTGCTCCACTTCATA	CATCTTTACTCTGCTCTCCGACC
4-46	Chr10（4-46）	CG	5		
4-47	Chr10（4-47）	AT	7		
4-58	Chr10（4-58）	AT	5		

（续表）

SSR 片段	标记命名	Motif	重复次数	正向引物序列（5'-3'）	反向引物序列（5'-3'）
4-59	Chr10（4-59）	CA	6	CCGTCCCAAACTAATTTCAACT	AGCAAAGGATTTCCAACAACA
4-60	Chr10（4-60）[b]	TAGT	5	ATACTGTCTACAAGCCAAGCCTG	CAACGACTCCCAAATCCTCA
4-61	Chr10（4-61）	GA	6	CGGAGATGAACAACCTACA	CGTGAACCTTGATTGATGC
4-62	Chr10（4-62）	CT	5	GGAGCGAGGACGAAGACCA	GCCAAGCCTTGCACCCA
5-18	Chr10（5-18）	GTC	6	TCAAGCGACGAGGACCA	AGAGAAGAATGTAAAGAACGGATA
5-19	Chr10（5-19）[a]	CATC	7	TCGGGGCAAAAGCG	CGTCAATGCGTGATCCTTTCTA
5-30	Chr10（5-30）	GA	5	AAACTTCCCACTTCAACCG	CGACACCTTTTTTCTATTGTAAC
5-31	Chr10（5-31）	TA	9	ATGTACCAAAAAGTAAGGTGTCG	ATATTTTACAACTGTACACAGCACTG
5-43	Chr10（5-43）	TC	7	GCAGGGAGGCAAACGAAG	TCGCCGTCCAAGCACTCT
5-44	Chr10（5-44）	AT	49	AGAAACTAGGGACCCTAACTGACTC	GCAACCAACTAAGACTTGAGGG
5-50	Chr10（5-50）	AG	5	AATGCAATATGTACGCAAAGAC	TTCTTCACCCATCTCTTCTACAG
5-52	Chr10（5-52）	GC	5	CGTATCTTCTTGCCACTGC	ACATGGCATCCAACGAGT
5-53	Chr10（5-53）	CG	5		
5-54	Chr10（5-54）	TA	5		
5-55	Chr10（5-55）	CT	6		

注：a 为 W1568 与 1145 有差异；b 为 L4517 与 1145 有差异。

3 分子标记技术在玉米茎腐病抗性育种辅助选择中的应用

表 3-2 新合成的 19 对标记

标记类型	标记	正向引物序列 (5'-3')	反向引物序列 (5'-3')
SSR[a]	SSR58	GACGCTGCACAATAGGTTCT	TCATATACACCGACGACCTG
SSR[a]	SSR334	TTCGAGCATGCCAAAGAAGT	GGTGCACACAGACATGAAT
SSR[b]	Chr10-3802	GGCAATGTAAAGCCCTAAAATTGG	GGGAGAGCCCGATGATGATTTT
SSR[b]	Chr10-3853	GCATGACCTCGCTCGTTTC	CTCTGCTCTCCGACCATGAC
SSR[b]	Chr10-3871	CTCATGTTGAGCACCGCAAG	ATCATCATATGCTCGCGCT
SSR[b]	Chr10-3838	GTCCGTGATCCCCTCAACTG	GACCTGCCGCTCAAGAAAGT
SSR[b]	Chr10-3846	TCCATCCATTTCGTGCACCA	CCATGAGTTGCACTTTACGCA
SSR[b]	Chr10-3847	TCTGAGAGATCGAGCGAGGA	TGCTTCCTACACGTGTCGAC
InDel[c]	Chr10-Liu-3537	TTTTCTAGCTACCGAGGGTTTT	AGTTAAATAGAATTGCGCTCGG
InDel[c]	Chr10-Liu-3539	CGTAAAGATATGTGGCCATGAA	TGTAACTATCGGAAGCCCTGAG
InDel[c]	Chr10-Liu-3542	AACGAAAGAGCAAGAAAACCAAG	CCACTAACTAGCCACGAGAAT
InDel[c]	Chr10-Liu-3551	AAGAATTTCTCCCTTGCTGTTG	GTTCTTGTTGAGTGTTTGGCAC
InDel[c]	Chr10-Liu-3554	CCTTACCCACAGACAAAACGACA	AACTATTGGCCTGACCTTAGCA
InDel[c]	Chr10-Liu-3536	TTTTCTAGCTACCGAGGGTTTT	AGTTAAATAGAATTGCGCTCGG
InDel[c]	Chr10-Liu-3533	CACTCCACGCACTACACGTC	GTCGGGTTCTAAGGACTTAC
InDel[c]	Chr10-Liu-3534[a]	AGAGATCGAGCGAGGATAAGTG	GGCTCATCCCTTACTTGTGATG
InDel[c]	Chr10-Liu-3531	CACTCCACGCACTACACGC	GTTCTAAGGGACCTACCACGC
InDel[c]	Chr10-Liu-3540	GAGTCGTGGAAACACTTGTTGA	TGGACTTGAACACGATACAAGG
InDel[c]	Chr10-Liu-3549[ab]	TGAGGGTGATGTTTGTGAATGTG	TCTACGGTTAAGCACCATCAGACA

注：标记类型那一栏里的 a 为标记米白文献（王超，2017），b 为标记米白文献（Xu et al., 2013），c 为自己设计的 InDel 标记；标记那一栏里的 a 为 W1568 与 1145 有差异，b 为 L4517 与 1145 有差异。

表 3-3 目标区域的多态性标记

W1568 与 1145 是否差异	L4517 与 1145 是否差异	标记	引物序列（5′-3′）	物理位置 /Mb
否	是	Chr10（3-4）	F: TCAGACCGACGCACTCAC R: TCATCAGCGACGATTTGG	95 356 006～95 356 149
是	否	Chr10（3-5）	F: ACGAATCCCGATCAACTATCCTC R: CTTTTTAATGAACAAACATGAACTGC	95 377 476～95 377 599
是	是	Chr10（3-27-2）	F: TCTCCTCCAGAAGGCTAAGACGAA R: GAGGGCAATGGCGGCAAC	95 615 957～95 616 053
是	是	Chr10（3-52）	F: ACCGTACCCCACCAGCTTAA R: GCAGCACGGAAGTTGAGGC	95 888 809～95 888 935
是	否	Chr10（4-7）	F: CGTTGTTTTTGAGATCCATATT R: GACCGTCTAATCTGAGTTTCCT	96 016 216～96 016 384
是	否	Chr10-Liu-3534	F: AGAGATCGAGCGAGGATAAGTG R: GGCTCATCCCTTACTTGTGATG	96 180 297～96 180 455
否	是	Chr10（4-45）	F: CGCCCTGCTCCACTTCATA R: CATCTTTACTCTGTCTCCGACC	96 548 001～96 548 133
否	是	Chr10（4-60）	F: ATACTGTCTACAAGCCAAGCTG R: CAACGACTCCCAAATCCTCA	96 651 159～96 651 298
是	否	Chr10（5-19）	F: TCAAGCGACGAGGACCA R: AGAGAAGAATGTAAAGAACGGATA	96 868 237～96 868 380
是	是	Chr10-Liu-3549	F: TGAGGTGATGTTTGTGAATGTG R: TCTACGGTTAAGCCATCAGACA	97 054 805～97 055 001

3 分子标记技术在玉米茎腐病抗性育种辅助选择中的应用

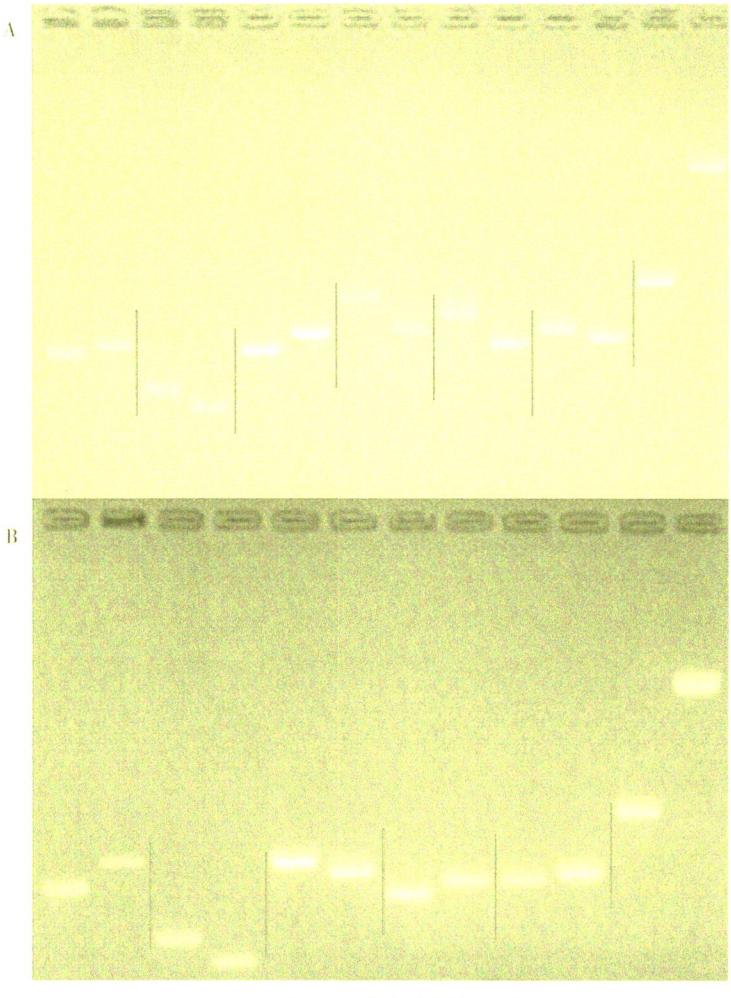

图 3-6 目标区域的多态性标记电泳

注：A 为 W1568 与 1145 的 7 对多态性标记；B 为 L4517 与 1145 的 6 对多态性标记。

3.2.3 全基因组多态性分子标记筛选

在受体和供体自交系间共筛选了 278 对玉米全基因组 SSR 分子标记的多态性，标记序列信息见表 3-4。受体自交系 W1568 和 L4517 与供体自交系 1145 间呈现多态性的分子标记分别为 122 个和 131 个（图 3-7、图 3-8），这些多态性标记的物理位置信息见表 3-5 和表 3-6。供遗传背景选择的分子标记在玉米 10 条染色体上的分布情况见表 3-7。

· 51 ·

表 3-4 背景筛选用到的 278 对玉米全基因组分子标记

标记编号	染色体位置	上游引物序列（5'-3'）	下游引物序列（5'-3'）
1	1.00	GACCTCTTCCTCGTCGTCTGAGT	CACGAGAGGGGTTGTGGAGAT
2	1.01	CACGCTGTTTCAGACAGGAA	CGCCTGTGATTGCACTACAC
3	1.01	AGGAAGACACGAGAGACACCGTAG	GTGGTTGTCGAGTTCGTCGTATT
4	1.02	ACAGTCTGTTGGGGAACAGG	CAACGCTGGTTTGTCGTTTA
5	1.02	TGCTGTGCAGTTCTTGCTTCTTAC	AGCTTCACGCTCTTCTAGACCAAA
6	1.03	TTGACATCGCCATCTTGGTGACCA	TCTTAATGCGATCGTACGAAGTTGTGAA
7	1.03	GAACAAGCCCTTAGCGGGTTGTC	AGTTGACATCGCCATCTTGGTGAC
8	1.03	CGGTTCATGCTAGCTCTGC	GTGTGGCGTGTGGTGGTG
9	1.03	CTGGCTCTTCAAGTGTAAAGGAGG	GGCCTTTTCTTAGCTTCCTCATC
10	1.04	CCGACTGACTCGAGCTAACC	CCGTAACTTCCAAGAACCGA
11	1.04	ACTTCCACTTCACCAGCCTTTTC	GGAAAGAAGAGCCGCTTGGT
12	1.04	GTGAGGTGAAAATGAAGCTGGAAC	ACCATACCTCTCGAACATGAGCC
13	1.05	GAAAGGAATCTTTCAGTCTCACACC	TAACGGCAGCATTACATTTCTTGA
14	1.05	TGAATGAGTGGCATTCAAAATCTG	CAGATTGCATGTGTGAGTGTGT
15	1.05	CGCCGTAGTATTTGGTAGCAGAAG	TCTACCGCTCCTTCGTCCAGTA
16	1.06	CACAACTCCATCAGAGGACAGAGA	CTGCTACGACATACGCAAGGC
17	1.06	GATGACCCCGCTTACTTCGTTTATG	CCTCGTTACGGTTACGCTGCTG
18	1.06	CAGAGTCTGATAGTCCGAACCAG	GTAAAGCTCACAGCTTCCGACAG

3 分子标记技术在玉米茎腐病抗性育种辅助选择中的应用

（续表）

标记编号	染色体位置	上游引物序列（5'-3'）	下游引物序列（5'-3'）
19	1.06	ATAGCTCGAGTATTGCGTTGCTCT	AGTTGTTGGTGATGGTGAAGGTG
20	1.07	GTTTCCTATGGTACAGTTCTCCCTCGC	AAGAACAGGACTACATGAGGTGCGATAC
21	1.07	ACCGACCTAAGCTATGGGCT	CCGGTTATAAACACAGCGT
22	1.07	TGGTTATGTGCATGATTTTTCCTG	CATGCGTCTGATCTTCAGAATGTT
23	1.08	GGGCTGCTACTTTGACAAGGAC	CCTCCATCATCCGCTGGTA
24	1.08	CGCCTTTGTAACCCAGACTCATTA	CGGATGTTGCCAAGTACATCATCATATC
25	1.09	TGTTGCTCGGTCACCATACC	GCACACACAGGACGACAGT
26	1.10	GCAACAAGATCAGCCGAT	GTCGCCCTCATATGACCTTC
27	1.10	CTGGAGGGTGAAACAAGAGACAATG	CCCGACACCTGAGTTGACCTG
28	1.10	ATGGGACTATGCATGGTATTTTGG	TACACCATACGTCACCAGGTTCAC
29	1.11	CCGAATTGAAATAGCTGCGAGAACCT	ACAAATGAAACGGTGGTTATCAACACGC
30	1.11	CAAGCACCTCAACCTCTTCG	TCCACGCTGCTCACCTTC
31	1.11	TGAATGGAAGAGAAGGGAAATCTG	GCTCTGTACATCCTTAGCGACACA
32	1.11	GGAGCTTGCGCTTTTTAACA	TCTGATATCATAAAGGAGGACCG
33	2.00	GCCAAGTCAGGGTCAAG	CACGAGCGTTATTCGCTGT
34	2.00	CTCATCACAACTAGCGCCACTCTA	ATAGTGCAGAGGTCATCGTGGC
35	2.00	CCATCTGCTGATCCGAATACCC	TTTTGCACGAGCCATCGTATAACG
36	2.00	AGGCTCCAGCTCTAGGGAGT	GTGAACTGTGTAGCGTGGAGTTGT

(续表)

标记编号	染色体位置	上游引物序列（5'-3'）	下游引物序列（5'-3'）
37	2.01	GTGCAGAATGCAGGCAATAG	GCAAATGTTTTCACACACG
38	2.01	AGGAGGACCCCAACTCCTG	TTGCACGAGCCATCGTAT
39	2.01	TATCTTCAGACCCAAACATCGTCC	GTCGATTGATTTCCGATGTTAAA
40	2.02	GGATAATGGCATTTTTTTAAACC	TTGTTGGTGATAAAAGGGGC
41	2.02	GAGATCACCGGCTAGTTAGAGGA	GTATGGTTGGGTACCCGTCTTTCTA
42	2.02	GAAATGGGACAGAGACAGACAAT	GGGACAAAAGAAGAAGCAGAG
43	2.02	TAGCTCCTTTGCGCTATTCAGTCT	GGCAGTGTTTCTTTGAAGTGCT
44	2.03	CCACCACATCCGTTACATCA	ACTTTGACACCGGCGAATAC
45	2.03	AGTAAAAGAGGCAAGGACTACGGC	GCGGCGATATATACGAGGTTGT
46	2.04	ACTTGCACGGTCTCGCTTAT	GCACTCCATCGCTATCTTCC
47	2.04	GCTATAGGCCGTAGCTTGGTAGACAC	TTACAACGCAACACGAGGC
48	2.04	CAAACATCAGCCAGAGACAAGGAC	ATTCATCGACGCGTCACAGTCTACT
49	2.04	CCTTTTTCGCCTCGCTTTTAT	TCGTCGTCTCCAATCATACGTG
50	2.05	CCTGACCCTGTTCCTGAAAA	GTGTCGTCGGAGCTGTTCGA
51	2.05	AATCAAACACACACCTTGCG	GCAAGGGAATAAGGTGACGA
52	2.05	AATAGATTGAATAAGACGTTGCCC	TGTTCCAATGCTTTTGTACCTCTA
53	2.06	GCAGTAGAAGAGCGAGCGAG	CATACGCTGTCACTGCCACT
54	2.06	ACCCTTGCCTTTACTGAAACACAACAGG	GCACACCGTGTGGCTGGTTC

3 分子标记技术在玉米茎腐病抗性育种辅助选择中的应用

(续表)

标记编号	染色体位置	上游引物序列（5'-3'）	下游引物序列（5'-3'）
55	2.06	AGAGATGGGGTAGAAATAGACGGC	CTCTCTGCTTTCTCTCTCTTGCG
56	2.07	GTACCTCCAGGTTTACGCCA	TCAACTTCTCATGCACCCAT
57	2.07	GAGCATAGAAAAAGTTGAGGTTAATATGGAGC	TGATAGGTAGTTAGCATATCCTGGTATCG
58	2.07	GGTGTTCAGTGTGAAAGGTTA	AAGATTTCCGCAAGGTTAAAC
59	2.07	TGAAGGGCCTCCAAGTTAATCTAAA	GCTAATGTGGAACTGGAAGAACGA
60	2.08	CCTTTTGTTTCAGGCCGTTA	CAGCAGCCTGATGATGAACA
61	2.08	GCCTTTATTTCTCCCTTGCTTGCC	CGTTTAAGAACGGTTGATTGCATTCC
62	2.08	ATATGCATTGCCTGGAACTGGAAGGA	AATTCAAACACGCCTCCCGAGTGT
63	2.08	GCAGGAAAGTTGCAGTTGTGTTTT	GTTTCCCGCTTTGTAAAATCCTGT
64	2.09	GCTTCTGCTGCTGTTTTGTTCTTG	CACTCTCCCTCTAAAATATCAGACAACACC
65	2.09	TCCTCTTGCTCTCCATGTCC	ACAGCTGCGTAGCTTCTTCC
66	2.10	CCGGGAACTTGTTCATCG	CCAACGTCCATGATCACACC
67	3.00	ACATACATAGGCTCCCCTTTTTCCG	TCCCGTGACACTCTCTTTCTCTCT
68	3.00	ATGGACTCTGTGCGAACTTGTACCG	GAAGGGCAATGAATAGAGCCATGAG
69	3.00	GCTACGCTTAAGTATCACGGCAAC	CTGCTGAGGAGAAGTGATCCTGTT
70	3.01	CTTCTGTTCCGCCATCCAGTATGTT	GATTGCGATAACATTGCGGCAAGTTGT
71	3.01	CTTTGCTGCTTCCTACG	AACCAGTGACGTACACAAAGCA
72	3.01	CCCGAGTCAGAAAACATTCACTT	CCTAACCTGAAGAAGGGAGGTCAT

(续表)

标记编号	染色体位置	上游引物序列（5'-3'）	下游引物序列（5'-3'）
73	3.02	GAGCACAGCTAGGCAAAAGG	CTCGCACGCTCTCTCTTCTT
74	3.02	GCTCTTGGCGTGCTTCTT	GCGGGAGGTGAAGAGCTA
75	3.02	TACCCGGACATGGTTGAGC	TGAAGGGTGTCCTTCCGAT
76	3.02	CCAATAAACAAATCATCTCCCCT	TGCTATGCTATGTACAGGGACAGG
77	3.04	AGGAGCATGCACTTGGTTCT	ACTCAACTGATGGCCGATCT
78	3.04	ATATTCATCGGTTCAACTTCC	AGCGCCAGCCTCCCGTAGTC
79	3.04	CCCCTTGTCTTTCTTCCTCC	CGATTAGATTGGGGTGCG
80	3.04	TTGTCTTTCTTCCTCCACAAGCAGCGAA	ATTTCCAGTTGCCACCGACGAAGAACTT
81	3.04	ACGCAAGTACAAAATTACTGCGGA	ATTAACGGCATGCTTGTAGCCTAA
82	3.05	CTCTAGGTGGTTAAGATTAACTCATT	TTCATGAGGACCGTGTTGAA
83	3.05	AGGTGTTGTTTTTGTTCGCT	TGCTTGTTTAAGCTCATTATT
84	3.05	TAGGCTGGCTGGAAGTTTGTTGC	CCCTGCCTCTCAGATTCAGAGATTG
85	3.05	CTGCCCTCTCAGATTCAGAGATTGAC	AACCCAACGTACTCCGGCAG
86	3.05	CATATTGATAGGCTAGGCAAATGGC	CAATACAAGTTTGGTCCCAAATAAGC
87	3.06	GCGAGAAAAGCGAGCAGA	CGCCAAGAAGAAACACATCACA
88	3.06	ATTCCGACGCAATCAACA	TTCATCTCCTCCAGGAGCCTT
89	3.06	AACTCTGTCTCCGTCACCGTGT	GACCTCATCTCGGTGGAAATTG
90	3.07	GGGATGCTCGTAGTAGGGGT	ACGCACACAACAAAGAGACG

3 分子标记技术在玉米茎腐病抗性育种辅助选择中的应用

（续表）

标记编号	染色体位置	上游引物序列（5'-3'）	下游引物序列（5'-3'）
91	3.07	GCCTACTCTTGCCGTTTTACTCCTGT	GCTACCCGCAACCAAGAACTCTTC
92	3.07	GCTCTATGTTATTCTTCAATCGGGC	GGTCGGTCGGTACTCTGCTCTA
93	3.08	GGATTCCTTTATGACGGGGT	AGTAACAACCAAGGCATCGG
94	3.08	ATCTCGCGAACGTGTGCAGATTCT	TCGATCTTTCCCGGAACTCTGAC
95	3.08	TGCCGAAATCTGTATACCATAGGCA	CTCTTTTAGCAGTGTGCCGAATTT
96	3.09	CGGACGATCTTATGCAAACA	ACGGTCTGCGACAGGATATT
97	3.09	GGAGATGCTCGCACTGTTCTC	CTCCACCCTCTTTGACATGGTATG
98	3.09	TCCATGTATGTGTGTGACGTG	AAACCAAACAGCCAAAAGGACA
99	3.09	AGCCAAAGACATGATGGTCC	CTGGGCAGACAGCAACAGTA
100	4.00	TATTTAAATTTAGTGTGGAGCTCACG	CGAGGGTCAGTTGTTGCTCT
101	4.00	ACCGTGCATGATTAATTTCTCCAGCCTT	GACAGCGCGCAAATGGATTGAACT
102	4.01	TTATGTGTGCAGAACGACTCG	AGCATGGCAGAGAAGGTGAT
103	4.01	CGTTGCCCATACATCATGCCTC	FGCTCGTCTCCTCCAGGTCAGG
104	4.01	GTGACCTAAACTTGGCAGACCC	CAAGAGGTACCTGCATGGC
105	4.01	TCTAGCTTGTGGTGGTTGA	ACATGAGCACAAAGACTGACGC
106	4.01	TGCGAAGAAGCAGTAGCAAA	TGGAGGTAGAAGACGCACG
107	4.03	TTCCATTCTCGTGTTCTTGGAGTGGTCCA	CTTGATCACCTTTCCTGCTGTCGCCA
108	4.03	CGGGGTAATTGGGTACATAACCTC	GTGCCTCCAACGCCTAGTTTTT

（续表）

标记编号	染色体位置	上游引物序列（5'-3'）	下游引物序列（5'-3'）
109	4.04	TTCTCAGCCAGTGCCAGTCTTATTA	GGTGTTGGAGTCGCTGGGAAAG
110	4.04	GAGAGCAGTAGCACTGACCCTTC	CACTCGACCTCGATCGAAC
111	4.05	AATGCTCGGTCCACAGAATC	AACTGGAGCAAAAGTGGTG
112	4.05	CCTCTACTCGCCAGTCGC	TTTGGTCAGATTTGAGCACG
113	4.05	TGGTGCTCGTTGCCAAATCTACGA	GCAGTGGTGGTTTCGAACAGACAA
114	4.05	TCATCCTCCTAGCTCCTCTACTCG	AAAACAGTCAGCAGAACCCACTTT
115	4.06	GTCATAACCTTGCCTCCCAA	CCTCTCGATGTTCTGAAGCC
116	4.06	CATAACCTTGCCTCCCAAACCC	GCACACCGTAGTAGCTGAGACTTG
117	4.06	CTTGGGTTCTTCTCTCCTATGGGT	CGTACAAACAAGTGGCGTTTAAT
118	4.07	CGTTACCCATTCCTGCTACG	CTTGCTCGTTTCCATTCCAT
119	4.08	GTCTGCTCGTAGTGGTGGTG	CACCGGCATTCGATATCTTT
120	4.08	AGTGCGTCAGCTTCATCGCCTACAAG	AGGCCATGCATGCTTGCAACAATGGATACA
121	4.08	CTGATCTGACTAAGGCCATCAAAC	AATGATCGAAATGCCATTATTTGT
122	4.09	TTCATGACACACAAACCACAGATG	GCACCCTAGCAGACTACAACATCC
123	4.09	GCAACAACAAATGGGATCTCCG	GGCCACGTTATTGCTCATTTGC
124	4.09	ACCACTGCAACCTAGAGCTGTACC	CACTTGGGTTGTTCCACAGGAG
125	4.11	ACCGGAACAGAGAGCTCTA	GTCCTGCAAAGCAACCTAGC
126	4.11	AGGCGGCGTGCTGAACACCT	CGCTTCATCTCCCGTGACAATG

3 分子标记技术在玉米茎腐病抗性育种辅助选择中的应用

（续表）

标记编号	染色体位置	上游引物序列（5'-3'）	下游引物序列（5'-3'）
127	4.11	CGATACACATCCATCTTCAGGTAGC	GCCTTTGTACCAATACAAGCCAAG
128	5.00	AAACCATGCATCCAACRAATG	AGACCCAGAGATGATTTAGG
129	5.00	GCACATGAAAGATCCTGCTGA	TGTGGATGACGGTGATGC
130	5.00	GAGGTAGGCGTCGTATGCTCTAAA	AACGTGACTTACAAGGTTGCGTTC
131	5.01	TGCTCTCACAAGATGGTGGA	CCACAGGATAAAATCGGCTG
132	5.01	ACTGTTCCACCAAACCAAGC	CTCCATGGAGAAGACGCG
133	5.01	ACTGTTCCACCAAACCAAGCCGAGA	AGTAGGGGTTGGGGATCTCCTCC
134	5.02	GGGTTTCACCAACGGGGATAGG	GCAACTGGCAACTGTACCCATCG
135	5.01	GAAAGCTTCTCCTCTCCGTCTC	CAGTCCCAGACCCTAGCTCAGTC
136	5.03	CATGACCCTGATAAACCCTCCTCTC	AICTCACGTACGGTAATGCAGACA
137	5.03	GGTGGCCCTGTTAATCCTCATCTG	CTTCTCCTCCGGCATCATCCAAAC
138	5.03	CACGTACGGCAATGCAGACAAG	GGAGGTCGTCAGATGGAGTTCG
139	5.03	AAGCTCAGAAGCCGGAGC	GGTCATCAAGCTCTCTGATCG
140	5.03	TTGAGTCTGGTACTGCGTATGAGG	TAGCACTCCAACAGCAAGAGTTTG
141	5.04	ACCGTCTCAGCAAAATGGTC	CCGCCTTCACTACTATGGTCAAT
142	5.04	ACATGGGCCGATGACTAAGAATAG	CTGAGTACACACATGTCACACAGTTG
143	5.05	TGGCGCGATTTTCTTCATAT	AAAGAGCAACCTTCAACGGA
144	5.05	TCTTTTATTGTGCCCGTTGAGATT	CCTGAGGGTGATTTGTCTGTCTCT

(续表)

标记编号	染色体位置	上游引物序列（5'—3'）	下游引物序列（5'—3'）
145	5.06	GACGCTAGAGAGAGGCGAAG	ATGTAACAAGAAGGCCCGTG
146	5.06	GCACCTGCGAGACTAGG	TGTTTGAGCCGTTCTAGACT
147	5.06	TGTTCGCCGTCTAGCCTGGATT	TCATCAGCAACGACGACTACTCC
148	5.06	CCAGCCATGTCTTCTCGTTCTT	AAACAAAGCACCATCAATTCGG
149	5.07	CAGAGTTGATGAACTGAAAAAGG	CTCTTGTTCCCCCCTAATC
150	5.07	CGTCTTGTCTCCGTCCGTG	CCCCTCTTCCTCAGCACCTTG
151	5.07	AGGTGCTGGACACAGACTTCAAC	ACTGAGATCCAGGCTCCTCTTC
152	5.07	GAGGAGACCGCCTCTGGTTC	CTTCGGGTTCCTGGACCTTCT
153	5.08	CATGGGACAGCAAGAGACACAG	ACCTTCATCACCTGCAACTACGAC
154	5.08	CTAGCTCCGTGTGAGTGAGTGAGT	TTCCTTCTTCTTTCCTGTGCAAC
155	5.08	ACACACAACAGAGCCTTTTGTTCA	AAGAAAAGGACACCAAACCAAACA
156	5.09	CAGCATCTATAGCTTGCTTGCATT	TGGGTTTTGTTTGTTTGTTGTTG
157	5.09	GTCGACATCGTCTTCCCCAAG	GTAGGAAGCCACGTACGGCTC
158	6.00	CTTATTGCTTTCGTCATACACACATTCAT	GAGCATGAGCTTGCATATTTCTTGTGG
159	6.00	ATGGAGCATGAGCTTGCATATTT	GCTTTCGTCATACACCACATTCA
160	6.00	GATGGATGGAGCATGAGCTTGC	TCTCAGCTCCTGCTTATTGCTTTCG
161	6.00	TCCTGCTTATTGCTTTCGTCAT	GAGCTTGCATATTTCTTGTGGACA
162	6.01	CAGCCGAAAGACGAAGCC	GTGGTGAAGCGAAGCGAACGAGCAA

3 分子标记技术在玉米茎腐病抗性育种辅助选择中的应用

（续表）

标记编号	染色体位置	上游引物序列（5′-3′）	下游引物序列（5′-3′）
163	6.01	CATCGGCGTTGATTTCGTCAG	GGCAACGGCAATAATCCACAAG
164	6.01	GAGAAGAGGATCAGGTTCGTTCCA	CGCGTTGTACATCTTGCCTGCTT
165	6.01	TCAAGAACATAATAGGAGGCCCAC	AGCCAGCTTGATCTTTAGCATTTG
166	6.02	CACACAATCCCCACAAAAAA	CGAAACATCCAGGAAACTGC
167	6.04	GCAACAGGTTACATGAGCTGACGA	CCAGCGTGCTGTTCCAGTAGTT
168	6.04	TTCCTTGCCAACAAATACAAGGAT	GTTCATTGCTTCATCTTGAACCT
169	6.05	CGTGCACGGTACAGAAAGAA	AGAAAGCCACGTACCCCTTT
170	6.05	AGGACACGCCATCGTCATCA	GATCCGCATTGTCAAATGACAC
171	6.05	TAATTTAAACACCACCACCG	ACACACGCCAAAGAAAAACC
172	6.05	GCAACATCCTGGAGAGCCACTACAAGG	ACAGCCTGTTTTCCTGGACAGTGAACTC
173	6.06	AGCAAATATATGAGCAATTAAGAACAGG	GTGTCGCCACCTATAATTTGATGA
174	6.07	GATGTGGGTGCTACGAGCC	AGATCTCGGAGCTCGGCTA
175	6.07	AGCTGTTGTGGCTCTTTGCCTGT	AGCAAGCAGTAGGTGGAGGAAGG
176	6.07	AGAACACCAAATGTGACGTTATGT	CTAGCTCGTCTTCCCTGTGTCT
177	6.08	GAATTGGGAACCAGACACCCAA	ATTTCCATGGACCATGCCTCGTG
178	7.00	GGCGAGAGAGGCAAAGTTAA	GTCGCACAAGGGGATCAC
179	7.00	GCTTGCTGCTTCTTGAATTGCGT	AATGCCGTTATCATGCGATGC
180	7.00	AATCCTACTTGCTGCCAAAGC	CTTTGAGCTTTTTGTGTGGAC

·61·

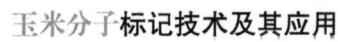

(续表)

标记编号	染色体位置	上游引物序列（5'-3'）	下游引物序列（5'-3'）
181	7.00	GAAAACTGCATCAACAACAAGCTG	ATTGGTTGGTTCTTGCTTCCATTA
182	7.01	TGCCCTGCAGGTTCACATTGAGT	AGGAGTACGCTGGATGCTCTTC
183	7.01	CTGTGCTCGTGCTTCTCTCTGAGTATT	TCATTCCCAGAGTGCCTTAACACTG
184	7.01	ATGGAGCACGTCATCTCAATGG	AGCAGCAGCAACGTCTATGACACT
185	7.02	GCGCTCCTTCACCTTCTTTA	CGGGAATGAATAAGCCAAGA
186	7.02	GTGAAGAACGATGACGCAGA	CAGCAACGCTCTCACATTGT
187	7.02	TAGCGACAGGATGGCCTCTTCT	GGGGAGCACGCCTTCGTTCT
188	7.02	TTGTCAGACAGAACCCACACATTT	TTTTTGGCTCTCTTTGTTGTGAT
189	7.03	GCACGGGCATCAGAGAGAG	CATGGGTAAGTTGCTGAAAGTTT
190	7.03	CCAACCGTATCAGCATCAGC	GCAGAGCTCTCATCGTCTTCTT
191	7.03	CGATGCAAGAGTGTCAAGTA	ACTCCCTAGTGCAAAAATCA
192	7.03	TGCACAGAATAAACATAGGTAGGTCAGGTC	GCTTGAGGCGGTTGAGGTATGAG
193	7.03	CCGAGACCGTCAAGACCATCAA	AGCTCCAAACGATTCTGAACTCGC
194	7.03	GAGCTCATGTGTATGTGGACGTTG	AATAAACAGAGGTAGGTCAGGTCGC
195	7.04	GCTGGTAGCTTTCAGATGGC	TGTCCCTCCTCCAGTTTCAC
196	7.04	CCACCAACCCATACCCATACCAG	GGATGATGGCGAGGATGATGTC
197	7.04	GGGAAGTGCTCCTTGCAG	CGGTAGGTGAACGCGGTA
198	7.04	ACTTTGCAACTACCGTACATGGGT	TTCGACTGCACGTGAAAATCTATC

3 分子标记技术在玉米茎腐病抗性育种辅助选择中的应用

(续表)

标记编号	染色体位置	上游引物序列 (5′—3′)	下游引物序列 (5′—3′)
199	7.05	CTACTACATGCGATCACGGACCAT	AACCAGTTCCAGTCTCCACTGAGT
200	7.05	CACAGCACAGGCAGTTCG	CGCGGCAAAAGATCTTGAACACCT
201	7.05	CGACCTCTTTGCTGTCTCATTTTT	CAAGCAATTTCCCCATCTCATACT
202	7.06	GCATACGGCCATGGATGGGA	TCCCTGCCGGGACTCCTG
203	8.00	GATTTTGCTTGAAGCCGAAG	GCTTTGCAGCACTGTCGTAG
204	8.02	AACTGCTTGCCACTGGTACGGTCT	CGCACGGCACGATAGAGGTG
205	8.02	GTGTTTCCGTTTCGCTGATTTTAC	TCATCCATGTGACAGAGACGACTT
206	8.03	GGCGTTCGTTTTGCACTAAT	CGACACAGTTGACATCAGGG
207	8.03	CGCTTGGCATCTCCATGTATATCT	AGACGAACCCACCATCATCTTTC
208	8.03	AGGAAAATGGAGCCGGTGAACCA	TTGGTCTGGACCAAGCACATACAC
209	8.03	CAGCCACTCGTTTATGGAGGTTTA	TGTTACTAGTCGATCTGATGCCCA
210	8.05	ACTAGCAGCAGTAAAACCTAATAAAGGGA	CAAGTAGCTAGCAGTCATTTGCAGTGT
211	8.05	AGATGACCAGGGCCGTCAACGAC	CCAGCTTCACCAGCTTGCTCTTCGTG
212	8.05	CAAAGCAGTACAATATGACCCAG	CGTACGTCCCATAAAGATGAGAAA
213	8.06	AAGAACAGAAGGCATTGATACATAA	TGCAGGTGTATGGGCAGCTA
214	8.06	CTAATCACCAACCACCAAACAC	AGTCCGTCTCTTGTCCTCGTC
215	8.06	GGAACTGAAGAACAGAAAGGCATTGATAC	GCAGGTGTCGGGGATTTTCTC
216	8.06	TACAGTAGGGATTCTTGCAGCCTC	GTGGGACCTTGTTGTTCTTT

(续表)

标记编号	染色体位置	上游引物序列（5'-3'）	下游引物序列（5'-3'）
217	8.06	CTGCTGGACTACATGGTGGACTT	GAGCTGTAGCACCCCAAAAC
218	8.07	TGTGACTCCATACCGCACAT	CTCATCATGTTGTACATGGCG
219	8.07	ACGAACAACCTAGCACAGTCCTAAA	CAAGGCGGTTACCAAGTTTACATC
220	8.08	ATCGTTGTTGGGTACACGGT	ACGGGTAGTGGTGAAGATGC
221	8.08	TTGATGGGCACGATCTCGTAGTC	TGAACCACCCGATGCAACTTG
222	8.08	TCGTCACGTTCCACGACATCAC	CACCCGATGCAACTTGCGTAGA
223	8.08	GCAACGTACCGTACCTTTCCGA	ACGCTGCATTCAATTACCGGAAG
224	8.08	TTTGATCACAGACTTATCCCTGTT	CTAATGACGAACCCCTAAAAGGT
225	8.08	CACGGTGCTGTACACAACTAAAGG	TATCCTCGGAAGCGAACGAA
226	8.09	CAGTAGCCCCTCAAGCAAAACATTC	CCGGCAGTCGATTACTCCACG
227	8.09	CCGGCAGTCGATTACTCC	CGAGACCAAGAGAACCCTCA
228	9.00	GATGAGCTTGACGACGCCTG	CAATCCAATCCGTTGCAGGTC
229	9.01	ATCAAGCTTATCGAGAGAGAGAGAG	CGACGGTGGAAAGACTGC
230	9.01	TCTCGTCGCTTCCTTCGATTAGTACGG	AATGCAGGGCGATGGTTCTCCGGCCT
231	9.01	TACCGAAGAACAACGTCATTTCAGC	ACTGATCGCGACGAGTTAATTCAAAC
232	9.01	TGGTCTTCTTCGCCGCATTAT	ATAAGCTCGTTGATCTCCTCCTCC
233	9.02	TAGGGTTTACACGCGCGG	ATTTCGCTAAGTCTTTGGCG
234	9.02	GATCCTACCAAAATCTTATAGGC	ACAGCTAGCCAAGATCTGATT

(续表)

标记编号	染色体位置	上游引物序列（5'-3'）	下游引物序列（5'-3'）
235	9.02	CGTTGGCGACCAGGGTGCGTTGGAT	TGCAAACAGCCATTCGATCATCAAAC
236	9.02	CTTCTTCGTAAAGGCATTTGTGC	GTGCGGGATTCCTTAGTTTGC
237	9.03	CGATCTGCACAAAGTGGAGTAGTC	AGGGACAAATACGTGGAGACACAG
238	9.03	CTTACTGAGCATCTTCCTTCTCC	TCCGTGATGCTCCAGGGAC
239	9.03	GGACCCAGACCAGGTTCCACC	CGCCTTCAAGAATATCCTTGTGCC
240	9.03	ACGACTCTATCCCTGCCAACT	TCTGGTTGTGAAAGCTATCCT
241	9.03	TGCGCACCAGCGACTGACC	GCGGGCGACGCTTCCAAAC
242	9.03	AAGTCATTGCCCAAAGTGTTGC	ACTCATCACCCTCCAGAGTGTC
243	9.04	GAGTGAGCGTGCGGAGTC	AACAGGCCAAACTCCTCCTC
244	9.04	AACCAAGTTCTTCAGACGCTTCAGG	GCGGAAGAGTAGTCGTAGGGCTAGTGTAG
245	9.04	GCTACTCTCGTGGACTGGTGGT	TGAAGGCTTAGTGGTGATCCGT
246	9.04	GCACTTCATAACCTCTCTGCAGGT	CACCGAGGAGCACGACAGTATTAT
247	9.05	CTGTAGGGCTGCGAGAAAAGAGAGGG	CGACAACTTAGGAGAACCATGGAG
248	9.05	GGCACTCAGCAAAGAGCCAAATTC	ACAGAGGAACGACGGGACCAAT
249	9.05	ATGGATGAATATGATCCCACGG	GATCCGCACGTAGCTTTTCG
250	9.06	GTCACTCGTTCCGCATCGTCT	CCTAACTCTGCAAAGACTGCATGA
251	9.06	AAAAAGAGCAGCGGAACGTG	GTCGTGCTGGCTACTCTGCTG
252	9.07	GCCAGAGGAAAAAGAAGGCT	AATCATGCTAGGCGTAGCT

（续表）

标记编号	染色体位置	上游引物序列（5'—3'）	下游引物序列（5'—3'）
253	9.07	ACCCATCCCACTTTCCACCTCCTCCT	GCTTTCAGCGAATACTGAATAACGCGGA
254	9.07	CGATCCGGAGGAGTTCCTTA	CCATGAACATGCCAATGC
255	9.07	TTTGAGAACGGAAGCAAGTACTCC	ACCAACCAACCACTCCCTTTTAG
256	9.08	TTACACAGAAGCCCATTTGAAGGT	GGATGGTTGTTGGTGGTGTAGAAT
257	10.00	TGGACGCGAACCAGAAACAGAC	CAGCGCCGCAAACTTGGTT
258	10.00	TTGGCTCCCAGCGCCGCAAA	GATCCAGAGCGATTTGACGGCA
259	10.01	CCGAAGATAACCAAACAATAATAGTAGG	ACTGTACGCCTCCCCTTCTC
260	10.02	GGCCATGATACAGCAAGAAATGATAAGC	GAGAAATCAAGAGGTGCGAGCACT
261	10.02	TGATCGATGGCTCAATCAGT	ATCTGGAACACCGTCGTCTC
262	10.02	AAGCTAATTAAGGCCGGTCATCCC	TCCGTGTACTCGGCGGACTC
263	10.03	ATTAAAATCTTGCTGATGGCG	TTCTGTTCCCGCCTGTACTT
264	10.03	TAACATGCCAGACACATACGGACAG	ATGGCTCTAGCGAAGCGTAGAG
265	10.03	CTCTAGCTACGAGCCTACGAGCA	CCGTCGAGTCAACTAGAGAAAGGA
266	10.04	CCAACCCGCTAGGCTACTTCAA	ATGCCATGCGTTCGCTCTGTATC
267	10.04	CTTCGTACCATCTTCCCTACTTCATTGC	CAAGCGGAATCTGAATCTTTGTTC
268	10.04	GAAATTGCTGGGGTTCTCATTTCT	AAGCGGAATCTGAATCTTTGTTC
269	10.04	CTTGTATCATCAGCTAGGGCATGT	TCAACTTATGTCAACTGCATGCTT
270	10.04	AAAAGAAACATGTTCAGTGAGCG	ATAAAGGTTGGCAAAACGTAGCCT

3 分子标记技术在玉米茎腐病抗性育种辅助选择中的应用

（续表）

标记编号	染色体位置	上游引物序列（5'-3'）	下游引物序列（5'-3'）
271	10.04	GAGGCATACGGCATACCATACC	GTAGGAGAAACAGGTGCTGGTGTC
272	10.05	TTCAGTCGAGCGCCCAACAC	GAGGAATGATGTCCGCGAAGAAG
273	10.05	CCATATATTGCCGTGGAAGG	TTCTTCATGCACACAGTTGC
274	10.06	AGCAGGAGTACCCATGAAAGTCC	TATCACAGCACGAAGCGATAGATG
275	10.06	CTTTTCTGCTACTCCTGCCTGC	CTAGCTGATGGAGGCTGTAGCG
276	10.07	CGGTCCAGGCAGGTTAATTA	GACTCGAGGACACCGATTTC
277	10.07	CGTGCTACTACTGCTACAAAGCGA	AGTCGTTCGTGTCTTCCGAAACT
278	10.07	GACTTTGCTGGTCAGCTGGT	ACAGCTCTTCTTGGCATCGT

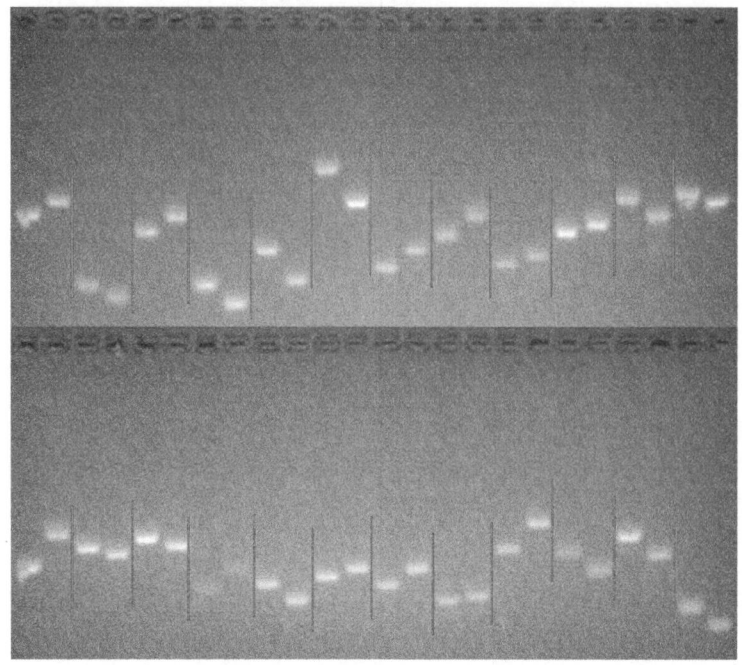

图 3-7 受体 W1568 与供体 1145 间部分多态性分子标记

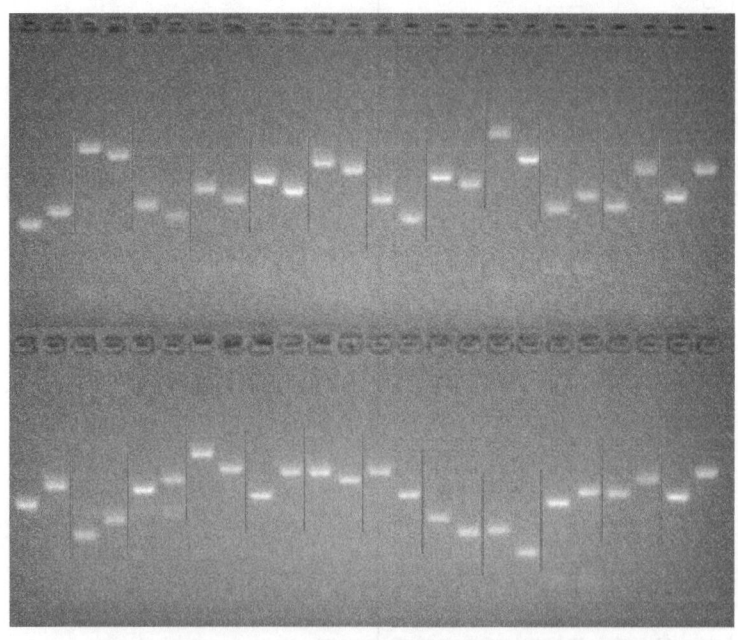

图 3-8 受体 L4517 与供体 1145 间部分多态性分子标记

3 分子标记技术在玉米茎腐病抗性育种辅助选择中的应用

表 3-5　W1568 与 1145 全基因组 122 对多态性分子标记

标记编号	染色体位置	引物序列（5′-3′）	物理位置 /Mb
3	1.01	F: AGGAAGACACGAGAGACACCGTAG R: GTGGTTGTCGAGTTCGTCGTATT	7 813 975～7 814 088
4	1.02	F: ACAGTCTGTTGGGGAACAGG R: CAACGCTGGTTTGTCGTTTA	
5	1.02	F: TGCTGTGCAGTTCTTGCTTCTTAC R: AGCTTCACGCTCTTCTAGACCAAA	21 908 271～21 908 358
6	1.03	F: TTGACATCGCCATCTTGGTGACCA R: TCTTAATGCGATCGTACGAAGTTGTGGAA	43 537 828～43 538 057
8	1.03	F: CGGTTCATGCTAGCTCTGC R: GTTGTGGCTGTGGTGGTG	51 768 784～51 768 923
12	1.04	F: GTGAGGTGAAAATGAAGCTGGAAC R: ACCATACCTCTCTGAACATGAGCC	74 617 329～74 617 485
15	1.05	F: CGCCGTAGTATTTGGTAGCAGAAG R: TCTACCGCTCCTTCGTCCAGTA	92 352 708～92 352 836
18	1.06	F: CAGAGTCTGATAGTCCGAACCCAG R: GTAAAGCTCACAGCTTCCGACAG	186 960 847～186 960 985
21	1.07	F: ACCGACCTAAGCTATGGGCT R: CCGGTTATAAACACAGCCGT	213 204 520～213 204 672
22	1.07	F: TGGTTATGTGCATGATTTTTCCTG R: CATGCGTCTGATCTTCAGAATGTT	235 471 506～235 471 651
23	1.08	F: GGGCTGCTACTTTGACAAGGAC R: CCTCCATCATCCGCTGGTA	239 777 681～239 777 814
27	1.10	F: CTGGAGGGTGAAACAAGAGCAATG R: CCCGACACCTGAGTTGACCTG	281 669 749～281 669 964
29	1.11	F: CCGAATTGAAATAGCTGCGAGAACCT R: ACAATGAACGGTGGTTATCAACACGC	303 646 087～303 646 184
30	1.11	F: CAAGCACCTCAACCTCTTCG R: TCCACGCTGCTCACCTTC	292 725 356～292 725 575
31	1.11	F: TGAATGGAAGAGAAGGGAAATCTG R: GCTCTGTACATCCTTAGCGACACA	293 800 318～293 800 474

· 69 ·

（续表）

标记编号	染色体位置	引物序列（5′—3′）	物理位置/Mb
32	1.11	F: GGAGCTTGCGCTTTTTAACA R: TCTGATATCATAAAGGAGGACCG	296 819 406～296 819 489
37	2.01	F: GTGCAGAATGCAGGCAATAG R: GCAAATGTTTTCACACACACG	4 584 707～4 584 869
44	2.03	F: CCACCACATCCGTTACATCA R: ACTTTGACACCGGCGAATAC	24 583 487～24 583 734
45	2.03	F: AGTAAAAGAGGCAAGGACTACGGC R: GCGGCGATATATACGAGGTTGT	22 219 028～22 219 163
46	2.04	F: ACTTGCACGGTCTCGCTTAT R: GCACTCCATCGCTATCTTCC	44 183 373～44 183 545
47	2.04	F: GCTATAGGCCGTAGCTTGGTAGACAC R: TTACACAACGCAACACGAGGC	74 497 379～74 497 657
52	2.05	F: AATAGATTGAATAAGACGTTGCCC R: TGTTCCAATGCTTTTGTACCTCTA	111 792 983～111 793 099
53	2.06	F: GCAGTAGAAGAGCGAGCGAG R: CATACGCTGTCACTGCCACT	163 117 740～163 117 893
56	2.07	F: GTACCTCCAGGTTTACGCCA R: TCAACTTCTCATGCACCCAT	204 935 090～204 935 252
58	2.07	F: GGTGTTCAGTGTGAAAGGTTA R: AAGATTTCCGCAAGGTTAAAC	205 823 542～205 823 681
60	2.08	F: CCTTTTGTTTCAGGCCGTTA R: CAGCAGCCTGATGATGAACA	225 844 233～225 844 447
63	2.08	F: GCAGGAAGTTGCAGTTGTTGTTTT R: GTTTCCCGCTTTGTAAAATCCTGT	210 966 184～210 966 272
64	2.09	F: GCTTCTGCTGCTGTTTTGTTCTTG R: CACTCTCCCTCTAAAATATCAGACAACACC	230 177 362～230 177 529
65	2.09	F: TCCTCTTGCTCTCCATGTCC R: ACAGCTGCGTAGCTTCTTCC	230 177 415～230 177 584
67	3.00	F: ACATACATAGGCTCCCTTTTTCCG R: TCCCGTGACACTCTCTTTCTCTCT	1 588 758～1 588 917

3 分子标记技术在玉米茎腐病抗性育种辅助选择中的应用

（续表）

标记编号	染色体位置	引物序列（5′-3′）	物理位置/Mb
69	3.00	F：GCTACGCTTAAGTATCACGGCAAC R：CTGCTGAGGAGAAGTGATCCTGTT	1 838 771～1 838 883
71	3.01	F：CTTTGCTGCTGCTTCCTACG R：AACCAGTGACGTACACAAAGCA	3 532 329～3 532 484
73	3.02	F：GAGCACAGCTAGGCAAAGG R：CTCGCACGCTCTCTCTTCTT	5 831 525～5 831 716
77	3.04	F：AGGAGCATGCACTTGGTTCT R：ACTCAACTGATGGCCGATCT	10 507 508～10 507 683
82	3.05	F：CTCTAGGTGGTTAAGATTAACTCATT R：TTCATGAGGACCGTGTTGAA	130 139 333～130 139 513
83	3.05	F：AGGTGTTGTTTTTGTTCGCT R：TGCTTGTTTAAGCTCATTATT	146 424 232～146 424 360
85	3.05	F：CTGCCTCTCAGATTCAGAGATTGAC R：AACCCAACGTACTCCGGCAG	
87	3.06	F：GCGAGAAGAAAGCGAGCAGA R：CGCCAAGAAGAAACACATCACA	197 008 751～197 008 873
88	3.06	F：ATTCCGACGCAATCAACA R：TTCATCTCCTCCAGGAGCCTT	184 856 864～184 856 987
92	3.07	F：GCTCTATGTTATTCTTCAATCGGGC R：GGTCGGTCGGTACTCTGCTCTA	203 550 487～203 550 599
93	3.08	F：GGATTCCTTTATGACGGGGT R：AGTAACAACCAAGGCATCGG	216 534 420～216 534 557
95	3.08	F：TGCGAAATCTGTATACCATAGGCA R：CTCTTTTAGCAGTGTGCCGAATTT	219 136 705～219 136 803
96	3.09	F：CGGACGATCTTATGCAAACA R：ACGGTCTGCGACAGGATATT	223 465 809～223 466 034
99	3.09	F：AGCCAAAGACATGATGGTCC R：CTGGGCAGACAGCAACAGTA	229 153 969～229 154 125
102	4.01	F：TTATGTGTGCAGAACGACTCG R：AGCATGGCAGAGAAGGTGAT	5 938 746～5 938 896

（续表）

标记编号	染色体位置	引物序列（5′-3′）	物理位置/Mb
104	4.01	F: GTGACCTAAACTTGGCAGACCC R: CAAGAGGTACCTGCATGGC	8 324 234～8 324 522
111	4.05	F: AATGCTCGGTCCACAGAATC R: AACTGGAGCCAAAAGTGGTG	40 225 170～40 225 339
112	4.05	F: CCTCTACTCGCCAGTCGC R: TTTGGTCAGATTTGAGCACG	38 915 760～38 915 883
115	4.06	F: GTCATAACCTTGCCTCCCAA R: CCTCTCGATGTTCTGAAGCC	174 656 577～174 656 749
119	4.08	F: GTCTGCTGCTAGTGGTGGTG R: CACCGGCATTCGATATCTTT	191 085 304～191 085 478
121	4.08	F: CTGATCTGACTAAGGCCATCAAAC R: AATGATCGAAATGCCATTATTTGT	197 893 911～197 894 031
125	4.11	F: ACCGGAACAGACGAGCTCTA R: GTCCTGCAAAGCAACCTAGC	249 093 732～249 093 860
127	4.11	F: CGATACACATCCATCTTCAGGTAGC R: GCCTTTGTACCAATACAAGCCAAG	248 821 646～248 821 748
128	5.00	F: AAACCATGCATCCAACRAATG R: AGACCCAGAGATGATTTAGG	974 021～974 140
131	5.01	F: TGCTCTCACAAGATGGTGGA R: CCACAGGATAAAATCGGCTG	14 751 087～14 751 231
132	5.01	F: ACTGTTCCACCAAACCAAGC R: CTCCATGGAGAAGACGCG	4 540 582～4 540 726
133	5.01	F: ACTGTTCCACCAAACCAAGCCGAGA R: AGTAGGGGTTGGGGATCTCCTCC	4 540 582～4 540 745
136	5.03	F: CATGACCTGATAAACCCTCCTCTC R: ATCTCACGTACGGTAATGCAGACA	29 258 559～29 258 667
137	5.03	F: GGTGGCCCTGTTAATCCTCATCTG R: CTTCTCCTCGGCATCATCCAAAC	67 091 343～67 091 471
139	5.03	F: AAGCTCAGAAGCCGGAGC R: GGTCATCAAGCTCTCTGATCG	66 547 307～66 547 468

3 分子标记技术在玉米茎腐病抗性育种辅助选择中的应用

（续表）

标记编号	染色体位置	引物序列（5′-3′）	物理位置/Mb
143	5.05	F：TGGCGCGATTTTCTTCATAT R：AAAGAGCAACCTTCAACGGA	198 577 052～198 577 205
144	5.05	F：TCTTTTATTGTGCCCGTTGAGATT R：CCTGAGGGTGATTTGTCTGTCTCT	183 854 082～183 854 229
146	5.06	F：GCACCTGCGAGACTAGG R：TGTTTGAGCCGTTCTAGACT	196 686 472～196 686 595
148	5.06	F：CCAGCCATGTCTTCTCGTTCTT R：AAACAAAGCACCATCAATTCGG	194 991 738～194 991 841
154	5.08	F：CTAGCTCCGTGTGAGTGAGTGAGT R：TTCCTTCTTTCTTTCCTGTGCAAC	221 679 861～221 679 955
159	6.00	F：ATGGAGCATGAGCTTGCATATTT R：GCTTTCGTCATACACACACATTCA	7 366 672～7 366 833
161	6.00	F：TCCTGCTTATTGCTTTCGTCAT R：GAGCTTGCATATTTCTTGTGGACA	7 366 681～7 366 844
163	6.01	F：CATCGGCGTTGATTTCGTCAG R：GGCAACGGCAATAATCCACAAG	50 724 324～50 724 586
164	6.01	F：GAGAAGAGGATCAGGTTCGTTCCA R：CGCGTTGTACATCTTGCCTGCTT	80 407 153～80 407 301
166	6.02	F：CACACAATCCCCACAAAAAA R：CGAAACATCCAGGAAACTGC	102 920 731～102 920 864
167	6.04	F：GCAACAGGTTACATGAGCTGACGA R：CCAGCGTGCTGTTCCAGTAGTT	119 939 596～119 939 817
168	6.04	F：TTCCTTGCCAACAAATACAAGGAT R：GTTCATTGCTTCATCTTGGAACCT	117 472 899～117 473 044
169	6.05	F：CGTGCACGGTACAGAAAGAA R：AGAAAGCCACGTACCCCTTT	129 696 165～129 696 314
170	6.05	F：AGGACACGCCATCGTCATCA R：GATCCGCATTGTCAAATGACCAC	158 129 496～158 129 760
171	6.05	F：TAATTTAAACACCACACCACCG R：ACACACGCCAAAGAAAAACC	157 083 671～157 083 785

(续表)

标记编号	染色体位置	引物序列（5′–3′）	物理位置/Mb
174	6.07	F: GATGTGGGTGCTACGAGCC R: AGATCTCGGAGCTCGGCTA	173 342 222 ~ 173 342 332
176	6.07	F: AGAACACCAAATGGTGACGTTATGT R: CTAGCTCGTCTTCCCTGTGGTCT	175 623 660 ~ 175 623 818
183	7.01	F: CTGTGCTCGTGCTTCTCTCTGAGTATT R: TCATTCCCAGAGTGCCTTAACACTG	10 333 966 ~ 10 334 183
184	7.01	F: ATGGAGCACGTCATCTCAATGG R: AGCAGCAGCAACGTCTATGACACT	10 952 065 ~ 10 952 208
185	7.02	F: GCGCTCCTTCACCTTCTTTA R: CGGGAATGAATAAGCCAAGA	89 396 954 ~ 89 397 088
186	7.02	F: GTGAAGAACGATGACGCAGA R: CAGCAACGCTCTCACATTGT	38 856 136 ~ 38 856 314
187	7.02	F: TAGCGACAGGATGGCCTCTTCT R: GGGGAGCACGCCTTCGTTCT	32 567 663 ~ 32 567 785
189	7.03	F: GCACGGGCATCAGAGAGAG R: CATGGGTAAGTTGCTGAAAGTTT	136 263 420 ~ 136 263 572
190	7.03	F: CCAACCGTATCAGCATCAGC R: GCAGAGCTCTCATCGTCTTCTT	142 051 042 ~ 142 051 175
191	7.03	F: CGATGCAAGAGTGTCAAGTA R: ACTCCCTAGTGCAAAAATCA	133 063 150 ~ 133 063 302
192	7.03	F: TGCACAGAATAAACATAGGTAGGTCAGGTC R: GCTTGAGGCGGTTGAGGTATGAG	164 253 312 ~ 164 253 481
193	7.03	F: CCGAGACCGTCAAGACCATCAA R: AGCTCCAAACGATTCTGAACTCGC	164 380 851 ~ 164 380 986
194	7.03	F: GAGCTCATGTGTATGTGGACGTTG R: AATAAACAGAGGTAGGTCAGGTCGC	164 253 319 ~ 164 253 461
195	7.04	F: GCTGGTAGCTTTCAGATGGC R: TGTCCCTCCTCCAGTTTCAC	167 975 034 ~ 167 975 150
196	7.04	F: CCACCAACCCATACCCATACCAG R: GGATGATGGCGAGGATGATGTC	177 451 818 ~ 177 451 985

3 分子标记技术在玉米茎腐病抗性育种辅助选择中的应用

（续表）

标记编号	染色体位置	引物序列（5′-3′）	物理位置/Mb
197	7.04	F: GGGAAGTGCTCCTTGCAG R: CGGTAGGTGAACGCGGTA	172 117 198 ~ 172 117 327
198	7.04	F: ACTTTGCAACTACCGTACATGGGT R: TTCGACTGCACGTGAAAATCTATC	165 472 804 ~ 165 472 900
201	7.05	F: CGACCTCTTTGCTGTCTCATTTTT R: CAAGCAATTTCCCCATCTCATACT	181 984 936 ~ 181 985 091
202	7.06	F: GCATACGGCCATGGATGGGA R: TCCCTGCCGGGACTCCTG	183 568 031 ~ 183 568 199
205	8.02	F: GTGTTTCCGTTTCGCTGATTTTAC R: TCATCCATGTGACAGAGACGACTT	20 471 195 ~ 20 471 315
206	8.03	F: GGCGTTCGTTTTGCACTAAT R: CGACACAGTTGACATCAGGG	93 850 363 ~ 93 850 492
207	8.03	F: CGCTTGGCATCTCCATGTATATCT R: AGACGAACCCACCATCATCTTTC	27 528 136 ~ 27 528 289
212	8.05	F: CAAAGCAGTACAATATGACCCCAG R: CGTACGTCCCATAAAGATGAGAAA	129 514 727 ~ 129 514 852
214	8.06	F: CTAATCACCAACCACCAACAC R: AGTCCGTCCTCTGTCCTCGTC	170 341 805 ~ 170 341 882
218	8.07	F: TGTGACTCCATACCGCACAT R: CTCATCATGTTGTACATGGCG	174 307 967 ~ 174 308 153
219	8.07	F: ACGAACAACCTAGCACAGTCCTAAA R: CAAGGCGGTTACCAAGTTTACATC	175 548 059 ~ 175 548 152
220	8.08	F: ATCGTTGTTGGGTACACGGT R: ACGGGTAGTGGTGAAGATGC	178 392 553 ~ 178 392 642
221	8.08	F: TTGATGGGCACGATCTCGTAGTC R: TGAACCACCCGATGCAACTTG	179 665 662 ~ 179 665 878
222	8.08	F: TCGTCACGTTCCACGACATCAC R: CACCCGATGCAACTTGCGTAGA	179 665 667 ~ 179 665 823
224	8.08	F: TTTGATCACAGACTTATCCCTGTT R: CTAATGACGAACCCCTAAAAGGT	176 882 471 ~ 176 882 644

（续表）

标记编号	染色体位置	引物序列（5′-3′）	物理位置/Mb
226	8.09	F: CAGTAGCCCCTCAAGCAAAACATTC R: CCGGCAGTCGATTACTCCACG	180 297 317～180 297 518
227	8.09	F: CCGGCAGTCGATTACTCC R: CGAGACCAAGAGAACCCTCA	180 297 317～180 297 456
229	9.01	F: ATCAAGCTTATCGAGAGAGAGAG R: CGACGGTGGAAAGACTGC	
237	9.03	F: CGATCTGCACAAAGTGGAGTAGTC R: AGGGACAAATACGTGGAGACACAG	70 927 643～70 927 793
246	9.04	F: GCACTTCATAACCTCTCTGCAGGT R: CACCGAGGAGCACGACAGTATTAT	111 774 852～111 774 939
247	9.05	F: CTGTAGGGCTGAGAAAAGAGAGGG R: CGACAACTTAGGAGAACCATGGAG	139 161 538～139 161 646
249	9.05	F: ATGGATGAATATGATCCCACGG R: GATCCGCACGTAGCTTTTCG	139 039 548～139 039 707
251	9.06	F: AAAAAGAGCAGCGGAACGTG R: GTCGTGCTGGCTACTCTGCTG	151 555 124～151 555 246
253	9.07	F: ACCCATCCCACTTTCCACCTCCTCCT R: GCTTTCAGCGAATACTGAATAACGCGGA	156 441 853～156 442 110
261	10.02	F: TGATCGATGGCTCAATCAGT R: ATCTGGAACACCGTCGTCTC	
263	10.03	F: ATTAAAATCTTGCTGATGGCG R: TTCTGTTCCCGCCTGTACTT	87 051 098～87 051 219
265	10.03	F: CTCTAGCTACGAGCCTACGAGCA R: CCGTCGAGTCAACTAGAGAAAGGA	58 991 095～58 991 253
268	10.04	F: GAAATTGCTGGGGTTCTCATTTCT R: AAGCGGGAATCTGAATCTTTGTTC	117 220 891～117 221 037
270	10.04	F: AAAAGAAACATGTTCAGTCGAGCG R: ATAAAGGTTGGCAAAACGTAGCCT	135 825 802～135 825 929
272	10.05	F: TTCAGTCGAGCGCCCAACAC R: GAGGAATGATGTCCGCGAAGAAG	135 825 728～135 825 917

3 分子标记技术在玉米茎腐病抗性育种辅助选择中的应用

（续表）

标记编号	染色体位置	引物序列（5′–3′）	物理位置/Mb
276	10.07	F：CGGTCCAGGCAGGTTAATTA R：GACTCGAGGACACCGATTTC	150 732 093～150 732 227
278	10.07	F：GACTTTGCTGGTCAGCTGGT R：ACAGCTCTTCTTGGCATCGT	148 510 202～148 510 372

表 3-6　L4517 与 1145 全基因组 131 对多态性分子标记

标记编号	染色体位置	引物序列（5′–3′）	物理位置/Mb
2	1.01	F：CACGCTGTTTCAGACAGGAA R：CGCCTGTGATTGCACTACAC	7 032 911～7 033 071
3	1.01	F：AGGAAGACACGAGAGACACCGTAG R：GTGGTTGTCGAGTTCGTCGTATT	7 813 975～7 814 088
4	1.02	F：ACAGTCTGTTGGGGAACAGG R：CAACGCTGGTTTGTCGTTTA	
8	1.03	F：CGGTTCATGCTAGCTCTGC R：GTTGTGGCTGTGGTGGTG	51 768 784～51 768 923
10	1.04	F：CCGACTGACTCGAGCTAACC R：CCGTAACTTCCAAGAACCGA	
14	1.05	F：TGAATGAGTGGCATTCAAAATCTG R：CAGATTGCATGTGTGAGTGTGTGT	
15	1.05	F：CGCCGTAGTATTTGGTAGCAGAAG R：TCTACCGCTCCTTCGTCCAGTA	92 352 708～92 352 836
16	1.06	F：CACAACTCCATCAGAGGACAGAGA R：CTGCTACGACATACGCAAGGC	206 027 744～206 027 905
18	1.06	F：CAGAGTCTGATAGTCCGAACCCAG R：GTAAAGCTCACAGCTTCCGACAG	186 960 847～186 960 985
21	1.07	F：ACCGACCTAAGCTATGGGCT R：CCGGTTATAAACACAGCCGT	213 204 520～213 204 672
27	1.10	F：CTGGAGGGTGAAACAAGAGCAATG R：CCCGACACCTGAGTTGACCTG	281 669 749～281 669 964

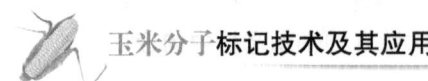

（续表）

标记编号	染色体位置	引物序列（5′-3′）	物理位置/Mb
29	1.11	F: CCGAATTGAAATAGCTGCGAGAACCT R: ACAATGAACGGTGGTTATCAACACGC	303 646 087～303 646 184
30	1.11	F: CAAGCACCTCAACCTCTTCG R: TCCACGCTGCTCACCTTC	292 725 356～292 725 575
31	1.11	F: TGAATGGAAGAGAAGGGAAATCTG R: GCTCTGTACATCCTTAGCGACACA	293 800 318～293 800 474
32	1.11	F: GGAGCTTGCGCTTTTTAACA R: TCTGATATCATAAAGGAGGACCG	296 819 406～296 819 489
33	2.00	F: GCCAAGCTCAGGGTCAAG R: CACGAGCGTTATTCGCTGT	765 687～765 907
36	2.00	F: AGGCTCCAGCTCTAGGGGAGT R: GTGAACTGTGTAGCGTGGAGTTGT	1 248 039～1 248 184
37	2.01	F: GTGCAGAATGCAGGCAATAG R: GCAAATGTTTTCACACACACG	4 584 707～4 584 869
39	2.01	F: TATCTTCAGACCCAAACATCGTCC R: GTCGATTGATTTCCCGATGTTAAA	4 267 523～4 267 672
44	2.03	F: CCACCACATCCGTTACATCA R: ACTTTGACACCGGCGAATAC	24 583 487～24 583 734
45	2.03	F: AGTAAAAGAGGCAAGGACTACGGC R: GCGGCGATATATACGAGGTTGT	22 219 028～22 219 163
46	2.04	F: ACTTGCACGGTCTCGCTTAT R: GCACTCCATCGCTATCTTCC	44 183 373～44 183 545
47	2.04	F: GCTATAGGCCGTAGCTTGGTAGACAC R: TTACACAACGCAACACGAGGC	74 497 379～74 497 657
49	2.04	F: CCTTTTTCGCCTCGCTTTTTAT R: TCGTCGTCTCCAATCATACGTG	30 613 503～30 613 674
52	2.05	F: AATAGATTGAATAAGACGTTGCCC R: TGTTCCAATGCTTTTGTACCTCTA	111 792 983～111 793 099
54	2.06	F: ACCCTTGCCTTTACTGAAACACAACAGG R: GCACACCGTGTGGCTGGTTC	178 838 933～178 839 040

3 分子标记技术在玉米茎腐病抗性育种辅助选择中的应用

（续表）

标记编号	染色体位置	引物序列（5′–3′）	物理位置/Mb
56	2.07	F：GTACCTCCAGGTTTACGCCA R：TCAACTTCTCATGCACCCAT	204 935 090～204 935 252
59	2.07	F：TGAAGGGCCTCCAAGTTAATCTAAA R：GCTAATGTGGAACTGGAAGAACGA	199 835 675～199 835 786
60	2.08	F：CCTTTTGTTTCAGGCCGTTA R：CAGCAGCCTGATGATGAACA	225 844 233～225 844 447
61	2.08	F：GCCTTTATTTCTCCCTTGCTTGCC R：CGTTTAAGAACGGTTGATTGCATTCC	225 844 184～225 844 536
63	2.08	F：GCAGGAAGTTGCAGTTGTTGTTTT R：GTTTCCCGCTTTGTAAAATCCTGT	210 966 184～210 966 272
64	2.09	F：GCTTCTGCTGCTGTTTTGTTCTTG R：CACTCTCCCTCTAAAATATCAGACAACACC	230 177 362～230 177 529
65	2.09	F：TCCTCTTGCTCTCCATGTCC R：ACAGCTGCGTAGCTTCTTCC	230 177 415～230 177 584
67	3.00	F：ACATACATAGGCTCCCTTTTTCCG R：TCCCGTGACACTCTCTTTCTCTCT	1 588 758～1 588 917
68	3.00	F：ATGGACTCTGTGCGACTTGTACCG R：GAAGGGCAATGAATAGAGCCATGAG	1 588 719～1 589 010
73	3.02	F：GAGCACAGCTAGGCAAAAGG R：CTCGCACGCTCTCTCTTCTT	5 831 525～5 831 716
77	3.04	F：AGGAGCATGCACTTGGTTCT R：ACTCAACTGATGGCCGATCT	10 507 508～10 507 683
80	3.04	F：TTGTCTTTCTTCCTCCACAAGCAGCGAA R：ATTTCCAGTTGCCACCGACGAAGAACTT	17 825 317～17 825 465
85	3.05	F：CTGCCTCTCAGATTCAGAGATTGAC R：AACCCAACGTACTCCGGCAG	
87	3.06	F：GCGAGAAGAAAGCGAGCAGA R：CGCCAAGAAGAAACACATCACA	197 008 751～197 008 873
91	3.07	F：GCCTACTCTTGCCGTTTTACTCCTGT R：GCTACCCGCAACCAAGAACTCTTC	207 253 813～207 254 047

（续表）

标记编号	染色体位置	引物序列（5′-3′）	物理位置/Mb
93	3.08	F: GGATTCCTTTATGACGGGGT R: AGTAACAACCAAGGCATCGG	216 534 420～216 534 557
95	3.08	F: TGCGAAATCTGTATACCATAGGCA R: CTCTTTTAGCAGTGTGCCGAATTT	219 136 705～219 136 803
96	3.09	F: CGGACGATCTTATGCAAACA R: ACGGTCTGCGACAGGATATT	223 465 809～223 466 034
101	4.00	F: ACCGTGCATGATTAATTTCTCCAGCCTT R: GACAGCGCGCAAATGGATTGAACT	1 588 214～1 588 355
102	4.01	F: TTATGTGTGCAGAACGACTCG R: AGCATGGCAGAGAAGGTGAT	5 938 746～5 938 896
104	4.01	F: GTGACCTAAACTTGGCAGACCC R: CAAGAGGTACCTGCATGGC	8 324 234～8 324 522
112	4.05	F: CCTCTACTCGCCAGTCGC R: TTTGGTCAGATTTGAGCACG	38 915 760～38 915 883
114	4.05	F: TCATCCTCCTAGCTCCTCTACTCG R: AAAACAGTCAGCAGAACCCACTTT	38 915 739～38 915 897
115	4.06	F: GTCATAACCTTGCCTCCCAA R: CCTCTCGATGTTCTGAAGCC	174 656 577～174 656 749
119	4.08	F: GTCTGCTGCTAGTGGTGGTG R: CACCGGCATTCGATATCTTT	191 085 304～191 085 478
120	4.08	F: AGTGCGTCAGCTTCATCGCCTACAAG R: AGGCCATGCATGCTTGCAACAATGGATACA	196 177 126～196 177 407
121	4.08	F: CTGATCTGACTAAGGCCATCAAAC R: AATGATCGAAATGCCATTATTTGT	197 893 911～197 894 031
125	4.11	F: ACCGGAACAGACGAGCTCTA R: GTCCTGCAAAGCAACCTAGC	249 093 732～249 093 860
127	4.11	F: CGATACACATCCATCTTCAGGTAGC R: GCCTTTGTACCAATACAAGCCAAG	248 821 646～248 821 748
128	5.00	F: AAACCATGCATCCAACRAATG R: AGACCCAGAGATGATTTAGG	974 021～974 140

3 分子标记技术在玉米茎腐病抗性育种辅助选择中的应用

（续表）

标记编号	染色体位置	引物序列（5′–3′）	物理位置 /Mb
131	5.01	F: TGCTCTCACAAGATGGTGGA R: CCACAGGATAAAATCGGCTG	14 751 087 ～ 14 751 231
136	5.03	F: CATGACCTGATAAACCCTCCTCTC R: ATCTCACGTACGGTAATGCAGACA	29 258 559 ～ 29 258 667
138	5.03	F: CACGTACGGCAATGCAGACAAG R: GGAGGTCGTCAGATGGAGTTCG	29 258 339 ～ 29 258 663
141	5.04	F: ACCGTCTCAGCAAAATGGTC R: CCGCCTTCACTATGGTCAAT	154 885 847 ～ 154 886 029
142	5.04	F: ACATGGGCCGATGACTAAGAATAG R: CTGAGTACACACATGTCACACAGTTG	134 248 831 ～ 134 248 970
143	5.05	F: TGGCGCGATTTTCTTCATAT R: AAAGAGCAACCTTCAACGGA	198 577 052 ～ 198 577 205
146	5.06	F: GCACCTGCGAGACTAGG R: TGTTTGAGCCGTTCTAGACT	196 686 472 ～ 196 686 595
148	5.06	F: CCAGCCATGTCTTCTCGTTCTT R: AAACAAAGCACCATCAATTCGG	194 991 738 ～ 194 991 841
150	5.07	F: CGTCTTGTCTCCGTCCGTGTG R: CCCCTCTTCCTCAGCACCTTG	216 481 478 ～ 216 481 740
152	5.07	F: GAGGAGACCGCCTCTGGTTC R: CTTCGGGTTCCTGGACCTTCT	219 147 290 ～ 219 147 437
156	5.09	F: CAGCATCTATAGCTTGCTTGCATT R: TGGGTTTTGTTTGTTTGTTTGTTG	225 172 213 ～ 225 172 322
158	6.00	F: CTTATTGCTTTCGTCATACACACACATTCAT R: GAGCATGAGCTTGCATATTTCTTGTGG	7 366 675 ～ 7 366 839
159	6.00	F: ATGGAGCATGAGCTTGCATATTT R: GCTTTCGTCATACACACACATTCA	7 366 672 ～ 7 366 833
161	6.00	F: TCCTGCTTATTGCTTTCGTCAT R: GAGCTTGCATATTTCTTGTGGACA	7 366 681 ～ 7 366 844
162	6.01	F: CAGCCGAAGACGAAGCC R: GTGGTGAACGAACGAGCAA	80 407 197 ～ 80 407 426

（续表）

标记编号	染色体位置	引物序列（5′-3′）	物理位置/Mb
163	6.01	F: CATCGGCGTTGATTTCGTCAG R: GGCAACGGCAATAATCCACAAG	50 724 324～50 724 586
164	6.01	F: GAGAAGAGGATCAGGTTCGTTCCA R: CGCGTTGTACATCTTGCCTGCTT	80 407 153～80 407 301
166	6.02	F: CACACAATCCCCACAAAAAA R: CGAAACATCCAGGAAACTGC	102 920 731～102 920 864
168	6.04	F: TTCCTTGCCAACAAATACAAGGAT R: GTTCATTGCTTCATCTTGGAACCT	117 472 899～117 473 044
169	6.05	F: CGTGCACGGTACAGAAAGAA R: AGAAAGCCACGTACCCCTTT	129 696 165～129 696 314
170	6.05	F: AGGACACGCCATCGTCATCA R: GATCCGCATTGTCAAATGACCAC	158 129 496～158 129 760
174	6.07	F: GATGTGGGTGCTACGAGCC R: AGATCTCGGAGCTCGGCTA	173 342 222～173 342 332
178	7.00	F: GGCGAGAGAGGCAAAGTTAA R: GTCGCACAAGGGGATCAC	
179	7.00	F: GCTTGCTGCTTCTTGAATTGCGT R: AATGCCGTTATCATGCGATGC	1 464 620～1 464 847
181	7.00	F: GAAAACTGCATCAACAACAAGCTG R: ATTGGTTGGTTCTTGCTTCCATTA	1 464 650～1 464 728
183	7.01	F: CTGTGCTCGTGCTTCTCTCTGAGTATT R: TCATTCCCAGAGTGCCTTAACACTG	10 333 966～10 334 183
184	7.01	F: ATGGAGCACGTCATCTCAATGG R: AGCAGCAGCAACGTCTATGACACT	10 952 065～10 952 208
189	7.03	F: GCACGGGCATCAGAGAGAG R: CATGGGTAAGTTGCTGAAAGTTT	136 263 420～136 263 572
190	7.03	F: CCAACCGTATCAGCATCAGC R: GCAGAGCTCTCATCGTCTTCTT	142 051 042～142 051 175
191	7.03	F: CGATGCAAGAGTGTCAAGTA R: ACTCCCTAGTGCAAAAATCA	133 063 150～133 063 302
193	7.03	F: CCGAGACCGTCAAGACCATCAA R: AGCTCCAAACGATTCTGAACTCGC	164 380 851～164 380 986

3 分子标记技术在玉米茎腐病抗性育种辅助选择中的应用

（续表）

标记编号	染色体位置	引物序列（5′–3′）	物理位置 /Mb
195	7.04	F：GCTGGTAGCTTTCAGATGGC R：TGTCCCTCCTCCAGTTTCAC	167 975 034～167 975 150
196	7.04	F：CCACCAACCCATACCCATACCAG R：GGATGATGGCGAGGATGATGTC	177 451 818～177 451 985
197	7.04	F：GGGAAGTGCTCCTTGCAG R：CGGTAGGTGAACGCGGTA	172 117 198～172 117 327
198	7.04	F：ACTTTGCAACTACCGTACATGGGT R：TTCGACTGCACGTGAAAATCTATC	165 472 804～165 472 900
202	7.06	F：GCATACGGCCATGGATGGGA R：TCCCTGCCGGGACTCCTG	183 568 031～183 568 199
204	8.02	F：AACTGCTTGCCACTGGTACGGTCT R：CGCACGGCACGATAGAGGTG	13 829 470～13 829 661
205	8.02	F：GTGTTTCCGTTTCGCTGATTTTAC R：TCATCCATGTGACAGAGACGACTT	20 471 195～20 471 315
206	8.03	F：GGCGTTCGTTTTGCACTAAT R：CGACACAGTTGACATCAGGG	93 850 363～93 850 492
207	8.03	F：CGCTTGGCATCTCCATGTATATCT R：AGACGAACCCACCATCATCTTTC	27 528 136～27 528 289
209	8.03	F：CAGCCACTCGTTTATGGAGGTTTA R：TGTTACTAGTCGATCTGATGCCCA	71 651 691～71 651 820
212	8.05	F：CAAAGCAGTACAATATGACCCCAG R：CGTACGTCCCATAAAGATGAGAAA	129 514 727～129 514 852
214	8.06	F：CTAATCACCAACCACCAACAC R：AGTCCGTCCTCTGTCCTCGTC	170 341 805～170 341 882
216	8.06	F：TACAGTAGGGATTCTTGCAGCCTC R：GTGGGACCTTGTTGCTTCCTTT	166 526 527～166 526 657
217	8.06	F：CTGCTGGACTACATGGTGGACTT R：GAGCTGTAGCACCCCCAAAAC	166 461 935～166 462 134
218	8.07	F：TGTGACTCCATACCGCACAT R：CTCATCATGTTGTACATGGCG	174 307 967～174 308 153
220	8.08	F：ATCGTTGTTGGGTACACGGT R：ACGGGTAGTGGTGAAGATGC	178 392 553～178 392 642

（续表）

标记编号	染色体位置	引物序列（5′-3′）	物理位置/Mb
221	8.08	F: TTGATGGGCACGATCTCGTAGTC R: TGAACCACCCGATGCAACTTG	179 665 662～179 665 878
222	8.08	F: TCGTCACGTTCCACGACATCAC R: CACCCGATGCAACTTGCGTAGA	179 665 667～179 665 823
224	8.08	F: TTTGATCACAGACTTATCCCTGTT R: CTAATGACGAACCCCTAAAAGGT	176 882 471～176 882 644
227	8.09	F: CCGGCAGTCGATTACTCC R: CGAGACCAAGAGAACCCTCA	180 297 317～180 297 456
229	9.01	F: ATCAAGCTTATCGAGAGAGAGAGAG R: CGACGGTGGAAAGACTGC	
231	9.01	F: TACCGAAGAACAACGTCATTTCAGC R: ACTGATCGCGACGAGTTAATTCAAAC	5 795 669～5 795 868
234	9.02	F: GATCCTACCAAAATCTTATAGGC R: ACAGCTAGCCAAGATCTGATT	14 780 440～14 780 552
238	9.03	F: CTTACTGAGCATCTTCCTTCTCTCC R: TCCGGTGATGCTCCAGCGAC	39 922 594～39 922 693
242	9.03	F: AAGTCATTGCCCAAAGTGTTGC R: ACTCATCACCCCTCCAGAGTGTC	93 973 435～93 973 589
249	9.05	F: ATGGATGAATATGATCCCACGG R: GATCCGCACGTAGCTTTTCG	139 039 548～139 039 707
250	9.06	F: GTCACTCGTCCGCATCGTCT R: CCTAACTCTGCAAAGACTGCATGA	152 437 701～152 437 813
251	9.06	F: AAAAAGAGCAGCGGAACGTG R: GTCGTGCTGGCTACTCTGCTG	151 555 124～151 555 246
252	9.07	F: GCCAGAGGAAAAAGAAGGCT R: AATCATGCGTAGGCGTAGCT	151 148 174～151 148 371
253	9.07	F: ACCCATCCCACTTTCCACCTCCTCCT R: GCTTTCAGCGAATACTGAATAACGCGGA	156 441 853～156 442 110
259	10.01	F: CCGAAGATAACCAAACAATAATAGTAGG R: ACTGTACGCCTCCCCTTCTC	4 604 309～4 604 479
261	10.02	F: TGATCGATGGCTCAATCAGT R: ATCTGGAACACCGTCGTCTC	

3 分子标记技术在玉米茎腐病抗性育种辅助选择中的应用

（续表）

标记编号	染色体位置	引物序列（5′-3′）	物理位置 /Mb
262	10.02	F: AAGCTAATTAAGGCCGGTCATCCC R: TCCGTGTACTCGGCGGACTC	8 667 241 ～ 8 667 388
263	10.03	F: ATTAAAATCTTGCTGATGGCG R: TTCTGTTCCCGCCTGTACTT	87 051 098 ～ 87 051 219
264	10.03	F: TAACATGCCAGACACATACGGACAG R: ATGGCTCTAGCGAAGCGTAGAG	86 886 354 ～ 86 886 439
267	10.04	F: CTTCGTACCATCTTCCCTACTTCATTGC R: CAAGCGGGAATCTGAATCTTTGTTC	117 220 702 ～ 117 221 038
268	10.04	F: GAAATTGCTGGGGTTCTCATTTCT R: AAGCGGGAATCTGAATCTTTGTTC	117 220 891 ～ 117 221 037
269	10.04	F: CTTGTATCATCAGCTAGGGCATGT R: TCAACTTATGTCAACTGCATGCTT	
270	10.04	F: AAAAGAAACATGTTCAGTCGAGCG R: ATAAAGGTTGGCAAAACGTAGCCT	135 825 802 ～ 135 825 929
273	10.05	F: CCATATATTGCCGTGGAAGG R: TTCTTCATGCACACAGTTGC	134 760 354 ～ 134 760 561
275	10.06	F: CTTTTCTGCTACTCCTGCCTGC R: CTAGCTGATGGAGGCTGTAGCG	144 346 896 ～ 144 346 990
276	10.07	F: CGGTCCAGGCAGGTTAATTA R: GACTCGAGGACACCGATTTC	150 732 093 ～ 150 732 227
277	10.07	F: CGTGCTACTACTGCTACAAGCGA R: AGTCGTTCGTGTCTTCCGAAACT	145 879 862 ～ 145 879 753
278	10.07	F: GACTTTGCTGGTCAGCTGGT R: ACAGCTCTTCTTGGCATCGT	148 510 202 ～ 148 510 372

表 3-7 供遗传背景选择的标记在玉米 10 条染色体上的分布情况

受体自交系	玉米染色体 / 条										总计
	1	2	3	4	5	6	7	8	9	10	
W1568	16	13	15	9	12	12	17	13	7	8	122
L4517	15	18	11	11	12	11	14	15	10	14	131

3.2.4 抗病基因前景选择分析

供体亲本 1145 和 2 个受体亲本 W1568 和 L4517 分别进行杂交和连续回交，获得 BC_1、BC_2、BC_3、BC_4 分离群体。2021 年夏季，山东省农业科学院章丘龙山试验基地种植两个 BC_1 群体，分别种植 20 行，5 m 行长，约 400 株。待玉米生长至小喇叭口期时，单株挂牌取样提取叶片 DNA，利用前景选择分子标记 608FM–OECCT–InDel 进行抗玉米茎腐病基因 *qRfg1* 的前景选择，筛选出携带 *qRfg1* 的杂合型单株，淘汰剩余植株。标记基因型检测结果见图 3-9、图 3-10，凝胶电泳图中杂合带型为携带抗病基因 *qRfg1* 杂合型的单株。受体亲本 W1568 和 L4517 BC_1 群体分别获得 122 株和 114 株携带抗病基因 *qRfg1* 杂合型的单株。经目标区域的 7 对和 6 对分子标记检测背景，发现均为杂合基因型（图 3-11）。然后根据这些单株的田间农艺性状表现确定入选单株，并与受体自交系回交获得 BC_2 分离群体；利用相同的方法获得 BC_3、BC_4 分离群体。

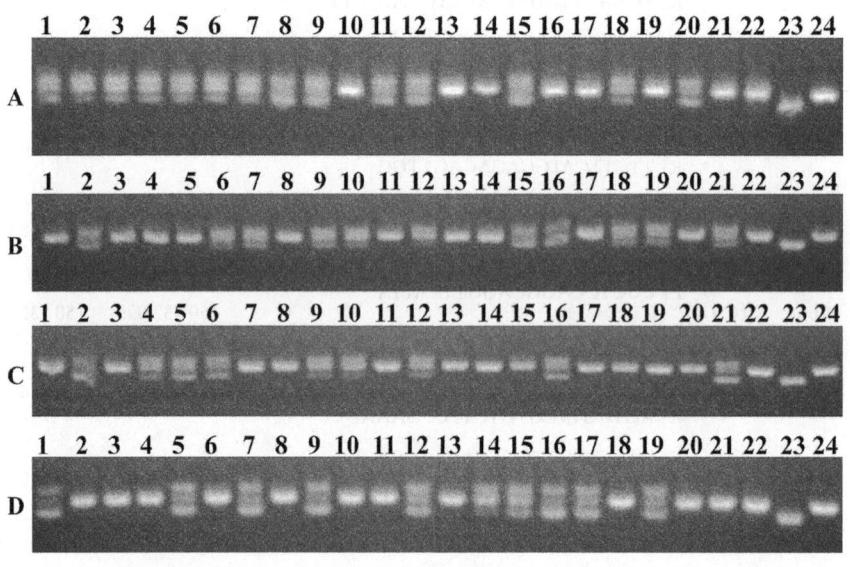

图 3-9　608FM–OECCT–InDel 分子标记鉴定受体 W1568 部分 BC_1 群体基因型

注：1～21 为 BC_1 群体基因型，其中单条带的为受体自交系基因型，片段大小为 95 bp；非单一条带的为携带抗病基因的杂合基因型，片段大小为 89 bp/95 bp。22～24 分别为受体 W1568、供体 1145 和受体 L4517 的基因型。

3 分子标记技术在玉米茎腐病抗性育种辅助选择中的应用

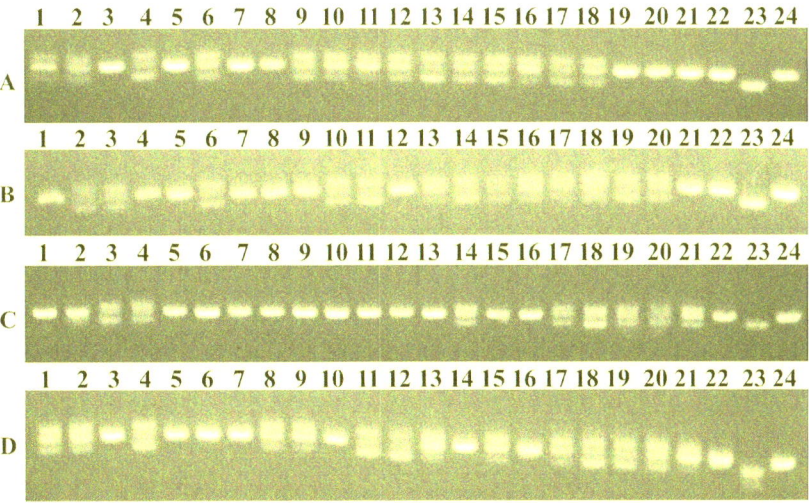

图 3-10 分子标记 608FM-OECCT-InDel 鉴定受体 L4517 部分 BC$_1$ 群体基因型

注：1～21 为 BC$_1$ 群体基因型，其中单条带的为受体自交系基因型，片段大小为 95 bp；非单一条带的为携带抗病基因的杂合基因型，片段大小为 89 bp/95 bp。22～24 分别为受体 W1568、供体 1145 和受体 L4517 的基因型。

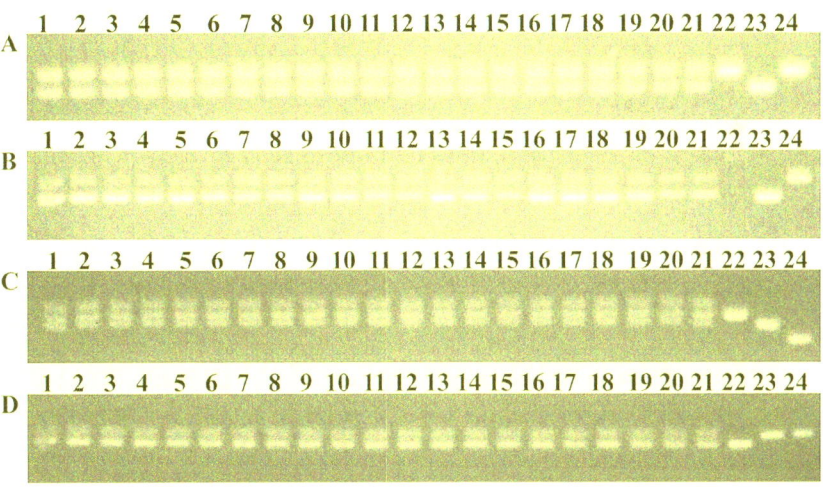

图 3-11 目标区域分子标记鉴定 BC$_1$ 群体背景回复率

注：A 和 B 分别为分子标记 Chr10（3-27-2）和 Chr10-Liu-3534 鉴定受体 W1568 BC$_1$ 群体目标区域背景回复率；C 和 D 分别为分子标记 Chr10（3-52）和 Chr10（4-45）鉴定受体 L4517 BC$_1$ 群体目标区域背景回复率。1～21 为 BC$_1$ 群体，22～24 分别为 L4517、1145 和 W1568。

3.2.5 回交群体的遗传背景分析

2022年冬季，海南试验基地种植 BC_4 分离群体，受新冠疫情的影响，未能取样品进行基因型鉴定。挑选农艺性状表现优良的 W1568 和 L4517 BC_4 个体，分别自交了25株和44株植株，获得 BC_4F_2 分离群体。2023年夏季，在龙山试验基地种植了这些 BC_4F_2 群体，经前景标记选择后，分别获得130株和63株含有抗病基因 *qRfg1* 纯合型的单株（图3-12、图3-13）。利用目标区域及全基因组多态性分子标记分析这些单株遗传背景（图3-14至图3-16），W1568 和 L4517 BC_4F_2 入选植株的遗传背景回复率变异范围分别是88.52%～95.08%和86.26%～95.42%，其平均遗传背景回复率分别为93.14%和89.48%（表3-8）。选择背景回复率较高且农艺性状优良的植株自交，分别获得42个和28个 BC_4F_3 分离家系。

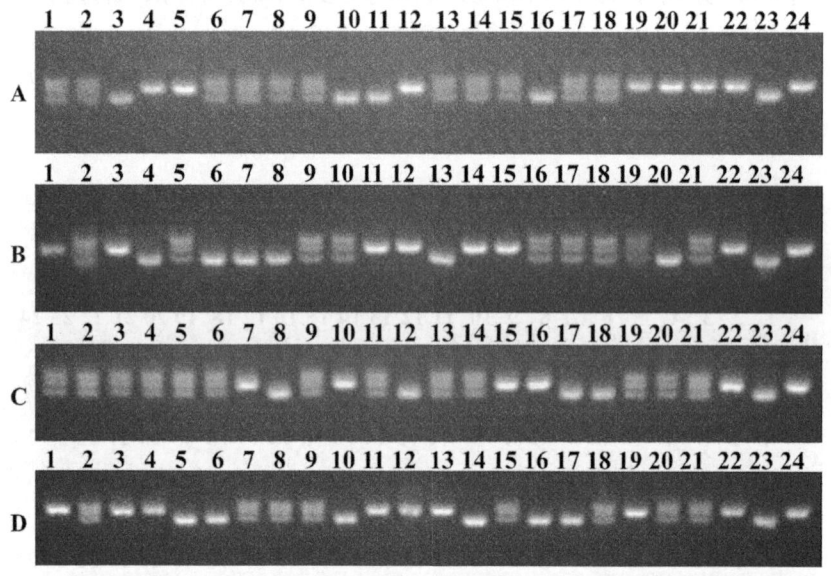

图3-12　608FM-OECCT-InDel 分子标记鉴定受体 W1568BC$_4$F$_2$ 群体基因型

注：1～21 为受体自交系 W1568 与供体自交系 1145 组配的 BC_4F_2 群体的基因型；22～24 分别为受体自交系 W1568，供体自交系 1145 和受体自交系 L4517 的基因型。

3 分子标记技术在玉米茎腐病抗性育种辅助选择中的应用

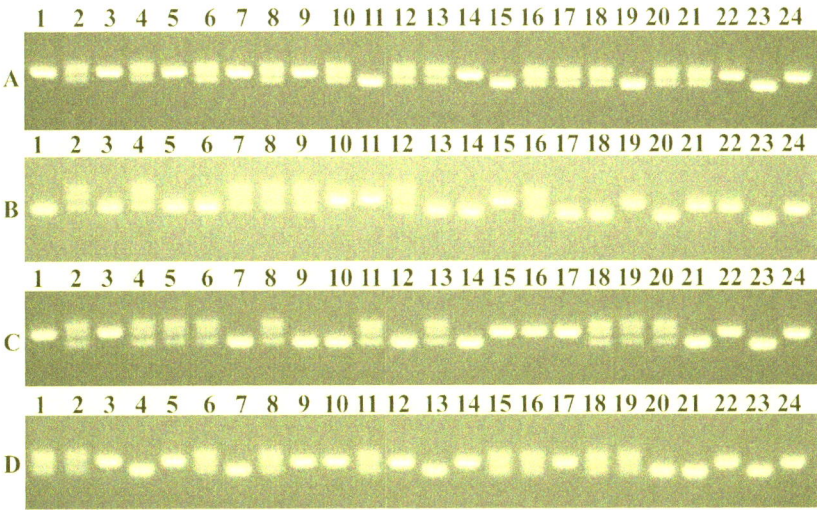

图 3-13　608FM-OECCT-InDel 分子标记鉴定受体 L4517 BC₄F₂ 群体基因型

注：1～21 为受体自交系 L4517 与供体自交系 1145 组配的 BC₄F₂ 群体的基因型；22～24 分别为受体自交系 W1568、供体自交系 1145 和受体自交系 L4517 的基因型。

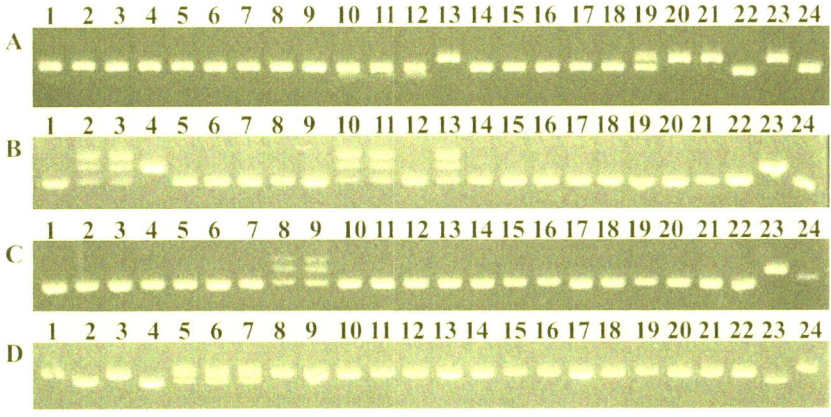

图 3-14　分子标记鉴定 BC₄F₂ 群体中部分抗病基因纯合植株的遗传背景

注：A 和 B 分别为 183 和 196 两个分子标记鉴定受体 W1568 部分 BC₄F₂ 抗病基因纯合个体的遗传背景；C 和 D 分别为 183 和 27 两个分子标记鉴定受体 L4517 部分 BC₄F₂ 抗病基因纯合个体的遗传背景。1～21 为 BC₄F₂ 抗病基因纯合个体，22～24 分别为受体 L4517、供体 1145 和受体 W1568。

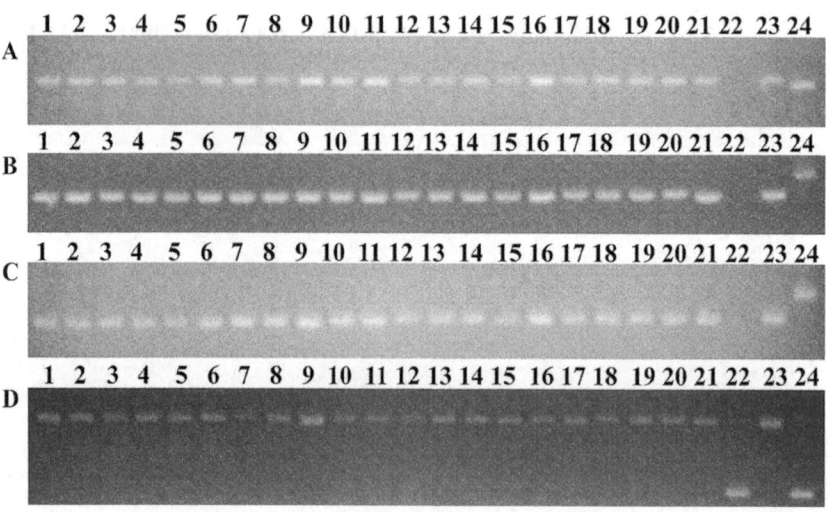

图 3-15 分子标记鉴定受体 W1568 BC$_4$F$_2$ 群体中部分抗病基因纯合植株的目标区域遗传背景

注：A～D 分别为分子标记 Chr10（3-5）、Chr10（4-7）、Chr10-Liu-3534、Chr10-Liu-3549 鉴定受体 W1568 部分 BC$_4$F$_2$ 抗病基因纯合个体的遗传背景。1～21 为 BC$_4$F$_2$ 抗病基因纯合个体；22～24 分别为受体 L4517、供体 1145 和受体 W1568。

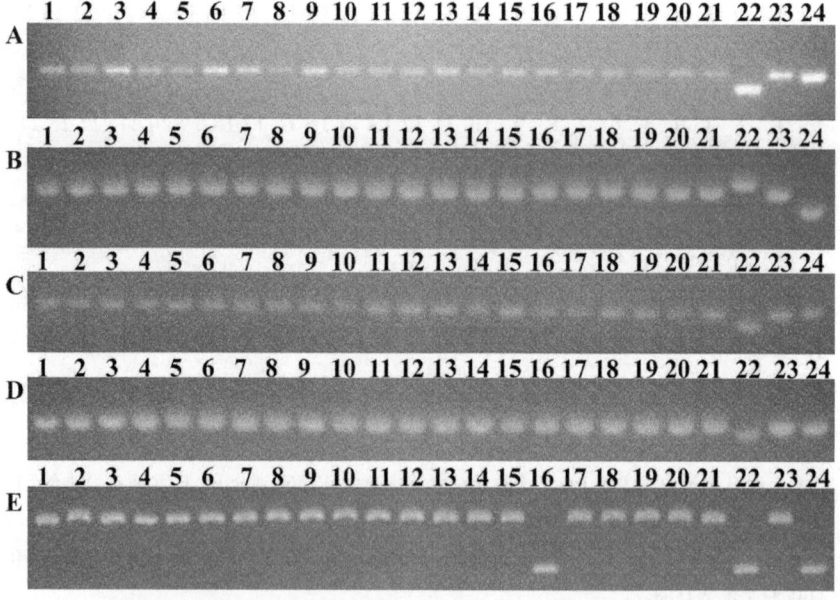

图 3-16 分子标记鉴定受体 L4517 BC$_4$F$_2$ 群体中部分抗病基因纯合植株的目标区域遗传背景

注：A～E 分别为分子标记 Chr10（3-4）、Chr10（3-52）、Chr10（4-45）、Chr10（4-60）和 Chr10-Liu-3549 鉴定受体 L4517 部分 BC$_4$F$_2$ 抗病基因纯合个体的遗传背景。1～21 为 BC$_4$F$_2$ 抗病基因纯合个体；22～24 分别为受体 L4517、供体 1145 和受体 W1568。

3 分子标记技术在玉米茎腐病抗性育种辅助选择中的应用

表 3-8 改良系的遗传背景回复率

受体自交系	改良群体	单株数/株	回复率/%		
			均值	最大值	最小值
W1568	BC_4F_2 群体中抗病基因 $qRfg1$ 纯合个体	130	93.14	95.08	88.52
L4517	BC_4F_2 群体中抗病基因 $qRfg1$ 纯合个体	63	89.48	95.42	86.26

3.2.6 田间接种

2024 年夏季，山东省农业科学院玉米研究所章丘龙山试验基地种植受体 W1568 和 L4517 BC_4F_2 群体，各种 15 行，每行 20 株。分子标记 608FM-OECCT-InDel 鉴定受体 W1568 BC_4F_2 群体，89 bp 纯合植株 71 株，89 bp/95 bp 杂合植株 149 株，95 bp 纯合植株 68 株，共 288 株。接种鉴定发现，89 bp 纯合植株 71 株均为抗病，89 bp/95 bp 杂合植株 147 株为抗病，2 株为感病，95 bp 纯合植株 68 株均为感病。分子标记 608FM-OECCT-InDel 鉴定受体 L4517 BC_4F_2 群体，89 bp 纯合植株 65 株，89 bp/95 bp 杂合植株 141 株，95 bp 纯合植株 69 株，共 275 株。接种鉴定发现，89 bp 纯合植株 65 株均为抗病，89 bp/95 bp 杂合植株 138 株为抗病，3 株为感病，95 bp 纯合植株 69 株均为感病。分子标记 608FM-OECCT-InDel 鉴定结果与接种鉴定结果在受体 W1568 和 L4517 BC_4F_2 群体中的一致性分别为 99.31% 和 98.91%。这也说明本研究设计的分子标记 608FM-OECCT-InDel 是可以用于分子标记辅助育种的，用该标记选择的结果是可信的（表 3-9）。

表 3-9 分子标记鉴定与茎腐病接种鉴定结果相关性

群体	分子标记鉴定	接种鉴定	2 种结果一致性
W1568 BC_4F_2	89 bp 71 株	71 株抗	99.31%
	89 bp/95 bp 149 株	147 株抗，2 株感	
	95 bp 68 株	68 株感	
L4517 BC_4F_2	89 bp 65 株	65 株抗	98.91%
	89 bp/95 bp 141 株	138 株抗，3 株感	
	95 bp 69 株	69 株感	

3.3 讨论与结论

玉米是世界范围内最重要的粮食、饲料和能源作物。在我国，玉米的市场需求巨大，其种植面积已经超过水稻、小麦，其种植面积仅次于美国。玉米的稳产稳收关乎国民经济的发展及国家的粮食安全,是国家战略和科学研究的重要命题。玉米病虫害的发生是严重制约我国玉米产业的主要因素,每年因玉米病害造成的玉米产量损失约占总产量的10%。在长期的实践中,培育优良的抗病玉米品种被认为是高效、低成本的有效手段。

玉米茎腐病是世界玉米产区普遍发生的一种土传性病害,目前已成为继大斑病、小斑病和丝黑穗病之后我国玉米生产上的又一主要病害。自20世纪70年代中期以来,先后在河南、河北、广西、吉林等20多个省(市、自治区)相继发生,大田发病率轻者5%左右,一般10%~20%,严重地块高达60%以上,甚至全田枯死。目前病害仍呈扩展趋势,危害逐年加剧,培育茎腐病抗病品种成为一项重要的任务。

挖掘国内外玉米种质资源中的抗茎腐病基因,进行分子标记辅助育种,是一种经济高效且绿色环保的病害防治手段。

在回交育种中,连锁累赘现象是限制育种效率的一个重要因素。应用传统育种方法回交多代后仍可发现与目标基因连锁的较大供体片段。将分子标记辅助选择与常规育种相结合可快速回复受体亲本的遗传背景。如果条件允许,在早代开展全基因组的背景选择可以更有效地提高遗传背景回复率(Frisch and Melchinger,2001;2005)。Herzog et al.(2021)通过模拟试验表明,如果每条染色体选择2个或3个标记进行遗传背景选择,在BC_2代时获得遗传背景回复率高达96%植株的概率为90%。同时,每次回交后代植株田间农艺性状的选择也将有利于群体快速回复到受体自交系的遗传背景。本研究中,由于新冠疫情2022年冬季田间工作无法正常开展,回交改良群体的遗传背景选择是在BC_4F_2代进行的。两个受体自交系BC_4F_2植株经过背景标记和目标区域标记检测,获得了遗传背景回复率较高的单株。但两个受体自交系BC_4F_2植株的平均遗传背景回复率比理论值分别低0.61%和3.27%。这可能是由于遗传背景选择分析的单株较少,含有纯合抗病基因$qRfg1$的W1568和L4517 BC_4F_2植株分别为130株和63株,存在较大连锁累赘的单株降低了群体的平均遗传背景回复率。目标区域回复率检测发现目标区域较大片段来自供体自交系1145,原因主要有:①供体携带的抗病基因$qRfg1$位于重组率低的跨着丝粒区,发生交换重组的概率低;②BC_1代检测的群体不够大,两个受体自交系BC_1代经过检测获得携带抗病基因$qRfg1$的杂合植株只有122株和114株。与高通量测序技术相比,基于SSR标记的遗传背景选择更容易进行,且成本较低(于新艳 等,2007)。但全基因组的高密度标记可同时进行目标基因、插入片段大小和遗传背景回复率的分

3 分子标记技术在玉米茎腐病抗性育种辅助选择中的应用

析，可快速缩短育种周期，在分子育种中具有重要作用。如果经费允许，建议使用全基因组的高密度标记在回交早代群体开始背景回复率检测。除抗病表型外，基因连锁阻滞或多效性是否降低了分子标记辅助选择（MAS）的效率并导致农艺性状的变化也是育种家及科研人员关注的科学问题（Das et al.，2017）。农艺性状（抽雄、散粉、吐丝、株高、穗位高）、产量性状（穗长、单穗粒重和百粒重）和品质性状（蛋白质和淀粉含量）在原始杂交种和改良杂交种之间是否有显著差异，还需要对改良系组配组合进行多点测验。下一步将对创制的材料组配杂交群体，进行人工接种、抗病性鉴定和配合力评价，期待创制具有更多优良性状的杂交种。

主要参考文献

邸宏，宫程旭，孙培元，等，2021.分子标记辅助选择改良玉米自交系昌7-2的丝黑穗病抗性.玉米科学，29（1）：20-25.

董丽，石海春，赵长云，等，2021.玉米矮秆突变体 *K718d* 的遗传鉴定.华北农学报，36（6）：71-77.

段梦冉，刘丰泽，葛建镕，等，2022.吉林省主推玉米品种的SSR分子标记纯度鉴定.作物杂志（5）：34-41.

关海英，董瑞，刘铁山，等，2024.玉米籽粒皱缩突变体 *sh2019* 的分子标记初步定位.山东农业科学，56（2）：8-13.

郭江岸，冯勇，赵瑞霞，等，2021.玉米骨干自交系遗传多样性分析及茎腐病抗性鉴定.北方农业学报，49（4）：30-34.

侯雨微，岳毓菁，李川，等，2024.一份新的玉米永久性失绿突变体 *chs10* 的鉴定及基因克隆.四川农业大学学报，42（1）：46-56，102.

化金阁，2017.玉米抗粗缩病基因 *qMrdd8* 分子标记辅助选择.北京：中国农业科学院.

李公建，2024.玉米抗粗缩病基因 *ZmGDIα-hel* 与 *ZmGLK36* 聚合育种与效应评价.烟台：烟台大学.

李松，施德林，董云武，等，2023.基于SSR标记的云南35个玉米自交系遗传多样性分析.云南农业大学学报（自然科学），38（5）：732-738.

李永生，王晓娟，连晓荣，等，2025.玉米黄化突变基因 *Zmet9* 的精细定位.植物遗传资源学报，26（2）：319-330.

刘春晓，李会海，马兰，等，2018.利用SSR标记划分144份玉米自交系的杂种优势群.山东农业科学，50（9）：1-6.

刘津，汤艳芳，杜何为，等，2024.玉米籽粒发育突变体 *emp35* 的表型分析与基因定位.华中农业大学学报，43（2）：85-92.

刘志浩，2022.利用InDel标记进行玉米纯度及亲子鉴定.哈尔滨：黑龙江大学.

彭盛，2022.玉米 *ZmCCT* 调控光周期响应和茎腐病抗性的机制研究.扬州：扬州大学.

任文闯，王欣，张亚辉，等，2023.玉米籽粒皱缩突变体 *sh2021* 的表型分析和基因定位.华

主要参考文献

南农业大学学报,44(5):750-759.

石明亮,黄小兰,陆虎华,等,2017.玉米抗茎腐病研究进展及其鉴定与育种方法探讨.江苏农业科学,45(4):1-4.

石优,2023.分子标记辅助选择改良玉米自交系小斑病抗性.杨凌:西北农林大学.

唐兰,李若楠,吴元奇,2025.矮秆玉米 $d8227$ 的矮化机理及基因精细定位.玉米科学,33(1):22-30.

王波,汪光临,张倩倩,等,2013.玉米新组合对茎腐病抗性及产量损失研究.安徽科技学院学报,27(3):15-19.

王超,2017.玉米抗禾谷镰刀菌茎腐病主效 QTL 基因 $ZmCCT$ 的克隆、功能分析及表观调控研究.北京:中国农业大学.

王琴娣,2022.玉米 $K718d$ 矮秆基因的定位及候选基因分析.成都:四川农业大学.

温瑞,黄梧芳,康绍兰,等,2000.玉米茎腐病研究进展.河北农业大学学报,23(1):53-56.

徐宁坤,李冰,陈晓艳,等,2022.一个新的玉米 $Bt2$ 基因突变体的遗传分析和分子鉴定.作物学报,48(3):572-579.

杨琴,2010.玉米抗禾谷镰刀菌茎腐病主效 QTL 的精细定位及克隆.北京:中国农业大学.

易红梅,张力科,葛建镕,等,2021.SSR 标记与田间种植鉴定玉米品种纯度的比较.玉米科学,29(4):29-34.

于新艳,王凤格,赵久然,等,2007.SSR 标记及其在玉米研究中的应用.安徽农业科学,(7):1918-1920.

张恩会,李健,王逸茹,等,2025.玉米矮化突变体 $d309$ 的基因定位与遗传分析.植物遗传资源学报,26(1):165-176.

张鹏,2022.玉米籽粒突变体 $suk1$ 的基因定位及候选基因分析.泰安:山东农业大学.

仲义,吕庆雪,丁增伟,等,2024.利用 SSR 分子标记对 13 份玉米自交系的遗传多样性分析.分子植物育种.https://link.cnki.net/urlid/46.1068.S.20240407.1648.005

周文期,张贺通,何海军,等,2023.调控玉米株高和穗位高候选基因 $Zmdle1$ 的定位.中国农业科学,56(5):821-837.

ALI M L,TAYLOR J H,JIE L,et al.,2005. Molecular mapping of QTLs for resistance to Gibberella ear rot,in corn,caused by Fusarium graminearum. Genome,48(3):521-533.

AZEVEDO R A,LEA P J,DAMERVAL C,et al.,2004. Regulation of lysine metabolism and endosperm protein synthesis by the opaque-5 and opaque-7 maize mutations. Journal of Agricultural and Food Chemistry,52(15):4865-4871.

BHAVE M R,LAWRENCE S,BARTON C,et al.,1990. Identification and molecular characterization of *shrunken-2* cDNA clones of maize. The Plant Cell, 2: 581-588.

BODDU J, CHO S, KRUGER W M, 2006. Transcriptome analysis of the barley-Fusarium graminearum interaction. Molecular Plant-microbe Interactions, 19(4): 407-417.

BRUNELLE D C, CLARK J K, SHERIDAN W F, 2017. Genetic screening for EMS-induced maize embryo-specific mutants altered in embryo morphogenesis. G3 (Bethesda), 7(11): 3559-3570.

CAO S K, LIU R, SAYYED A, et al., 2021. Regulator of chromosome condensation 1-domain protein DEK47 functions on the intron splicing of mitochondrial *Nad2* and seed development in maize. Frontiers in Plant Science, 12: 695249.

CHEN J, WANG Z J, TAN K W, et al., 2023. A complete telomere-to-telomere assembly of the maize genome. Nature Genetics, 55(7): 1221-1231.

CHEN Q Q, ZHANG J, WANG J, et al., 2021. *Small kernel 501* (*smk501*) encodes the RUBylation activating enzyme E1 subunit ECR1 (E1 C-TERMINAL RELATED 1) and is essential for multiple aspects of cellular events during kernel development in maize. New Phytologist, 230(6): 2337-2354.

CHEN X Z, FENG F, QI W W, et al., 2017. *Dek35* encodes a PPR protein that affects cis-splicing of mitochondrial *nad4* intron 1 and seed development in maize. Molecular Plant, 10: 427-441.

CHEN Y Q, FU Z Y, ZHANG H, et al., 2020. Cytosolic malate dehydrogenase 4 modulates cellular energetics and storage reserve accumulation in maize endosperm. Plant Biotechnology Journal, 18: 2420-2435.

CHETTOOR A M, YI G, GOMEZ E, et al., 2015. A putative plant organelle RNA recognition protein gene is essential for maize kernel development. Journal of Integrative Plant Biology, 57(3): 236-246.

COLLARD B C Y, JAHUFER M Z Z, BROUWER J B, et al., 2005. An introduction to markers, quantitative trait loci (QTL) mapping and marker-assisted selection for crop improvement: The basic concepts. Euphytica, 142(3): 169-196.

DAI D W, TONG H Y, CHENG L J, et al., 2019. Maize *Dek33* encodes a pyrimidine reductase in riboflavin biosynthesis that is essential for oil-body formation and ABA biosynthesis during seed development. Journal of Experimental Botany, 70(19): 5173-5187.

DAI D W, LUAN S C, CHEN X Z, et al., 2018. Maize Dek37 Encodes a P-type PPR Protein That Affects cis-Splicing of Mitochondrial nad2 Intron 1 and Seed Development. Genetics, 208(3): 1069-1082.

主要参考文献

DAS G, PATRA J K, BAEK K H, 2017. Insight into MAS: A Molecular Tool for Development of Stress Resistant and Quality of Rice through Gene Stacking. Frontiers in Plant Science, 8: 985.

DEUTSCH C A, TEWKSBURY J J, TIGCHELAAR M, et al., 2018. Increase in crop losses to insect pests in a warming climate. Science, 361 (6405): 916-919.

EID J, FEHR A, GRAY J, et al., 2009. Real-time DNA sequencing from single polymerase molecules. Science, 323 (5910): 133-138.

FENG F, QI W W, LV Y D, et al., 2018. *OPAQUE11* is a central hub of the regulatory network for maize endosperm development and nutrient metabolism. The Plant Cell, 30: 375-396.

FRENCH E, KIM B S, IYER-PASCUZZI A S, 2016. Mechanisms of quantitative disease resistance in plants. Seminars in Developmental Biology, 56: 201-208.

FRISCH M, MELCHINGER A E, 2001. Marker-assisted backcrossing for simultaneous introgression of two genes. Crop Science, 41 (6): 1716-1725.

FRISCH M, MELCHINGER A E, 2005. Selection theory for marker-assisted backcrossing. Genetics, 170 (2): 909-917.

FU S N, SCANLON M J, 2004. Clonal mosaic analysis of *EMPTY PERICARP2* reveals nonredundant functions of the duplicated HEAT SHOCK FACTOR BINDING PROTEINs during maize shoot development. Genetics, 167 (3): 1381-1394.

GE F, QU J T, LIU P, et al., 2022. Genome assembly of the maize inbred line A188 provides a new reference genome for functional genomics. The Crop Journal, 10 (1): 47-55.

GENT J I, MADZIMA T F, BADER R, et al., 2014. Accessible DNA and relative depletion of H3K9me2 at maize loci undergoing RNA-directed DNA methylation. The Plant Cell, 26: 4903-4917.

GOSWAMI R S, KISTLER H C, 2005. Pathogenicity and In Planta Mycotoxin Accumulation Among Members of the Fusarium graminearum Species Complex on Wheat and Rice. Phytopathology, 95 (12): 1397-1404.

GUAN H Y, DONG Y B, LIU C X, et al., 2017. A splice site mutation in *shrunken1-m* causes the *shrunken 1* mutant phenotype in maize. Plant Growth Regulation, 83: 429-439.

GUAN H Y, DONG Y B, LU S P, et al., 2020. Characterization and map-based cloning of *miniature2-m1*, a gene controlling kernel size in maize. Journal of Integrative Agriculture, 19 (8): 1961-1973.

GUAN Y, LIU D F, QIU J, et al., 2022. The nitrate transporter OsNPF7.9 mediates nitrate allocation and the divergent nitrate use efficiency between *indica* and *japonica* rice. Plant Physiology, 189（11）：215-229.

HABERER G, KAMAL N, BAUER E, et al., 2020. European maize genomes highlight intraspecies variation in repeat and gene content. Nature Genetics, 52（9）：950-957.

HE Y H, YANG Q, YANG J, et al., 2021. *shrunken4* is a mutant allele of *ZmYSL2* that affects aleurone development and starch synthesis in maize. Genetics, 218（2）：iyab070.

HERZOG E, FRISCH M, PIEPHO H P, 2012. Efficient marker-assisted backcross conversion of seed-parent lines to cytoplasmic male sterility. Plant Breeding, 132（1）：33-41.

HIRSCH C N, HIRSCH C D, BROHAMMER A B, et al., 2016. Draft assembly of elite inbred line PH207 provides insights into genomic and transcriptome diversity in maize. The Plant Cell, 28（11）：2700-2714.

HU M J, ZHAO H M, YANG B, et al., 2021. *ZmCTLP1* is required for the maintenance of lipid homeostasis and the basal endosperm transfer layer in maize kernels. New Phytologist, 232：2384-2399.

HU Y, COLANTONIO V, MÜLLER B S F, et al., 2021. Genome assembly and population genomic analysis provide insights into the evolution of modern sweet corn. Nature Communications, 12（1）：1227.

HUFFORD M B, SEETHARAM A S, WOODHOUSE M R, et al., 2021. De novo assembly, annotation, and comparative analysis of 26 diverse maize genomes Science, 373（6555）：655-662.

JIAO Y P, PELUSO P, SHI J H, et al., 2017. Improved maize reference genome with single-molecule technologies. Nature, 546（7659）：524-527.

JUNG M, WELDEKIDAN T, SCHAFF D, et al., 1994. Generation-means analysis and quantitative trait locus mapping of anthracnose stalk rot genes in maize. Theoretical and Applied Genetics, 89（4）：413-418.

KANG B H, XIONG Y Q, WILLIAMS D S, et al., 2009. *Miniature1*-encoded cell wall invertase is essential for assembly and function of wall-in-growth in the maize endosperm transfer cell. Plant Physiology, 151：1366-1376.

LAL S, SINGH I S, 1984. Breeding for resistance to downy mildews and stalk rots in maize. Theoretical and Applied Genetics, 69（2）：111-119.

LATEEF D D, 2015. DNA marker technologies in plants and applications for crop improvements. Bioscience and Medical Technology, 3（5）：7-18.

LEDENCAN T, SIMIC D, BRKIC I, et al., 2003. Resistance of maize inbreds and their hybrids to *Fusarium* stalk rot. Czech Journal of Genetics and Plant Breeding, 39：15-20.

主要参考文献

LI C H, SONG W, LUO Y F, et al., 2019. The HuangZaoSi Maize Genome Provides Insights into Genomic Variation and Improvement History of Maize. Molecular Plant, 12 (3): 402-409.

LI C L, SHEN Y, MEELEY R, et al., 2015. *Embryo defective 14* encodes a plastid-targeted cGTPase essential for embryogenesis in maize. The Plant Journal, 84 (4): 785-799.

LI C S, XIANG X L, HUANG Y C, et al., 2020. Long-read sequencing reveals genomic structural variations that underlie creation of quality protein maize. Nature Communications, 11 (1): 17.

LI G X, GELERNTER J, KRANZLER H R, et al., 2012. M3: an improved SNP calling algorithm for Illumina BeadArray data. Bioinformatics, 28 (3): 358-365.

LI Q, WAN J M, 2005. SSRHunter: development of a local searching software for SSR sites. Hereditas, 27 (5): 808-810.

LI Q, WANG J C, YE J W, et al., 2017. The maize imprinted gene *Floury3* encodes a PLATZ protein required for tRNA and 5S rRNA transcription through interaction with RNA polymerase Ⅲ. The Plant Cell, 29: 2661-2675.

LI X J, GU W, SUN S L, et al., 2018. *Defective Kernel 39* encodes a PPR protein required for seed development in maize. Journal of Integrative Plant Biology, 60 (1): 45-64.

LI X L, HUANG W L, YANG H H, et al., 2019. EMP18 functions in mitochondrial *atp6* and *cox2* transcript editing and is essential to seed development in maize. New Phytologist, 221: 896-907.

LIN G F, HE C, ZHENG J, et al., 2021. Chromosome-level genome assembly of a regenerable maize inbred line A188. Genome Biology, 22 (1): 175.

LIU J N, SEETHARAM A S, CHOUGULE K, et al., 2020. Gapless assembly of maize chromosomes using long-read technologies. Genome Biology, 21 (1): 121.

LIU Y J, XIU Z H, MEELEY R, et al., 2013. *Empty pericarp5* encodes a pentatricopeptide repeat protein that is required for mitochondrial RNA editing and seed development in maize. The Plant Cell, 25: 868-883.

LOHITHASWA H C, JYOTHI K, SUNIL KUMAR K R, et al., 2015. Identification and introgression of QTLs implicated in resistance to sorghum downy mildew [*Peronosclerospora sorghi* (Weston and Uppal) C. G. Shaw] in maize through marker-assisted selection. Journal of Genetics, 94 (4): 741-748.

MA C Y, MA X N, YAO L S, et al., 2017. *qRfg3*, a novel quantitative resistance locus against Gibberella stalk rot in maize. Theoretical and Applied Genetics, 130 (8): 1723-

1734.

MACKILL D J, NGUYEN H T, ZHANG J, 1999. Use of molecular markersin plant improvement programs for rainfed lowland rice. Field Crops Research, 64（2）: 177-185.

MAGNARD J L, HECKEL T, MASSONNEAU A, et al., 2004. Morphogenesis of maize embryos requires *ZmPRPL35-1* encoding a plastid ribosomal protein. Plant Physiology, 134（2）: 649-663.

MICHELMORE R W, PARAN I, KESSELI R V, 1991. Identification of markers linked to disease-resistance genes by bulked segregant analysis: a rapid method to detect markers in specific genomic regions by using segregating populations. Proceedings of the National Academy of Sciences of the United States of America, 88（21）: 9828.

MUSZYNSKI M G, DAM T, LI B L, et al., 2006. delayed flowering1 Encodes a basic leucine zipper protein that mediates floral inductive signals at the shoot apex in maize. Plant Physiology, 142（4）: 1523-1536.

MYERS A M, JAMES M G, LIN Q H, et al., 2011. Maize *opaque5* encodes monogalactosyldiacylglycerol synthase and specifically affects galactolipids necessary for amyloplast and chloroplast function. The Plant Cell, 23（6）: 2331-2347.

NEUFFER M G, SHERIDAN W F, 1980. Defective kernel mutants of maize. I. Genetic and lethality studies. Genetics, 95（4）: 929-944.

NIE S J, WANG B, DING H P, et al., 2021. Genome assembly of the Chinese maize elite inbred line RP125 and its EMS mutant collection provide new resources for maize genetics research and crop improvement. The Plant Journal, 108: 40-54.

O'BOYLE P D, KELLY J D, KIRK W W, 2007. Use of marker-assisted selection to breed for resistance to common bacterial blight in common bean. Journal of the American Society for Horticultural Science, 132（3）: 381-386.

OU S J, LIU J N, CHOUGULE K M, et al., 2020. Effect of sequence depth and length in long-read assembly of the maize inbred NC358. Nature Communications, 11（1）: 2288.

QI W W, LU L, HUANG S C, et al., 2019. Maize *Dek44* Encodes mitochondrial ribosomal protein L9 and is required for seed development. Plant Physiology, 180（4）: 2106-2119.

QI W W, TIAN Z R, LU L, et al., 2023. Editing of mitochondrial transcripts *nad3* and *cox2* by *Dek10* is essential for mitochondrial function and maize plant development. Genetics, 205（4）: 1489.

QI W W, YANG Y, FENG X Z, et al., 2017. Mitochondrial function and maize kernel development requires dek2, a pentatricopeptide repeat protein involved in *nad1* mRNA splicing. Genetics, 205: 239-249.

QI W W, ZHU J, WU Q, et al., 2016. Maize *reas1* mutant stimulates ribosome use efficiency and triggers distinct transcriptional and translational responses. Plant Physiology, 170: 971-988.

SAVARY S, WILLOCQUET L, PETHYBRIDGE S J, et al., 2019. The global burden of pathogens and pests on major food crops. Nature Ecology and Evolution, 3 (3): 430-439.

SCHMIDT R J, BURR F A, AUKERMAN M J, et al., 1990. Maize regulatory gene *opaque-2* encodes a protein with a "leucine-zipper" motif that binds to zein DNA. Proceedings of the National Academy of Sciences of the United States of America, 87 (1): 46-50.

SCHNABLE P S, WARE D, FULTON R S, et al., 2009. The B73 maize genome: complexity, diversity, and dynamics. Science, 326 (5956): 1112-1115.

SCHWEIGER W, STEINER B, AMETZ C, et al., 2013. Transcriptomic characterization of two major Fusarium resistance quantitative trait loci (QTLs), *Fhb1* and *Qfhs.ifa-5A*, identifies novel candidate genes. Molecular Plant Pathology, 14 (8): 772-785.

SHEN Y, LI C, MCCARTY D R, et al., 2013. *Embryo defective12* encodes the plastid initiation factor 3 and is essential for embryogenesis in maize. The Plant Journal (5): 792-804.

SLAFER G A, ARAUS J L, ROYO C, et al., 2005. Promising eco-physiological traits for genetic improvement of cereal yields in Mediterranean environments. The Annals of Applied Biology, 146 (3): 61-70.

SPRINGER N M, ANDERSON S N, ANDORF C M, et al., 2018 The maize W22 genome provides a foundation for functional genomics and transposon biology. Nature Genetics, 50 (9): 1282-1288.

SUN F, WANG X M, BONNARD G, et al., 2015. *Empty pericarp7* encodes a mitochondrial E-subgroup pentatricopeptide repeat protein that is required for *ccmFN* editing, mitochondrial function and seed development in maize. The Plant Journal, 84: 283-295.

SUN S L, ZHOU Y S, CHEN J, et al., 2018. Extensive intraspecific gene order and gene structural variations between Mo17 and other maize genomes. Nature Genetics, 50 (9): 1289-1295.

TAUTZ D, 1989. Hypervariability of simple sequences as a general source for polymorphic DNA markers. Nucleic Acids Research, 17: 6463-6471.

TIAN T, WANG S H, YANG S P, et al., 2023. Genome assembly and genetic dissection of a prominent drought-resistant maize germplasm. Nature Genetics, 55(3): 496-506.

TRYPHONE G M, CHILAGANE L A, PROTAS D, et al., 2013. Marker assisted selection for common bean diseases improvement in Tanzania: prospects and future needs. Philippines: InTech Open.

URBAN M, DANIELS S, MOTT E, et al., 2002. Arabidopsis is susceptible to the cereal ear blight fungal pathogens Fusarium graminearum and Fusarium culmorum. The Plant Journal, 32(6): 961-973.

WANG B B, HOU M, SHI J P, et al., 2023. De novo genome assembly and analyses of 12 founder inbred lines provide insights into maize heterosis. Nature Genetics, 55(2): 312-323.

WANG C, YANG Q, WANG W X, et al., 2017. A transposon-directed epigenetic change in *ZmCCT* underlies quantitative resistance to Gibberella stalk rot in maize. New Phytologist, 215(4): 1503-1515.

WANG G, ZHONG M Y, SHUAI B L, et al., 2017. E+ subgroup PPR protein Defective Kernel 36 is required for multiple mitochondrial transcripts editing and seed development in maize and *Arabidopsis*. New Phytologist, 214: 1563-1578.

WANG G F, FAN W, OU M Y, et al., 2019. *Dek40* Encodes a PBAC4 Protein Required for 20S Proteasome Biogenesis and Seed Development. Plant Physiology, 180(4): 2120-2132.

WANG Q, WANG M M, CHEN J, et al., 2022. *ENB1* encodes a cellulose synthase 5 that directs synthesis of cell wall ingrowths in maize basal endosperm transfer cells. The Plant Cell, 34: 1054-1076.

WANG Y, LIU X Y, YANG Y Z, et al., 2019. *Empty Pericarp21* encodes a novel PPR-DYW protein that is required for mitochondrial RNA editing at multiple sites, complexes I and V biogenesis, and seed development in maize. PLoS Genetics, 15(8): e1008305.

WEI Y M, REN Z J, WANG B H, et al., 2021. A nitrate transporter encoded by *ZmNPF7.9* is essential for maize seed development. Plant Science, 308: 110901.

WU Y R, MESSING J, 2014. Proteome balancing of the maize seed for higher nutritional value. Frontiers in Plant Science, 5: 240.

XU C H, SHEN Y, LI C L, et al., 2021. *Emb15* encodes a plastid ribosomal assembly factor essential for embryogenesis in maize. The Plant Journal, 106: 214-227.

XU J, LIU L, XU Y B, et al., 2013. Development and characterization of simple sequence repeat markers providing genome-wide coverage and high resolution in maize. DNA Research, 20: 497-509.

YANG B, WANG J, YU M, et al., 2022. The sugar transporter ZmSUGCAR1 of the nitrate transporter 1/peptide transporter family is critical for maize grain filling. The Plant Cell, 34 (11): 4232-4254.

YANG N, LIU J, GAO Q, et al., 2019. Genome assembly of a tropical maize inbred line provides insights into structural variation and crop improvement. Nature Genetics, 51 (6): 1052-1059.

YANG N, XU X W, WANG R R, et al., 2017. Contributions of Zea mays subspecies mexicana haplotypes to modern maize. Nature Communications, 8 (1): 1874.

YANG Q, YIN G M, GUO Y L, et al., 2010. A major QTL for resistance to Gibberella stalk rot in maize. Theoretical and Applied Genetics, 121 (4): 673-687.

YANG T, GUO L X, JI C, et al., 2021. The B3 domain-containing transcription factor *ZmABI19* coordinates expression of key factors required for maize seed development and grain filling. The Plant Cell, 33: 104-128.

YANG Y Z, DING S, LIU X Y, et al., 2021. *EMP32* is required for the cis-splicing of *nad7* intron 2 and seed development in maize. RNA Biology, 18 (4): 499-509.

YANG Y Z, DING S, WANG H C, et al., 2017. The pentatricopeptide repeat protein EMP9 is required for mitochondrial *ccmB* and *rps4* transcript editing, mitochondrial complex biogenesis and seed development in maize. New Phytologist, 214: 782-795.

YANG Y Z, DING S, WANG Y, et al., 2017. *Small kernel2* encodes a glutaminase in vitamin B6 biosynthesis essential for maize seed development. Plant Physiology, 174 (2): 1127-1138.

YE J R, ZHONG T, ZHANG D F, et al., 2019. The auxin-regulated protein *ZmAuxRP1* coordinates the balance between root growth and stalk rot disease resistance in maize. Molecular Plant, 12 (3): 360-373.

YI F, GU W, LI J F, et al., 2021. *Miniature Seed6*, encoding an endoplasmic reticulum signal peptidase, is critical in seed development. Plant Physiology, 185: 985-1001.

ZHANG D F, LIU Y J, GUO Y L, et al., 2012. Fine-mapping of *qRfg2*, a QTL for resistance to Gibberella stalk rot in maize. Theoretical and Applied Genetics, 124 (3): 585-596.

ZHANG K, WANG F, LIU B Y, et al., 2021. ZmSKS13, a cupredoxin domain-containing protein, is required for maize kernel development via modulation of redox homeostasis. New Phytologist, 229: 2163-2178.

ZHANG Y F, HOU M M, TAN B C, 2013. The requirement of WHIRLY1 for embryogenesis is dependent on genetic background in maize. PLoS One, 8(6): e67369.

ZHAO H L, QIN Y, XIAO Z Y, et al., 2020. Loss of function of an RNA polymerase Ⅲ subunit leads to impaired maize kernel development. Plant Physiology, 184: 359-373.

ZHAO Y K, WANG Y C, MA D, et al., 2022. A chromosome-level genome assembly and annotation of the maize elite breeding line Dan340. GigaByte: gigabyte63.

ZHU C G, JIN G P, FANG P, et al., 2019. Maize pentatricopeptide repeat protein DEK41 affects cis-splicing of mitochondrial *nad4* intron 3 and is required for normal seed development. Journal of Experimental Botany, 70(15): 3795-3808.

ZOU C, WANG P X, XU Y B, 2016. Bulked sample analysis in genetics, genomics and crop improvement. Plant Biotechnology Journal, 14(10): 1941-1955.

ZUO Y, FENG F, QI W W, et al., 2019. *Dek42* encodes an RNA-binding protein that affects alternative pre-mRNA splicing and maize kernel development. Journal of Integrative Plant Biology, 61(6): 728-748.